普通高等院校“十一五”规划教材

电气控制与可编程控制技术及应用

主　编　张晓峰

副主编　张静　高斌　王宗刚　祝燎　席克军

国防工業出版社

·北京·

内容简介

本书以比较典型、实用的西门子S7－200系列PLC为主，以三菱FX系列PLC为辅，介绍了PLC的基本原理、组成结构、指令系统、程序设计方法及应用。全书共分12章，第1章和第2章分别介绍了低压电器和继电器控制的基本电路；第3章～第7章分别介绍了PLC基础、西门子S7－200系列PLC的结构、基本指令、功能指令、网络与通信；第8章和第9章分别介绍了三菱FX系列PLC的基本指令、步进指令与功能指令；第10章～第12章分别介绍了S7－200与FX系列PLC的编程软件、控制系统的设计以及应用。附录A为常用电器分类及图形符号文字符号表，附录B为S7－200的SIMATIC指令集表，附录C为三菱FX系列PLC指令表可供技术人员查阅。

本书可作为高等院校自动化、电气工程及其自动化、机械工程及其自动化、机械电子工程及相关专业的本科、专科教材，也可作为广大工程技术人员的参考书。

图书在版编目(CIP)数据

电气控制与可编程控制技术与应用/张晓峰主编.—北京：国防工业出版社，2013.6 重印
普通高等院校“十一五”规划教材
ISBN 978-7-118-06786-6

Ⅰ.①电… Ⅱ.①张… Ⅲ.①电气控制器－高等学校－教材 ②可编程序控制器－高等学校－教材 Ⅳ.①TM571.2②TM571.6

中国版本图书馆CIP数据核字(2010)第043219号

※

国防工业出版社出版发行
(北京市海淀区紫竹院南路23号 邮政编码100048)
北京奥鑫印刷厂印刷
新华书店经售

*

开本787×1092 1/16 印张23½ 字数615千字
2013年6月第3次印刷 印数5001—6500册 定价35.00元

(本书如有印装错误，我社负责调换)

国防书店：(010)88540777 发行邮购：(010)88540776
发行传真：(010)88540755 发行业务：(010)88540717

前　言

可编程控制器(简称 PLC)是以微处理器为核心,将自动控制技术、计算机技术和通信技术融为一体而发展起来的崭新的工业自动控制装置。目前 PLC 已基本替代了传统的继电器控制广泛应用于工业控制的各个领域,PLC 已跃居工业自动化三大支柱的首位。

PLC 的生产厂家和产品型号很多,本书以比较典型、实用的西门子 S7 - 200 系列 PLC 和三菱 FX 系列 PLC 为样机,介绍了西门子 S7 - 200 系列 PLC,以及三菱 FX 系列 PLC 的基本原理、组成结构、指令系统和程序设计方法。全书共分 12 章,第 1 章和第 2 章介绍了低压电器和继电器控制的基本电路;第 3 章 ~ 第 7 章介绍了 PLC 的基础、西门子 S7 - 200 系列 PLC 的结构、基本指令、功能指令、网络和通信;第 8 章和第 9 章介绍了三菱 FX 系列 PLC 的基本指令、步进指令与功能指令;第 10 章 ~ 第 12 章分别介绍了 PLC 的编程软件、控制系统的设计以及应用。附录 A 为常用电器分类及图形符号文字符号表,附录 B 为西门子 S7 - 200 系列的 PLC 指令集表,附录 C 为三菱 FX 系列 PLC 指令表。

本书内容编排循序渐进,由易到难,由浅到深,既有广度又有深度;注重精选内容,结合实际,简明扼要,图文并茂,便于自学;力求内容精练,衔接自然,理论联系实际,有很强的实用性和针对性。

本书由张晓峰任主编,张静、高斌、王宗刚、祝燎、席克军任副主编。本书的第 1 章、第 2 章、第 7 章内容由王宗刚执笔编写;第 4 章、第 5 章、第 6 章内容由张静执笔编写;第 3 章、第 8 章、第 9 章内容由张晓峰执笔编写;第 10 章内容由张静和张晓峰共同编写;第 11 章、第 12 章内容由高斌执笔编写;祝燎参与了第 4 章、第 5 章、第 6 章、第 7 章的内容编写;席克军参与了第 8 章、第 9 章、第 10 章、第 11 章内容的编写。由张晓峰负责全书的策划、统稿和编审。

本书在编写过程中得到了作者所在单位河西学院教务处及机电工程系,甘肃钢铁职业技术学院教务处及电气工程系领导和同事的大力支持和帮助。本书还得到了兰州理工大学赵付青博士和国防工业出版社丁福志老师的鼎力支持和帮助,在此一并表示衷心的感谢。

由于时间仓促,加之作者水平有限,不当之处在所难免,敬请读者批评指正。

编 者

2010 年 1 月

目　　录

第1章　常用低压电器

常用低压电器是电气控制系统的基本组成元件。控制系统的优劣与所用低压电器直接相关。尽管随着电子技术、自控技术和计算机技术的迅猛发展，一些电器元件可能被电子线路所取代，但由于电器元件本身也朝着新的领域扩展（表现在提高元件的性能，生产新型的元件，实现机、电、仪一体化，扩展元件的应用范围等），且有些电器元件有其特殊性，故不可能完全被取代。所以电气技术人员必须熟悉常用低压电器的原理、结构、型号、规格和用途，并能正确选择、使用与维护。

低压电器通常是指工作在交流电压小于1200V、直流电压小于1500V的电路中起通断、保护、控制或调节作用的电器设备以及利用电能来控制、保护和调节非电过程和非电装置的用电装备。随着工农业生产的发展和某些工业部门使用电压等级的提高，低压电器的电压等级范围也将提高。

直流常用电压等级有：110V、220V和440V，主要用于动力；6V、12V、24V和36V，主要用于控制。在电子线路中还有5V、9V和15V等电压等级。

1.1　低压电器的基本知识

低压电器种类繁多，功能各样，构造各异，用途广泛，工作原理各不相同，常用低压电器的分类方法也很多。

1. 按用途或控制对象分类

(1) 配电电器：主要用于低压配电系统中。要求系统发生故障时准确动作、可靠工作，在规定条件下具有相应的动稳定性与热稳定性，使电器不会被损坏。常用的配电电器有刀开关、转换开关、熔断器、断路器等。

(2) 控制电器：主要用于电气传动系统中。要求寿命长，体积小，质量轻，动作迅速、准确、可靠。常用的控制电器有接触器、继电器、启动器、主令电器、电磁铁等。

2. 按动作方式分类

(1) 自动电器：依靠自身参数的变化或外来信号的作用，自动完成接通或分断等动作，如接触器、继电器等。

(2) 手动电器：用手动操作来进行切换的电器，如刀开关、转换开关、按钮等。

3. 按触点类型分类

(1) 有触点电器：利用触点的接通和分断来切换电路，如接触器、刀开关、按钮等。

(2) 无触点电器：无可分离的触点，主要利用电子元件的开关效应，即导通和截止来实现电路的通、断控制，如接近开关、霍耳开关、电子式时间继电器、固态继电器等。

4. 按工作原理分类

(1) 电磁式电器：根据电磁感应原理动作的电器，如接触器、继电器、电磁铁等。

(2) 非电量控制电器：依靠外力或非电量信号（如速度、压力、温度等）的变化而动作的电器，如转换开关、行程开关、速度继电器、压力继电器、温度继电器等。

5. 按低压电器型号分类

为了便于了解文字符号和各种低压电器的特点，采用我国《国产低压电器产品型号编制办法》（JB 2930—81.10）的分类方法（参见附录A），将低压电器分为13个大类。每个大类用汉语拼音字母作为该产品型号。

汉语拼音字母选用的原则：

(1) 采用所代表对象的第一个音节字母；

(2) 采用所代表对象的非第一个音节字母；

(3) 采用通俗的外来语言的第一个音节字母；

(4) 万不得已时才选用与发音毫不相关的字母。

低压电器分为 13 个大类：

(1) 刀开关 H，例如 HS 为双投式刀开关（刀型转换开关），HZ 为组合开关。

(2) 熔断器 R，例如 RC 为瓷插式熔断器，RM 为密封式熔断器。

(3) 断路器 D，例如 DW 为万能式断路器，DZ 为塑壳式断路器。

(4) 控制器 K，例如 KT 为凸轮控制器，KG 为鼓型控制器。

(5) 接触器 C，例如 CJ 为交流接触器，CZ 为直流接触器。

(6) 启动器 Q，例如 QJ 为自耦变压器降压启动器，QX 为星三角启动器。

(7) 控制继电器 J，例如 JR 为热继电器，JS 为时间继电器。

(8) 主令电器 L，例如 LA 为按钮，LX 为行程开关。

(9) 电阻器 Z，例如 ZG 为管型电阻器，ZT 为铸铁电阻器。

(10) 变阻器 B，例如 BP 为频敏变阻器，BT 为启动调速变阻器。

(11) 调整器 T，例如 TD 为单相调压器，TS 为三相调压器。

(12) 电磁铁 M，例如 MY 为液压电磁铁，MZ 为制动电磁铁。

(13) 其他 A，例如 AD 为信号灯，AL 为电铃。

在选用低压电器时常根据型号来进行选用，所以本书按型号分类对上述低压电器的分类进行说明。

1.2 开关电器

1.2.1 刀开关

刀开关又称闸刀开关或隔离开关，它是手控电器中最简单而使用又较广泛的一种低压电器，如图 1-1 所示是最简单的刀开关（手柄操作式单级开关）示意图。刀开关在电路中的作用是：隔离电源，以确保电路和设备维修的安全；分断负载，如不频繁地接通和分断容量不大的低压电路或直接启动小容量电动机。刀开关带有动触头——闸刀，并通过它与座上的静触头——刀夹座相楔合（或分离），以接通（或分断）电路。其中以熔断体作为动触头的称为熔断器式刀开关，简称刀熔开关。

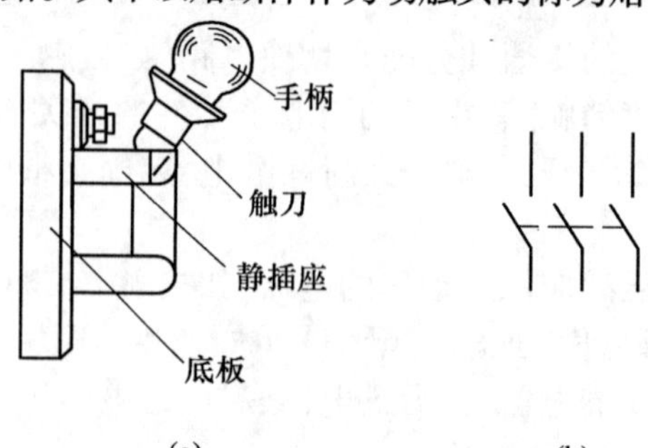

图 1-1 刀开关的典型结构
(a) 刀开关结构；(b) 符号 。

常用的刀开关有 HD 型单投刀开关、HS 型双投刀开关(刀形转换开关)、HR 型熔断器式刀开关、HZ 型组合开关、HK 型闸刀开关、HY 型倒顺开关和 HH 型铁壳开关等。

1. HD 系列、HS 系列单投和双投刀开关

HD 系列、HS 系列单投刀开关适用于交流 50Hz、额定电压至 380V,直流电压至 440V,额定电流至 1500A 的成套配电装置中,用于不频繁的手动接通和分断交、直流电路或做隔离开关用。其中:

(1) 柄式的单投刀开关专用于磁力站,不切断带有电流的电路,作为隔离开关用。

(2) 侧面操作手柄式开关。主要用于动力箱中。

(3) 中央正面杠杆操作机构刀开关。主要用于正面操作、后面维修的开关柜中,操作机构放在正前方。

(4) 侧方下面操作机构刀开关。主要用于正面两侧操作、前面维修的开关柜中,操作机构可以在柜内的两侧安装。

(5) 装有灭弧室的刀开关。可以切断电流负荷,其他系列刀开关只做隔离开关使用。

HD 型单投刀开关按极数分为 1 极、2 极、3 极几种,其示意图及图形符号如图 1-2 所示。其

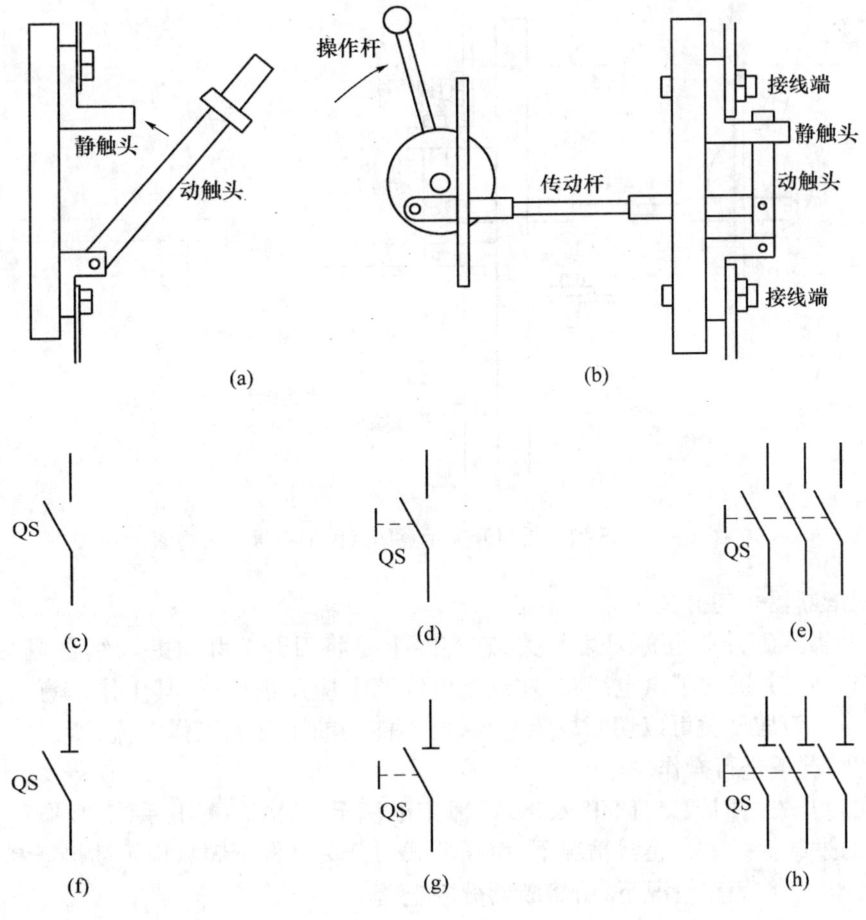

图 1-2 HD 型单投刀开关示意图及图形符号

(a)直接手动操作;(b)手柄操作;(c)一般图形符号;(d)手动符号;(e)三极单投刀开关符号;(f)一般隔离开关符号;(g)手动隔离开关符号;(h)三极单投刀隔离开关符号。

中图 1－2(a)为直接手动操作,(b)为手柄操作,(c)～(h)为刀开关的图形符号和文字符号。其中图 1－2(c)为一般图形符号,(d)为手动符号,(e)为三极单投刀开关符号。当刀开关用做隔离开关时,其图形符号上加有一横杠,如图 1－2(f)～(h)所示。

单投刀开关的型号含义如下:

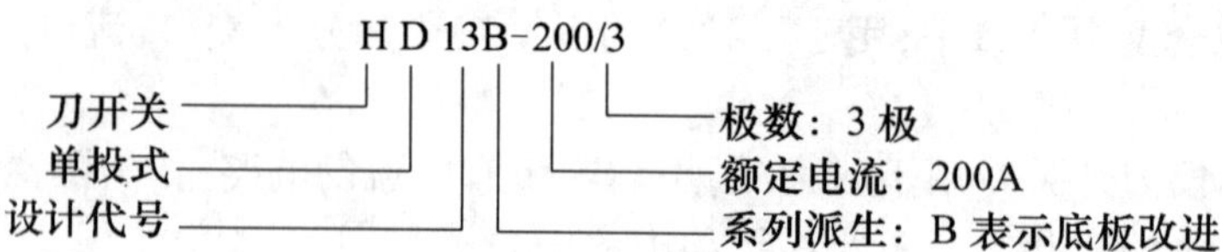

设计代号:11 指中央手柄式,12 指侧方正面杠杆操作机构式,13 指中央正面杠杆操作机构式,14 指侧面手柄式。

HS 型双投刀开关也称转换开关,其作用和单投刀开关类似,常用于双电源的切换或双供电线路的切换等,其示意图及图形符号如图 1－3 所示。由于双投刀开关具有机械互锁的结构特点,因此可以防止双电源的并联运行和两条供电线路同时供电。

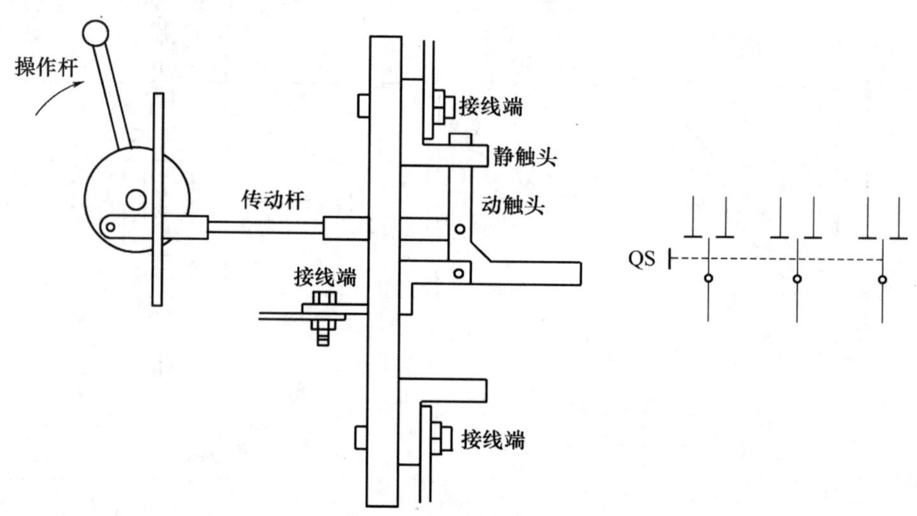

图 1－3　HS 型双投刀开关示意图及图形符号及实物图

2. HR 型熔断器式刀开关

HR 型熔断器式刀开关也称刀熔开关,它实际上是将刀开关和熔断器组合成一体的电器。刀熔开关操作方便,并简化了供电线路,在供配电线路上应用很广泛,其工作示意图及图形符号如图 1－4 所示。刀熔开关可以切断故障电流,但不能切断正常的工作电流,所以一般应在无正常工作电流的情况下进行操作。

熔断器式刀开关适用于交流 50Hz、380V,额定电流至 600A 的配电系统中,作用是短路保护和电缆、导线的过载保护。在正常情况下,熔断器式刀开关可供不频繁地手动接通和分断正常负载电流与过载电流,在短路情况下,由熔断器分断电流。

3. HZ 型组合开关

转换开关用于主电路将一组已连接的器件转换到另一组已连接的器件。采用刀开关结构形式的转换开关称为刀形转换开关;采用叠装式触头元件组合成旋转操作的转换开关称为组合开关。

组合开关又称转换开关。常用的组合开关有 HZ10 系列，其结构如图 1-5 所示。

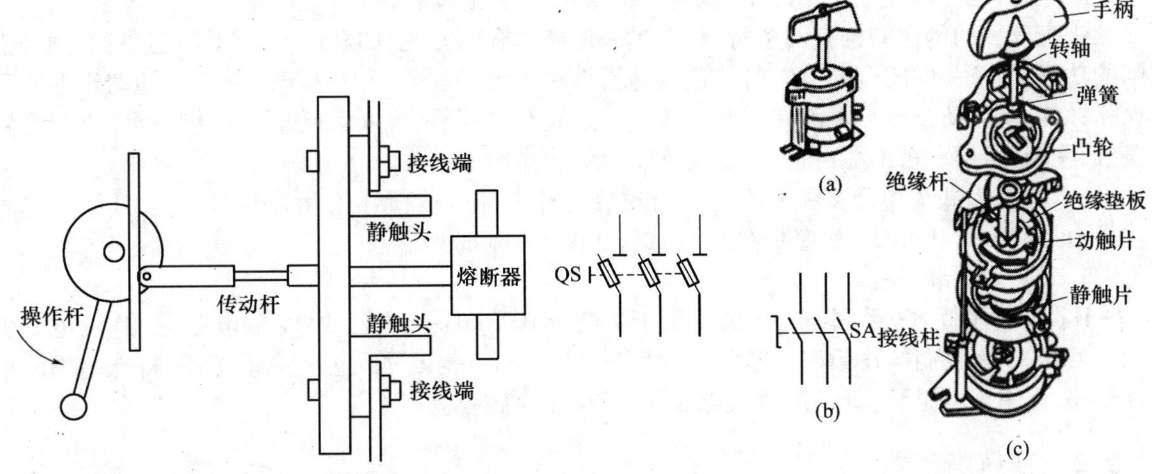

图 1-4　HR 型熔断器式刀开关示意图及图形符号

图 1-5　HZ 系列转换开关

4. HK 型闸刀开关

HK 型开启式负荷开关俗称闸刀或胶壳刀开关，由于它结构简单、价格便宜、使用维修方便，故得到广泛应用。该开关主要用做电气照明电路和电热电路、小容量电动机电路的不频繁控制开关，也可用做分支电路的配电开关。

胶底瓷盖刀开关由熔丝、触刀、触点座和底座组成，如图 1-6(a)所示。此种刀开关装有熔丝，可起短路保护作用。

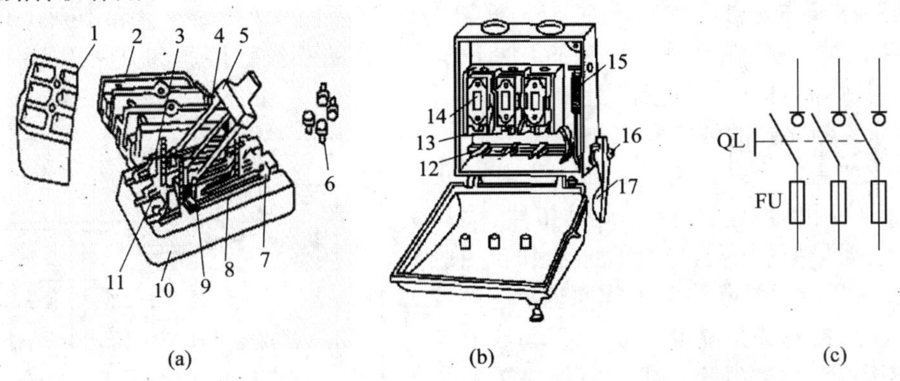

图 1-6　HK 型开启式负荷开关示意图及图形符号

(a)开启式负荷开关；(b)封闭式负荷开关；(c)图形文字符号。

1—上胶盖；2—下胶盖；3—插座；4—触刀；5—操作手柄；6—固定螺母；

7—进线端；8—熔丝；9—触点座；10—底座；11—出线端；12—触刀；

13—插座；14—熔断器；15—速断弹簧；16—转轴；17—操作手柄。

闸刀开关在安装时，手柄要向上，不得倒装或平装，以避免由于重力自动下落而引起误动合闸。接线时，应将电源线接在上端，负载线接在下端，这样拉闸后刀开关的刀片与电源隔离，既便于更换熔丝，又可防止可能发生的意外事故。

5. HH 型铁壳开关

HH 型封闭式负荷开关俗称铁壳开关，主要由钢板外壳、触刀开关、操作机构、熔断器等组成，如图 1-6(b)所示。这种刀开关带有灭弧装置，能够通断负荷电流，熔断器用于切断短路电流。铁壳开关一般用于小型电力排灌、电热器、电气照明线路的配电设备中，用于不频繁地接通与分断电路，也可以直接用于异步电动机的非频繁全压启动控制。

铁壳开关的操作结构有两个特点：一是采用储能合闸方式，即利用一根弹簧以执行合闸和分闸的功能，使开关的闭合和分断时的速度与操作速度无关。它既有助于改善开关的动作性能和灭弧性能，又能防止触点停滞在中间位置。二是设有联锁装置，以保证开关合闸后便不能打开箱盖，而在箱盖打开后，不能再合开关，起到安全保护作用。

HK 型开启式负荷开关和 HH 型封闭式负荷开关都由负荷开关和熔断器组成，其图形符号也是由手动负荷开关 QL 和熔断器 FU 组成，如图 1－6(c)所示。

6. HY 型倒顺开关

HY 系列代替 HZ 系列组合开关适用于交流 50Hz(60Hz)、电压 500V 的电路中，作为电源引入开关，或作为控制操作频率，每小时不大于 300 次的三相鼠笼式感应电动机用，特殊结构的组合开关，运用到电压至 220V 的直流电路中，可控制电磁吸盘。

1.2.2 低压断路器

低压断路器又称自动开关，它是一种既有手动开关作用，又能自动进行失压、欠压、过载和短路保护的电器。它可用来分配电能，不频繁地启动异步电动机，对电源线路及电动机等实行保护，当它们发生严重的过载或者短路及欠压等故障时能自动切断电路，其功能相当于熔断器式开关与过欠热继电器等的组合，而且在分断故障电流后一般不需要变更零部件，已获得了广泛的应用。

1. 低压断路器的用途

低压断路器又称为自动空气开关，分为框架式 DW 系列(又称万能式)和塑壳式 DZ 系列(又称装置式)两大类，主要在电路正常工作条件下作为线路的不频繁接通和分断用，并在电路发生过载、短路及失压时自动分断电路。

2. DZ 系列断路器的结构和工作原理

断路器主要由 3 个基本部分组成，即触头、灭弧系统和各种脱扣器，包括过电流脱扣器、失压(欠电压)脱扣器、热脱扣器、分励脱扣器和自由脱扣器。如图 1－7 所示是断路器工作原理示意图及图形符号。断路器开关是靠操作机构手动或电动合闸的，触头闭合后，自由脱扣机构将触头锁在合闸位置上。当电路发生上述故障时，通过各自的脱扣器使自由脱扣机构动作，自动跳闸以实现保护作用。分励脱扣器用于远距离控制分断电路。过电流脱扣器用于线路的短路和过电流保护，当线路的电流大于整定的电流值时，过电流脱扣器所产生的电磁力使挂钩脱扣，动触点在弹簧的拉力下迅速断开，实现短路器的跳闸功能。

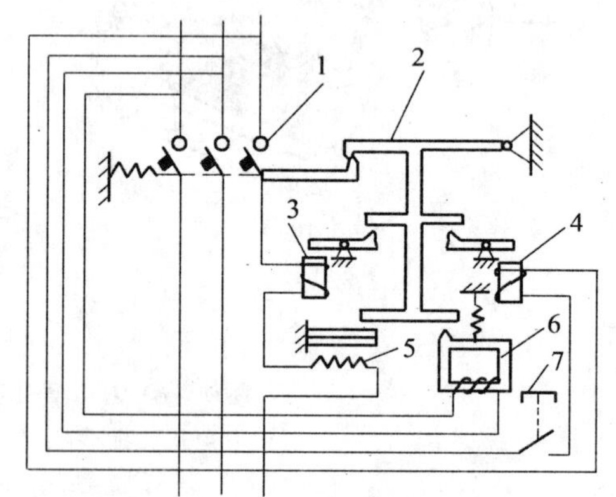

图 1－7 DZ 断路器结构图

1—主触头；2—自由脱扣器；3—过电流脱扣器；4—分励脱扣器；5—热脱扣器；6—失压脱扣器；7—按钮。

热脱扣器用于线路的过负荷保护，工作原理和热继电器相同。

失压(欠电压)脱扣器用于失压保护，如图 1－7 所示，失压脱扣器的线圈直接接在电源上，处于吸合状态，断路器可以正常合闸；当停电或电压很低时，失压脱扣器的吸力小于弹簧的反力，弹簧使动铁芯向上使挂钩脱扣，实现短路器的跳闸功能。

分励脱扣器用于远方跳闸，当在远方按下按钮时，分励脱扣器得电产生电磁力，使其脱扣跳闸。

不同断路器的保护是不同的，使用时应根据需要选用。在图形符号中也可以标注其保护方式，如图 1－7 所示，断路器图形符号中标注了失压、过负荷、过电流 3 种保护方式。

3. 断路器的基本参数特性

断路器的基本参数包括额定电压 Ue、额定电流 In、过载保护（Ir 或 Irth）和短路保护（Im）的脱扣电流整定范围、额定短路分断电流（工业用断路器 Icu，家用断路器 Icn）等。

（1）额定工作电压（Ue）：断路器在正常（不间断的）的情况下工作的电压。

（2）额定电流（In）：配有专门的过电流脱扣继电器的断路器在制造厂家规定的环境温度下所能无限承受的最大电流值，不会超过电流承受部件规定的温度限值。

（3）短路继电器脱扣电流整定值（Im）：短路脱扣继电器（瞬时或短延时）在高故障电流值出现时使断路器快速跳闸。其跳闸极限为 Im。

（4）额定短路分断电流（Icu 或 Icn）：断路器能够分断而不被损害的最高（预期的）电流值。标准中提供的电流值为故障电流交流分量的均方根值，计算标准值时直流暂态分量（总在最坏的情况短路下出现）假定为零。工业用断路器额定值（Icu）和家用断路器额定值（Icn）通常以 kA 均方根值的形式给出。

（5）额定运行短路分断电流（Ics）：断路器能成功分断而不会被损害的最高故障电流。产生这种电流的可能性非常低，普通环境下，故障电流比断路器额定分断能力（Icu）低得多。另一方面，大电流（可能性较低）在良好状态下被分断非常重要，这样在故障电路被修复以后，断路器能够立即合闸。

1.3 控制器

控制器是一种手动操作、直接控制主电路大电流（10A～600A）的开关电器。常用的控制器有 KT 型凸轮控制器、KG 型鼓型控制器和 KP 型平面控制器。各种控制器的作用和工作原理基本类似，下面以常用的凸轮控制器为例进行说明。

凸轮控制器是一种大型的手动控制器，主要用于起重设备中直接控制中小型绕线式异步电动机的启动、停止、调速、换向和制动，也适用于有相同要求的其他电力拖动场合。

凸轮控制器主要由触头、转轴、凸轮、杠杆、手柄、灭弧罩及定位机构等组成。图 1－8 为凸轮控制器的结构原理示意图及图形符号。凸轮控制器中有多组触点，并由多个凸轮分别控制，以实现对一个较复杂电路中的多个触点进行同时控制。由于凸轮控制器中的触点多，每个触点在每个位置的接通情况各不相同，所以不能用普通的常开常闭触点来表示。图 1－8(a) 所示为 1 极 12 位凸轮控制器示意图。图 1－8(b) 所示图形符号表示这一个触点有 12 个位置，图中的小黑点表示该位置触点接通，由示意图可见，当手柄转到 2、3、4 和 10 号位时，由凸轮将触点接通。图 1－8(c) 所示为 5 极 12 位凸轮控制器，它由 5 个 1 极 12 位凸轮控制器组合而成。图 1－8(d) 所示为 4 极 5 位凸轮控制器的图形符号，表示有 4 个触点，每个触点有 5 个位置，图中的小黑点表示触点在该位接通。例如，当手柄打到右侧 1 号位时，2、4 触点接通。

由于凸轮控制器可直接控制电动机工作，所以其触头容量大并有灭弧装置。凸轮控制器的优点为控制线路简单、开关元件少、维修方便等，缺点为体积较大、操作笨重、不能实现远距离控制。目前使用的凸轮控制器有 KT10、KTJ14、KTJ15 及 KTJ16 等系列。

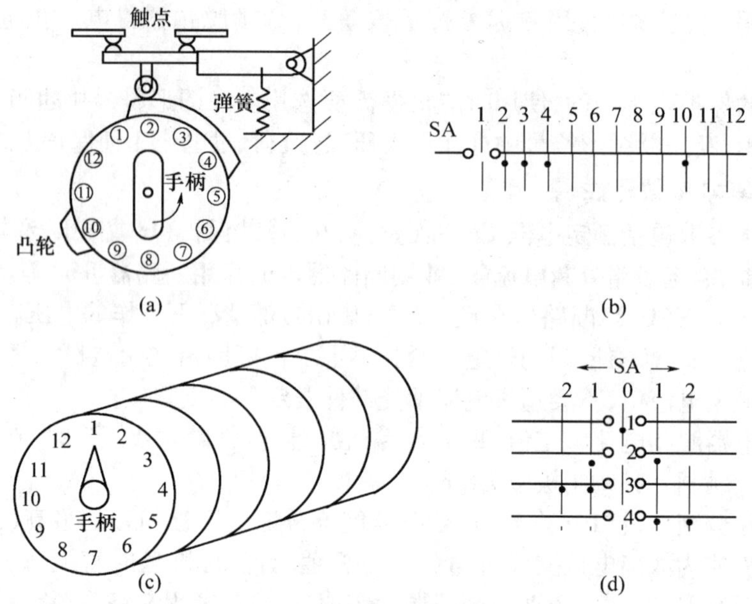

图 1-8 凸轮控制器的结构原理示意图及图形符号
(a) 1 极 12 位凸轮控制器示意图;(b) 1 极 12 位凸轮控制器图形符号;
(c)5 极 12 位凸轮控制器;(d) 4 极 5 位凸轮控制器图形符号。

1.4 接触器

接触器是指工业电中利用线圈流过电流产生磁场,使触头闭合,以达到控制负载的电器。接触器由电磁系统(铁芯、静铁芯、电磁线圈)、触头系统(常开触头和常闭触头)和灭弧装置组成。其原理是当接触器的电磁线圈通电后,会产生很强的磁场,使静铁芯产生电磁吸力吸引衔铁,并带动触头动作:常闭触头断开;常开触头闭合,两者是联动的。当线圈断电时,电磁吸力消失,衔铁在释放弹簧的作用下释放,使触头复原:常闭触头闭合;常开触头断开。

在工业电气中,接触器的型号很多,电流在 5A~1000A 的不等,其应用相当广泛。接触器是一种用来接通或断开带负载的交直流主电路或大容量控制电路的自动化切换器,主要控制对象是电动机,此外也用于其他电力负载,如电热器、电焊机和照明设备。接触器不仅能接通和切断电路,而且还具有低电压释放保护作用。接触器控制容量大,适用于频繁操作和远距离控制,是自动控制系统中的重要元件之一。通用接触器可大致分为交流接触器和直流接触器两类。

1.4.1 交流接触器

1. 交流接触器的结构

图 1-9 为交流接触器结构原理图。主要由 3 部分组成。

(1) 触头系统:采用双断点桥式触头结构,一般有 3 对常开主触头。

(2) 电磁系统:包括动、静铁芯,吸引线圈和反作用弹簧。

(3) 灭弧系统:大容量接触器(20A 以上)采用缝隙灭弧罩及灭弧栅片灭弧,小容量接触器采用双断口触头灭弧、电动力灭弧、相间弧板隔弧及陶土灭弧罩灭弧。

2. 交流接触器的工作原理

当吸引线圈两端加上额定电压时,动、静铁芯间产生大于反作用弹簧弹力的电磁吸力,动、静

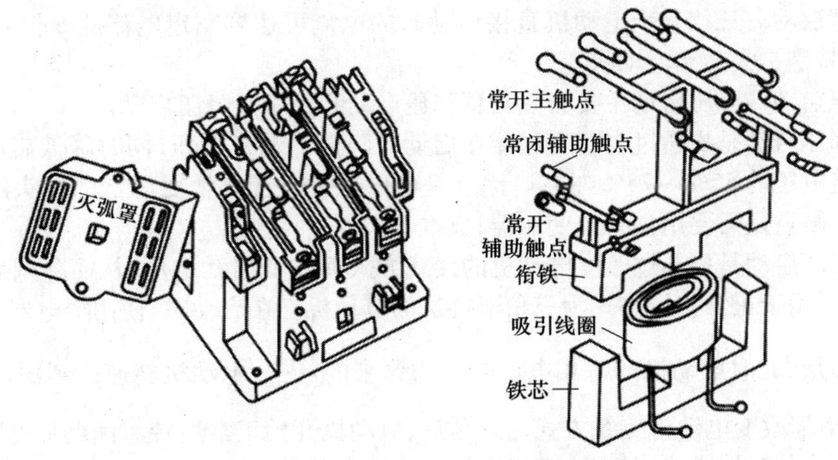

图 1-9　交流接触器的外形与结构

铁芯吸合,带动动铁芯上的触头动作,即常闭触头断开,常开触头闭合;当吸引线圈端电压消失后,电磁吸力消失,触头在反弹力作用下恢复常态。

1.4.2　直流接触器

直流接触器主要用于远距离接通和分断直流电路,还用于直流电动机的频繁启动、停止、反转和反接制动。该接触器采用模块化设计,可以以最少的零件组装出顾客所需要的触点路数以及客户所需要的触点形式(常开、常闭和转换);该系列产品触点开断电压高,并采用横吹磁场灭弧,最高开断电压可达到直流 220V。产品适用于程控电源或不间断电源系统、叉车、电动车和工程机械系统。

1.4.3　接触器的选择

(1) 根据电路中负载电流的种类选择接触器的类型。一般直流电路用直流接触器控制,当直流电动机和直流负载容量较小时,也可用交流接触器控制,但触头的额定电流应适当选择大些。

(2) 接触器的额定电压应大于或等于负载回路的额定电压。

(3) 吸引线圈的额定电压应与所接控制电路的额定电压等级一致。

(4) 额定电流应大于或等于被控主回路的额定电流。根据负载额定电流,接触器安装条件及电流流经触头的持续情况来选定接触器的额定电流。

1.5　启 动 器

启动器用于三相异步电动机的启动和停止控制,它是一种成套的低压控制装置,控制电动机的启动和停止。电动机启动时,启动电流要超过电动机额定电流很多倍,启动电流大时,线路的电压暂时有所降低。线路容量较大的情况下,电压降低不多,对线路上的其他电器设备的工作影响不大。因此,中小容量的交流电动机可采用直接启动方式。如果线路电压降低较多,一方面会影响线路上其他设备的运行,另一方面电动机的启动转矩将减小,启动发生困难,甚至启动失败,因此,需要采用启动器。

大功率三相异步电动机一般情况下不能直接启动,这样就需要用到启动器。

三相异步电动机的启动方式有:

(1) 直接启动。三相异步电动机直接启动时的电流可达到额定电流的6倍～7倍,对电网的冲击较大,特别是大功率电动机。

(2) 降压启动。降压启动主要有热自藕降压启动和星三角降压启动。

热自藕降压启动是指通过自藕变压器在启动时降低电动机电压,同时降低启动电流。电压一般降低额定电压的55%～75%左右。优点是可以通过改变自藕变压器的抽头圈数方便地改变启动电压。缺点是需要用到自藕变压器,成本较大。

星三角降压启动是指通过改变电动机的接线方式而改变启动电压,从而降低启动电流的一种方法,只能适用于正常接线方式为三角形接法的电动机。在启动时,使用继电器方法使电动机接线方式为星形,此时电动机的每相电压降低为原来的$\sqrt{\frac{1}{3}}$,电动机转速达到额定转速的80%左右,控制继电器改变电动机接线方式为三角形,电动机开始正常运转。优点是可以节省自藕变压器,降低成本,同时接线方法简单,可靠性较大。缺点是无法改变启动电压的比率,同时无法使用在星形接法的电动机。

(3) 频敏电阻启动。频敏电阻启动是指在电动机启动时在主路中串联频敏电阻,从而降低启动电流。频敏电阻能够平滑地改变启动电流,对电网的冲击较小,是较为理想的启动方式。但是目前大功率的频敏电阻都是采用电感的形式,所以在使用时会产生较大的电磁涡流,会降低电网的功率因数。

1.6 控制继电器

控制继电器用于电路的逻辑控制,继电器具有逻辑记忆功能,能组成复杂的逻辑控制电路,继电器用于将某种电量(如电压、电流)或非电量(如温度、压力、转速、时间等)的变化量转换为开关量,以实现对电路的自动控制功能。

1. 继电器的用途

作为控制元件,概括起来,继电器有如下几种作用:

(1) 扩大控制范围。例如,多触点继电器控制信号达到某一定值时,可以按触点组的不同形式,同时换接、开断、接通多路电路。

(2) 放大。例如,灵敏型继电器、中间继电器等,用一个很微小的控制量,可以控制很大功率的电路。

(3) 综合信号。例如,当多个控制信号按规定的形式输入多绕组继电器时,经过比较综合,达到预定的控制效果。

(4) 自动、遥控、监测。例如,自动装置上的继电器与其他电器一起,可以组成程序控制线路,从而实现自动化运行。

2. 继电器的分类

继电器的分类方法较多,可以按作用原理、外形尺寸、保护特征、触点负载、产品用途等分类。其中,按作用原理不同可分为以下几类:

(1) 电磁继电器。在输入电路内电流的作用下,由机械部件的相对运动产生预定响应的一种继电器。它包括直流电磁继电器、交流电磁继电器、磁保持继电器、极化继电器、舌簧继电器、节能功率继电器。

(2) 固态继电器。输入、输出功能由电子元件完成而无机械运动部件的一种继电器。

(3) 时间继电器。当加上或除去输入信号时,输出部分需延时或限时到规定的时间才闭合或断开其被控线路的继电器。

(4) 温度继电器。当外界温度达到规定值时而动作的继电器。

(5) 风速继电器。当风的速度达到一定值时,被控电路将接通或断开。

(6) 加速度继电器。当运动物体的加速度达到规定值时,被控电路将接通或断开。

(7) 其他类型的继电器。如光继电器、声继电器、热继电器等。

1.6.1 电磁式继电器

作用:起控制、放大、联锁、保护和调节作用。

分类:直流继电器和交流继电器;电压继电器、电流继电器、中间继电器和时间继电器。

在控制电路中用的继电器大多数是电磁式继电器。电磁式继电器具有结构简单、价格低廉、使用维护方便、触点容量小(一般在5A以下)、触点数量多且无主辅之分、无灭弧装置、体积小、动作迅速、准确、控制灵敏、可靠等特点,因此广泛地应用于低压控制系统中。常用的电磁式继电器有电流继电器、电压继电器、中间继电器以及各种小型通用继电器等。

电磁式继电器的结构和工作原理与接触器相似,主要由电磁机构和触点组成。电磁式继电器也有直流和交流两种。图1-10为直流电磁式继电器结构示意图,在线圈两端加上电压或通入电流,产生电磁力,当电磁力大于弹簧反力时,吸动衔铁使常开常闭接点动作;当线圈的电压或电流下降或消失时衔铁释放,接点复位。

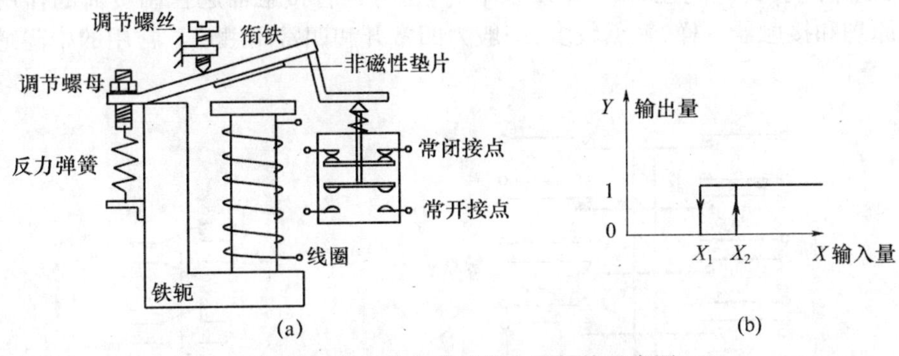

图1-10 直流电磁式继电器结构示意图

(a) 直流电磁式继电器结构示意图;(b) 继电器输入—输出特性。

1. 电磁式继电器的整定

继电器的吸动值和释放值可以根据保护要求在一定范围内调整,现以图1-10(a)所示的直流电磁式继电器为例予以说明。

(1) 转动调节螺母,调整反力弹簧的松紧程度可以调整动作电流(电压)。弹簧反力越大,动作电流(电压)就越大;反之就越小。

(2) 改变非磁性垫片的厚度。非磁性垫片越厚,衔铁吸合后磁路的气隙和磁阻就越大,释放电流(电压)也就越大;反之越小,而吸引值不变。

(3) 调节螺丝,可以改变初始气隙的大小。在反作用弹簧力和非磁性垫片厚度一定时,初始气隙越大,吸引电流(电压)就越大;反之就越小,而释放值不变。

2. 电磁式继电器的特性

继电器的主要特性是输入—输出特性,又称为继电特性,如图1-10(b)所示。

当继电器输入量X由0增加至X_2之前,输出量Y为0。当输入量增加到X_2时,继电器吸合,输出量Y为1,表示继电器线圈得电,常开接点闭合,常闭接点断开。当输入量继续增大时,继电器动作状态不变。

当输出量 Y 为 1 的状态下，输入量 X 减小，当小于 X_2 时 Y 值仍不变，当 X 再继续减小至小于 X_1 时，继电器释放，输出量 Y 变为 0，X 再减小，Y 值仍为 0。

在继电特性曲线中，X_2 称为继电器吸合值，X_1 称为继电器释放值。$k = X_1/X_2$，称为继电器的返回系数，它是继电器的重要参数之一。

返回系数 k 值可以调节，不同场合对 k 值的要求不同。例如一般控制继电器要求 k 值低些，一般为 0.1 ~ 0.4，这样继电器吸合后，输入量波动较大时不致引起误动作。保护继电器要求 k 值高些，一般为 0.85 ~ 0.9。k 值是反映吸力特性与反力特性配合紧密程度的一个参数，一般 k 值越大，继电器灵敏度越高；k 值越小，灵敏度越低。

1.6.2 中间继电器

中间继电器是最常用的继电器之一，它的结构和接触器基本相同，如图 1－11(a)所示，其图形符号如图 1－11(b)所示。

中间继电器在控制电路中起逻辑变换和状态记忆的功能，以及用于扩展接点的容量和数量。另外，在控制电路中还可以调节各继电器、开关之间的动作时间，防止电路误动作的作用。中间继电器实质上是一种电压继电器，它是根据输入电压的有或无而动作的，一般触点对数多，触点容量额定电流为 5A ~ 10A 左右。中间继电器体积小，动作灵敏度高，一般不用于直接控制电路的负荷，但当电路的负荷电流在 5A ~ 10A 以下时，也可代替接触器起控制负荷的作用。中间继电器的工作原理和接触器一样，触点较多，一般为四常开和四常闭触点。常用的中间继电器型号有 JZ7、JZ14 等。

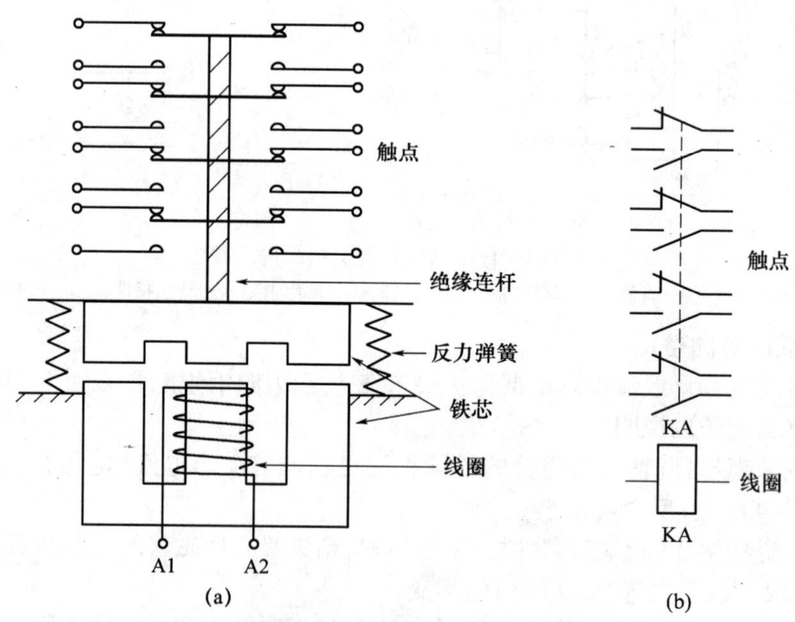

图 1－11 中间继电器的结构示意图及图形符号

(a) 中间继电器示意图；(b) 中间继电器图形符号。

1.6.3 电流继电器和电压继电器

1. 电流继电器

电流继电器的输入量是电流，它是根据输入电流大小而动作的继电器。电流继电器的线圈串入电路中,以反映电路电流的变化,其线圈匝数少、导线粗、阻抗小。电流继电器可分为欠电流继电器和过电流继电器。

欠电流继电器用于欠电流保护或控制,如直流电动机励磁绕组的弱磁保护、电磁吸盘中的欠电流保护、绕线式异步电动机启动时电阻的切换控制等。欠电流继电器的动作电流整定范围为线圈额定电流的30%~65%。需要注意的是,欠电流继电器在电路正常工作时,电流正常不欠电流时,欠电流继电器处于吸合动作状态,常开接点处于闭合状态,常闭接点处于断开状态;当电路出现不正常现象或故障现象导致电流下降或消失时,继电器中流过的电流小于释放电流而动作,所以欠电流继电器的动作电流为释放电流而不是吸合电流。

过电流继电器用于过电流保护或控制,如起重机电路中的过电流保护。过电流继电器在电路正常工作时流过正常工作电流,正常工作电流小于继电器所整定的动作电流,继电器不动作,当电流超过动作电流整定值时才动作。过电流继电器动作时其常开接点闭合,常闭接点断开。过电流继电器整定范围为额定电流的110%~400%额定电流,其中交流过电流继电器为额定电流的110%~400%,直流过电流继电器为额定电流的70%~300%。

常用的电流继电器的型号有JL12、JL15等。

电流继电器作为保护电器时,其图形符号如图1-12所示。

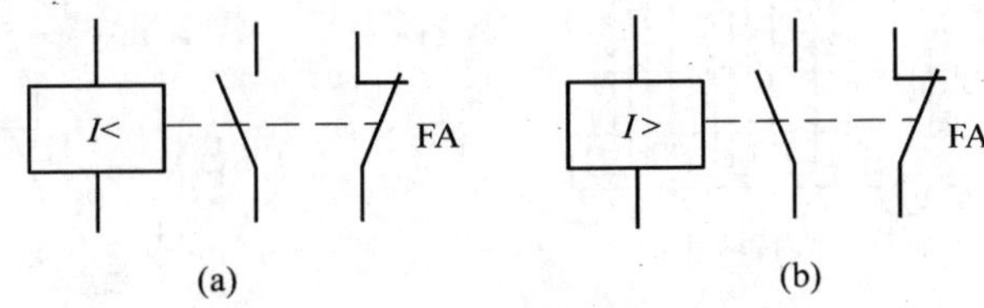

图1-12　电流继电器的图形符号
(a)欠电流继电器;(b)过电流继电器。

2. 电压继电器

电压继电器的输入量是电路的电压大小,其根据输入电压大小而动作。与电流继电器类似,电压继电器也分为欠电压继电器和过电压继电器两种。过电压继电器动作电压范围为额定电压的105%~120%;欠电压继电器吸合电压动作范围为额定电压的20%~50%,释放电压调整范围为额定电压的7%~20%;零电压继电器当电压降低至额定电压的5%~25%时动作,它们分别起过压、欠压、零压保护。电压继电器工作时并联在电路中,因此线圈匝数多、导线细、阻抗大,反映电路中电压的变化,用于电路的电压保护。

电压继电器常用在电力系统继电保护中,在低压控制电路中使用较少。

电压继电器作为保护电器时,其图形符号如图1-13所示。

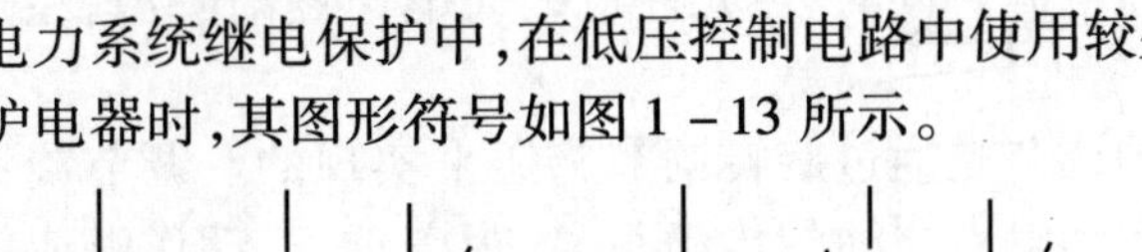

U<　FV　U>　FV

(a)　(b)

图1-13　电压继电器的图形符号
(a)欠电压继电器;(b)过电压继电器。

1.6.4　热继电器

热继电器有多种型式,其中常用的有:

(1) 双金属片式。利用双金属片受热弯曲去推动杠杆使触头动作。

(2) 热敏电阻式。利用电阻值随温度变化而变化的特性制成的热继电器。

(3) 易熔合金式。利用过载电流发热使易熔合金达到某一温度值时,合金熔化而使继电器动作。

1. 热继电器的结构及工作原理

热继电器是利用电流的热效应来切断电路的保护电器,主要由发热元件、双金属片和触头及动作机构等部分组成。如图1-14(a)所示是双金属片式热继电器的结构示意图,图1-14(b)所示是其图形符号。由图可见,热继电器主要由双金属片、热元件、复位按钮、传动杆、拉簧、调节旋钮、复位螺丝、触点和接线端子等组成。双金属片是一种将两种线膨胀系数不同的金属用机械辗压方法使之形成一体的金属片。膨胀系数大的(如铁镍铬合金、铜合金或高铝合金等)称为主动层,膨胀系数小的(如铁镍类合金)称为被动层。由于两种线膨胀系数不同的金属紧密地贴合在一起,当产生热效应时,使得双金属片向膨胀系数小的一侧弯曲,由弯曲产生的位移带动触头动作。

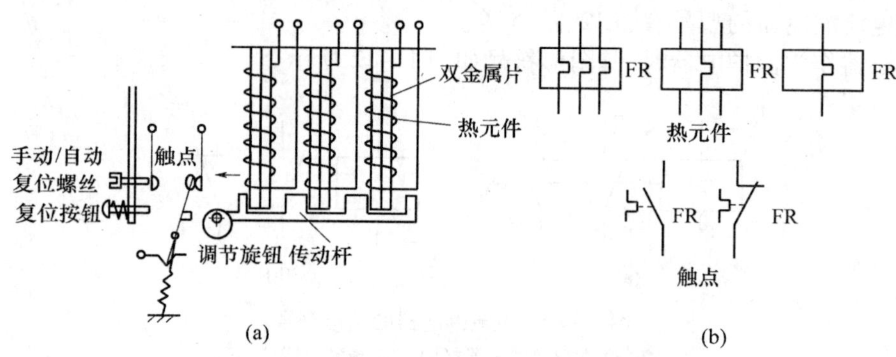

图1-14 热继电器结构示意图及图形符号

(a) 热继电器结构示意图;(b) 热继电器图形符号。

热元件一般由铜镍合金、镍铬铁合金或铁铬铝等合金电阻材料制成,其形状有圆丝、扁丝、片状和带材几种。热元件串接于电动机的定子电路中,通过热元件的电流就是电动机的工作电流(大容量的热继电器装有速饱和互感器,热元件串接在其二次回路中)。当电动机正常运行时,其工作电流通过热元件产生的热量不足以使双金属片变形,热继电器不会动作。当电动机发生过电流且超过整定值时,双金属片的热量增大而发生弯曲,经过一定时间后,使触点动作,通过控制电路切断电动机的工作电源。同时,热元件也因失电而逐渐降温,经过一段时间的冷却,双金属片恢复到原来状态。

热继电器动作电流的调节是通过旋转调节旋钮来实现的。调节旋钮为一个偏心轮,旋转调节旋钮可以改变传动杆和动触点之间的传动距离,距离越长,动作电流就越大;反之动作电流就越小。

热继电器复位方式有自动复位和手动复位两种,将复位螺丝旋入,使常开的静触点向动触点靠近,这样动触点在闭合时处于不稳定状态,在双金属片冷却后动触点也返回,为自动复位方式。如将复位螺丝旋出,触点不能自动复位,为手动复位置方式。在手动复位置方式下,需在双金属片恢复状时按下复位按钮才能使触点复位。

2. 热继电器的使用与选择

热继电器主要用于电动机的过载保护,使用中应考虑电动机的工作环境、启动情况、负载性质等因素,具体应按以下几个方面来选择:

(1) 热继电器结构型式的选择。星形接法的电动机可选用两相或三相结构热继电器，三角形接法的电动机应选用带断相保护装置的三相结构热继电器。

(2) 热继电器的动作电流整定值一般为电动机额定电流的1.05倍~1.1倍。

(3) 对于重复短时工作的电动机(如起重机电动机)，由于电动机不断重复升温，热继电器双金属片的温升跟不上电动机绕组的温升，电动机将得不到可靠的过载保护。因此，不宜选用双金属片热继电器，而应选用过电流继电器或能反映绕组实际温度的温度继电器来进行保护。

1.6.5 时间继电器

时间继电器用来按照所需时间间隔，接通或断开被控制的电路，以协调和控制生产机械的各种动作，因此是按整定时间长短进行动作的控制电器。

时间继电器在控制电路中用于时间的控制。其种类很多，按其动作原理可分为电磁式、空气阻尼式、电动式和电子式等；按延时方式可分为通电延时型和断电延时型。下面以JS7型空气阻尼式时间继电器为例说明其工作原理。

空气阻尼式时间继电器是利用空气阻尼原理获得延时的，它由电磁机构、延时机构和触头系统3部分组成。电磁机构为直动式双E型铁芯，触头系统借用LX5型微动开关，延时机构采用气囊式阻尼器。

空气阻尼式时间继电器可以做成通电延时型，也可改成断电延时型，电磁机构可以是直流的，也可以是交流的，如图1-15所示。

现以通电延时型时间继电器为例介绍其工作原理。

图1-15(a)中通电延时型时间继电器为线圈不得电时的情况，当线圈通电后，动铁芯吸合，带动L形传动杆向右运动，使瞬动接点受压，其接点瞬时动作。活塞杆在塔形弹簧的作用下，带动橡皮膜向右移动，弱弹簧将橡皮膜压在活塞上，橡皮膜左方的空气不能进入气室，形成负压，只能通过进气孔进气，因此活塞杆只能缓慢地向右移动，其移动的速度和进气孔的大小有关(通过延时调节螺丝调节进气孔的大小可改变延时时间)。经过一定的延时后，活塞杆移动到右端，通过杠杆压动微动开关(通电延时接点)，使其常闭触头断开、常开触头闭合，起到通电延时作用。

当线圈断电时，电磁吸力消失，动铁芯在反力弹簧的作用下释放，并通过活塞杆将活塞推向左端，这时气室内中的空气通过橡皮膜和活塞杆之间的缝隙排掉，瞬动接点和延时接点迅速复位，无延时。

如果将通电延时型时间继电器的电磁机构反向安装，就可以改为断电延时型时间继电器，如图1-15(c)中断电延时型时间继电器所示。线圈不得电时，塔形弹簧将橡皮膜和活塞杆推向右侧，杠杆将延时接点压下(注意，原来通电延时的常开接点现在变成了断电延时的常闭接点了，原来通电延时的常闭接点现在变成了断电延时的常开接点)，当线圈通电时，动铁芯带动L形传动杆向左运动，使瞬动接点瞬时动作，同时推动活塞杆向左运动，如前所述，活塞杆向左运动不延时，延时接点瞬时动作。线圈失电时，动铁芯在反力弹簧的作用下返回，瞬动接点瞬时动作，延时接点延时动作。

时间继电器线圈和延时接点的图形符号都有两种画法，线圈中的延时符号可以不画，接点中的延时符号可以画在左边也可以画在右边，但是圆弧的方向不能改变，如图1-15(b)和(d)所示。

空气阻尼式时间继电器的优点是结构简单、延时范围大、寿命长、价格低廉，且不受电源电压及频率波动的影响；其缺点是延时误差大、无调节刻度指示，一般适用延时精度要求不高的场合。常用的产品有JS7-A、JS23等系列，其中JS7-A系列的主要技术参数为延时范围，分0.4s~60s

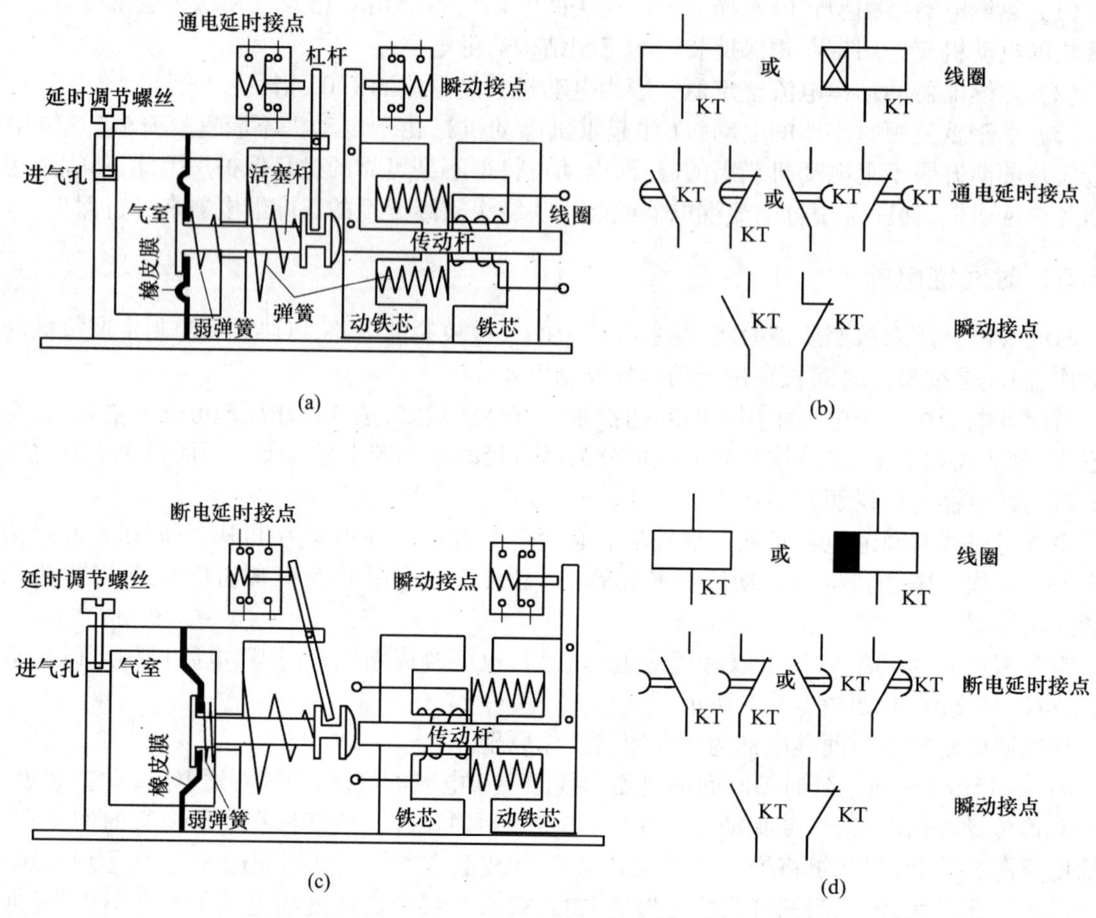

图 1-15　空气阻尼式时间继电器示意图及图形符号
(a) 通电延时继电器示意图;(b) 通电延时继电器图形符号;
(c) 断电延时继电器示意图;(d) 断电延时继电器图形符号。

和0.4s~180s两种,操作频率为600次/h,触头容量为5A,延时误差为±15%。在使用空气阻尼式时间继电器时,应保持延时机构的清洁,防止因进气孔堵塞而失去延时作用。

时间继电器在选用时应根据控制要求选择其延时方式,根据延时范围和精度选择继电器的类型。

1.6.6　速度继电器

速度继电器是以速度的大小为信号与接触器配合,完成笼型电动机的反接制动控制,故亦称为反接制动继电器。速度继电器常用于铣床和镗床的控制电路中。

速度继电器又称为反接制动继电器,主要用于三相鼠笼型异步电动机的反接制动控制。图1-16为速度继电器的原理示意图及图形符号,它主要由转子、定子和触头3部分组成。转子是一个圆柱形永久磁铁,定子是一个鼠笼型空心圆环,由硅钢片叠成,并装有鼠笼型绕组。其转子的轴与被控电动机的轴相连接,当电动机转动时,转子(圆柱形永久磁铁)随之转动产生一个旋转磁场,定子中的鼠笼型绕组切割磁力线而产生感应电流和磁场,两个磁场相互作用,使定子受力而跟随转动,当达到一定转速时,装在定子轴上的摆锤推动簧片触点运动,使常闭触点断开,常开触点闭合。当电动机转速低于某一数值时,定子产生的转矩减小,触点在簧片作用下复位。

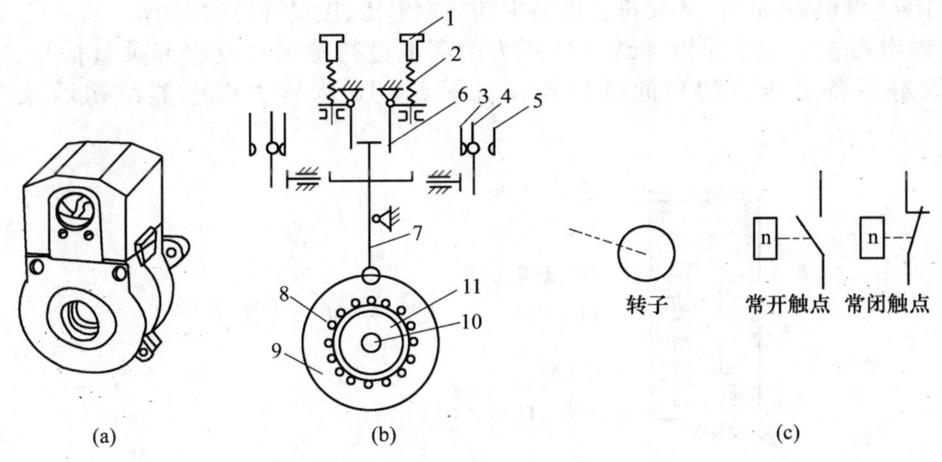

图 1－16 速度继电器外形、结构和符号图

(a)外形;(b)结构;(c)符号。

常用的速度继电器有 JY1 型和 JFZ0 型两种。其中 JY1 型可在 700r/min～3600r/min 范围工作,JFZ0－1 型适用于 300r/min～1000r/min,JFZ0－2 型适用于 1000r/min～3000r/min。

一般速度继电器都具有两对转换触点,一对用于正转时动作,另一对用于反转时动作。触点额定电压为 380V,额定电流为 2A。通常速度继电器动作转速为 130r/min,复位转速在100r/min 以下。

1.6.7 液位继电器

液位继电器主要用于对液位的高低进行检测并发出开关量信号,以控制电磁阀、液泵等设备对液位的高低进行控制。液位继电器的种类很多,工作原理也不尽相同,下面介绍 JYF－02 型液位继电器。其结构示意图及图形符号如图 1－17 所示。浮筒置于液体内,浮筒的另一端为一根磁钢,靠近磁钢的液体外壁也装一根磁钢,并和动触点相连,当水位上升时,受浮力上浮而绕固定支点上浮,带动磁钢条向下,当内磁钢 N 极低于外磁钢 N 极时,由于液体壁内外两根磁钢同性相斥,壁外的磁钢受排斥力迅速上翘,带动触点迅速动作。同理,当液位下降,内磁钢 N 极高于外磁钢 N 极时,外磁钢受排斥力迅速下翘,带动触点迅速动作。液位高低的控制是由液位继电器安装的位置决定的。

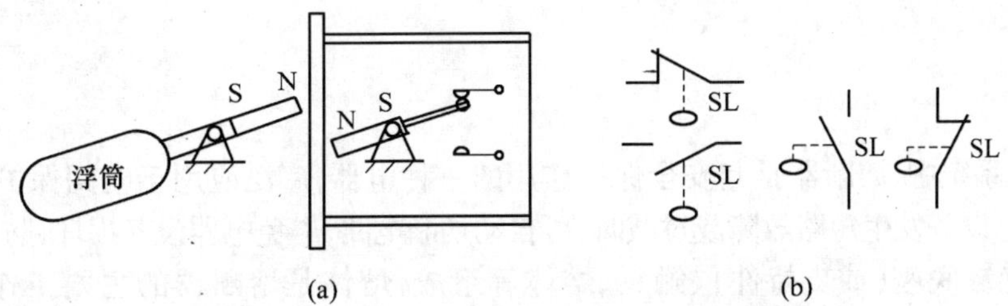

图 1－17 JYF－02 型液位继电器结构示意图及图形符号

(a) 液位继电器(传感器)示意图;(b) 图形符号。

1.6.8 压力继电器

压力继电器是液压术语,是液压系统中当流体压力达到预定值时,使电接点动作的元件。

要根据所测对象的压力来选用压力继电器,如所测压力范围在 8kG 以内,那么就要选用额定10kg的压力继电器;此外,还要符合电路中的额定电压、接口管径的大小。

压力继电器主要用于对液体或气体压力的高低进行检测并发出开关量信号,以控制电磁阀、液泵等设备对压力的高低进行控制。图1－18为压力继电器结构示意图及图形符号。

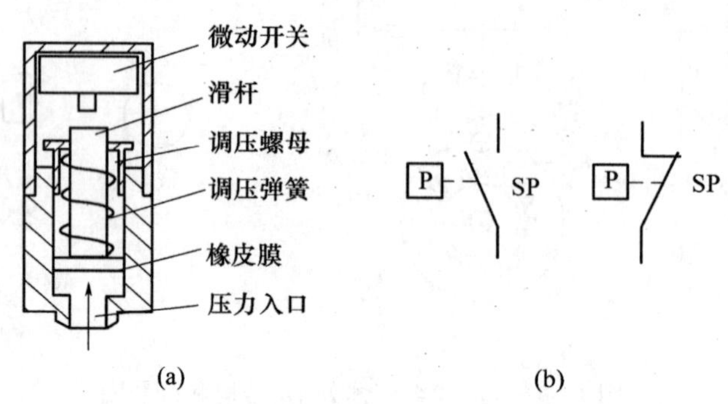

图1－18　压力继电器结构示意图及图形符号

(a) 压力继电器(传感器)示意图;(b) 图形符号。

压力继电器主要由压力传送装置和微动开关等组成,液体或气体压力经压力入口推动橡皮膜和滑杆,克服弹簧反力向上运动,当压力达到给定压力时,触动微动开关,发出控制信号,旋转调压螺母可以改变给定压力。

传感器是一种检测装置,能感受到被测量的信息,并能将检测感受到的信息,按一定规律变换成为电信号或其他所需形式的信息输出,以满足信息的传输、处理、存储、显示、记录和控制等要求。

1.6.9　接触器与继电器的区别

接触器原理与电压继电器相同,只是接触器控制的负载功率较大,故体积也较大。交流接触器广泛用于电路的开断和控制电路。

继电器是一种小信号控制电器,它用于电动机保护或各种生产机械自动控制。

1.7　熔 断 器

1.7.1　概述

在低压配电系统中,熔断器是起安全保护作用的一种电器,广泛应用于电网保护和用电设备保护,当电网或用电设备发生短路故障或过载时,可自动切断电路,避免电器设备损坏,防止事故蔓延。

熔断器由绝缘底座(或支持件)、触头、熔体等组成,熔体是熔断器的主要工作部分,熔体相当于串联在电路中的一段特殊的导线,当电路发生短路或过载时,电流过大,熔体因过热而熔化,从而切断电路。熔体常做成丝状、栅状或片状。熔体材料具有相对熔点低、特性稳定、易于熔断的特点,一般采用铅锡合金、镀银铜片、锌、银等金属。

在熔体熔断切断电路的过程中会产生电弧,为了安全、有效地熄灭电弧,一般均将熔体安装在熔断器壳体内,采取措施,快速熄灭电弧。

熔断器具有结构简单、使用方便、价格低廉等优点,在低压系统中广泛被应用。

1.7.2 熔断器的主要技术参数

熔断器的主要技术参数包括额定电压、熔体额定电流、熔断器额定电流、极限分断能力等。

(1)额定电压:保证熔断器能长期正常工作的电压。

(2)熔体额定电流:熔体长期通过而不会熔断的电流。

(3)熔断器额定电流:保证熔断器能长期正常工作的电流。

(4)极限分断能力:熔断器在额定电压下所能开断的最大短路电流。在电路中出现的最大电流一般是指短路电流值,所以,极限分断能力也反映了熔断器分断短路电流的能力。

1.7.3 熔断器特点和分类

1. 熔断器的特点

熔体额定电流不等于熔断器额定电流,熔体额定电流按被保护设备的负荷电流选择,熔断器额定电流应大于熔体额定电流,与主电器配合确定。

2. 熔断器分类

常用的熔断器有瓷插式、螺旋式、有填料密封管式、无填料管式等几种类型,如图1-19所示。

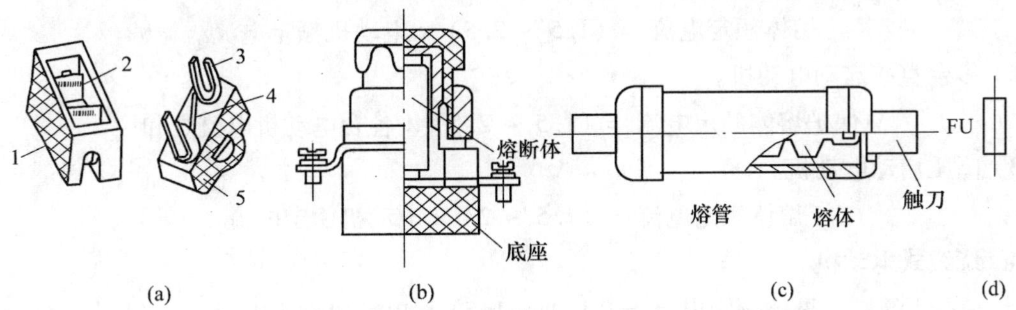

图1-19 常用熔断器结构图

(a)瓷插式;(b)有填料螺旋式;(c)无填料密闭管式;(d)符号。

1)螺旋式熔断器 RL

在熔断管装有石英砂,熔体埋于其中,熔体熔断时,电弧喷向石英砂及其缝隙,可迅速降温而熄灭。为了便于监视,熔断器一端装有色点,不同的颜色表示不同的熔体电流,熔体熔断时,色点跳出,示意熔体已熔断。螺旋式熔断器额定电流为5A~200A,主要用于短路电流大的分支电路或有易燃气体的场所。

2)有填料管式熔断器 RT

有填料管式熔断器是一种有限流作用的熔断器,由填有石英砂的瓷熔管、触点和镀银铜栅状熔体组成。填料管式熔断器均装在特别的底座上,如带隔离刀闸的底座或以熔断器为隔离刀的底座上,通过手动机构操作。填料管式熔断器额定电流为50A~1000A,主要用于短路电流大的电路或有易燃气体的场所。

3)无填料管式熔断器 RM

无填料管式熔断器的熔丝管由纤维物制成,使用的熔体为变截面的锌合金片。熔体熔断时,纤维熔管的部分纤维物因受热而分解,产生高压气体,使电弧很快熄灭。无填料管式熔断器具有结构简单、保护性能好、使用方便等特点,一般均与刀开关组成熔断器刀开关组合使用。

4）有填料封闭管式快速熔断器 RS

有填料封闭管式快速熔断器是一种快速动作型的熔断器，由熔断管、触点底座、动作指示器和熔体组成。熔体为银质窄截面或网状形式，熔体为一次性使用，不能自行更换。由于其具有快速动作性，一般作为半导体整流元件保护用。

1.7.4 熔断器应用

熔体额定电流的选择。

由于各种电气设备都具有一定的过载能力，允许在一定条件下较长时间运行；而当负载超过允许值时，就要求保护熔体在一定时间内熔断。还有一些设备启动电流很大，但启动时间很短，所以要求这些设备的保护特性要适应设备运行的需要，要求熔断器在电动机启动时不熔断，在短路电流作用下和超过允许过负荷电流时，能可靠熔断，起到保护作用。熔体额定电流选择偏大，负载在短路或长期过负荷时不能及时熔断；选择过小，可能在正常负载电流作用下就会熔断，影响正常运行。因此，为保证设备正常运行，必须根据负载性质合理地选择熔体额定电流。

1）照明电路

熔体额定电流大于等于被保护电路上所有照明电器工作电流之和。

2）电动机

（1）单台直接启动电动机。

$$熔体额定电流 = (1.5 \sim 2.5) \times 电动机额定电流$$

（2）多台直接启动电动机。

$$总保护熔体额定电流 = (1.5 \sim 2.5) \times 各台电动机电流之和$$

（3）降压启动电动机。

$$熔体额定电流 = (1.5 \sim 2) \times 电动机额定电流$$

（4）绕线式电动机。

$$熔体额定电流 = (1.2 \sim 1.5) \times 电动机额定电流$$

3）配电变压器低压侧

$$熔体额定电流 = (1.0 \sim 1.5) \times 变压器低压侧额定电流$$

4）并联电容器组

$$熔体额定电流 = (1.43 \sim 1.55) \times 电容器组额定电流$$

5）电焊机

$$熔体额定电流 = (1.5 \sim 2.5) \times 负荷电流$$

6）电子整流元件

熔体额定电流大于等于整流元件额定电流的 1.57 倍。

1.8 主令电器

主令电器在自动控制系统中专用于发布控制指令，主令电器的种类繁多，按其作用可以分为控制按钮、行程开关、万能转换开关等。

1.8.1 按钮开关

按钮开关是用来切断和接通控制电路的低压开关电器。按钮开关的触头的额定电流为 5A。

所以，操作按钮开关所控制的电路属于小电流电路。

按钮有单极双位开关或双极双位开关，它按动能与用途又分为启动按钮、复位按钮、检查按钮、控制按钮、限位按钮等多种。

按钮有动合（常开）和动断（常闭）之分。

微型按钮用导电橡胶或金属片等作导体，可作为状态选择开关，用于小型半导体收音机、遥控器、验钞器等产品中。

控制按钮是一种结构简单、应用广泛的主令电器，是用来短时间接通或断开小电流电路的手动主令电器。

控制按钮是一种简单电器，不直接控制主电路，而在控制电路发出手动控制信号。其结构原理如图1-20所示，由按钮帽、复位弹簧、桥式触头和外壳组成。

按照按钮的结构型式可分为开启式（K）、保护式（H）、防水式（S）、防腐式（F）、紧急式（J）、钥匙式（Y）、旋钮式（X）和带指示灯（D）式等。

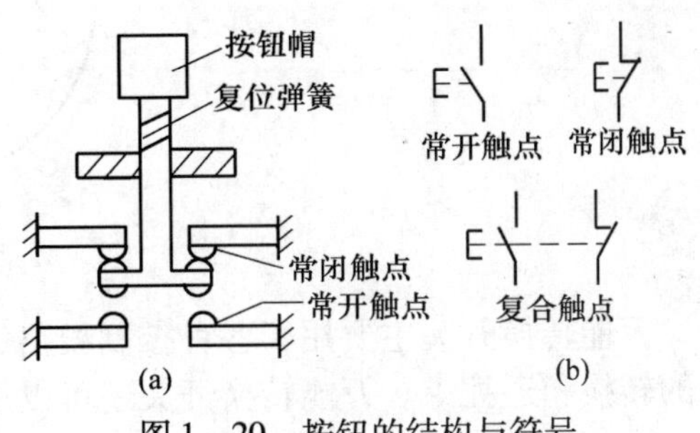

图1-20　按钮的结构与符号

(a)结构原理图；(b)符号。

1.8.2　位置开关

位置开关是一种将机器信号转换为电气信号，以控制运动部件位置或行程的自动控制电器。

位置开关又称行程开关或限位开关，它的作用是将机械位移转变为电信号，使电动机的运行状态发生改变，即按一定行程自动停车、反转、变速或循环，从而控制机械运动或实现安全保护。位置开关包括行程开关、限位开关、微动开关及由机械部件或机械操作的其他控制开关。

位置开关有两种类型：直动式（按钮式）和旋转式。其结构基本相同，由操作头、传动系统、触头系统和外壳组成，主要区别是传动系统不同。

1.8.3　接近开关

无触点行程开关又称接近开关，当某种物体与之接近到一定距离时就发出“动作”信号，不需施以机械力。接近开关的用途已经远远超出一般的行程开关的行程和限位保护，它还可以用于高速计数、测速、液面控制、检测金属体的存在、检测零件尺寸、无触点按钮及用做计算机或可编程控制器的传感器等。

接近开关按工作原理分：为高频振荡型（检测各种金属）、永磁型及磁敏元件型、电磁感应型、电容型、光电型和超生波型等几种。常用的接近开关是高频振荡型，由振荡、检测、晶闸管等部分组成。

常用的接近开关有LJ系列、SQ系列、CWY系列和3SG系列。3SG系列为德国西门子公司生产的新型产品。

1.8.4　万能转换开关

万能转换开关可同时控制许多条（最多可达32条）通断要求不同的电路，而且具有多个挡位，广泛应用于交直流控制电路、信号电路和测量电路，亦可用于小容量电动机的启动、反向和调速。由于其换接的电路多，用途广，故有“万能”之称。万能转换开关以手柄旋转的方式进行操作,操作位置有2个~12个,分定位式和自动复位式两种。万能转换开关单层的结构示意图如图1-21所示。

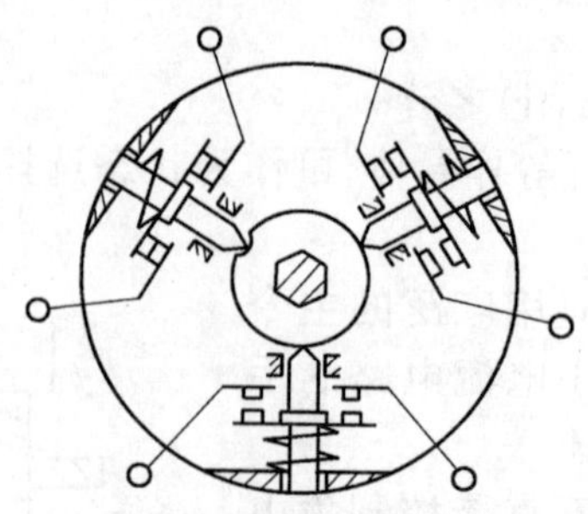

图1-21 万能转换开关单层结构示意图

万能转换开关主要用于各种控制线路的转换、电压表、电流表的换相测量控制、配电装置线路的转换和遥控等。万能转换开关还可以用于直接控制小容量电动机的启动、调速和换向。

1.9 电阻器

电阻是电气产品中不可缺少的电气元件,可分为两大类,一类为电阻元件,用于弱电电子产品;一类为工业用电阻器件(简称电阻器),用于低压强电交直流电气线路的电流调节以及电动机的启动、制动和调速等。

常用的电阻器有ZB型板形和ZG型管形电阻器,用于低压电路中的电流调节。ZX型电阻器主要用于交直流电动机的启动、制动和调速等。

电阻器的主要技术参数有额定电压、发热功率、电阻值、允许电流、发热时间常数、电阻误差及外形尺寸等。电阻器的图形符号如图1-22(a)~(c)所示。

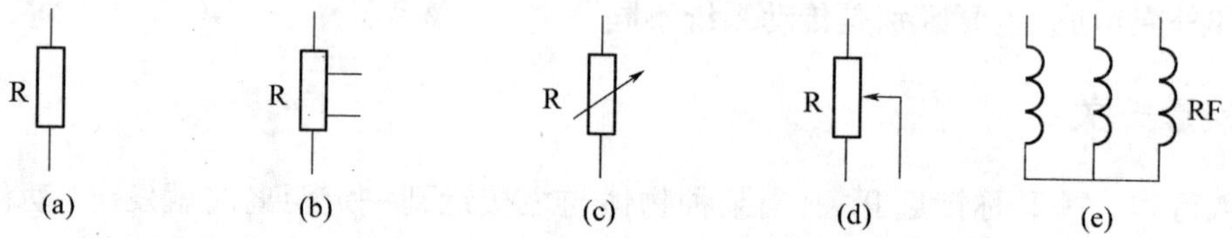

图1-22 电阻器和变阻器图形符号

(a)电阻;(b)固定抽头电阻器;(c)可变电阻器;(d)滑线变阻器;(e)频敏变阻器。

1.10 变阻器

变阻器的作用和电阻器的作用类似,不同点在于变阻器的电阻是连续可调的,而电阻器的每段电阻固定,在控制电路中可采用串并联或选择不同段电阻的方法来调节电阻值,电阻值是断续可调的。

常用的变阻器有:BC型滑线变阻器,用于电路的电流和电压调节、电子设备及仪表等电路的控制或调节等;BL型励磁变阻器,用于直流电动机的励磁或调速;BQ型启动变阻器,用于直流电动机的启动;BT型变阻器,用于直流电动机的励磁或调速;BP型频敏变阻器,用于三相交流绕线式异步电动机的启动控制。变阻器的主要技术参数和电阻器类似。变阻器的图形符号如图1-22(d)和(e)所示。

1.11 电压调整器

电压调整器的种类较少。TD4 型炭阻式电压调整器用于在中小容量的交流或直流发电机中自动调节电压。

1.12 电 磁 铁

常用的电磁铁有 MQ 型牵引电磁铁、MW 型起重电磁铁、MZ 型制动电磁铁等。

MQ 型牵引电磁铁用于在低压交流电路中作为机械设备及各种自动化系统操作机构的远距离控制。

MW 型起重电磁铁用于安装在起重机械上吸引钢铁等磁性物质。

MZD 型单相制动电磁铁和 MZS 型三相制动电磁铁一般用于组成电磁制动器，由制动电磁铁组成的 TJ2 型交流电磁制动器的示意图如图 1－23 所示，通常电磁制动器和电动机轴安装在一起，其电磁制动线圈和电动机线圈并联，二者同时得电或电磁制动线圈先得电之后电动机紧随其后得电。电磁制动器线圈得电吸引衔铁使弹簧受压，闸瓦和固定在电动机轴上的闸轮松开，电动机旋转，当电动机和电磁制动器同时失电时，在压缩弹簧的作用下闸瓦将闸轮抱紧，使电动机制动。

电磁铁的图形符号和电磁制动器一样，文字符号为 YB。电磁制动器的图形符号如图 1－23 所示。

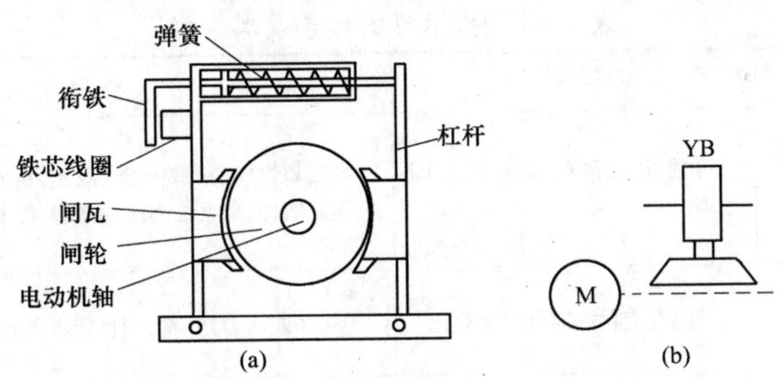

图 1－23　电磁制动器的示意图及图形符号

（a）电磁制动器示意图；（b）电磁制动器图形符号。

1.13 其　　他

1.13.1 信号灯

信号灯也叫指示灯，在各种电气设备及线路中主要用于电源指示、显示设备的工作状态以及操作警示等。

信号灯发光体主要有白炽灯、氖灯和发光二极管等。

信号灯有持续发光（平光）和断续发光（闪光）两种发光形式，一般信号灯用平光灯，当需要反映下列信息时用闪光灯：

(1) 进一步引起注意。

(2) 需立即采取行动。

(3) 反映出的信息不符合指令的要求。

(4) 表示变化过程(在过程中发光)。

信号灯亮与灭的时间比一般为1∶1～1∶4,较优先的信息使用较高的闪烁频率。

信号灯的图形符号如图1－24所示。

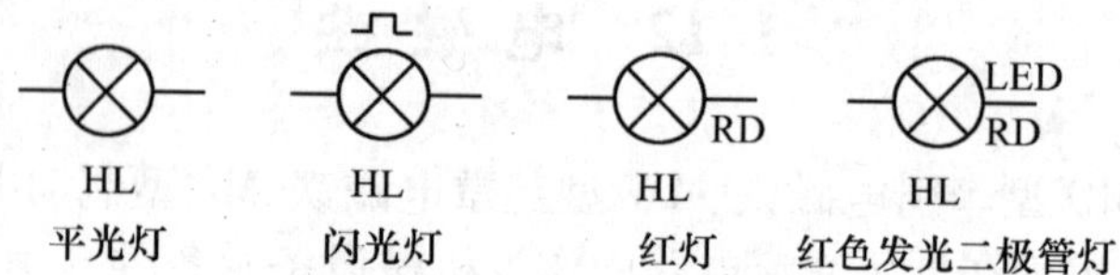

图1－24 信号灯的图形符号

如果要在图形符号上标注信号灯的颜色,可在靠近图形处标出对应颜色的字母:红色为RD;黄色为YE;绿色为GN;蓝色为BU;白色为WH。

如果要在图形符号上标注灯(信号灯或照明灯)的类型,可在靠近图形处标出对应类型的字母:氖为Ne;氙为Xe;钠为Na;汞为Hg;碘为I;白炽为IN;电发光为EL;弧光为ARC;荧光为FL;红外线为IR;紫外线为UV;发光二极管为LED。

常用的信号灯型号有AD11、AD30、ADJ1等,信号灯的主要参数有工作电压、安装尺寸及发光颜色等。

指示灯的颜色及其含义如表1－1所列。

表1－1 指示灯的颜色及其含义

颜色	含义	说明	典型应用
红色	危险 告急	可能出现危险和需要立即处理	温度超过规定(或安全)限制,设备的重要部分已被保护电器切断,润滑系统失压,有触及带电或运动部件的危险
黄色	注意	情况有变化或即将发生变化	温度(或压力)异常,当仅能承受允许的短时过载
绿色	安全	正常或允许进行	冷却通风正常,自动控制系统运行正常,机器准备启动
蓝色	按需要指定用意	除红、黄、绿三色外的任何指定用意	遥控指示,选择开关在设定位置
白色	无特定用意	任何用意。不能确切地用红黄绿时,以及用做执行时	

1.13.2 报警器

常用的报警器有电铃和电喇叭等,一般电铃用于正常的操作信号(如设备启动前的警示)和设备的异常现象(如变压器的过载、漏油)。电喇叭用于设备的故障信号(如线路短路跳闸)。报警器的图形符号如图1－25所示。

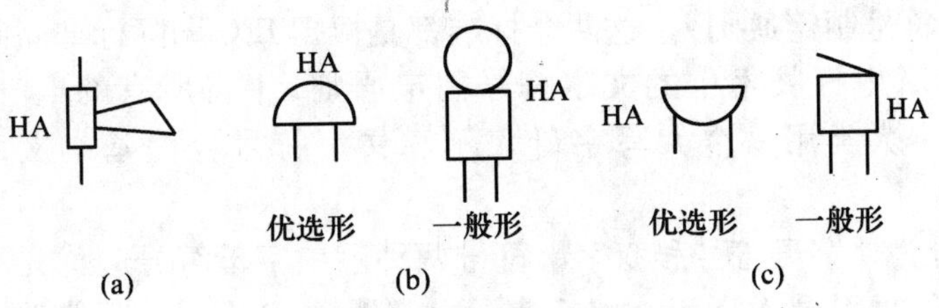

图 1－25　报警器的图形符号

(a) 电喇叭;(b) 电铃;(c) 蜂鸣器。

1.13.3　液压控制元件

随着计算机和自动控制技术的不断发展,液压控制技术与电气控制结合得越来越紧密。液压传动具有运动平稳、可实现在大范围内无级调速、易实现功率放大等特点,被广泛地应用于工业生产的各个领域。液压传动系统由四种主要元件组成,即动力元件(液压泵)、执行元件(液压缸和液压马达)、控制元件(各种控制阀)和辅助元件(油箱、油路、滤油器等)。其中控制阀包括压力控制阀、流量控制阀、方向控制阀和电液比例控制阀等。压力控制阀用以调节系统的压力,如溢流阀、减压阀等;流量控制阀用以调节系统工作液流量大小,如节流阀、调速阀等;方向控制阀用以接通或关断油路,改变工作液体的流动方向,实现运动换相;电液比例控制阀用以开环或闭环控制方式对液压系统中的压力、流量进行有级或无级调节。液压元件的种类很多,这里介绍几种常用的液压元件及其符号。在液压系统图中,液压元件的符号只表示元件的职能,不表示元件的结构和参数。

图 1－26 所示为几种常用的液压元件的符号。

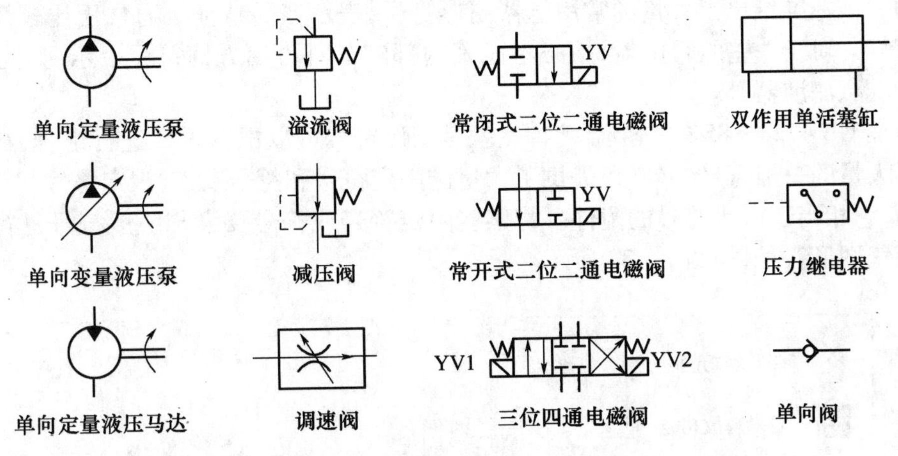

图 1－26　常用液压元件的符号

液压阀的控制有手动控制、机械控制、液压控制、电气控制等。电磁阀线圈的电气图形符号和电磁铁、继电器线圈一样,文字符号为 YV。

1.14　电器的文字符号和图形符号

1.14.1　电器的文字符号

电器的文字符号目前执行国家标准 GB 5094—85《电气技术中的项目代号》和 GB 7159—87

《电气技术中的文字符号制定通则》。这两个标准都是根据IEC国际标准而制定的。

在GB 7159—87《电气技术中的文字符号制定通则》中将所有的电气设备、装置和元件分成23个大类,每个大类用一个大写字母表示。文字符号分为基本文字符号和辅助文字符号。

基本文字符号分为单字母符号和双字母符号两种。单字母符号应优先采用,每个单字母符号表示一个电器大类,见附录A所示。如C表示电容器类、R表示电阻器类等。

双字母符号由一个表示种类的单字母符号和另一个字母组成,第一个字母表示电器的大类,第二个字母表示对某电器大类的进一步划分。例如G表示电源大类,GB表示蓄电池;S表示控制电路开关,SB表示按钮,SP表示压力传感器(继电器)。

文字符号用于标明电器的名称、功能、状态和特征。同一电器如果功能不同,其文字符号也不同,例如照明灯的文字符号为EL,信号灯的文字符号为HL。

辅助文字符号表示电气设备、装置和元件的功能、状态和特征,由1位~3位英文名称缩写的大写字母表示,例如辅助文字符号BW(Backward的缩写)表示向后,P(Pressure的缩写)表示压力。辅助文字符号可以和单字母符号组合成双字母符号,例如单字母符号K(表示继电器接触器大类)和辅助文字符号AC(交流)组合成双字母符号KA,表示交流继电器;单字母符号M(表示电动机大类)和辅助文字符号SYN(同步)组合成双字母符号MS,表示同步电动机,辅助文字符号可以单独使用。

1.14.2 电器的图形符号

电器的图形符号目前执行国家标准GB 4728—85《电气图用图形符号》,也是根据IEC国际标准制定的。该标准给出了大量的常用电器图形符号,表示产品特征。通常用比较简单的电器作为一般符号。对于一些组合电器,不必考虑其内部细节时可用方框符号表示,如附录A中的整流器、逆变器、滤波器等。

国家标准GB 4728—85的一个显著特点就是图形符号可以根据需要进行组合,在该标准中除了提供了大量的一般符号之外,还提供了大量的限定符号和符号要素,限定符号和符号要素不能单独使用,它相当于一般符号的配件。将某些限定符号或符号要素与一般符号进行组合就可组成各种电气图形符号,如图1-27所示。

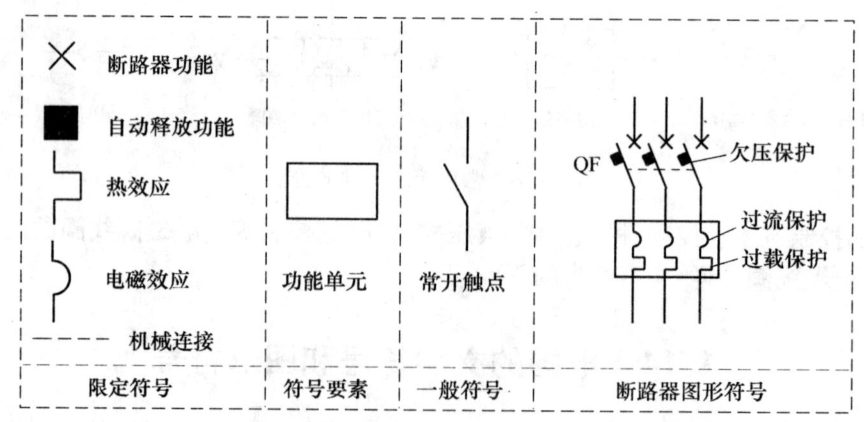

图1-27 断路器图形符号的组成

习 题 一

1－1　低压电器的分类有哪几种？

1－2　交流接触器线圈断电后，动铁芯不能立即释放，电动机不能立即停止，原因是什么？

1－3　常用的低压电器有哪些？它们在电路中起何种保护作用？

1－4　在电动机主电路中装有熔断器，为什么还要装热继电器？

第2章　电气控制线路的基本控制环节

本章介绍电气图纸的类型、国家标准及电气原理图的绘制原则；组成电器控制线路的基本规律以及交直流电动机启动、运行、制动、调速和生产机械的行程控制线路；电器联锁、保护环节以及电气控制线路的操作方法。本章内容是电气控制线路分析和设计的基础。

2.1　电气图形符号及控制线路绘制规则

2.1.1　电气控制系统图

为了方便电气元件的安装、接线、运行与维护，将电气控制系统中各电器元件的关系用一定的图形表示出来，这种图就是电气控制系统图。按用途和表达方式的不同，电气控制系统图分为以下几种：

（1）电气系统图和框图。

（2）电气原理图。

（3）电器布置图。

（4）电气安装接线图。

（5）功能图。

（6）电气元件明细表。

2.1.2　电气图的图形符号和文字符号

在电气系统图中，电气元件的图形符号和文字符号必须有统一的标准，我国规定：自1990年1月1日起统一采用国家新标准，不准使用旧的标准。

1. 图形符号

通常用于图样或其他文件以表示一个设备或概念的图形、标记或字符，统称为图形符号。它由一般符号、符号要素、限定符号等组成。

2. 文字符号

文字符号适用于电气技术领域中文件的编制，也可表示在电气设备、装置和元器件上或其近旁，以标明电气设备、装置和元器件的名称、功能和特征。文字符号分为基本文字符号（单字母或双字母）和辅助文字符号。文字符号用大写正体拉丁字母。

（1）基本文字符号。基本文字符号有单字母与双字母符号两种。

（2）辅助文字符号。用以表示电气设备、装置和元器件以及线路的功能、状态和特征。

（3）补充文字符号的原则：

① 在不违备国家标准原则的条件下，可采用国际标准中规定的电气技术文字符号。

② 在优先采用标准中规定的单字母符号、双字母符号和辅助文字符号的前提下，可补充标准中未列出的双字母符号和辅助文字符号。

③ 文字符号应按有关电气名词术语国家标准或专业标准中规定的英文术语缩写而成。基本文字符号不得超过两个字母,辅助文字符号一般不能超过 3 个字母。

④ 因拉丁字母“I”和“O”易同阿拉伯数字“1”和“0”混淆,不允许单独作为文字符号使用。

3. 线路和三相电气设备端标记

线路采用字母、数字、符号及其组合标记。三相交流电源采用 L1、L2、L3 标记,中性线采用 N 标记。电源开关之后的三相交流电源主电路分别按 U、V、W 顺序标记。

2.1.3 电气原理图的绘制规则

系统图和框图对于从整体上理解系统或装置的组成和主要特征无疑是十分重要的。然而要详细理解电气作用原理,进行电气接线,分析和计算电路特性,还必须有另外一种图,这就是电气原理图。下面以图 2-1 所示的电气原理图为例介绍电气原理图的绘制原则、图幅分区以及标注方法。

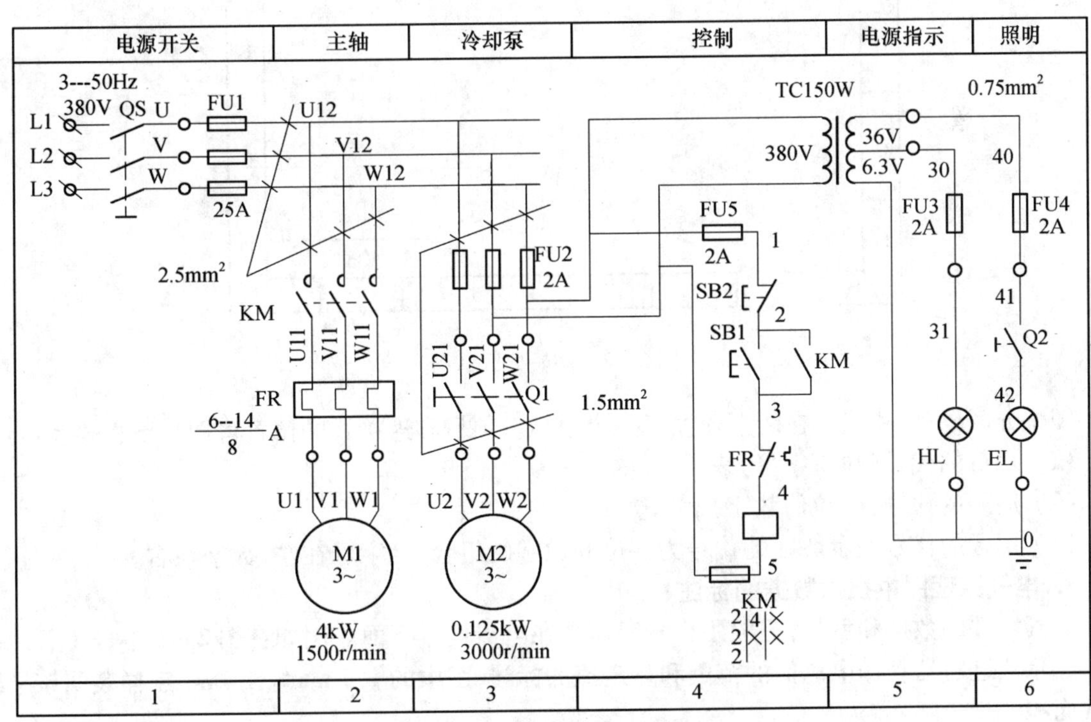

图 2-1 CW6132 车床电气原理图

1. 电气原理图的绘制原则

(1) 电气原理图一般分主电路(主回路)和辅助电路(辅助回路)两部分。

(2) 控制系统内的全部电动机、电器和其他器械的带电部件,都应在原理图中表示出来。

(3) 原理图中各电气元件不画实际的外形图,而采用国家规定的统一标准图形符号,文字符号也要符合国家标准规定。

(4) 原理图中,各个电气元件和部件在控制线路中的位置,应根据便于阅读的原则安排,同一电气元件的各个部件可以不画在一起。例如,接触器、继电器的线圈和触点可以不画在一起。

(5) 图中元件、器件和设备的可动部分,都按没有通电和没有外力作用时的状态画出。

(6) 原理图的绘制应布局合理、排列均匀。

(7) 电气元件应按功能布置,并尽可能按工作顺序排列,其布局顺序应该是从上到下,从左到右。

(8) 电气原理图中,有直接联系的交叉导线连接要用黑圆点表示;无直接联系的交叉导线连接点不画黑圆点。

2. 图幅分区及符号位置索引

图幅分区的方法是:在图的边框处,竖边方向用大写拉丁字母,横边方向用阿拉伯数字,编号顺序应从左上角开始,图幅分区式样如图 2-2 所示。

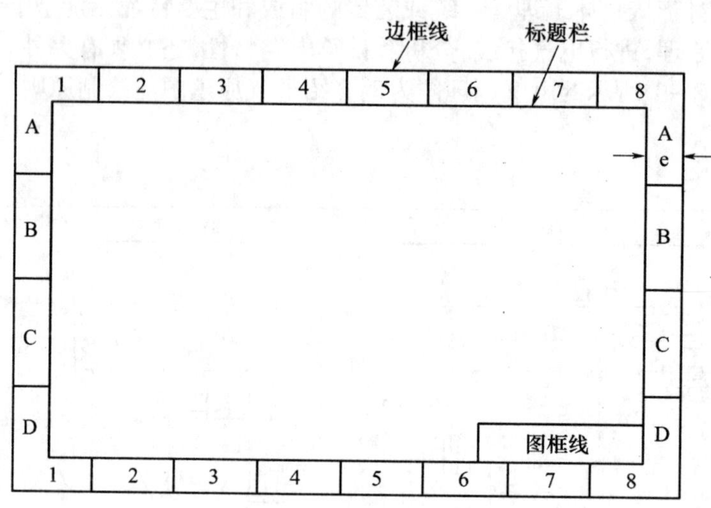

图 2-2 图幅分区示例

图幅分区以后,相当于在图上建立了一个坐标。项目和连接线的位置可用如下方式表示:

(1) 用行的代号(拉丁字母)表示。

(2) 用列的代号(阿拉伯数字)表示。

(3) 用区的代号表示。区的代号为字母和数字的组合,且字母在左,数字在右。

3. 电气原理图中技术数据的标注

电气元件的数据和型号,一般用小号字体注在电器代号下面。例如在图 2-1 中,FR 下面的数据表示热继电器动作电流值的范围和整定值的标注,图中的 1.5 mm^2、1 mm^2 字样表明该导线的截面积。

2.2 基本控制线路

任何一个复杂的控制电路,仔细分析后就会发现,它们总是由一些最基本的控制环节组成。因此,掌握了这些基本环节,在组成复杂的电气控制系统时,只需要按设备环境及设备要求,合理选择不同的基本环节,再对基本环节进行有机地组合和完善即可。下面介绍一些常用的控制环节。

2.2.1 点动控制

如图 2-3 所示,电动机的点动控制电路动作过程分析如下:合上电源开关 QS,按下按钮

SB,按钮动合触头闭合,接触器 KM 线圈得电,铁芯中产生磁通,接触器 KM 的衔铁在电磁吸力的作用下,迅速带动常开触头闭合,三相电源接通,电动机启动。当按钮 SB 松开时,按钮动合触头断开,接触器 KM 线圈失电,在复位弹簧的作用下触点断开,电动机停止转动。由于在按钮按下时电动机才转动,按钮松开时电动机停止,因此称该电路为点动电路。

点动控制的使用场所:点动控制电路常用于短时工作制电气设备或需精定位场合,如门窗的启闭控制或吊车吊钩移动控制等。点动控制基本环节一般是在接触器线圈中串接常开控制按钮,在实际控制线路中有时也用继电器常开触头代替按钮控制。

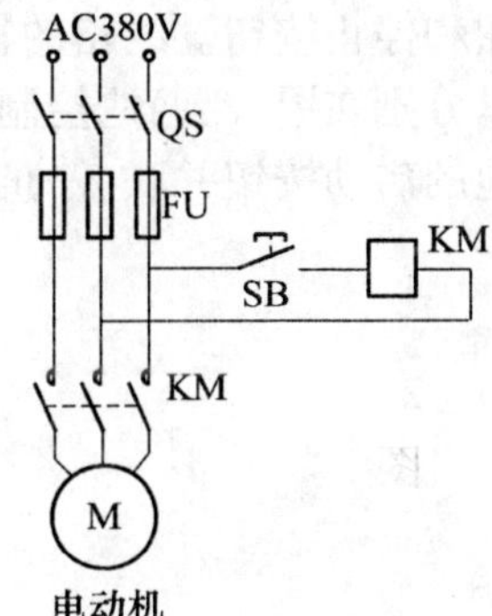

图 2-3 电动机的点动控制电路

2.2.2 自锁控制

点动控制电路设备在连续工作时就显得十分不便,为此应该设计一种能自动保持按钮动作状态的电路,这就是自锁(自保)电路,如图 2-4 所示。

线路的工作原理如下:先合上电源开关 QS。

启动:按下启动按钮 SB2,KM 线圈得电,KM 常开辅助触头闭合,KM 主触头闭合,电动机 M 启动连续运行。

当松开 SB2 常开触头恢复分断后,因为接触器 KM 的常开辅助触头闭合时已将 SB2 短接,控制电路仍保持接通,所以接触器 KM 继续得电,电动机 M 实现连续运转。像这种当松开启动按钮 SB2 后,接触器 KM 通过自身常开触头而使线圈保持得电的作用叫做自锁(或自保)。与启动按钮 SB2 并联起自锁作用的常开触头叫自锁触头(也称自保触头)。

停止:按下停止按钮 SB1,KM 自锁触头分断,KM 线圈失电,KM 主触头分断,电动机 M 断电停转。

当松开 SB1 其常闭触头恢复闭合后,因接触器 KM 的自锁触头在切断控制电路时已分断,解除了自锁,SB2 也是分断的,所以接触器 KM 不能得电,电动机 M 也不会转动。

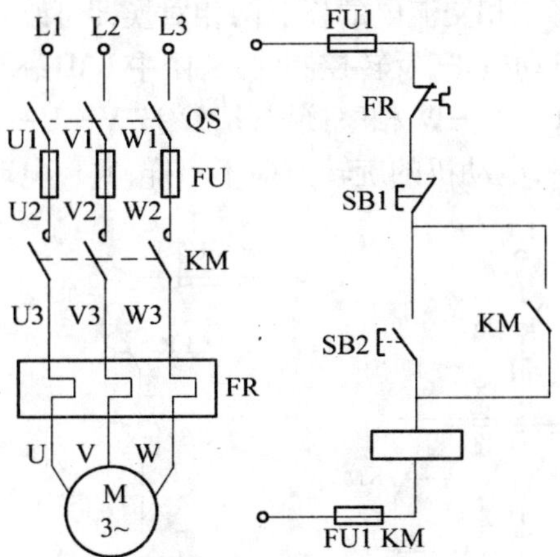

图 2-4 接触器自锁正转控制线路

自锁控制的使用实例为三相笼型异步电动机直接启动、自由停车的电气控制线路。

2.2.3 异地控制

在大型设备中,为了操作方便,常常要求能在多个地点进行控制。图 2-5 为两地控制的控制线路。其中 SB1、SB3 为安装在甲地的启动按钮和停止按钮,SB2、SB4 为安装在乙地的启动按钮和停止按钮。线路的特点是:启动按钮应并联接在一起,停止按钮应串联接在一起,这样就可以分别在甲、乙两地控制同一台电动机,达到操作方便的目的。对于三地或多地控制,只要将各地的启动按钮并联、停止按钮串联即可实现。

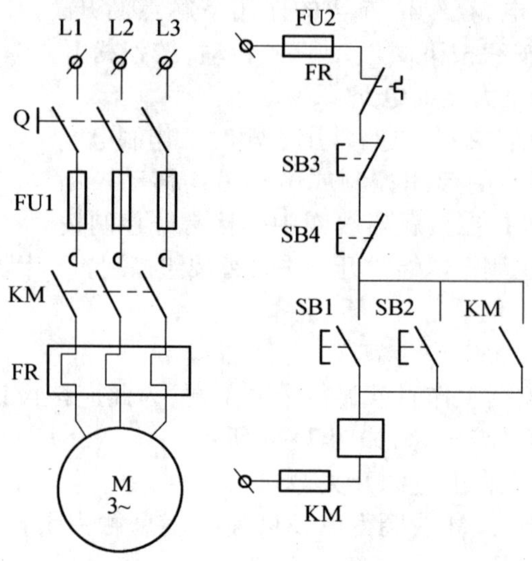

图2-5　两地控制的控制线路

由此可以得出普遍结论:欲使几个电器都能控制接触器通电,则几个电器的动合触点应并联接到该接触器的启动按钮;欲使几个电器都能控制某个接触器断电,则几个电器的动断触点应串联接到该接触器的线圈电路中。

2.2.4　互锁控制

各种生产机械常常要求具有上下、左右、前后等相反方向的运动,这就要求电动机能够正、反向运转。对于三相交流电动机,将三相交流电的任意两相对换即可改变定子绕组相序,实现电动机反转。图2-6是三相笼型异步电动机正、反转控制线路,图中KM1、KM2分别为正、反转接触器,其主触点接线的相序不同,KM1按U—V—W相序接线,KM2按V—U—W相序接线,即将U、V两相对调,所以两个接触器分别工作时,电动机的旋转方向不一样,实现电动机的可逆运转。

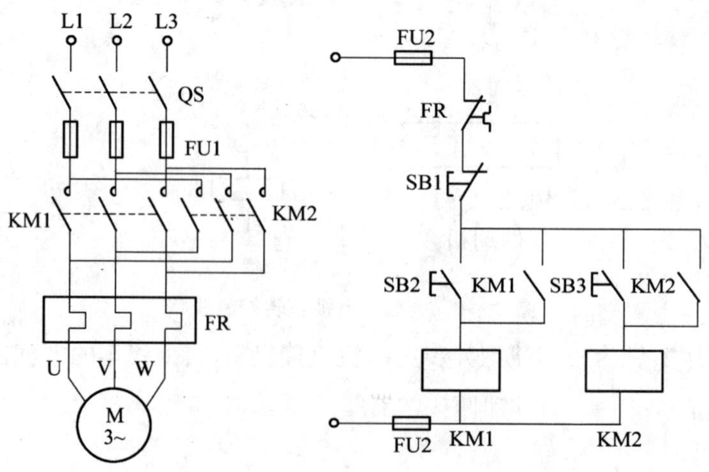

图2-6　电动机的正反转控制电路

互锁控制的使用实例：图 2-6 所示控制线路虽然可以完成正反转的控制任务，但这个线路有重大缺陷，按下正转按钮 SB2 后，KM1 通电并且自锁，接通正序电源，电动机正转。若发生错误操作，在电动机正转时按下反转按钮 SB3，KM2 通电并自锁，此时在主电路中将发生 U、V 两相电源短路事故。

为了避免上述事故的发生，就要求保证两个接触器不能同时工作，必须相互制约，这种在同一时间里两个接触器只允许一个工作的制约控制作用称为互锁或联锁。图 2-7 为带互锁保护的正、反转控制线路，两个接触器的动断辅助触点串入对方线圈，这样当按下正转启动按钮 SB2 时，正转接触器 KM1 线圈通电，主触点闭合，电动机正转，与此同时，由于 KM1 的动断辅助触点断开而切断了反转接触器 KM2 的线圈电路。此时再按反转启动按钮 SB3，也不会使反转接触器的线圈通电工作。同理，在反转接触器 KM2 动作后，也保证了正转接触器 KM1 的线圈电路不能再工作。

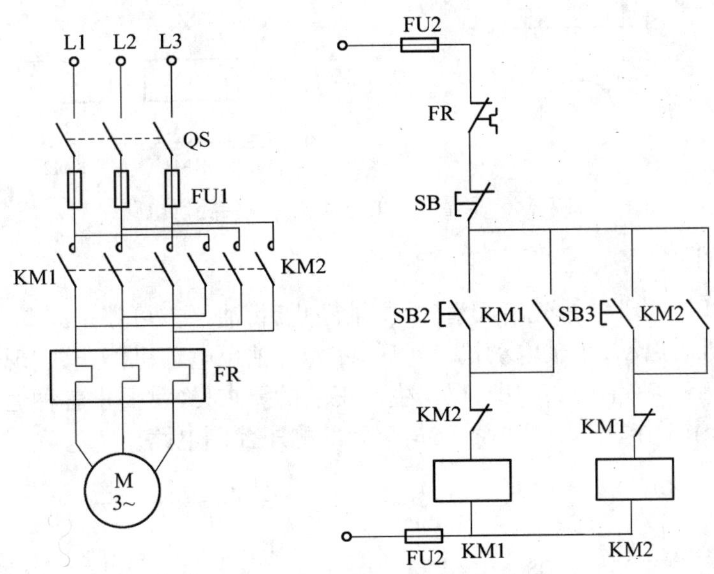

图 2-7　带互锁保护的正、反转控制线路

这种由接触器常闭（动断）辅助触点构成的互锁线路称为电气互锁。

但是，图 2-7 所示的接触器联锁正反转控制线路也有缺点，即在正转过程中要求反转时必须先按下停止按钮 SB1，让 KM1 线圈断电，联锁触点 KM1 闭合，这样才能按反转按钮使电动机反转，这给操作带来了不方便。为了解决这个问题，在生产上常采用复式按钮触点构成的机械互线路，如图 2-8 所示。

在图 2-8 中，保留了由接触器动断触点组成的电气互锁，并添加了由按钮 SB2 和 SB3 的动断触点组成的机械联锁。这样，当电动机由正转变为反转时，只需按下反转按钮 SB3，便会通过 SB3 的动断触点先断开 KM1 电路，KM1 失电，互锁触点复位闭合，继续按下 SB3，KM2 线圈接通控制，实现了电动机反转，当电动机由反转变为正转时，按下 SB2，原理与前一样。

注意：机械互锁与电气互锁不能互相代替。当主电路中正转接触器的触点发生熔焊（即静触点和动触点烧蚀在一起）现象时，即使接触器线圈断电，触点也不能复位，机械互锁不能动作，此时只能靠电气互锁才能避免反转接触器通电使主触点闭合而造成电源短路。

这种线路既能实现电动机直接正反转的要求，又保证了电路可靠地工作，这种电路广泛应用在电力拖动控制系统中。

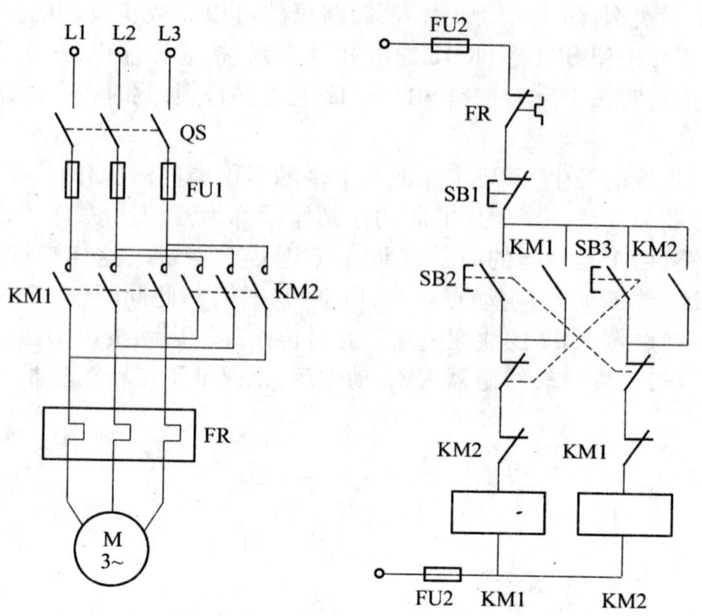

图 2-8　双重联锁的电动机正反转控制电路

2.2.5　顺序控制

车床主轴转动时，要求油泵先给润滑油，主轴停止后，油泵方可停止润滑，即要求油泵电动机先启动，主轴电动机后启动，主轴电动机停止后，才允许油泵电动机停止，实现这种控制功能的电路就是顺序控制电路。在生产实践中，根据生产工艺的要求，经常要求各种运动部件之间或生产机械之间能够按顺序工作，图 2-9 所示就是车床的顺序控制电路。

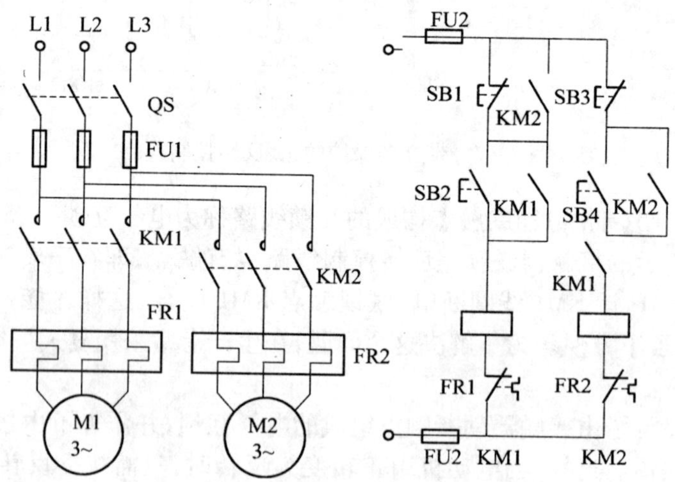

图 2-9　三相电动机的顺序控制电路

1. 主电路实现顺序控制

如图 2-10 为主电路实现电动机顺序控制的线路，其特点是，M2 的主电路接在 KM1 主触头的下面。电动机 M1 和 M2 分别通过接触器 KM1 和 KM2 来控制，KM2 的主触头接在 KM1 主触头的下面，这就保证了当 KM1 主触头闭合，M1 启动后，M2 才能启动。线路的工作原理为：按下 SB1，KM1 线圈得电吸合并自锁，M1 启动，此后，按下 SB2，KM2 才能吸合并自锁，M2 启动。停止时，按下 SB3 ，KM1、KM2 断电，M1、M2 同时停转。

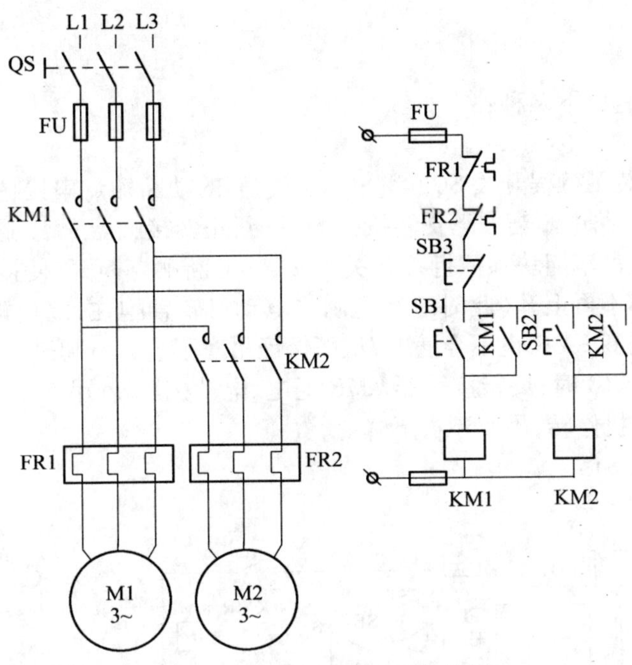

图 2-10 主电路实现顺序控制

2. 控制电路实现顺序控制

图 2-11 为几种在控制电路实现电动机顺序控制的电路。图 2-11(a)所示控制线路的特点是:KM2 的线圈接在 KM1 自锁触头后面,这就保证了 M1 启动后,M2 才能启动的顺序控制要求。图 2-11(b)所示控制电路的特点是:在 KM2 的线圈回路中串接了 KM1 的常开触头。显然,KM1 不吸合,即使按下 SB2,KM2 也不能吸合,这就保证了只有 M1 电动机启动后,M2 电动机才能启动。停止按钮 SB3 控制两台电动机同时停止,停止按钮 SB4 控制 M2 电动机的单独停止。图 2-11(c)所示控制电路的特点是:在图 2-12(b)中的 SB3 按钮两端并联了 KM2 的常开触头,从而实现了 M1 启动后,M2 才能启动,而 M2 停止后,M1 才能停止的控制要求,即 M1、M2 是顺序启动,逆序停止。

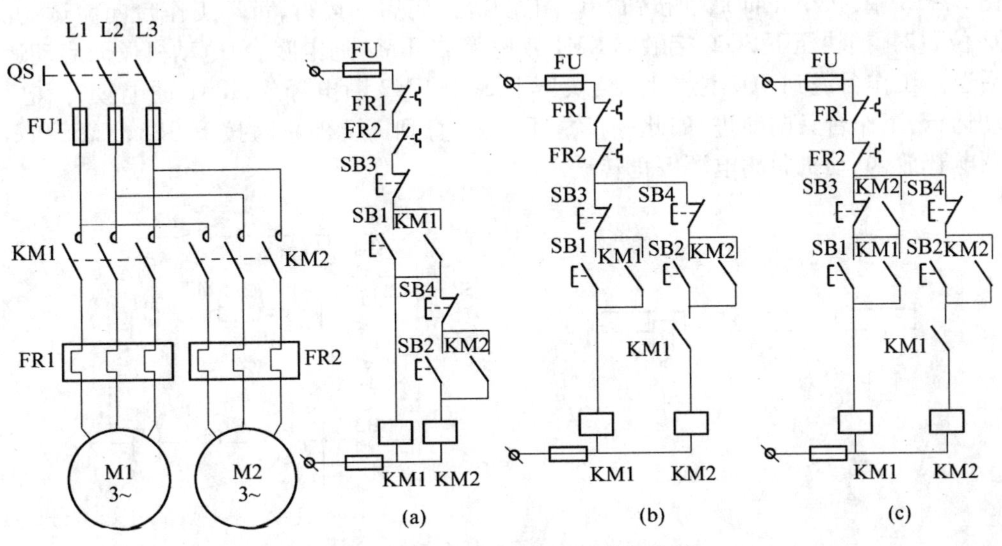

图 2-11 控制电路实现顺序控制

2.2.6 行程控制

常用的行程控制有以下两种：

1. 单行程控制

在图 2－12 中安装了行程开关 SQF 和 SQZ，将它们的动断触点串接在电动机正反转接触器 KMF 和 KMR 的线圈回路中。当按下正转按钮 SBF 时，正转接触器 KMF 通电，电动机正转，此时吊车上升，到达顶点时吊车撞块顶撞行程开关 SQF，其动断触点断开，使接触器线圈 KMF 断电，于是电动机停转，吊车不再上升（此时应有抱闸将电动机转轴抱住，以免重物滑下）。此时即使再误按 SBR，接触器线圈 KMR 也不会通电，从而保证吊车不会运行超过 SQF 所在的极限位置。

当按下反转按钮 SBR 时，反转接触器 KMR 通电，电动机反转，吊车下降，到达下端终点时顶撞行程开关 SQZ，电动机停转，吊车不再下降。

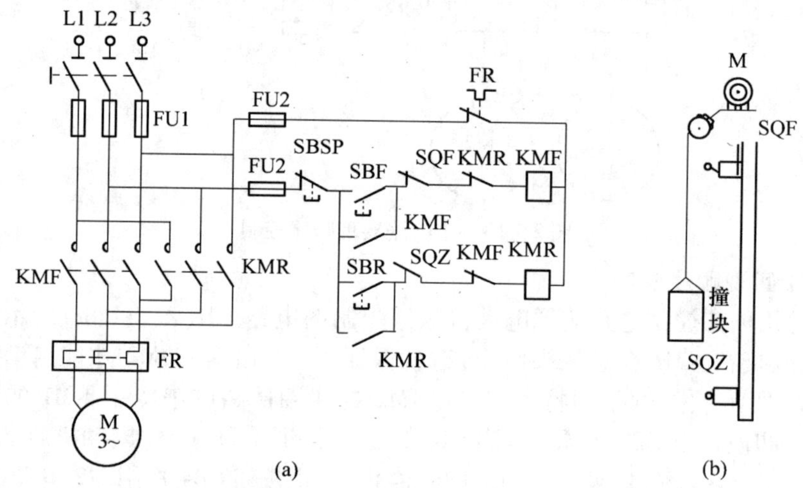

图 2－12　用于限位的行程控制

（a）控制线路；（b）限位开关位置。

2. 自动往复行程控制

如图 2－13 中，按下正向启动按钮 SB1，电动机正向启动运行，带动工作台向前运动。当运行到 SQ2 位置时，挡块压下 SQ2，接触器 KM1 断电释放，KM2 通电吸合，电动机反向启动运行，使工作台后退。工作台退到 SQ1 位置时，挡块压下 SQ1，KM2 断电释放，KM1 通电吸合，电动机又正向启动运行，工作台又向前进，如此一直循环下去，直到需要停止时按下 SB3，KM1 和 KM2 线圈同时断电释放，电动机脱离电源停止转动。

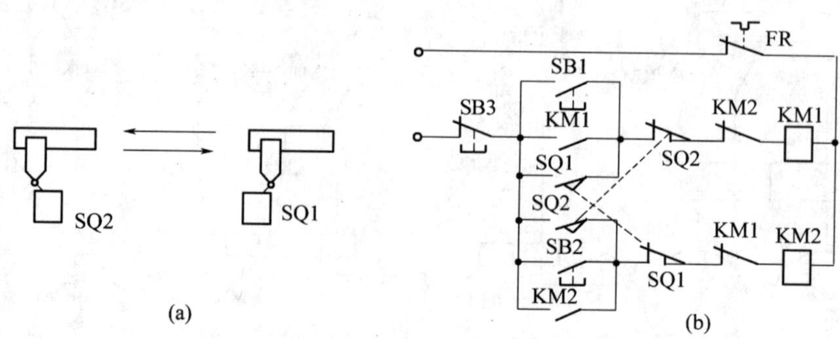

图 2－13　行程往返控制

（a）往返运动图；（b）自动往返控制电路。

2.2.7 时间控制

在生产中经常需要按一定的时间间隔来对生产机械进行控制，例如电动机的降压启动需要一定的时间，然后才能加上额定电压；在一条自动线中的多台电动机，常需要分批启动，在第一批电动机启动后，需经过一定时间，才能启动第二批，等等。这类自动控制称为时间控制。时间控制通常是利用时间继电器来实现的。

2.2.8 速度控制

在生产中有时需要按电动机或生产机械的转轴的转速变化来对电动机进行控制，例如在电动机的反接制动中，要求在电动机转速下降到接近零时，能及时地将电源断开，以免电动机反方向转动。这类自动控制称为速度控制，速度控制通常是利用速度继电器来实现的。

2.3 几种典型的电动机控制线路

在各种生产机械中，电动机的控制电路有启动、停止和调速，本节重点讲述电动机的各种启动、停止和调速电路。

2.3.1 三相异步电动机启动控制线路

1. 直接启动

直接启动亦称为全电压启动，电动机容量在10kW以下者，一般采用全电压直接启动方式。

(1) 启动过程。按下启动按钮SB1，接触器KM线圈通电，与SB1并联的KM的辅助常开触点闭合，以保证松开按钮SB1后KM线圈持续通电，串联在电动机回路中的KM的主触点持续闭合，电动机连续运转，从而实现连续运转控制。

(2) 停止过程。按下停止按钮SB2，接触器KM线圈断电，与SB1并联的KM的辅助常开触点断开，以保证松开按钮SB2后KM线圈持续失电，串联在电动机回路中的KM的主触点持续断开，电动机停转。

与SB1并联的KM的辅助常开触点的这种作用称为自锁。

图示2-14控制电路还可实现短路保护、过载保护和零压保护。

起短路保护的是串接在主电路中的熔断器FU。一旦电路发生短路故障，熔体立即熔断，电动机立即停转。

起过载保护的是热继电器FR。当过载时，热继电器的发热元件发热，将其常闭触点断开，使接触器KM线圈断电，串联在电动机回路中的KM的主触点断开，电动机停转。同时KM辅助触点也断开，解除自锁。故障排除后若要重新启动，需按下FR的复位按钮，使FR的常闭触点复位(闭合)即可。

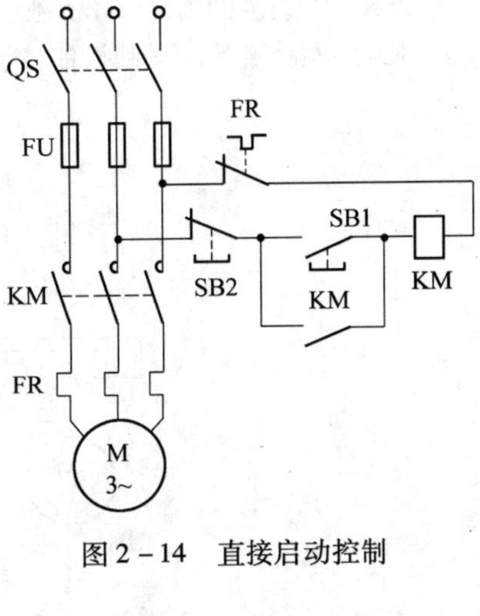

图2-14 直接启动控制

起零压(或欠压)保护的是接触器KM本身。当电源暂时断电或电压严重下降时，接触器KM线圈的电磁吸力不足，衔铁自行释放，使主、辅触点自行复位，切断电源，电动机停转，同时解除自锁。

2. 降压启动

对于大容量的电动机,为了限制电动机的启动电流,在电动机启动时必须采取措施。常用的电动机的降压启动电路有以下几种:

1) 星—三角降压启动控制电路

凡是正常运行时定于绕组接成三角形的笼型异步电动机可采用星—三角的降压启动方法来达到限制启动电流的目的。Y 系列的笼型异步电动机 4.0kW 以上者均为三角形接法,都可以采用星—三角启动的方法。

(1) 降压启动的工作原理。一般情况下鼠笼型电动机的启动电流是运行电流的 5 倍 ~7 倍,而对电网的电压要求一般是正负 10%,为了不形成对电网电压过大的冲击所以要采用星三角启动,一般要求在鼠笼型电动机的功率超过变压器额定功率的 10% 时就要采用星三角启动。在电动机启动时将电动机接成星型接线,当电动机启动成功后再将电动机改接成三角型接线。如图 2 - 15 所示。

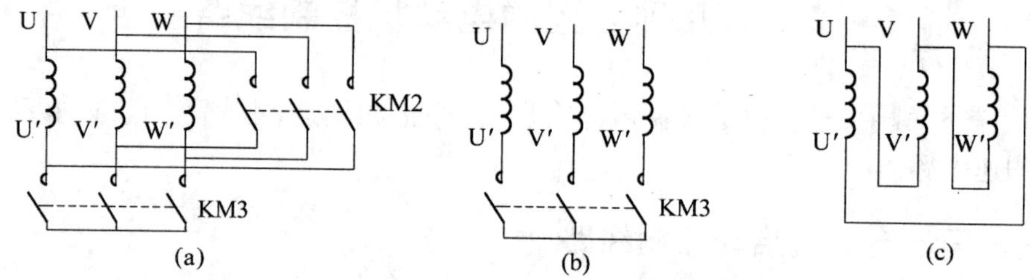

图 2 - 15 电动机定子绕组星—三角接线示意图

(a)星—三角接法;(b)星形接法;(c)三角形接法 。

(2) 星—三角(Y—△)降压启动控制线路的工作情况。图 2 - 16 为笼型异步电动机星—三角(Y—△)降压启动的控制线路。当合上刀开关 QS 以后,按下启动按钮 SB2,接触器 KM1 线圈、KM2 线圈以及通电延时型时间继电器 KT 线圈通电,电动机接成星形启动;同时通过 KM1 的动合辅助触点自锁,时间继电器开始定时。当电动机接近于额定转速,即时间继电器 KT 延时时间已到,KT 的延时断开动断触点断开,切断 KM2 线圈电路,KM2 断电释放,其主触点和辅助触点复位;同时,KT 的延时动合触点闭合,使 KM3 线圈通电并自锁,主触点闭合,电动机接成三角形运行。时间继电器 KT 线圈也因 KM3 动断触点断开而失电,时间继电器复位,为下一次启动做好准备。图中的 KM2、KM3 动断触点是互锁控制、防止 KM2、KM3 线圈同时得电而造成电源短路。

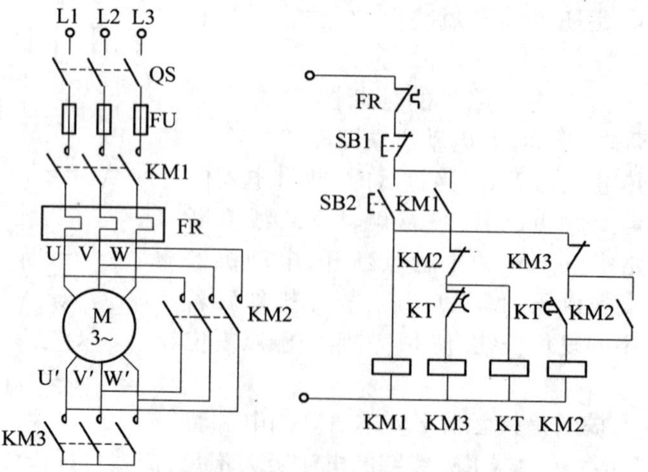

图 2 - 16 电动机的星—三角(Y—△)降压启动控制电路

2）自耦变压器降压启动控制电路

图2－17所示为自耦变压器降压启动控制线路。在启动时将自耦变压器接入降压，以降低启动电流，当电动机转速达到正常值后，再将自耦变压器切除。KM1、KM2为降压接触器，KM3为正常运行接触器，KT为时间继电器，KA为中间继电器。

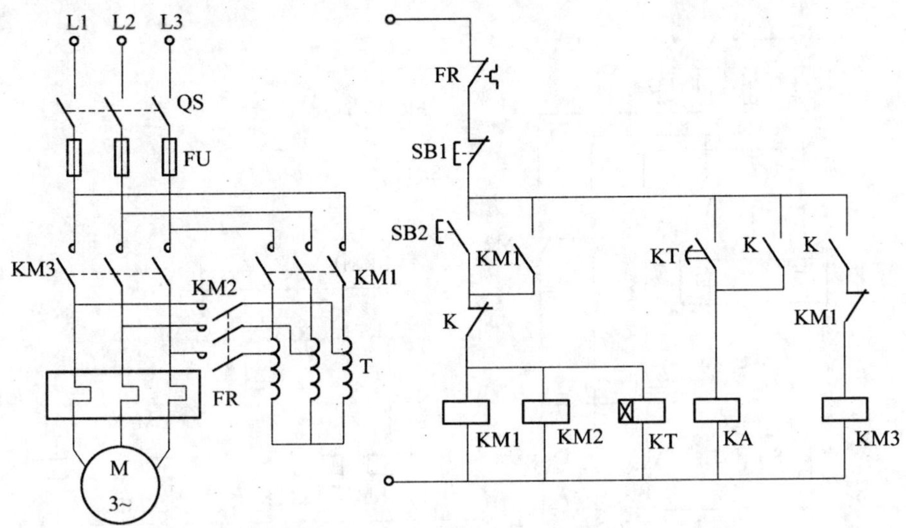

图2－17　自耦变压器降压启动控制电路

3）定子串电阻降压启动控制电路

图2－18(a)是根据启动所需时间利用时间继电器控制切除降压电阻的，当合上刀开关QS，按下启动按钮SB2时，KM1立即通电吸合，使电动机定子在串接电阻R的情况下启动，与此同时，时间继电器KT通电开始计时，当达到时间继电器的整定值时，常开触点闭合，使KM2通电吸合，KM2的主触点闭合，将启动电阻短接，电动机在额定电压下进入稳定正常运转。图2－19(b)的不同之处是在完成启动后KM1和KT退出工作，节能同时也延长了器件的使用寿命。

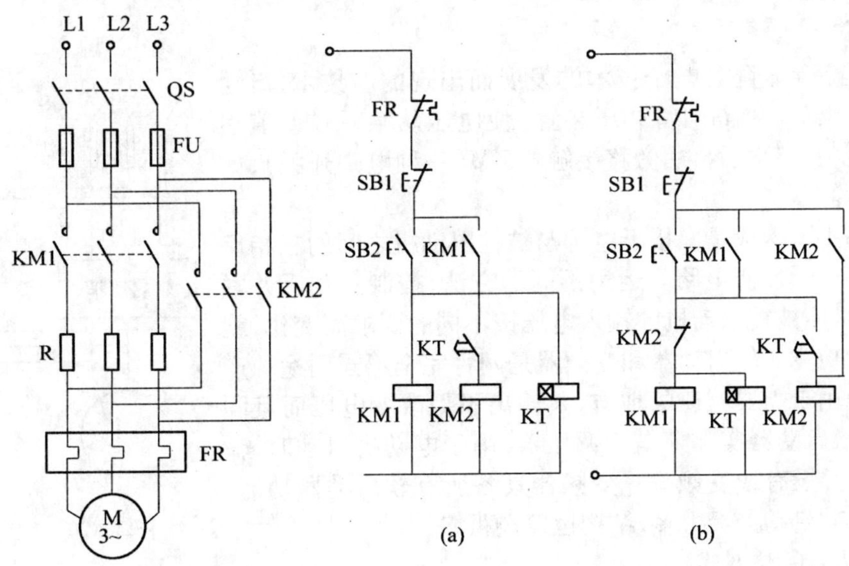

图2－18　定子串电阻降压启动控制线路

4）延边三角形降压启动控制电路

图2－19是延边三角形降压启动控制电路，KM1为线路接触器，KM2为三角形连接接触器，KM3为延边三角形连接接触器。

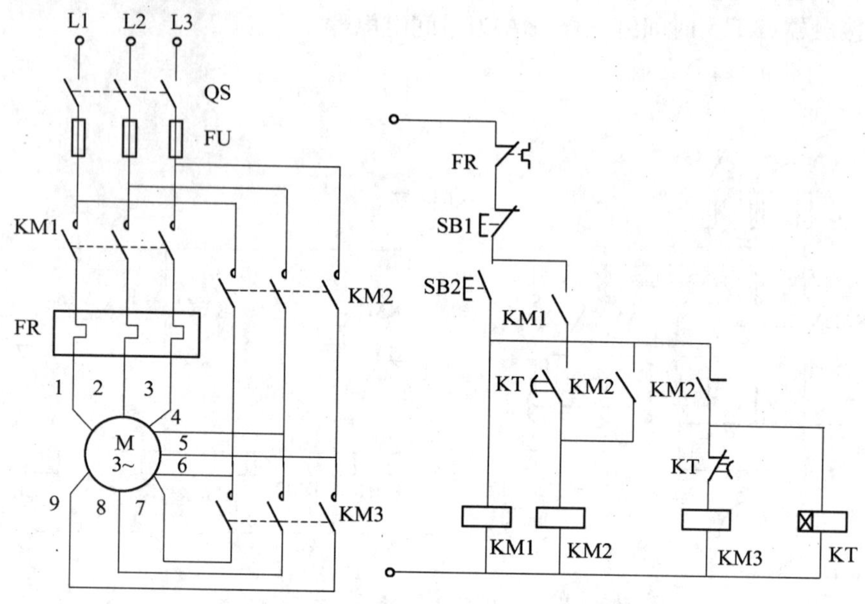

图2－19　延边三角形降压启动控制电路

启动时，合上电源开关后，按下启动按钮SB2后，KM1、KM3线圈通电并自锁，此时通过KM3的主触点将电动机定子绕组的6与7、5与9、4与8连在一起，电动机定于绕组的1、2、3接线端接电源，此时电动机按延边三角形接线，同时时间继电器KT线圈通电，经过一段延时，当电动机转速接近额定转速时，KT常闭触点断开，KM3线圈断电，主触点断开，同时KT常开触点闭合，接触器KM2通电并自锁，KM2的主触点及KM1的主触点将电动机定子绕组的1与6、2与4、3与5连在一起，电动机接成三角形正常运转。

3. 软启动

软启动是近年来随着电子技术的发展而出现的新技术，启动时通过软启动器（一种晶闸管调压装置）使电压从某一较低值逐渐上升至额定值，启动后再用旁路接触器KM（一种电磁开关），如图2－20所示。

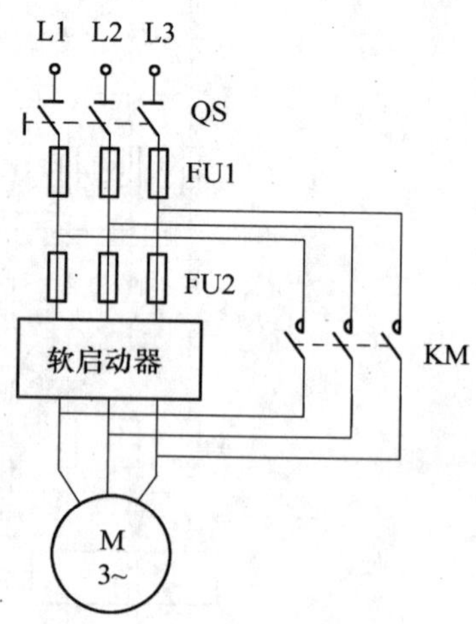

图2－20　软启动电路

软启动的主要构成是串接于电源与被控电动机之间的三相反并联闸管及其电子控制电路。运用不同的方法，控制三相反并联闸管的导通角，使被控电动机的输入电压按不同的要求而变化，就可实现不同的功能。软启动器和变频器是两种完全不同用途的产品。变频器是用于需要调速的地方，其输出不但改变电压而且同时改变频率；软启动器实际上是个调压器，用于电动机启动时，输出只改变电压并没有改变频率。变频器具备所有软启动器功能，但它的价格比软启动器贵得多，结构也复杂得多。

1）软启动的启动方式

运用串接于电源与被控电动机之间的软启动器，控制其内部晶闸管的导通角，使电动机输入电压从零以预设函数关系逐渐上升，直至启动结束，赋予电动机全电压，即为软启动，在软启动过程中，电动机启动转矩逐渐增加，转速也逐渐增加。软启动一般有下面几种启动方式。

（1）斜坡升压软启动。这种启动方式最简单，不具备电流闭环控制，仅调整晶闸管导通角，使之与时间成一定函数关系增加。其缺点是，由于不限流，在电动机启动过程中，有时要产生较大的冲击电流使晶闸管损坏，对电网影响较大，实际很少应用。

（2）斜坡恒流软启动。这种启动方式是在电动机启动的初始阶段启动电流逐渐增加，当电流达到预先所设定的值后保持恒定（t1 至 t2 阶段），直至启动完毕。启动过程中，电流上升变化的速率是可以根据电动机负载调整设定。电流上升速率大，则启动转矩大，启动时间短。

该启动方式是应用最多的启动方式，尤其适用于风机、泵类负载的启动。

（3）阶跃启动。开机即以最短时间使启动电流迅速达到设定值，即为阶跃启动。通过调节启动电流设定值，可以达到快速启动效果。

（4）脉冲冲击启动。在启动开始阶段，让晶闸管在级短时间内，以较大电流导通一段时间后回落，再按原设定值线性上升，连入恒流启动。

该启动方法，在一般负载中较少应用，适用于重载并需克服较大静摩擦的启动场合。

2）软启动器具有的保护功能

（1）过载保护功能：软启动器引进了电流控制环，因而随时跟踪检测电动机电流的变化状况。通过增加过载电流的设定和反时限控制模式，实现了过载保护功能，使电动机过载时，关断晶闸管并发出报警信号。

（2）缺相保护功能：工作时，软启动器随时检测三相线电流的变化，一旦发生断流，即可作出缺相保护反应。

（3）过热保护功能：通过软启动器内部热继电器检测晶闸管散热器的温度，一旦散热器温度超过允许值后自动关断晶闸管，并发出报警信号。

（4）其他功能：通过电子电路的组合，还可在系统中实现其他种种联锁保护。

图2－21对直接启动、Y－△启动、软启动3种启动方法进行了比较。图2－21（a）中软启动从额定电压的10%～60%开始沿斜坡逐渐上升至全压，斜坡曲线除起始点可调外，上升的时间也可调（例如从0.5S至60S之间）的，这样可以根据应用场合选择最合适的斜坡曲线；从图2－21（b）中则可看出，在软启动过程中，电磁转矩的变化比较平稳，因而这种启动方式不仅降低了电网的负担，同时也减小了对机械设备的冲击，可延长机械设备的使用寿命。此外，软启动器一般还具有节能功能和保护功能，可将电动机电压调节至与实际负载相适应，使功率因数和效率得到改善；其内部的电子保护器能防止电动机因过载而发热。由于软启动器具有这些优点，所以它虽然出现的时间不长，却已在水泵、鼓风机、压缩机、传送带等设备中得到大量应用，并有取代其他降压启动的趋势。

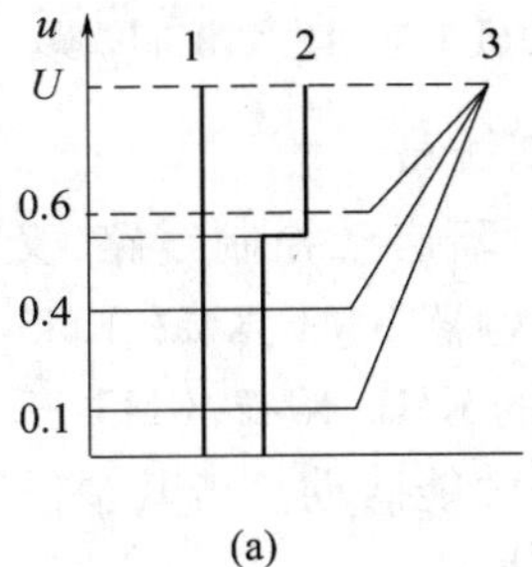

(a)

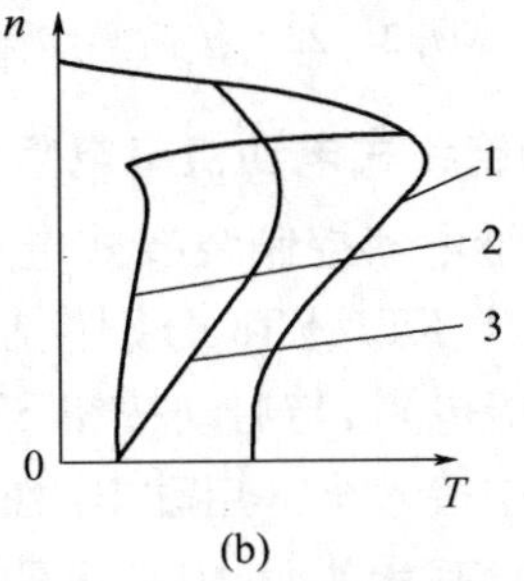

(b)

图2－21　不同启动方式下电动机电压和转矩的比较

（a）电压图；（b）转矩图。

1—直接启动；2—Y－△；3—软启动。

4. 绕线式电动机的启动

三相绕线型异步电动机较直流电动机结构简单,维护方便,调速和启动性能比笼型异步电动机优越。有些生产机械虽不要求调速,但要求较大的启动力矩和较小的启动电流,笼型异步电动机不能满足这种启动性能的要求,在这种情况下可采用绕线型异步电动机启动,通过滑环在转子绕组中串接外加设备达到减小启动电流,增大启动转矩及调速的目的。

2.3.2 三相异步电动机制动控制线路

电动机制动停车的方式有机械制动和电气制动两种,机械制动是机械抱闸制动(包括电磁抱闸),电气制动有反接制动、耗能制动等。

1. 按钮操作控制线路

图 2-22 为转子绕组串电阻启动由按钮操作的控制线路。

工作原理为:合上电源开关 QS,按下 SB1,KM 得电吸合并自锁,电动机串全部电阻启动,经一定时间后,按下 SB2,KM1 得电吸合并自锁,KM1 主触头闭合切除第一级电阻 R1,电动机转速继续升高,经一定时间后,按下 SB3,KM2 得电吸合并自锁,KM2 主触头闭合切除第二级电阻 R2,电动机转速继续升高,当电动机转速接近额定转速时,按下 SB4,KM3 得电吸合并自锁,KM3 主触头闭合切除全部电阻,启动结束电动机在额定转速下正常运行。

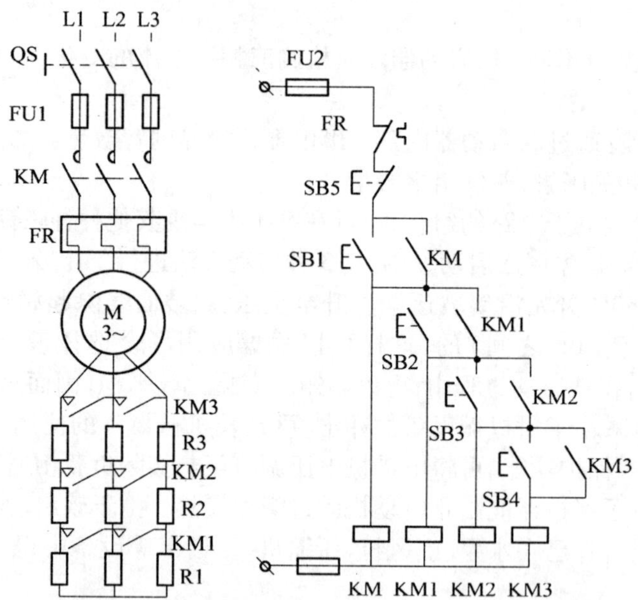

图 2-22 按钮操作绕线式电动机串电阻启动控制线路

2. 时间原则控制绕线式电动机串电阻启动控制线路

图 2-23 为时间继电器控制绕线式电动机串电阻启动控制线路,又称为时间原则控制,其中三个时间继电器 KT1、KT2、KT3 分别控制三个接触器 KM1、KM2、KM3 按顺序依次吸合,自动切除转子绕组中的三级电阻,与启动按钮 SB1 串接的 KM1、KM2、KM3 三个常闭触头的作用是保证电动机在转子绕组中接入全部启动电阻的条件下才能启动。若其中任何一个接触器的主触头因熔焊或机械故障而没有释放时,电动机就不能启动。

3. 机械制动

电动机在断电后,利用机械装置使电动机迅速停转的措施称为机械制动。

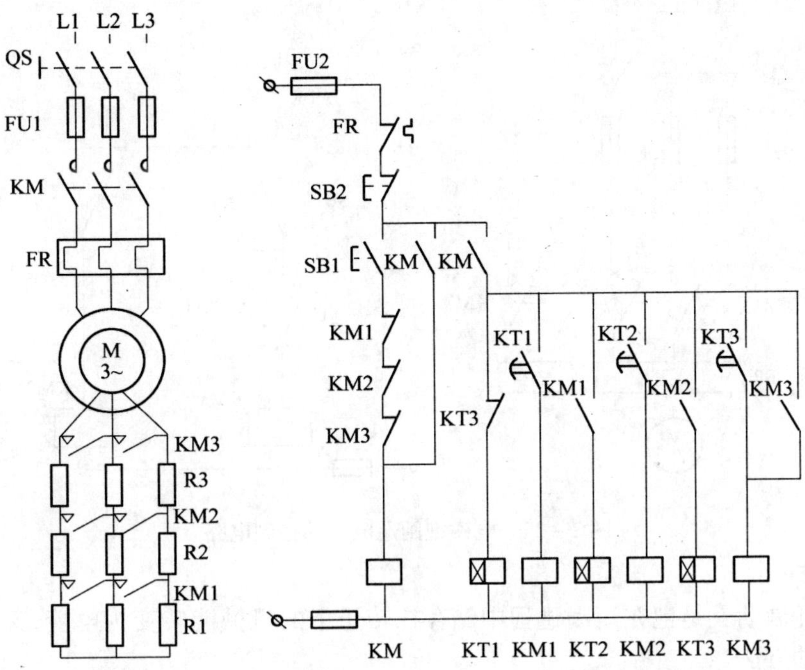

图 2－23　时间继电器控制绕线式电动机串电阻启动控制线路

1）电磁抱闸的基本组成

电磁抱闸有两部分组成，闸片部分和电磁部分，它一般安装在传动部分的主轴上，当主轴转动时，电磁部分通电闸片松开，主轴停止时电磁铁电源断开，闸片抱住主轴进行制动。

2）机械制动控制电路分析（如图 2－24、图 2－25 所示）

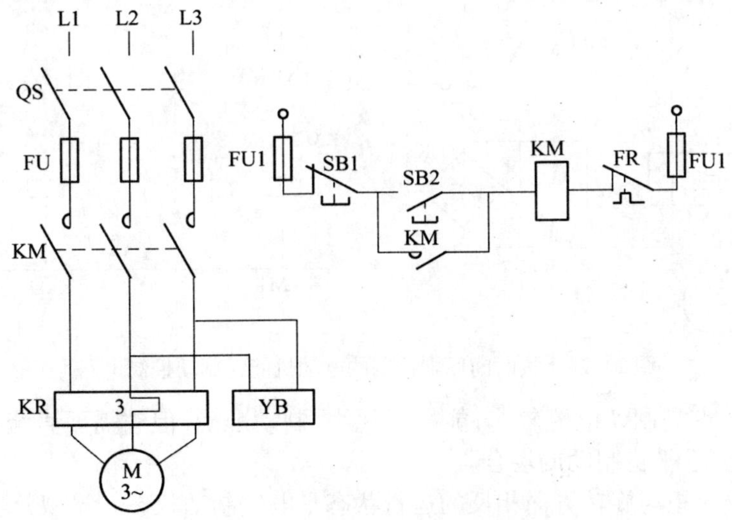

图 2－24　电磁抱闸断电制动控制电路

工作原理：

按下启动按钮 SB2→KM1 得电→电磁铁线圈得电→制动闸松开制动轮，电动机启动运行。

停车时，按下停止按钮 SB1→KM1、KM2 失电→电磁铁线圈失电→电磁抱闸将制动轮紧紧抱住，电动机迅速停转。

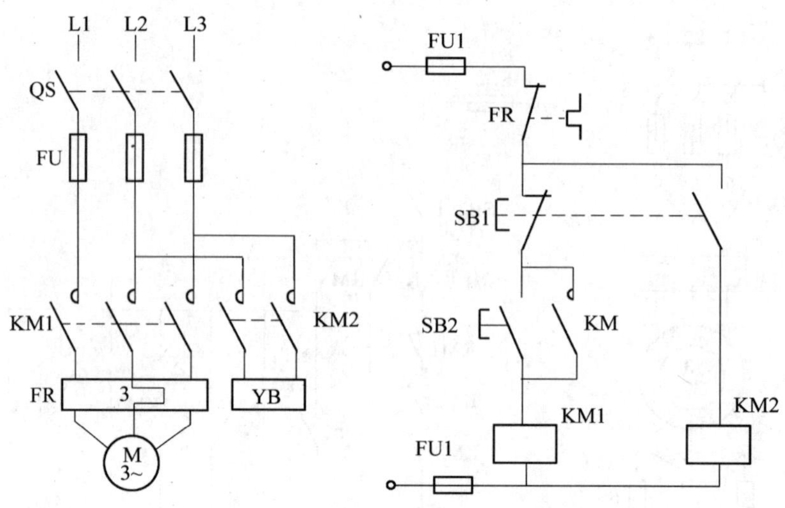

图 2-25　电磁抱闸通电制动控制电路

4. 能耗制动

电动机能耗制动就是把在运动过程中储存在转子中的机械能转变为电能,又消耗在转子电阻上的一种制动方法。

图 2-26 为按时间原则控制的笼型异步电动机能耗制动控制线路。

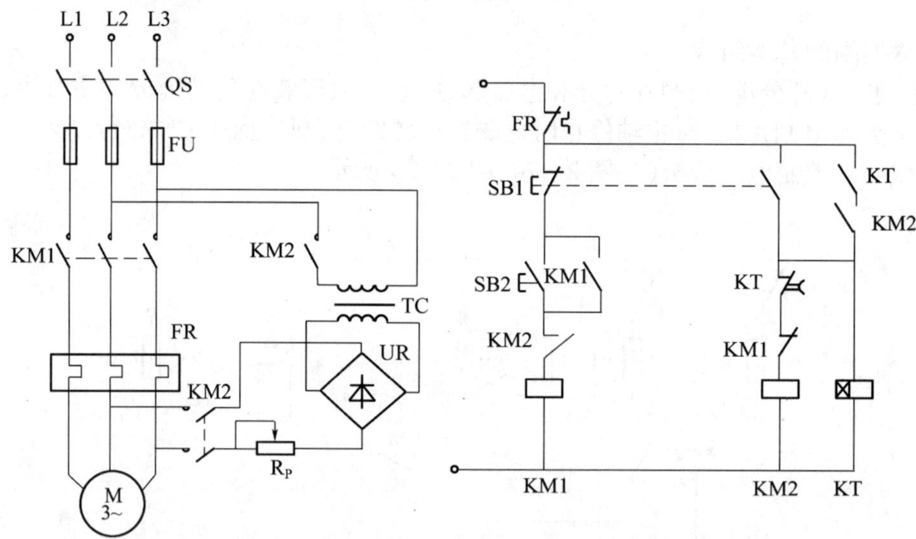

图 2-26　按时间原则控制的电动机能耗制动控制电路

能耗制动的特点是制动电流较小,能量损耗小,制动准确,但它需要直流电源,制动速度较慢,所以它适用于要求平稳制动的场合。

电动机的电磁转矩与旋转方向相反的运行状态是电气制动状态。笼型异步电动机的制动常采用能耗制动,就是在电动机脱离三相交流电源之后,向定子绕组内通入直流电流,利用转子感应电流与静止磁场的作用产生制动的电磁转矩,达到制动的目的。

在制动过程中,电流、转速和时间三个参量都在变化,原则上可以任取其中一个参量作为控制信号。取时间作为变化参量,其控制线路简单、成本较低,故实际应用较多。

图 2-26 是时间原则控制的单向能耗制动控制线路。设电动机已经正常运行,运行时线圈

得电。要想停车制动,需按停止按钮。制动过程如下:

设电动机正在正向运转,需要停车制动时,按下停止按钮 SB1,KM1 断电,KM2 和 KT 线圈通电并自锁,KM2 的主触头闭合,将直流电源接入电动机定子绕组,进行能耗制动。经过一段时间,KT 的延时断开的常闭触头断开,接触器 KM2 断电,切断通往电动机的直流电源,时间继电器 KT 也随之断电,电动机能耗制动结束。

图中自锁回路中的瞬时常开触头的作用是为了考虑时间继电器 KT 线圈断线或机械卡住故障时,断开接触器 KM2 的线圈通路,使电动机定子绕组不致长期接入直流电源。

速度原则控制取转速为变化参量。速度继电器是检测转速和转向的自动电器,也是速度控制的基本电器。利用速度原则可以实现电动机反接制动和能耗制动的自动控制,以及电动机的低速脉动控制等。

图 2-27 是速度原则控制的单向能耗制动控制线路。采用了速度继电器来检测电动机的速度变化,在 120r/min ~ 3000r/min 范围内速度继电器触点动作,当转速低于 100r/min 时,其触点复位,速度继电器要与电动机同轴旋转。制动过程如下:

电动机正常运行,速度继电器的常开触头 KS 闭合,为制动做准备。当要停车制动时,按下复合按钮 SB1,接触器 KM1 线圈断电,其三个主触头断开,切断通往电动机的交流电源,同时接触器 KM2 线圈通电,其三个主触头闭合,给电动机通直流电,进入能耗制动。当电动机的转速下降至接近零时,KS 的常开触头断开,使 KM2 线圈断电,其常开触头断开,切除直流电源,能耗制动结束。

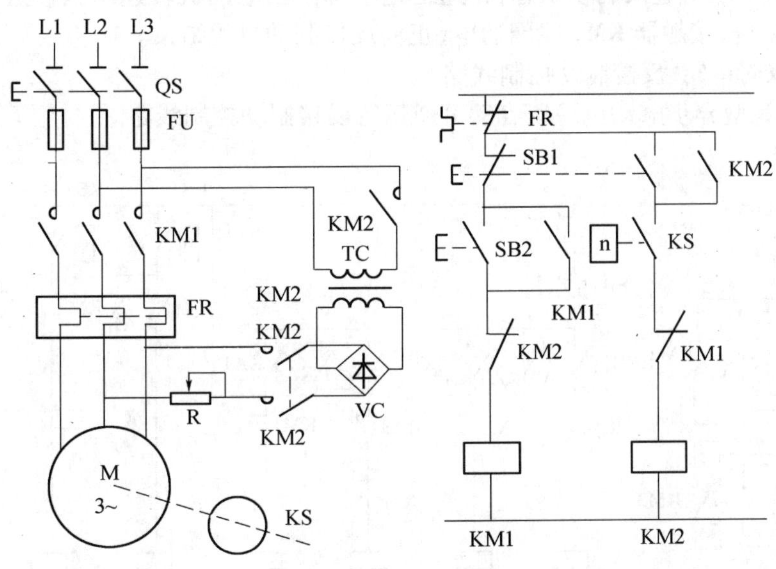

图 2-27 按速度原则控制的可逆能耗制动控制电路

5. 反接制动

三相笼型异步电动机反接制动是依靠改变定子绕组中的电源相序,使定子绕组旋转磁场反向,转子受到与旋转方向相反的制动力矩作用而迅速停车。

1) 单向反接制动控制线路

图 2-28 为三相笼型异步电动机单向运转、反接制动的控制线路。

图 2-28 为电动机单向反接制动控制线路。电动机正常运行时,KM1 通电,速度继电器常开触头 KS 已闭合(为制动做准备)。停转制动过程如下:

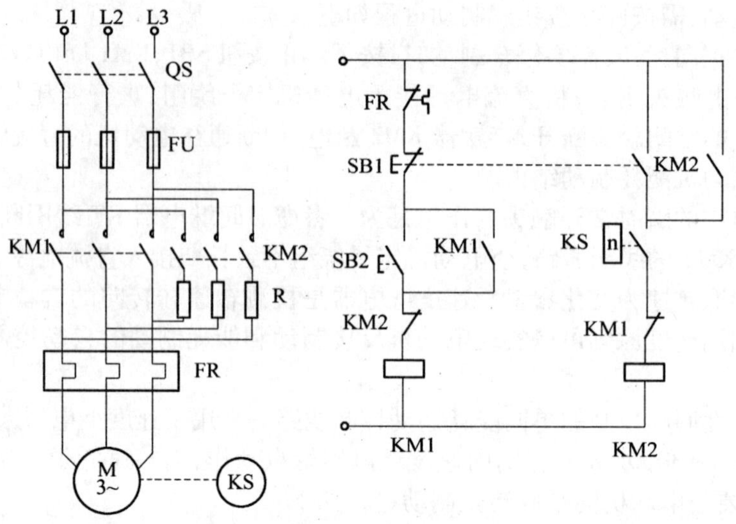

图 2－28　按速度原则控制的单向运行反接制动控制电路

当正转接触器 KM1 闭合，电动机接正相序三相电源运转时，速度继电器 KS 常开触头闭合，为反接制动时接触器 KM2 线圈通电作好准备。停车时，按下停止按钮 SB1，KM1 线圈断电，电动机脱离三相电源作惯性转动。同时接触器 KM2 线圈通电吸合并自锁，使电动机定子绕组中三相电源的相序相反，电动机进入制动状态，转速迅速下降。当电动机转速降到接近零时，速度继电器 KS 常开触头复位，接触器 KM2 线圈通电，正向反接制动过程结束。

2）电动机双向运转、反接制动控制线路

图 2－29 为笼型异步电动机降压启动可逆运行反接制动控制线路。

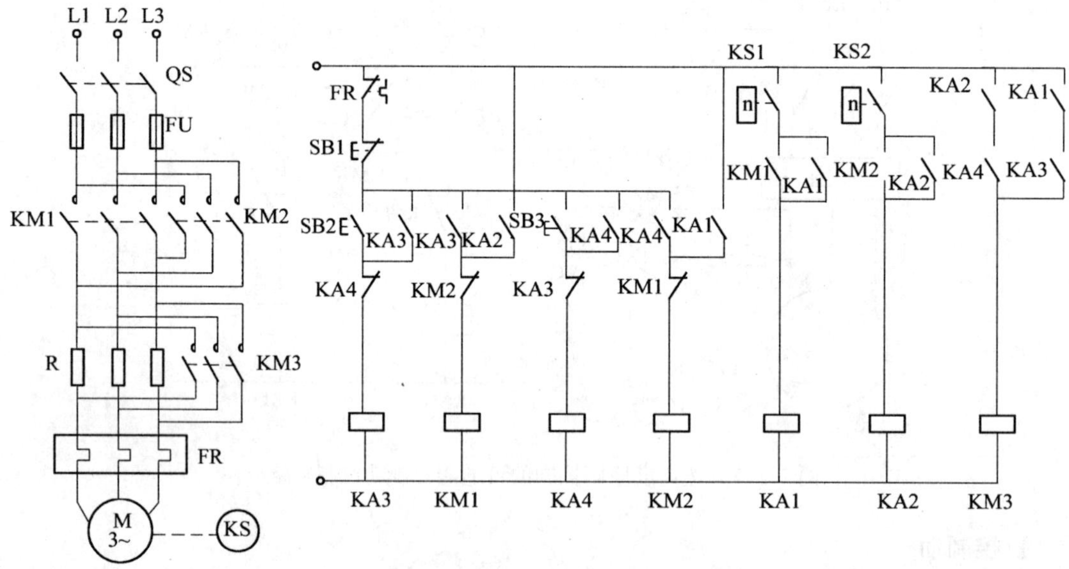

图 2－29　电动机的可逆运行反接制动控制电路

反接制动是利用改变电动机电源的相序，使定子绕组产生相反方向的旋转磁场，因而产生制动转矩的制动方法。反接制动常采用转速为变化参量进行控制。由于反接制动时，转子与旋转磁场的相对速度接近于两倍的同步转速，所以定子绕组中流过的反接制动电流相当于全电压直接启动时电流的两倍，因此反接制动特点之一是制动迅速，效果好，冲击大，通常仅适于 10kW 以下的小容量电动机。为了减小冲击电流，通常要求在电动机主电路中串接限流电阻。

2.4 电动机控制的保护环节

电气控制系统除了要能满足生产加工工艺的要求外,还应保证设备长期安全、可靠、无故障地运行,因此保护环节是所有电气控制系统不可缺少的组成部分,用来保护电动机、电网、电气控制设备及人身安全。

电气控制系统中常用的电气保护环节有短路保护、过电流保护、过载保护、零压、欠压保护及弱磁保护。

2.4.1 短路保护

电动机、电器以及导线的绝缘损坏或线路发生故障时,都可能造成短路事故。短路电流可能使电器设备损坏,因此要求一旦发生短路故障时,控制线路能迅速切断电源。常用的短路保护元件有熔断器和自动开关。

由于熔断器价格便宜,断弧能力强,所以一般电路几乎无例外地用它作短路保护。但是熔体的品质、老化及环境温度等因素对其动作值影响很大。用其保护电动机时,可能只有一相熔体烧断而造成电动机单相运行,用自动开关作短路保护则能克服这些缺陷。当出现短路时,其电流线圈动作,将整个开关跳开,三相电源同时被切断。自动开关还兼有过载保护和欠压保护,不过其结构复杂,价格贵,不宜频繁操作,一般用在要求高的场合。

2.4.2 过电流保护

电动机不正确地启动或负载转矩剧烈增加会引起电动机过电流运行。一般情况下这种过电流比短路电流小,但比电动机额定电流却大得多。在电动机运行过程中产生过电流比发生短路的可能性更大,尤其是在频繁正反转启动的重复短时工作制的电动机中更是如此。过电流的危害虽没有短路那么严重,但同样会造成电动机的损坏。

原则上,短路保护所用元件可以用作过电流保护,不过断弧能力可以要求低些,完全可以利用控制电动机的接触器来断开过电流,因此常用瞬时动作的过电流继电器与接触器配合起来作过电流保护,过电流继电器作为测量元件,接触器作为执行元件断开电路。

由于笼型电动机启动电流很大,如果要使启动时过电流保护元件不动作,其整定值就要大于启动电流,那么一般的过电流就无法使之动作了。所以过电流保护一般只用在直流电动机和绕线式异步电动机上。整定过电流动作值一般为启动电流的 1.2 倍。

2.4.3 过载保护

电动机长期超载运行,绕组温升将超过其允许值,造成绝缘材料变脆,寿命减少,严重时会使电动机损坏。过载电流越大,达到允许温升的时间就越短。常用的过载保护元件是热继电器。

由于热惯性的原因,热继电器不会受电动机短时过载冲击电流或短路电流的影响而瞬时动作,所以在使用热继电器作过载保护的同时,还必须设有短路保护,选作短路保护的熔断器熔体的额定电流不应超过 4 倍热继电器发热元件的额定电流。

必须强调指出,短路、过电流、过载保护虽然都是电流保护,但由于故障电流的动作值、保护特性和保护要求以及使用元件的不同,它们之间是不能相互取代的。

2.4.4 零电压和欠电压保护

在电动机运行中,如果电源电压因某种原因消失,那么在电源电压恢复时,如果电动机自行启动,将可能使生产设备损坏,也可能造成人身事故。对供电系统的电网来说,同时有许多电动机及其他用电设备自行启动也会引起不允许的过电流及瞬间网络电压下降。为了防止电网失电后恢复供电时电动机自行启动的保护叫做零电压保护。

当电动机运行时,电源电压过分地降低将引起一些电器释放,造成控制线路工作不正常,甚至产生事故。电网电压过低,如果电动机负载不变,由于三相异步电动机的电磁转矩与电压的二次方成正比,则会因电磁转矩的降低而带不动负载,造成电动机堵转停车,电动机电流增大使电动机发热,严重时烧坏电动机。因此,在电源电压降到允许值以下时,需要采用保护措施,及时切断电源,这就是欠电压保护。通常是采用欠电压继电器,或设置专门的零电压继电器来实现。

在控制线路的主电路和控制电路由同一个电源供电时,具有电气自锁的接触器兼有欠电压和零电压保护作用。若因故障电网电压下降到允许值以下时,接触器线圈也释放,从而切断电动机电源;当电网电压恢复时,由于自锁已解除,电动机也不会再自行启动。

欠压继电器的线圈直接跨接在定子的两相电源线上,其常开触头串接在控制电动机的接触器线圈电路中。自动开关中的欠压脱扣亦可作为欠压保护。主令控制器的零位操作是零压保护的典型环节。

2.4.5 弱磁保护

直流电动机在磁场有一定强度情况下才能启动,如果磁场太弱,电动机的启动电流就会很大;直流电动机正在运行时磁场突然减弱或消失,电动机转速就会迅速升高,甚至发生“飞车”,因此需要采取弱磁保护。弱磁保护是通过在电动机励磁回路串入欠电流继电器来实现的。在电动机运行中,如果励磁电流消失或降低太多,欠电流继电器就会释放,其触头切断主回路接触器线圈电路,使电动机断电停车。

除上述几种保护外,控制系统中还可能有其他各种保护,如联锁保护、行程保护、油压保护、温度保护等。只要在控制电路中串接上能反映这些参数的控制电器的常开触头或常闭触头,就可实现有关保护。

习 题 二

2-1 什么叫自锁、互锁?如何实现?

2-2 在正、反转控制线路中,为什么要采用双重互锁?

2-3 三相笼型异步电动机常用的降压启动方法有几种?

2-4 鼠笼异步电动机降压启动的目的是什么?重载时宜采用降压启动吗?

2-5 三相笼型异步电动机常用的制动方法有几种?

第3章　可编程控制器基本结构与工作原理

3.1　可编程控制器概述

3.1.1　可编程控制器的产生

20世纪60年代,计算机技术已开始应用于工业控制。但由于计算机技术本身的复杂性,编程难度大,难以适应恶劣的工业环境以及价格昂贵等原因,未能在工业控制中广泛应用。当时的工业控制,主要是以继电—接触器组成的控制系统。

1968年,美国最大的汽车制造商——通用汽车制造公司(GM),为适应汽车型号的不断更新,试图寻找一种新型的工业控制器,以尽可能减少重新设计和更换控制系统的硬件及接线、减少时间,降低成本。

1969年,美国数字设备公司(GEC)首先成功研制第一台可编程序控制器,并在通用汽车公司的自动装配线上试用成功,从而开创了工业控制的新局面。接着,美国MODICON公司也开发出可编程序控制器084。

1971年,日本从美国引进了这项新技术,很快研制出了日本第一台可编程序控制器DSC-8。1973年,西欧国家也研制出了他们的第一台可编程序控制器。我国从1974年开始研制,1977年开始工业应用。

早期的可编程序控制器是为取代继电器控制线路、存储程序指令、完成顺序控制而设计的,主要用于逻辑运算和计时、计数等顺序控制,均属开关量控制。所以,通常称为可编程序逻辑控制器(Programmable Logic Controller,PLC)。进入20世纪70年代,随着微电子技术的发展,PLC采用了通用微处理器,这种控制器就不再局限于当初的逻辑运算了,功能不断增强。因此,实际上应称为PC(Programmable Controller,可编程序控制器)。

至20世纪80年代,随着大规模和超大规模集成电路等微电子技术的发展,以16位和32位微处理器构成的微型计算机化PC得到了惊人的发展,在概念、设计、性能、价格以及应用等方面都有了新的突破,不仅控制功能增强,功耗和体积减小,成本下降,可靠性提高,编程和故障检测更为灵活方便,而且随着远程I/O和通信网络、数据处理以及图像显示的发展,使PC向着用于连续生产过程控制的方向发展,成为实现工业生产自动化的一大支柱设备。

3.1.2　可编程控制器的定义

可编程控制器经历了可编程序矩阵控制器(PMC)、可编程序顺序控制器(PSC)、可编程序逻辑控制器(PLC)和可编程控制器(PC)几个不同的时期。为与个人计算机(PC)相区别,现在仍然沿用可编程逻辑控制器这个老名字,通常称为可编程控制器,简称为PLC。

1987年国际电工委员会(International Electrical Committee,IEC)颁布的PLC标准草案中对PLC做了如下定义:

“PLC是一种专门为在工业环境下应用而设计的数字运算操作的电子装置。它采用可以编制程序的存储器,用来在其内部存储执行逻辑运算、顺序运算、计时、计数和算术运算等操作的指令,并能通过数字式或模拟式的输入和输出,控制各种类型的机械或生产过程。PLC 及其有关的外围设备都应该按易于与工业控制系统形成一个整体,易于扩展其功能的原则而设计。”

3.1.3 可编程控制器的特点

为适应工业环境使用,与一般控制装置相比较,PLC 具有以下特点:

1. 可靠性高,抗干扰能力强

传统的继电器控制系统中使用了大量的中间继电器、时间继电器。由于触点接触不良,容易出现故障。PLC 用软件代替大量的中间继电器和时间继电器,仅剩下与输入和输出有关的少量硬件,接线可减少到继电器控制系统的 1/10 ~ 1/100,因触点接触不良造成的故障大为减少。

高可靠性是电气控制设备的关键性能。PLC 由于采用现代大规模集成电路技术,采用严格的生产工艺制造,内部电路采取了先进的抗干扰技术,具有很高的可靠性。例如三菱公司生产的 F 系列 PLC 平均无故障时间高达 30 万小时。一些使用冗余 CPU 的 PLC 的平均无故障工作时间则更长。从 PLC 的机外电路来说,使用 PLC 构成控制系统,和同等规模的继电接触器系统相比,电气接线及开关触点已减少到几百分之一甚至几千分之一,故障也就大大降低。此外,PLC 带有硬件故障自我检测功能,出现故障时可及时发出警报信息。在应用软件中,应用者还可以编入外围器件的故障自诊断程序,使系统中除 PLC 以外的电路及设备也获得故障自诊断保护。

2. 通用性强,使用方便

PLC 发展到今天,已经形成了大、中、小各种规模的系列化产品,并且已经标准化、系列化、模块化,配备有品种齐全的各种硬件装置供用户选用,用户能灵活方便地进行系统配置,组成不同功能、不同规模的系统。PLC 的安装接线也很方便,一般用接线端子连接外部接线。PLC 有较强的带负载能力,可直接驱动一般的电磁阀和交流接触器,可以用于各种规模的工业控制场合。除了逻辑处理功能以外,现代 PLC 大多具有完善的数据运算能力,可用于各种数字控制领域。近年来 PLC 的功能单元大量涌现,使 PLC 渗透到了位置控制、温度控制、计算机数字控制机床(CNC)等各种工业控制中。加上 PLC 通信能力的增强及人机界面技术的发展,使用 PLC 组成各种控制系统变得非常容易。

3. 编程简单,容易掌握

PLC 作为通用工业控制计算机,是面向工矿企业的工控设备。它接口容易,编程语言易于为工程技术人员接受。梯形图语言的图形符号与表达方式和继电器电路图相当接近,只用 PLC 的少量开关逻辑控制指令就可以方便地实现继电器电路的功能,为不熟悉电子电路、不懂计算机原理和汇编语言的人使用计算机从事工业控制打开了方便之门。

4. 维护方便,容易改造

PLC 的梯形图程序一般采用顺序控制设计法。这种编程方法很有规律,很容易掌握。对于复杂的控制系统,梯形图的设计时间比设计继电器系统电路图的时间要少得多。

PLC 用存储逻辑代替接线逻辑,大大减少了控制设备外部的接线,使控制系统设计及建造的周期大为缩短,同时维护也变得容易起来。更重要的是使同一设备经过改变程序改变生产过程成为可能。这很适合多品种、小批量的生产场合。

5. 体积小、质量轻、功耗低

PLC 是将微电子技术应用于工业设备的产品,其结构紧凑、体积小、质量轻、功耗低。由于 PLC 的强抗干扰能力,易于装入设备内部,是实现机电一体化的理想控制设备。以三菱公司的 F1 - 40M 型 PLC 为例,其外型尺寸仅为 305mm × 110mm × 110mm,质量为 2.3kg,功耗小于

25VA,还具有很好的抗振、适应环境温度、湿度变化的能力。三菱 FX 系列 PLC,与其超小型品种 F1 系列相比,面积为其 47%,体积为其 36%,输入输出可达 24 点 ~ 128 点,在系统配置上更加灵活方便。

3.1.4 可编程控制器的应用范围

随着 PLC 功能的不断完善,性能价格比的不断提高, PLC 的应用面也越来越广。目前, PLC 在国内外已广泛应用于钢铁、采矿、水泥、石油、化工、电子、机械制造、汽车、船舶、装卸、造纸、纺织、环保、娱乐等各行各业。

1. 顺序控制

PLC 取代传统的继电器构成顺序控制系统,是 PLC 最广泛的应用领域。PLC 可用于单机控制、多机群控制、生产自动线控制,如注塑机、印刷机械、订书机械、切纸机械、组合机床、磨床、装配生产线、包装生产线、电镀流水线及电梯控制等。

2. 运动控制

PLC 制造商目前已提供了拖动步进电动机或伺服电动机的单轴或多轴位置控制模块。在多数情况下,PLC 把描述目标位置的数据送给模块,模块移动一轴或数轴到目标位置,当每个轴移动时,位置控制模块保持适当的速度和加速度,确保运动平滑。

运动的编程可用 PLC 的编程语言完成,通过编程器输入。操作员用手动方式把轴移动到某个目标位置,模块就得知了位置和运动参数,之后可用编辑程序来改变速度和加速度等运动参数,使运动平滑。

位置控制模块比 CNC 装置体积更小,价格更低,速度更快,操作更方便。

3. 过程控制

PLC 能控制大量的物理参数,如温度、压力、速度和流量等。PID(Proportional Integral Derivative)模块的提供使 PLC 具有闭环控制功能,即一个具有 PID 控制能力的 PLC 可用于过程控制。当控制过程中某个变量出现偏差时,PID 控制算法会计算出正确的输出,把变量保持在设定值上。PID 算法一旦适应了工艺,就不管工艺混乱而保持设定值。

4. 数据处理

随着 PLC 技术的发展,已把支持顺序控制的 PLC 和 CNC 的设备紧密地结合了起来。著名的日本 FANUC 公司推出的 System10、11、12 系列,已将 CNC 控制功能作为 PLC 的一部分。为了实现 PLC 和 CNC 设备之间内部数据自由传递,该公司采用了窗口软件。通过窗口软件,用户可以独自编程,由 PLC 送至 CNC 设备使用。同样,美国 GE 公司的 CNC 设备新机种也使用了具有数据处理的 PLC。日本东芝公司的 TOSNUC600 也将 CNC 和 PLC 组合在一起,预计今后几年 CNC 系统将变成以 PLC 为主体的控制和管理系统。

5. 通信和联网

为了适应国外近几年来兴起的工厂自动化(FA)系统、柔性制造系统(FMS)及集散控制系统(DCS)等发展的需要,必须发展 PLC 之间、PLC 和上位计算机之间的通信功能。作为实时控制系统,不仅对 PLC 数据通信速率要求高,而且要考虑出现停电、故障时的对策等。日本富士电动机公司开发的 MICREX - F 系列就是一例,其中处理器多达 16 台,输入/输出点数多达 3200 个。PLC 之间、PLC 和上位计算机之间都采用光纤通信,多级传递。I/O 模块按功能各自放置在生产现场分散控制,然后采用网络连接构成集中管理信息的分布式网络系统。

3.1.5 可编程控制器国内发展状况

目前,我国自己已可以生产中小型可编程控制器。上海东屋电气有限公司生产的 CF 系列、杭州机床电器厂生产的 DKK 及 D 系列、大连组合机床研究所生产的 S 系列、苏州电子计算机厂生产的 YZ 系列等多种产品已具备了一定的规模并在工业产品中获得了应用。此外,无锡华光公司、上海乡岛公司等中外合资企业也是我国比较著名的 PLC 生产厂家。可以预期,随着我国现代化进程的深入,PLC 在我国将有更广阔的应用天地。

3.1.6 可编程控制器的发展趋势

21 世纪,PLC 会有更大的发展。从技术上看,计算机技术的新成果会更多地应用于可编程控制器的设计和制造上,会有运算速度更快、存储容量更大、智能更强的品种出现;从产品规模上看,会进一步向超小型及超大型方向发展;从产品的配套性上看,产品的品种会更丰富、规格更齐全,完美的人机界面、完备的通信设备会更好地适应各种工业控制场合的需求;从市场上看,各国各自生产多品种产品的情况会随着国际竞争的加剧而打破,会出现少数几个品牌垄断国际市场的局面,会出现国际通用的编程语言;从网络的发展情况来看,可编程控制器和其他工业控制计算机组网构成大型的控制系统是可编程控制器技术的发展方向。目前在计算机集散控制系统(Distributed Control System,DCS)中已有大量的可编程控制器应用。伴随着计算机网络的发展,可编程控制器作为自动化控制网络和国际通用网络的重要组成部分,将在工业及工业以外的众多领域发挥越来越大的作用。

3.2 可编程控制器的硬件构成

可编程控制器一般由中央处理单元(CPU)、存储器(ROM/RAM)、输入/输出单元(I/O 单元)、编程器、电源等主要部件组成,如图 3-1 所示。

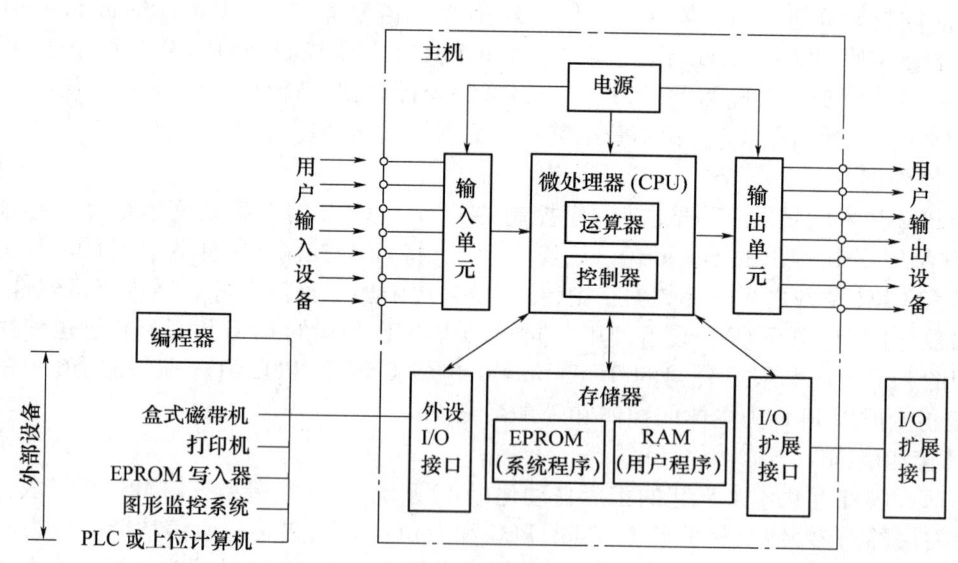

图 3-1 可编程控制器基本结构框图

3.2.1 中央处理器

CPU 是可编程控制器的核心,它按系统程序赋予的功能指挥可编程控制器有条不紊地进行工作,其主要任务是:

(1) 接收、存储用户程序和数据,并通过显示器显示出程序的内容和存储地址。

(2) 检查、校验用户程序。对输入的用户程序进行检查,发现语法错误立即报警,并停止输入;在程序运行过程中若发现错误,则立即报警或停止程序的执行。

(3) 接收、调用现场信息。将接收到现场输入的数据保存起来,在需要数据的时候将其调出、并送到需要该数据的地方。

(4) 执行用户程序。PLC 进入运行状态后,CPU 根据用户程序存放的先后顺序,逐条读取、解释并执行程序,完成用户程序中规定的各种操作,并将程序执行的结果送至输出端口,以驱动可编程控制器的外部负载。

(5) 故障诊断。诊断电源、可编程控制器内部电路的故障,根据故障或错误的类型,通过显示器显示出相应的信息,以提示用户及时排除故障或纠正错误。

不同型号可编程控制器的 CPU 芯片是不同的,有的采用通用 CPU 芯片,如 8031、8051、8086、80826 等,也有采用厂家自行设计的专用 CPU 芯片(如西门子公司的 S7 - 200 系列可编程控制器均采用其自行研制的专用芯片),CPU 芯片的性能关系到可编程控制器处理控制信号的能力与速度,CPU 位数越高,系统处理的信息量越大,运算速度也越快。

3.2.2 存储器

可编程控制器的存储器可以分为系统程序存储器、用户程序存储器及工作数据存储器等三种。

1) 系统程序存储器

系统程序存储器用来存放由可编程控制器生产厂家编写的系统程序,并固化在 ROM 内,用户不能直接更改。它使可编程控制器具有基本的智能,能够完成可编程控制器设计者规定的各项工作。系统程序质量的好坏,很大程度上决定了 PLC 的性能,其内容主要包括 3 个部分:第一部分为系统管理程序,它主要控制可编程控制器的运行,使整个可编程控制器按部就班地工作;第二部分为用户指令解释程序,通过用户指令解释程序,将可编程控制器的编程语言变为机器语言指令,再由 CPU 执行这些指令;第三部分为标准程序模块与系统调用程序,它包括许多不同功能的子程序及其调用管理程序,如完成输入、输出及特殊运算等的子程序,可编程控制器的具体工作都是由这部分程序来完成的,这部分程序的多少决定了可编程控制器性能的强弱。

2) 用户程序存储器

根据控制要求而编制的应用程序称为用户程序。用户程序存储器用来存放用户针对具体控制任务,用规定的可编程控制器编程语言编写的各种用户程序。用户程序存储器根据所选用的存储器单元类型的不同,可以是 RAM (有用锂电池进行掉电保护)、EPROM 或 EEPROM 存储器,其内容可以由用户任意修改或增删。目前较先进的可编程控制器采用可随时读写的快闪存储器作为用户程序存储器。快闪存储器不需后备电池,掉电时数据也不会丢失。

3) 工作数据存储器

工作数据存储器用来存储工作数据,即用户程序中使用的 ON/OFF 状态、数值数据等。

在工作数据区中开辟有元件映像寄存器和数据表。其中元件映像寄存器用来存储开关量输入/输出状态以及定时器、计数器、辅助继电器等内部器件的 ON/OFF 状态。数据表用来存放各种数据,它存储用户程序执行时的某些可变参数值及 A/D 转换得到的数字量和数学运算的结果等。在可编程控制器断电时能保持数据的存储器区称为数据保持区。

用户程序存储器和用户存储器容量的大小,关系到用户程序容量的大小和内部器件的多少,是反映 PLC 性能的重要指标之一。

3.2.3　输入/输出接口

输入/ 输出接口是 PLC 与外界连接的接口。

输入接口用来接收和采集两种类型的输入信号,一类是由按钮、选择开关、行程开关、继电器触点、接近开关、光电开关、数字拨码开关等的开关量输入信号;另一类是由电位器、测速发电机和各种变送器等来的模拟量输入信号。输入/输出点的作用是将输入/输出设备与 PLC 进行连接,使 PLC 与现场设备构成控制系统,以便从现场通过输入设备(元件)得到信息(输入),或将经过处理后的控制命令通过输出设备(元件)送到现场(输出),从而实现自动控制的目的。

输入回路的连接如图 3-2 所示。输入回路的实现是将 COM 通过输入元件(如按钮、转换开关、行程开关、继电器的触点、传感器等)连接到对应的输入点上,再通过输入点 X 将信息送到 PLC 内部。一旦某个输入元件状态发生变化,对应输入继电器 X 的状态也就随之变化,PLC 在输入采样阶段即可获取这些信息。

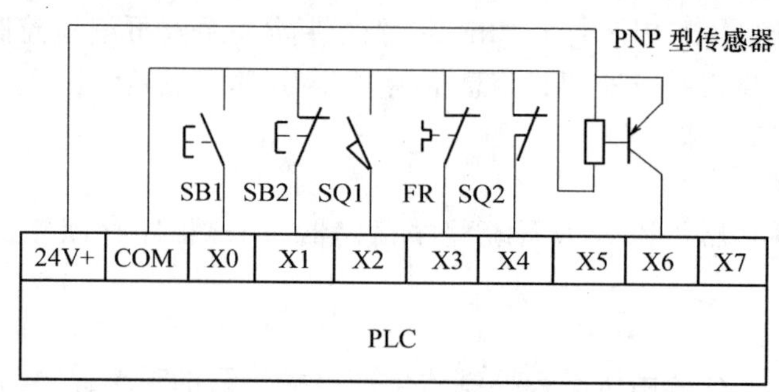

图 3-2　PLC 输入回路的接线

输出接口用来连接被控对象中各种执行元件,如接触器、电磁阀、指示灯、调节阀(模拟量)、调速装置(模拟量)等。

输出回路就是 PLC 的负载驱动回路,输出回路的连接如图 3-3 所示。通过输出点,将负载和负载电源连接成一个回路,这样负载就由 PLC 输出点的 ON/OFF 进行控制,输出点动作负载得到驱动。负载电源的规格应根据负载的需要和输出点的技术规格进行选择。为适应控制的需要,PLC 输入/输出具有不同的类别。其输入分直流输入和交流输入两种形式,如图 3-4 和图 3-5 所示;输出分继电器输出、可控硅输出和晶体管输出三种形式。继电器输出和可控硅输出适用于大电流输出场合,如图 3-6 所示;晶体管输出、可控硅输出适用于快速、频繁动作的场合。相同驱动能力,继电器输出形式价格较低。为提高 PLC 抗干扰能力,其输入、输出接口电路均采用了隔离措施。

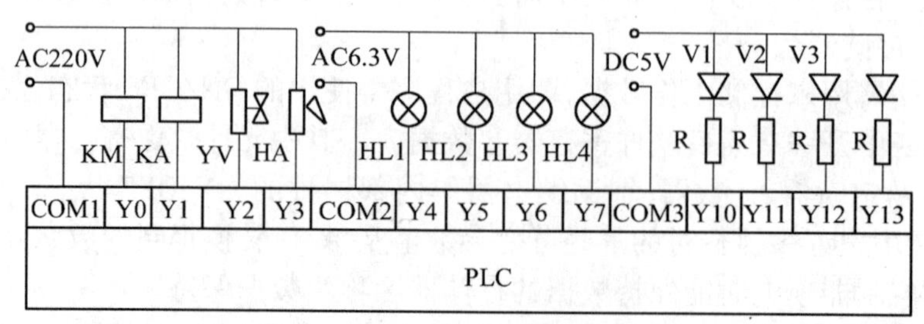

图 3-3　PLC 输出回路的接线

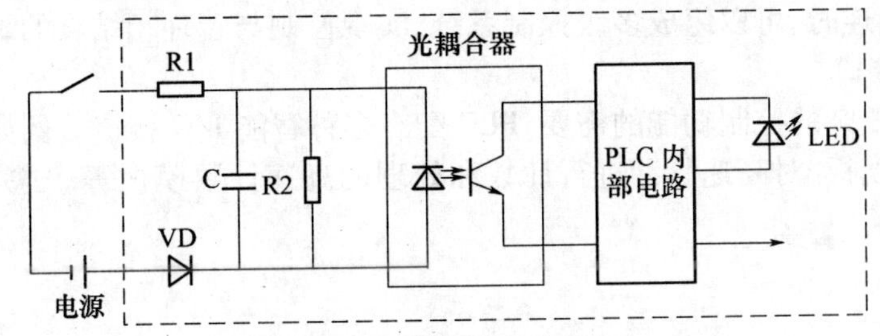

图 3－4　直流输入及隔离电路

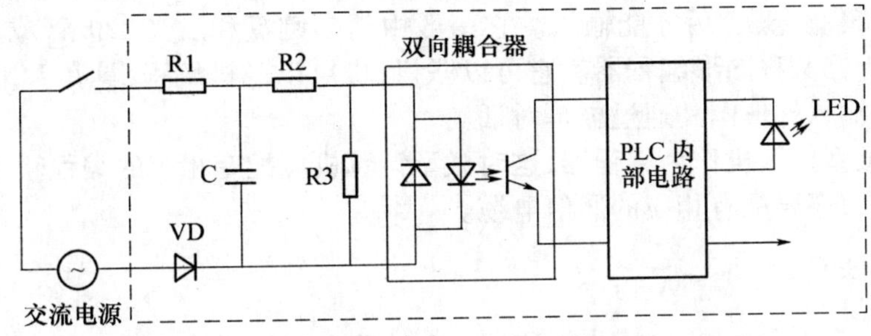

图 3－5　交流输入及隔离电路

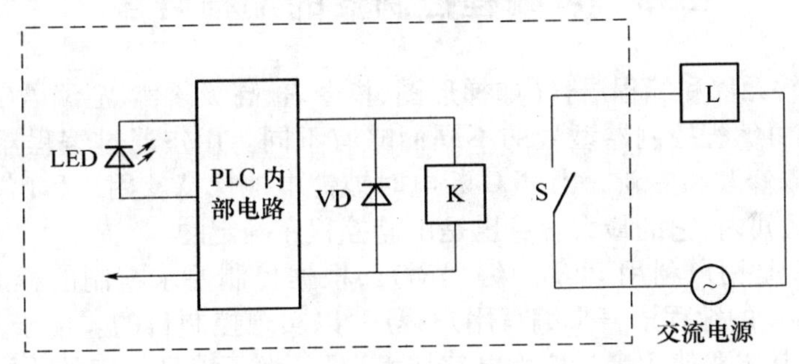

图 3－6　继电器输出及隔离电路

3.2.4　电源

小型整体式可编程控制器内部有一个开关式稳压电源。电源一方面可为 CPU 板、I/O 板及扩展单元提供工作电源 5VDC，另一方面可为外部输入元件提供 24VDC(200mA)工作电源。

3.2.5　各种接口

1. 扩展接口

扩展接口用于将扩展单元与基本单元相连，使 PLC 的配置更加灵活。

2. 通信接口

为了实现“人—机”或“机—机”之间的对话，PLC 配有多种通信接口。PLC 通过这些通信接口可以与监视器、打印机、其他的 PLC 或计算机相连。

当 PLC 与打印机相连时，可将过程信息，系统参数等输出打印；当与监视器（CRT）相连时，可将过程图像显示出来；当与其他 PLC 相连时，可以组成多机系统或连成网络，实现更大规模的控制；当与计算机相连时，可以组成多级控制系统，实现控制与管理相结合的综合系统。

3. 智能I/O接口

为了满足更加复杂的控制功能的需要，PLC配有多种智能I/O接口。例如，满足位置调节需要的位置闭环控制模板，对高速脉冲进行计数和处理的高速计数模板等。这类智能模板都有其自身的处理器系统。

3.2.6 编程器

它的作用是供用户进行程序的编制、编辑、调试和监视。

编程器有简易型和智能型两类。简易型的编程器只能联机编程，且往往需要将梯形图转化为机器语言助记符（指令表）后才能输入。它一般由简易键盘和发光二极管或其他显示器件组成。智能型的编程器又称图形编程器。它可以联机，也可以脱机编程，具有LCD或CRT图形显示功能，可以直接输入梯形图和通过屏幕对话。

也可以利用微型计算机作为编程器，这时微型计算机应配有相应的编程软件包，若要直接与可编程控制器通信，还要配有相应的通信电缆。

3.2.7 其他部件

PLC还可配有盒式磁带机，EPROM写入器，存储器卡等其他外部设备。

3.3 可编程控制器的编程语言

用PLC编程的软元件和编程语言（如梯形图、指令表、高级语言、汇编语言等）编制的应用程序，其助记符形式随可编程控制器型号的不同而略有不同。用户通过编程器或PC写入到PLC的RAM内存中，可以修改和更新。当PLC断电时被锂电池保持。用户程序是线性地存储在监控程序指定的存储区间内，它的最大容量也是由监控程序确定的。

PLC的用户程序是用户利用PLC的编程语言，根据控制要求编制的程序。在PLC的应用中，最重要的是用PLC的编程语言来编写用户程序，以实现控制目的。由于PLC是专门为工业控制而开发的装置，其主要使用者是广大电气技术人员，为了满足他们的传统习惯和掌握能力，PLC的主要编程语言采用比计算机语言相对简单、易懂、形象的专用语言。

PLC编程语言是多种多样的，对于不同生产厂家、不同系列的PLC产品采用的编程语言的表达方式也不相同，但基本上可归纳两种类型：一是采用字符表达方式的编程语言，如语句表等；二是采用图形符号表达方式编程语言，如梯形图等。

以下简要介绍几种常见的PLC编程语言。

3.3.1 梯形图语言

梯形图语言是在传统电器控制系统中常用的接触器、继电器等图形表达符号的基础上演变而来的。它与电器控制线路图相似，继承了传统电器控制逻辑中使用的框架结构、逻辑运算方式和输入、输出形式，具有形象、直观、实用的特点。因此，这种编程语言为广大电气技术人员所熟知，是应用最广泛的PLC的编程语言，是PLC的第一编程语言。

如图3-7所示是传统的电器控制线路图和PLC梯形图。

从图中可看出，两种图表述的思想是一致的，具体表达方式有一定区别。PLC的梯形图使用的是内部继电器，定时/计数器等，都是由软件来实现的，使用方便，修改灵活，是原电器控制线路硬接线无法比拟的。

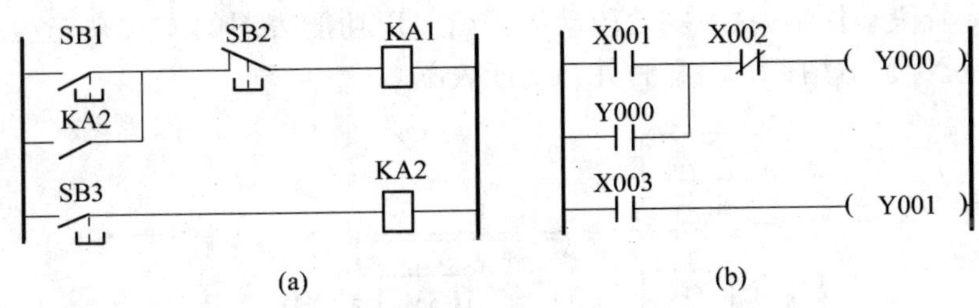

图 3－7　继电器控制线路图与梯形图

(a) 电器控制线路图;(b) PLC 梯形图。

3.3.2　语句表语言

该编程语言是一种与汇编语言类似的助记符编程表达方式。在 PLC 应用中,经常采用简易编程器,而这种编程器中没有 CRT 屏幕显示,或没有较大的液晶屏幕显示。因此,就用一系列 PLC 操作命令组成的语句表将梯形图描述出来,再通过简易编程器输入到 PLC 中。虽然各个 PLC 生产厂家的语句表形式不尽相同,但基本功能相差无几。以下是与图 3－7(b)中梯形图对应的(FX 系列 PLC)语句表程序如表 3－1 所列。

表 3－1　指令表

步序号	助记符	操作数
0	LD	X001
1	OR	Y000
2	ANI	X002
3	OUT	Y000
4	LD	X003
5	OUT	Y001

可以看出,语句是语句表程序的基本单元,每个语句和微型计算机一样也由地址(步序号)、操作码(指令)和操作数(数据)组成。

3.3.3　逻辑图语言

逻辑图是一种类似于数字逻辑电路结构的编程语言,由与门、或门、非门、定时器、计数器、触发器等逻辑符号组成。有数字电路基础的电气技术人员较容易掌握,如图 3－8 所示。

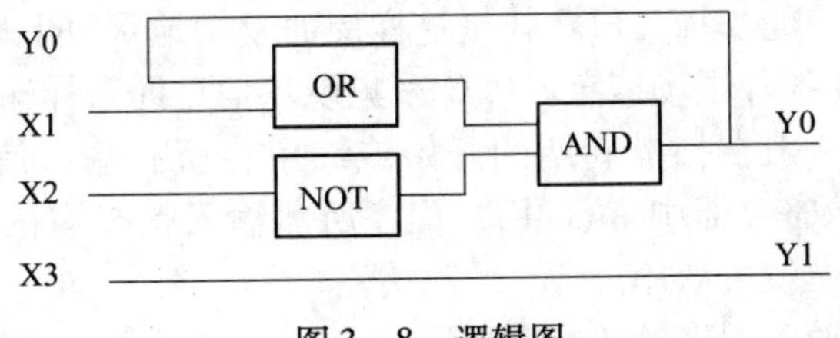

图 3－8　逻辑图

3.3.4　功能表图语言

功能表图语言(SFC 语言)是一种较新的编程方法,又称状态转移图语言。它将一个完整的控制过程分为若干阶段,各阶段具有不同的动作,阶段间有一定的转换条件,满足转换条件就实现阶段转移,上一阶段动作结束,下一阶段动作开始。用功能表图的方式来表达一个控制过程,对于顺序控制系统特别适用,图 3-9 为并列功能表图。

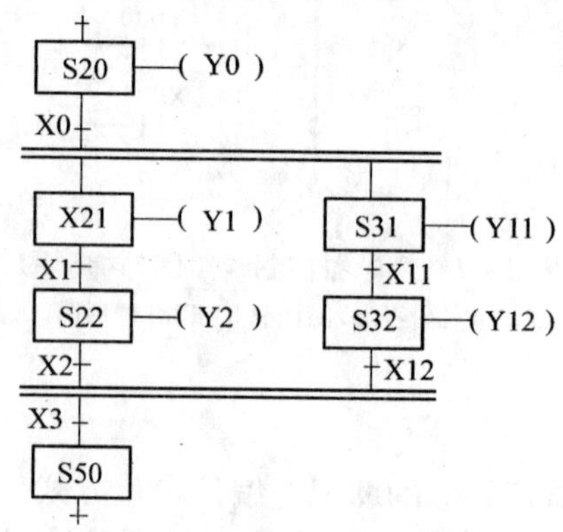

图 3-9　功能表图(SFC)

3.3.5　高级语言

随着 PLC 技术的发展,为了增强 PLC 的运算、数据处理及通信等功能,以上编程语言无法很好地满足要求。近年来推出的 PLC,尤其是大型 PLC,都可用高级语言,如 BASIC 语言、C 语言、PASCAL 语言等进行编程。采用高级语言后,用户可以像使用普通微型计算机一样操作 PLC,使 PLC 的各种功能得到更好的发挥。

3.4　可编程控制器的工作原理

3.4.1　可编程控制器的工作方式

众所周知,继电接触器控制系统是一种“硬件逻辑系统”,采用并行工作方式。可编程控制器是一种工业控制计算机,其工作原理是建立在计算机工作原理基础上的,而 CPU 以分时操作方式来处理各项任务,计算机在每一瞬间只能做一件事,所以程序的执行是按程序顺序依次完成相应各电器的动作,便成为时间上的串行(即串行工作方式)。由于 CPU 运算速度极高,各继电器(软元件)的动作似乎是同时完成的,但实际输入/ 输出的响应是有滞后的。

PLC 的工作方式是一个不断循环的顺序扫描工作方式,每一次扫描所用的时间称为扫描周期或工作周期。CPU 从第一条指令开始,按顺序逐条地执行用户程序直到用户程序结束,然后返回第一条指令开始新的一轮扫描。PLC 就是这样周而复始地重复上述循环扫描的。

执行用户程序时,需要各种现场信息。PLC 采集现场信息即采样输入信号有两种方式:

(1) 采样输入方式。一般在扫描周期的开始或结束将所有输入信号(输入元件的通/断状态)采集并存放到输入映像寄存器中,执行用户程序所需输入状态均在输入映像寄存器中取用,而不直接到输入端或输入模块去取用。

(2) 立即输入方式。随着程序的执行需要哪一个输入信号就直接从输入端或输入模块取用这个输入状态,如“立即输入指令”就是这样,此时输入映像寄存器的内容不变,到下一次集中采样输入时才变化。

同样,PLC 对外部的输出控制也有集中输出和立即输出两种方式。

集中输出方式在执行用户程序时不是得到一个输出结果就向外输出一个,而是把执行用户程序所得的所有输出结果,先后全部存放在输出映像寄存器中,执行完用户程序后所有输出结果一次性向输出端口或输出模块输出,使输出设备部件动作;立即输出方式是在执行用户程序时将该输出结果立即向输出端口或输出模块输出,如"立即输出指令"就是这样,此时输出映像寄存器的内容也更新。

PLC 对输入输出信号的传送还有其他方式。如有的 PLC 采用输入/输出刷新指令,在需要的地方设置这类指令,可对此电源 ON 的全部或部分输入点信号读入上电一次,以刷新输入映像寄存器内容,或将此时的输出结果立即向输出端口或输出模块输出。有的 PLC 上有输入、输出的禁止功能,实际上是关闭了输入、输出传送服务,这意味着此时的输入信号不读入、输出信号也不输出。

3.4.2 可编程控制器的工作过程

1. PLC 的等效电路

自耦变压器降压启动控制电路,如图 3-10 所示,在控制电路中,输入元件有热继电器 FR、停止按钮 SB1 和启动按钮 SB2;中间部分元件有中间继电器 KA 和时间继电器 KT;输出元件为接触器 KM1 和 KM2。

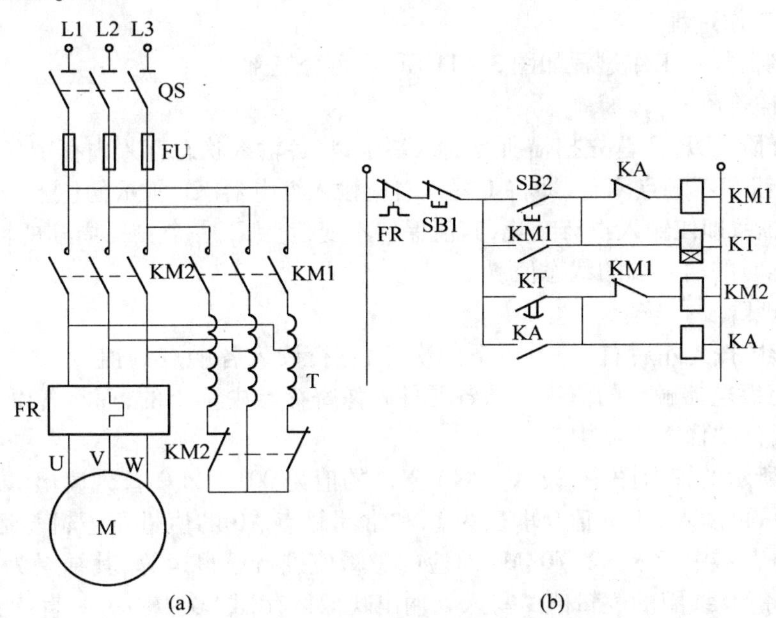

图 3-10 自耦变压器降压启动控制电路
(a) 主电路; (b) 控制电路。

按表 3-2 所示关系把元件与 PLC 输入、输出端连接起来,再把图 3-10 中的控制电路用表中 PLC 符号绘制出梯形图。

表 3-2 自耦变压器降压启动 PLC 控制接线表

输入端口				输出端口			
热继电器	FR	X0	─┤/├─	接触器线圈	KM1	Y0	─(Y0)─
停止按钮	SB1	X1	─┤/├─	接触器线圈	KM2	Y1	─(Y1)─
启动按钮	SB2	X2	─┤├─				

图3－11所示边框内为自耦变压器降压启动继电器控制电路改用PLC控制的等效电路，分为三个部分：

（1）输入部分电路：由PLC内部的24V直流电源、输入继电器X0、X1等与外部输入按钮，触点组成，用于接收外部输入信号。

（2）逻辑部分电路：是以梯形图表达的控制程序，表达方式和继电器控制电路相同。

（3）输出部分电路：由PLC内部的输出继电器触点Y0、Y1等与外部的负载和电源组成，用于外部输出控制。

自耦变压器降压启动PLC控制的等效电路过程：按下启动按钮SB2，输入继电器线圈X2得电，梯形图中X2常开触点闭合，输出继电器Y0得电自锁，Y0输出触点闭合，使接触器线圈KM1得电，图3－11所示主电路中的KM1主触点闭合，接通自耦变压器T电动机M降压启动。

中间继电器KA和时间继电器KT被PLC内部的软元件定时器T0和辅助继电器M0所代替。梯形图中的定时器T0延时5s，T0触点闭合使辅助继电器M0得电并自锁。

常闭触点断开Y0线圈（接触器线圈KM1失电），Y1线圈得电（接触器线圈KM2得电），主电路中的KM2主触点闭合，电动机M全压运行。

2. PLC的工作过程

可编程控制器整个工作过程如图3－11所示，可分三部分：

1）输入采样阶段

在输入采样阶段，PLC首先扫描所有输入端子，将各输入状态存入内存中各对应的输入映像寄存器中（如按钮SB1触点闭合，即将1写入对应输入继电器X1所示的位上，SB1触点断开，则写入0），写入之后，即使输入再有变化，其值保持不变，直到下一个扫描周期的输入采样阶段，方能重新写入扫描时的输入端的状态值。

2）程序处理阶段

PLC的梯形图按先左后右、先上后下的次序，逐行读入各触点的值，并进行逻辑运算，由图3－9可知，所有继电器触点的值均是从各元件映像寄存器中读出的，而将各继电器线圈的值分别写入对应的元件映像寄存器中。

如图3－9所示的梯形图中，设X0、X1\、X2\的值为001。PLC首先读出X0的值0，并取反为1（常闭触点），再读入X1的值0取反为1，和常闭触点X0的值进行逻辑与运算，第3、4、5步分别从各映像寄存器中读入X2、Y0、M0对应的逻辑值进行逻辑运算，其结果为1，即Y0线圈的值为1，第6步将Y0线圈的逻辑值1写入到输出映像寄存器Y0中……一直读到结束指令END时结束。

3）输出刷新阶段

在执行END命令之后，将元件映像寄存器中所有输出继电器Y的值转存到输出锁存器中，刷新上一阶段输出锁存器中的数据，通过一定的输出方式，以驱动输出端的外接负载，如线圈等。

PLC完成上述三个阶段称为一个扫描周期。PLC反复不断地执行上述过程。扫描周期的长短和PLC运算速度和工作方式有关，但主要和梯形图的长度与指令的种类有关，一个扫描周期大约在几毫秒到几百毫秒之间。

综上所述：设X0X1X2＝001，即按下启动按钮SB2，输入继电器X2＝1，梯形图中的X2常开触点闭合，输出继电器Y0得电，在输出阶段将输出锁存器中的Y0置1，并由它控制接在PLC输出端子上的接触器KM1线圈得电，主电路中KM1主触点闭合，接通变压器T，电动机在低电压下开始启动。

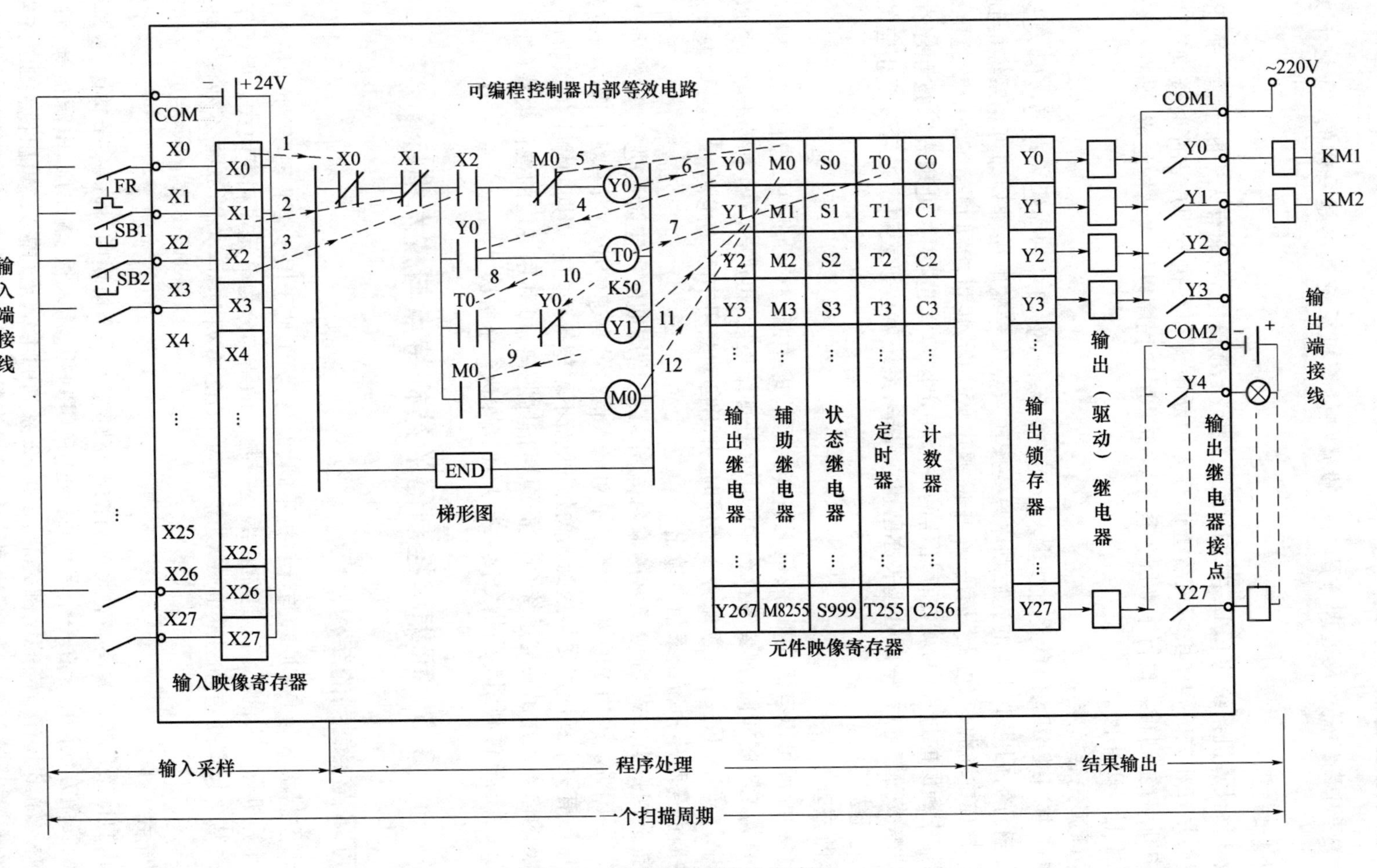

图 3-11　可编程控制器工作过程

3.4.3 可编程控制器的中断处理

PLC 关于中断的概念及处理方法与一般微型计算机系统基本是一样的,但也有以下特殊之处。

1. 中断响应

一般微型计算机系统的 CPU,在执行每一条指令结束时去查询有无中断申请。而 PLC 对中断的响应则是在相关的程序块结束后查询有无中断申请和在执行用户程序时查询有无中断申请,如有中断申请,则转入执行中断服务程序。如果用户程序以块式结构组成,则在每块结束或实行块调用时处理中断。

2. 中断源先后顺序

在 PLC 中,中断源的信息是通过输入点而进入系统的,PLC 扫描输入点是按输入点编号的先后顺序进行的,因此中断源的先后顺序只要按输入点编号的顺序排列即可。系统接到中断申请后,顺序扫描中断源,它可能只有一个中断源申请中断,也可能同时有多个中断源申请中断。系统在扫描中断源的过程中,就在存储器的一个特定区建立起"中断处理表",按顺序存放中断信息,中断源被扫描过后,中断处理表亦已建立完毕,系统就按该表顺序先后转至相应的中断子程序入口地址去工作。

3. 中断嵌套

PLC 多中断源可以有优先顺序,但无嵌套关系。即中断程序执行中,若有新的中断放生,不论新中断的优先顺序如何,都要等执行中的中断处理结束后,再进行新的中断处理。所以在 PLC 系统工作中,当转入下一个中断服务子程序时,并不自动关闭中断,所以也没有必要去开启中断。

4. 中断服务程序执行结果信息输出

PLC 按巡回扫描方式工作,正常的输入/输出在扫描周期的一定阶段进行,这给外设希望及时响应带来了困难。采用中断输入,解决了对输入信号的高速响应。当中断申请被响应,在执行中断子程序后有关信息应当尽早送到相关外设,而不希望等到扫描周期的输出传送阶段,就是说对部分信息的输入或输出要与系统 CPU 的周期扫描脱离,可利用专门的硬件模块(如快速响应 I/O 模块)或通过软件利用专门指令使某些 I/O 立即执行来解决。

3.5 可编程控制器的结构特点与技术指标

3.5.1 可编程控制器的结构特点

可编程控制器不但工作原理与计算机不同,而且,为了便于用于工业现场,便于扩展和接线,其结构与计算机有很大的不同。通常可编程控制器的结构分为单元式和模块式。但近年来有将这两种形式结合起来的趋势,三菱的 FX2 系列和 AOJ2 系列即为一例。下面介绍这三种形式的结构特点。

1. 单元式

单元式的特点是非常紧凑。它将所有的电路都装入一个模块内,构成一个整体,这样体积小巧、成本低、安装方便。由于在一个单体内集中了 CPU 板、输入板、输出版、电源板等,对于某一个单体的输入输出就有一定的比例关系。F1、F2 系列的主单元的输入、输出比为 3:2;FX2 系列主单元的输入、输出比为 1:1。为了达到输入、输出点数灵活配置及易于扩展的目的,某一系列的产品通常都有不同点数的基本单元和扩展单元构成,其中的某些单元为全输入或全输出型。单元的品种越丰富,其配置就越灵活。小型可编程控制器结构的最新发展也开始吸收模块式结构的特点。各种不同点数的可编程控制器都做成同宽同高不同长度的模块，这样几个模块拼装起来后就成了一个整齐的长方体结构。单元式的可编程控制器可直接装入机床或电控柜中。

现在可编程控制器还有许多专用的特殊功能单元。在小型可编程控制器可配置各种特殊功能单元。这些单元有模拟量 I/O 单元、高速计数单元、位置控制单元、凸轮控制单元、数据输入、输出单元等。大多数单元都是通过主单元的扩展口与可编程控制器主机相连的，有部分特殊功能单元通过可编程控制器的编程器接口连接。还有的通过主机上并接的适配器接入，不影响原系统的扩展。

2. 模块式

模块式可编程控制器采用搭积木的方式组成系统，在一块基板上插上 CPU、电源、I/O 模块及特殊功能模块，构成一个总 I/O 点数很多的大规模综合控制系统。

这种结构形式的特点是 CPU 为独立的模块，输入、输出也是独立模块，配置很灵活，可以根据不同的系统规模选用不同档次的 CPU 及各种 I/O 模块、功能模块。其模块尺寸统一、安装整齐，对于 I/O 点数很多的系统选型、安装调试、扩展、维修等都非常方便。目前大型系统多采用这种形式。这种结构形式的可编程控制器除了各种模块以外，还需要用基板将各模块连成整体；有多块基板时，还要用电缆将各基板连在一起。

3. 叠装式

以上两种结构各有特色，前者结构紧凑，安装方便，体积小巧，易于与机床、电控相连成一体，但由于其点数有搭配关系，加之各单元尺寸大小不一致，因此不易安装整齐。后者点数配置灵活，又易于构成较多点数的大系统，但尺寸较大，难于与小型设备相连。为此，三菱公司开发出叠装式结构。它的结构也是各种单元、CPU 自成独立的模块，但安装不用基板，仅用电缆进行单元间连接，且各单元可以一层层地叠装。这样，既达到了配置灵活的目的，又可以做得体积小巧。

3.5.2 可编程控制器的主要性能指标

可编程控制器的性能指标较多，不同厂家的可编程控制器产品技术性能各不相同，各有特色。通常可以用以下几种性能指标进行描述。

1. 输入、输出点数

输入、输出点数是指可编程控制器组成控制系统时所能接入的输入、输出信号的最大数量，即可编程控制器外部输入、输出端子数。它表示可编程控制器组成控制系统时可能的最大规模。通常，在总点数中，输入点数大于输出点数，且输入与输出点不能相互替代。

2. 扫描速度

一般以执行 1000 步指令所需的时间来衡量，单位为毫秒/千步。有时也以执行一步指令时间计，单位为微秒/步。

3. 存储器容量

可编程控制器产品中可供用户的是用户程序存储器和数据存储器。可编程控制器中程序指令是按“步”存放的，一“步”占用一个地址单元，一个地址单元一般占用 2B。如存储容量为 1000 步的可编程控制器，其存储容量为 2KB。

4. 编程语言

可编程控制器采用梯形图、布尔助记符、菜单图、功能模块图和语言描述等编程语言。不同的可编程控制器产品可能拥有其中一种、两种或全部的编程方式。常用三种编程方式为梯形图

(LAD)、助记符(STL)和功能模块图(SFC)。

5. 指令功能

可编程控制器的指令种类越多,则其软件的功能就越强,使用这些指令完成一定的控制目标就越容易。此外,可编程控制器的可扩展性、使用条件、可靠性、易操作性及经济性等性能指标也是用户在选择可编程控制器时需注意的指标。

3.6 可编程控制与微型计算机及继电器控制系统的区别

3.6.1 可编程控制系统与微型计算机(PC)控制系统的区别

(1) 从应用领域上看,PC 除用于控制领域外,还用于数值计算、科学计算、数据处理、网络通信,可实时传送数据。而 PLC 专用于工业控制,通过数字量、模拟量的输入输出,实现生产过程及设备的监督和控制。

(2) 从环境要求上看,PC 需要无尘、干扰较小且有一定温度、湿度要求的专用机房,对环境要求较高。而 PLC 采用屏蔽、光电隔离措施,能防止辐射及电磁干扰,适合于工业现场的特殊环境要求。

(3) 从功能范围上看,PC 在各领域均可实现设备、器件、文件信息、数据库的管理。而 PLC 只具有一般的简单的监督程序,只具有完成用户程序的编制、修改、顺序执行与监视等功能。

(4) 从运算速度上看,PC 有多种多样、高度集成的硬件和庞大的标准化协议的支持,采用总线连接方式,接口响应速度快,存储容量大,运算速度高而 PLC 采用顺序扫描端口,处理数据有相对时间间隔;采用的光电耦合隔离导致运算速度较慢。

(5) 从程序语言上看,PC 具有丰富的程序设计语言,如汇编语言、PASCAL 语言、C 语言等,语句多,语句关系结构复杂。而 PLC 编程语言种类少,如梯形图、指令表、功能块语言,语句数量少,可视化操作,方便实用。

3.6.2 可编程控制系统与继电器控制系统的区别

PLC 控制系统与继电器控制系统相比,有许多相似之处,也有许多不同。不同之处主要在以下几个方面:

(1) 从控制方法上看,电器控制系统控制逻辑采用硬件接线,利用继电器机械触点的串联或并联等组合成控制逻辑,其连线多且复杂、体积大、功耗大,系统构成后,想再改变或增加功能较为困难。另外,继电器的触点数量有限,所以电器控制系统的灵活性和可扩展性受到很大限制。而 PLC 采用了计算机技术,其控制逻辑是以程序的方式存放在存储器中,要改变控制逻辑只需改变程序,因而很容易改变或增加系统功能。系统连线少、体积小、功耗小,而且 PLC 的“软继电器”实质上是存储器单元的状态,所以“软继电器”的触点数量是无限的,PLC 系统的灵活性和可扩展性好。

(2) 从工作方式上看,在继电器控制电路中,当电源接通时,电路中所有继电器都处于受制约状态,即该吸合的继电器都同时吸合,不该吸合的继电器受某种条件限制而不能吸合,这种工作方式称为并行工作方式。而 PLC 的用户程序是按一定顺序循环执行的,所以各软继电器都处于周期性循环扫描接通中,受同一条件制约的各个继电器的动作次序决定于程序扫描顺序,这种工作方式称为串行工作方式。

(3) 从控制速度上看,继电器控制系统依靠机械触点的动作以实现控制,工作频率低,机械触点还会出现抖动问题。而 PLC 通过程序指令控制半导体电路来实现控制,速度快,程序指令执行时间在微秒级，且不会出现触点抖动问题。

(4) 从定时和计数控制上看，电器控制系统采用时间继电器的延时动作进行时间控制，时间继电器的延时时间易受环境温度和温度变化的影响，定时精度不高。而 PLC 采用半导体集成电路作定时器，时钟脉冲由晶体振荡器产生，精度高，定时范围宽，用户可根据需要在程序中设定定时值，修改方便，不受环境的影响，且 PLC 具有计数功能，而电器控制系统一般不具备计数功能。

(5) 从可靠性和可维护性上看，由于电器控制系统使用了大量的机械触点，其存在机械磨损、电弧烧伤等，寿命短，系统的连线多，所以可靠性和可维护性较差。而 PLC 大量的开关动作由无触点的半导体电路完成，其寿命长、可靠性高，PLC 还具有自诊断功能，能查出自身的故障，随时显示给操作人员，并能动态地监视控制程序的执行情况，为现场调试和维护提供了方便。

习 题 三

3-1　PLC 有哪些主要功能？适用于什么场合？

3-2　PLC 由哪几个主要部分组成？各部分的作用是什么？

3-3　什么是扫描周期？试简述 PLC 的工作过程。

3-4　PLC 输入、输出接口电路中的光电耦合器件的作用是什么？

3-5　PLC 和继电器控制有何差异？和 PC 控制有何差异？

第4章　西门子 S7 - 200 PLC 的结构与编程元件

S7 - 200 系列 PLC 是西门子公司 20 世纪 90 年代推出的整体式小型编程控制器,开始称为 CPU21X,其后的改进型称为 CPU22X。21X 和 22X 分别有 4 个和 5 个型号。其结构紧凑、功能强,具有很高的性能价格比,在中小规模控制系统中广泛应用。本章介绍 S7 - 200 系列 PLC 的基础知识。

4.1　S7 - 200 PLC 的功能

S7 - 200 PLC 是紧凑型可编程控制器。系统的硬件构架有系统的 CPU 模块和丰富的扩展模块组成。它能够满足各种设备的自动化控制需求。S7 - 200 除具有 PLC 基本的控制功能外,更在如下方面有独到之处。

1. 功能强大的指令集

指令内容包括位逻辑指令计数器、定时器、复杂数学运算指令、PID 指令、字符串指令、时钟指令、通信指令以及和智能模块配合的专用指令等。

2. 丰富强大的通信指令功能

S7 - 200 提供了近 10 种通信方式以满足不同的应用需求,从简单的 S7 - 200 之间的通信到 S7 - 200 通过 Profibus - DP 网络通信,甚至到 S7 - 200 通过以太网通信。在联网需求已日益成为必需的今天,强大的通信无疑会使 S7 - 200 为更多的用户服务,其通信功能已远远超出了小型 PLC 的整体通信水平。

3. 编程软件的易用性

STEP 7 - Micro/WIN32 编程软件为用户提供了开发、编辑和监控的良好编程环境。全中文界面、中文在线帮助信息、Windows 的界面风格以及丰富的编程向导,能使用户快速进入状态,得心应手。

4. 不断地创新

创新是西门子公司的一贯风格,其永不停息地推出新品,这在 S7 - 200 上更是体现得淋漓尽致。

S7 - 200 系列 PLC 可提供 4 种不同的 CPU 模块和 6 种型号的扩展模块。其系统构成包括 CPU 模块、各种扩展模块、编程器、存储卡、写入器及文本显示器等。

4.2　S7 - 200 PLC 的结构

1. CPU 模块

西门子 S7 系列可编程控制器分为 S7 - 400、S7 - 300、S7 - 200 三个系列,分别为 S7 系列的大、中、小型可编程控制器系统。S7 - 200 PLC 外观如图 4 - 1 所示。它有 4 种不同的基本型号,可供 8 种 CPU 选择使用,其输入、输出点数的分配见表 4 - 1。

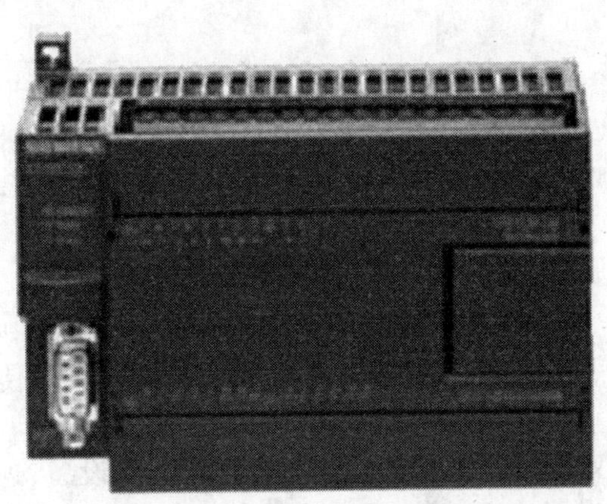

图 4－1　西门子 S7－200 PLC 外观图

表 4－1　S7－200 系列 PLC 中 CPU22X

型号	输入点	输出点	可带扩展模块数
S7－200CPU221	6	4	—
S7－200CPU222	8	6	2 个扩展模块,78 路数字量 I/O 点或 10 路模拟量 I/O 点
S7－200CPU224	14	10	7 个扩展模块,168 路数字量 I/O 点或 35 路模拟量 I/O 点
S7－200CPU227	24	16	2 个扩展模块,248 路数字量 I/O 点或 35 路模拟量 I/O 点
S7－200CPU227XM	24	16	2 个扩展模块,248 路数字量 I/O 点或 35 路模拟量 I/O 点

2. 扩展模块

S7－200 系列 PLC 主要有 6 种扩展模块,它本身没有 CPU,只能与 CPU 模块相连接使用,用于扩展 I/O 点数,S7－200 系列 PLC 扩展模块型号及输入、输出点数的分配如表 4－2 所列。

表 4－2　S7－200 系列 PLC 扩展单元型号及输入输出点数表

类型	型号	输入点	输出点
数字量扩展模块	EM221	8	无
	EM222	无	8
	EM223	4/8/16	4/8/16
模拟量扩展模块	EM231	3	无
	EM232	无	2
	EM235	3	1

3. 编程器

PLC 在正式运行时,不需要编程器。编程器主要用来进行用户程序的编制、存储和管理等,并将用户程序送入 PLC 中,在调试过程中,进行监控和故障检测。S7－200 系列 PLC 可采用多种编程器,一般可分为简易型和智能型。

简易型编程器是袖珍型的,简单实用,价格低廉,是一种很好的现场编程及检测工具,但显示功能较差,只能用指令表方式输入,使用不够方便。智能型编程采用软件装入计算机内,可直接采用梯形图语言编程,实现在线监测,非常直观,且功能强大。

STEP 7－Micro/WIN 是在 Windows 平台上运行的 S7－200 系列 PLC 的专用编程软件。

4. 程序存储卡

为了保证程序及重要参数的安全,一般小型 PLC 设有外接 EEPROM 卡盒接口,通过该接口可以将卡盒的内容写入 PLC,也可将 PLC 内的程序及重要参数传到外接 EEPROM 卡盒内作为备份。最新存储卡有 EEPROM6ES 291 -8GF23 -0XA0 和 6ES6 291 -8GH23 -0XA0 两种,容量分别为 64KB 和 257KB。

5. 写入器

写入器的功能是实现 PLC 和 EPROM 之间的程序传送,将 PLC 中 RAM 区的程序通过写入器固化到程序存储卡中,或将 PLC 中程序存储卡中的程序通过写入器传送到 RAM 区。

6. 文本显示器

文本显示器 TD200 不仅是一个用于显示系统信息的显示设备,还可以作为控制单元对某个量的数值进行修改,或直接设置输入、输出量。文本信息的显示用选择/确认的方法,最多可显示 80 条信息,每条信息最多有 4 个变量的状态。过程参数可以在显示器上显示,并可以随时修改。TD200 面板上的 8 个可编程序的功能键,每个都分配了一个存储器位,这些功能键在启动和测试系统时,可以进行参数设置和诊断。

4.3 S7 -200 PLC 的功能模块

4.3.1 CPU 模块

1. S7 -200 PLC

S7 -200 系列的 CPU 模块外形结构如图 4 -2 所示。CPU 模块结构紧凑,布局合理,使用方便。上端子排包括输出和电源接口,下端子排为输入接口,在面板上有 I/O 指示灯指示 I/O 的接通和关断状态。为接线方便,较高型号 CPU 模块(CPU224 以上)均采用可插拔整体端子。

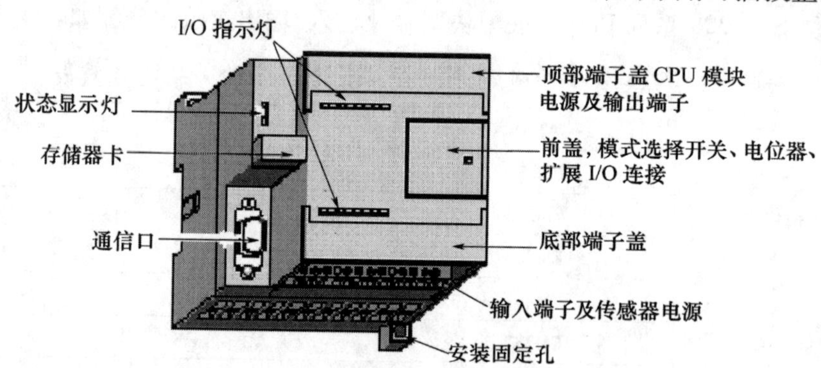

图 4 -2 S7 -200 系列 CPU 模块外形结构图

右部前盖下是模式选择开关(RUN/TERM/STOP)、模拟电位器、扩展接口。通过拨动模式选择开关可分别使 PLC 工作在运行(RUN)或停止状态(STOP),若拨至 TERM 位置,则可由编程软件来控制 PLC 工作在运行或编程状态。每一个模拟电位器均与一个内部特殊存储器相关,电位器的旋转可改变内部特殊存储器中的值,从而对程序运行产生影响。扩展接口用于模块的扩展连接。

左上部为状态指示灯和可选卡插槽位置。左下部为一个或两个通信接口,可与编程器、计算机或其他通信设备连接,进行数据交换。

2. S7 -200 CPU 规格

目前市场上的 S7 -22* 系列 PLC 已基本取代了 S7 -21* 系列 PLC,并成为市场中的主流产品,S7－22*系列有CPU221、CPU222、CPU224、CPU224XP、CPU226、CPU226XM等6种不同型号,其外观结构基本相同。

(1) CPU221:主机集成6输入/4输出共10个数字量I/O点;无I/O扩展能力;6KB程序和数据存储空间;4个独立的30kHz高速计数器,2路独立的20kHz高速脉冲输出;1个RS－485通信/编程接口,具有PPI通信协议、MPI通信协议和自由方式通信能力,是极适合于小点数控制系统的微型控制器。

(2) CPU222:主机集成8输入/6输出共14个数字量I/O点;6KB程序和数据存储空间;比CPU221增加了扩展能力,可连接两个扩展模块,可扩展最多64个I/O点和8路模拟量。

(3) CPU224:在CPU22的基础上,主机数字量I/O点增为14输入/10输出共24个;扩展能力大为增强,可连接7个扩展模块,最大扩展至168个数字量I/O点或35路模拟量I/O点;13KB程序和数据存储空间;6个独立的30kHz高速计数器,2路独立的20kHz高速脉冲输出,具有PID控制器;I/O端子排可很容易地整体拆卸,是具有较强控制能力的控制器。

(4) CPU224XP:除具有CPU224的功能外,另集成2输入/1输出共3个模拟量I/O点;程序和数据存储空间扩展为20KB,高速计数器与高速脉冲输出频率达100kHz;本机还新增位控特性、自整定PID,线性斜坡脉冲指令、诊断LED、数据记录及配方功能等,是具有模拟量I/O和强大控制能力的新型CPU。

(5) CPU226:在CPU224的基础上功能进一步强大,主机增加到40个数字量I/O点;最大扩展至248个数字量I/O点或35路模拟量I/O点;增加了通信接口数量,可以分别进行设置,同时与两个设备进行通信而互不干扰,通信功能大大加强。CPU226可用于较高要求的控制系统,更多的I/O点、更强的模块扩展能力、更快的运行速度和功能更强的内部集成特殊功能使其完全适应于复杂的中小型控制系统。

(6) CPU226XM:在原有的CPU226基础上将程序存储空间和数据存储空间扩大了一倍,其他指标未变。

3. S7－200 CPU 技术规范

CPU224型可编程控制器有两种,一种是CPU 224 AC/DC/继电器,交流输入电源,提供24V直流给外部元件(如传感器等),继电器方式输出,14点输入,10点输出;另一种是CPU 224 DC/DC/DC,直流24V输入电源,提供24V直流给外部元件(如传感器等),半导体元件直流方式输出,14点输入,10点输出。用户可根据需要选用,它们的主要技术参数参看表4－3～表4－6。

表4－3 CPU22X模块主要技术指标

型号	CPU221	CPU222	CPU224	CPU226	CPU226MX
用户数据存储器类型	EEPROM	EEPROM	EEPROM	EEPROM	EEPROM
程序空间(永久保存)	2048字	2048字	4096字	4096字	8192字
用户数据存储器	1024字	1024字	2560字	2560字	5120字
数据后备(超级电容)典型值/H	50	50	190	190	190
主机I/O点数	6/4	8/6	14/10	24/16	24/16
可扩展模块	无	2	7	7	7
24V传感器电源最大电流/电流限制/mA	180/600	180/600	280/600	400/约1500	400/约1500
最大模拟量输入/输出	无	16/16	28/7或14	32/32	32/32
240V AC电源CPU输入电流/最大负载电流/mA	25/180	25/180	35/220	40/160	40/160

（续）

型 号	CPU221	CPU222	CPU224	CPU226	CPU226MX
24V DC 电源 CPU 输入电流/最大负载/mA	70/600	70/600	120/900	150/1050	150/1050
为扩展模块提供的 DC 5V 电源的输出电流	—	最大 340mA	最大 660mA	最大 1000mA	最大 1000mA
内置高速计数器	4(30kHz)	4(30kHz)	6(30kHz)	6(30kHz)	6(30kHz)
高速脉冲输出	2(20kHz)	2(20kHz)	2(20kHz)	2(20kHz)	2(20kHz)
模拟量调节电位器	1 个	1 个	2 个	2 个	2 个
实时时钟	有(时钟卡)	有(时钟卡)	有(内置)	有(内置)	有(内置)
RS－485 通信口	1	1	1	1	1
各组输入点数	4,2	4,4	8,6	13,11	13,11
各组输出点数	4(DC 电源) 1,3(AC 电源)	6(DC 电源) 3,3(AC 电源)	5,5(DC 电源) 4,3,3(AC 电源)	8,8(DC 电源) 4,5,7(AC 电源)	8,8(DC 电源) 4,5,7(AC 电源)

表 4－4　电源的技术指标

特性	24V 电源	AC 电源
电压允许范围	20.4V～28.8V	85V～264V,47V～63Hz
冲击电流	10A,28.8V	20A,254V
内部熔断器(用户不能更换)	3A,250V 慢速熔断	2A,250V 慢速熔断

表 4－5　数字量输入技术指标

项 目	指 标	项 目	指 标
输入类型	漏型/源型	光电隔离	500V AC,1min
输入电压额定值	24V DC	非屏蔽电缆长度	300m
“1”信号	15V～35V,最大 4mA	屏蔽电缆长度	500m
“0”信号	0～5V		

表 4－6　数字量输出技术指标

特 性	24V DC 输出	继电器型输出
电压允许范围	20.4V～28.8V	隶
逻辑 1 信号最大电流	0.75A(电阻负载)	2A(电阻负载)
逻辑 0 信号最大电流	10μA	0
灯负载	5W	30W DC/200W AC
非屏蔽电缆长度	150m	150m
屏蔽电缆长度	500m	500m
触点机械寿命	隶	10000000 次
额定负载时触点寿命	隶	100000 次

4.3.2　数字量模块

S7－200 系列 PLC 的 CPU 模块上均集成了一定数量的 I/O 接口，能够方便地构成控制系统。但在使用中,实际需要的 I/O 接口数量往往较多,CPU 模块的接口不能够满足需求。例如,在一些流水线上，所需动作多为顺序控制，控制规律不太复杂，但传感器输入较多，所需控制的电动机或继电器也多，若使用高性能的PLC则成本太高。这种情况下，就应考虑CPU主机模块附加数字量扩展模块的形式，以增加数字量接口为主要目的。

1. 数字量模块的主要特点

(1) 数字量扩展模块内部没有中央控制器，所以必须与CPU模块相连，使用CPU模块的寻址功能，对模块上的I/O接口进行控制。

(2) 数字量扩展模块须由CPU模块通过扩展接口提供正常工作所需的+5V直流电源，其外部不再提供工作电源。

(3) 数字量扩展模块I/O所需+24V直流电源可以由CPU模块的传感器电源提供，但受到最大电流的限制，只能为部分接口提供电源，所以常用外部+24V直流开关电源为I/O接口供电。

(4) 扩展模块秉承了整体式PLC的结构特点，也吸收了模块式PLC便于扩展的优势，其结构紧凑，与CPU结构同宽同高而长度相同，扩展后与CPU形成一个整齐的长方形结构，十分方便在控制柜内整体安装，图4-3为扩展模块示意图。

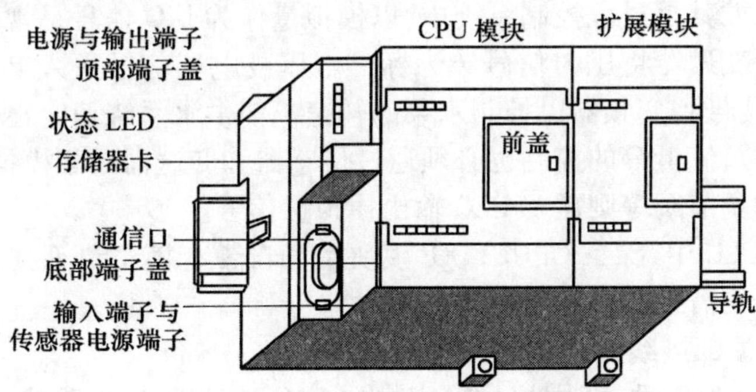

图4-3 扩展模块连接示意图

2. 数字量模块的型号与性能

S7-200系列PLC为方便工程使用，提供了种类丰富的数字量扩展模块，有单独的输入模块EM221(8路扩展输出)；有单独的输出模块EM222(8路扩展输出)；有I/O混合模块EM223(具有8 I/O,16 I/O,32 I/O等多种配置)。

各不同数字量模块的性能见表4-7。

表4-7 数字量模块性能一览表

数字量模块型号	EM221	EM222	EM223
输入点数/点	8	无	4/8/16
输出点数/点	无	8	4/8/16
隔离组点数/点	4	4	4
输入电压	24V DC		30V DC(最大)
输出电压		20.4V~22.8V DC或 20V~250V AC	20.4V~22.8V DC或 5V~30V DC、5V~250V AC
电缆长度(隔离/不隔离)m	300/500	150/500	300/500
输出类型		DC输出/继电器输出	DC输出/继电器输出
电能消耗(+5V DC)/mA	30	50	40/100/160

3. 限制数字量模块扩展数量的几个因素

(1) 不同的主机最大可扩展模块数量有限,CPU221 不能扩展,CPU222 只能扩展两个模块,CPU224、CPU226 能扩展 7 个模块。

(2) 扩展模块消耗的总电流不能超过 CPU 模块能够提供的的最大电流。

(3) 扩展总点数不能大于 I/O 映像寄存器的总数。因为 CPU 模块对数字量的寻址都是以 8 位寄存器为一个单位的,对数字量扩展模块也是相同的。若某一模块的数字量 I/O 不是 8 的整数倍,则余下的空地址也不会分配给其他模块。例如对于 CPU224 模块,本机输入地址为 I0.0 ~ I0.7 和 I1.0 ~ I1.5,输出地址为 Q0.0 ~ Q0.7 和 Q1.0 ~ Q1.1。若扩展一个 4 输入、4 输出的 EM223 数字量扩展模块,则扩展模块输入地址为 I2.0 ~ I2.3,输出地址为 Q2.0 ~ Q2.3。地址 I1.6 ~ I1.7 与 Q1.2 ~ Q1.7 都不能与外部接口对应,即它们是未用位。对于输出寄存器中没有使用的位,可以像使用内部存储器标志位一样使用。但对于输入寄存器中没有使用的位,由于每次输入更新时都把未用位清 0,所以不能为内部存储器标志位使用。

4.3.3 模拟量模块

在工业控制系统,尤其是过程控制系统中,以模拟量作为 I/O 信号是常见的。如变频恒压供水系统中,需采用压力变送器将压力信号转为标准电压或电流信号送入 PLC 中,经过程序运算再由控制器输出模拟信号到变频器以控制水泵的转速。使供水系统稳定在某一设置压力。其他工业参数,如温度、液位、流量等的控制也必须通过传感器和变送器采集模拟量信号送入 PLC,而驱动伺服电动机、电动调节阀等则需要 PLC 输出模拟量信号。

在 S7-200 系列 PLC 中,除了 CPU224XP 模块本身自带有模拟量 I/O 接口,其他 CPU 模块若要处理模拟量信号,均需扩展模拟量模块。

1. 模拟量模块的外部接线方式

模拟量模块主要分为 3 种,即模拟量输入模块 EM231(4 路模拟量输入)、模拟量输出模块 EM232(2 路模拟量输出)和模拟量 I/O 组合模块 EM235(4 路模拟量输入、1 路模拟量输出)。下面以组合模块 EM235 为例说明其模拟量 I/O 接线方式。

如图 4-4 所示为 EM235 模块模拟量 I/O 接线示意图。24V DC 电源正极接入模块左下方 L+端子,负极接入 M 端子。EM235 模块的上部端子排为标注 A、B、C、D 的四路模拟量输入接口,可分别接入标准电压、电流信号。为电压输入时,如 A 接口所示,电压信号正极接入 A+端,负极接入 A-端,RA 端悬空。为电流输入时,如 B 接口所示,需将 RB 与 B+短接,然后与电流信号输出端相连,电流信号输入端则接入 B-接口。若 4 个接口未能全部使用,如 C 接口所示,未用的接口要将 C+和 C-端用短路子短接,以免受到外部干扰。下部端子为一路模拟量输出端的 3 个接线端子 MO、VO、IO,其中 MO 为数字接地接口,VO 为电压输出接口,IO 为电流输出接口。若为电压负载,则将负载接入 MO、VO 接口,若为电流负载则接入 MO、IO 接口。

在进行接线时应注意以下几点。

(1) 传感器接线的长度应尽可能短,并使用屏蔽双绞线。

(2) 敷设线路应使用电缆槽,避免将导线弯成锐角。

(3) 避免将信号线与电源线路平行接近布置。

(4) 使用高质量的 24V DC 传感器电源,以保证无噪声及稳定运行。

2. 模拟量模块的特点

(1) 模拟量转换精度高,A/D 转换达到 12 位。EM231 模块单极性输入 0V ~ 5V、0V ~ 10V、0mA ~ 20mA 满量程精度可达 ±0.01%,I/O 数据格式如图 4-5 所示。

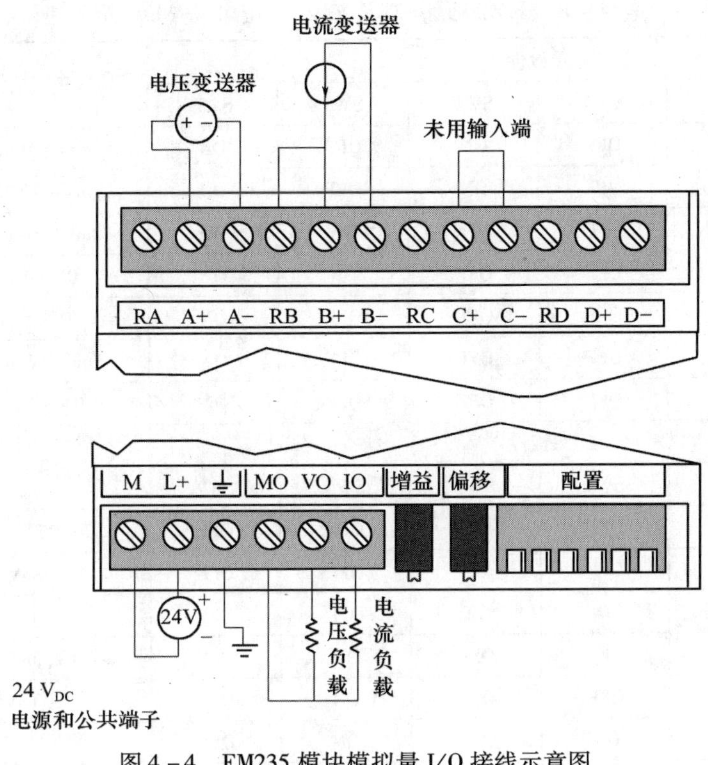

图 4－4　EM235 模块模拟量 I/O 接线示意图

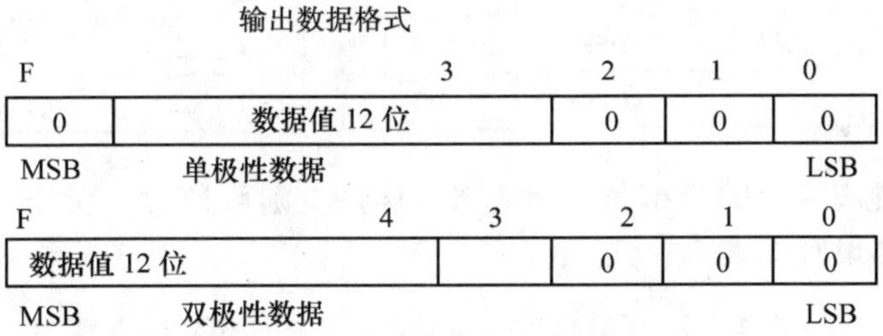

输出数据格式

F		3	2	1	0
0	数据值 12 位		0	0	0
MSB	单极性数据				LSB

F	4	3	2	1	0
数据值 12 位			0	0	0
MSB	双极性数据				LSB

图 4－5　模拟量 I/O 数据格式

注意：模数转换器（ADC）的 12 位读数，其数据格式是左端对齐的。最高有效位是符号位（0 表示正数），对单极性格式，3 个连续的 0 使得 ADC 计数值每变化 1 个单位，则数据字的变化是以 8 为单位变化的。对双极性格式，4 个连续的 0 使得 ADC 计数值每变化 1 个单位，则数据字的变化是以 17 为单位变化的。

（2）有多种量程输入范围，可通过 DIP 开关进行设置，如图 4－6 所示。

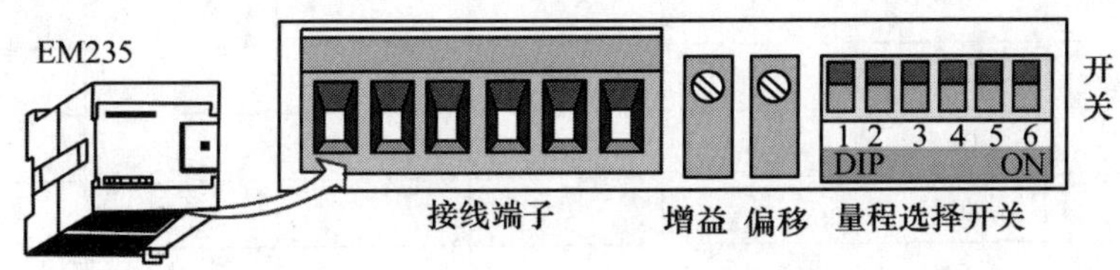

图 4－6　EM235 配置的 DIP 设置开关

开关 1～开关 6 可设置模拟量输入范围和分辨率，如表 4－8 所示。

表 4－8　EM235 模拟量输入范围和分辨率开关表

单极性						满量程输入	分辨率
SW1	SW2	SW3	SW4	SW5	SW7		
ON	OFF	OFF	ON	OFF	ON	0mV～50mV	12.5μV
OFF	ON	OFF	ON	OFF	ON	0mV～100mV	25μV
ON	OFF	OFF	OFF	ON	ON	0mV～500mV	125μV
OFF	ON	OFF	OFF	ON	ON	0V～1V	250μV
ON	OFF	OFF	OFF	OFF	ON	0V～5V	1.25μV
ON	OFF	OFF	OFF	OFF	ON	0mV～20mV	5μV
OFF	ON	OFF	OFF	OFF	ON	0V～10V	2.5mV
双极性						满量程输入	分辨率
SW1	SW2	SW3	SW4	SW5	SW7		
ON	OFF	OFF	ON	OFF	OFF	±25mV	12.5μV
OFF	ON	OFF	ON	OFF	OFF	±50mV	25μV
OFF	OFF	ON	ON	OFF	OFF	±100mV	25μV
ON	OFF	OFF	OFF	ON	OFF	±250mV	125μV
OFF	ON	OFF	OFF	ON	OFF	±500mV	250μV
OFF	OFF	ON	OFF	ON	OFF	±1V	500μV
ON	OFF	OFF	OFF	OFF	OFF	±2.5V	1.25mV
OFF	ON	OFF	OFF	OFF	OFF	±5V	2.5mV
OFF	OFF	ON	OFF	OFF	OFF	±10V	5mV

若所有输入设置成相同的模拟量输入范围和格式，则可通过开关 1～开关 6 设置单/双极性、增益和衰减，具体设置如表 4－9 所示。

表 4－9　EM235 选择单/双极性、增益和衰减

EM235 的 DIP 开关						单/双极性	增益	衰减
SW1	SW2	SW3	SW4	SW5	SW7			
					ON	单极性		
					OFF	双极性		
			OFF	OFF			×1	
			OFF	ON			×10	
			ON	OFF			×100	
			ON	OFF			无效	
ON	OFF	OFF						0.8
OFF	ON	OFF						0.4
OFF	OFF	ON						0.2

（3）输入接口带有模拟量输入滤波器，用以提高模拟量输入精度。滤波器包括模拟滤波器和数字滤波器。模拟滤波器以 RC 网络为主，数字滤波器为滑动平均滤波方式，使用超过 64 个

采样值求平均值。

（4）可对模拟量输入接口进行校准和配置位置。

（5）数据采集速度高，模块可将模拟量信号在 A/D 转换器内转换为相应的数字量信号。由于输入信号是由多路开关依次采集的，所以采集周期也要加到转换时间中。同时数字滤波器的平均值求取所使用的采样值数量越多，处理速度越慢。所以典型转换时间为小于 12.8ms。

3. 模块主要性能

模块主要性能如表 4－10 所示。

表 4－10　模块主要性能一览表

	性能	EM231	EM232	EM235
通用技术规范	物理量 I/O 数量	4 路模拟量输入	2 路模拟量输出	4 路模拟量输入、1 路模拟量输出
	L＋电压范围 DC 传感器供电	20.4V～22.8V	20.4V～22.8V	20.4V～22.8V
	LED 指示器	ON:24V 电源良好 OFF:无 24V 电源	ON:24V 电源良好 OFF:无 24V 电源	ON:24V 电源良好 OFF:无 24V 电源
输入技术规范	数据字格式： 双极性：全量程 单极性：全量程	－32000～32000 0～32000		－32000～32000 0～32000
	最大输入电压	30V DC		30V DC
	最大输入电流/mA	32		32
	分辨率	12 位 A/D 转换		12 位 A/D 转换
	输入类型	差分		差分
	输入范围： 电压：单极性 电压：双极性 电流/mA	0V～5V、0V～10V ±5V、±2.5V 0～20		0V～5V、0V～10V 0V～1V、0mV～500mV 0mV～100mV、0mV～50mV ±10V、±5V ±2.5V、±1V ±500mV、±250mV ±100mV、±50mV ±25mV 0～20
	模拟量到数字量的转换时间/μs	<250		<250
输出技术规范	电压输出范围/V		±10	±10
	电流输出范围/mA		0～20	0～20
	全量程分辨率： 电压 电流		12 位 11 位	12 位 11 位
	精度： 典型情况(25℃) 电压、电流		满量程的 0.5%	满量程的 0.5%

（续）

	性能	EM231	EM232	EM235
输出技术规范	设置时间： 电压输出/μs 电流输出/ms		100 2	100 2
	最大驱动： 电压输出 电流输出		最小 5kΩ 最大 500Ω	最小 5kΩ 最大 500Ω

4. 扩展 I/O 寻址问题

数字量扩展模块与模拟量扩展模块均属于对 CPU 模块 I/O 的扩展，所以 CPU 模块会对两种模块的 I/O 进行统一寻址。S7－200 系列 PLC 对数字量扩展模块与模拟量扩展模块的寻址也是分开的，即不论排列顺序如何，数字量扩展模块的寻址是连续的，模拟量扩展模块的寻址也是连续的，其地址互不影响。表 4－11 所列为典型 I/O 扩展应用。

表 4－11　典型 I/O 扩展应用

	扩展模块 0	扩展模块 1	扩展模块 2	扩展模块 3	扩展模块 4
CPU224	EM223(4I/4O)	EM221(8I)	EM235(4AI/1AO)	EM222(8O)	EM235(4AI/1AO)
过程映像区 I/O 寄存器分配地址					
I0.0 Q0.0 I0.1 Q0.1 I0.2 Q0.2 I0.3 Q0.3 I0.4 Q0.4 I0.5 Q0.5 I0.6 Q0.6 I0.7 Q0.7 I1.0 Q1.0 I1.1 Q1.1 I1.2 I1.3 I1.4 I1.5	I2.0　Q2.0 I2.1　Q2.1 I2.2　Q2.2 I2.3　Q2.3	I3.0 I3.1 I3.2 I3.3 I3.4 I3.5 I3.6 I3.7	AIW0　AQW0 AIW2 AIW4 AIW7	Q3.0 Q3.1 Q3.2 Q3.3 Q3.4 Q3.5 Q3.6 Q3.7	AIW8　AQW4 AIW10 AIW12 AIW14

4.3.4　温度模块

温度是各种工业生产和科学实验中最普遍、最重要的热工参数之一。为在工业中方便地得到经过热电偶或热电阻传感器转换的温度参数，S7－200 系列 PLC 特配有 EM231 热电偶模块和热电阻模块，可直接与热电偶或热电阻连接，相当于将变送器与 A/D 转换模块合为一体。

1. EM231 热电偶和热电阻模块端子的连接

如图 4－7 所示，热电偶模块与热电阻模块的接线端子与接线方式有较大区别。一个热电偶传感器输入只需连接 2 个接口，屏蔽层接地。一个热电阻传感器输入需要 4 个接口，屏蔽层接地。

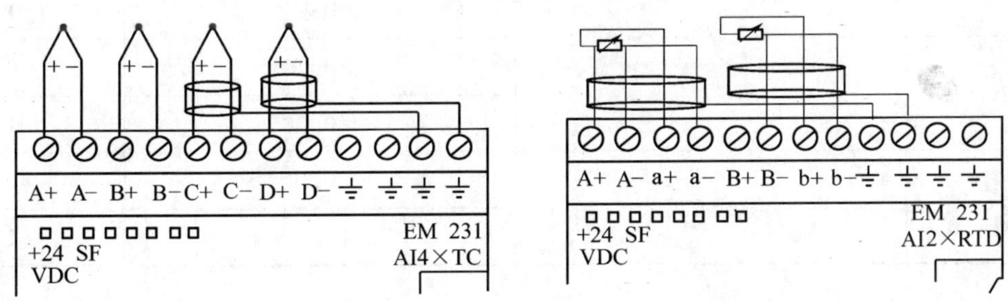

图 4－7　热电偶模块与热电阻模块的端子接线图

2. 模块组态

热电偶和热电阻的型号繁多，为使模块适应不同型号的热电偶、热电阻传感器，模块下部端子盖板下专门设置了 8 个 DIP 开关通过对 DIP 开关通断的不同组合，适应不同的传感器。

（1）热电偶模块组态（其中 DIP 开关 SW4 为以后应用保留，一般位置为 0（下），见表 4－12 和表 4－13。

表 4－12　热电偶类型选择

热电偶类型	SW1	SW2	SW3	热电偶类型	SW1	SW2	SW3
J（默认值）	0	0	0	R	1	0	0
K	0	0	1	S	1	0	1
T	0	1	0	N	1	1	0
E	0	1	1	+/－80mV	1	1	1

表 4－13　热电偶其他设置

DIP 开关	功　能		开/关状态
SW5	熔断方向	正向标定	0
		负向标定	1
SW6	断线	启动断线检测电流	0
		禁止断线检测电流	1
SW7	测量单位	摄氏/℃	0
		华氏/℉	1
SW8	冷端启用	冷端补偿启用	0
		冷端补偿禁止	1

（2）热电阻模块组态。通过设置 DIP 开关 SW1 ~ SW5 选择热电阻类型，由于型号较多，这里不再详细列表。热电阻其他设置见表 4－14。

表4-14 热电阻其他设置

DIP开关	功　能		开/关状态
SW6	熔断传感器的极性	正向标定	0
		负向标定	1
SW7	测量单位	摄氏/℃	0
		华氏/℉	1
SW8	接线方式	3线	0
		2线或4线	1

(3) 安装注意事项。

① 尽量将热电偶和热电阻模块安装在环境温度稳定的地方,否则会引起附加误差。

② 在一个模块中只能使用一种类型的热电偶或热电阻。

③ 模块上所有标注为"地"的端子在内部都是相连的。为提高抗干扰性能,可将屏蔽线的屏蔽层与接地端子连接。

④ 若热电偶模块的输入通道有一个未用,必须将这个不用的输入通道短路或并行连接到另一个通道。若热电阻模块的输入通道有一个未用,需在没有使用的输入通道接入一个电阻。这样可以避免由于悬浮输入所造成的有效输入通道阻塞问题。

⑤ 需将电源连接端子的地端连接到邻近机柜的地面。

⑥ 热电阻模块有3种接线方式,由于热电阻电路对电阻变化敏感,所以若接线时线路长短不同,则对测温精度有所影响,精度最高的是4线连接方式。

⑦ 接线时模块与传感器之间的导线长度不能超过100m。

4.3.5 智能接口模块

智能接口模块是指本身带有CPU单元、能够自行处理数据并完成一定功能的模块。在S7-200系列PLC中,智能接口模块主要是特殊功能模块,如定位模块EM253、调制解调模块EM-241及PROFIBUS DP模块EM277。

1. 定位模块EM253

EM253定位模块是S7-200系列PLC模块的特殊功能模块,它与S7-200系列的CPU模块通过I/O扩展电缆通信,其组态信息存储在CPU模块的V存储区中。CPU模块在输出的过程映像区中Q区保留8位作为位控模块的接口,应用程序可以使用这些位来控制位控模块的操作。这8个输出位与位控模块上的任何物理输出都不相连,只通过扩展的I/O总线交换数据。为了简化应用程序中位控功能的使用,STEP 7-Micro/WIN提供位控向导,利用此向导可在几分钟内完成对位控模块的组态。STEP 7-Micro/WIN还提供一个控制面板,可以控制、监控和测试位控操作。

1) 定位模块EM253的I/O接口

如表4-15所列,定位模块提供5个数字输入和4个数字输出与被控设备连接通过I/O的组态,位控模块能够自动产生速度或位置控制所需的脉冲串,用于步进电动机或伺服电动机的速度和位置的开环控制，同时可利用 I/O 点对电动机的运行状态进行检测或控制。

表 4－15　位控模块的输入和输出

	信 号	描 述
数字输入	STP	STP 输入可让模块停止脉冲的生成，在位控向导中可选择所需要的 STP 操作
	RPS	RPS 参考点切换输入可为绝对移动操作建立参考点或 HOME 位置
	ZP	ZP 零脉冲输入可帮助建立参考点或 HOME 位置，通常电动机驱动器/放大器每周产生一个 ZP 脉冲
	LMT + LMT −	LMT + 和 LMT − 是移动位置的最大限制，位控向导中可以组态 LMT + 和 LMT − 输入 open drain transistor
数字输出	P0 P1 P0 + P0 − P1 + P0 −	P0 和 P1 是漏型晶体管输出，用于控制电动机的移动和方向。P0 + P0 − 以及 P1 + P1 − 是差分脉冲输出，与 P0 和 P1 的功能一样但所提供的信号质量更好。漏型输出和差分输出同时有效时，可以根据电动机驱动器/放大器的接口要求来选择使用哪种输出
	DIS	DIS 是一个漏型输出，用来禁止或使用电动机驱动器/放大器
	CLR	CLR 是一个漏型输出，用来清除伺服脉冲计数器

2）定位模块 EM253 的主要特点

（1）可提供从每秒 12 个脉冲至每秒 200000 个脉冲的大范围高速控制脉冲。

（2）支持急停 S 曲线或线性的加速减速功能。急停 S 曲线时通过设置急停时间来减小电动机加速和减速时速度改变率来平滑启动和停止时的控制，以改善位置控制的性能（减小高速时由于惯性产生的位置过冲现象）。

（3）在测量系统的组态中，既可以使用工程单位如英寸或厘米，又可以使用脉冲数。

（4）提供可组态的 backlash 补偿。

（5）支持绝对、相对和手动的位控方式。

（6）提供连续操作。

（7）提供多达 25 组的移动包络，每组最多可有 4 种速度。移动包络实际就是电动机运行时所定义的运动轨迹。

（8）提供 4 种不同的参考点寻找模式，每种模式都可对起始的寻找方向和最终的接近方向进行选择。

（9）提供可拆卸的现场接线端子，便于安装和拆卸。

2. 调制解调模块 EM241

调制解调模块 EM241 可以直接将 S7－200 系列 PLC 连到一个模拟电话线上，并且支持 S7－200 与 STE P7－Micro/WIN 的通信，即利用装有 STEP 7－Micro/WIN 系统程序的计算机可以通过该模块用电话线远程控制 S7－200 系列 PLC。该调制解调模块还支持 ModBus 从站 RTU 协议，通过扩展 I/O 总线实现通信。STEP 7－Micro/WIN 中提供了一个调制解调扩展向导，它可以帮助设置一个远端的调制解调器或者通过设置将 S7－200 连向远端设备的调制解调模块。

1）调制解调模块 EM241 的主要功能

（1）提供国际电话线接口。调制解调模块是一个标准的 10 位调制解调器，它与大多数内置或外置的调制解调器兼容。模块面板上有两个旋钮开关用来选择国家代码，所以可用于国际电话接口。

（2）提供与 STEP 7－Micro/WIN 的调制解调接口，可进行编程和诊断。

（3）支持 ModBus RTU 协议。ModBus 是 MODICON（莫迪康）公司为本公司 PLC 设计的一种通信协议,是一种工业现场总线通信协议。ModBus 通信协议遵从主/从模式,通过 24 种总线命令实现 PLC 与外界的信息交换,由主站发出请求,从站应答请求数据,其数据应答的内容依据功能码进行响应。它定义了各种数据帧格式,描述了控制器访问另一种设备的过程,怎样作出应答响应,以及可检查和报告的错误。ModBus 有两种传送方式,即 RTU(Remote Terminal Unit)方式和 ASCⅡ方式。ModBus 中 RTU 采用 CRC-16 的冗余校验方式,规定通信字符串的最后 2B 用于传递循环冗余校验数据。

(4) 支持数字和文本的寻呼,支持 SMS 短信息。调制解调模块支持向移动电话发送数字和文本(字母)的寻呼信息,并且支持短信息服务,这些信息和电话号码存储在调制解调模块的组态信息中,这一组态信息必须下载到 CPU 模块的数据存储区中才能使用。调制解调扩展向导可自动生成程序代码以供发送信息时调用。

(5) 允许 CPU 到 CPU 或 CPU 到 ModBus 的数据传送。调制解调模块允许用户程序通过电话线向其他 CPU 或 ModBus 设备传送数据,数据内容和电话号码通过调制解调扩展向导进行组态。数据传送可以是从远端设备中读数据,也可以向远端设备写数据,数据量为 1 个~100 个数据字。

(6) 提供密码保护功能。密码保护是调制解调模块的可选功能,可在调制解调扩展向导中启动。调制解调模块的密码和 CPU 的密码不同,是另一个 8 字符的密码,使用调制解调模块时必须向调制解调模块提供该密码,否则不允许访问调制解调模块所连接的 CPU。

(7) 提供安全回拨功能。安全回拨也是调制解调模块的可选功能,可在调制解调扩展向导中组态。回拨功能可选择只允许事先设置的电话号码访问 CPU,所以为 CPU 提供了另外一层安全保护。调制解调模块支持 3 种回拨方式:先定义一个号码,对此号码回拨;先设置多个号码,对这些号码均可回拨;对任何号码回拨,若使用这种方式,必须使用调制解调器的密码功能提供保护。

调制解调模块的组态存储在 CPU 中。以上所述各种功能都存储在调制解调模块的组态表中,调制解调扩展向导可引导完成整个调制解调模块的组态表的生成,该组态表必须下载到 CPU 的 V 区才能使用。在 CPU 启动 5s 内,调制解调模块会读取组态表。若调制解调模块检测到组态表的错误,会通过模块前部的 LED(MG)报错。

2) EM241 调制解调模块的状态显示 LED

调制解调模块的前面板上有 8 个 LED 指示灯,用于显示调制解调模块的内部状态。LED 的具体指示状态见表 4-16。

表 4-16 调制解调模块的状态 LED

LED	指示状态
MF	模块故障。当模块检验描述到以下故障条件时,该 LED 灯亮。 ①无 24V 直流外供电源;②I/O 看门狗超时;③模块故障;④与本地 CPU 通信出错
MG	当没有模块故障时该 LED 灯亮,表示模块正常。 如果组态表中有错或者用户为电话线接口设置了非法的国家代码,该 LED 会闪烁
OH	当 EM241 正在使用电话线时,该 LED 亮
NT	当 EM241 接到发送信息的命令而电话线上无拨号音时,该 LED 灯亮,指示有错误条件。只有当 EM241 被组态为拨号前检查拨号音的时候才会出现这个错误条件。 当一次拨号尝试失败后该 LED 亮并保持 5s 左右
RI	该 LED 指示 EM241 正在接收一个拨入电话
CD	该 LED 指示与远程调制解调器的连接已建立
RX	当调制解调器接收数据时,该 LED 闪烁
TX	当调制解调器进行数据传送时,该 LED 闪烁

3）EM241 调制解调模块的指令使用要求和对应于 CPU 模块的特殊存储区

EM241 调制解调使用要求：

（1）EM241 制解调模块可使用 3 个指令，即 MODx_CTRL、MODx_XFR、MODx_MSG。必须确保这 3 个指令在同一时间内只有一个是在运行的。

（2）这些指令不能适用于中断程序中。

（3）这些指令会增加用户程序对存储空间的要求，最多可达 370B。

对应于 CPU 模块的特殊存储区。

智能模块在 CPU 模块中分配有 50B 的特殊存储区域，根据模块在 I/O 扩展总线上位置的不同，模块会分配不同的地址。一个 CPU 模块最多扩展两个智能模块，表 4－17 所示为不同位置时智能模块所对应的特殊存储区域。50B 均有各自不同功能，这里不再赘述。

表 4－17　不同位置时智能模块所对应的特殊存储区域

智能模块 0 号槽	智能模块 1 号槽	智能模块 2 号槽	智能模块 3 号槽	智能模块 4 号槽	智能模块 5 号槽	智能模块 6 号槽
SMB200 ~ SMB249	SMB250 ~ SMB299	SMB300 ~ SMB349	SMB350 ~ SMB399	SMB400 ~ SMB449	SMB450 ~ SMB499	SMB500 ~ SMB549

3. PROFIBUS－DP 扩展从站模块 EM277

通过 EM 277 PROFIBUS－DP 扩展从站模块，可将 S7－200CPU 连接到 PROFIBUS－DP 网络。EM 277 经过串行 I/O 总线连接到 S7－200 CPU，PROFIBUS 网络经过其 DP 通信端口，连接到 EM 277 PROFIBUS－DP 模块。EM 277 PROFIBUS－DP 模块的 DP 端口可连接到网络上的一个 DP 主站上，但仍能作为一个 MPI 从站，与同一网络上如 SIMATIC 编程器或 S7－300/S7－400 CPU 等其他主站进行通信。

4.4　S7－200 PLC 内部元器件

4.4.1　数据存储类型

1. 数据的长度

在计算机中使用的都是二进制数，其最基本的存储单位是位（bit），8 位二进制数组成 1 个字节（byte），其中的第 0 位为最低位（LSB），第 7 位为最高位（MSB）。两个字节（16 位）组成 1 个字（word），两个字（32 位）组成 1 个双字（double word）。把位、字节、字和双字占用的连续位数称为长度。

二进制数的“位”只有 0 和 1 两种的取值，开关量（或数字量）也只有两种不同的状态，如触点的断开和接通，线圈的失电和得电等。在 S7－200 梯型图中，可用“位”描述它们，如果该位为 1 则表示对应的线圈为得电状态，触点为转换状态（常开触点闭合、常闭触点断开）；如果该位为 0，则表示对应线圈，触点的状态与前者相反。

2. 数据类型及数据范围

S7－200 系列 PLC 的数据类型可以是字符串、布尔型（0 或 1）、整数型和实数型（浮点数）。布尔型数据指字节型无符号整数；整数型数包括 16 位符号整数（INT）和 32 位符号整数（DINT）。实数型数据采用 32 位单精度数来表示。数据类型、长度及数据范围如表 4－18 所列。

表 4－18　数据类型、长度及数据范围

数据的长度、类型	无符号整数范围		符号整数范围	
	十进制	十六进制	十进制	十六进制
字节 B(8 位)	0 ~ 255	0 ~ FF	－128 ~ 127	80 ~ 7F
字 W(16 位)	0 ~ 65 535	0 ~ FFFF	－32 768 ~ 32 767	8000 ~ 7FFF
双字 D(32 位)	0 ~ 4 294 967 295	0 ~ FFFFFFFF	－2 147 483 648 ~ 2 147 483 647	80000000 ~ 7FFFFFFF
位(BOOL)	0、1			
实数	$-10^{38} \sim 10^{38}$			
字符串	每个字符串以字节形式存储，最大长度为 255B，第一个字节中定义该字符串的长度			

3. 常数

S7－200 系列 PLC 的许多指令中常会使用常数。常数的数据长度可以是字节、字和双字。CPU 以二进制的形式存储常数，书写常数可以用二进制、十进制、十六进制、ASCII 码或实数等多种形式。书写格式如下：

十进制常数：1234 ；十六进制常数：16#3AC6 ；二进制常数：2#1010 0001 1110 0000；ASCII 码："Show"；实数（浮点数）：+1. 175495E－38（正数），－1. 175495E－38（负数）。

4.4.2　编址方式

可编程控制器的编址就是对 PLC 内部的元件进行编码，以便程序执行时可以唯一地识别每个元件。PLC 内部在数据存储区为每一种元件分配一个存储区域，并用字母作为区域标志符，同时表示元件的类型。例如，数字量输入写入输入映像寄存器（区标志符为 I），数字量输出写入输出映像寄存器（区标志符为 Q），模拟量输入写入模拟量输入映像寄存器（区标志符为 AI），模拟量输出写入模拟量输出映像寄存器（区标志符为 AQ）。除了输入输出外，PLC 还有其他元件，如 V 表示变量存储器，M 表示内部标志位存储器，SM 表示特殊标志位存储器，L 表示局部存储器，T 表示定时器，C 表示计数器，HC 表示高速计数器，S 表示顺序控制存储器，AC 表示累加器。掌握各元件的功能和使用方法是编程的基础。下面将介绍元件的编址方式。

存储器的单位可以是位、字节、字、双字，则编址方式也可以分为位编址、字节编址、字编址、双字编址。

1. 位编址

位编址的指定方式为"（区域标志符）字节号. 位号"，如 I0. 0；Q0. 0；I1. 2。

2. 字节编址

字节编址的指定方式为"（区域标志符）B（字节号）"，如 IB0 表示由 I0. 0 ~ I0. 7 这 8 位组成的字节。

3. 字编址

字编址的指定方式为"（区域标志符）W（起始字节号）"，且最高有效字节为起始字节。例如 VW0 表示由 VB0 和 VB1 这 2B 组成的字。

4. 双字编址

双字编址的指定方式为"（区域标志符）D（起始字节号）"，且最高有效字节为起始字节。例如 VD0 表示由 VB0 到 VB3 这 4B 组成的双字。

4.4.3 寻址方式

1. 直接寻址

直接寻址是在指令中直接使用存储器或寄存器的元件名称(区域标志)和地址编号,直接到指定的区域读取或写入数据。有按位、字节、字、双字的寻址方式,如图4-8所示。

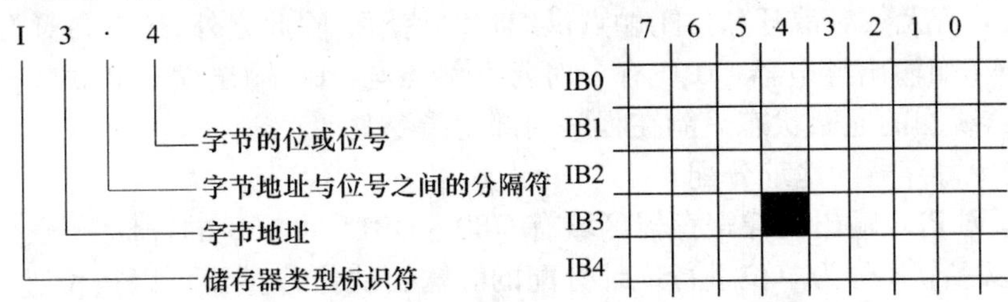

图4-8 直接寻址

2. 间接寻址

间接寻址时操作数并不提供直接数据位置,而是通过使用地址指针来存取存储器中的数据。在S7-200中允许使用指针对I、Q、M、V、S、T、C(仅当前值)存储区进行间接寻址。

(1) 使用间接寻址前,要先创建一指向该位置的指针。指针为双字(32位),存放的是另一存储器的地址,只能用V、L或累加器AC做指针。生成指针时,要使用双字传送指令(MOVD),将数据所在单元的内存地址送入指针,双字传送指令的输入操作数开始处加"&"符号,表示某存储器的地址,而不是存储器内部的值。指令输出操作数是指针地址。如MOVD &VB200,AC1指令就是将VB200的地址送入累加器AC1中。

(2) 指针建立好后,利用指针存取数据。在使用地址指针存取数据的指令中,操作数前加"*"号表示该操作数为地址指针。如MOVW *AC1 AC0 //MOVW表示字传送指令,指令将AC1中的内容为起始地址的一个字长的数据(即VB200,VB201内部数据)送入AC0内。

4.4.4 元件功能及地址分配

1. 输入映像寄存器(输入继电器)(I)

1) 输入映像寄存器的工作原理

输入继电器是PLC用来接收用户设备输入信号的接口。PLC中的"继电器"与继电器控制系统中的继电器有本质性的差别,是"软继电器",它实质是存储单元。每一个"输入继电器"线圈都与相应的PLC输入端相连(如"输入继电器"I0.0的线圈与PLC的输入端子0.0相连),当外部开关信号闭合,则"输入继电器的线圈"得电,在程序中其常开触点闭合,常闭触点断开。由于存储单元可以无限次的读取,所以有无数对常开、常闭触点供编程时使用。编程时应注意,"输入继电器"的线圈只能有外部信号来驱动,不能在程序内部用指令来驱动,因此,在用户编制的梯形图中只应出现"输入继电器"的触点,而不应出现"输入继电器"的线圈。

2) 输入映像寄存器的地址分配

S7-200系列PLC输入映像寄存器区域有IB0~IB15共16B的存储单元。系统对输入映像寄存器是以字节(8位)为单位进行地址分配的。输入映像寄存器可以按位进行操作,每一位对应一个数字量的输入点。如CPU224的基本单元输入为14点,需占用2×8=16位,即占用IB0和IB1这两个字节。而I1.6、I1.7因没有实际输入而未使用,用户程序中不可使用。但如果整个字节未使用如IB3~IB15,则可作为内部标志位(M)使用。

输入继电器可采用位、字节、字或双字来存取。输入继电器位存取的地址编号范围为I0.0～I15.7。

2. 输出映像寄存器(输出继电器)(O)

1）输出映像寄存器的工作原理

“输出继电器”是用来将输出信号传送到负载的接口，每一个“输出继电器”线圈都与相应的PLC输出相连，并有无数对常开和常闭触点供编程时使用。除此之外，还有一对常开触点与相应PLC输出端相连(如输出继电器Q0.0有一对常开触点与PLC输出端子0.0相连)用于驱动负载。输出继电器线圈的通断状态只能在程序内部用指令驱动。

2）输出映像寄存器的地址分配

S7－200系列PLC输出映像寄存器区域有QB0～QB15共16B的存储单元。系统对输出映像寄存器也是以字节8位为单位进行地址分配的。输出映像寄存器可以按位进行操作，每一位对应一个数字量的输出点。如CPU224的基本单元输出为10点，需占用2×8＝16位，即占用QB0和QB1这两个字节。但未使用的位和字节均可在用户程序中作为内部标志位使用。

输出继电器可采用位、字节、字或双字来存取。输出继电器位存取的地址编号范围为Q0.0～Q15.7。

以上介绍的两种软继电器都是和用户有联系的，因而是PLC与外部联系的窗口。下面所介绍的则是与外部设备没有联系的内部软继电器。它们既不能用来接收用户信号，也不能用来驱动外部负载，只能用于编制程序，即线圈和接点都只能出现在梯形图中。

3. 变量存储器(V)

变量存储器主要用于存储变量。可以存放数据运算的中间运算结果或设置参数，在进行数据处理时，变量存储器会被经常使用。变量存储器可以是位寻址，也可按字节、字、双字为单位寻址，其位存取的编号范围根据CPU的型号有所不同，CPU221/222为V0.0～V2047.7共2KB存储容量，CPU224/226为V0.0～V5119.7共5KB存储容量。

4. 内部标志位存储器(中间继电器)(M)

内部标志位存储器，用来保存控制继电器的中间操作状态，其作用相当于继电器控制中的中间继电器，内部标志位存储器在PLC中没有输入/输出端与之对应，其线圈的通断状态只能在程序内部用指令驱动，其触点不能直接驱动外部负载，只能在程序内部驱动输出继电器的线圈，再用输出继电器的触点去驱动外部负载。

内部标志位存储器可采用位、字节、字或双字来存取。内部标志位存储器位存取的地址编号范围为M0.0～M31.7共32B。

5. 特殊标志位存储器(SM)

PLC中还有若干特殊标志位存储器，特殊标志位存储器位提供大量的状态和控制功能，用来在CPU和用户程序之间交换信息，特殊标志位存储器能以位、字节、字或双字来存取，CPU224的SM的位地址编号范围为SM0.0～SM179.7共180B。其中SM0.0～SM29.7的30B为只读型区域。

常用的特殊存储器的用途如下：

SM0.0：运行监视。SM0.0始终为“1”状态。当PLC运行时，可以利用其触点驱动输出继电器，在外部显示程序是否处于运行状态。

SM0.1：初始化脉冲。每当PLC的程序开始运行时，SM0.1线圈接通一个扫描周期，因此SM0.1的触点常用于调用初使化程序等。

SM0.3：开机进入RUN时，接通一个扫描周期，可用在启动操作之前，给设备提前预热。

SM0.4、SM0.5：占空比为50%的时钟脉冲。当PLC处于运行状态时，SM0.4产生周期为1min的时钟脉冲，SM0.5产生周期为1s的时钟脉冲。若将时钟脉冲信号送入计数器作为计数信号，可起到定时器的作用。

SM0.6：扫描时钟，1个扫描周期闭合，另一个为OFF，循环交替。

SM0.7：工作方式开关位置指示，开关放置在RUN位置时为1。

SM1.0：零标志位，运算结果=0时，该位置1。

SM1.1：溢出标志位，结果溢出或非法值时，该位置1。

SM1.2：负数标志位，运算结果为负数时，该位置1。

SM1.3：被0除标志位。

其他特殊存储器的用途可查阅相关手册。

6. 局部变量存储器(L)

局部变量存储器L用来存放局部变量，局部变量存储器L和变量存储器V十分相似，主要区别在于全局变量是全局有效，即同一个变量可以被任何程序(主程序、子程序和中断程序)访问。而局部变量只是局部有效，即变量只和特定的程序相关联。

S7-200系列PLC有64B的局部变量存储器，其中60B可以作为暂时存储器，或给子程序传递参数，后4B作为系统的保留字节。PLC运行时，根据需要动态地分配局部变量存储器，在执行主程序时，64B的局部变量存储器分配给主程序，当调用子程序或出现中断时，局部变量存储器分配给子程序或中断程序。

局部存储器可以按位、字节、字、双字直接寻址，其位存取的地址编号范围为L0.0~L63.7。

局部变量存储器可以作为地址指针。

7. 定时器(T)

PLC所提供的定时器的作用相当于继电器控制系统中的时间继电器。每个定时器可提供无数对常开和常闭触点供编程使用，其设定时间由程序设置。

每个定时器有一个16位的当前值寄存器，用于存储定时器累计的时基增量值(1~32767)，另有一个状态位表示定时器的状态。若当前值寄存器累计的时基增量值大于等于设定值时，定时器的状态位被置"1"，该定时器的常开触点闭合。

定时器的定时精度分别为1ms、10ms和100ms，CPU222、CPU224及CPU226的定时器地址编号范围为T0~T225，它们的分辨率、定时范围并不相同，用户应根据所用CPU型号及时基，正确选用定时器的编号。

8. 计数器(C)

计数器用于累计计数输入端接收到的由断开到接通的脉冲个数。计数器可提供无数对常开和常闭触点供编程使用，其设定值由程序赋予。

计数器的结构与定时器基本相同，每个计数器有一个16位的当前值寄存器用于存储计数器累计的脉冲数，另有一个状态位表示计数器的状态，若当前值寄存器累计的脉冲数大于等于设定值时，计数器的状态位被置"1"，该计数器的常开触点闭合。计数器的地址编号范围为C0~C255。

9. 高速计数器(HC)

一般计数器的计数频率受扫描周期的影响，不能太高。而高速计数器可用来累计比CPU的扫描速度更快的事件。高速计数器的当前值是一个双字长(32位)的整数，且为只读值。

高速计数器的地址编号范围根据CPU的型号有所不同，CPU221/222各有4个高速计数器，CPU224/226各有6个高速计数器，编号为HC0~HC5。

10. 累加器(AC)

累加器是用来暂存数据的寄存器,它可以用来存放运算数据、中间数据和结果。CPU 提供了 4 个 32 位的累加器,其地址编号为 AC0 ~ AC3。累加器的可用长度为 32 位,可采用字节、字、双字的存取方式,按字节、字只能存取累加器的低 8 位或低 16 位,双字可以存取累加器全部的 32 位。

11. 顺序控制继电器(S)

顺序控制继电器是使用步进顺序控制指令编程时的重要状态元件,通常与步进指令一起使用以实现顺序功能流程图的编程。

顺序控制继电器的地址编号范围为 S0.0 ~ S31.7。

12. 模拟量输入/输出映像寄存器(AI/AQ)

S7 - 200 的模拟量输入电路是将外部输入的模拟量信号转换成 1 个字长的数字量存入模拟量输入映像寄存器区域,区域标志符为 AI。

模拟量输出电路是将模拟量输出映像寄存器区域的 1 个字长(16 位)数值转换为模拟电流或电压输出,区域标志符为 AQ。

在 PLC 内的数字量字长为 16 位,即 2B,故其地址均以偶数表示,如 AIW0、AIW2、…;AQW0、AQW2…。

对模拟量输入/输出是以 2 个字(W)为单位分配地址,每路模拟量输入/输出占用 1 个字(2B)。如有 3 路模拟量输入,需分配 4 个字(AIW0、AIW2、AIW4、AIW6),其中没有被使用的字 AIW6,不可被占用或分配给后续模块。如果有 1 路模拟量输出,需分配 2 个字(AQW0、AQW2),其中没有被使用的字 AQW2,不可被占用或分配给后续模块。

模拟量输入/输出的地址编号范围根据 CPU 的型号的不同有所不同,CPU222 为 AIW0 ~ AIW30/AQW0 ~ AQW30;CPU224/226 为 AIW0 ~ AIW62/AQW0 ~ AQW62。

习 题 四

4 - 1　一个控制系统需要 12 点数字量输入、39 点数字量输出、7 点模拟量输入和 2 点模拟量输出。试问:

(1) 可以选用哪几种主机型号?

(2) 如何选择扩展模块?

(3) 各模块按什么顺序连接到主机,其主机和各模块的地址如何分配?

4 - 2　PLC 中软继电器的主要特点是什么?

4 - 3　S7 - 200 系列 PLC 主机中有哪些主要编程元件?

4 - 4　S7 - 200 有哪些数据存储区寻址?

第5章　西门子 S7-200 PLC的基本指令

5.1　常用指令及其应用

常用指令属于基本逻辑控制指令,是专门针对常用量进行处理的指令,与使用继电器进行逻辑控制十分相似。常用指令包括触点指令、线圈驱动指令、置位/复位指令、正/负跳变指令和堆栈指令等,主要分为位操作指令部分和常用运算指令部分。

5.1.1　常用指令及其说明

1. LD(Load)、LDN(Load Not)及"="(Out)指令

1) 指令格式

指令格式如表5-1所示。

表5-1　LD、LDN、"="指令格式

名称	装载	非装载	线圈驱动
指令	LD	LDN	=
指令表格式	LD bit	LDN bit	= bit
梯形图格式	bit ─┤ ├─	bit ─┤/├─	bit ─( )
可用操作数	I,Q,M,SM,T,C,V,S,L的常用量		Q,M,S,V的常用量

2) 指令功能

LD:装载指令,常开触点和母线相连,开始一个网络块中的逻辑运算。

LDN:非装载指令,常闭触点与母线相连,开始一个网络块中的逻辑运算。

=:线圈驱动指令。

3) 指令说明

(1) 内部输入触点(I)的闭合与断开仅与输入映像寄存器相应为的状态有关,与外部输入按钮、接触器、继电器的常开/常闭接法无关。输入映像寄存器相应位为1,则内部常开触点闭合,常闭触点断开。输入映像寄存器相应位为0,则内部常开触点断开,常闭触点闭合。

(2) LD、LDN指令不仅用于网络块逻辑计算的开始,在块操作ALD、OLD中也要配合使用。

(3) 在同一个网络块中,"="指令可以任意次使用,驱动多个线圈。

(4) 同一编号的线圈在一个程序中使用两次及两次以上叫做线圈重复输出。因为PLC在运算时仅将输出结果置于输出映像寄存器中,在所有程序运算均结束后才统一输出,所以在线圈重复输出时,后面的运算结果会覆盖前面的结果,容易引起误动作,建议避免使用。

梯形图的每一网络块均从左母线开始,接着是各种触点的逻辑连接,最后以线圈或指令盒结束,一定不能将触点置于线圈的右边。线圈和指令盒一般也不能直接接在左母线上,如确实需要,可以利用特殊标志位存储器(如M0.0)进行连接。

4）应用举例

在梯形图和指令表程序表中的应用如图 5－1 所示。

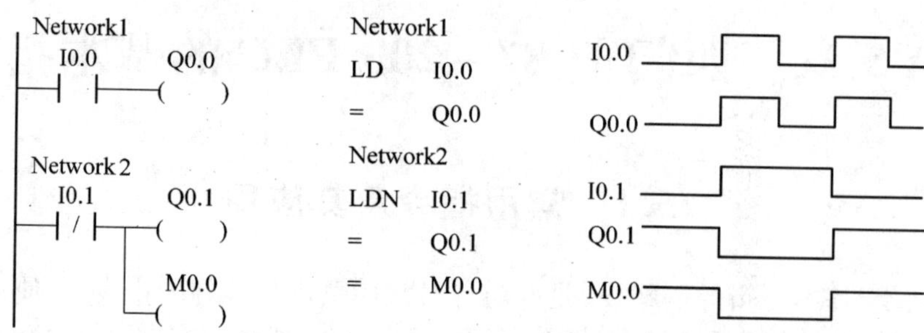

图 5－1 LD、LDN、“＝”指令的梯形图、指令表及时序图

（1）当 I0.0 闭合时，输出线圈 Q0.0 接通。

（2）当 I0.1 断开时，输出线圈 Q0.1 和内部辅助线圈 M0.0 接通。

2. S(Set)、R(Reset)指令

1）指令格式

指令格式如表 5－2 所示。

表 5－2 S、R 指令格式

名称	置 位	复 位
指令表格式	S bit, N	R bit, N
梯形图格式	bit ——(S) N	bit ——(R) N
S,R	I,Q,M,SM,T,C,V,S,L 的常用量	
N	VB,IB,QB,MB,SMB,SB,LB,AC,常数,* VD,* AC,* LD,N 可设置的范围为:1～255	

2）指令功能

S:置位指令，将操作数中定义的 *N* 个常用量强制置 1。

R:复位指令，将操作数中定义的 *N* 个常用量强制置 0。

3）指令说明

（1）指令触点一旦被置位，则保持接通状态，直到对其进行复位操作；而指定触点一旦被复位，则变为接通状态，直到对其进行复位操作。

（2）如果对定时器和计数器进行复位操作，则被指定的 T 或 C 的位被复位，同时其当前值被清 0。

（3）S、R 指令可多次使用相同编号的各类触点，使用次数不限，如图 5－2 所示。若几个触发信号同时闭合，则 Network1 中 Q0.0 的状态为接通，Network3 中 Q0.0 的状态为断开，Network6 中 Q0.0 的状态为接通，Network9 之后 Q0.0 的状态为断开。

4）应用举例

在梯形图和指令表程序中的应用如图 5－3 所示。

（1）S、R 指令中的 2 表示从指定的 Q0.0 开始的两个触点，即 Q0.0 与 Q0.1。

（2）在检测到 I0.0 闭合的上升沿时，输出线圈 Q0.0、Q0.1 被置为 1，并保持，而不论 I0.0 为

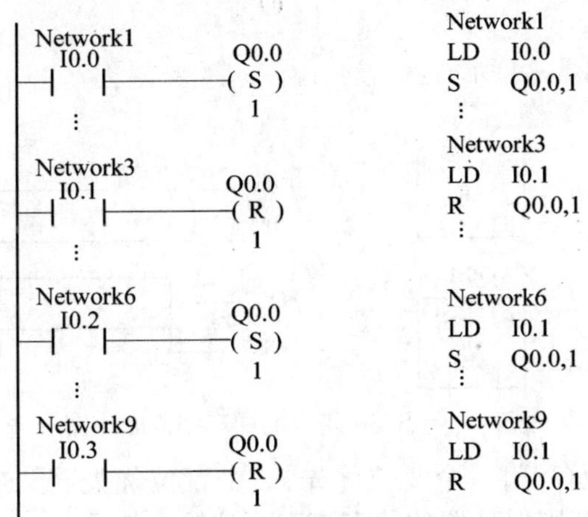

图 5－2　S、R 指令对同一线圈的多次设置

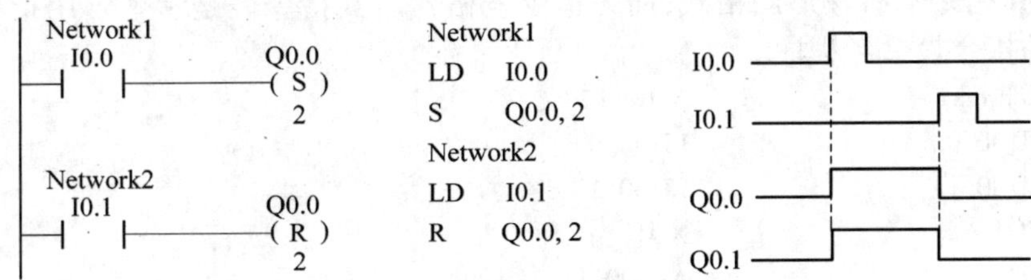

图 5－3　S、R 指令的梯形图、指令表及时序图

何种状态。

(3) 在检测到 I0.1 闭合的上升沿时，输出线圈 Q0.0、Q0.1 被复位为 0，并保持，而不论 I0.0 为何种状态。

3. RS、SR 指令

1) 指令格式

指令格式如表 5－3 所示。

表 5－3　RS、SR 指令格式

名称	复位优先锁存器	置位优先锁存器
指令	RS	SR
梯形图格式	bit S ENO RS R1	bit S1 ENO SR R
S1,R	能流	
S,R1	能流	
OUT	能流	
Bit	I,Q,M,V,S 的常用量	

2) 指令功能

RS：复位优先锁存器。当置位信号和复位信号都有效时，复位信号优先，输出线圈不接通。

SR：置位优先锁存器。当置位信号和复位信号都有效时，置位信号优先，输出线圈接通。

3）应用举例

在梯形图中的应用如图 5－4 所示。

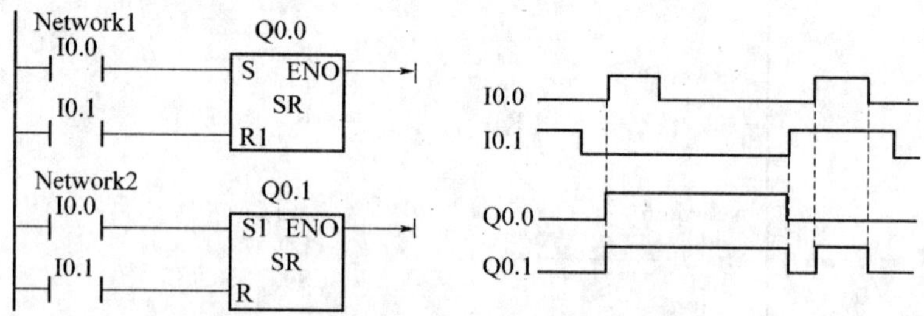

图 5－4　RS、SR 指令的梯形图及时序图

（1）RS、SR 指令均为锁存器，一个复位优先，一个置位优先。S 连接置位输入，R 连接复位输入。一旦置位线圈被置位，则保持置位状态直到复位输入接通。

（2）置位、复位输入均以高电平状态有效。

（3）RS、SR 指令只有梯形图格式，而无指令表格式。其指令表是多个常用指令的组合。以下是图 5－4 的指令表参考程序。

```
Network1          Network2
LD I0.0           LD I0.0
LD I0.1           LD I0.1
NOT               NOT
LPS               A   Q0.1
A   Q0.0          OLD
 =   Q0.0          =   Q0.1
LPP
ALD
O   Q0.0
 =   Q0.0
```

4. EU(Edge Up)、ED(Edge Down)指令

1）指令格式

指令格式如表 5－4 所示。

表 5－4　EU、ED 指令格式

名称	正跳变触点	负跳变触点
指令	EU	ED
指令表格式	EU	ED
梯形图格式	—| P |—	—| N |—

2）指令功能

EU：正跳变触点。在检测到正跳变（OFF 到 ON）时，使能流接通一个扫描周期的时间。

ED：负跳变触电。在检测到负跳变（ON 到 OFF）时，使能流接通一个扫描周期的时间。

3）指令说明

（1）EU、ED 指令可无限次使用。

（2）正/负跳变指令常用于启动或关断条件的判断，以及配合功能指令完成逻辑控制任务。

4）应用举例

在梯形图和指令表程序中的应用如图 5－5 所示。

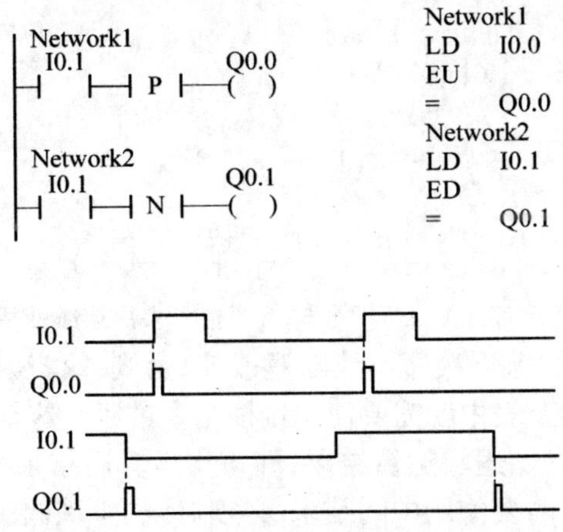

图 5－5　EU、ED 指令的梯形图、指令表及时序图

（1）在 I0.0 闭合的瞬间，正跳变触点接通一个扫描周期，使 Q0.0 有一个扫描周期输出。

（2）在 I0.1 断开的一瞬间，负跳变触点接通一个扫描周期，使 Q0.1 有一个扫描周期输出。

5. NOP 指令

指令格式为 NOP N，指令梯形图如图 5－6 所示。

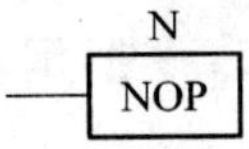

N
NOP

图 5－6　NOP 指令梯形图

NOP 指令为空操作指令，在程序中插入 NOP 指令不影响程序的运行。其操作数 N 为常数，取值范围是 0～255。

6. A(And)、AN(And Not)指令

1）指令格式

指令格式如表 5－5 所示。

表 5－5　A、AN 指令格式

名称	与	非与
指令	A	AN
指令表格式	A bit	AN bit
梯形图格式	bit 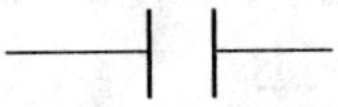	bit 
可用操作数	I,Q,M,SM,T,C,V,S,L 的常用量	

2）指令功能

A：单个常开触点串联连接指令，执行逻辑与运算。

AN：单个常闭触点串联连接指令，执行逻辑与运算。

3）指令说明

（1）A、AN 指令可在多个触点串联接时连续使用。使用次数仅受编程软件的限制，最多串联 30 个触点。

（2）如图 5－7 所示，在使用“＝”指令进行线圈驱动后，仍然可以使用 A、AN 指令，然后再使用“＝”指令。

```
LD   I0.0
A    I0.1
=    Q0.0
A    T0
=    Q0.1
A    M0.0
=    Q0.2
```

图 5－7　A、AN 指令与“＝”指令多次连续使用

（3）图 5－7 所示的程序的上下次序不能随意改变，否则 A、AN 指令与“＝”指令不能连续使用。如图 5－8 所示程序，在指令表中就需要使用堆栈指令过渡。这是因为 S7－200 系列 PLC 提供了一个 9 层的堆栈，栈顶用于存储逻辑运算结果，即每次运算后结果都保存在栈顶，而且下一次的运算结果会覆盖前一个结果。若要使用中间结果，必须对该中间结果进行压栈处理才能保存起来。

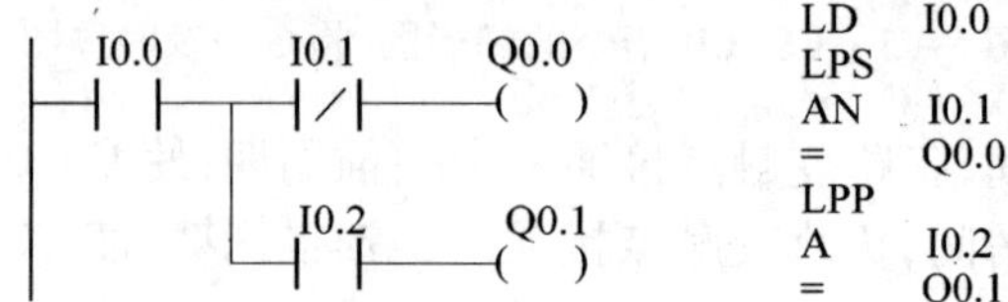

图 5－8　A、AN 指令与“＝”指令不能多次连续使用

4）应用举例

在梯形图和指令表程序中的应用如图 5－9 所示。

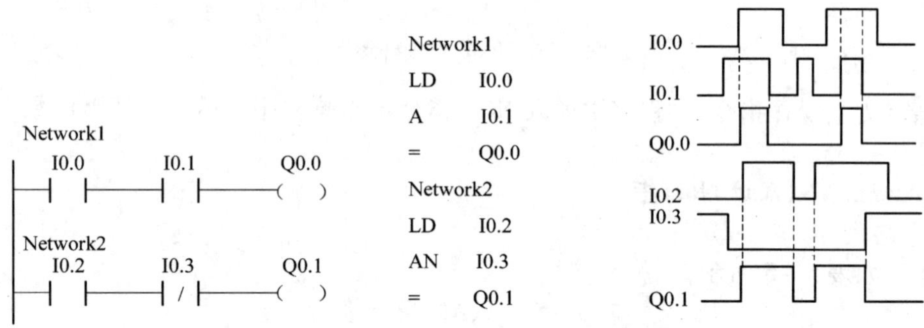

图 5－9　A、AN 指令的梯形图、指令表及时序图

（1）I0.0 与 I0.1 执行相与的逻辑运算。在 I0.0 与 I0.1 均闭合时，线圈 Q0.0 接通；I0.0 与 I0.1 只要有一个不闭合，线圈 Q0.0 不能接通。

（2）I0.2 与常闭触点 I0.3 执行相与的逻辑运算。在 I0.2 闭合、I0.3 断开时，线圈 Q0.1 接通；若 I0.2 断开或 I0.3 闭合，则线圈 Q0.1 不能接通。

7. O(Or)、ON(Or Not)指令

1）指令格式

指令格式如表 5－6 所示。

表 5－6　O、ON 指令格式

名称	或	非或
指令表	O bit	ON bit
梯形图	bit	bit
使用软元件 可用操作数	I,Q,M,SM,T,C,V,S,L 的常用量	

2）指令功能

O:单个常开触点并联连接指令,执行逻辑或运算。

ON:单个常闭触点并联连接指令,执行逻辑或运算。

3）指令说明

（1）O、ON 指令可在多个触点并联连接时连续使用,使用次数仅受编程软件的限制,在一个网络中最多并联 31 个触点。

（2）O、ON 指令可进行如图 5－10 所示的多重并联。

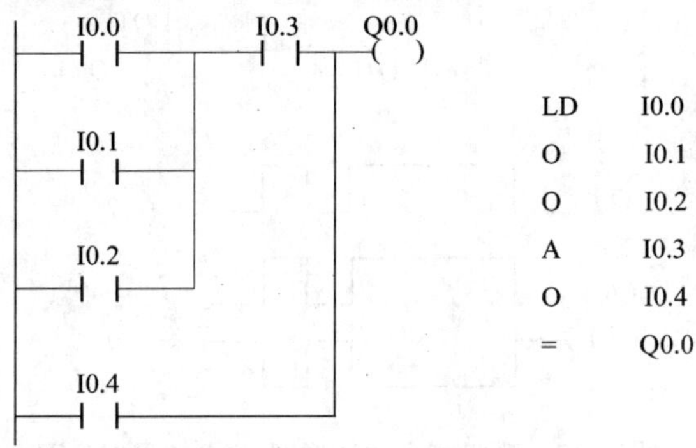

图 5－10　多重并联程序结构

4）应用举例

在梯形图和指令表程序中的应用如图 5－11 所示。

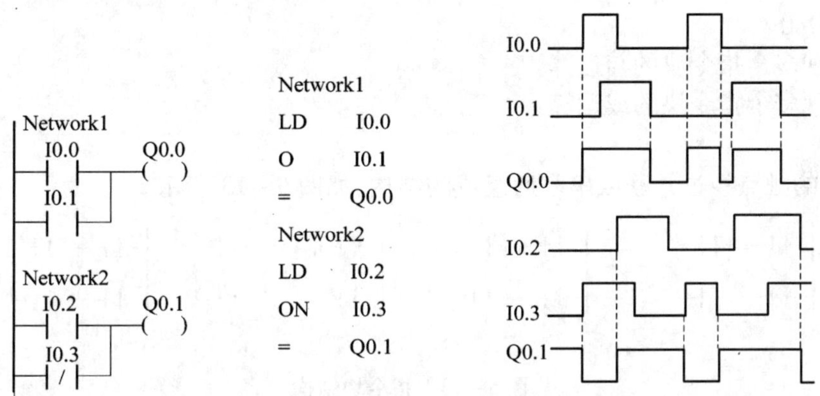

图 5－11　O、ON 指令的梯形图、指令表及时序图

（1）I0.0 与 I0.1 执行相或的运算。在 I0.0 与 I0.1 任意一个闭合时,线圈 Q0.0 接通;I0.2 与 I0.1 均不闭合,线圈 Q0.0 不能接通。

（2）I0.2 与常闭触点 I0.3 执行相或的逻辑运算。在 I0.2 闭合或 I0.3 断开时,线圈 Q0.1 接通;若 I0.2 断开,同时 I0.3 闭合,则线圈 Q0.1 不能接通。

8. NOT 指令

1）指令格式

指令格式如表 5－7 所示。

表 5－7　NOT 指令

名称	非运算
指令	NOT
指令表格式	NOT
梯形图格式	—|NOT|—

2）指令功能

NOT:非运算指令,可将该指令处的运算结果取反。无操作数。

3）应用举例

在梯形图和指令表程序中的应用如图 5 - 12 所示。

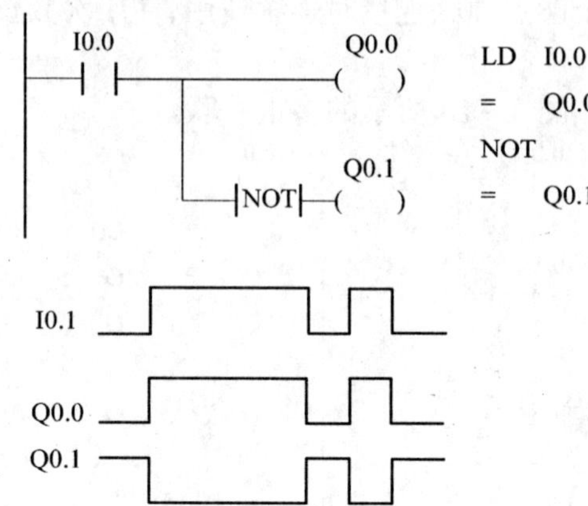

图 5 - 12 NOT 指令的梯形图、指令表及时序图

由于 NOT 指令的作用,线圈 Q0.0 与 Q0.1 的状态相反。

9. ALD(And Load)、OLD(Or Load)指令

1）指令功能

ALD :实现多个指令块的与运算。

OLD :实现多个指令块的或运算。

2）指令块

两个以上的触点经过并联或串联后组成的结构,如图 5 - 13 所示。

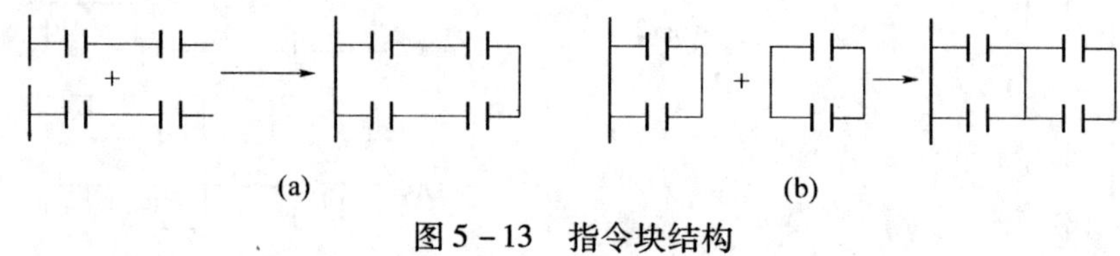

(a) (b)

图 5 - 13 指令块结构

(a) 串联块相或;(b) 并联块相与。

3）指令说明

(1) 每一个指令块均以 LD 或 LDN 指令开始。在描述完指令块后,该指令块就可以作为一个整体来看待。

(2) ALD、OLD 指令无操作数。

(3) ALD、OLD 指令主要用于程序结构组织。在梯形图中没有该指令,只需按要求连接触点即可。但在指令表中,ALD、OLD 指令十分重要,可以组织复杂的程序结构,如图 5 - 14 所示。

4）应用举例

在梯形图和指令表程序中的应用如图 5 - 15 所示。

(1) 网络块 1 中为一个“块与”运算,I0.0 和 I0.1 组成一个或块,I0.2 和 I0.3 组成一个或块,然后两个或块串联,执行与运算。

当 I0.0 或 I0.1 闭合且 I0.2 或 I0.3 闭合时,Q0.0 接通;

(2) 网络块 2 中为一个“块或”运算,I0.4 和 I0.5 组成一个与块,I0.6 和 I0.7 组成一个与

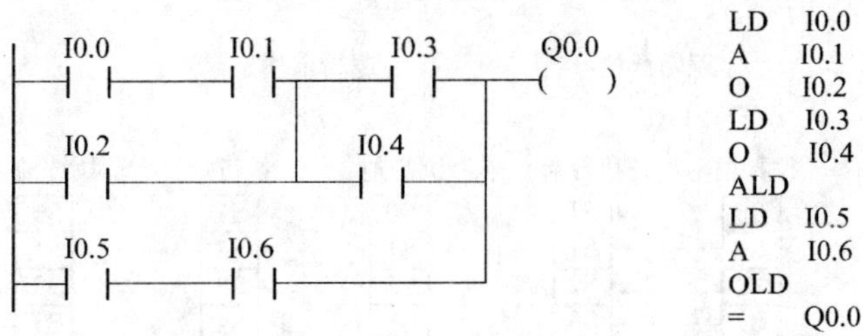

图 5－14 ALD、OLD 指令应用

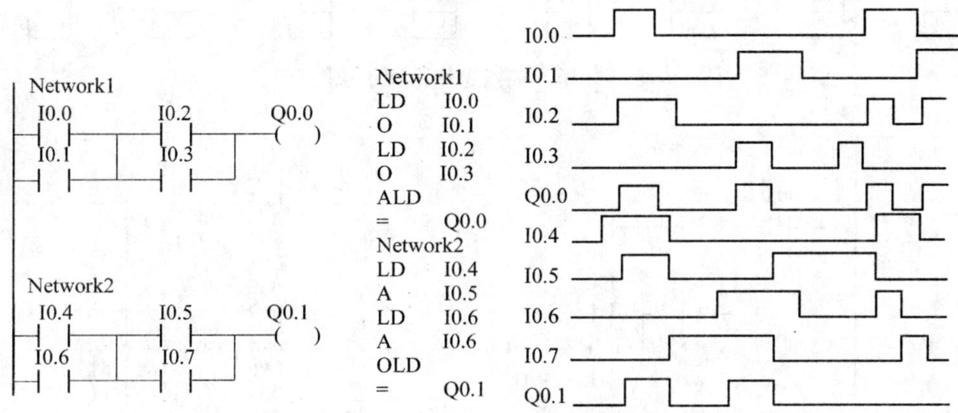

图 5－15 ALD、OLD 指令的梯形图、指令表及时序图

块，然后两个与块并联，执行或运算。

当 I0.4 与 I0.5 均闭合或 I0.6 与 I0.7 闭合时，Q0.1 接通。

10. LPS（Logic Push）、LRD（Logic Read）、LPP（Logic Pop）和 LDS（Load Stack）指令

S7－200 系列 PLC 提供了一个 9 层的堆栈来处理所有的逻辑操作，栈顶用于存储当前逻辑运算的结果，下面是 8 位的栈空间。堆栈中一般按照“先进后出”的原则进行操作，每一次进行入栈操作，新值放入栈顶，栈底值丢失；每一次进行出栈操作，栈顶值弹出，栈底值补入随机数。

1）指令功能

LPS：逻辑入栈指令，复制栈顶的值，并将这个值推入堆栈。

LRD：逻辑读栈指令，复制堆栈中的第二个值到栈顶，不对堆栈进行入栈或出栈操作，但原栈顶值被新值取代。

LPP：逻辑出栈指令，堆栈中的第二个值到栈顶，栈底补入随机数。

LDS：复制堆栈中的第 n 个值到栈顶，栈底值丢失。如 LDS 5 是将堆栈中的第 5 个值复制到栈顶，并进行入栈操作，n 的取值范围为 0～8。该指令使用较少，使用后对堆栈的影响在指令说明中介绍。

2）指令说明

（1）4 条堆栈指令主要用于组织复杂的逻辑关系。其堆栈操作原理如图 5－16 所示。

（2）逻辑堆栈指令是无操作数指令。

（3）由于堆栈空间有限（9 层堆栈），所以 LPS 和 LPP 指令的连续使用不得超过 9 次。

（4）LPS 与 LPP 指令必须成对使用，在它们之间可以多次使用 LRD 指令。使用方法如图 5－17 所示。

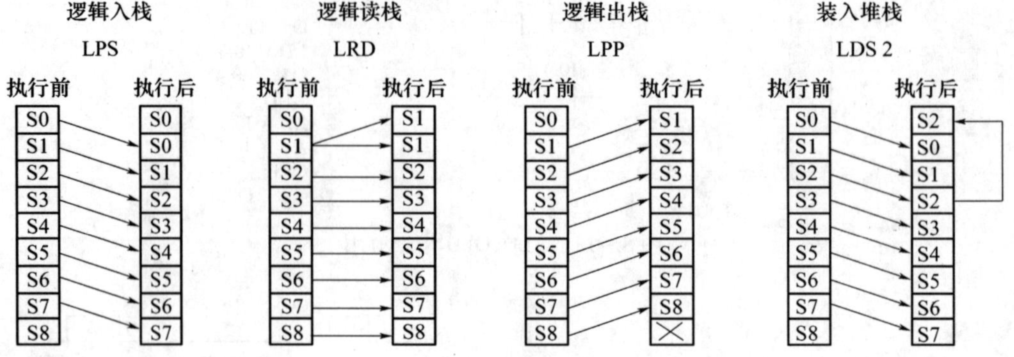

图 5-16　堆栈操作原理示意图

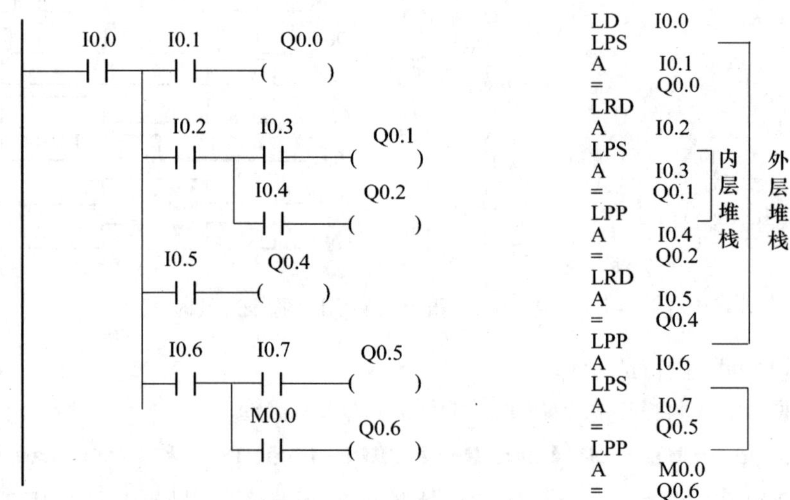

图 5-17　多层堆栈的使用

3）应用举例

在梯形图和指令表程序中的应用如图 5-18 所示。当 I0.0 闭合时，则有如下步骤：

（1）将 I0.0 后的运算结果用 LPS 指令压入堆栈存储，当 I0.0 也闭合时，Q0.0 接通。

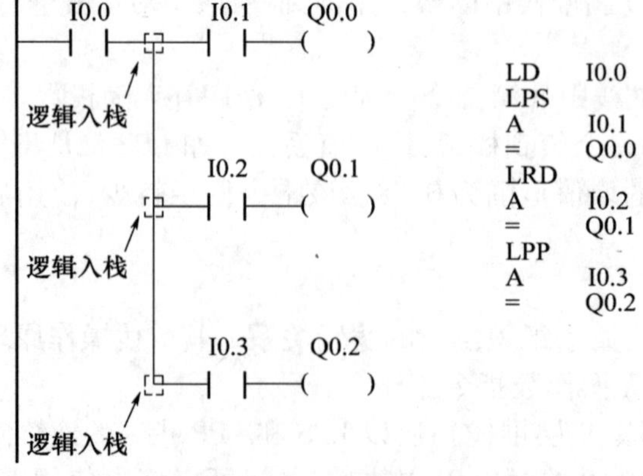

图 5-18　逻辑堆栈指令梯形图及指令表

（2）用 LRD 指令读出堆栈中存储的值，但没有出栈操作，当 I0.2 闭合时，Q0.1 接通。

（3）用 LPP 指令读出堆栈中存储的值，同时执行出栈操作，将 LPS 指令压入堆栈的值弹出，当 I0.3 闭合时，Q0.2 接通。

5.1.2　常用指令的应用举例

1. 4 组抢答器设计

1）控制要求 1

设计一个 4 组抢答器，任一组先按下抢答按钮后，对应指示灯指示抢答结果，同时锁定抢答器，使其他组抢答按钮无效。在按下复位开关后，可重新开始抢答。

（1）I/O 分配：I/O 分配表见表 5－8。

表 5－8　4 组抢答器 I/O 分配表

输入触点	功能说明	输出线圈	功能说明
I0.1	第一组抢答按钮	Q0.1	第一组抢答指示灯
I0.2	第二组抢答按钮	Q0.2	第二组抢答指示灯
I0.3	第三组抢答按钮	Q0.3	第三组抢答指示灯
I0.4	第四组抢答按钮	Q0.4	第四组抢答指示灯
I0.5	复位按钮		

（2）程序

抢答器程序如图 5－19 所示。

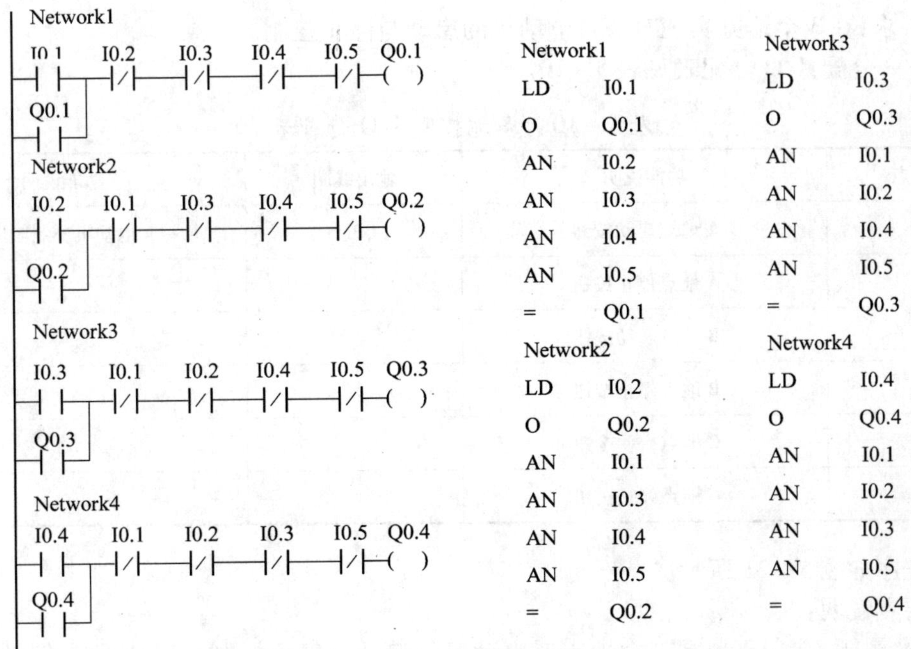

图 5－19　抢答器程序

（3）要点说明

① 由于抢答按钮一般均为非自锁按钮，为保持抢答输出结果，就需要输出线圈所带触点并联在输入触点上，实现自锁功能。

② 要实现一组抢答后，其他组不能再抢答的功能，就需要在其他组控制线路中串联本组输入触点或输出线圈的常闭触点，从而形成互锁关系。

2）控制要求 2

将控制要求 1 中的指示灯指示抢答结果，改为用 7 段数码管显示抢答组号。7 段显示码见表 5－9。例如显示组号"1"，输出线圈 Q0.1、Q0.2 时，数码管 b、c 段亮。

表 5－9　数码管显示 4 组抢答器 I/O 分配表

输入触点	功能说明	输出线圈	功能说明
I0.1	第一组抢答按钮	Q0.0	数码管 a 段
I0.2	第二组抢答按钮	Q0.1	数码管 b 段
I0.3	第三组抢答按钮	Q0.2	数码管 c 段
I0.4	第四组抢答按钮	Q0.3	数码管 d 段
I0.5	复位按钮	Q0.4	数码管 e 段
		Q0.5	数码管 f 段
		Q0.6	数码管 g 段

（1）分配：I/O 分配表见表 5－9。

（2）程序如图 5－20 所示。

2. 多地控制

控制要求：在 3 个地方实现对一台电动机的启动与停止控制。

（1）I/O 分配：I/O 分配表见表 5－10。

表 5－10　多地控制 I/O 分配表

输入触点	功能说明	输出线圈	功能说明
I0.0	A 地点启动按钮	Q0.1	电动机控制输出
I0.1	A 地点停止按钮		
I0.2	B 地点启动按钮		
I0.3	B 地点停止按钮		
I0.4	C 地点启动按钮		
I0.5	C 地点停止按钮		

（2）程序如图 5－21 所示。

（3）要点说明：

① 对本例题，首先要考虑一个地点对电动机的启动与停止控制。以 A 地为例做出控制程序，如图 5－22 所示。

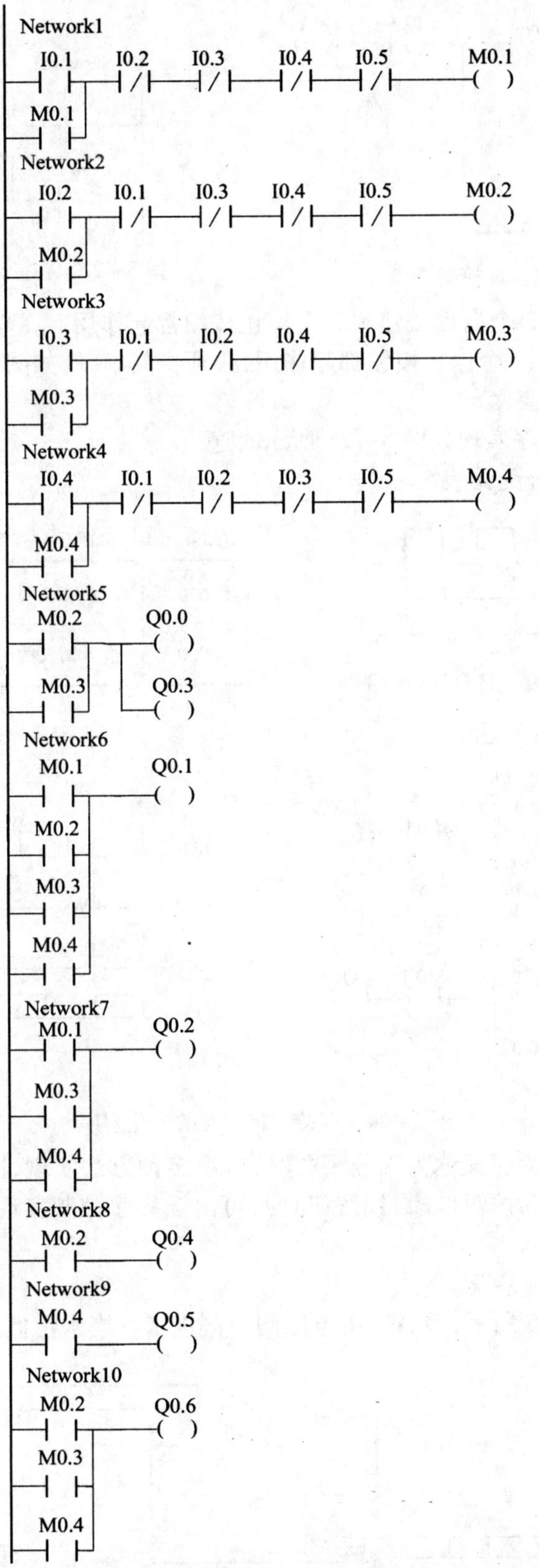

Network1

I0.1 I0.2 I0.3 I0.4 I0.5 M0.1

M0.1

Network2

I0.2 I0.1 I0.3 I0.4 I0.5 M0.2

M0.2

Network3

I0.3 I0.1 I0.2 I0.4 I0.5 M0.3

M0.3

Network4

I0.4 I0.1 I0.2 I0.3 I0.5 M0.4

M0.4

Network5

M0.2 Q0.0

M0.3 Q0.3

Network6

M0.1 Q0.1

M0.2

M0.3

M0.4

Network7

M0.1 Q0.2

M0.3

M0.4

Network8

M0.2 Q0.4

Network9

M0.4 Q0.5

Network10

M0.2 Q0.6

M0.3

M0.4

图 5－20 抢答器数码管输出

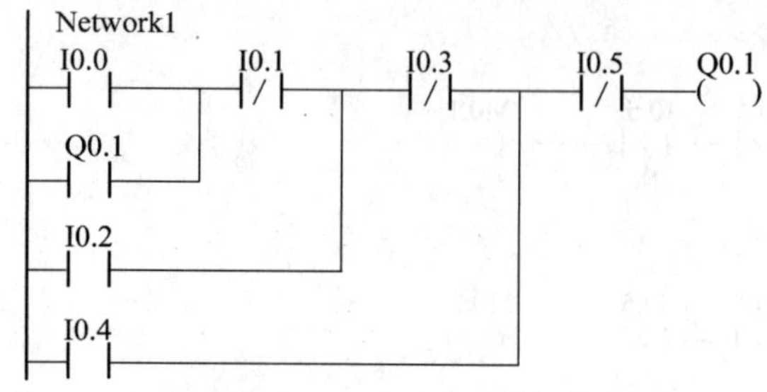

图 5-21　电动机多地控制程序

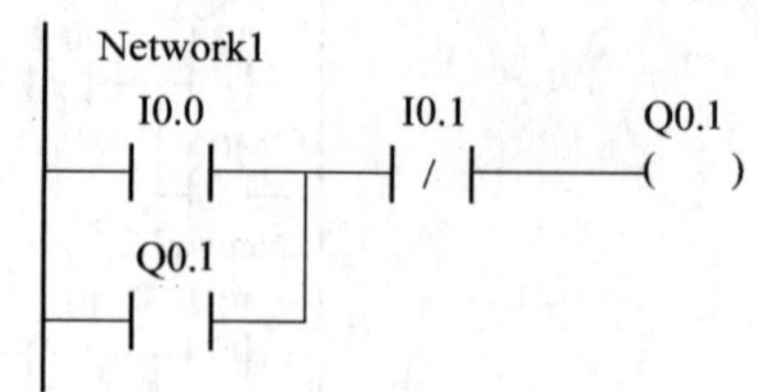

图 5-22　在一个地点对电动机的控制

② 其次考虑如何使 3 个启动按钮和 3 个停止按钮都起作用。在本例中,若要 3 个启动按钮都起作用,必须将其并联;3 个停止按钮都起作用,必须将其串联,如图 5-22 所示。

3. 保持与释放交替变化

控制要求:试设计程序实现如图 5-23 所示时序。

(1) I/O 分配:I/O 分配见表 5-11。

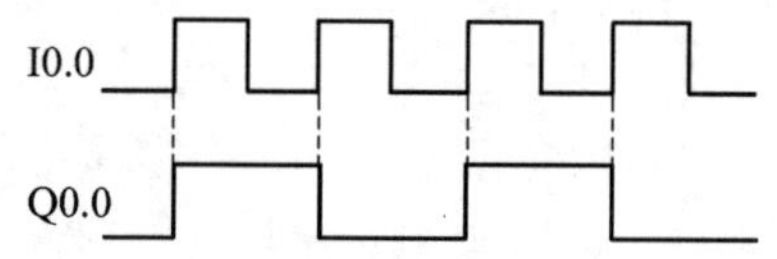

图 5-23　保持与释放交替变化时序图

表 5-11　保持与释放交替变化 I/O 分配表

输入触点	功能说明	输出线圈	功能说明
I0.0	信号输入按钮	Q0.1	信号输出端子

(2) 程序如图 5-24 所示。

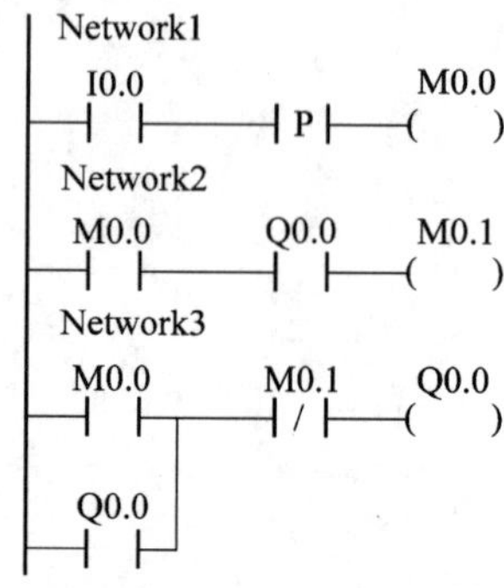

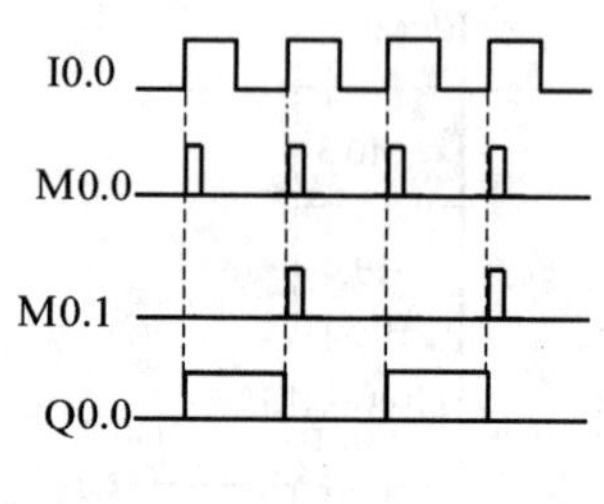

图 5-24　保持与释放交替变化程序

(3) 要点说明:这一程序又称为二分频电路,可由多种方法实现,图 5-24 为其中一种。在控制过程中,若按钮为点动按钮(非自锁按钮)时,可由该程序控制实现第一次按下启动,第二次按下停止的功能。

4. 水箱自动储水控制系统

控制要求:如图 5-25 所示储水箱,由电磁阀控制进水。当水位低于下限水位时,电磁阀 Y

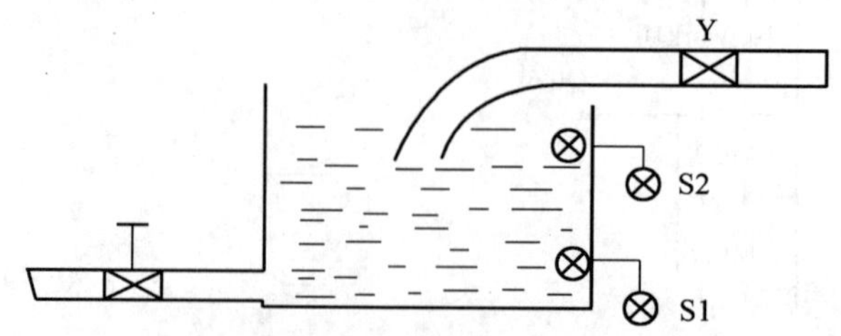

图 5-25　水箱自动储水控制系统示意图

打开进水，当水位高于上限位时，电磁阀 Y 关闭。下限位传感器位 S1，水位低于 S1 时，S1 闭合；水位高于 S1 时，S1 断开。上限位传感器为 S2，水位高于 S2 时，S2 闭合；水位低于 S2 时，S2 断开。

(1) I/O 分配：I/O 表见 5－12。

(2) 程序如图 5－26 所示。

表 5－12 水箱自动储水控制 I/O 分配表

输入触点	功能说明	输出线圈	功能说明
I0.0	下限位传感器 S1	Q0.0	电磁阀 Y
I0.1	上限位传感器 S2		

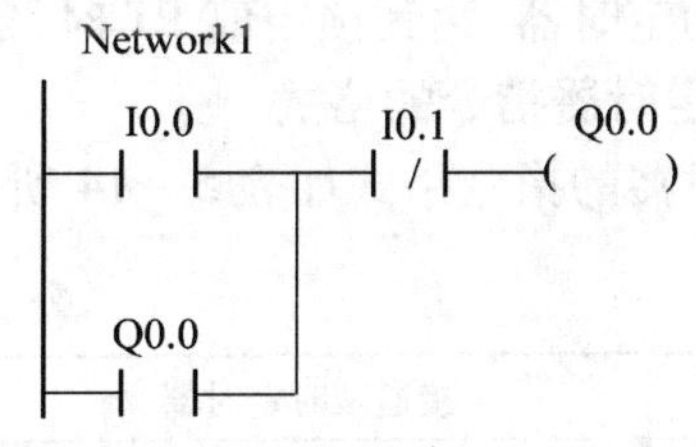

图 5－26 水箱自动储水控制程序

5.2 定时器与计数器指令及其应用

定时器与计数器是控制设备实现自动运行最基本的元件。使用定时器与计数器指令可实现复杂的控制任务。

5.2.1 定时器指令

定时器指令在编程中首先要设置预置值，用以确定定时时间。在程序运行过程中，定时器不断累计时间。当累计的时间与设置的时间相等时，定时器发生作用，以实现各种定时逻辑控制作用。

S7－200 系列 PLC 提供了 3 种类型的定时器，即接通延时定时器（TON）、记忆接通延时定时器（TONR）和断开延时定时器（TOF）。

定时器的分辨率（时基）也有三种，分别为 1ms、10ms、100ms。分辨率指定时器中能够区分的最小时间增量，即精度。具体的定时时间 T 由预置值 PT 和分辨率的乘积所决定。

例如设置预置值 PT＝1000，选用的定时器分辨率为 10ms，则定时时间为 T＝10ms * 1000＝10s。

定时器的分辨率见表 5－13，由定时器号决定。S7－200 系列 PLC 共提供，256 个定时器，定时器号的范围为 0～255。接通延时定时器 TON 与断开延时定时器 TOF 分配的是相同的定时器号，这表示该部分定时器号能作为这两种定时器使用。但在实际使用时要注意，同一个定时器号在一个程序中不能既为接通延时定时器 TON，又为断开延时定时器 TOF。

表 5－13 定时器各类型所对应定时器号及分辨率

定时器类型	分辨率/ms	最大计时范围/s	定时器号
TONR	1	32.767	T0，T64
	10	327.67	T1～T4，T65～T68
	100	3276.7	T5～T31，T69～T95
TON，TOF	1	32.767	T32，T96
	10	327.67	T33～T36，T97～T100
	100	3276.7	T37～T63，T101～T255

定时器号由定时器名称和常数表示，即 Tn，如 T32。定时器号包括定时器的当前值和定时器位两个变值信息。

定时器的当前值用于存储定时器当前所累计的时间,它是一个16位的存储器,存储16位带符号的整数,最大计数值为32 767。

对于TONR和TON,当定时器的当前值等于或大于预置值时,该定时器位被置为1,即所对应的定时器触点闭合;对于TOF,当输入IN接通时,定时器位被置1,当输入信号由高变低负跳变时启动定时器,达到预定值PT时,定时器位断开。

1. 定时器指令的格式

定时器的指令格式如表5-14所示。

表5-14 定时器指令格式

名称	接通延时定时器	记忆接通延时定时器	断开延时定时器
定时器类型	TON	TONR	TOF
指令表	TON Tn,PT	TONR Tn,PT	TOF Tn,PT
梯形图	Tn IN TON PT	Tn IN TONR PT	Tn IN TOF PT
Tn	常数(0~255)		
IN	能流		
PT	VW,IW,QW,MW,SW,SMW,LW,AIW,T,C,AC,常数,*VD,*AC,*LD		

2. 定时器指令说明

(1) 定时器精度高时(1ms),定时范围较小(0s~32.767s);而定时范围大时(0s~3276.7s),精度又比较低(100ms),所以应用时要恰当地使用不同精度等级的定时器,以便适用于不同的现场要求。

(2) 对于断开延时定时器(TOF),必须在输入端有一个负跳变,定位器才能启动计时。

(3) 在程序中,既可以访问定时器位,又可以访问定时器的当前值,都通过定时器编号Tn实现。使用位控制指令则访问定时器位,使用数据处理功能指令则访问当前值。

(4) 定时器的复位是其重新启动的先决条件,若希望定时器重复计时动作,一定要设计好定时器的复位动作。由于不同分辨率的定时器在运行其当前值的刷新方式不同,所以在使用方法,尤其是在复位方式上也有很大的不同。

① 1ms定时器:1ms定时器采用中断刷新方式,由系统每隔1ms刷新一次,与扫描周期和程序运行无关。在扫描周期大于1ms时,一个扫描周期中1ms定时器会被刷新多少次,所以其当前值在一个扫描周期内会变化。

② 10ms定时器:10ms定时器由系统在每个扫描周期开始时刷新一次,其当前值在一个扫描周期内不变。

③ 100ms定时器:100ms定时器是在程序运行过程中,定时器指令被执行时刷新,所以该定时器不能应用于一个扫描周期被多次运行或不是每个扫描周期都运行的场合,否则会造成定时器定时不准的情况。

正是由于不同精度定时器的刷新方式有区别,所以在定时器复位方式的选择上不能简单的使用定时器本身的常闭触点。如图5-27所示的程序,同样的程序内容,使用不同精度定时器,有些是正确的,有些是错误的。

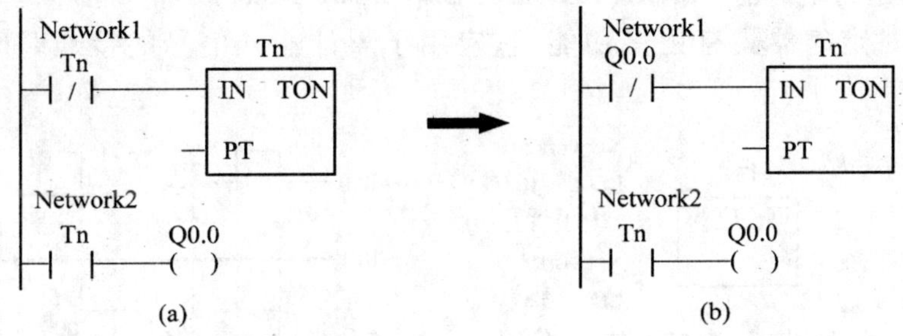

图 5－27　使用定时器指令定时生成宽度为一个扫描周期脉冲

在图 5－27 中，若为 1ms 定时器，则图 5－27(a)是错误的。只有在定时器当前值与预置值相等的那次刷新发生在定时器的常闭触点执行后到常开触点执行前的区间时，Q0.0 才能产生宽度为一个扫描周期的脉冲，而这种可能性极小，图 5－27(b)是正确的。

若为 10ms 定时器，图 5－27(a)也是错误的。因为该种定时器每次扫描开始时刷新当前值，所以 Q0.0 永远不可能为 ON，因此也不会产生脉冲。若要产生脉冲要使用图 5－27(b)的程序。

若为 100ms 定时器，图 5－27(a)是正确的。在执行程序中的定时器指令时，当前值才被刷新，若该次刷新使当前值等于预置值，则定时器的常开触点闭合，Q0.0 接通。下一次扫描时，定时器又被常闭触点复位，常开触点断开，Q0.0 断开。由此产生宽度为一个扫描周期的脉冲，而使用图 5－27(b)的程序同样正确。

3. 定时器指令应用举例

1）接通延时定时器 TON(On－Delay Timer)

接通延时定时器用于单一时间间隔的定时，其应用如图 5－28 所示。

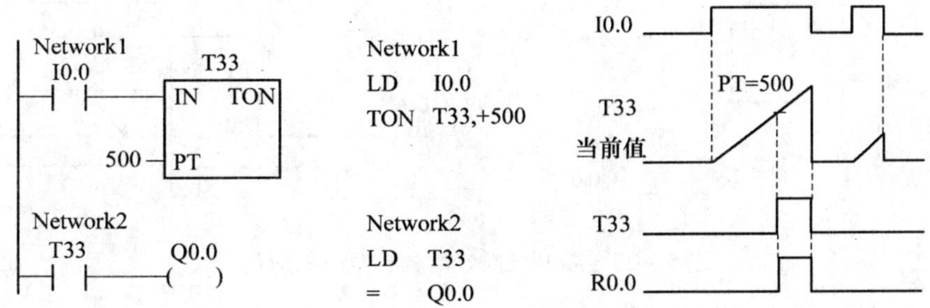

图 5－28　接通延时定时器(TON)的应用

(1) PLC 上电后的第一个扫描周期，定时器位为断开(OFF)状态，当前值为 0。输入端 I0.0 接通后，定时器当前值从 0 开始计时，在当前值达到预置值时定时器位闭合(ON)，当前值仍会连续计数到 32767。

(2) 在输入端断开后，定时器自动复位，定时器位同时断开(OFF)，当前值恢复为 0。

(3) 若再次将 I0.0 闭合，则定时器重新开始计时，若未到定时时间 I0.0 已断开，则定时器复位，当前值也恢复为 0。

(4) 在本例中，在 I0.0 闭合 5s 后，定时器位 T33 闭合，输出线圈 Q0.0 接通。I0.0 断开，定时器复位，Q0.0 断开。I0.0 再次接通时间较短，定时器没有动作。

2）记忆接通延时定时器 TONJR(Retentive On – Delay Timer)

记忆接通延时定时器具有记忆功能，它应用于累计输入信号的接通时间。其应用如图 5–29 所示。

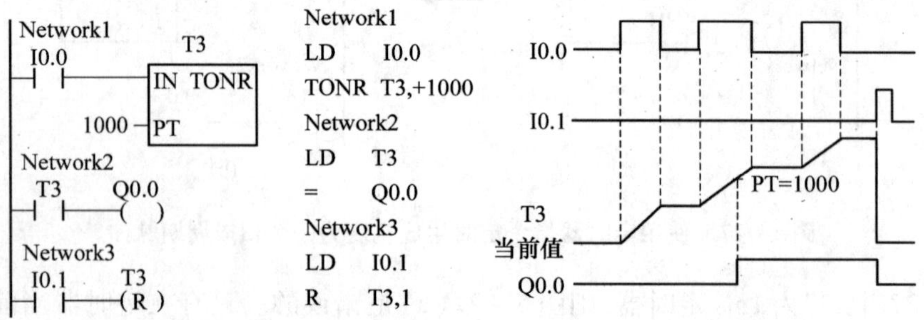

图 5–29　记忆接通延时定时器 TONR 的应用

(1) PLC 上电后的第一个扫描周期，定时器位为断开(OFF)状态，当前值保持掉电之前的值。输入端每次接通时，当前值从上次的保持值继续计时，在当前值达到预置值时定时器位闭合(ON)，当前值仍会连续计数到 32767。

(2) TONR 的定时器位一旦闭合，只能用复位指令 R 进行复位操作，同时清除当前值。

(3) 在本例中，如时序图所示，当前值最初为 0，每一次输入端 I0.0 闭合，当前值开始累计，输入端 I0.0 断开，当前值则保持不变。在输入端闭合时间累计到 10s 时，定时器位 T3 闭合，输出线圈 Q0.0 接通。当 I0.1 闭合时，由复位指令复位 T3 的位及当前值。

3）断开延时定时器 TOF(Off – Delay Timer)

断开延时定时器用于输入端断开后的单一时间间隔计时，其应用如图 5–30 所示。

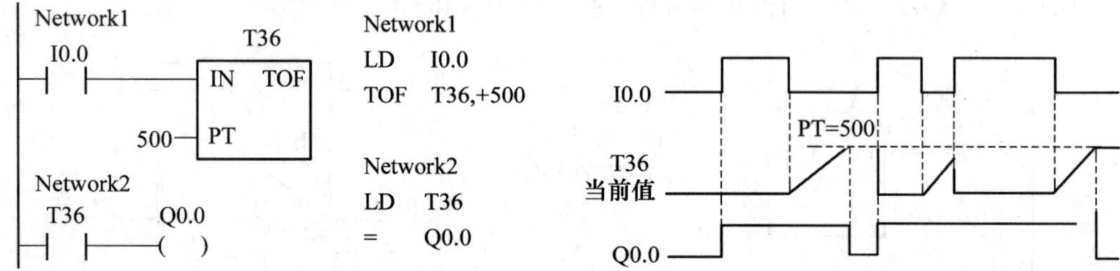

图 5–30　断开延时定时器(TOF)的应用

(1) PLC 上电后的第一个扫描周期，定时器位为断开(OFF)状态，当前值为 0。输入端闭合时，定时器位为 ON，当前值保持为 0。当输入端由闭合变为断开时，定时器开始计时。在当前值达到预置值时定时器位断开，同时停止计时。

(2) 定时器动作后，若输入端由断开变为闭合时，TOF 定时器位及当前值复位；若输入端再次断开，定时器可以重新启动。

(3) 在本例中，PLC 刚刚上电运行时，输入 I0.0 没有闭合，定时器位 T36 为断开状态；I0.0 由断开变为闭合时，定位器位 T36 闭合，输出端 Q0.0 接通，定时器并不开始计时；I0.0 由闭合变为断开时，定时器当前值开始累计时间，达到 5s 时，定位器位 T36 断开，输出端 Q0.0 同时断开。

5.2.2　计数器指令

在工业现场中，许多情况下都需要用到计数器。如对产品的数量进行统计、检测时对产品进行定位等，所以计数器指令同样是实现自动化运行和复杂控制过程的重要指令。

定时器对时间的计量是通过对 PLC 内部时钟脉冲的计数实现的。计数器的运行原理和定时器基本相同，只是计数器是对外部或内部由程序产生的计数脉冲进行计数。在运行时，首先为计数器设置预置值 PV，计数器检测输入端信号的正跳变个数，当计数器当前值与预置值相等时，计数器发生动作，完成相应控制任务。

S7－200 系列 PLC 提供了 3 种类型的计数器，即增计数器（CTU）、增减计数器（CTUD）和减计数器（CTD），总共有 256 个。

计数器编号由计数器名称和常数（0～255）组成，表示方法为 Cn，如 C99。3 种计数器使用同样的编号，所以在使用中要注意，同一程序中，每个计数器编号只能出现一次。计数器编号包括两个变量信息：计数器的当前值和计数器位。

计数器的当前值用于存储计数器当前所累积的脉冲数。它是一个 16 位的存储器，存储 16 位带符号的整数，最大计数器位为 32767。

对于 CTU、CTUD 来说，当计数器的当前值等于或大于预置值时，该计数器位被置为 1，即所对应的计数器触点闭合；对于 CTD 来说，当计数器当前值减为 0 时，计数器位置为 1。

1. 计数器指令格式及操作数

计数器指令格式及操作数如表 5－15 和表 5－16 所列。

表 5－15　计数器指令格式

名 称	增计数器	增减计数器	减计数器
计数器类型	CTU	CTUD	CTD
指令表	CTU Cn,PV	CTUD Cn,PV	CTD Cn,PV
梯形图	Cn CU　CTU R PV	Cn CU　CTUD CD R PV	Cn CD　CTD LD PV

表 5－16　采用操作数

IN/OUT	可用操作数
Cn	常数（0～255）
CU,CD,LD,R	能流
PV	VW,IW,QW,MW,SW,SMW,LW,AIW,T,C,AC,常数,*VD,*AC,*LD
注：① 均为 INT（整型）值； ② 常数较为常用	

2. 计数器指令说明

1）在使用指令表编程时，一定要分清楚各输入端的作用，次序一定不能颠倒。

2）在程序中，既可以访问计数器位，又可以访问计数器的当前值，都是通过计数器编号 Cn 实现的。使用位控制指令则访问计数器位，使用数据处理功能指令则访问当前值。

3. 计数器指令应用举例

1）增计数器 CTU（Count Up）

增计数器的当前值只能增加，在计数值达到最大值 32767 时，计数器停止计数，其应用如图 5－31 所示。

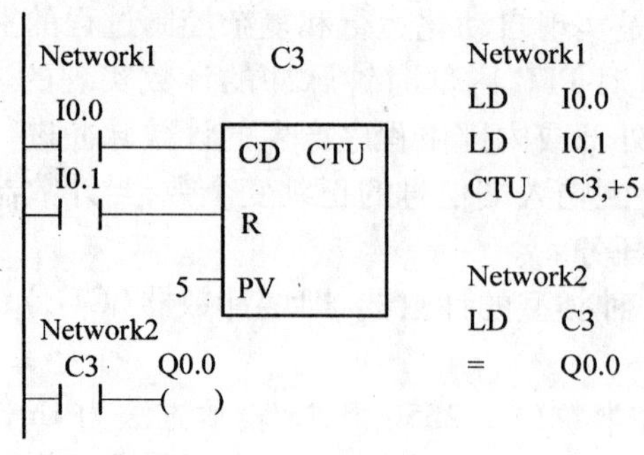

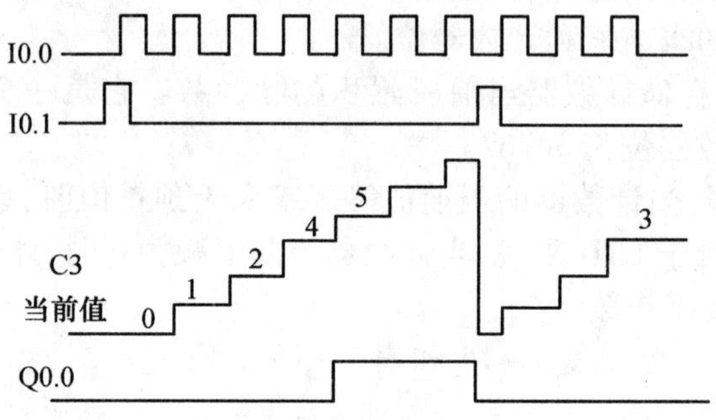

图 5-31 增计数器 CTU 的应用

(1) PLC 上电后的第一个扫描周期,计数器位为断开(OFF)状态,当前值为 0。计数脉冲输入端 CU 每检测到一个正跳变,当前值增加 1。当前值等于预置值时,计数器位为闭合(ON)状态。如果 CU 端仍有计数脉冲输入,则当前值继续累计,直到最大值 32767 时,停止计数。

(2) 复位输入端 R 有效时(由 OFF 变为 ON),计数器位将被复位为断开(OFF)状态,当前值则复位为 0,也可直接用复位指令 R 对计数器进行复位操作。

(3) 在本例中,当 I0.0 第 5 次闭合时,计数器位被置位,输出线圈 Q0.0 接通。当 I0.1 闭合时,计数器位被置位,Q0.0 断开。

2) 增减计数器 CTUD(Count Up/Down)

增减计数器有两个脉冲输入端,CU 用于增计数,CD 用于减计数。其当前值即可增加,又可减小,其应用如图 5-32 所示。

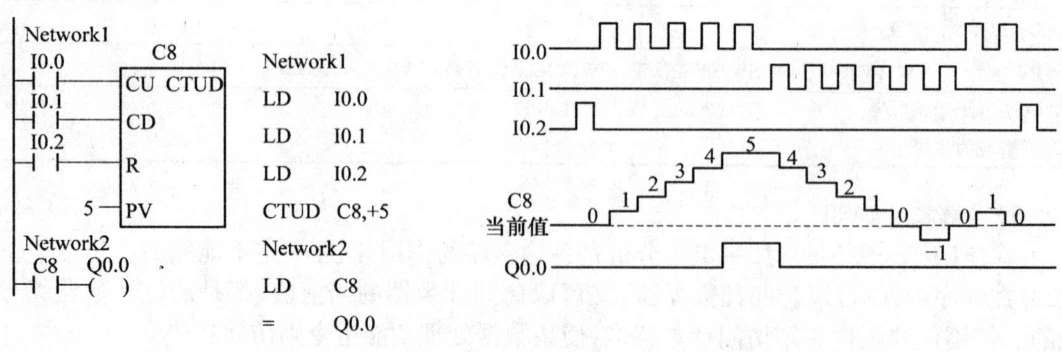

图 5-32 增减计数器 CTUD 的应用

(1) PLC 上电后的第一个扫描周期,计数器位为断开(OFF)状态,当前值为 0。CU 输入端每检测到一个正跳变,则计数器当前值增加 1;CD 输入端每检测到一个正跳变,则计数器当前值减小 1。当前值大于等于预置值时，计数器位为闭合（ON）。当前值小于预置值时，计数器位为断开（OFF）。只要两个计数脉冲输入端有计数脉冲，计数器就会一直计数。在当前值增加到最大值 32767 后，再来一个增脉冲，当前值变为最小值 -32767。同理，若当前值减小到最小值 -32768 后，再来一个减脉冲，当前值会变为最大值 32767。

（2）复位输入端 R 有效（由 OFF 变为 ON）或使用复位指令 R 时，计数器位将被复位为断开（OFF）状态，当前值则复位为 0。

（3）在本例中，C8 的当前值大于等于 5 时，C8 触点闭合；当前值小于 5 时，C8 触点断开。I0.2 闭合时，复位当前值及计数器位。输出线圈 Q0.0 在 C8 线圈闭合时接通。

3）减计数器 CTD（Count Down）

减计数器的当前值需要在计数前进行赋值，即将预置值 PV 赋给当前值，然后当前值递减，直到为 0 时，计数器位闭合，其应用如图 5-33 所示。

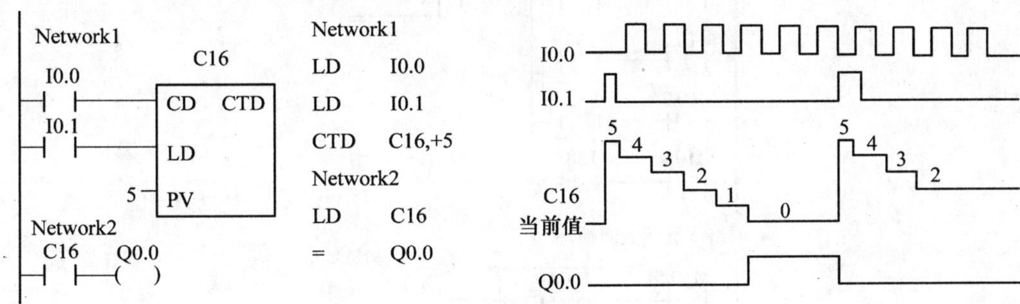

图 5-33 减计数器 CTD 的应用

（1）PLC 上电后的第一个扫描周期，计数器位为断开（OFF）状态，当前值为预置值 PV。计数脉冲输入端 CD 每检测到一个正跳变，当前值减 1。当前值减小到 0 时，停止计数，计算器位变为闭合（ON）状态。

（2）LD 为装载输入端，当 LD 端有效时，计算器位复位，同时将预置值 PV 重新赋给当前值。

（3）在本例中，当 I0.0 第 5 次闭合时，计算器位被置位，输出线圈 Q0.0 接通。当 I0.1 闭合时，定时器被复位，输出线圈 Q0.0 断开，计算器可以重新工作。

5.2.3 定时器与计数器编程举例

1. 小车自动往返控制程序

图 5-34 所示为小车自动往返工况示意图。小车一个工作周期的动作要求如下。

1）按下启动按钮 SB（I0.0），小车电动机正转（Q0.0）。小车第一次前进，碰到光电限位开关 SQ1（I0.1）后小车停止运动，卸货 10s，小车电动机反转（Q0.1），小车后退。

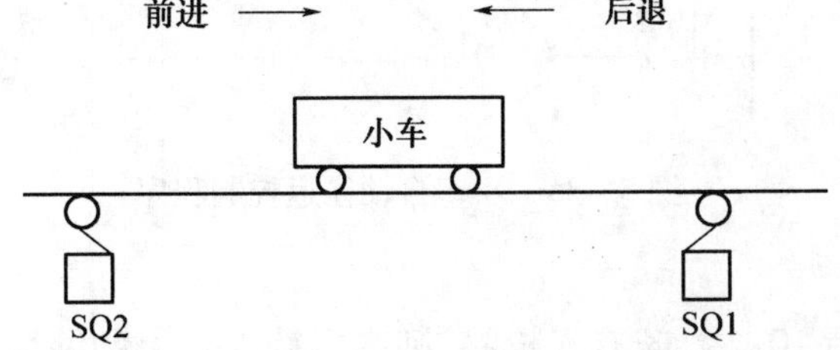

图 5-34 小车自动往返工况示意图

2）小车后退碰到光电限位开关SQ2(I0.2)后,停止5s,待装货完毕,第二次前进,碰到限位开关SQ1后小车停止运动,卸货10s,并自动后退。

3）如此往返工作下去(这里没有设计停车子程序)。

小车自动往返的控制程序如图5-35所示。

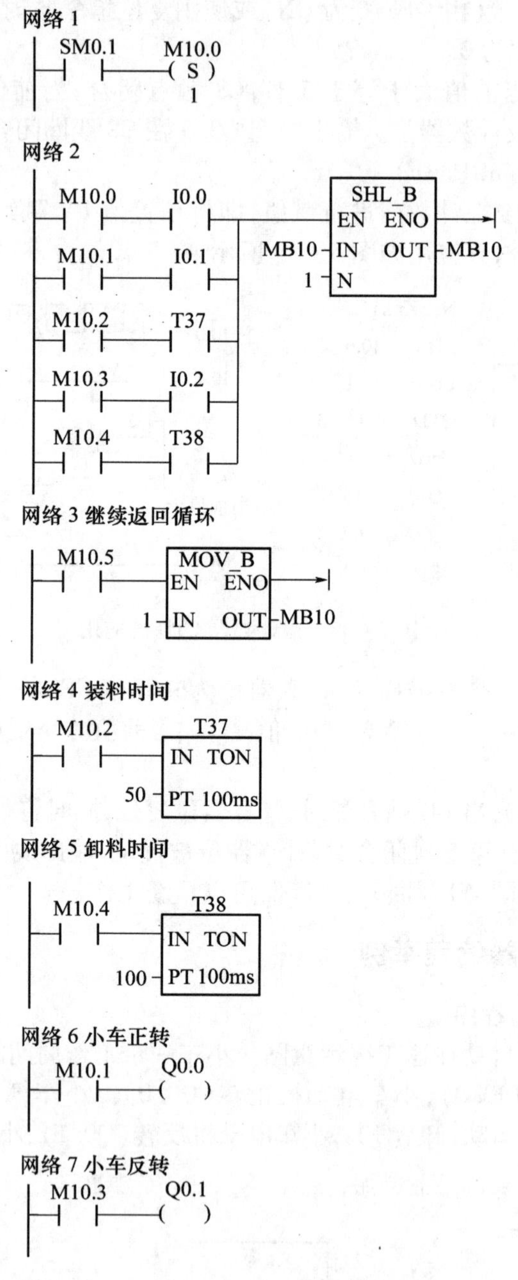

图5-35　小车自动往返控制程序

2. 组抢答器设计

在主持人宣布开始后10s内,若有人抢答,则在主持人台上的绿灯变亮同时抢答成功的组也会有灯亮起;如果在10s内没有人抢答,在主持人台上的红灯亮起。只有主持人再次复位后才可以进行下一次抢答。

其中I0.0、I0.1、I0.2分别为三组抢答器输入，I0.3为复位输入，T38为10s定时，Q0.0、Q0.1、Q0.2分别为三组抢答输出，程序如图5-36所示。

3. 设备累计运行时间

该例利用了掉电保护延时接通定时器和长延时设计的思路。程序如图5-37所示，图中的T5是掉电保护接通延时定时器，时基是100ms，I0.0是设备运行时闭合点，I0.1是手动清除复位累积时间。

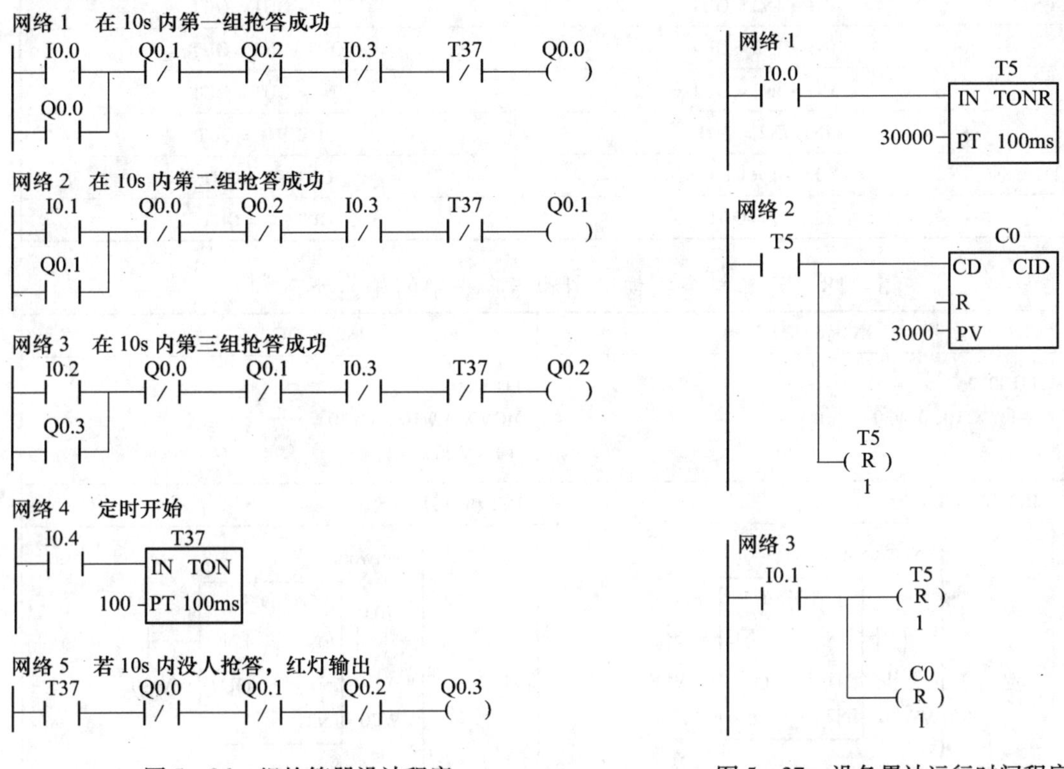

图5-36 组抢答器设计程序

图5-37 设备累计运行时间程序

其中网络1和网络2为一个长延时电路，当I0.0闭合时，3000s后T5闭合，使C0计数器加1，同时复位T5定时器，复位后T5当前数变为0。T0产生的脉冲列送给了C0计数器，当C0累积满3000个数(也就是2500h)时，C0的常开节点闭合，同时清除累计时间的指示灯Q0.0亮起。假设T1和C0的当前值分别为Kt和Kc，则当前的设备累计运行时间为T=0.1*Kt*Kc(s)。

5.3 数据运算指令及其应用

随着控制领域中新型控制算法的出现和复杂控制对控制器计算能力的要求，新型PLC中普遍增加了较强的计算功能。数据运算指令分为算术运算和逻辑运算两大类。

5.3.1 算术运算指令

算术运算指令包括加、减、乘、除及常用函数指令。在梯形图编程和指令表编程时对存储单元的要求是不同的，所以在使用时一定要注意存储单元的分配。梯形图编程时，IN2和OUT指定的存储单元可以相同也可以不同；指令表编程时，IN2和OUT要使用相同的存储单元。算术运算指令在梯形图和指令表中的具体执行过程见表5-17。若在梯形图编程时，IN2和OUT使用了不同的存储单元,在转换为指令格式时会使用数据传送指令对程序进行处理,将 IN2 和 OUT 变为一致,表 5-18 中以整数加法指令为例具体说明。一般来说,梯形图对存储单元的分配更加灵活。

表 5-17 算术运算指令在梯形图和指令表中的具体执行过程

运算形式	梯形图	指令表
加	IN1 + IN2 = OUT	IN1 + OUT = OUT
减	IN1 - IN2 = OUT	OUT - IN1 = OUT
乘	IN1 * IN2 = OUT	IN1 * OUT = OUT
除	IN1/IN2 = OUT	OUT/IN1 = OUT
自增 1	IN + 1 = OUT	OUT + 1 = OUT
自减 1	IN - 1 = OUT	OUT - 1 = OUT

表 5-18 运算指令在梯形图和指令表中的转换处理

	IN2 和 OUT 一致	IN2 和 OUT 不一致
指令表	LD I0. 0 +I VW 10, VW20	LD I0. 0 MOVW VW10, VW30 +I VW20,VW30
	IN2 和 OUT 一致	IN2 和 OUT 一致
梯形图	Network1 ADD_I I0.0 EN ENO VW10 IN1 OUT VW20 VW20 IN2	Network1 ADD_I I0.0 EN ENO VW10 IN1 OUT VW30 VW20 IN2

1. ADD_I、ADD_DI、ADD_R 指令

1) 指令格式

指令格式如表 5-19 所列。

表 5-19 ADD_I、ADD_DI、ADD_R 指令的格式

名称	整数加法	双整数加法	实数加法
指令	ADD_I	ADD_DI	ADD_R
指令表格式	+I IN1,OUT	+D IN1,OUT	+R IN1,OUT
梯形图格式	ADD_I EN ENO IN1 OUT IN2	ADD_DI EN ENO IN1 OUT IN2	ADD_R EN ENO IN1 OUT IN2

2) 操作数

操作数如表 5-20 所列。

表 5－20 ADD_I、ADD_DI、ADD_R 指令的操作数

指令	IN/OUT	操作数	数据类型
ADD_I	IN1/IN2	VW,IW,QW,MW,SW,SMW,LW,AIW,T,C,AC,常数,*VD,*AC,*LD	INT
	OUT	VW,IW,QW,MW,SW,SMW,LW,T,C,AC,*VD,*AC,*LD	INT
ADD_DI	IN1/IN2	VD,ID,QD,MD,SD,SMD,LD,AC,HC,常数,*VD,*AC,*LD	DINT
	OUT	VD,ID,QD,MD,SD,SMD,LD,AC,*VD,*AC,*LD	DINT
ADD_R	IN1/IN2	VD,ID,QD,MD,SD,SMD,LD,AC,HC,常数,*VD,*AC,*LD	REAL
	OUT	VD,ID,QD,MD,SD,SMD,LD,AC,*VD,*AC,*LD	REAL

3）指令功能

ADD_I:整数加法指令。当 EN 端口执行条件存在时,将 IN1、IN2 端口指定的单字长符号整数相加吗,产生一个 16 位整数,输出到 OUT 端口指定的字存储单元。

ADD_DI:双整数加法指令,当 EN 端口执行条件存在时,将 IN1、IN2 端口指定的双字长符号整数相加,产生一个 32 位双整数,输出到 OUT 端口指定的双字存储单元。

ADD_R:实数加法指令。当 EN 端口执行条件存在时,将 IN1、IN2 端口指令的双字长符号实数相加,产生一个 32 位实数,输出到 OUT 端口指定的双字存储单元。

2. SUB_I、SUB_DI、SUB_R 指令

1）指令格式

指令格式如表 5－21 所列。

表 5－21 SUB_I、SUB_DI、SUB_R 指令的格式

名称	整数减法	双整数减法	实数减法
指令	SUB_I	SUB_DI	SUB_R
指令表格式	－I IN1,OUT	－D IN1,OUT	－R IN1,OUT
梯形图格式	SUB_I EN ENO IN1 IN2 OUT	SUB_DI EN ENO IN1 IN2 OUT	SUB_R EN ENO IN1 IN2 OUT

2）操作数

操作数如表 5－22 所列。

表 5－22 SUB_I、SUB_DI、SUB_R 指令的操作数

指令	IN/OUT	操作数	数据类型
SUB_I	IN1/IN2	VW,IW,QW,MW,SW,SMW,LW,AIW,T,C,AC,常数,*VD,*AC,*LD	INT
	OUT	VW,IW,QW,MW,SW,SMW,LW,T,C,AC,*VD,*AC,*LD	INT
SUB_DI	IN1/IN2	VD,ID,QD,MD,SD,SMD,LD,AC,HC,常数,*VD,*AC,*LD	DINT
	OUT	VD,ID,QD,MD,SD,SMD,LD,AC,*VD,*AC,*LD	DINT
SUB_R	IN1/IN2	VD,ID,QD,MD,SD,SMD,LD,AC,HC,常数,*VD,*AC,*LD	REAL
	OUT	VD,ID,QD,MD,SD,SMD,LD,AC,*VD,*AC,*LD	REAL

3）指令功能

SUB_I：整数减法指令。当EN端口执行条件存在时，将IN1、IN2端口指定的单字长符号整数相减，产生一个16位整数，输出到OUT端口指定的字存储单元。

SUB_DI：双整数减法指令。当EN端口执行条件存在时，将IN1、IN2端口指令指定的双字长符号整数相减，产生一个32位双整数，输出到OUT端口指定的双字存储单元。

SUB_R：实数减法指令。当EN端口执行条件存在时，将IN1、IN2端口指令指定的双字长实数相减，产生一个32位实数，输出到OUT端口指定的双字存储单元。

3. MUL_I、MUL、MUL_DI、MUL_R指令

1）指令格式

指令格式如表5-23所列。

表5-23 MUL_I、MUL、MUL_DI、MUL_R指令的格式

名称	整数乘法	完全整数乘法	双整数乘法	实数乘法
指令	MUL_I	MUL	MUL_DI	MUL_R
指令表格式	* I IN1, OUT	MUL IN1, OUT	* D IN1, OUT	* R IN1, OUT
梯形图格式	MUL_I EN ENO IN1 OUT IN2	MUL EN ENO IN1 OUT IN2	MUL_DI EN ENO IN1 OUT IN2	MUL_R EN ENO IN1 OUT IN2

2）操作数

操作数如表5-24所列。

表5-24 MUL_I、MUL、MUL_DI、MUL_R指令的操作数

指令	IN/OUT	操 作 数	数据类型
MUL_I	IN1/IN2	VW, IW, QW, MW, SW, SMW, LW, AIW, T, C, AC, 常数, * VD, * AC, * LD	INT
	OUT	VW, IW, QW, MW, SW, SMW, LW, T, C, AC, * VD, * AC, * LD	INT
MUL	IN1/IN2	VW, IW, QW, MW, SW, SMW, LW, AIW, T, C, AC, 常数, * VD, * AC, * LD	INT
	OUT	VD, ID, QD, MD, SD, SMD, LD, AC, * VD, * AC, * LD	DINT
MUL_DI	IN1/IN2	VD, ID, QD, MD, SD, SMD, LD, AC, HC, 常数, * VD, * AC, * LD	DINT
	OUT	VD, ID, QD, MD, SD, SMD, LD, AC, * VD, * AC, * LD	DINT
MUL_R	IN1/IN2	VD, ID, QD, MD, SD, SMD, LD, AC, 常数, * VD, * AC, * LD	REAL
	OUT	VD, ID, QD, MD, SD, SMD, LD, AC, * VD, * AC, * LD	REAL

3）指令功能

MUL_I：整数乘法指令。当EN端口执行条件存在时，将IN1、IN2端口指定的单字长符号整数相乘，产生一个16位双整数，输出到OUT端口指定的字存储单元。运算结果若大于16位二进制表示的范围，则产生溢出。

MUL：完全整数乘法指令。当EN端口执行条件存在时，将IN1、IN2端口指定的单字长符号整数相乘，产生一个32位双整数，输出到OUT端口指定的双字存储单元。若IN2与OUT使用相同的存储单元，则OUT指定的存储单元的低16位运算前用于存放被乘数。

MUL_DI:双整数乘法指令。当 EN 端口执行条件存在时,将 IN1、IN2 端口指定的双字长符号整数相乘,产生一个 32 位双整数,输出到 OUT 端口指定的双字存储单元。运算结果若大于 32 位二进制表示的范围,则产生溢出。

MUL_R:实数乘法指令。当 EN 端口执行条件存在时,将 IN1、IN2 端口指定的双字长符号实数相乘,产生一个 32 位实数,输出到 OUT 端口指定的双字存储单元。运算结果若大于 32 位二进制表示范围,则产生溢出。

4. DIV_I、DIV、DIV_DI、DIV_R 指令

1) 指令格式

指令格式如表 5-25 所列。

表 5-25 DIV_I、DIV、DIV_DI、DIV_R 指令的格式

名称	整数除法	完全整数除法	双整数除法	实数除法
指令	DIV_I	DIV	DIV_DI	DIV_R
指令表格式	/I IN1,OUT	DIV IN1,OUT	/D IN1,OUT	/R IN1,OUT
梯形图格式	DIV_I EN ENO IN1 OUT IN2	DIV EN ENO IN1 OUT IN2	DIV_DI EN ENO IN1 OUT IN2	DIV_R EN ENO IN1 OUT IN2

2) 操作数

操作数如表 5-26 所列。

表 5-26 DIV_I、DIV、DIV_DI、DIV_R 指令的操作数

指令	IN/OUT	操 作 数	数据类型
DIV_I	IN1/IN2	VW,IW,QW,MW,SW,SMW,LW,AIW, T,C,AC,常数,*VD,*AC,*LD	INT
	OUT	VW,IW,QW,MW,SW,SMW,LW, T,C,AC,*VD,*AC,*LD	INT
DIV	IN1/IN2	VW,IW,QW,MW,SW,SMW,LW,AIW, T,C,AC,常数,*VD,*AC,*LD	INT
	OUT	VD,ID,QD,MD,SD,SMD,LD, AC,*VD,*AC,*LD	DINT
DIV_DI	IN1/IN2	VD,ID,QD,MD,SD,SMD,LD,AC,HC,常数,*VD,*AC,*LD	DINT
	OUT	VD,ID,QD,MD,SD,SMD,LD, AC,*VD,*AC,*LD	DINT
DIV_R	IN1/IN2	VD,ID,QD,MD,SD,SMD,LD,AC,常数,*VD,*AC,*LD	REAL
	OUT	VD,ID,QD,MD,SD,SMD,LD, AC,*VD,*AC,*LD	REAL

3) 指令功能

DIV_I:整数除法指令。当 EN 端口执行条件存在时,将 IN1、IN2 端口指定的单字长符号整数相除,产生一个 16 位商,输出到 OUT 端口指定的字存储单元,不保留余数。

DIV:完全整数除法指令。当 EN 端口执行条件时,将 IN1、IN2 端口指定的单字长符号整数相除,产生一个 32 位的结果,其中低 16 位是商,高 16 位是余数,输出到 OUT 端口指定的双字存储单元。若 IN2 与 OUT 使用相同的存储单元,则 OUT 指定的存储单元的低 16 位运算前用于存放被除数。

DIV_DI:双整数除法指令。当 EN 端口执行条件存在时,将 IN1、IN2 端口指定的双字长符号

整数相除，产生一个32位商，输出到OUT端口指定的双字存储单元，不保留余数。

DIV_R：实数除法指令。当EN端口执行条件存在时，将IN1、IN2端口指定的32位双字长符号实数相除，产生一个32位实数商，输出到OUT端口指定的双字存储单元。

4）指令说明

除法指令的使用中被除数若为0，则特殊标志位SM1.3将被置位，运算不进行，其他状态如SM1.0（结果为0）、SM1.1（溢出）、SM1.2（负值）不变。需要说明的是，加、减、乘指令同样影响SM1.0、SM1.1、SM1.2这3个特殊标志位的状态。

5. INC_B、INC_W、INC_DW及DEC_B、DEC_W、DEC_DW指令

1）指令格式

指令格式如表5-27所列。

表5-27 INC_B、INC_W、INC_DW、DEC_B、DEC_W、DEC_DW指令的格式

名称	字节自增1	字自增1	双字自增1	字节自减1	字自减1	双字自减1
指令	INC_B	INC-W	INC_DW	DEC_B	DEC_W	DEC_DW
指令表格式	INCB OUT	INCW OUT	INCD OUT	DECB OUT	DECW OUT	DECD OUT
梯形图格式	INC_B EN ENO IN1 OUT	INC_W EN ENO IN1 OUT	INC_DW EN ENO IN1 OUT	DEC_B EN ENO IN1 OUT	DEC_W EN ENO IN1 OUT	DEC_DW EN ENO IN1 OUT

2）操作数

操作数如表5-28所列。

表5-28 INC_B、INC_W、INC_DW、DEC_B、DEC_W、DEC_DW指令的操作数

指令	IN/OUT	操作数	数据类型
INC_B	IN	VB，IB，QB，MB，SB，SMB，LB，AC，常数，*VD，*AC，*LD	BYTE
DEC_B	OUT	VB，IB，QB，MB，SB，SMB，LB，AC，*VD，*AC，*LD	BYTE
INC_W	IN	VW，IW，QW，MW，SW，SMW，LW，AIW，T，C，AC，常数，*VD，*AC，*LD	INT
DEC_W	OUT	VW，IW，QW，MW，SW，SMW，LW，AC，*VD，*AC，*LD	INT
INC_DW	IN	VD，ID，QD，MD，SD，SMD，LD，AC，HC，常数，*VD，*AC，*LD	DINT
DEC_DW	OUT	VD，ID，QD，MD，SD，SMD，LD，AC，*VD，*AC，*LD	DINT

3）指令功能

INC_B：字节自增1指令。当EN端口执行条件存在时，将IN端口指定的字节数据加1，输出到OUT端口指定的字节单元。

INC_W：字自增1指令。当EN端口执行条件存在时，将IN端口指定的字数据加1，输出到OUT端口指定的字单元。

INC_DW：双字自增1指令。当EN端口执行条件存在时，将IN端口指定的双字数据加1，输出到OUT端口指定的双字单元。

DEC_B：字节自减1指令。当EN端口执行条件存在时，将IN端口指定的字节数据减1，输出到OUT端口指定的字节单元。

DEC_W：字自减1指令。当EN端口执行条件存在时，将IN端口指定的字数据减1，输出到

OUT 端口指定的字单元。

DEC_DW:双字自减 1 指令。当 EN 端口执行条件存在时,将 IN 端口指定的双字数据减 1,输出到 OUT 端口指定的双字单元。

4) 指令说明

(1) INC_B、DEC_B 指令的操作数是无符号的,INC_W、DEC_W、INC_DW、DEC_DW 指令的操作数是有符号的(最高位是符号位)。

(2) 使用自增指令时,IN 和 OUT 指定的存储单元较多使用相同地址。

6. 数学功能指令

数学功能指令包含了数学计算机中常用的平方根、自然对数、指数、三角函数等指令。其运算输入输出数据均为实数,其运算结果如果超过 32 位二进制数表示的范围,则产生溢出。

1) 指令格式

指令格式如表 5 - 29 所列。

表 5 - 29 数学功能指令的格式

名称	平方根	自然对数	指数	正弦	余弦	正切
指令	SQRT	LN	EXP	SIN	COS	TAN
指令表格式	SQRT,IN,OUT	LN IN,OUT	EXP IN,OUT	SIN IN,OUT	COS IN,OUT	TAN IN,OUT
梯形图格式	SQRT EN ENO IN OUT	LN EN ENO IN OUT	EXP EN ENO IN OUT	SIN EN ENO IN OUT	COS EN ENO IN OUT	TAN EN ENO IN OUT

2) 操作数

操作数如表 5 - 30 所列。

表 5 - 30 数学功能指令的操作数

指令	IN/OUT	操 作 数	数据类型
SQRT, LN EXP, SIN	IN	VD,ID,QD,MD,SD,SMD,LD,AC,常数,* VD,* AC,* LD	REAL
COS,TAN	OUT	VD,ID,QD,MD,SD,SMD,LD,AC, * VD,* AC,* LD	REAL

3) 指令功能

SQRT:平方根指令。当 EN 端口执行条件存在时,将 IN 端口指定的 32 位实数开平方,得到 32 位实数,结果输出到 OUT 指定的双字存储单元。

LN:自然对数指令。当 EN 端口执行条件存在时,将 IN 端口指定的 32 位实数取自然对数,得到 32 位实数,结果输出到 OUT 指定的双字存储单元。若要求以 10 位底的常用对数时,可以用实数除法指令(DIV_R)将自然对数除 2.302585(LN10≈2.302 585)即可。

EXP:指数指令。当 EN 端口执行条件存在时,将 IN 端口指定的 32 位实数取以 e 为底的指数,得到 32 位实数,结果输出到 OUT 指定的双字存储单元。该指令可与自然对数指令配合,完成以任意数为底、任意数为指数的计算。如 125 = EXP(5 * LN12)。

SIN、COS、TAN:正弦指令、余弦指令和正切指令。当 EN 端口执行条件存在时,将 IN 端口指定的 32 位实数取正弦、余弦、正切，得到 32 位实数，结果输出到 OUT 指定的双字节存储单元。IN 端口的 32 位实数应为弧度值。若输入为角度值，需要使用实数乘法指令（MUL_R）将该角度乘以 π/180 转换为弧度值。

5.3.2 逻辑运算指令

除能对位地址进行逻辑处理外，PLC 中提供了对字节、字、双字的逻辑运算指令。逻辑运算指令对无符号数进行与、或、异或和取反的逻辑运算。逻辑运算指令在梯形图编程和指令表编程时对存储单元的要求也是不同的，其执行过程可以参考算术运算指令。

1. WAND_B、WOR_B、WXOR_B 指令

1）指令格式

指令格式如表 5-31 所列。

表 5-31 WAND_B、WOR_B、WXOR_B 指令的格式

名称	字节与	字节或	字节异或
指令	WAND_B	WOR_B	WXOR_B
指令表格式	ANDB IN1, OUT	ORB IN1,OUT	XORB IN1,OUT
梯形图格式	WAN_B EN ENO IN1 OUT IN2	WOR_B EN ENO IN1 OUT IN2	WXOR_B EN ENO IN1 OUT IN2

2）操作数

操作数如表 5-32 所列。

表 5-32 WAND_B、WOR_B、WXOR_B 指令的操作数

指令	输入/输出	操 作 数	数据类型
WAND_B WOR_B WXOR_B	INI1/IN2	VB,IB,QB,MB,SB,SMB,LB,AC,常数,*VD,*AC,*LD	BYTE
	OUT	VB,IB,QB,MB,SB,SMB,LB,AC, *VD,*AC,*LD	BYTE

3）指令功能

WAND_B：字节与运算。当 EN 端口执行条件存在时，将 IN1、IN2 端口指定的字节按位相与，输出到 OUT 端口指定的字节单元。

WOR_B：字节或运算。当 EN 端口执行条件存在时，将 IN1、IN2 端口指定的字节按位相或，输出到 OUT 端口指定的字节单元。

WXOR_B：字节异或运算。当 EN 端口执行条件存在时，将 IN1、IN2 端口指定的字节按位异或，输出到 OUT 端口指定的字节单元。

2. WAND_W、WOR_W、WXOR_W 指令

1）指令格式

指令格式如表 5-33 所列。

表 5－33　WAND_W、WOR_W、WXOR_W 指令的格式

名称	字与	字或	字异或
指令	WAND_W	WOR_W	WXOR_W
指令表格式	ANDW IN1,OUT	ORW IN1,OUT	XORW IN1,OUT
梯形图格式	WAND_W EN ENO IN1 OUT IN2	WOR_W EN ENO IN1 OUT IN2	WXOR_W EN ENO IN1 OUT IN2

2）操作数

操作数如表 5－34 所列。

表 5－34　WAND_W、WOR_W、WXOR_W 指令的操作数

指令	IN/OUT	操　作　数	数据类型
WAND_W WOR_W WXOR_W	INI1/IN2	VW,IW,QW,MW,SW,SMW,LW,T,C,AIW,AC,常数,*VD,*AC,*LD	WORD
	OUT	VW,IW,QW,MW,SW,SMW,LW,T,C,AC,*VD,*AC,*LD	WORD

3）指令功能

WAND_W:字与运算。当 EN 端口执行条件存在时,将 IN1、IN2 端口指定的字按位相与,输出到 OUT 端口指定的字单元。

WOR_W:字或运算。当 EN 端口执行条件存在时,将 IN1、IN2 端口指定的字按位相或,输出到 OUT 端口指定的字单元。

WXOR_W:字异或运算。当 EN 端口执行条件存在时,将 IN1、IN2 端口指定的字按位异或,输出到 OUT 端口指定的字单元。

3. WAND_DW、WOR_DW、WXOR_DW 指令

1）指令格式

指令格式如表 5－35 所列。

表 5－35　WAND_DW、WOR_DW、WXOR_DW 指令的格式

名称	双字与	双字或	双字异或
指令	WAND_DW	WOR_DW	WXOR_DW
指令格式	ANDD IN1,OUT	ORD IN1,OUT	XORD IN1,OUT
梯形图格式	WAND_DW EN ENO IN1 OUT IN2	WOR_DW EN ENO IN1 OUT IN2	WXOR_DW EN ENO IN1 OUT IN2

2）操作数

操作数如表 5 – 36 所列。

表 5 – 36　WAND_DW、WOR_DW、WXOR_DW 指令的操作数

指令	IN/OUT	操作数	数据类型
WAND_DW WOR_DW WXOR_DW	INI1/IN2	VD,ID,QD,MD,SD,SMD,LD,HC,AC,常数,* VD,* AC,* LD	DWORD
	OUT	VD,ID,QD,MD,SD,SMD,LD,AC,* VD,* AC,* LD	DWORD

3）指令功能

WAND_DW:双字与运算。当 EN 端口执行条件存在时,将 IN1、IN2 端口指定的双字按位相与,输出到 OUT 端口指定的双字单元。

WOR_DW: 双字或运算。当 EN 端口执行条件存在时,将 IN1、IN2 端口指定的双字按位相或,输出到 OUT 端口指定的双字单元。

WXOR_DW: 双字异或运算。当 EN 端口执行条件存在时,将 IN1、IN2 端口指定的双字按位异或,输出到 OUT 端口指定的双字单元。

4. INV_B、INV_W、INV_DW 指令

1）指令格式

指令格式如表 5 – 37 所列。

表 5 – 37　INV_B、INV_W、INV_DW 指令的格式

名称	字节取反	字取反	双字取反
指令	INV_B	INV_W	INV_DW
指令格式	INVB,OUT	INVW,OUT	INVDW,OUT
梯形图格式	INV_B EN　ENO IN　OUT	INV_W EN　ENO IN　OUT	INV_DW EN　ENO IN　OUT

2）操作数

操作数如表 5 – 38 所列。

表 5 – 38　INV_B、INV_W、INV_DW 指令的操作数

名称	输入/输出	操作数	数据类型
INV_B	IN	VB,IB,QB,MB,SB,SMB,LB,AC,常数,* VD,* AC,* LD	BYTE
	OUT	VB,IB,QB,MB,SB,SMB,LB,AC,* VD,* AC,* LD	BYTE

（续）

名称	输入/输出	操 作 数	数据类型
INV_DW INV_W	IN	VW,IW,QW,MW,SW,SMW,LW,T,C,AIW,AC,常数,* VD,* AC,* LD	WORD
	OUT	VW,IW,QW,MW,SW,SMW,LW,T,C,AC,常数,* VD,* AC,* LD	WORD
INV_DW	IN	VD,ID,QD,MD,SD,SMD,LD,HC, AC,常数,* VD,* AC,* LD	DWORD
	OUT	VD,ID,QD,MD,SD,SMD,LD,AC,常数,* VD,* AC,* LD	DWORD

3）指令功能

INV_B、INV_W、INV_DW 分别为字节、字、双字取反运算。当 EN 端口执行条件存在时,将 IN 端口指定的字节、字、双字按位取反,输出到 OUT 端口指定的字节、字、双字单元。

5.3.3 数据运算指令编程举例

1. 计算 3500 - 1300 的值

本例计算 3500 - 1300 的值,程序如图 5 - 38 所示。

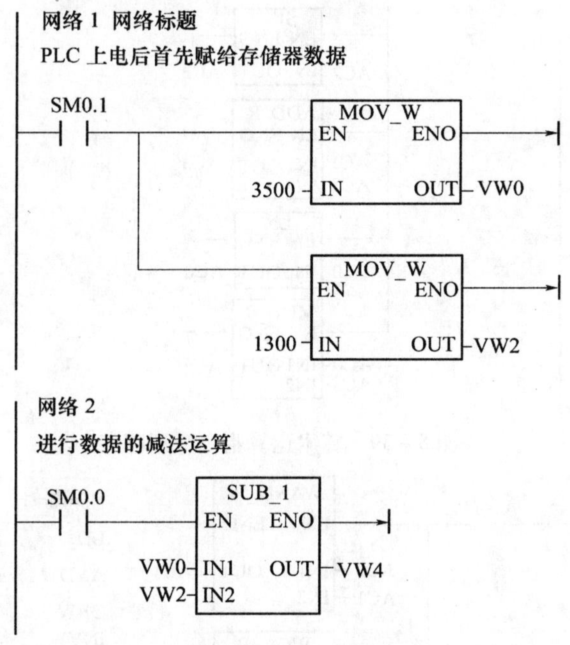

图 5 - 38 数学运算程序

1）在进行加法运算时,其触发信号 I0.0 后一定要串联一个正跳变触点,使加法运算只执行一次。若没有正跳变触点,加法运算在 I0.0 闭合期间会每个扫描周期执行一次。

2）加法指令的 OUT 输出对应的是 QW0,表示将结果直接输出到输出映像寄存器中,能够在 PLC 的输出端看到结果。

2. 算术运算指令举例

控制要求:试编程实现(cos40° + sin60°) e^8 的计算。

程序如图 5 - 39 所示。

3. 逻辑运算举例

控制要求:实现字与字之间的与、或、非运算。

程序如图 5 - 40 所示。

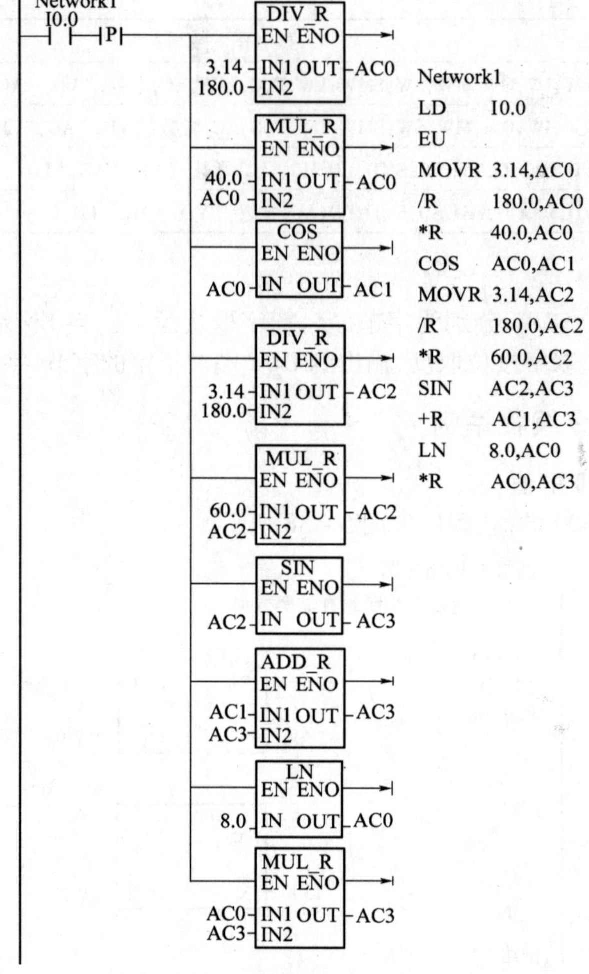

图 5－39　算术运算指令应用程序

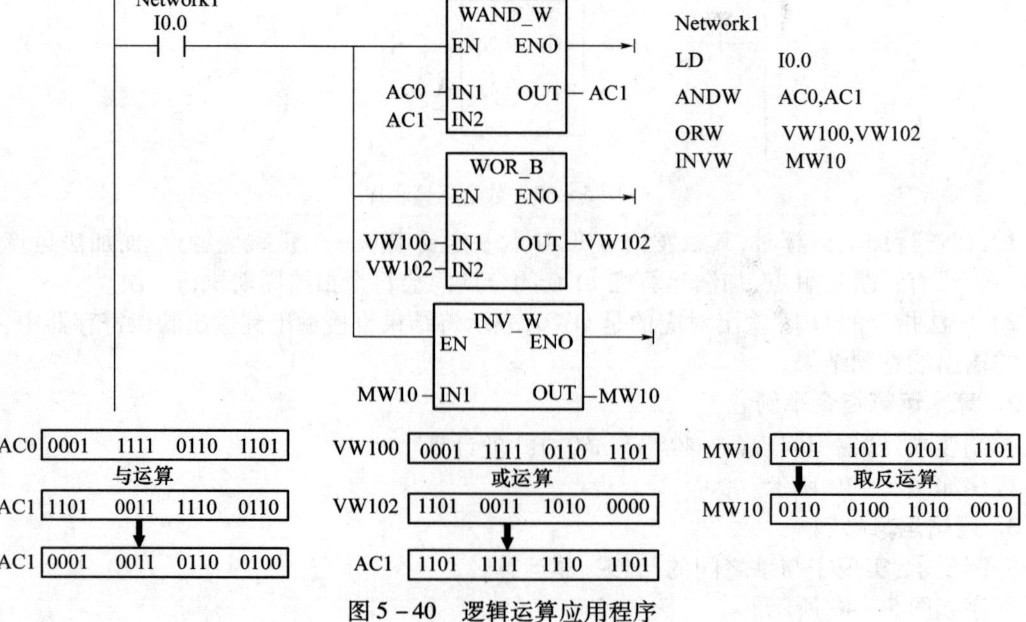

图 5－40　逻辑运算应用程序

习 题 五

5－1　画出与下列语句表对应的梯形图。

LD	I0.0	LD	M10.2	ALD	
O	I1.2	A	Q0.3	LD	M100.3
LD	I1.3	LD	I1.0	A	M10.5
ON	I0.2	AN	Q1.3	=	Q0.0
OLD		OLD			

5－2　写出与图 5－41 所示梯形图对应的指令表。

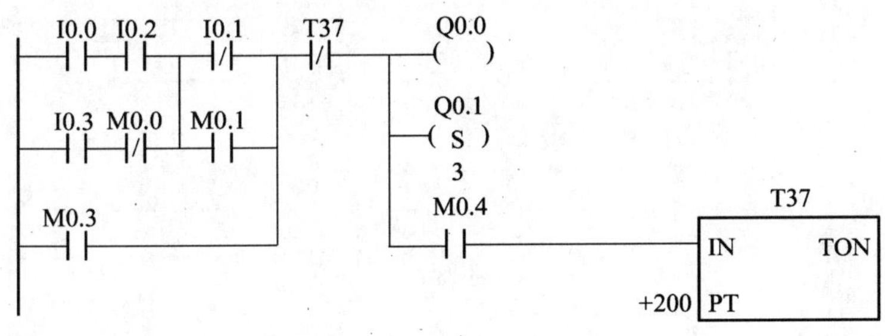

图 5－41

5－3　写出与图 5－42 所示梯形图对应的指令表。

5－4　画出图 5－43 中 Q0.1 的波形。

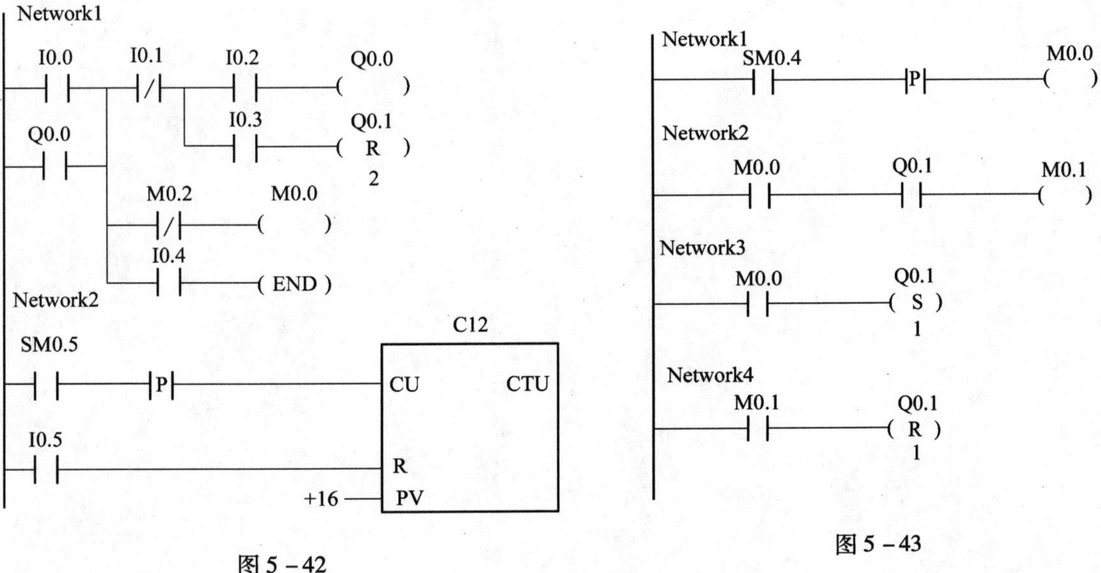

图 5－42

图 5－43

5－5　设计一个实现图 5－44 所示波形图功能的程序电路。

5－6　用置位、复位指令设计一台电动机的启停控制程序。

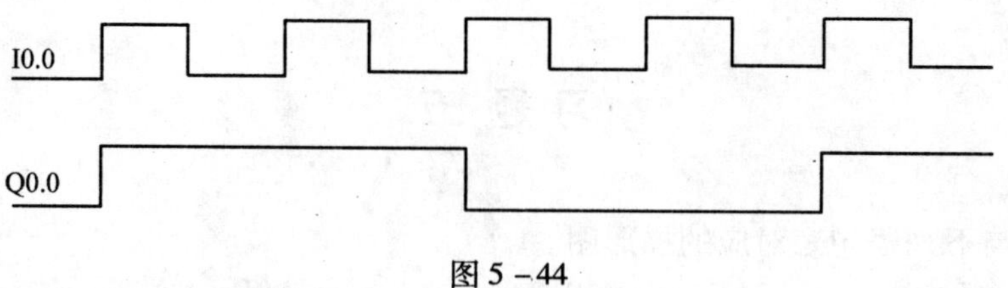

图 5－44

5－7　试设计一个照明灯的控制程序。当按下接在 I0.0 上的按钮后，接在 Q0.0 上的照明灯可发光 30s。如果在这段时间内又有人按下按钮，则时间间隔从头开始。这样可确保在最后一次按完按钮后，灯光可维持 30s 的照明。

5－8　设计一个对两台电动机控制的程序。控制要求是：第 1 台电动机运行 30s 后，第 2 台电动机开始运行并且第 1 台电动机停止运行；当第 2 台电动机运行 20s 后两台电动机同时运行。

5－9　设计一个技术范围为 30000 的计数器。

第6章　西门子 S7－200 PLC 的功能指令

利用 PLC 的基本指令可以满足一般电气系统逻辑控制和顺序控制所需要的控制要求。PLC 的功能指令用于扩展 PLC 的控制功能,以完成数据处理、算术运算、模拟量控制和高速计数等功能。S7－200 的功能指令系统包括数据处理功能指令、程序控制指令、顺序控制指令和特殊功能指令,本章将通过大量的示例介绍这些指令。

6.1　数据处理功能指令及其应用

PLC 产生初期主要用于在工业控制中以逻辑控制代替继电器控制。随着计算机技术与 PLC 技术的不断发展与融合,PLC 增加了数据处理功能,使其在工业应用中功能更强,应用范围更广,成为新型的计算机控制系统。

6.1.1　指令简介

由于数据处理指令涉及的数据量较多且比逻辑控制指令复杂,所以在学习数据处理指令前,首先以字节传送指令 MOVB 为例,介绍数据处理指令的格式和注意事项。

1. 指令格式

数据处理指令的梯形图格式主要以指令盒的形式表示,如图 6－1 所示。指令盒顶部为该指令的标题,如图中所示 MOV _ B。标题一般由两部分组成,前部分为指令的助记符,多为英文单词的缩写,本例中 MOV 表示数据内容的传送;后部分为参与运算的数据类型,B 表示字节,常见的数据类型还有 W(字)、DW(双子)、R(实数)、I(整数)、DI(双整数)等。

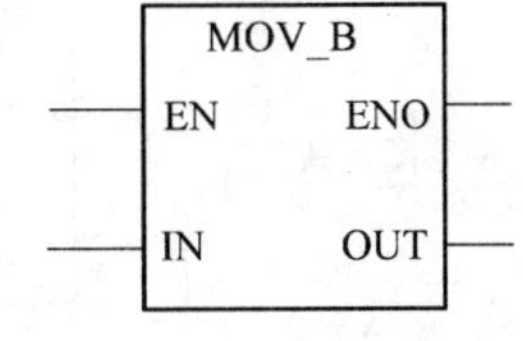

图 6－1　梯形图格式

数据处理指令的指令表格式也分为两部分,如字节传送指令的指令表格式为"MOVB IN,OUT"。前一部分是表示指令功能的助记符,部分指令的助记符与指令盒中的标题相同,也有的不同,需要区分;后一部分为操作数,可以是数据地址或常数。

2. 操作数的类型及长度

指令盒及语句表中"IN"和"OUT"表示的就是操作数。"IN"表示源操作数,指令以其为数据来源,指令执行不改变源操作数的内容。"OUT"为目的操作数,指令执行后将把目的操作数作为运算结果的存储目的。有些指令中还有辅助操作数,常用于对源操作数和目的操作数作补充说明。

操作数的类型和长度需要和指令相匹配,如字节指令不能使用 W(字)、DW(双字)型的操作数。而且要特别注意不能使各指令的操作数单元相互重叠,否则会发生数据错误。

3. 指令的执行条件和运行情况

指令盒中"EN"表示的输入为指令执行条件,只要有"能流"进入 EN 端,则指令执行。在梯形图中,EN 端常连接各类触点的组合,只要这些触点的动作使"能流"到达 EN 端,指令就会执行。需要注意的是:只要指令执行条件存在,该指令会在每个扫描周期执行一次,称为连续执行。

但大多数情况下,只需要指令执行一次,即执行条件只在一个扫描周期内有效,这时需要用一个扫描周期的脉冲作为其执行条件,称为脉冲执行。一个扫描周期的脉冲可以使用正负跳变指令或定时器指令实现。

4. ENO 状态

某些指令的指令盒右侧设有"ENO"使能输出,若 EN 端有"能流"且指令被正常执行,则 ENO 端会将"能流"输出,传送到下一个程序单元。如果指令运行出错,ENO 端状态为 0。

5. 指令执行对特殊标志位的影响

为方便用户更好地了解 PLC 内部的运行情况,为控制和故障诊断提供方便,PLC 中设置了很多特殊标志位,如溢出位等。具体内容可参考 S7-200 系统手册中的特殊标志位存储器(SM)功能,本节不再详述。

6.1.2 传送指令

传送指令可将单个数据或多个连续数据从源区传送到目的区,主要用于 PLC 内部数据的流转。传送指令根据数据类型的不同又可分为字节、字、双字及实数传送指令。

1. MOVB、MOVW、MOVD 和 MOVR 指令

1) 指令格式

指令格式如表 6-1 所列。

表 6-1 MOVB、MOVW、MOVD、MOVR 指令的格式

名称	字节传送	字传送	双字传送	实数传送
指令	MOVB	MOVW	MOVD	MOVR
指令表格式	MOVB IN,OUT	MOVW IN,OUT	MOVD IN,OUT	MOVR IN,OUT
梯形图格式	MOV_B EN ENO IN OUT	MOV_W EN ENO IN OUT	MOV_DW EN ENO IN OUT	MOV_R EN ENO IN OUT

2) 操作数

操作数如表 6-2 所列。

表 6-2 MOVB、MOVW、MDVD、MOVR 指令的操作数

指令	IN/OUT	操 作 数	数据类型
MOVB	IN	VB,IB,QB,MB,SB,SMB,LB,AC,常数,*VD,*AC,*LD	BYTE
	OUT	VB,IB,QB,MB,SB,SMB,LB,AC,*VD,*AC,*LD	BYTE
MOVW	IN	VW,IW,QW,MW,SW,SMW,LW,T,C,AIW,AC,常数,*VD,*AC,*LD	WORD INT
	OUT	VW,IW,QW,MW,SW,SMW,LW,T,C,AC,*VD,*AC,*LD	WORD INT
MOVD	IN	VD,ID,QD,MD,SD,SMD,LD,HC,&VB,&IB,&QB,&M B,&SB,&T,&C,AC,常数,*VD,*AC,*LD	DWORD INT

（续）

指令	IN/OUT	操　作　数	数据类型
MOVD	OUT	VD,ID,QD,MD,SD,SMD,LD,AC,*VD,*AC,*LD	DWORD INT
MOVR	IN	VD,ID,QD,MD,SD,SMD,LD,AC,常数,*VD,*AC,*LD	REAL
	OUT	VD,ID,QD,MD,SD,SMD,LD，AC，*VD,*AC,*LD	REAL

3）指令功能

MOVB:EN 端口执行条件存在时,把 IN 所指的字节原值传送到 OUT 所指字节存储单元。

MOVW:EN 端口执行条件存在时,把 IN 所指的字原值传送到 OUT 所指字存储单元。

MOVD:EN 端口执行条件存在时,把 IN 所指的双字原值传送到 OUT 所指双字存储单元。

MOVR:EN 端口执行条件存在时,把 IN 所指的 32 位实数原值传送到 OUT 所指双字长的存储单元。

4）应用举例

以双字传输指令为例说明传送指令的用法,如图 6－2 所示。

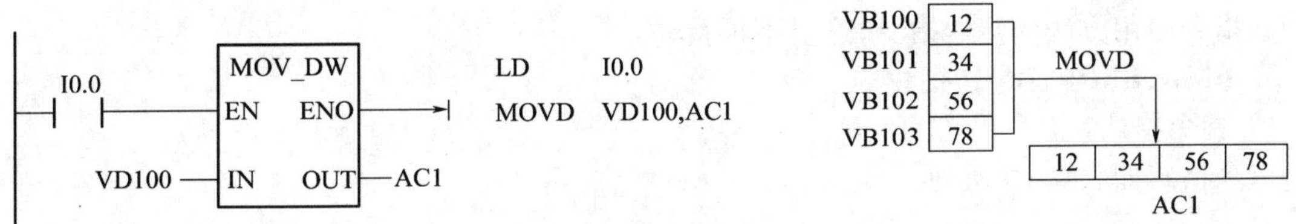

图 6－2　传送指令用法举例

（1）当 I0.0 闭合时,将 VD100（包括 4 个字节:VB100 ~ VB103）中的数据,传送到 AC1 中。

（2）在 I0.0 闭合期间,MOVD 指令每个扫描周期运行一次。若希望其只在 I0.0 闭合时运行一个扫描周期,需要在 I0.0 后串联一个正跳变指令。

2. BIR、BIW 指令

1）指令格式

指令格式如表 6－3 所列。

表 6－3　BIR、BIW 指令的格式

名称	字节传送立即读	字节传送立即写
指令	BIR	BIW
指令表格式	BIR IN,OUT	BIW IN,OUT
梯形图格式	MOV_BIR EN ENO IN OUT	MOV_BIW EN ENO IN OUT

2）操作数

操作数如表 6－4 所列。

表 6-4　BIR、BIW 指令的操作数

指令	IN/OUT	操　作　数	数据类型
BIR	IN	IB	BYTE
	OUT	VB,IB,QB,MB,SB,SMB,LB,AC, * VD, * AC, * LD	BYTE
BIW	IN	VB,IB,QB,MB,SB,SMB,LB,AC,常数 * VD, * AC, * LD	BYTE
	OUT	QB	BYTE

3）指令功能

BIR:字节传送立即读指令。EN 端口执行条件存在时,直接读取 IN 端口由 IB 指定的 8 位物理输入端口数据,并将值存入 OUT 所指字节存储单元,而不经过输入映像寄存器。

BIW:字节传送立即写指令。EN 端口执行条件存在时,读取 IN 所指的字节数据,直接写入 OUT 所指 8 位物理输出端口,同时刷新输出映像寄存器。

该指令使用方法同传送指令,这里不再赘述。

3. BMB、BMW、BMD 指令

1）指令格式

指令格式如表 6-5 所列。

表 6-5　BMB、BMW、BMD 指令的格式

名称	字节块传送	字块传送	双字块传送
指令	BMB	BMW	BMD
指令表格式	BMB IN,OUT,N	BMW IN,OUT, N	BMD IN,OUT, N
梯形图格式	BLKMOV_B EN　ENO IN　OUT N	BLKMOV_W EN　ENO IN　OUT N	BLKMOV_D EN　ENO IN　OUT N

2）操作数

操作数如表 6-6 所列。

表 6-6　BMB、BMW、BMD 指令的操作数

指令		操　作　数	数据类型
BMB	IN/OUT	VB,IB,QB,MB,SB,SMB,LB, * VD, * AC, * LD	BYTE
	N	VB,IB,QB,MB,SB,SMB,LB,AC,常数, * VD, * AC, * LD	BYTE
BMW	IN	VW,IW,QW,MW,SW,SMW,LW,T,C,AIW, * VD, * AC, * LD	WORD

（续）

指令		操 作 数	数据类型
BMW	OUT	VW,IW,QW,MW,SW,SMW,LW,T,C,AQW, * VD, * AC, * LD	WORD
	N	VB,IB,QB,MB,SB,SMB,LB,AC,常数, * VD, * AC, * LD	BYTE
BMD	IN/OUT	VD,ID,QD,MD,SD,SMD,LD, * VD, * AC, * LD	DWORD
	N	VB,IB,QB,MB,SB,SMB,LB,AC,常数, * VD, * AC, * LD	BYTE

3）指令功能

BMB:EN 端口执行条件存在时,把从 IN 指定的字节开始的 *N* 个字节数据传送到以 OUT 指定字节为起始的 *N* 个字节存储单元。

BMW:EN 端口执行条件存在时,把从 IN 指定的字开始的 *N* 个字数据传送到以 OUT 指定字为起始的 *N* 个字存储单元。

BMD:EN 端口执行条件存在时,把从 IN 指定的双字开始的 *N* 个双字数据传送到以 OUT 指定双字为起始的 *N* 个双字存储单元。

4）应用举例

以字传输指令为例说明块传送指令的用法,如图 6-3 所示。

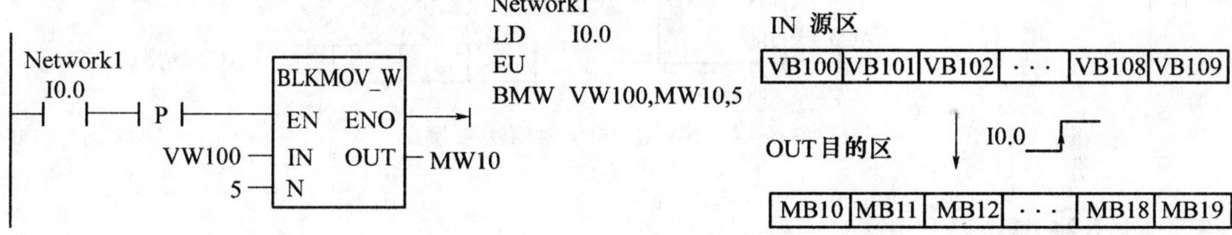

图 6-3 块传送指令用法举例

由于有正跳变指令作用,在 I0.0 闭合的第一个扫描周期,BMW 指令执行,将 VW100 ~ VW104 的 5 个字传送到 MW10 ~ MW14 存储单元中。

4. SWAP 指令

1）指令格式

指令格式如表 6-7 所列。

表 6-7 SWAP 指令的格式

名 称	高低字节交换
指令	SWAP
指令表格式	SWAP IN
梯形图格式	SWAP EN ENO IN

2）操作数

操作数如表 6－8 所列。

表 6－8　SWAP 指令的操作数

IN	VW,IW,MW,SW,SMW,LW,T,C,AC,*VD,*AC,*LD	WORD

3）指令功能

SWAP:EN 端口执行条件存在时,使 IN 指定字的高低字节互换。

4）应用举例

高低字节交换指令的用法如图 6－4 所示。

(1) 在 I0.0 闭合的第一个扫描周期。首先执行 MOVW 指令,将十六进制数 12EF 传送到 AC0 中,接着执行字节交换指令 SWAP,将 AC0 中的值变为十六进制数 EF12。

(2) SWAP 指令使用时,若不使用正跳变指令,则在 I0.0 闭合的每一个扫描周期执行一次高低字节交换,不能保证结果正确。

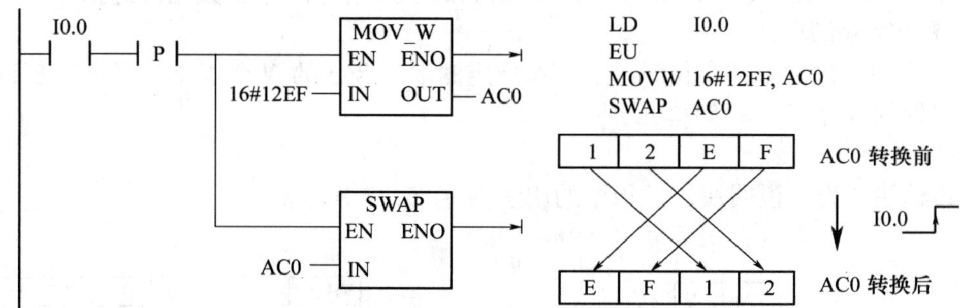

图 6－4　SWAP 指令的用法举例

6.1.3　表功能指令

表功能指令是指定存储区域中的数据管理指令。可建立一个不大于 100 个字的数据表,依次向数据区填入或取出数据,并可在数据区查找符合设置条件的数据,以对数据区内的数据进行统计、排序、比较等处理。表功能指令包括填表指令、查表指令、先进先出指令、后进先出指令及填充指令。

1. ATT、FND 指令

1）指令格式

指令格式如表 6－9 所列。

表 6－9　ATT、FND 指令的格式

名称	填表指令	查表指令
指令	ATT.	FND
指令表格式	ATT DATA, TABLE	FND = TBL,PATRN,INDX FND < >TBL, PATRN,INDX FND < TBL, PATRN,INDX FND > TBL, PATRN,INDX

（续）

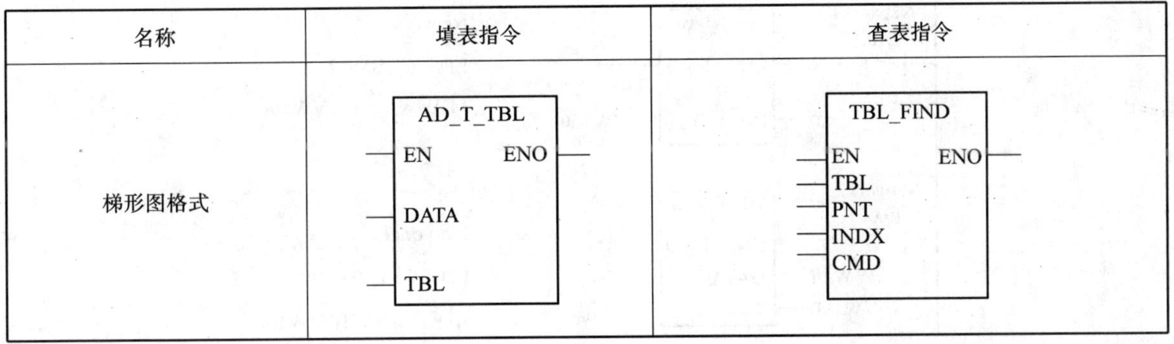

名称	填表指令	查表指令
梯形图格式	AD_T_TBL EN ENO DATA TBL	TBL_FIND EN ENO TBL PNT INDX CMD

2）操作数

操作数如表 6－10 所列。

表 6－10　ATT、FND 指令的操作数

输入/输出	操　作　数	数据类型
DATA	VW,IW,QW,MW,SW,SMW,LW,T,C,AIW,AC,常数,*VD,*AC,*LD	INT
TBL	VW,IW, QW,MW,SW,SMW,LW,T,C, *VD,*AC,*LD	WORD
TBL	VW,IW,QW,MW,SW,SMW,LW,T,C, *VD,*AC,*LD	WORD
PTN	VW,IW,QW,MW,SW,SMW,LW,AIW,T,C,AC,常数,*VD,*AC,*LD	INT
INDX	VW,IW,QW,MW,SW,SMW,LW,T,C,AC,*VD,*AC,*LD	WORD
CMD	常数(1～4)	BYTE

3）指令功能

ATT：EN 端口执行条件存在时，用于向 TBL 指定的数据表中填加 DATA 端的数据。

FND：EN 端口执行条件存在时，从 INDX 开始搜索表 TBL，查找满足由 PTN 和 CMD 设置条件的数据。PTN 设置要查找的具体数据，CMD 设置查找条件（1～4 分别表示 =、< >、<、>）。

4）应用举例

（1）ATT 指令应用如图 6－5 所示。

① 在向数据表中填加数据时，首先要确定数据表的首地址和最大填表数。本例中，在程序运行的第一个扫描周期使用 SM0.1，确定数据表的首地址位 VW100，最大填表数为 6。如图6－5 所示，表中第一个数是最大填表数（TL）6，第二个数为实际填表数（EC），在 ATT 指令运行前置为 2，每向表中填加一个新数据，EC 值会自动加 1，之后才是具体数据。

② 当 I0.0 闭合时，将 DATA 端的数据（VW10 中的内容）填加在数据表最后一个数据后面。

（2）FND 指令应用如图 6－6 所示。

① 查表指令 FND 是从 INDX 开始搜索表 TBL，实际上 INDX 就是数据表的偏移地址。若要从表头开始查找数据，则 INDX 必须为 0。故在程序中首先使用 SM0.1 在程序运行的第一个扫描周期将 AC1 的数据置为 0，这时 INDX 指向数据表的第一个数据 VW104。若没有找到符合条件的数据，则 INDX 等于实际填表数 EC（VW102）。虽然 VW100 中包括最大填表数，但 FND 指令并不从它开始。

② 本例中，PTN 端设置要查找的数据为十六进制数 1234，CMD 设置的查找条件是“=”。

③ 从表中可以看出，数据 2 和数据 4 符合查找条件，当 I0.0 闭合时，开始执行查表。在找到第一个符合条件的数据 2 后，AC1 内保存数据 2 的编号（2），查表指令停止。若要查找下一个符

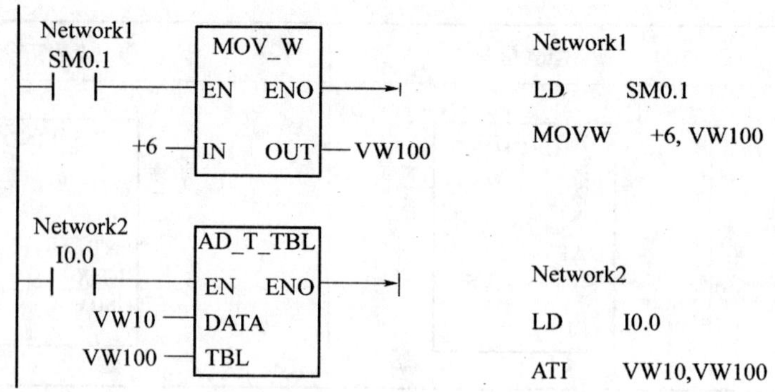

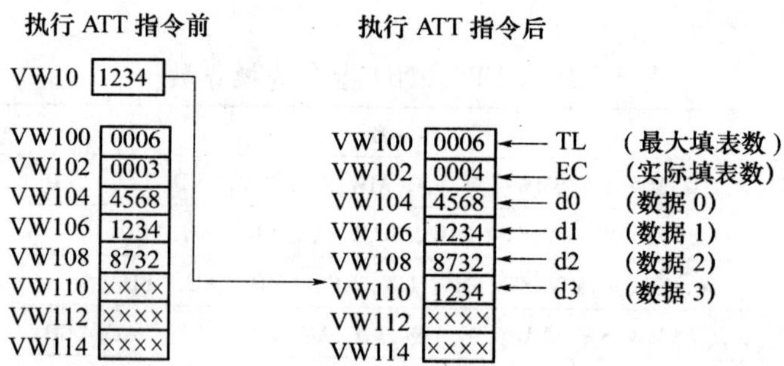

图 6－5　ATT 指令应用

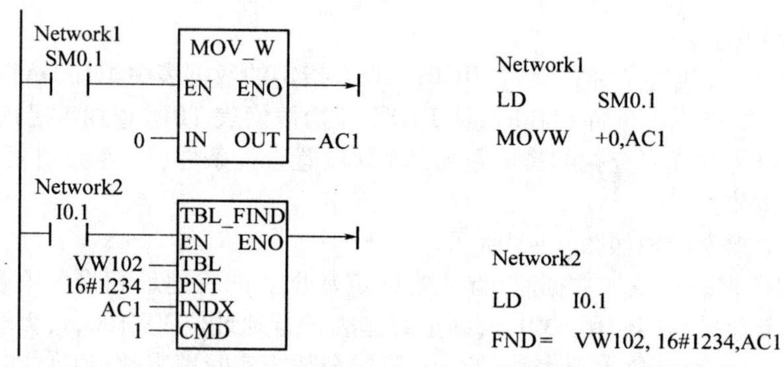

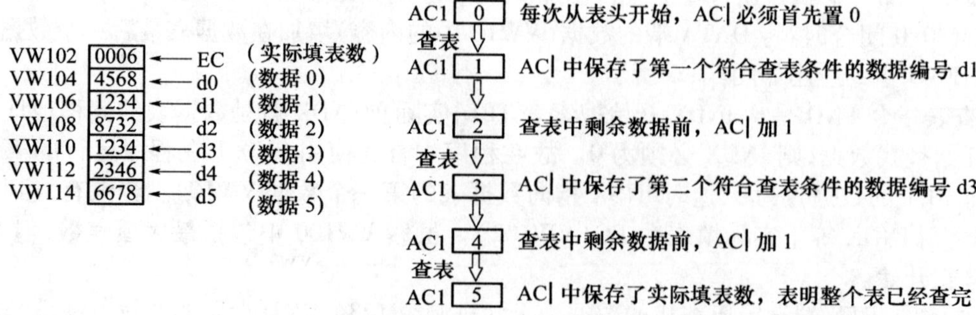

图 6－6　FND 指令应用

合条件的数据，则在使 I0.0 再次闭合前，需要 INDX 加 1。

2. FIFO、LIFO 指令

1）指令格式

指令格式如表 6－11 所示。

表 6－11　FIFO、LIFO 指令的格式

名称	先进先出	后进先出
指令	FIFO	LIFO
指令表格式	FIFO TBL, DATA	LIFO TBL, DATA
梯形图格式	FIFO EN　ENO TBL　DATA	LIFO EN　ENO TBL　DATA

2）操作数

操作数如表 6－12 所示。

表 6－12　FIFO、LIFO 指令的操作数

指令	输入/输出	操　作　数	数据类型
FIFO, LIFO	DATA	VW, IW, QW, MW, SW, SMW, LW, AC, AQW, T, C, * VD, * AC, * LD	INT
	TBL	VW, IW, QW, MW, SW, SMW, LW, T, C, * VD, * AC, * LD	WORD

3）指令功能

FIFO：EN 端口执行条件存在时，先进先出的表操作指令将表（TBL）中第一个数据（最先进入表中的数据）移出，并输出到 DATA 端指定的存储器单元。表中剩余数据依次上移一个位置。该指令每执行一次，表中实际填表数（EC）值减 1。

LIFO：EN 端口执行条件存在时，后进先出的表操作指令将表（TBL）中最后一个数据（最后进入表中的数据）移出，并输出到 DATA 端指定的存储器单元。该指令每执行一次，表中实际填表数（EC）值减 1。

4）应用举例

FIFO、LIFO 指令应用如图 6－7 所示。

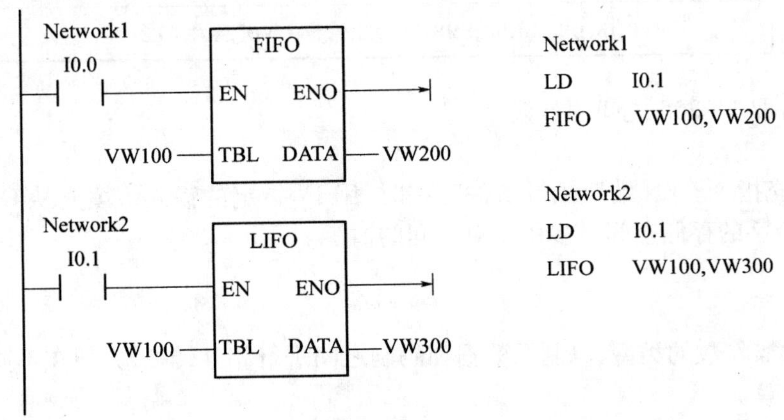

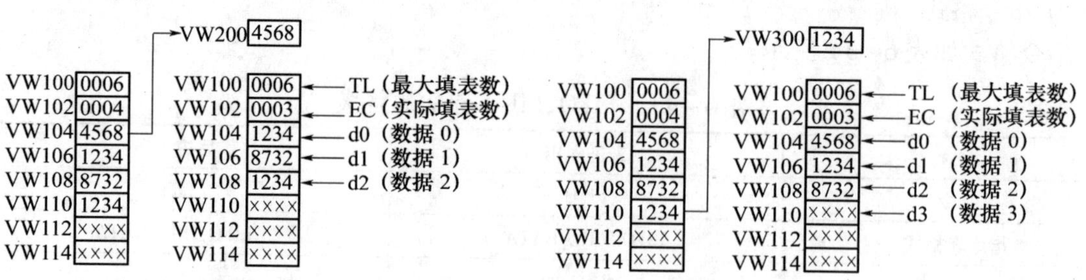

图 6－7　FIFO、LIFO 指令应用

（1）在 I0.0 闭合的第一个扫描周期，表中第一个数据（VW104 的内容）从表中移出，并放入 DATA 端指定的存储单元 VW200 中。

（2）在 I0.1 闭合的第一个扫描周期，表中最后一个数据（VW110 的内容）从表中移出，并放入 DATA 端指定的存储单元 VW300 中。

3. FILL 指令

1）指令格式

指令格式如表 6－13 所示。

表 6－13　FILL 指令的格式

名称	存储器填充指令	
指令	FILL	
指令表格式	FILL IN, OUT, N	
梯形图格式	FILL_N EN　ENO IN　OUT N	
IN	VW,IW,QW,MW,SW,SMW,LW, T,C,AIW,AC,常数,* VD,* AC,* LD	WORD
OUT	VW,IW,QW,MW,SW,SMW,LW, T,C,AQW,* VD,* AC,* LD	WORD
N	· VB,IB,QB,MB,SB,SMB,LB,AC,常数,* VD,* AC,* LD	BYTE

注：常用常数，可取 1～255 之间的整数。

2）指令功能

FILL：存储器填充指令。EN 端口执行条件存在时，用 IN 指定的输入值填充从 OUT 指定的存储单元开始的 *N* 个字的存储空间。多用于对空间的清零。

6.1.4　转换指令

转换指令用于对操作数的类型、码制及数据和码制之间进行相互转换，方便在不同类型的数据之间进行处理和计算。

1. 数据类型转换

PLC 中的数据类型有字节、BCD 数、整数、双整数和实数,不同的指令对数据类型的要求不同,所以在使用时需要进行数据类型转换。类型转换包括字节与整数转换、整数与双整数转换、双整数与实数转换、整数与 BCD 数转换。

1) B _ I、I _ B 指令

(1) 指令格式。

指令格式如表 6-14 所示。

表 6-14 B _ I、I _ B 指令的格式

名称		字节到整数转换	整数到字节转换
指令		B _ I	I _ B
指令表格式		BTI IN, OUT	ITB IN, OUT
梯形图格式		B_I EN ENO IN OUT	I_B EN ENO IN OUT
B _ I	IN	VB,IB,QB,MB,SB,SMB,LB,AC,常数,* VD,* AC,* LD	BYTE
	OUT	VW,IW,QW,MW,SW,SMW,LW,T,C,AC,* VD,* AC,* LD	INT
I _ B	IN	VW,IW,QW,MW,SW,SMW,LW,T,C,AC, AIW,* VD,常数,* AC,* LD	INT
	OUT	VB,IB,QB,MB,SB,SMB,LB,AC, * VD,* AC,* LD	BYTE

(2) 指令功能。

B _ I:EN 端口执行条件存在时,将 IN 端口指定的字节值转换换为整数类型,输出到 OUT 端口指定的字存储单元。由于字节类型值没有符号,所以转换时不需要符号扩展。

I _ B:EN 端口执行条件存在时,将 IN 端口指定的整数数据转换为字节类型,输出到 OUT 端口指定的字节存储单元。输入数据范围需在 0~255 之间,否则会产生溢出错误。

2) DI _ I、I _ DI 指令

(1) 指令格式。

指令格式如表 6-15 所示。

表 6-15 DI _ I、I _ DI 指令的格式

名称		双整数到整数转换	整数到双整数转换
指令		DI _ I	I _ DI
指令表格式		DTI IN, OUT	ITD IN, OUT
梯形图格式		DI_I EN ENO IN OUT	I_DI EN ENO IN OUT
DI _ I	IN	VD,ID,QD,MD,SD,SMD,LD,AC,HC,常数,* VD,* AC,* LD	DINT
	OUT	VW,IW,QW,MW,SW,SMW,LW,T,C,AC,* VD,* AC, * LD	INT
I _ DI	IN	VW,IW,QW,MW,SW,SMW,LW,T,C,AC, AIW,常数,* VD,* AC,* LD	INT
	OUT	VD,ID,QD,MD,SD,SMD,LD,AC, * VD,* AC,* LD	DINT

(2) 指令功能。

DI _ I:EN 端口执行条件存在时,将 IN 端口指定的双整数类型数据转换为整数类型,输出到 OUT 端口指定的字存储单元。双整数数据超出整数数据范围则会产生溢出错误。

ID _ I: EN 端口执行条件存在时,将 IN 端口指定的整数类型数据转换为双整数类型,输出到 OUT 端口指定的双字存储单元。需要进行符号位扩展。

3) DI _ R、ROUND、TRUNC 指令

(1) 指令格式。

指令格式如表 6 - 16 所示。

表 6 - 16 DI _ R、ROUND、TRUNC 指令的格式

名称	双整数到实数转换		实数到整数转换	实数到双整数转换
指令	DI _ R		ROUND	TRUNC
指令表格式	DTR IN, OUT		ROUND IN, OUT	TRUNC IN, OUT,
梯形图格式	DI_I EN ENO IN OUT		ROUND EN ENO IN OUT	TRUNC EN ENO IN OUT
DI _ R		IN	VD, ID, QD, MD, SD, SMD, LD, AC, HC, 常数, * VD, * AC, * LD	DINT
		OUT	VD, ID, QD, MD, SD, SMD, LD, AC, * VD, * AC, * LD	REAL
ROUND TRUNC		IN	VD, ID, QD, MD, SD, SMD, LD, AC, HC, 常数, VD, * AC, * LD	REAL
		OUT	VD, ID, QD, MD, SD, SMD, LD, AC, * VD, * AC, * LD	DINT

(2) 指令功能。

DI _ R:EN 端口执行条件存在时,将 IN 端口指定的双整数类型数据转换为实数,输出到 OUT 端口指定的双字存储单元。值得注意的是:没有直接由整数转换成实数的指令,只能通过整数转换双整数,再转换成实数。

ROUND:EN 端口执行条件存在时,将 IN 端口指定实数转换为双整数类型,小数部分四舍五入,结果输出到 OUT 指定的双字存储单元。

TRUNC:EN 端口执行条件存在时,将 IN 端口指定的实数转换为双整数类型,小数部分舍去,结果输出到 OUT 端口指定的双字存储单元。

4) BCD _ I、I _ BCD 指令

(1) 指令格式。

指令格式如表 6 - 17 所示。

表 6－17　BCD _ I、I _ BCD 指令的格式

名称	BCD 码到整数	整数到 BCD 码
指令	BCD _ I	I _ BCD
指令表格式	BCDI IN,OUT	IBCD IN,OUT
梯形图格式	BCD_I EN ENO IN OUT	I_BCD EN ENO IN OUT

（2）操作数。

操作数如表 6－18 所列。

表 6－18　BCD _ I、I _ BCD 指令的操作数

指令	输入/输出	操　作　数	数据类型
BCD _ I I _ BCD	IN	VW,IW,QW,MW,SW,SMW,LW,AC,AIW,T,C,常数, * VD, * AC, * LD	WORD
	OUT	VW,IW,QW,MW,SW,SMW,LW,AC, * VD, * AC, * LD	WORD

（3）指令功能。

BCD _ I:EN 端口执行条件存在时，将 IN 端口指定的 BCD 码数据转换为整数类型，输出到 OUT 端口指定的字存储单元。IN 端口指定的 BCD 码数据范围为 0～9999。

I _ BCD:EN 端口执行条件存在时，将 IN 端口指定的整数数据转换为 BCD 码类型，输出到 OUT 端口指定的字存储单元。IN 端口指定的整数范围为 0～9999。

5）应用举例

以下为一个长度转换应用程序，实现英寸 ×2.54 = 厘米。厘米值需要四舍五入取整。程序如图 6－8 所示。

（1）要想实现长度转换，需要进行乘积运算。而转换系数为一实数，所以英寸值也需要变为实数才能运算。

（2）C10 中为通过计数器检测得到的长度 101 英寸，为一个整数值，需要转换为一实数值。由于没有整数直接到实数的转换指令，所以先要通过 I _ DI 指令转换为双整数，再通过 DI _ R 指令转换为实数，存放在 VD0 中。

（3）英寸到厘米的转换系数为 2.54，存放在 VD4 中，转换为实数的长度和系数使用乘法指令 MUL _ R 实现，结果放入 VD8 中。

（4）最后通过 ROUND 指令将带小数的长度值转换为双整数的厘米长度。

2. 编码和译码指令

1）ENCO、DECO 指令

（1）指令格式。

指令格式如表 6－19 所列。

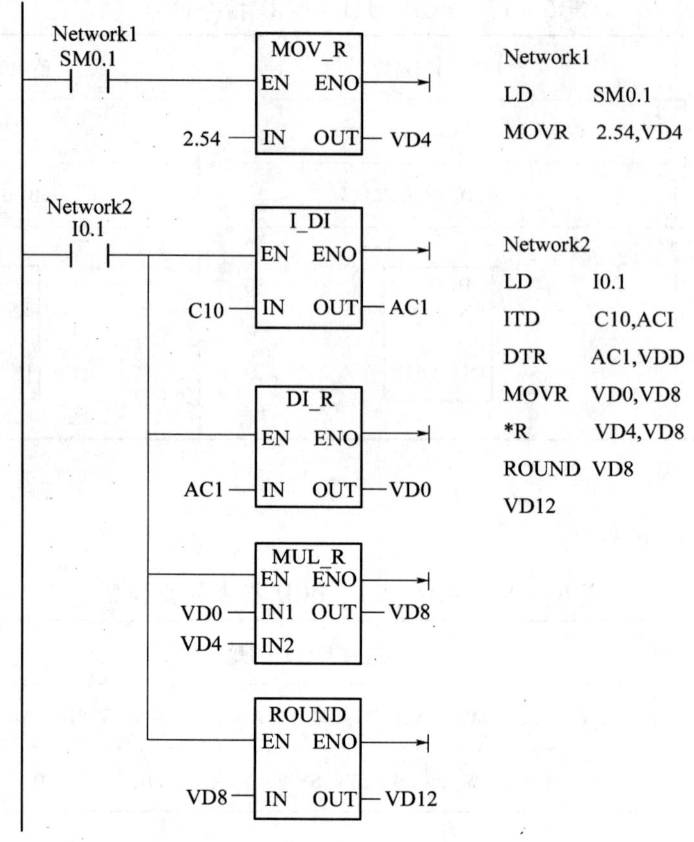

图 6-8 长度转换应用程序

表 6-19 ENCO、DECO 指令的格式

名称	编码	译码
指令	ENCO	DECO
指令表格式	ENCO IN, OUT	DECO IN, OUT
梯形图格式	ENCO EN ENO IN OUT	DECO EN ENO IN OUT

(2) 操作数。

操作数如表 6-20 所列。

表 6-20 ENCO、DECO 指令的操作数

指令	IN/OUT	操 作 数	数据类型
ENCO	IN	VW, IW, QW, MW, SW, SMW, LW, AIW, T, C, 常数, * VD, * AC, * LD	WORD
	OUT	VB, IB, QB, MB, * SMB, LB, * SB, AC, * VD, * AC, * LD	BYTE
DECO	IN	VB, IB, QB, MB, SMB, LB, SB, AC, 常数, * VD, * AC, * LD	BYTE
	OUT	VW, IW, QW, MW, SMW, LW, SW, AQW, T, C, AC, * VD, * AC, * LD	WORD

（3）指令功能。

ENCO：编码指令。EN 端口执行条件存在时，将 IN 端口指定的字数据中最低有效位（由低位到高位第一个值为 1 的位）的位号编码为 4 位二进制数，输出到 OUT 端口指定的字节单元的低 4 位。

DECO：译码指令。EN 端口执行条件存在时，将 IN 端口指定的字节中低四位的二进制值（0～15）所对应位号，设置为 OUT 端口指定的字存储单元的相应位。

（4）应用举例。

ENCO、DECO 指令应用如图 6－9 所示。

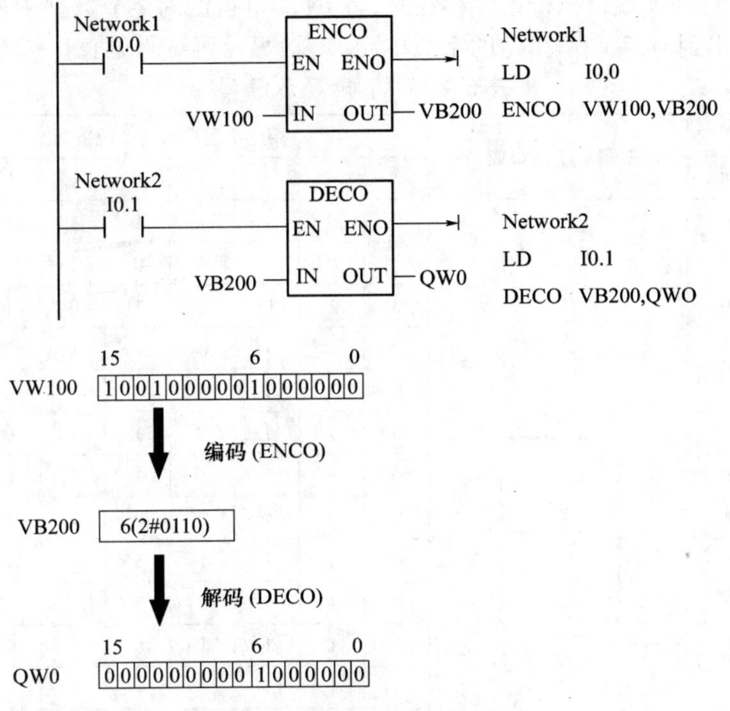

图 6－9　错误位的编码与译码

① 假设 VW100 中包含错误位，错误位为第 6 位，在 I0.0 闭合时，编码指令 ENCO 将错误位转换为错误码（2#0110），存放在 VB200 的低 4 位中。

② 当 I0.1 闭合时，译码指令利用 VB200 中的错误码置输出映像寄存器的第 6 位为 1。

2）SEG 指令

（1）指令格式。

指令格式如表 6－21 所列。

表 6－21　SEG 指令的格式

名　称	段　码
指令	SEG
指令表格式	SEG IN，OUT
梯形图格式	SEG EN ENO IN OUT

(2) 操作数。

操作数如表 6 – 22 所列。

表 6 – 22　SEG 指令的操作数

指令	输入/输出	操　作　数	数据类型
SEG	IN	VB,IB,QB,MB,SMB,LB,SB,常数,* VD,* AC,* LD	WORD
	OUT	VB,IB,QB,MB,SMB,LB,SB,AC,* VD,* AC,* LD	BYTE

(3) 指令功能。

SEG:段码指令。EN 端口执行条件存在时,将 IN 端口指定的字节数据中低四位有效值转换为 7 段显示码,输出到 OUT 端口指定的字节单元。7 段显示码编码见表 6 – 23。

表 6 – 23　7 段显示编码

待变换数据		7 段显示的组成	用于 7 段显示的 8 位数据								7 段显示
十六进制	二进制		/	g	f	e	d	c	b	a	
16#0	2#0000		0	0	1	1	1	1	1	1	0
16#1	2#0001		0	0	0	0	0	1	1	0	1
16#2	2#0010		0	1	0	1	1	0	1	1	2
16#3	2#0011		0	1	1	0	1	1	1	1	3
16#4	2#0100		0	1	1	0	0	1	1	0	4
16#5	2#0101		0	1	1	0	1	1	0	1	5
16#6	2#0110		0	1	1	1	1	1	0	1	6
16#7	2#0111		0	0	1	0	0	1	1	1	7
16#8	2#1000		0	1	1	1	1	1	1	1	8
16#9	2#1001		0	1	1	0	1	1	1	1	9
16#A	2#1010		0	1	1	1	0	1	1	1	A
16#B	2#1011		0	1	1	1	1	1	0	0	b
16#C	2#1100		0	0	1	1	1	0	0	1	C
16#D	2#1101		0	1	0	1	1	1	1	0	d
16#E	2#1110		0	1	1	1	1	0	0	1	E
16#F	2#1111		0	1	1	1	0	0	0	1	F

3. ASCII 码与各数据类型转换指令

ASCII 码中实际是各种标准字符的编码,转换指令可以实现十六进制数据和 ASCII 码的相互转换以及整型、双整型、实型对 ASCII 码的转换。

1) ATH、HTA 指令

(1) 指令格式。

指令格式如表 6 – 24 所列。

表 6 – 24　ATH、HTA 指令的格式

名称	编　码	译　码
指令	ATH	HTA
指令表格式	ATH IN, OUT, LEN	HTA IN, OUT, LEN

（续）

名称	编　码	译　码
梯形图格式	ATH EN ENO IN OUT LEN	HTA EN ENO IN OUT LEN

（2）指令功能。

ATH:EN 端口执行条件存在时,将 IN 端口指定的字节开始长度为 LEN 的 ASCII 码字符串转换为十六进制数,输出到 OUT 端口指定的字节单元。ASCII 码字符串的最大长度为 255 个字符。

HTA:EN 端口执行条件存在时,将 IN 端口指定的字节开始长度为 LEN 的十六进制数转换为 ASCII 码字符串,输出到 OUT 端口指定的字节单元。可转换的十六进制数的最大长度为 255 个字符。

（3）应用举例。

ASCII 码到十六进制数的转换如图 6－10 所示。

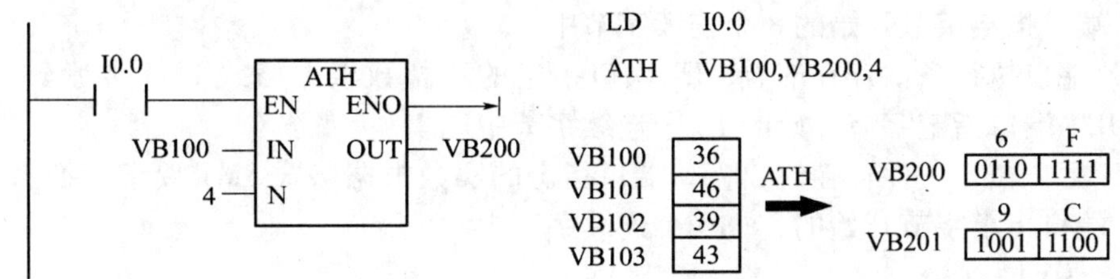

图 6－10　ASCII 码到十六进制数的转换

① VB100 开始的 4 个字节中分别存放着 ASCII 码字符的十六进制数:36、46、39、43。I0.0 闭合时,将这 4 个 ASCII 码字符转换为相应的十六进制数:6、F、9、C,存放在 VB200 开始的两个字节中。

② 本指令中有效的 ASCII 码字符的十六进制值应在 30～39 和 41～46 之间,即十六进制数 0～F。

2）ITA、DTA、RTA 指令

（1）指令格式。

指令格式如表 6－25 所列。

表 6－25　ITA、DTA、RTA 指令的格式

名称	整数到 ASCII 码转换	双整数到 ASCII 码转换	实数到 ASCII 码转换
指令	ITA	DTA	RTA
指令表格式	ITA IN,OUT, FMT	DTA IN,OUT, FMT	RTA IN,OUT, FMT
梯形图格式	ITA EN ENO IN OUT FMT	DTA EN ENO IN OUT FMT	RTA EN ENO IN OUT FMT

(2) 操作数。

操作数如表6-26所列。

表6-26 ITA、DTA、RTA指令的操作数

指令	IN/OUT	操作数	数据类型
ITA	IN	VW,IW,QW,MW,SW,SMW,LW,T,C,AIW,AC,常数,*VD,*AC,*LD	INT
	OUT	VB,IB,QB,MB,SMB,LB,SB*VD,*AC,*LD	BYTE
	FMT	VB,IB,QB,MB,SMB,LB,SB,AC,常数,*VD,*AC,*LD	BYTE
DTA	IN	VD,ID,QD,MD,SD,SMD,LD,AC,HC,常数*VD,*AC,*LD	DINT
	OUT	VB,IB,QB,MB,SMB,LB,SB, *VD,*AC,*LD	BYTE
	FMT	VB,IB,QB,MB,SMB,LB,SB,AC,常数,*VD,*AC,*LD	BYTE
RTA	IN	VD,ID,QD,MD,SD,SMD,LD,AC, *VD,*AC,*LD	REAL
	OUT	VB,IB,QB,MB,SMB,LB,SB, *VD,*AC,*LD	BYTE
	FMT	VB,IB,QB,MB,SMB,LB,SB,AC,常数,*VD,*AC,*LD	BYTE

(3) 指令功能。

ITA:EN端口执行条件存在时,将IN端口指定的整数根据格式FMT要求转换为ASCII码,输出到OUT端口指定字节开始的8个连续字节中。

DAT:EN端口执行条件存在时,将IN端口指定的双整数根据格式FMT要求转换为ASCII码,输出到OUT端口指定字节开始的12个连续字节中。

RTA:EN端口执行条件存在时,将IN端口指定的实数根据格式FMT要求转换为ASCII码,输出到OUT端口指定字节开始的3~15个连续字节中。

(4) 指令说明。

① ITA、DAT、RAT指令中都有一个格式FMT,它决定了指令转换的具体格式。FMT是一个字节,用于指定小数右侧的转换精度,以及将小数点表示为逗号还是点号。

ITA、DAT、指令的FMT格式如下:

7	6	5	4	3	2	1	0
0	0	0	0	c	n	n	n

nnn表示输出缓冲器内小数点右侧的位数,nnn的有效范围是0~5。如果nnn=2#000,则转换后无小数点;如果nnn大于5,则输出缓冲区用ASCII码的空格填充。

c指定小数点的标点符号,c=1是使用逗号为整数和小数部分的分隔符;c=0是使用点号为整数和小数部分的分隔符。

FMT字节的高4位必须为0

RTA指令的FMT格式如下:

7	6	5	4	3	2	1	0
s	s	s	s	c	n	n	n

nnn表示输出缓冲器内小数点右侧的位数,nnn的有效范围是0~5。如果nnn=2#000,则转换后无小数点;如果nnn大于5,则输出缓冲区用ASCII码的空格填充。

c指定小数点的标点符号,c=1是使用逗号为整数和小数部分的分隔符;c=0是使用点号

为整数和小数部分的分隔符。

ssss 指定输出缓冲区的长度，ssss 的有效范围是 3 ~ 12，当取 0、1、2 时无效。

② 输出缓冲区格式化规则为正值不带符号写入输出缓冲区；负值带负号写入输出缓冲区；小数点左侧的起首 0(与小数相邻的数字 0 除外)将被省略；输出缓冲区中的数值采用右对齐。

对于 RTA 指令，还有如下规则：转换后小数点右侧的数值进行四舍五入来满足 FMT 指定的小数点右侧的位数；输出缓冲区的大小必须不小于 3 个字节，且要大于 nnn 指定的小数点右侧的位数。

③ 对于 ITA、DTA 指令，其 FMT 格式的不同只有输出缓冲区大小不同。ITA 指令为 8 字节的缓冲区，DAT 指令为 12 字节的缓冲区。

④ ITA、DTA、RTA 指令在格式 FMT 控制下转换前后的数据见表 6 – 27。

表 6 – 27　ITA、DTA、RTA 指令在格式 FMT 控制下转换前后的数据

指令	FMT	IN	OUT(字节)											
				+1	+2	+3	+4	+5	+6	+7	+8	+9	+10	+11
ITA	2#00000011	12				0	.	0	1	2				
	2#00000011	−12345		−	1	2	.	3	4	5				
DTA	2#00000100	−12						−	0	.	0	0	1	2
	2#00000100	1234567					1	2	3	.	4	5	6	7
RTA	2#01100001	1234.5	1	2	3	4	.	5						
	2#01100001	−3.67526			−	3	.	7						
	2#11000100	123.85186					1	2	3	.	8	5	1	9
注：灰色区域为不用字节														

6.1.5　比较指令

比较指令用于将两个操作数按指定条件比较，当条件成立时，触点闭合。所以比较指令也是一种位控制指令，对其可以进行 LD、A 和 O 编程。

比较指令可以应用于字节、整数、双字整数和实数比较。其中字节比较是无符号的，整数、双字整数和实数比较是有符号的。

其比较的关系运算符有 6 种：=、>、>= 、<、<= 和 <>。

(1) 指令格式。

指令格式如表 6 – 28 所列。

表 6 – 28　比较指令的格式

比较方式	字节比较	整数比较	双字整数比较	实数比较
指令表格式	LDB = IN1，IN2 AB = IN1，IN2 OB = IN1，IN2 LDB <> IN1，IN2 AB <> IN1，IN2 OB <> IN1，IN2 LDB < IN1，IN2 AB < IN1，IN2 OB < IN1，IN2	LDW = IN1，IN2 AW = IN1，IN2 OW = IN1，IN2 LDW <> IN1，IN2 AW <> IN1，IN2 OW <> IN1，IN2 LDW < IN1，IN2 AW < IN1，IN2 OW < IN1，IN2	LDD = IN1，IN2 AD = IN1，IN2 OD = IN1，IN2 LDD <> IN1，IN2 AD <> IN1，IN2 OD <> IN1，IN2 LDD < IN1，IN2 AD < IN1，IN2 OD < IN1，IN2	LDR = IN1，IN2 AR = IN1，IN2 OR = IN1，IN2 LDR <> IN1，IN2 AR <> IN1，IN2 OR <> IN1，IN2 LDR < IN1，IN2 AR < IN1，IN2 OR < IN1，IN2

（续）

比较方式	字节比较	整数比较	双字整数比较	实数比较
指令表格式	LDB < = IN1,IN2 AB < = IN1,IN2 OB < = IN1,IN2 LDB > IN1,IN2 AB > IN1,IN2 OB > IN1,IN2 LDB > = IN1,IN2 AB > = IN1,IN2 OB > = IN1,IN2	LDW < = IN1,IN2 AW < = IN1,IN2 OW < = IN1,IN2 LDW > IN1,IN2 AW > IN1,IN2 OW > IN1,IN2 LDW > = IN1,IN2 AW > = IN1,IN2 OW > = IN1,IN2	LDD < = IN1,IN2 AD < = IN1,IN2 OD < = IN1,IN2 LDD > IN1,IN2 AD > IN1,IN2 OD > IN1,IN2 LDD > = IN1,IN2 AD > = IN1,IN2 OD > = IN1,IN2	LDR < = IN1,IN2 AWR < = IN1,IN2 OWR < = IN1,IN2 LDR > IN1,IN2 AR > IN1,IN2 OR > IN1,IN2 LDR > = IN1,IN2 AWR > = IN1,IN2 OWR > = IN1,IN2
梯形图格式 （以 = = 为例）	IN1 —| = = B|— IN2	IN1 —| = = I|— IN2	IN1 —| = = D|— IN2	IN1 —| = = R|— IN2

（2）操作数。

比较指令的操作数如表 6－29 所列。

表 6－29　比较指令的操作数

比较方式	IN	操　作　数	数据类型
字节比较	IN1,IN2	VB,IB,QB,MB,SB,SMB,LB,AC,常数,* VD,* AC,* LD	BYTE
整数比较	IN1,IN2	IW,QW,MW,SW,SMW,VW,LW,AIW,T,C,AC,常数,* VD,* AC,* LD	INT
双字整数比较	IN1,IN2	ID,QD,MD,SD,SMD,VD,LD,HC,AC,常数,* VD,* AC,* LD	DINT
实数比较	IN1,IN2	ID,QD,MD,SD,SMD,VD,LD,AC,常数,* VD,* AC,* LD	REAL

（3）应用举例，如图 6－11 所示。

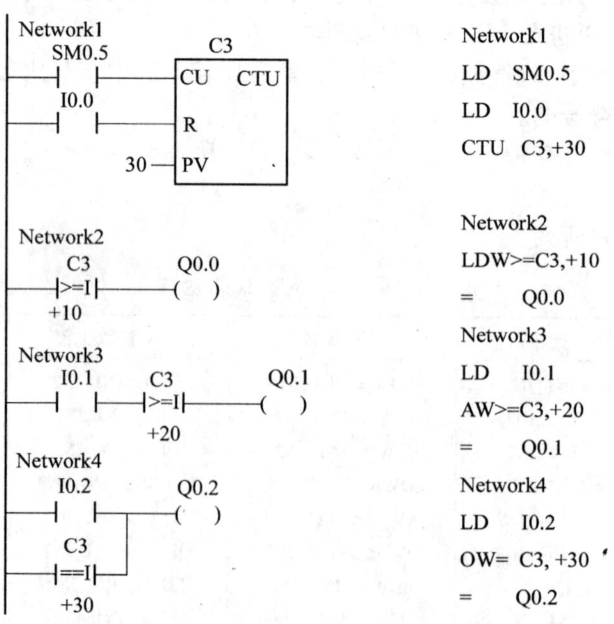


```
Network1
LD   SM0.5
LD   I0.0
CTU  C3,+30

Network2
LDW>=C3,+10
=     Q0.0
Network3
LD    I0.1
AW>=C3,+20
=     Q0.1
Network4
LD    I0.2
OW=  C3, +30
=     Q0.2
```

图 6－11　比较指令应用

程序启动后，增计数器 C3 开始计数，计数脉冲由特殊标志位 SM0.5 输出 1s 脉冲提供。当计数器当前值大于等于 10 时，Q0.0 接通；当 I0.1 闭合，同时计数器当前值大于等于 20 时，Q0.1 接通；I0.2 闭合或计数器当前值等于 30 时，Q0.2 接通。

6.1.6　移位和循环移位指令

数据移位指令是对数值的每一位进行左移或右移，从而实现数值变换。移位和循环移位指令均为无符号数操作。

1. SHRB 指令

1）指令格式

SHRB 指令的格式如表 6－30 所列。

表 6－30　SHRB 指令的格式

名　称	位移位寄存器
指令	SHRB
指令表格式	SHRB DATA，S _ BIT，N
梯形图格式	SHRB EN　ENO DATA S_BIT N

2）操作数

SHRB 指令的操作数如表 6－31 所列。

表 6－31　SHRB 指令的操作数

指令	输入/输出	操　作　数	数据类型
SHRB	DATA/S _ BTT	I，Q，M，SM，T，C，V，S，L	bit/BYTE
	N	VB，IB，QB，MB，SMB，LB，SB，AC，常数，* VD，* AC，* LD	INT

3）指令功能

SHRB：位移位寄存指令。S _ BIT 和 N 共同确定要移位的寄存器，S _ BIT 指定该寄存器的最低位，N 指定移位寄存器的长度，其最大长度为 64。N 值可正可负，用于决定移位的方向（正向移位 $=N$，反相移位 $=-N$）；DATA 端指定移入位的状态（0 或 1），它的输入应为位操作数。当 EN 端口执行条件存在时，每一个扫描周期 SHRB 指令使指定寄存器的内容移动一位，把 DATA 端指定移入位的状态移入寄存器，最高位则移出到溢出位 SM1.1 中。

4）应用举例

位移位寄存指令提供了一种排列和控制产品流或数据流的简单方法，非常实用。指令应用如图 6－12 所示。

（1）因为该指令在 EN 端口执行条件存在时，每一个扫描周期 SHRB 指令使指定寄存器的内容移动一位，所以在控制时需要增加一个正跳变指令，使其在 I0.0 每次闭合时只运行一个扫

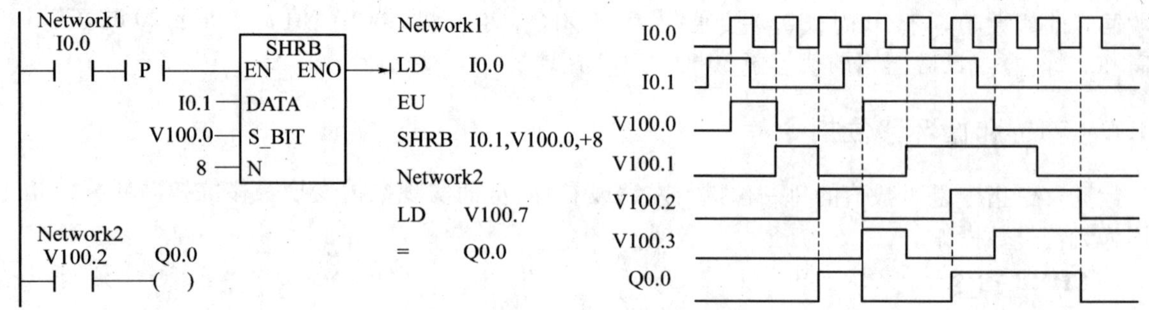

图 6-12　SHRB 指令应用

描周期，实现由外部输入控制移位的效果。

（2）数据输入端为 I0.1，移位时若 I0.1 为 1，则移入 1；若 I0.1 为 0，则移入 0。

（3）S_BIT 和 N 共同确定的移位寄存器是 VB100，最低位为 V100.0，最高位为 V100.7，共 8 位。

2. SRB、SLB、SRW、SLW、SRD、SLD 指令

1）指令格式

指令格式如表 6-32 所列。

表 6-32　SRB、SLB、SRW、SLW、SRD、SLD 指令的格式

名称	字节右移位	字节左移位	字右移位	字左移位	双字右移位	双字左移位
指令	SRB	SLB	SRW	SLW	SRD	SLD
指令表格式	SRB OUT, N	SLB OUT, N	SRW OUT,N	SLW OUT,N	SRD OUT,N	SLD OUT,N
梯形图格式	SHR_B EN ENO IN OUT N	SHL_B EN ENO IN OUT N	SHR_W EN ENO IN OUT N	SHL_W EN ENO IN OUT N	SHR_DW EN ENO IN OUT N	SHL_DW EN ENO IN OUT N

2）操作数

操作数如表 6-33 所列。

表 6-33　SRB、SLB、SRW、SLW、SRD、SLD 指令的操作数

指令	输入/输出	操　作　数	数据类型
SRB，SLB	IN	VB，IB，QB，MB，SMB，LB，SB，AC，常数，*VD，*AC，*LD	BYTE
	OUT	VB，IB，QB，MB，SB，SMB，LB，AC，*VD，*AC，*LD	BYTE
	N	VB，IB，QB，MB，SMB，LB，SB，AC，常数，*VD，*AC，*LD	BYTE

（续）

指令	IN/OUT	操 作 数	数据类型
SRW，SLW	IN	VW，IW，QW，MW，SW，SMW，LW，AIW，T，C，AC，常数，* VD，* AC，* LD	WORD
	OUT	VW，IW，QW，MW，SW，SMW，LW，T，C，AIW，AC，* VD，* AC，* LD	WORD
	N	VB，IB，QB，MB，SMB，LB，SB，AC，常数，* VD，* AC，* LD	BYTE
SRD，SLD	IN	VD，ID，QD，MD，SD，SMD，LD，AC，HC，常数，* VD，* AC，* LD	DWORD
	OUT	VD，ID，QD，MD，SD，SMD，LD，AC，* VD，* AC，* LD	DWORD
	N	VB，IB，QB，MB，SMB，LB，SB，AC，常数，* VD，* AC，* LD	BYTE

3）指令功能

SRB：字节右移位指令。当 EN 端口执行条件存在时，将 IN 端口指定的字节数据右移 N 位后，输出到 OUT 端口指定的字节单元。

SLB：字节左移位指令。当 EN 端口执行条件存在时，将 IN 端口指定的字节数据左移 N 位后，输出到 OUT 端口指定的字节单元。

SRW：字右移位指令。当 EN 端口执行条件存在时，将 IN 端口指定的字数据右移 N 位后，输出到 OUT 端口指定的字单元。

SLW：字左移位指令。当 EN 端口执行条件存在时，将 IN 端口指定的字数据左移 N 位后，输出到 OUT 端口指定的字单元。

SRD：双字右移位指令。当 EN 端口执行条件存在时，将 IN 端口指定的双字数据右移 N 位后，输出到 OUT 端口指定的双字单元。

SLD：双字左移位指令。当 EN 端口执行条件存在时，将 IN 端口指定的双字数据左移 N 位后，输出到 OUT 端口指定的双字单元。

4）指令说明

（1）以上 6 条指令均为无符号操作。

（2）移位指令会对移出位自动补 0。对字节移位指令如果所需移位次数 N 大于或等于 8，则实际最大可移位数为 8；对字节移位指令如果所需移位次数 N 大于或等于 16，则实际最大可移位数为 16；对双字移位指令如果所需移位次数 N 大于或等于 32，则实际最大可移位数为 32。

（3）如果所需移位数大于 0，则溢出位 SM1.1 中为最后一个移出的位置。

（4）如果移位操作数的结果是 0，则零存储器位 SM1.0 就置位为 1。

3. RRB、RLB、RRW、RLW、RRD、RLD 指令

1）指令格式

指令格式如表 6－34 所列。

表 6－34　RRB、RLB、RRW、RLW、RRD、RLD 指令的格式

名称	字节循环右移位	字节循环左移位	字循环右移位	字循环左移位	双字循环右移位	双字循环左移位
指令	RRB	RLB	RRW	RLW	RRD	RLD
指令表格式	RRB OUT，N	RLB OUT，N	RRW OUT，N	RLW OUT，N	RRD OUT，N	RLD OUT，N
梯形图格式	ROR_B EN ENO IN OUT N	ROL_B EN ENO IN OUT N	ROR_W EN ENO IN OUT N	ROL_W EN ENO IN OUT N	ROR_DW EN ENO IN OUT N	ROL_DW EN ENO IN OUT N

2）操作数

操作数如表 6 – 35 所列。

表 6 – 35　RRB、RLB、RRW、RLW、RRD、RLD 指令的操作数

指令	IN/OUT	操　作　数	数据类型
RRB, RLB	IN	VB,IB,QB,MB,SMB,LB,SB,AC,常数,*VD,*AC,*LD	BYTE
	OUT	VB,IB,QB,MB,SB,SMB,LB,AC,*VD,*AC,*LD	BYTE
	N	VB,IB,QB,MB,SMB,LB,SB,AC,常数,*VD,*AC,*LD	BYTE
RRW, RLW	IN	VW,IW,QW,MW,SW,SMW,LW,AIW,T,C,AC,常数,*VD,*AC,*LD	WORD
	OUT	VW,IW,QW,MW,SW,SMW,LW,T,C,AC,*VD,*AC,*LD	WORD
	N	VB,IB,QB,MB,SMB,LB,SB,AC,常数,*VD,*AC,*LD	BYTE
RRD, RLD	IN	VD,ID,QD,MD,SD,SMD,LD,AC,HC,常数,*VD,*AC,*LD	DWORD
	OUT	VD,ID,QD,MD,SD,SMD,LD,AC,*VD,*AC,*LD	DWORD
	N	VB,IB,QB,MB,SMB,LB,SB,AC,常数,*VD,*AC,*LD	BYTE

3）指令功能

循环移位指令将循环数据存储单元的移出端与另一端相连，所以最后被移出的位被移动到了另一端。同时移出端又与溢出位 SM1.1 相连，所以移出位也进入了 SM1.1，溢出位 SM1.1 中始终存放最后一次被移出的位值。

RRB：字节循环右移位指令。当 EN 端口执行条件存在时，将 IN 端口指定的字节数据循环右移 N 位后，输出到 OUT 端口指定的字节单元。

RLB：字节循环左移位指令。当 EN 端口执行条件存在时，将 IN 端口指定的字节数据循环左移 N 位后，输到 OUT 端口指定的字节单元。

RRW：字右循环移位指令。当 EN 端口执行条件存在时，将 IN 端口指定的字数据循环右移 N 位后，输到 OUT 端口指定的字单元。

RLW：字左循环移位指令。当 EN 端口执行条件存在时，将 IN 端口指定的字数据循环左移 N 位后，输到 OUT 端口指定的字单元。

RRD：双字循环右移位指令。当 EN 端口执行条件存在时，将 IN 端口指定的双字数据循环右移 N 位后，输到 OUT 端口指定的双字单元。

RLD：双字循环左移位指令。当 EN 端口执行条件存在时，将 IN 端口指定的双字数据循环左移 N 位后，输到 OUT 端口指定的双字单元。

4）指令说明

（1）以上 6 条指令均无符号操作。

（2）对字节循环移位指令如果设置移位次数 N 大于或等于 8，在循环移位前先对 N 取以 8 为底的模，其结果 0 ~ 7 为实际移动位数；对字循环移位指令如果设置移位次数 N 大于或等于 16，在循环移位前先对 N 取以 16 为底的模，其结果 0 ~ 15 为实际移动位数；对双字循环移位指令如果设置移位次数 N 大于或等于 32，在循环移位前先对 N 取以 32 为底的模，其结果 0 ~ 31 为实际移动位数。

（3）取模后结果为 0 则不执行循环移位，结果不为 0，则溢出位 SM1.1 中为最后一个移出的位值。

（4）如果移位操作的结果是 0，则零存储位 SM1.0 就置位为 1。

5）应用举例

图 6－13 所示为字左移指令和字循环右移指令的应用。

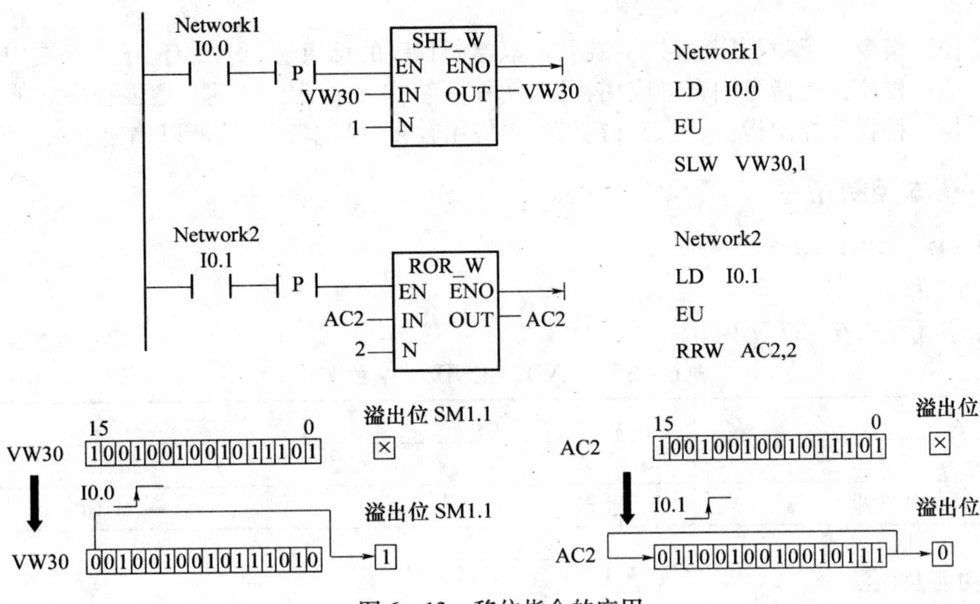

图 6－13 移位指令的应用

6.1.7 应用举例

举例:上下限位报警控制

控制要求:某压力检测报警系统,通过传感器检测压力向模拟量模块输入 0V～10V 电压信号,通过 A/D 转换器转换为相应数字量存放在 AIW0 中。试编程实现转换值超过 26000 时,红灯亮报警;超过 30000 时,红灯闪烁(0.5s 亮,0.5s 灭)报警;转换值低于 1000 时,黄灯亮报警。

（1）I/O 分配见表 6－36。

表 6－36 上下限位报警控制 I/O 分配表

输入触点	功能说明	输出线圈	功能说明
I0.0	系统启动按钮	Q0.0	红灯输出
		Q0.1	黄灯输出

（2）程序如图 6－14 所示。

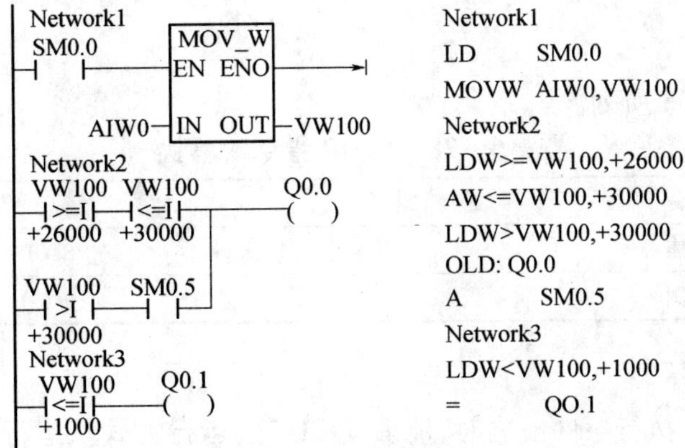

图 6－14 上下限位报警控制程序

6.2 程序控制指令及其应用

程序控制指令用于对程序流转的控制，可以控制程序的结束、分支、循环、子程序或中断程序调用等。通过程序控制指令的合理应用，可以使程序结构灵活、层次分明，增强程序功能。步进指令同样是一种程序控制指令，因为其在工程中使用较多，且比较重要，所以单独予以介绍。

6.2.1 基本控制指令

1. END、MEND 指令

1）指令格式

指令格式如表 6-37 所列。

表 6-37 END、MEND 指令的格式

名 称	有条件结束	无条件结束
指令表	END	MEND
梯形图	—(END)	—(MEND)

2）功能及用法

END：用于在执行条件成立时结束主程序，返回程序起点。

MEND：在编程软件 STEP 7-Micro/WIN32 自动在主程序结束时加上的，用于标志主程序的结束。

END、MEND 的使用方法如图 6-15 所示。I0.0 闭合时，END 指令运行，程序到此结束，返回主程序首地址重新开始执行。I0.0 断开时，END 指令不运行，程序继续向下运行，直到 MEND 指令结束。

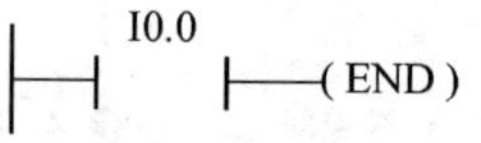

```
   I0.0
|—| |——(END)        LD   I0.0
                    END
```

图 6-15 END 指令应用

3）指令说明

（1）两条指令均为无操作数指令。

（2）结束指令只能用于主程序中，不能在子程序和中断程序中使用。

2. STOP 指令

1）指令格式

指令格式如表 6-38 所列。

表 6-38 STOP 指令的格式

名 称	暂 停
指令表	STOP
梯形图	—( )

2）功能及其用法

STOP：暂停指令，在执行条件成立时，能够使 PLC 的运行方式从运行状态（RUN）转为停止状态（STOP），同时立即终止程序的执行。

STOP 指令使用方法如图 6－16 所示。I0.0 闭合式，STOP 指令运行，PLC 工作方式立即从运行转变为停止方式。I0.0 断开时，则程序正常运行。

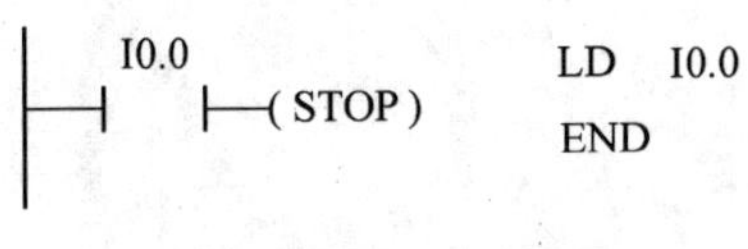

图 6－16 STOP 指令应用

3）指令说明

（1）STOP 指令在程序中常用于处理突发紧急事件，所以其执行条件必须严格选择，既不能干扰程序的正常运行，又要在出现问题时候能够起到作用。可以同时并联多个触点作为其执行条件。

（2）STOP 指令可以用在主程序、子程序和中断程序中。若在中断程序中执行了 STOP 指令，则中断处理立即结束，并忽略所有等待的中断，对程序剩余部分进行扫描，在本次扫描结束后，完成将 PLC 从运行状态（RUN）到停止状态（STOP）的切换。

（3）STOP 指令无操作数。

3. WDR 指令

1）指令格式

指令格式如表 6－39 所列。

表 6－39 WDR 指令的格式

名　称	看门狗复位
指令表	WDR
梯形图	—(WDR)

2）功能及使用方法

WDR 为看门狗复位指令。为保证 CPU 系统可靠运行，PLC 内部设置了系统监视定时器 WDT（Watch Dog Timer），用于监视扫描周期是否超时。系统正常工作时扫描周期会小于 WDT 的定时设置值（默认为 300ms），在每个扫描周期内扫描到 WDT 时，系统都会对 WDT 复位一次，从而保证 WDT 不会报警。但当系统出现故障时，扫描周期有可能超过 WDT 的定时设置值，这时 WDT 不能在设置值范围内被复位，则报警并停止 CPU 运行，同时复位输入/输出。

但有时在程序正常运行情况下，由于程序过长或使用中断指令、循环指令会使扫描周期超过 WDT 定时器的设置值，为避免使监视定时器动作，就需要在程序中使用 WDR 指令人为复位 WDT 定时器。

WDR 指令使用方法如图 6－17 所示。I0.0 闭合时，WDR 指令运行，复位系统监视定时器 WDT。

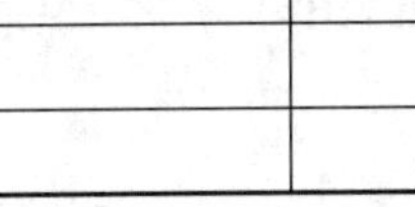

I0.0 —| |—(WDR)　　LD I0.0
WDR

图 6－17 WDR 指令应用

3）指令说明

（1）使用 WDR 指令时，在终止本次扫描之前，以下操作将被禁止：通信（自由接口方式除外）、I/O 更新（立即指令除外）、强制更新、特殊标志位（SM）更新、运行时间诊断、中断程序中的

STOP 指令。

(2) 若用 WDR 指令延长扫描周期超过 25s 时,10ms、100ms 定时器将不能准确定时。

(3) WDR 指令无操作数。

6.2.2 跳转及循环指令

1. JMP、LBL 指令

1) 指令格式

指令格式如表 6-40 所列。

表 6-40 JMP、LBL 指令的格式

名称	跳 转	标 号
指令	JMP	LBL
指令表格式	JMP N	LBL N
梯形图格式	N —(JMP)	N —[LBL]

其中 N 为 0~255 的常数。

2) 功能

JMP:跳转指令。在预置触发信号接通时,使程序跳转到 N 所指定的相应标号处。

LBL:标号指令。标记跳转的目的地的位置,由 N 来标记与哪个 JMP 指令对应。

图 6-18 所示为 JMP、LBL 指令应用。

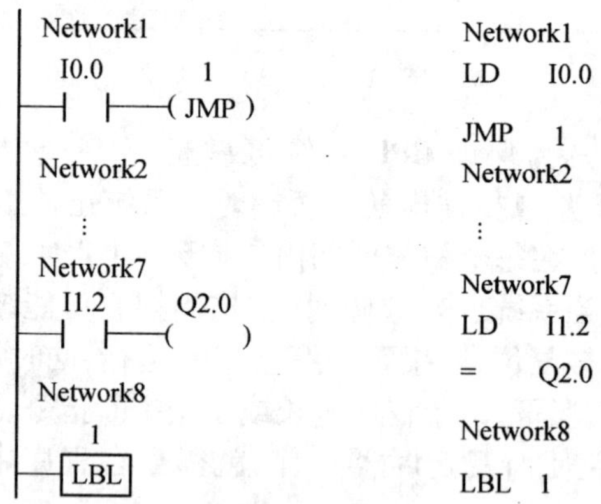

图 6-18 JMP、LBL 指令应用

在 I0.0 闭合期间,程序会从 Network1 跳转到 Network8 的标号 1 处继续运行。在跳转发生过程中,被跳过的程序段 Network2~Network7 停止执行。

3) 指令说明

(1) JMP 和 LBL 指令必须成对使用于主程序、子程序或中断程序中。主程序、子程序或中断程序之间不允许相互跳转。若在步进程序中使用跳转指令,则必须使 JMP、LBL 指令在同一个 SCR 段中。

(2) 多条跳转指令可对应同一个标号,但不允许一个跳转指令对应多个相同标号,即在程序中不能出现两个相同的标号。

（3）执行跳转指令时，跳过的程序段中各元件的状态如下。

① 各输出线圈保持跳转前的状态。

② 计数器停止计数，当前值保持跳转之前的计数值。

③ 1ms、10ms 定时器保持跳转之前的工作状态，原来工作的继续工作，到设置值后可以正常动作，当前值要累计到 32 767 才停止。100ms 定时器在跳转时停止工作，但不会复位，当前值保持不变，跳转结束后若允许可继续计时，但已不能准确计时了。

（4）标号指令 LBL 一般放置在 JMP 指令之后，以减少程序执行时间。若要放置在 JMP 指令之前，则必须严格控制跳转指令的运行时间，否则会引起运行瓶颈，导致扫描周期过长。

2. FOR、NEXT 指令

1）指令格式

指令格式如表 6－41 所列。

表 6－41　FOR、NEXT 指令的格式

名称	循环开始	循环结束
指令	FOR	NEXT
指令表格式	FOR INDX，INIT，FINAL	NEXT
梯形图格式	FOR EN　ENO INDX INIT FINAL	|—(NEXT)

2）操作数

操作数如表 6－42 所列。

表 6－42　FOR、NEXT 指令的操作数

指令	IN/OUT	操作数	数据类型
FOR	INDX	VW，IW，QW，MW，SW，SMW，LW，T，C，AC，*VD，*AC，*LD	INT
	INIT	VW，IW，QW，MW，SW，SMW，LW，T，C，AIW，AC，常数，*VD，*AC，*LD	INT
	FINAL	VW，IW，QW，MW，SW，SMW，LW，T，C，AIW，AC，常数，*VD，*AC，*LD	INT

3）指令功能

FOR：标记循环程序的开始。

NEXT：标记循环程序的结束，无操作数。

FOR 与 NEXT 共同构成循环指令，用与重复执行指定次数的 FOR 与 NEXT 之间的循环体指令段。

FOR 指令中 INDX 指定当前循环计数器，用于记录循环次数；INIT 指定循环次数的初值，FINAL指定循环次数的终值。当 EN 端口执行条件存在时，开始执行循环体，当前循环计数器从 INIT 指定的初值开始，每执行一次循环体，当前循环计数器增加 10，当前循环计数器值大于 FINAL指定的终值时，循环结束。

4）指令说明

（1）FOR、NEXT 指令必须成对使用。

（2）初值大于终值时，循环指令不被执行。

（3）每次 EN 端口执行条件存在时，自动复位各参数，同时将 INIT 指定初值放入当前循环计数器中，使循环指令可以重新执行。

（4）在 S7－200 中，最大嵌套深度为 8 重，单个循环指令之间不能交叉。图 6－19 所示为 2 层嵌套使用。

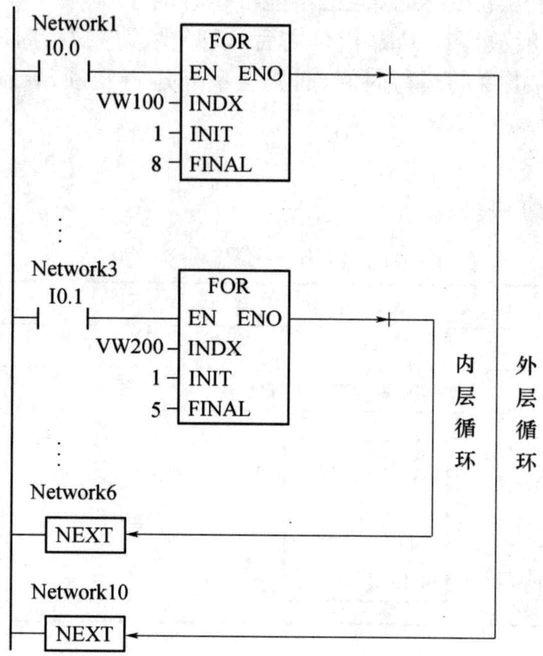

图 6－19　循环指令嵌套使用

5）应用举例

图 6－20 所示为 FOR、NEXT 指令应用。

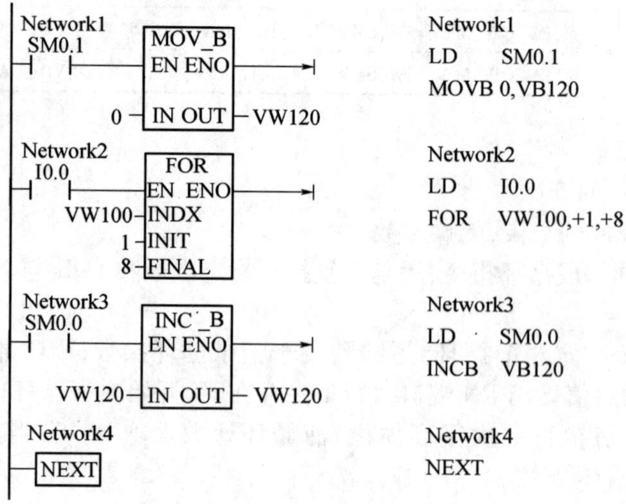

图 6－20　FOR、NEXT 指令应用

当 I0.0 接通时，将 INIT 指定初值放入 VW100 中，开始执行循环体，VW100 中的值从 1 增加到 8，循环体执行 8 次，VW100 中的值变为 9(9 >8)时，循环结束。

6.2.3 子程序指令

子程序是结构化编程的有效工具，它可以把功能独立的，且需要多次使用的部分程序单独编写，供主程序调用。子程序能够使程序结构清晰、功能明确，并且简单易读。要使用子程序，首先要建立子程序，然后才能调用子程序。

1. 建立子程序

可以选择编程软件"编辑"菜单中的"插入"子菜单下的"子程序"命令来建立一个新的子程序。默认的子程序名为 SBR _ N，编号 *N* 的范围为 0 ~63，从 0 开始按顺序递增，也可以通过重命名命令为子程序改名。每一个子程序在程序编辑区内部都有一个单独的页面，选中该页面后就可以进行编辑了，其编辑方法与主程序完全一样。

2. CALL、CRET 指令

1）指令格式

指令格式如表 6 –43 所列。

表 6 –43　CALL、CRET 指令的格式

名称	子程序调用	子程序结束
指令	CALL	CRET
指令表格式	CALL SBR _ N	CRET
梯形图格式	SBR_N —— EN	—(RET)

2）指令功能

CALL：子程序调用指令。当 EN 端口执行条件存在时，将主程序转到子程序入口开始执行子程序。SBR _ N 是子程序名，标志子程序入口地址。在编辑软件中，SBR _ N 随着子程序名称的修改而自动改变。

CRET：有条件子程序返回指令。在其逻辑条件成立时，结束子程序执行，返回主程序中的子程序调用处继续向下执行。

3）指令说明

（1）CRET 多用于子程序内部，在条件满足时起结束子程序的作用。在子程序的最后，编程软件将自动添加子程序无条件结束指令 RET。

（2）子程序可以嵌套运行，即在子程序内部又对另一个子程序进行调用。子程序的嵌套深度最多为 8 层，图 6 –21 所示为子程序调用执行过程。在中断程序中仅能有一次子程序调用，可以进行子程序自身的递归调用，但使用时要慎重。

（3）当一个程序被调用时，系统自动保存当前的堆栈数据，并把栈顶值置 1，堆栈中的其他值为 0，子程序完全占有控制权。子程序执行结束时，通过子程序结束指令自动恢复原来的逻辑堆栈值，调用程序重新取得控制权。

（4）累加器 AC 可以在调用程序和被调用子程序之间自由传递数据，所以累加器的值在子

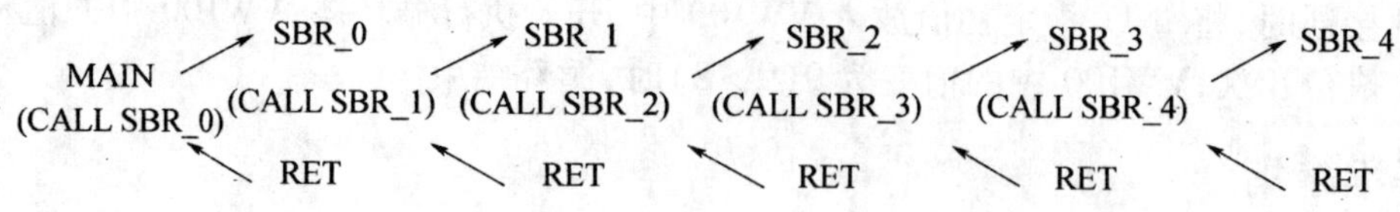

图 6-21　子程序嵌套执行过程

程序调用时既不保存又不恢复。

4）应用举例

子程序调用应用如图 6-22 所示。

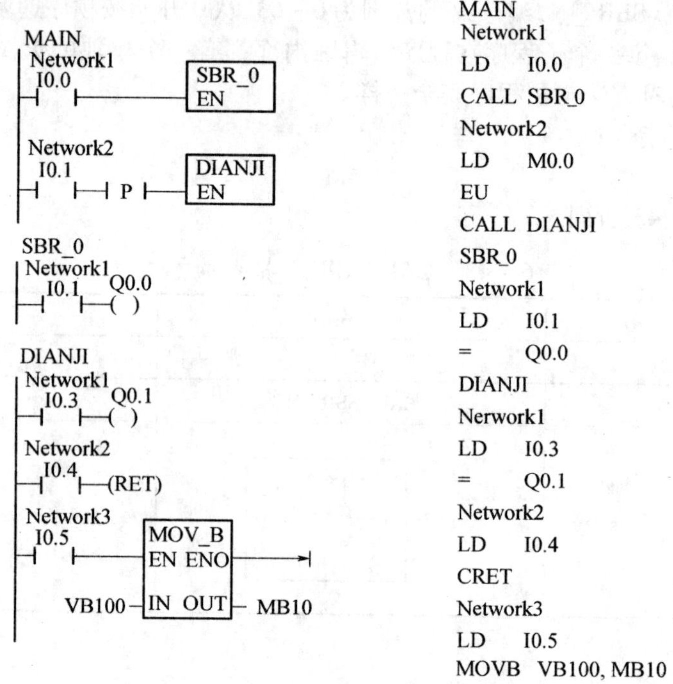


```
MAIN
Network1
LD      I0.0
CALL  SBR_0
Network2
LD      M0.0
EU
CALL  DIANJI
SBR_0
Network1
LD      I0.1
=       Q0.0
DIANJI
Nerwork1
LD      I0.3
=       Q0.1
Network2
LD      I0.4
CRET
Network3
LD      I0.5
MOVB   VB100, MB10
```

图 6-22　子程序调用应用

（1）在 I0.0 闭合期间，调用子程序 SBR _ 0，子程序所有指令执行完毕，返回主程序调用处，继续执行主程序。每个扫描周期子程序运行一次，直到 I0.0 断开。在子程序调用期间，若 I0.0 闭合，则线圈 Q0.0 接通。

（2）在 M0.0 闭合期间，调用子程序 DIANJI，执行过程同子程序 SBR _ 0。在子程序 DIANJI 执行期间，若 I0.3 闭合，则线圈 Q0.1 接通；I0.4 断开且 I0.5 闭合，则 MOV _ B 指令执行；若 I0.4 闭合，则执行有条件子程序返回指令 CRET，程序返回主程序继续执行，MOV _ B 指令不运行。

3. 带参数的子程序调用

可以带参数调用子程序，这种方式扩大了子程序的适用范围，增加了调用的灵活性。

1）子程序参数定义

子程序中最多可带 16 个参数。参数定义在子程序的局部变量表中，见表 6-44。每个参数都包含变量名、变量类型和数据类型。

（1）变量名：最多由 8 个字符组成，第一个字符不能为数字。

表 6-44 局部变量表参数定义

局部变量(L)地址	变量名(Name)	参数类型(Var. Type)	数据类型(Data. Type)	说明(Comments)
无	EN	IN	BOOL	指令使能输入参数
LB0	INPUT1	IN	BYTE	
L1. 0	INPUT2	IN	BOOL	
LD2	INPUT3	IN	DWORD	
LW6	TRANS	IN _ OUT	WORD	
LD8	OUTPUT1	OUT	DWORD	
LD12	OUTPUT2	OUT	DWORD	

(2) 变量类型:子程序中按变量对数据的传递方向规定了 4 种变量类型。

IN 类型:输入子程序参数。所指定参数可以是直接寻址、间接寻址、常数和数据地址值。

IN _ OUT 类型:输入输出子程序参数。所指定参数的值传到子程序,子程序运行完毕,其结果被返回相同地址。常数和数据地址值不允许作为该类参数。

OUT 类型:输出子程序参数。将子程序的运行结果值返回指定参数位置。常数和数据地址值不允许作为该类型参数。

TEMP 类型:临时变量。只能在程序内部暂时存储数据,不能用于和主程序传递参数。

(3) 数据类型:局部变量表中必须对每个参数的数据类型进行声明。共有 8 种数据类型。

能流:布尔型,仅能对位输入操作,是位逻辑运算的结果。在局部变量表中布尔能流输入必须在第一行,对 EN 端口进行定义。

布尔型:用于单独的位输入和输出。

字节、字、双字型:分别声明 1B、2B 和 4B 的无符号输入和输出参数。

整数、双整数型:分别声明一个 2B 或 4B 的有符号输入和输出参数。

实型:声明一个 32 位浮点参数。

2) 子程序中参数使用规则

(1) 常数作为参数调用子程序时,必须对常数作数据类型说明,否则常数可能会被当做不同类型使用。如对 INPUT3 参数,若以常数 123456 作为参数,则需要声明为 DW#123456。

(2) 参数传递中没有数据类型自动转换功能。如局部变量表中声明一个实型参数,而在调用时程序中使用的是双字,则子程序中的值就是双字。

(3) 子程序调用时,输入参数值被复制到子程序的局部存储器中;当子程序运行结束,则从局部存储器中复制输出参数值到指定的输出参数地址。

(4) 局部存储器定义好后,若在梯形图编辑方式下,则子程序指令可自动生成参数设置端口。若在指令表编辑方式下,则参数一定要按照输入参数、输入/输出参数、输出参数的顺序排列。对应于表 6-44 的局部变量表的带参数的子程序调用格式,如图 6-23 所示。

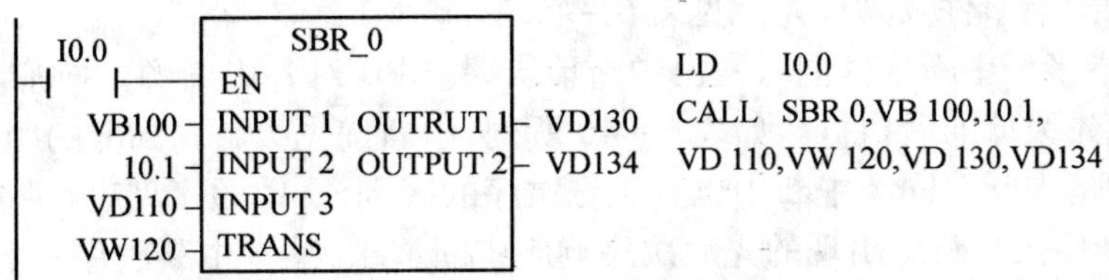

图 6-23 带参数的子程序调用格式

6.2.4 中断程序控制指令

中断技术是计算机应用中不可缺少的内容,主要用在设备的通信连接、联网、处理随机的紧急事件等应用中。中断主要由中断源和中断服务程序构成。而中断控制指令又可分为中断允许、中断禁止指令和中断连接、分离指令。中断程序控制的最大特点是响应迅速,在中断源触发后,它可以立即中止程序的执行过程,转而执行中断程序,而不必等到本次扫描周期结束。在中断服务程序执行后重新返回原程序继续运行。

1. 中断源和中断程序

1)中断源

中断源即引起中断的信号。S7-200 系列 PLC 最多具有 34 个中断源,系统为每个中断源都分配了一个编号用以识别,称为中断事件号。不同 CPU 模块其可用中断源有所不同,具体情况见表 6-45。

表 6-45 不同 CPU 模块可用中断源

CPU 模块	CPU221、CPU222	CPU224	CPU226
可用中断事件号(中断源)	0~12,19~23,27~33	0~23,27~33	0~33

34 个中断源主要分为 3 大类,即通信中断、I/O 中断和时基中断。

通信中断:在自由口通信模式下,用户可以通过接收中断和发送中断来控制串行口通信。可以设置通信的波特率、每个字符位数、起始位,停止位(加)及奇偶校验位。

I/O 中断:包含上升沿和下降沿中断、高速计数器中断、高速脉冲输出中断。上升沿和下降沿中断只能用于 I0.0~I0.3,这 4 个输入点可以捕捉上升沿或下降沿事件,用于连接某些值得注意的外部事件(如故障等);高速计数器中断可以响应当前值与预置值相等、计数方向的改变、计数器外部复位等事件所引起的中断;高速脉冲输出中断可以响应给定数量脉冲输出完毕引起的中断。

时基中断:包括定时中断和定时器中断。定时中断可以设置一个周期性触发的中断响应,通常可以用于模拟量的采样周期或执行一个 PID 控制。周期时间以 1ms 为增量单位,周期可以设置为 5ms~255ms。S7-200 系列 PLC 提供了两个定时中断,定时中断 0,周期时间值要写入 SMB34;定时中断 1,周期时间值要写入 SMB35。当定时中断被允许,则定时中断相关定时器开始计时,在定时时间值与设置周期值相等时,相关定时器溢出,开始执行定时中断连接的中断程序。每次重新连接时,定时中断功能能够清除前一次连接时的各种累计值,并用新值重新开始计时。定时器中断功能且只能使用 1ms 定时器 T32 和 T96 对一个指定时间段产生中断。T32 和 T96 的使用方法同其他定时器,只是在定时器中断被允许时,一旦定时器的当前值和预置值相等,则执行被连接的中断程序。

CPU226 中的中断事件及其优先级见表 6-46。

中断优先级指多个中断事件同时发出中断请求时,CPU 对各中断源的响应先后次序。优先级高的先执行,优先级低的后执行。如表 6-46 所列,中断优先级由高到低的顺序是:通信中断、输入输出中断、时基中断。同类中断中也有优先次序的区别,具体顺序见表 6-46。

在 PLC 中,CPU 按中断源出现的先后次序响应中断请求,某一中断程序一旦执行,就一直执行到结束为止,不会被高优先级的中断事件所打断。CPU 在任一时刻只能执行一个中断程序。中断程序执行过程中若出现新的中断请求 ,则按照优先级排队等候处理。中断队列可保存的最

表 6-46 CPU226 中的中断事件及其优先级

中断事件号	中断描述	组内类型	组优先级	组内优先级
8	通信口 0:接收字符	通信接口 0 中断	通信中断（最高级）	0
9	通信口 0:发送完成			0
23	通信口 0:接受信息完成			0
24	通信口 1:接受信息完成	通信接口 1 中断	通信中断（最高级）	1
25	通信口 1:接收字符			1
26	通信口 1:发送完成			1
19	POT0:脉冲串输出完成中断	高速脉冲输出中断	输入输出中断（次高级）	0
20	POT1:脉冲串输出完成中断			1
0	I0.0 上升沿中断	外部输入中断		2
2	I0.1 上升沿中断			3
4	I0.2 上升沿中断			4
6	I0.3 上升沿中断			5
1	I0.0 下降沿中断			6
3	I0.1 下降沿中断			7
5	I0.2 下降沿中断			8
7	I0.3 下降沿中断			9
12	HSC0:当前值等于预置值中断	高速计数器中断		10
27	HSC0:输入方向改变中断			11
28	HSC0:外部复位中断			12
13	HSC1:当前值等于预置值中断			13
14	HSC1:输入方向改变中断			14
15	HSC1:外部复位中断			15
16	HSC2:当前值等于预置值中断			16
17	HSC2:输入方向改变中断	高速计算器	I/O 中断	17
18	HSC2:外部复位中断			18
32	HSC3:当前值等于预置值中断			19
29	HSC4:当前值等于预置值中断			20
30	HSC4:输入方向改变中断			21
31	HSC4:外部复位中断			22
33	HSC5:当前值等于预置值中断			23
10	定时中断 0	定时中断	时基中断（最低级）	0
11	定时中断 1			1
21	T32:当前值等于预置值中断	定时器中断		2
22	T96:当前值等于预置值中断			3

大中断数是有限的,如果超出队列容量,则产生溢出,某些特殊标志存储器位被置位。S7 - 200 系列 PLC 各 CPU 模块最大中断数及溢出标志位见表 6 - 47。

表 6 - 47　各 CPU 模块最大中断数及溢出标志位

中断队列	CPU22、CPU222、CPU224	CPU226、CPU226XM	溢出标志位
信息中断队列	4	8	SM4.0
输入/输出中断队列	16	16	SM4.1
时基中断队列	8	8	SM4.2

2）中断程序

可以选择编程软件中的“编辑”菜单中的“插入”子菜单下的“中断程序”命令来建立一个新的中断程序。默认的中断程序名(标号)为 SBR _ N,编号 N 的范围为 0 ~ 127,从 0 开始按顺序递增,也可以通过“重命名”命令为中断程序改名。每一个中断程序在程序编辑区内都有一个单独的页面,选中该页面后就可以进行编辑了。

中断程序名 SBR _ N 标志着中断程序的入口地址,所以可通过中断程序名在中断连接指令中将中断源和中断程序连接。中断程序可用有条件中断返回指令(CRETI)和无条件中断返回指令()来标志结束。中断程序名与中断返回指令之间的所有指令都属于中断程序。

CRETI:有条件中断返回指令,在其逻辑条件成立时,结束中断程序执行,返回主程序中继续执行。可由用户编程实现。

RETI:无条件中断返回指令,由编程软件在中断程序末尾自动添加。

2. ATCH、DTCH 指令

1）指令格式

指令格式如表 6 - 48 所列。

表 6 - 48　ATCH、DTCH 指令的格式

名称	中断连接	中断分离
指令	ATCH	DTCH
指令表格式	ATCH INT , EVENT	DTCH EVENT
梯形图格式	ATCH EN　ENO INT EVNT	DTCH EN　ENO EVNT

2）功能

ATCH:中断连接指令。当 EN 端口执行条件存在时,将一个中断源和一个中断程序建立响应联系,并允许该中断事件。INT 端口指定中断程序入口地址,即中断程序名称,在建立联系后,若中断程序名改变,则 INT 端口指定名称也随之改变。EVNT 端口指定与中断程序相联系的中断源,即表 6 - 47 中的中断事件号。

DTCH:中断分离指令。当 EN 端口执行条件存在时,单独截断一个中断源和所有中断程序的联系,并禁止该中断事件。EVNT 端口指定被禁止的中断源。

3. ENI、DISI 指令

1）指令格式

指令格式如表 6 - 49 所列。

表 6-49　EM、DISI 指令的格式

名称	中断允许	中断禁止
指令	ENI	DISI
指令表格式	ENI	DISI
梯形图格式	—(ENI)	—(DISI)

2）功能

ENT：中断允许指令。在其逻辑条件成立时，全局地允许所有被连接的中断事件。

DISI：中断禁止指令。在其逻辑条件成立时，全局地禁止处理所有的中断事件。

4. 指令说明

（1）PLC 系统每次切换到 RUN 状态时，自动关闭所有中断事件。可以通过编程，在 RUN 状态时，使用 ENI 指令开放所有中断。若用 DISI 指令关闭所有中断，则中断程序不能被激活，但允许发生的中断事件等候，直到重新允许中断。

（2）多个中断事件可以调用同一个中断程序，但同一个中断事件不能同时连接多个中断服务程序。

（3）中断程序的编写规则是：短小、简单，执行时不能延时过长。

（4）在中断程序中不能使用 DISI、ENI、HDEF、LSCR 和 END 指令。

（5）中断程序的执行影响触点、线圈和累加器状态，所以系统在执行中断程序时，会自动保存和恢复逻辑堆栈、累加器及指示累加器和指令操作状态的特殊存储器标志位（SM），以保护现场。

（6）中断程序中可以嵌套调用一个子程序，累加器和逻辑堆栈在中断程序和子程序中是共用的。

5. 中断程序应用举例

中断程序应用如图 6-24 所示。

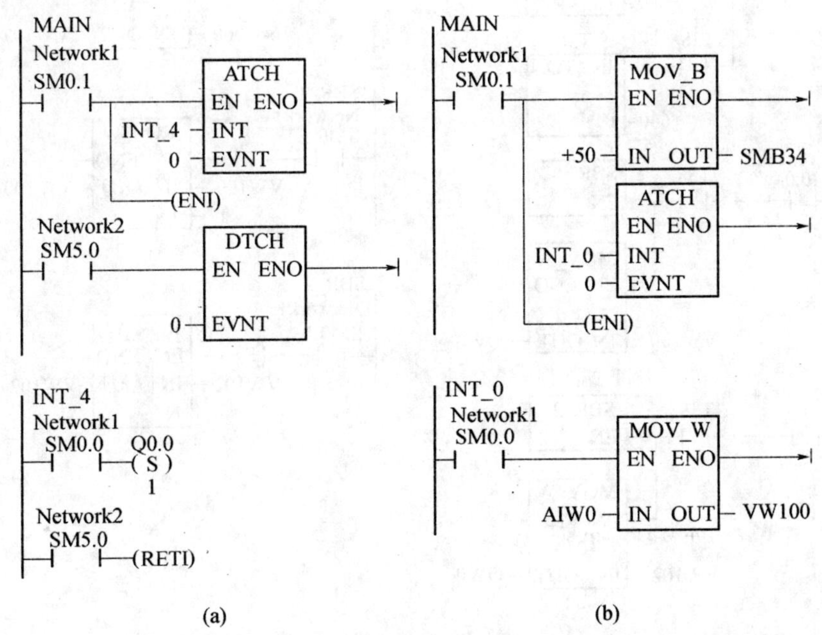

图 6-24　外部中断及定时中断应用

6.2.5 应用举例

举例:彩灯控制。

控制要求:设计一彩灯控制程序实现如下功能:①前64s,16个输出(Q0.0~Q1.7),初态为Q0.0闭合,其他打开,依次从最低位到最高位移位闭合,循环4次;②后64s,16个输出(Q0.0~Q1.7),初态为Q1.7和Q1.6闭合,其他打开,依次从最高位到最低位两两移位闭合,循环8次。

I/O分配见表6-50。

表6-50 彩灯控制I/O分配表

输入触电	功能说明	输出线圈	功能说明
I0.0	启动开关	Q0.0~Q1.7	彩灯控制输出,每个彩灯占用1位输出

程序如图6-25所示。

前64s循环4次,一次循环16s,因此可以采用内部SW0.5控制(Q0.0~Q1.7)移位,1s循环左移1次,一次循环共移位16次。后64s循环8次,也可采用内部SW0.5控制移位,1s循环右移2次,一次循环共移位8次。程序中,T38=0时,为前64s,调用子程序SBR_1(每秒左移一位),T38=1时,为后64s,调用子程序SBR_2(每秒右移2位),周而复始进行。

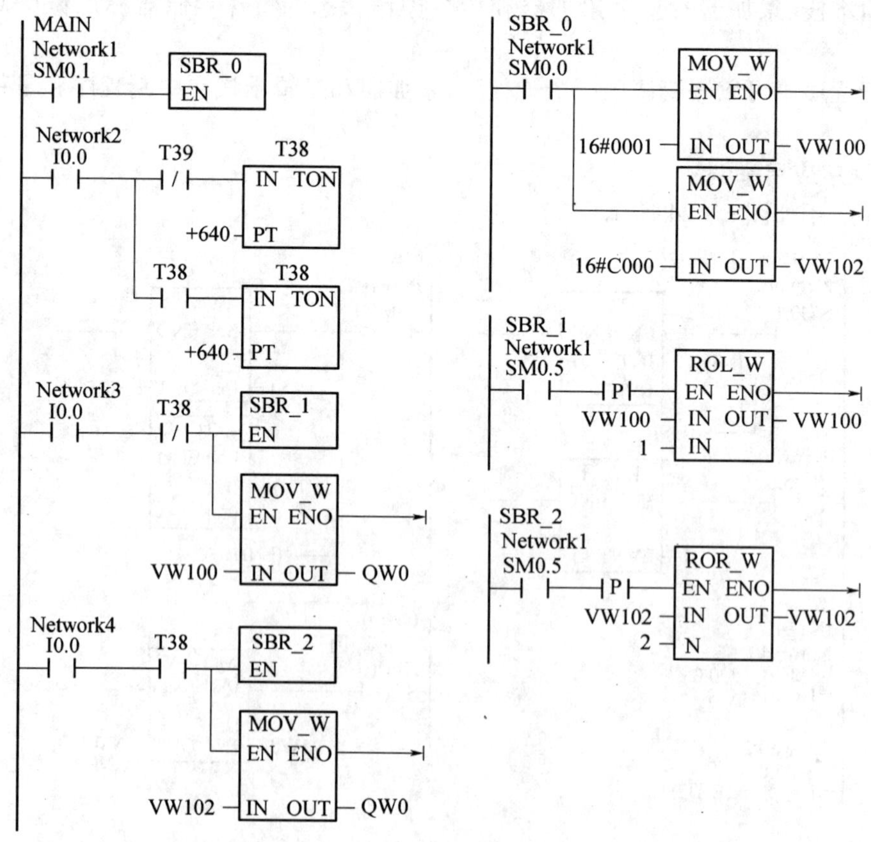

图6-25 彩灯控制程序

6.3 顺序控制指令及其应用

在工业控制过程中,简单的逻辑或顺序控制用基本指令通过编程就可以解决。但在实际应用中,系统常要求具有并行顺序控制或程序选择控制能力。同时,多数系统都是由若干个功能相对独立但各部分之间又有相互连锁关系的工序构成的,若以基本指令完成控制功能,其连锁部分编程较易出错,且程序较长。为方便处理以上问题,PLC 中专门设计了顺序控制指令来完成多程序块连锁顺序运行和多分支、多功能选择并行或循环运行的功能,也制定了功能流程图这一方式,辅助顺序控制程序的设计。

6.3.1 功能流程图

功能流程图也叫做状态转移图,它使用图解方式描述顺序控制程序,属于一种功能说明性语言。状态转移图主要由"状态块"、"转移条件"和连接线段等要素构成。合理运用各元素,就可得到顺序控制程序的静态表示图,再根据图形编辑为顺序控制程序即可。

功能流程图的构成要素如下。

1. 状态块

每一个状态块相对独立,拥有自己的编号或代码,表示顺序控制程序中的每一个 SCR 段(顺序控制继电器段)。状态转移图往往以一个横线表示开始,下面就是一个个的状态块连接。

每一个状态块在控制系统中都具有一定的动作和功能,在画状态转移图时也要表示出来。一般在状态块的右端用线段连接一方框,描述该段内的动作和功能,如图 6-26 所示。

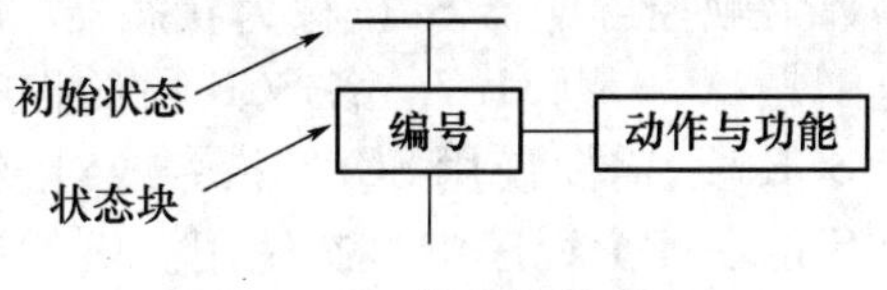

图 6-26 状态块的表示

2. 转移条件

转移条件在状态转移图中是必不可少的,它表明了从一个状态到另一个状态转移时所要具备的条件。其表示非常简单,只要在各状态块之间的线段上画一短横线,旁边标注上条件即可,如图 6-27 所示。SM0.1 是从初始状态向 SCR1 段转移的条件,SCR1 段的动作是 Q0.0 接通输出;I0.0 是从 SCR1 段向 SCR2 段转移的条件,SCR2 段的动作是 Q0.1 接通输出。

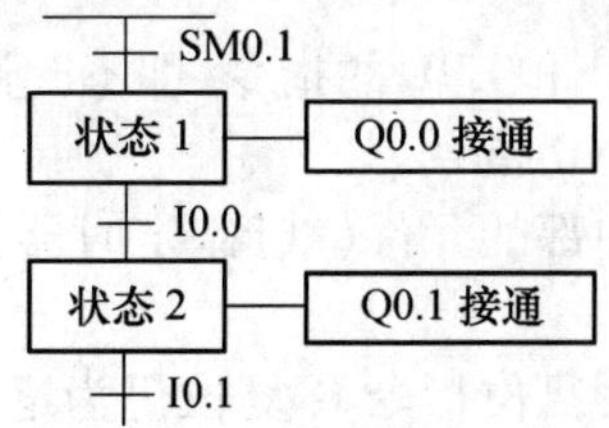

图 6-27 转移条件的表示

6.3.2 顺序控制指令

顺序控制指令是实现顺序控制程序的基本指令,它由 LSCR、SCRT、SCRE 三条指令构成,其操作数为顺序控制继电器(S)。

1. 指令格式

指令格式如表 6－51 所列。

表 6－51 顺序控制指令的格式

名称	装载顺控继电器	顺控继电器转换	顺控继电器结束
指令	LSCR	SCRT	SCRE
指令表格式	LSCR n	SCRT n	SCRE
梯形图格式	S bit SCR	S bit ——(SCRT)	——(SCRE)
操作数 n	S(BOOL 型)	S(BOOL 型)	无

2. 指令功能

LSCR:装载顺序控制继电器指令,标志一个顺序控制继电器段(SCR 段)的开始。LSCR 指令将 S 位的值装载到 SCR 堆栈和逻辑堆栈的栈顶,其值决定 SCR 段是否执行,值为 1 执行该 SCR 段;值为 0 不执行该段。

SCRT:顺序控制继电器转换指令,用于执行 SCR 段的转换。SCRT 指令包含两方面功能,一是通过置位下一个要执行的 SCR 段的 S 位,使下一个 SCR 段开始工作;二是使当前工作的 SCR 段的 S 位复位,使该段停止工作。

SCRE:顺序控制继电器结束指令,使程序退出当前正在执行的 SCR 段,表示一个 SCR 段的结束。每个 SCR 段必须由 SCRE 指令结束。

3. 指令说明

(1) 顺序控制指令的操作数为顺控继电器 S,也称为状态器,每一个 S 位都表示状态转移图中一个 SCR 段的状态。S 的范围是 S0.0 ~ S31.7。各 SCR 段的程序能否执行取决于对应的 S 位是否被置位。若需要结束某个 SCR 段,需要使用 SCRT 指令或对该段对应的 S 位进行复位操作。

(2) 要注意不能把同一个 S 位在一个程序中多次使用。例如在主程序中使用了 S0.1,在子程序中就不能再次使用。

(3) 状态图中的顺控继电器 S 位的使用不一定要遵循元件的顺序,即可以任意使用各 S 位。但编程时为避免在程序较长时各 S 位重复,最好做到分组、顺序使用。

(4) 每一个 SCR 段都要注意 3 个方面的内容。

① 本 SCR 段要完成什么样的工作?

② 什么条件下才能实现状态的转移?

③ 状态转移的目标是什么?

(5) 在 SCR 段中,不能使用 JMP 和 LBL 的指令,即不允许跳入、跳出 SCR 段或在 SCR 段内跳转。也不能使用 FOR、NEXT 和 END 指令。

(6) 一个 SCR 段被复位后,其内部的元件(线圈、定时器等)一般也要复位,若要保持输出状态,则需要使用置位指令。

(7) 在所有 SCR 段结束后,要用复位指令 R 复位仍为运行状态的 S 位,否则程序会出现运行错误。

4. 指令应用举例

顺序控制指令应用如图 6－28 所示。

(1) 本程序分为 3 个 SCR 段,分别为 Network2 ~ Network5、Network6 ~ Network9、Network10 ~ Network12。每段均由 LSCR 起始,由 SCRE 结束。

(2) 使用初始化脉冲触点 SM0.1 在程序运行的第一个扫描周期置位 S0.1 ,使 S0.1 表示的

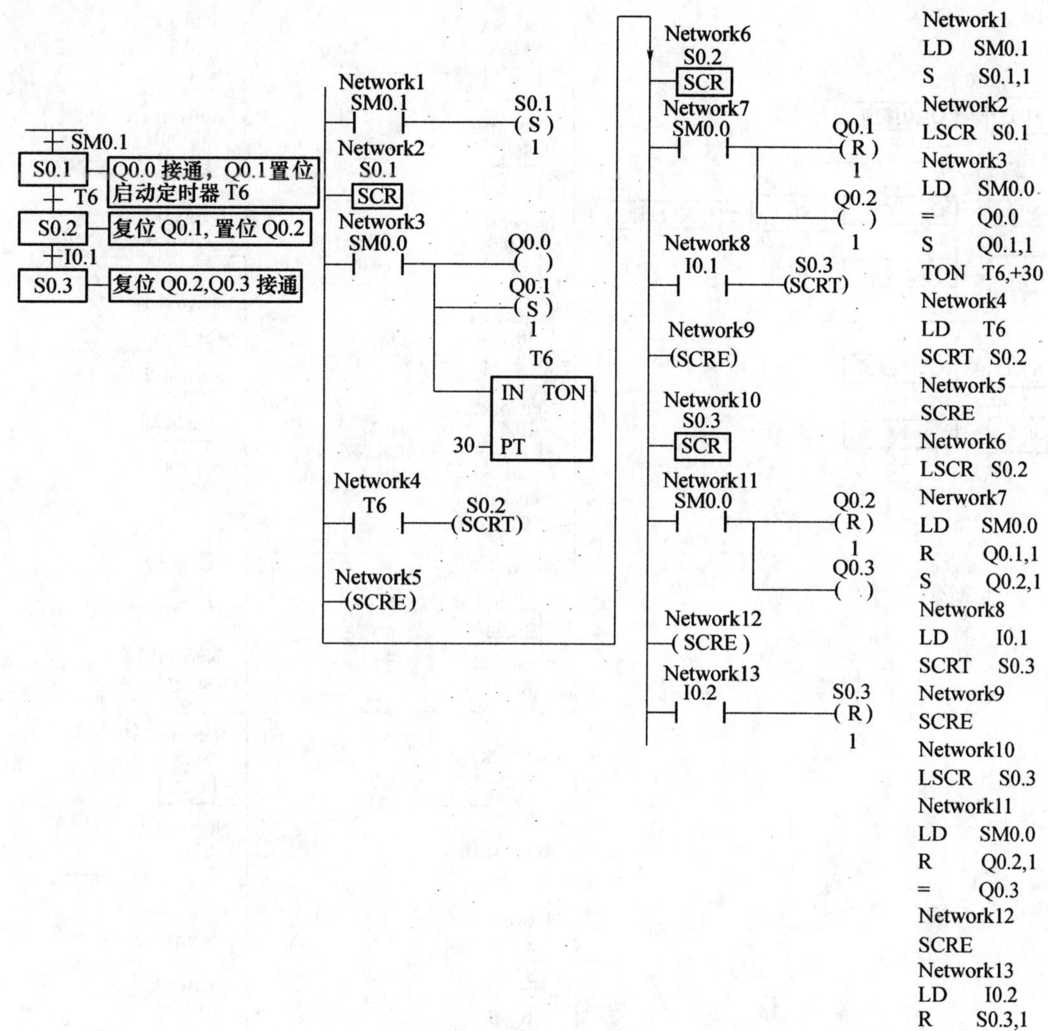

图 6-28 顺序控制指令应用

SCR 段开始运行。在该段中，接通线圈 Q0.0，置位 Q0.1，并启动 3s 定时器 T6 。

（3）3s 后，定时器触点 T6 闭合，由 SCRT 指令复位第一个 SCR 段，同时使 S0.2 表示的 SCR 段开始运行。在该段中，接通线圈 Q0.2，复位 Q0.1。

（4）在 I0.1 闭合时，由 SCRT 指令复位第二个 SCR 段，同时使 S0.3 表示的 SCR 段开始运行。在该段中，复位 Q0.2，接通线圈 Q0.3。

（5）在程序中，由于输出线圈不能直接和左母线相连，所以一般要借助于常闭触点 SM0.0 进行过渡。

6.3.3 多流程顺序控制

使用顺序控制指令可以方便地实现顺序控制，分支控制、循环控制及其组合控制。单流程的顺序控制在前面的例子中已经介绍，下面具体介绍多流程控制的实现和注意事项。

1. 选择分支过程控制

在工业过程中，很多控制需要根据条件进行流程选择，既一个控制流可能转入多个控制流中的某一个，但不允许多个控制流同时执行，即根据条件进行分支选择。选择分支过程控制的状态转移图、梯形图和指令表格如图 6-29 所示。

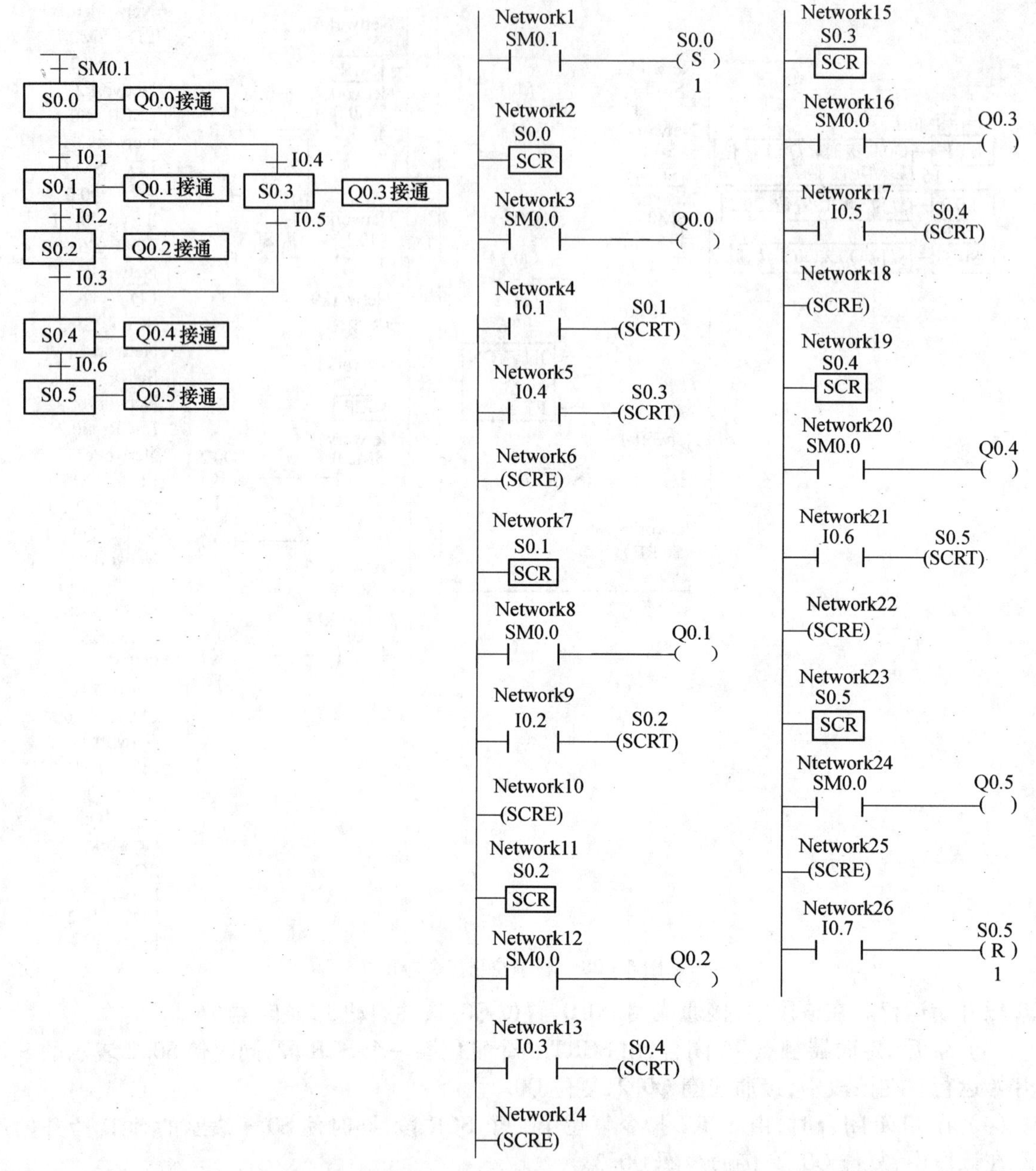

图 6－29　选择分支过程控制

2. 并行分支合并过程控制

除了非此既彼的选择分支控制外，在很多情况下，一个控制流需要分成两个或两个以上控制流同时运作，在完成各自工作后，所有控制流最终再次合并成一个控制流继续向下运行，这种运行方式称为并行分支合并过程控制。使用顺序控制指令完成该功能时要注意两个关键点：一是多分支的同时运行，需要在一个 SCR 段中同时激活多个 SCR 段；二是多分支合并，由于多个分支是同时执行的，合并时必须等到所有分支都执行完，才能共同进入下一个 SCR 段。并行分支合并过程控制状态转移图、梯形图和指令表格式如图 6－30 所示。

（1）程序中通过 I0.0 的闭合，使用两个 SCRT 指令同时置位 S0.1 和 S0.2，使 S0.1 和 S0.2 表示的两个 SCR 段同时开始运行，进入并行分支状态。

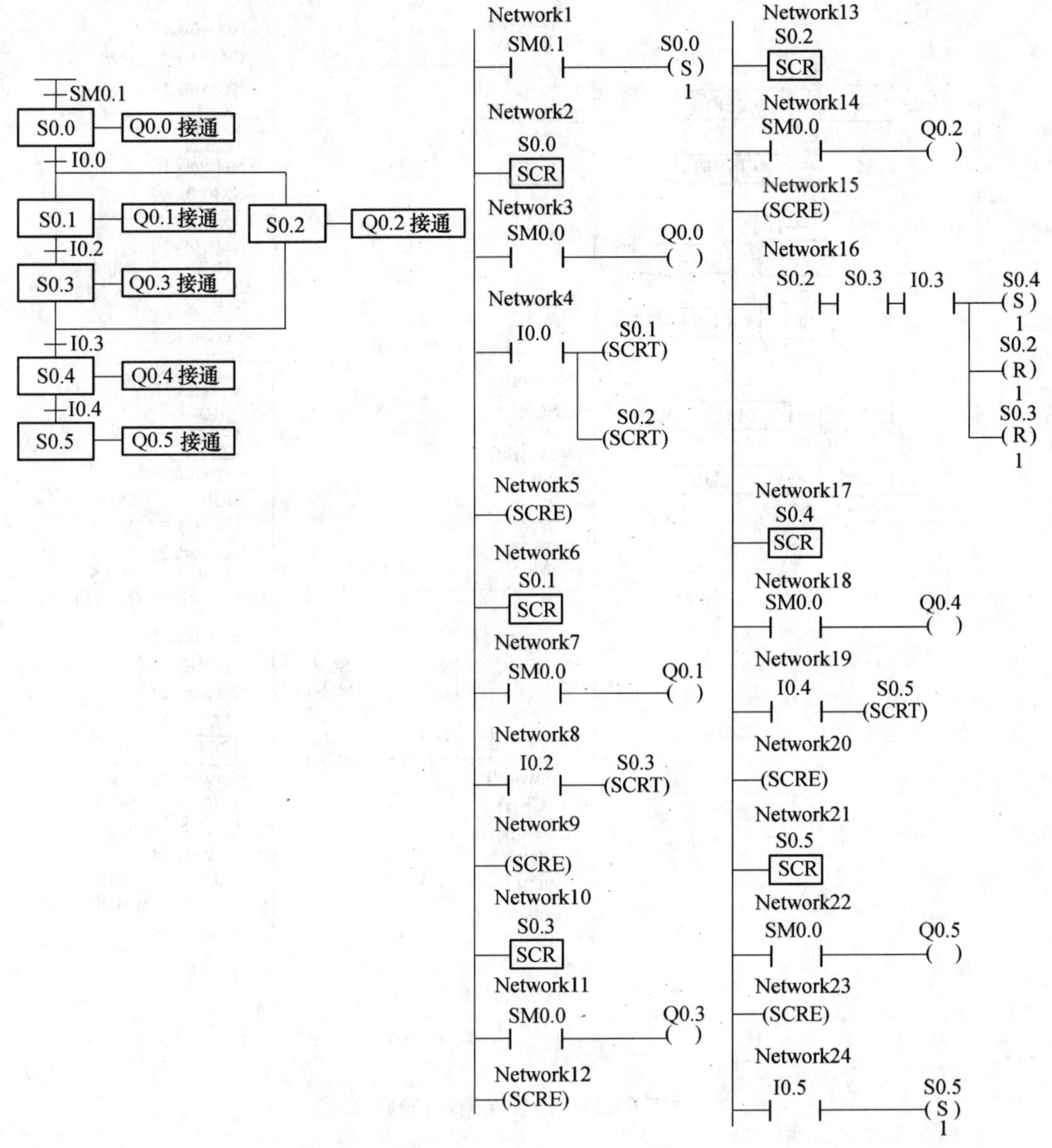

图 6-30　并行分支合并过程控制

(2) 在 S0.2 和 S0.3 表示的两个 SCR 段进行分支合并时,将表示 SCR 段状态的 S0.2、S0.3 和下一个 SCR 段触发触点 I0.3 串联在一起,只有 3 个触点均闭合(S0.2、S0.3 的闭合表示 SCR 段完成,I0.3 的闭合表示要触发的下一个 SCR 段),才进入下一个 SCR 段。

(3) 由于 S0.2 和 S0.3 表示的两个 SCR 段并未使用 SCRT 指令进行复位,所以在程序中需要使用复位指令(R)对 S0.2 和 S0.3 进行复位。

3. 跳转和循环控制

跳转和循环控制也是工业中运用较多的控制方式。很多生产流水线上的机械控制都属于多个动作的重复运行,还有些要通过控制实现部分指令的执行或不执行,也就是有时程序执行,有时程序会被跳过而不执行。跳转和循环控制的状态转移图、梯形图和指令表格式如图 6-31 所示。

(1) 程序中,I0.1 和 I1.1 的闭合使程序从 S0.1 表示的 SCR 段跳转到 S0.4 表示的 SCR 段;

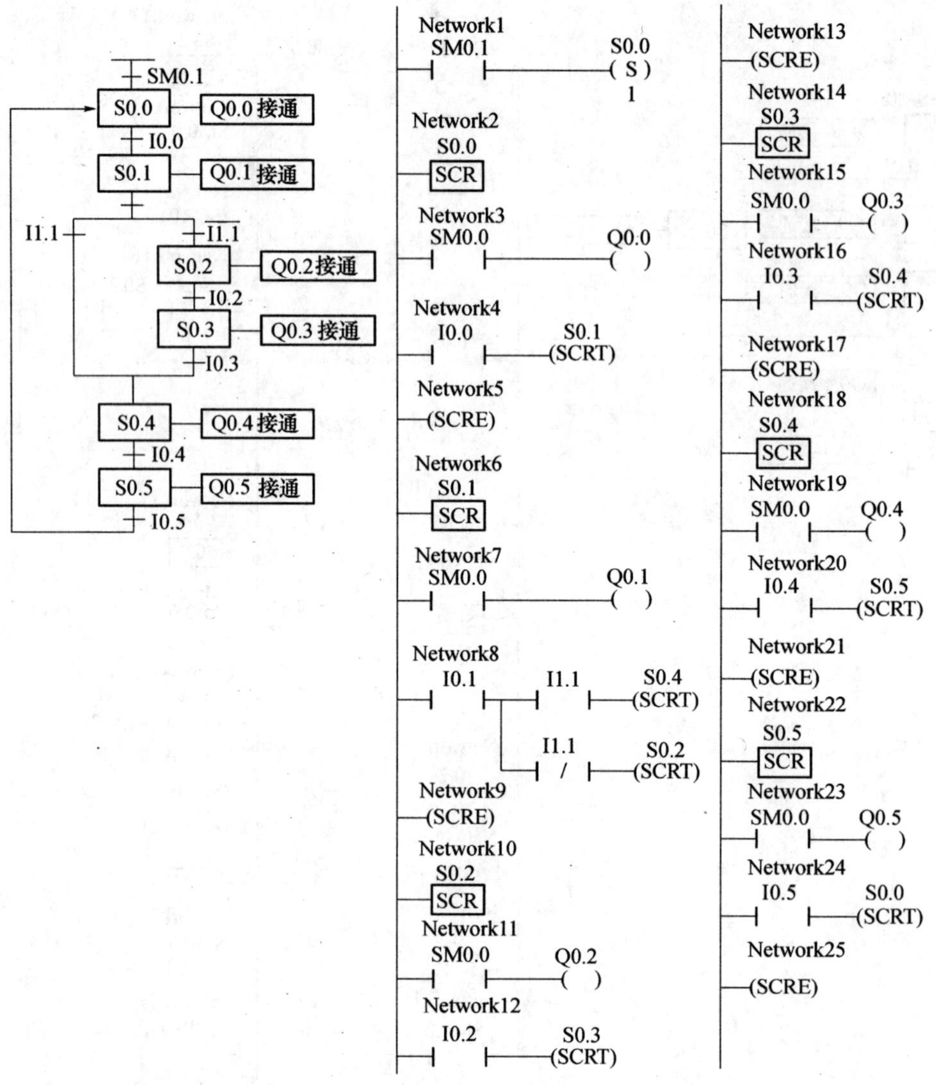

图 6-31　跳转和循环控制

I0.1 的闭合和 I1.1 的断开状态使程序顺序向下运行。

（2）在 S0.5 表示的 SCR 段中，使用 I0.5 的闭合触发 SCRT 指令，使 S0.0 再次置位，从而实现程序的循环运行。

6.4　特殊功能指令及其应用

本节介绍 PLC 中执行特殊功能的部分指令，这部分指令是 PLC 在发展过程中适应工业需要逐渐增加的，包括多用于电动机定位控制的高速计数及高速脉冲指令，多用于过程控制的 PID 回路控制及与实时监控、实时记录相联系的时钟功能指令。

6.4.1　高速计数器指令

在工业应用中，电动机的调速、测速及定位是常见的控制方式。为实现电动机的精确控制，经常使用编码器将电动机的转速转换为高频脉冲信号，反馈至 PLC，通过 PLC 对高频脉冲的计数和相关编程实现对电动机的各种控制。PLC 中普通计数器受到扫描周期的影响,对高速脉冲的计数可能会出现脉冲丢失现象,导致计数不准确,也就不能实现精确控制。PLC 提供的高速计数器独立于扫描周期之外,可以对脉宽小于扫描周期的高速脉冲准确计数,高速脉冲频率最高可达 30kHz。

1. 高速计数器指令

1）指令格式

指令格式如表 6-52 所列。

表 6-52　高速计数器指令的格式

名称	定义高速计数器	高速计数器运行控制
指令	HDEF	HSC
指令格式表	HDEF HSC,MODE	HSC N
梯形图格式	EN HDEF ENO HSC MODE	EN HSC ENO N

2）操作数

操作数如表 6-53 所列。

表 6-53　高速计数器指令的操作数

指令	IN/OUT	操作数	数据类型
HDEF	HSC	常数(0~5)	BYTE
	MODE	常数(0~11)	BYTE
HSC	N	常数(0~5)	WORD

S7-200 系列 PLC 中规定了 6 个高速计数器编号,在程序中使用时用 HCn 来表示(在非程序中一般用 HSCn)高速计数器的地址,n 的取值范围为 0~5。HCn 还表示高速计数器的当前值,该当前值是一个只读的 32 位双字,可使用数据传送指令随时读出计数当前值。不同的 CPU 模块中可使用的高速计数器是不同的,CPU221、CPU222 可以使用 HC0、HC3、HC4 和 HC5;CPU224、CPU226 可以使用 HC0~HC5。

2. 指令功能

HDEF:定义高速计数器指令。HSC 端口指定高速计数器编号,MODE 端口指定具体的运行模式(各高速计数器最多有 12 种工作模式)。EN 端口执行条件存在时,HDEF 指令可指定具体的高速计数器编号,并将其与某一工作模式联系起来。在一个程序中,每一个高速计数器只能且必须使用一次 HDEF 指令。

HSC:高速计数器指令。根据高速计数器特殊存储器位的设置,按照 HDEF 指令指定的工作模式,控制高速计数器的工作。

3. 高速计数器编号、运行模式及输入端子分配

每一个高速计数器都有多种运行模式,其使用的输入端子各有不同,主要分为脉冲输入端子、方向控制输入端子、复位输入端子、启动输入端子等。下面通过表 6-54~表 6-56 予以说明。

表 6－54　HC0、HC4 的运行模式和输入端子分配

运行模式	描述	HG0			HC4		
		I0.0	I0.1	I0.2	I0.3	I0.4	I0.5
0	带内部方向控制的单向增/减计数器	计数			计数		
1		计数		复位	计数		复位
3	带外部方向控制的单向增/减计数器	计数	方向		计数	方向	
4		计数	方向	复位	计数	方向	复位
6	带增减计数输入的双向计数器	增计数	减计数		增计数	减计数	
7		增计数	减计数	复位	增计数	减计数	复位
9	A/B 相正交计数器	A 相计数	B 相计数		A 相计数	B 相计数	
10		A 相计数	B 相计数	复位	A 相计数	B 相计数	复位

表 6－55　HC3、HC5 的运行模式和输入端子分配

运行模式	描述	HC3	HC5
		I0.0	I0.3
0	带内部方向控制的单向增/减计数器	计数	计数

表 6－56　HC1、HC2 的运行模式和输入端子分配

运行模式	描述	HC1				HC2			
		I0.6	I0.7	I1.0	I1.1	I1.2	I1.3	I1.4	I1.5
0	带内部方向控制的单向增/减计数器	计数				计数			
1		计数		复位		计数		复位	
2		计数		复位	启动	计数		复位	启动
3	带外部方向控制的单相增/减计数器	计数	方向			计数	方向		
4		计数	方向	复位		计数	方向	复位	
5		计数	方向	复位	启动	计数	方向	复位	启动
6	带增减计数器输入的双向计数器	增计数	减计数			增计数	减计数		
7		增计数	减计数	复位		增计数	减计数	复位	
8		增计数	减计数	复位	启动	增计数	减计数	复位	启动
9	A/B 相正交计数器	A 相计数	B 相计数			A 相计数	B 相计数		
10		A 相计数	B 相计数	复位		A 相计数	B 相计数	复位	
11		A 相计数	B 相计数	复位	启动	A 相计数	B 相计数	复位	启动

从表中可以看出，高速计数器运行模式主要分为 4 类。

（1）带内部方向控制的单相增/减计数器　它有一个计数输入端，没有外部方向控制输入信号。计数方向由内部控制字节中的方向控制位设置，只能进行单向增计数或减计数。如 HC0 的模式 0，其计数方向控制位为 SM37.3，当该位为 0 时为减计数，该位为 1 时为增计数。

（2）带外部方向控制的单相增/减计数器　它有一个计数输入端，由外部输入信号控制计数方向，只能进行单向增计数或减计数。如 HC1 的模式 3，I0.7 为 0 时为减计数，I0.7 为 1 时为增计数。

（3）带增减计数输入的双向计数器　它有两个计数输入端，一个为增计数输入，一个为减计

数输入。增计数输入端有一个脉冲到达时,计数器当前值增加1;减计数输入端有一个脉冲到达时,计数器当前值减少1。若增计数脉冲与减计数脉冲相隔时间大于0.3ms,高速计数器就能够正确计数,若相隔时间小于0.3ms,高速计数器认为两个脉冲同时发生,计数器当前值不变。

(4) A/B相正交计数器 它有两个计数输入端A相和B相,A/B相正交计数器利用两个输入脉冲的相位确定计数方向。A相脉冲上升沿超前于B相脉冲上升沿时为增计数,反之则为减计数。

根据高速计数器号和模式的不同,以上4类运行模式还可以增加复位端和启动端。当复位输入有效时,将清除计数器当前值并保持到复位输入无效。当启动输入有效时,则表示允许高速计数器计数,启动输入无效时,计数器忽略计数脉冲的输入,当前值保持不变。

4. 高速计数器控制位、当前值/预设值设置及状态定义

要正确使用高速计数器,除用好两个指令外,还要正确设置高速计数器的控制字节及当前值与预置值。而状态位则表明了高速计数器的运行状态,可以作为编程的参考点。

各高速计数器控制字节及其功能见表6-57。复位及启动输入可以设置其高电平有效还是低电平有效;A/B相正交计数器模式中可以设置计数器计数速率是按外部脉冲速率(1X),还是按4倍外部脉冲速率(4X);可设置在高速计数器运行过程中能否修改计数方向、当前值和预置值;通过各最高位还可以控制高速计数器的运行和禁止。

表6-57为当前值和预置值装载单元分配表。当前值和预置值都是32位带符号整数。必须先将当前值和预置值存入表6-58所示的特殊存储器中,然后执行HSC指令,才能够将新值送入高速计数器当中。

表6-57 高速计数器的控制字节

控制位功能	HSC0	HSC1	HSC2	HSC3	HSC4	HSC5
复位有效电平控制位:0(高电平有效);1(低电平有效)	SM37.0	SM47.0	SM57.0		SM147.0	
启动有效电平控制位:0(高电平有效);1(低电平有效)		SM47.1	SM57.1			
正交计数器计数速率选择:0(4X);1(1X)	SM37.2	SM 47.2	SM 57.2		SM 147.2	
计数方向控制位:0(减计数);1(增计数)	SM 37.3	SM 47.3	SM 57.3	SM 137.3	SM 147.3	SM 157.3
向HSC中写入计数方向:0(不更新);1(更新计数方向)	SM 37.4	SM 47.4	SM 57.4	SM 137.4	SM 147.4	SM 157.4
向HSC中写入预设值:0(不更新);1(更新预置值)	SM 37.5	SM 47.5	SM 57.5	SM 137.5	SM 147.5	SM 157.5
向HSC中写入新的当前值:0(不更新);1(更新当前值)	SM 37.6	SM 47.6	SM 57.6	SM 137.6	SM 147.6	SM 157.6
HSC允许:0(禁止HSC);1(允许HSC)	SM 37.7	SM 47.7	SM 57.7	SM 137.7	SM 147.7	SM 157.7

表6-58 当前值和预置值单元

要装入的值	HSC0	HSC1	HSC2	HSC3	HSC4	HSC5
初始当前值	SMD38	SMD48	SMD58	SMD138	SMD148	SMD158
预置值	SMD42	SMD52	SMD62	SMD142	SMD152	SMD162

表6－59为高速计数器状态字节,其中某些位指出了当前计数方向、当前值与预置值是否相等、当前值是否大于预置值的状态。可以通过监视高速计数器的状态位产生相应中断,完成重要操作。但要注意,状态位只有在执行高速计数器终端程序时才有效。

表6－59　高速计数器状态字节

状态位功能	HSC0	HSC1	HSC2	HSC3	HSC4	HSC5
不用	SM36.0～SM36.4	SM46.0～SM46.4	SM56.0～SM56.4	SM136.0～SM136.4	SM146.0～SM146.4	SM156.0～SM156.4
当前计数方向状态位:0(减计数);1(增计数)	SM36.5	SM46.5	SM56.5	SM136.5	SM146.5	SM156.5
当前值等于预置值状态位:0(不等);1(相等)	SM36.6	SM46.6	SM56.6	SM136.6	SM146.6	SM156.6
当前值大于预置值状态位:0(小于等于);1(大于)	SM36.7	SM46.7	SM56.7	SM136.7	SM146.7	SM156.7

5. 高速计数器设置过程

为更好地理解和使用高速计数器,下面给出高速计数器的一般设置过程。

(1) 使用初始化脉冲触点SM0.1调用高速计数器初始化操作子程序。这个结构可以使系统在后续的扫描过程中不再调用这个子程序,从而减少了扫描时间,且程序更加结构化。

(2) 在初始化子程序中,对相应高速计数器的控制字节写入希望的控制字。如果使用HSC1,则对SMB47写入16#F8(2#11111000),表示允许高速计数器运行,允许写入新的当前值,允许写入新的预置值,可以改变计数器方向,置计数器的方向为增,置启动和复位输入为高电平有效。

(3) 执行HDEF指令,根据所选计数器号和运行模式将高速计数器号与具体运行模式进行连接。

(4) 在所选计数器号对应的当前值单元装入所希望的当前值,若装入0,则清除原当前值。

(5) 在所选计数器号对应的预置值单元内装入所希望的预置值。

(6) 为捕获高速计数器对应的中断事件(当前值等于预置值、计数方向改变,外部复位),编写相应的中断程序,并参考表6－46,用ATCH中断连接指令建立中断事件和中断程序的联系。

(7) 执行全局中断允许指令(ENI)来允许高速计数器中断。

(8) 执行HSC指令,使高速计数器开始运行。

6. 高速计数器指令应用

图6－32所示为使用高速计数器指令、变频器与光电码盘实现三相异步电动机的启动及二级减速自动定位系统。由于高速运行的交流电动机转动惯量较大,所以在高速下定位精度很低,必须采用减速的方式减小转动惯量,最后在低速运行时实现准确定位。在本例的控制中,电动机每次启动后运行距离均相等,所以使用光电码盘反馈方式进行二级减速及定位控制。控制程序如图6－33所示。

I/O分配见表6－60。

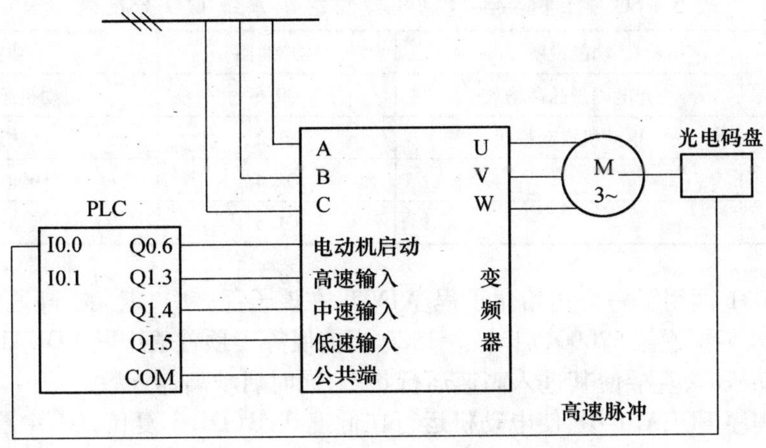

图 6-32　三相异步电动机定位系统示意图

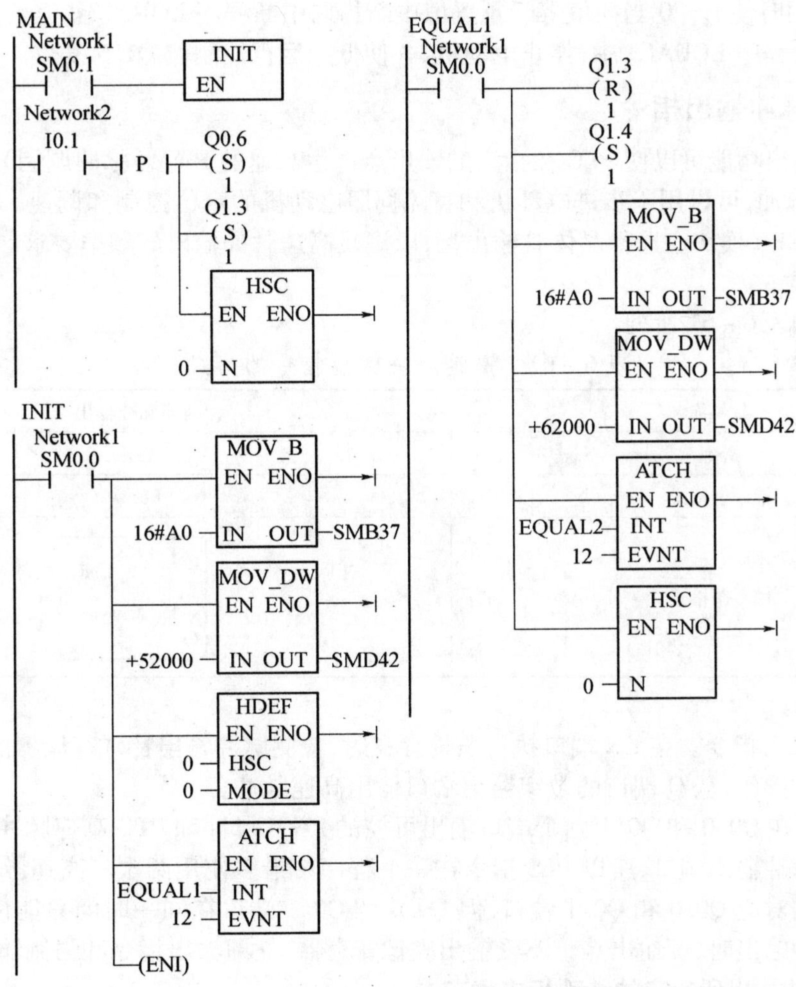

图 6-33　三相异步电动机定位控制程序

表 6－60　三相异步电动机定位控制系统 I/O 分配表

输入触点	功能说明	输出线圈	功能说明
I0.0	光电码盘脉冲输入	Q0.6	电动机运行驱动输出
I0.1	电动机启动按钮	Q1.3	高速运行输出
		Q1.4	中速运行输出
		Q1.5	低速运行输出

（1）使用 SM0.1 调用了一个初始化子程序 INIT，在该子程序中，定义了高速计数器 HSC0 的模式为 0，并且装入了预置值 52000，启动了 HSC0 当前值等于预置值中断 EQUAL1。

（2）启动电动机时，直接使其进入高速运行状态，同时启动高速计数。

（3）在中断程序 EQUAL1 中，使电动机运行在低速状态（Q1.3 复位，Q1.4 置位），并修改预置值为 62000，同时使 HSC0 当前值等于预置值中断指向中断程序 EQUAL2。读者可根据 EQUAL1写出中断程序 EQUAL2 与 EQUAL3。

（4）在中断程序 EQUAL2 中，使电动机运行在低速状态（Q1.4 复位，Q1.5 置位），并修改预置值为 70000，同时使 HSC0 当前值等于预置值中断指向中断程序 EQUAL3。

（5）在中断程序 EQUAL3 中，停止电动机，并使低速运行控制位 Q1.5 复位。

6.4.2　高速脉冲输出指令

高速脉冲输出功能可以使 PLC 在指定的输出点产生高速的 PWM（脉冲调制）脉冲或输出频率可变的 PTO 脉冲，可以用于步进电动机和直流伺服电动机的定位控制和调速。在使用高速脉冲输出功能时，CPU 模块应选择晶体管输出型，以满足高速脉冲输出的频率要求。

1. 指令格式

指令格式如表 6－61 所列。

表 6－61　高速脉冲输出指令的格式

名　称	高速脉冲输出
指令	PLS
指令表格式	PLSQ
梯形图格式	PLS 功能块：EN、Q 输入，ENO 输出

2. 指令功能

PLS：脉冲输出指令。在 EN 端口执行条件存在时，检测脉冲输出特殊存储器的状态，然后激活所定义的脉冲操作，从 Q 端口的数字输出端口输出高速脉冲。

PLS 指令可在 Q0.0 和 Q0.1 两个端口输出可控的 PWM 脉冲和 PTO 高速脉冲串波形。由于只有两个高速脉冲输出端口，所以 PLS 指令在一个程序中最多使用两次。高速脉冲输出和输出映像寄存器共同对应 Q0.0 和 Q0.1 端口，但 Q0.0 和 Q0.1 端口在同一时间只能使用一种功能。在使用高速脉冲输出时，两输出点将不受输出映像寄存器、立即输出指令和强制输出的影响。

3. 高速脉冲输出所对应的特殊标志寄存器

为定义和监控高速脉冲输出，系统提供了控制字节、状态字节和参数设置寄存器。各寄存器分配见表 6－62。

表 6－62　高速脉冲输出的特殊寄存器分配

Q0.0 对应寄存器	Q0.1 对应寄存器	功能描述
SMB66	SMB76	状态字节,PTO 方式下,监控脉冲串的运行状态
SMB67	SMB77	控制字节,定义 PTO/PWM 脉冲的输出格式
SMW68	SMW78	设置 PTO/PWM 脉冲的周期值,范围为 2～65535
SMW70	SMW80	设置 PWM 的脉冲宽度值,范围为 0～65535
SMD72	SMD82	设置 PTO 脉冲串的输出脉冲数,范围为 1～4294967295
SMB166	SMB176	设置 PTO 多段操作时的段数
SMB168	SMW178	设置 PTO 多段操作时包络表的起始地址,使用从变量寄存器 V0 开始的字节偏移表示

（1）状态字节:每个高速脉冲输出都有一个状态字节,监控并记录程序运行时某些操作的相应状态。可以通过编程来读取相关位状态,表 6－63 所示的是具体状态字节功能。

表 6－63　高速脉冲输出状态字节功能

状态位功能	Q0.0	Q0.1
不用位	SM66.0～SM66.3	SM76.0～SM76.3
PTO 包络由于增量计算错误终止:0(无错误);1(终止)	SM66.4	SM76.4
PTO 包络由于用户命令终止:0(无错误);1(终止)	SM66.5	SM76.5
PTO 管线上溢/下溢:0(无溢出);1(溢出)	SM66.6	SM76.6
PTO 空闲:0(执行中);1(空闲)	SM66.7	SM76.7

（2）控制字节:通过对控制字节的设置,可以选择高速脉冲输出的时间基准、具体周期、输出模式(PTO/PWM)、更新方式等,是编程时初始化操作中必须完成的内容。表 6－64 所列的是各控制位具体功能。

表 6－64　高速脉冲输出控制位功能

控制位功能	Q0.0	Q0.1
PTO/PWM 周期更新允许:0(不更新);1(允许更新)	SM67.0	SM77.0
PWM 脉冲宽度值更新允许:0(不更新);1(允许更新)	SM67.1	SM77.1
PTO 脉冲数更新允许:0(不更新);1(允许更新)	SM67.2	SM77.2
PTO/PWM 时间基准选择:0(1μs/时基);1(1ms/时基)	SM67.3	SM77.3
PWM 更新方式:0(异步更新):1(同步更新)	SM67.4	SM77.4
PTO 单/多段选择:0(单段管线);1(多段管线)	SM67.5	SM77.5
PTO/PWM 模式选择:0(PTO 模式);1(PWM 模式)	SM67.6	SM77.6
PTO/PWM 脉冲输出允许:0(禁止脉冲输出);1(允许脉冲输出)	SM67.7	SM77.7

4. PWM 脉冲输出设置

PWM 脉冲是指占空比可调而周期固定的脉冲。其周期和脉宽的增量单位可以设为微秒(μs)或毫秒(ms),周期变化范围分别为 50μs～65535μs 和 2ms～65535ms。周期设置时,设置值应为偶数,若设为奇数会引起输出波形占空比的轻微失真。周期设置值应大于 2,若设置值小于 2,系统将默认为 2。

(1) PWM 脉冲波形更新方式。由于 PWM 占空比可调,且周期可设置,所以存在脉冲连续输出时的波形更新问题。系统提供了同步更新和异步更新两种波形更新方式。

同步更新:PWM 脉冲输出的典型操作是周期不变而脉冲宽度变化,这时由于不需要改变时间基准,可以使用同步更新。同步更新时波形的变化发生在周期的边缘,可以形成平滑转换。

异步更新:若在脉冲输出时要改变时间基准,就要使用异步更新方式。异步更新会造成 PWM 功能瞬间被禁止,是得 PWM 波形转换时不同步,可能会引起被控设备的振动。所以应尽量避免使用异步更新。

(2) PWM 脉冲输出设置。下面以 Q0.0 为脉冲输出端介绍 PWM 脉冲输出的设置步骤。

① 使用初始化脉冲触点 SM0.1 调用 PWM 脉冲输出初始化操作子程序。这个结构可以使系统在后续的扫描过程中不再调用这个子程序,从而减少了扫描时间,且程序更为结构化。

② 在初始化子程序过程中,将 16#D3(2#11010011)写入 SMB67 控制字节中。设置内容为脉冲输出允许,选择 PWM 方式,使用同步更新,选择以微秒为增量单位,可以更新脉冲宽度和周期。

③ 向 SMW68 中写入希望的周期值。

④ 向 SMD70 中写入希望的脉冲宽度。

⑤ 执行 PLS 指令,开始输出脉冲。

⑥ 若要在后续程序运行中修改脉冲宽度,则向 SMB67 中写入 16#D2(2#11010010),即可以改变脉冲宽度,但不允许改变周期值。再次执行 PLS 指令。

在上面初始化子程序的基础上,若要改变脉冲宽度,则执行以下步骤。

(1) 调用一子程序,把所需脉冲宽度写入 SMD70 中。

(2) 执行 PLS 指令。

5. PTO 脉冲串输出设置

PTO 脉冲串用于输出占空比为 1:1 的方波,可以设置其周期和输出的脉冲数量。周期的增量单位可以设为微秒(μs)或毫秒(ms),周期变化范围分别为 50μs ~ 65535μs 和 2 ~ 65535ms。周期设置时,设置值应为偶数,若设为奇数会引起输出波形占空比的轻微失真。周期设置值应大于 2,若设置值小于 2,系统将默认为 2。脉冲数设置范围为 1 ~ 4294967295,若设置值为 0,系统将默认为 1。

PTO 功能允许脉冲串的排队输出,当前脉冲串完成时,可以立即开始新脉冲的输出,从而形成管线,保证了脉冲串顺序输出的连续性。根据管线的实现形式,将 PTO 分为单段管线和多段管线两种。

1) 单段管线

管线中只能存放一个脉冲串控制参数,一旦启动了一个脉冲串输出,就要立即为下一个脉冲串设置控制参数,并再次执行 PLS 指令。第一个脉冲串输出完毕后,第二个脉冲串自动开始输出。重复以上过程就可输出多个脉冲串。若前后脉冲串的时间基准产生变化或利用 PLS 指令捕捉到新脉冲串之前上一个脉冲串已经完成,在脉冲串之间会出现不平滑转换。

在管线满时,若要再装入一个脉冲的串控制参数,则状态位 SM66.6 或 SM76.6 会置位,表示 PTO 管线溢出。

2) 多段管线

在多段管线方式下,需要在变量存储器区(V)建立一个包络表。包络表中包含各脉冲串的参数(初始周期、周期增量和脉冲数)及要输出脉冲串的段数。使用 PLS 指令启动输出后,系统自动从包络表中读取每个脉冲串的参数进行输出。

编程时,必须向 SMW168 或 SWM178 装入包络表的起始变量的偏移地址(从 V0 开始计算偏移地址)，例如包络表从 VB300 开始，则需向 SMW168 或 SMW178 中写入十进制数 300。包络表中的周期增量可以选择微秒或毫秒，但一个包络表中只能选择一个时间基准，运行过程中也不能改变。包络表的表格见表 6－65。

表 6－65 包络表格式

从包络表起始地址 开始的字节偏移地址	包络表各段	描 述
VBn		段数(1～225)：设为 0 则产生非致命性错误，不产生 PTO 输出
VWn＋1	第 1 段	初始周期(2～65535 时间基准单位)
VWn＋3		每个脉冲的周期增量(－32768～32767 时间基准单位)
VDn＋5		脉冲数(1～4 294967295)
VWn＋9	第 2 段	初始周期(2～65535 时间基准单位)
VWn＋11		每个脉冲的周期增量(－32768～32767 时间基准单位)
VDn＋13		脉冲数(1～4 294967295)

包络表中各段的长度均为 8B，前 2B 为该段起始脉冲的周期值；接下来的 2B 为前后两个脉冲之间周期值的变化量，若为正则输出脉冲周期变大，若为负则输出脉冲周期变小，若为 0 则输出脉冲周期不变；最后 4B 设置本段内输出脉冲的数量。一般来说，为了使各脉冲段之间能够平滑过渡，各段的结束周期(ECT)与下一段的初始周期(ICT)应相等，在各段输出脉冲(Q)确定的情况下，脉冲的周期增量(N)需要经过计算来确定。例如，第 1 段中的初始周期为 500μs，脉冲数为 400 个；而第 2 段的初始周期为 100μs，为保证平滑过渡，第 1 段的结束周期设为与第 2 段初始周期相同，则脉冲的周期增量为

$$N=\frac{\mathrm{ECT}-\mathrm{ICT}}{Q}=\frac{100-500}{400}=-1$$

下面以 Q0.0 为输出端介绍 PTO 脉冲串输出设置步骤。

(1) 使用初始化脉冲触点 SM0.1 调用 PTO 脉冲串输出初始化操作子程序。这个结构可以使系统在后续的扫描过程中不再调用这个子程序，从而减少了扫描时间，且程序更为结构化。

(2) 在子程序中，若设置单段操作，则将 16#85(2#10000101)写入 SMB67，表示脉冲输出允许，选择 PTO 功能，单段操作，以微秒为增量单位，可以更新脉冲数和周期值；若设置多段操作，则将 16#A0(2#10100000)写入 SMB67，表示脉冲输出允许，选择 PTO 功能，多段操作，以微秒为增量单位。

(3) 单段操作中向 SMW68 中写入希望的周期值，向 SMD72 中写入希望的脉冲数；多段操作中则要向 SMW168 中写入包络表的起始变量存储器偏移地址，然后建立包络表。

(4) 为捕获高速脉冲输出对应的中断事件(PTO 脉冲输出完成中断)编写相应的中断程序，并参考表 6－46，用 ATCH 中断连接指令建立中断事件和中断程序的联系。本步骤可选。

(5) 执行 PLS 指令。

6. 高速脉冲输出指令应用举例

输出端口 Q0.0 和 Q0.1 可以输出方波信号的周期和脉冲宽度均可以单独调节，其脉冲宽度指的是在一个周期内，输出信号处于高电平的时间长度。

本例说明了利用脉宽调制(PWM)是如何工作的。输出端 Q0.0 输出方波信号，其脉冲宽度

每周期递增 0.5s，周期固定为 5s，并且脉冲宽度的初始值为 0.5s。当脉冲宽度达到设定的最大值 4.5s 时，脉冲宽度改为每个周期递减 0.5s，直到脉冲宽度递减为 0 为止。以上过程周而复始产生的 PWM 信号波形如图 6－34 所示。

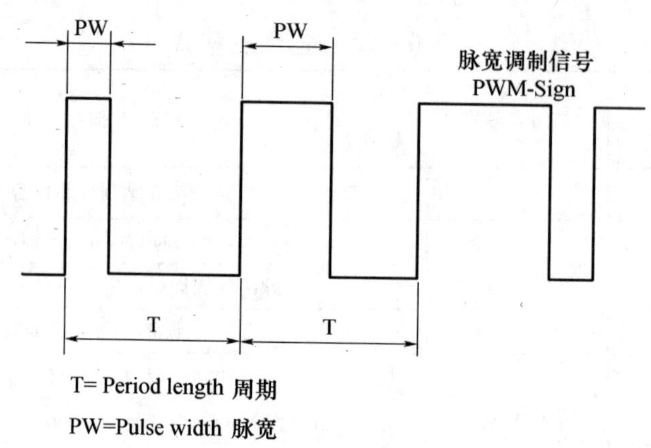

图 6－34　PWM 信号波形

特殊存储字节 SMB67 用来初始化输出端 Q0.0 的 PWM。这个控制字内含 PWM 允许位，修改周期和脉宽的允许位，以及时间基数选择位等，由子程序 0 来调整这个控制字节。通过 ENI 指令，使所有的中断成为全局允许，然后通过 PLSO 指令，使系统接受各设定值，并初始化“PTO/PWM 发生器”，从而在输出端 Q0.0 输出脉宽调制（PWM）信号。

另外，周期 5s 是通过将数值 5000 置入特殊存储字 SMW68 来实现，初始脉宽 0.5s 则通过将 500 写入特殊存储字节 SMW70 来实现。

这个初始化过程是在程序的第一个扫描周期执行子程序 0 来实现，第一个扫描周期标志是 SM0.1＝1。当一个 PWM 循环结束，即当前脉宽为 0 时，将再一次初始化 PWM。辅助内存标记 M0.0 用来表明脉宽是增加，还是减少，初始化时将这个标记设为增加。输出端 Q0.0 与输入端 I0.0 相连，这样输出信号即可送到输入端 I0.0。当第一个方波脉冲输出时，利用 ATCH 指令，把中端程序 1（INT1）赋给中断事件 0（I0.0 的上升沿）。

每个周期中断程序 1 将当前脉宽增加 0.5s，然后利用 DTCH 指令分析中断 INT1，使这个中断再次被屏蔽。如果在下次增加时，脉宽大于或等于周期，则将辅助内存标记位 M0.0 再次置 0。这样就把中断程序 2 赋予事件 0，并且脉宽也将每次递减 0.5s。当脉宽值减为零时，将再次执行初始化程序（子程序 0）。

STL 程序如下：

```
//标题:处理脉宽程序
* * * * * * * 主程序 * * * * * *
LD          SM0.1          //在第一扫描周期 SM0.1 = 1
CALL        0              //调用子程序 0 来启动 PWM,即初始化 PWM
LDW > = SMW70,VW0          //如果脉宽大于等于(周期 - 脉宽)
R           M0.0,1         //则将辅助内存标记位 M0.0 置 0
LDW         SMW70,0        //如果脉宽为零
CALL        0              //则调用子程序 0 来重新开始一个完整的 PWM
LD          I0.0           //如果输入 I0.0 = 1
A           M0.0           //且辅助内存标记位 M0.0 = 1(脉宽增加)
ATCH        I,0            //则把 INT1 赋给事件 0(输入 10.0 的正向上升沿)
```

```
LD        I0.0              //如果输入 I0.0 = 1
AN        M0.0              //且辅助内存标记位 M0.0 = 0(脉宽减少)
ATCH      2,0               //则把 INT2 赋给事件 0(输入 I0.0 的正向上升沿)
MEND                        //主程序结束
* * * * * * * 子程序 0 * * * * * * *
SBR       0                 //初始化脉宽调制
S         M0.0,1            //将增加脉宽的辅助内存标记位 M0.0 置 1
MOVB      16#CB,SMB67       //设定输出端 Q0.0 的 PTO/PWM 控制字节
//SM67.0: = 1      ⇨   允许接受新的周期
//SM67.1: = 1      ⇨   允许接受新的脉宽
//SM67.3: = 1      ⇨   事件基数为 1ms(基为 0,则时间基数为 1μs)
//SM67.6: = 1      ⇨   选择 PWM 模式(若为 0,则选择 PTO 模式)
//SM67.7: = 1      ⇨   允许高速输出功能
MOVW      500,SMW70         //指定初始脉宽(500ms)
MOVW      500,SMW68         //周期为 5s
ENI                         //允许全部中断
PLS       0                 //对 PTO/PWM 生成器编程的指令
MOVW      SMW68,VWO         //将周期置入数据字 VWO
-1        500,VWO           //将(周期 - 脉宽)的值置入数据字 VWO
RET                         //子程序 0 结束并返回主程序
* * * * * * * 中断服务程序 1 * * * * * * *
INT       1                 //增加脉宽
+1        500,SMW70         //脉宽增加 500ms
PLS       0                 //对 PTO/PWM 生成器编程的指令
DTCH      0                 //将中断与事件 0 断开
RETI                        //中断服务程序 1 结束,并返回主程序
* * * * * * * 中断服务程序 2 * * * * * * *
INT       2                 //减少脉宽
-1        500,SMW70         //脉宽增加 500ms
PLS       0                 //对 PTO/PWM 生成器编程的指令
DTCH      0                 //将中断于事件 0 断开
RETI                        //中断服务程序 2 结束,并返回主程序
```

6.4.3 PID 回路指令

PID 算法是过程控制领域中技术成熟、应用方便且广泛使用的控制方法。它是基于经典控制理论,并经过长期工程实践而总结出的一套行之有效的控制算法。在较早的 PLC 中并没有 PID 的现成指令,只能通过运算指令实现 PID 功能,但随着 PLC 技术的发展,很多品牌的 PLC 都增加了 PID 功能,有些是专用模块,有些是指令形式,都大大扩展了 PLC 的应用范围。西门子的 S7 - 200 系列 PLC 中使用的是 PID 回路指令。

1. PID 算法简介

PID 控制(比例—积分—微分控制)算法在过程控制领域中的闭环控制中得到了广泛应用。图 6 - 35 为带 PID 控制器的闭环控制系统框图。

PID 控制器可调节回路输出,使系统达到稳定状态。偏差 e 是给定值 SP 和测量值 PV 的差值。式(6 - 1)为 PID 控制的位置式算法,回路的输出变量 $M(t)$ 是时间 t 的函数,它可以看作是

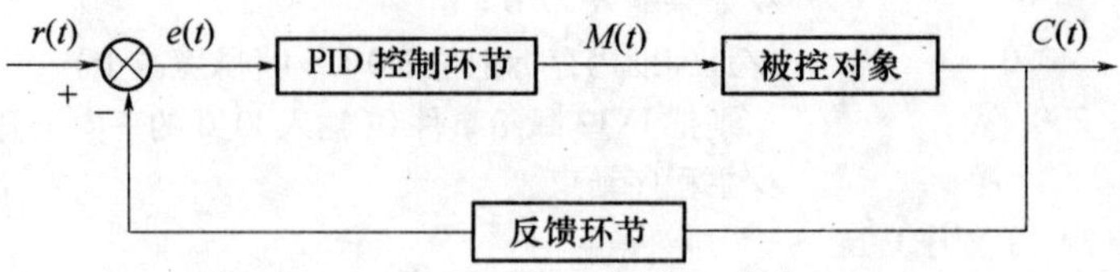

图 6－35　带 PID 控制器的闭环控制系统框图

比例项、积分项、微分项 3 项之和：

$$M(t) = K_c e + K_c \int_0^t e\mathrm{d}t + M_{\mathrm{initial}} + K_c \mathrm{d}e/\mathrm{d}t \tag{6-1}$$

式中　$M(t)$——PID 回路的输出，是时间的函数；

K_c——PID 回路的增益；

e——PID 回路的偏差；

M_{initial}——PID 回路的初始值。

数字计算机处理这个函数关系式，必须将连续函数离散化，对偏差周期采样后，计算输出值。式(6－2)是式(6－1)的离散形式：

$$M_n = K_c e_n + K_I \sum_{i=1}^{n} e_i + M_{\mathrm{initial}} + K_D(e_n - e_{n-1}) \tag{6-2}$$

式中　M_n——在第 n 采样时刻 PID 回路输出的计算值；

K_c——PID 回路的增益；

e_n——在第 n 采样时刻的偏差值；

e_{n-1}——在第($n-1$)采样时刻的偏差值(偏差前值)；

K_I——积分项的系数；

M_{initial}——PID 回路的初始值；

K_D——微分项系数。

式(6－2)中，积分项 $K_I \sum_{i=1}^{n} e_i$ 是包括从第一个采样周期到当前采样周期的所有误差的累积值。计算中，没有必要保留所有采样周期的误差项，只需保留积分项前值 MX 即可。CPU 实际上是使用式(6－3)的改进形式的 PID 算式。

$$M_n = K_c e_n + K_I e_n + MX + K_D(e_n - e_{n-1}) = MP_n + MI_n + MD_n \tag{6-3}$$

式中　MX——积分项前值(在第($n-1$)采样时刻的积分项)；

MP_n——第 n 个采样时刻的比例项；

MI_n——第 n 个采样时刻的积分项；

MD_n——第 n 个采样时刻的微分项。

1) 比例项

比例项 MP_n 是增益 K_C(决定输出对偏差的灵敏度)和偏差 e_n 的乘积。增益为正的回路为正作用回路，反之为反作用回路。选择正、反作用回路的目的是使系统处于负反馈控制。CPU 采用式(6－4)来计算 MP_n。

$$MP_n = K_c e_n = K_c(SP_n - PV_n) \tag{6-4}$$

式中　SP_n——第 n 采样时刻的给定值；

PV_n——第 n 采样时刻的过程变量值。

2）积分项

积分项 MI_n 与偏差的和成正比，是各次积分项的累积值。CPU 采用式(6－5)来计算 MI_n。

$$MI_n = K_I e_n + MX = K_c T_s / T_I (SP_n - PV_n) + MX \tag{6-5}$$

式中 T_S——采样周期；

T_I——积分时间常数。

积分项前值 MX 是第 n 采样周期前所有积分项之和。在每次计算出 MI_n 之后，都要用 MI_n 去更新 MX。第一次计算时，MX 的初值被设置为 M_{initial}（初值）。采样周期 T_s 是每次采样的时间间隔，而积分时间常数 T_I 是控制积分项在控制量计算中的作用程度。

3）微分项

微分项 MD_n 与偏差的变化成正比：

$$MD_n = K_D(e_n - e_{n-1}) = \frac{K_c T_D}{T_s}[(SP_n - PV_n) - (SP_{n-1} - PV_{n-1})] \tag{6-6}$$

为了避免给定值变化的微分作用而引起的跳变，可设置给定值不变（$SP_n = SP_n - 1$），那么计算公式可简化为式(6－7)。

$$MD_n = \frac{K_c T_D}{T_s}(SP_n - PV_n - SP_{n-1} + PV_{n-1}) = \frac{K_c T_D}{T_s}(PV_{n-1} - PV_n) \tag{6-7}$$

式中 T_s——微分时间常数；

SP_{n-1}——第($n-1$)采样时刻的给定值；

PV_{n-1}——第($n-1$)采样时刻的过程变量值。

2. PID 回路指令

1）指令格式

指令格式如表 6－66 所列。

表 6－66　PID 回路指令的格式

<table>
<tr><td>名　称</td><td colspan="2">PID 运 算</td></tr>
<tr><td>指令</td><td colspan="2">PID</td></tr>
<tr><td>指令表格式</td><td colspan="2">PID TBL, LOOP</td></tr>
<tr><td>梯形图格式</td><td colspan="2">PID
EN　ENO
TBL
LOOP</td></tr>
<tr><td rowspan="2">操作数</td><td>TBL</td><td>VB(BYTE 型)</td></tr>
<tr><td>LOOP</td><td>常数(0～7)</td></tr>
</table>

2）指令功能

PID：在 EN 端口执行条件存在时，运用回路表中的输入信息和组态信息，进行 PID 运算，编程极其简便。

该指令有两个操作数：TBL 和 LOOP。其中 TBL 是回路表的起始地址，操作数限用 VB 区域；LOOP 是回路号，可以是 0～7 的整数。在程序中最多可以用 8 条 PID 指令，PID 回路指令不可重复使用同一个回路号(即使这些指令的回路表不同),否则会产生不可预料的结果。

回路表包含9个参数,用来控制和监视PID运算。这些参数分别是过程变量当前值PV_n,过程变量前值PV_n-1,给定值SP_n,输出值M_n,增益K_c,采样时间T_s,积分时间T_I,微分时间T_D和积分项前值MX。36B的回路表格式见表6-67。若要以一定的采样频率进行PID运算,采样时间必须输入到回路表中。且PID指令必须编入定时发生的中断程序中,或者在主程序中由定时器控制PID指令的执行频率。

表6-67 PID指令回路表

偏移地址	变量名	数据类型	变量类型	描 述
0	过程变量(PV_n)	实数	输入	必须在0.0~1.0之间
4	给定值(SP_n)	实数	输入	必须在0.0~1.0之间
8	输出值(M_n)	实数	输入/输出	必须在0.0~1.0之间
12	增益(K_c)	实数	输入	比例常数,可正可负
16	采样时间(T_s)	实数	输入	单位为s,必须是正数
20	积分时间(T_I)	实数	输入	单位为min,必须是正数
24	微分时间(T_D)	实数	输入	单位为min,必须是正数
28	积分项前置(MX)	实数	输入/输出	必须在0.0~1.0之间
32	过程变量前值($PVn-1$)	实数	输入/输出	最近一次PID运算的过程变量值,必须在0.0~1.0之间

对于PID回路的控制,有些控制系统只需要比例、积分、微分中的一种或两种控制类型。通过设置相关参数即可选择所需的回路控制类型。

如只需要比例、微分回路控制,可以把积分时间常数设为无穷大。此时积分项为初值MX。

只需要比例、积分回路控制,可以把微分时间常数置为0。

只需要积分或微分回路,则可以把回路增益K_c设为0.0,在计算积分项和微分项时,系统把回路增益K_c当做1.0。

一般情况下,比例、积分回路控制应用较多。微分控制的作用不宜过强,否则易引起系统的不稳定。

S7-200系列PLC中,PID回路指令没有控制方式的设置,只要EN端有效可以执行PID指令。PID指令执行称为"自动"方式,PID指令不运行称为"手动"方式。当EN端口检测到一个正跳变(从0到1)信号,PID回路就从手动方式切换到自动方式。为达到无扰动切换,必须用手动方式将当前输入值填入回路表中Mn栏,用来初始化输出值Mn,且PID指令对回路表中的值进行一系列操作,以保证手动方式无扰动地切换到自动方式。

置给定值SP_n过程变量PV_n

置过程变量前值PV_n-1=过程变量当前值PV_n。

置积分项前值MX=输出值M_n。

3)回路输入输出变量的数值转换及其范围

(1)回路输入变量的转换和归一化处理。每一个PID回路有两个输入变量,给定值SP和过程变量PV。给定值通常是一个固定的值,如温度控制中温度的给定值。过程变量PV则与PID

回路输出有关,并反映了控制的效果。在温度控制系统中,测量并转换为标准信号的温度值就是过程量。

给定值和过程变量一般都是实际工程物理量,其数值大小、范围和测量单位都可能不一样。执行 PID 指令前必须把它们转换成标准的浮点型实数。

① 回路输入变量的数据转换。把 A/D 模拟量单元输出的整数值转换成浮点型实数值,程序如下:

```
XORD      AC0,AC0            //清空累加器
MOVW      AIW0,AC0           //模拟量采集,送入 AC0
LDW > =   AC0,0              //若为正,直接转换为实数
JMP       0                  //否则,先对 AC0 中的数值进行符号扩展
NOT
ORD       16#FFFF0000,AC0
LBL       0
DTR       AC0,AC0            //把 32 整数转换为实数
```

② 实数值的归一化处理。把数值进一步归一化为 0.0 ~ 1.0 之间的数值。归一化公式为

$$R_{noum} = (R_{raw}/S_{pan} + Off_{est}) \tag{6-8}$$

式中 R_{noum}——标准化实数值;

R_{raw}——未标准化的实数值;

Off_{est}——补偿值或偏置,单极性为 0.0,双极性为 0.5;

S_{pan}——值域大小,为最大允许值减去最小允许值,单极性为 32000(典型值),双极性为 64000(典型值)。

双极性实数标准化的程序如下:

```
/R        64000.0,AC0//累加器值进行标准化
+R        0.5,AC0//加上偏置,使其落在 0.0 ~ 1.0 之间
MOVR      AC0,VD100//标准化的值存入回路表
```

(2) 回路输出变量的数据转换。回路输出变量是用来控制外部设备的,例如控制水泵的速度。PID 运算的输出值是 0.0 ~ 1.0 之间的标准化了的实数值,在输出变量传送 D/A 模拟量单元之前,必须把回路输出变量转换成相应的整数。这一过程是实数值标准化的逆过程。

① 回路输出变量的刻度化。把回路输出的标准化实数装换成实数,公式如下:

$$R_{scal} = (M_n - Off_{est})S_{pan} \tag{6-9}$$

式中 R_{scal}——回路输出的刻度实数值;

M_n——回路输出的标准化实数值。

Off_{est}、S_{pan} 的定义同式(6-8)。

回路输出变量的刻度化的程序如下:

```
MOVR      VD108,AC0          //将回路输出值放入累加器
-R        0.5,AC0            //对双极性输出,要减 0.5 的偏置(单极性无此句)
*R        64000.0,AC0        //得到回路输出的刻度值
```

② 将实数装换为整数(INT)。把回路输出变量的刻度值转换成整数(INT)的程序为

```
ROUND     AC0,AC0            //实数转换为 32 位整数
MOVW      AC0,AQW0           //将输出值输出到模拟量输出寄存器
```

(3) 变量的范围。过程变量和给定值是 PID 运算的输入变量,因此,在回路表中这些变量只能被读取而不能改写。

输出变量是由 PID 运算产生的，在每一次 PID 运算完成之后，需要把新输入值写入回路表，以供下一次 PID 运算使用。输出值应为 0.0~1.0 之间的实数。

如果使用积分控制，积分项前值 MX 是根据 PID 运算更新。每次 PID 运算后更新了的积分项前值要写入回路表，用做下一次运算的输入。若输出值超过范围（大于 1.0 或小于 0.0），那么积分项前值必须根据下列公式进行调整：

$$MX = 1.0 - (MP_n - MD_n)，\quad 当计算输出值 M_n > 1.0$$

$$MX = -(MP_n - MD_n)，\quad 当计算输出值 M_n < 0.0$$

式中 MX——经过调整了积分项前值；

MP_n——第 n 采样时刻的比例项；

MD_n——第 n 采样时刻的微分项。

修改回路表中积分项前值时，应保证 MX 的值在 0.0~1.0 之间。调整积分项前值后使输出值回到 0.0~1.0 范围，可以提高系统的响应性能。

PID 指令运行出错条件如下。

PID 指令不检查回路表中的值是否在范围之内，所以必须确保过程变量、给定值、输出值、积分项前值、过程变量前值在 0.0~1.0 之间。如果指令操作数超出范围，CPU 会产生编译错误，导致编译失败。

如果 PID 运算发生错误，那么特殊存储器标志位 SM1.1（溢出或非法值）会被置 1，并且中止 PID 指令的执行。要想消除这种错误，单靠改变回路中的输出值是不够的，正确的办法是在下一次执行 PID 之前，改变引起运算错误的输入值，而不是更新输出值。

3. PID 指令应用说明

（1）采用主程序、子程序、中断程序的程序结构形式，可优化程序结构，减少周期扫描时间。

（2）在子程序中，先进行组态编程的初始化工作，将 5 个固定值的参数（SP_n、K_c、T_s、T_2、T_D）填入回路表。然后再设置定时中断，以便周期地执行 PID 指令。

（3）在中断程序中完成 3 个任务。

① 将由模拟量输入模块提供的过程变量 PV_n 转换成标准化的实数（0.0~1.0 之间的实数）并填入回路表。

② 设置 PID 指令的无扰动切换的条件（例 I0.0），并执行 PID 指令。使系统由手动方式无扰动地切换到自动方式。将参数 M_n、SP_n、PV_n-1、MX 先后填入回路表，完成回路表的组态编程，从而实现周期地执行 PID 指令。

③ 将 PID 运算输出的标准化实数值 M_n 先刻度化，然后再转换成有符号的整数（INT），最后送至模拟量输出模块，以实现对外部设备的控制。

4. 指令应用举例

1）控制要求

某水箱其出水口流量是变化的，进水口流量可通过调节水泵转速控制，水位检测由差压变送器完成。现对水箱进行水位控制，使其水位保持在满水位的 75%。以 PLC 为主控制器，采用 EM235 模拟量模块实现模拟量和数字量的转换，差压变送器送出的水位测量值通过模拟量输入通道送入 PLC 中，PID 回路输出值通过模拟量控制变频器实现对水泵转速的调节。

2）控制程序的实现

在以上要求中，水位测量值为过程变量 PV，满水位的 75% 为给定量 SP。本例中过程变量 PV 和回路输出量归一化采用单极性方案。控制方式采用比例、积分控制，PLD 参数采用如下设置：$K_c=0.25$，$T_s=0.1\text{s}$，$T_I=30\text{min}$。程序如图 6-36 所示。

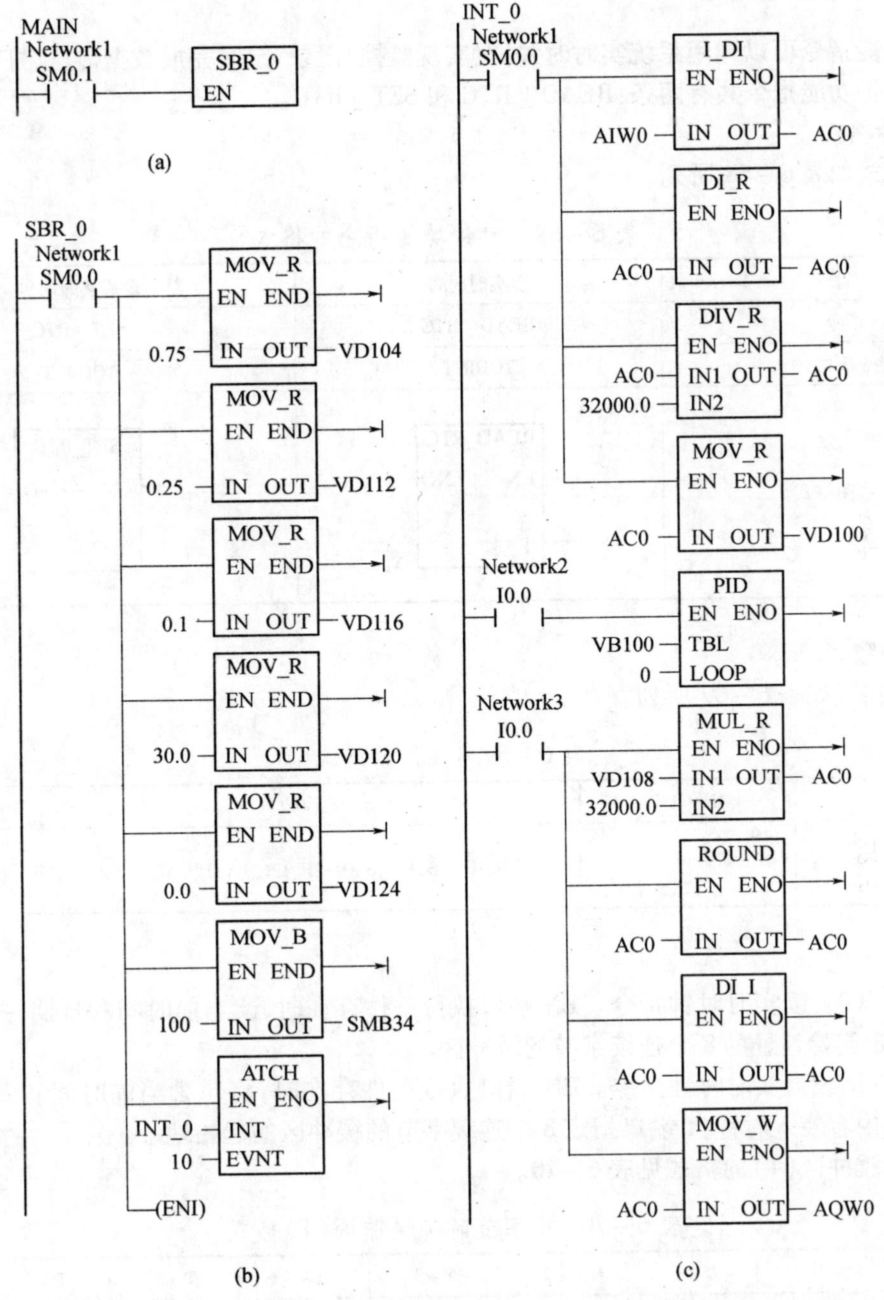

图 6－36　控制程序

（a）PID 控制主程序；（b）控制参数表初始代子程序；（c）控制定时中断服务程序。

（1）系统启动时，关闭出水口，用手动方式控制进水，使水位达到满水位的 75%，然后打开出水口，同时将控制方式从“手动”转为“自动”。I0.0 控制 PID 指令的启动，只需提供一个上升沿。

（2）SBR _0 子程序中为 PID 参数设置及定时中断程序的启动。

（3）定时中断程序 INT _0 中为数据的标准化、PID 指令的执行及控制量的输出。

6.4.4 时钟功能指令

时钟功能指令可以调用系统实时时钟,对实现监控、记录、定时完成数据传送、打印等功能十分方便。时钟功能指令共有两条:READ _ RTC 和 SET _ RTC。

1. 指令格式

指令格式如表 6 – 68 所列。

表 6 – 68 时钟功能指令的格式

名称	读实时时钟	设置实时时钟
指令	READ _ RTC	SET _ RTC
指令表格式	TODR T	TODW T
梯形图格式	READ_RTC: EN ENO, T	SET_RTC: EN ENO, T

2. 操作数

操作数格式如表 6 – 69 所列。

表 6 – 69 操作数格式

指令	IN/OUT	操作数	数据类型
READ _ RTC SET _ RTC	T	VB, IB, QB, MB, SMB, SB, LB, * VD, * AC, * LD	WORD

3. 指令功能

READ _ RTC:读实时时钟指令。EN 端口执行条件存在时,读当前时间和日期,并把它装入由 T 端口指定起始地址的 8 个连续字节的缓冲区。

SET _ RTC:设置实时时钟指令。EN 端口执行条件存在时,将包含当前时间和日期的一个 8B 缓冲区的内容装入时钟,T 端口指定 8 个连续字节的缓冲区的起始地址。

8B 时钟缓冲区(T)的格式见表 6 – 70。

表 6 – 70 8 字节时钟缓冲区(T)格式

缓冲区	T	T+1	T+2	T+3	T+4	T+5	T+6	T+7
内容	年	月	日	时	分	秒	0	星期
BCD 码范围	00 ~ 99	01 ~ 12	01 ~ 31	00 ~ 23	00 ~ 59	00 ~ 59	0	01 ~ 07

4. 指令说明

1) 所有日期和时间均用 BCD 码表示。年份只用最低两位表示,所以 2005 年表示为 05 年。

2) PLC 不检查和核实输入时间是否正确,无效时间也可以被接受,所以输入时需要保证数据的正确。

3) 不能同时在主程序和中断程序中使用读写时钟指令,若在执行时钟指令的同时,出现了包含时钟指令执行的中断程序,则中断程序中的时钟指令不予执行。

5. 指令应用举例

设置系统时间为05年12月31日12时30分26秒星期六,并在10分钟后读出时钟信息,存放在VB100开始的8B中。

程序如图6-37所示。

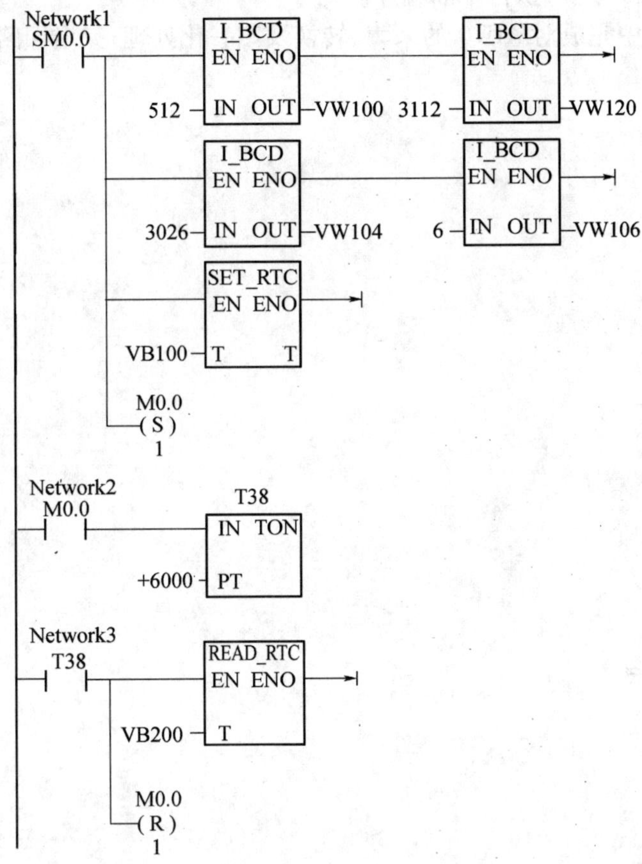

图6-37 设置和读取时钟程序

习 题 六

6-1 设计一个居室通风系统控制程序,使3个居室的通风自动轮流地打开和关闭,轮换时间为1h。

6-2 写一段梯形图程序,实现将VB20开始的100个字节型数据送到VB400开始的存储区,这100个数据的相对位置在移动前后不发生变化。

6-3 用移位寄存器指令设计一个路灯照明系统的控制程序,三路路灯按H1→H2→H3的顺序依次点亮。各路灯之间点亮的间隔时间为10s。

6-4 用循环移位指令设计一个彩灯控制程序,8路彩灯按照H1→H2→H3→…→H8的顺序依次点亮,且不断重复循环。各路彩灯之间的间隔时间为0.1s。

6-5 用整数除法指令将VW100中的(240)除以8后存到AC0中。

6-6　用定时中断设置一个每0.1s采集一次模拟量输入值的控制程序。

6-7　按模式6设计高速计数器HSC1初始化子程序,设控制字节SMB47=16#F8。

6-8　某一过程控制系统,其中一个单极性模拟量输入参数从AIW0采集到PLC中,通过PID指令计算出的控制结果从AQW0输出到控制对象。PID参数表起始地址为VB100,试设计一段程序完成下列任务:

(1)每200ms中断一次,执行中断程序。

(2)在中断程序中完成对AIW0的采集、转换及归一化处理;完成回路控制输出值的工程量标定及输出。

第7章　西门子S7－200 PLC的通信与网络

可编程序控制器与计算机可以直接或通过通信处理单元、通信转接器相连构成网络，以实现信息的交换，并可构成“集中管理、分散控制”的分布式控制系统，满足工厂自动化（FA）系统发展的需要。各可编程序控制器或远程I/O模块按功能各自放置在生产现场进行分散控制，然后用网络连接起来，构成集中管理的分布式网络系统。

7.1　S7－200 PLC通信部件介绍

本节介绍S7－200通信的有关部件包括通信口、PC/PPI电缆、通信卡及S7－200通信扩展模块等。

7.1.1　通信端口

S7－200系列PLC内部集成的PPI接口的物理特性为RS－485串行接口，为9针D型，该接口也符合欧洲标准EN50170中PROFIBUS标准。S7－200CPU上的通信接口外形如图7－1所示。

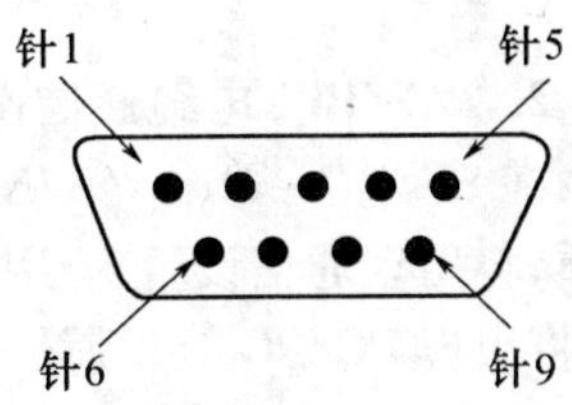

图7－1　RS－485串行接口外形

在进行调试时，将S7－200与接入网络时，该接口一般是作为接口1出现的，作为接口1时接口各个引脚的名称及其表示的意义见表7－1。接口0为所连接的调试设备的端口。

表7－1　S7－200通信口各引脚名称

引脚	名称	接口0/接口1	引脚	名称	接口0/接口1
1	屏蔽	机壳地	6	+5V	+5V，100Ω串联电阻
2	24V返回	逻辑地	7	+24V	+24V
3	RS－485信号B	RS－485信号B	8	RS－485信号A	RS－485信号A
4	发送申请	RTS（TTL）	9	不用	10位协议选择（输入）
5	5V返回	逻辑地	连接器外壳	屏蔽	机壳接地

7.1.2　PC/PPI电缆

用计算机编程时，一般用PC/PPI（个人计算机/点对点接口）电缆连接计算机与可编程序控制器，这是一种低成本的通信方式。PC/PPI电缆外型如图7－2所示。

1. PC/PPI电缆的连接

将PC/PPI电缆有“PC”的RS－232接口连接到计算机的RS－232通信接口，标有“PPI”的RS－485接口连接到CPU模块的通信口，拧紧两边螺丝即可。

PC/PPI电缆上的DIP开关选择的波特率（见表7－2）应与编程软件中设置的波特率一致。

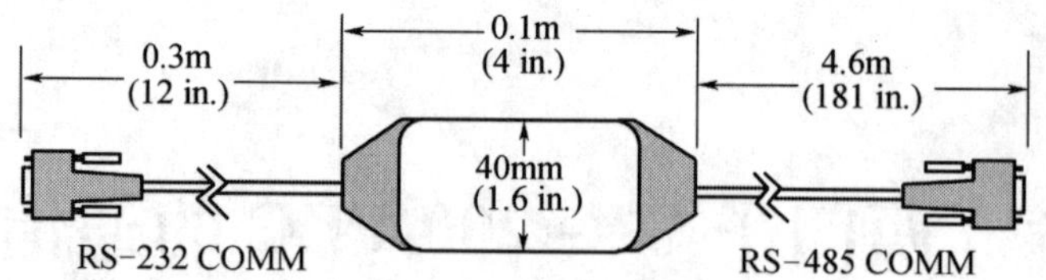

图 7-2　PC/PPI 电缆外型

初学者可选通信速率的默认值 9600b/s。4 号开关为 1，选择 10 位模式，4 号开关为 0 还是 11 位模式，5 号开关为 0，选择 RS-232 接口设置为数据通信设备(DCE)模式，5 号开关为 1，选择 RS-232接口设置为数据终端设备(DTE)模式。未用调制解调器时 4 号开关和 5 号开关均应设为 0。

表 7-2　开关设置与波特率的关系

开关 1、2、3	传输速率/(b/s)	转换时间	开关 1、2、3	传输速率/(b/s)	转换时间
000	38400	0.3	100	2400	7
001	19200	1	101	1200	14
010	9600	2	110	600	28
011	4800	4			

2. PC/PPI 电缆通信设置

在 STEP 7-Micro/WIN 32 的指令树中单击"通信"图标，或从菜单中选择"检视"→"通信"选项，将出现通信设置对话框，"→"表示菜单的上下层关系。在对话框中双击"PC/PPI 电缆"图标，将出现 PC/PG 接口属性的对话框。单击其中的"属性(Properties)"按钮，出现 PC/PPI 电缆属性对话框。初学者可以使用默认的通信参数，在 PC/PPI 性能设置窗口中单击"Default(默认)"按钮可获得默认的参数。

1）计算机和可编程序控制器在线连接的建立

在 STEP 7-Micro/WIN 32 的浏览条中单击"通信"图标，或从菜单中选择"检视"→"通信"选项，将出现通信连接对话框，显示尚未建立通信连接。双击对话框中的"刷新"图标，编程软件检查可能与计算机连接的所有 S7-200CPU 模块(站)在对话框中显示已建立起连接的每个站的 CPU 图标、CPU 型号和站地址。

2）可编程序控制器通信参数的修改

计算机和可编程序控制器建立起在线连接后，就可以核实或修改后者的通信参数。在 STEP 7-Micro/WIN 32 的浏览条中单击"系统块"图标，或从主菜单中选择"检视"→"系统块"选项，将出现系统块对话框，单击对话框中的"通信口"标签，可设置可编程序控制器通信接口的参数，默认的站地址是 2，波特率为 9600b/s。设置好参数后，单击"确认"按钮退出系统块。设置好需将系统块下载到可编程序控制器，设置的参数才会起作用。

3）可编程序控制器信息的读取

要想了解可编程序控制器的型号和版本、工作方式、扫描速率、I/O 模块配置以及 CPU 和 I/O 模块错误，可选择菜单命令"PLC"→"信息"，将显示出可编程序控制器的 RUN/STOP 状态、CPU 的版本、错误的情况和各模块的信息。

"复位扫描速率"按钮用来刷新最大扫描速率、最小扫描速率和最近扫描速率。如果 CPU 配有智能模块，要查看智能模块信息时，选中要查看的模块，单击"智能模块信息"按钮，将出现一个对话框，以确认模块类型、模块版本模块错误和其他有关的信息。

7.1.3 网络连接器

利用西门子公司提供的两种网络连接器可以把多个设备很容易地连到网络中。两种连接器都有两组螺丝端子，可以连接网络的输入和输出。通过网络连接器上的选择开关可以对网络进行偏置和终端匹配。两个连接器中的一个连接器仅提供连接到 CPU 的接口，而另一个连接器增加了一个编程接口（图 7－3）。带有编程接口的连接器可以把 SIMATIC 编程器或操作面板增加到网络中，而不用改动现有的网络连接。编程口连接器把 CPU 的信号传到编程口（包括电源引线）。这个连接器对于连接从 CPU 取电源的设备（例如 TD200 或 OP3）很有用。

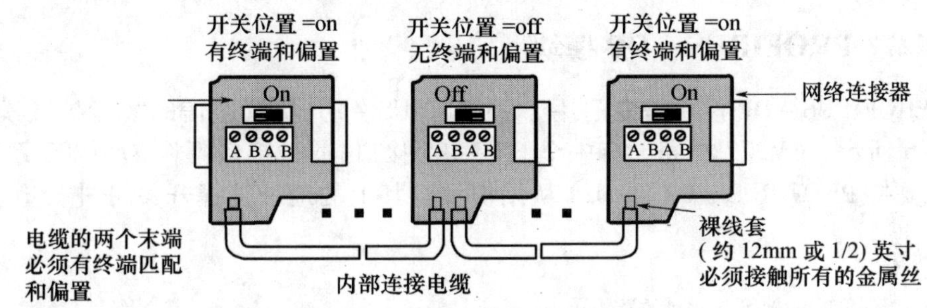

图 7－3 网络连接器

进行网络连接时，连接的设备应共享一个共同的参考点。参考点不同时，在连接电缆中会产生电流，这些电流会造成通信故障或损坏设备。或者将通信电缆所连接的设备进行隔离，以防止不必要的电流。

7.1.4 PROFIBUS 网络电缆

当通信设备相距较远时，可使用 PROFIBUS 电缆进行连接，表 7－3 列出了 PROFIBUS 网络电缆的性能指标。

PROFIBUS 网络的最大长度有赖于波特率和所用电缆的类型。表 7－4 中列出的规范电缆是网络段的最大长度。

表 7－3 PROFIBUS 电缆性能指标

通用特性	规范
类型	屏蔽双绞线
导体截面积	24AWG（0.22mm²）或更粗
电缆容量	<60pF/m
阻抗	100Ω～200Ω

表 7－4 PROFIBUS 网络的最大长度

传输速率/（b/s）	网络段的最大电缆长度/m
9.6K～93.75K	1200
187.3K	1000
500K	400
1M～1.3M	200
3M～12M	100

7.1.5 网络中继器

西门子公司提供连接到 PROFIBUS 网络环的网络中继器，如图 7－4 所示。利用中继器可以延长网络通信距离，允许在网络中加入设备，并且提供了一个隔离不同网络环的方法。在波特率是 9600b/s 时，PROFIBUS 允许在一个网络环上最多有 32 个设备，这时通信的最长距离是 1200m（3936 英尺）。每个中继器允许加入另外 32 个设备，而且可以把网络再延长 1200m（3936 英

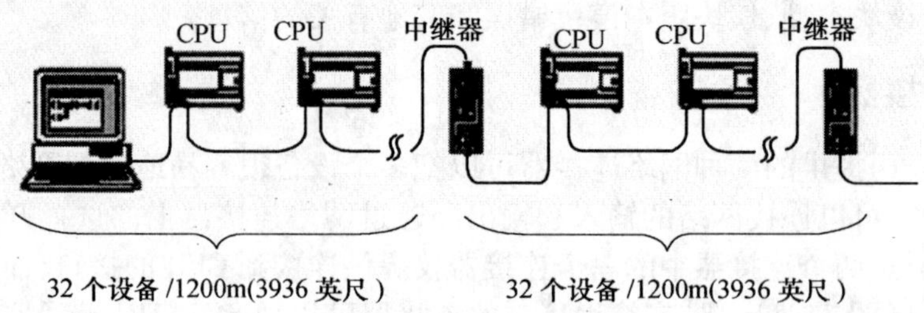

图 7-4 网络中继器

尺)。在网络中最多可以使用 9 个中继器。每个中继器为网络环提供偏置和终端匹配。

7.1.6 EM277 PROFIBUS-DP 模块

EM277 PROFIBUS-DP 模块是专门用于 PROFIBUS-DP 协议通信的智能扩展模块。它的外形如图 7-5 所示。EM277 机壳上有一个 RS-485 接口,通过接口可将 S7-200 系列 CPU 连接至网络,它支持 PROFIBUS-DP 和 MPI 从站协议。其上的地址选择开关可进行地址设置,地址范围为 0~99。

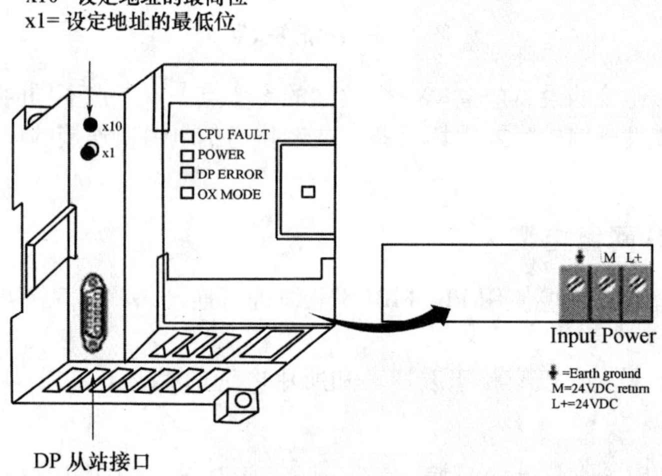

图 7-5 EM227 PROFIBUS-DP 模块

PROFIBUS-DP 是由欧洲标准 EN50170 和国际标准 IEC611158 定义的一种远程 I/O 通信协议。遵守这种标准的设备,即使是由不同公司制造的,也是兼容的。DP 表示分布式外围设备,即远程 I/O。PROFIBUS 表示过程现场总线。EM277 模块作为 PROFIBUS-DP 协议下的从站,实现通信功能。

除以上介绍的通信模块外,还有其他的通信模块。如用于本地扩展的 CP243-2 通信处理器,利用该模块可增加 S7-200 系列 CPU 的输入、输出点数。

通过 EM 277 PROFIBUS-DP 扩展从站模块,可将 S7-200CPU 连接到 PROFIBUS-DP 网络。EM 277 经过串行 I/O 总线连接到 S7-200 CPU。PROFIBUS 网络经过其 DP 通信端口,连接到 EM 277PROFIBUS-DP 模块。这个端口可运行于 9600 b/s 和 12Mb/s 之间的任何 PROFIBUS 支持的波特率。作为 DP 从站,EM 277 模块接受从主站来的多种不同的 I/O 配置,向主站发送和接收不同数量的数据,这种特性使用户能修改所传输的数据量,以满足实际应用的需要。与许多 DP 站不同的是 EM 277 模块不仅仅是传输 I/O 数据，EM277 能读写 S7 - 200 CPU 中定义的变量数据块，这样使用户能与主站交换任何类型的数据。首先，将数据移到 S7 - 200 CPU 中的变量存储器，就可将输入计数值、定时器值或其他计算值传送到主站。类似地，从主站来的数据存储在 S7 - 200 CPU 中的变量存储器内，并可移到其他数据区。EM 277 PROFIBUS - DP 模块的 DP 端口可连接到网络上的一个 DP 主站上，但仍能作为一个 MPI 从站与同一网络上如 SIMATIC 编程器或 S7 - 300/S7400 CPU 等其他主站进行通信。图 7 - 6 表示有一个 CPU 224 和一个 EM 277 PROFIBUSDP 模拟的 PROFIBUS 网络。在种场合，CPU - 315 - 2 是 DP 主站，并且已通过一个带有 STEP 7 编程软件的 SIMATIC 编程器进行组态。CPU 224 是 CPU 315 - 2 所拥有的一个 DP 从站，ET 200I/O 模块也是 CPU 315 - 2 的从站，S7 - 400 CPU 连接到 PROFIBUS 网络，并且借助于 S7 - 400 CPU 用户程序中的 XGET 指令，可从 CPU224 读取数据。

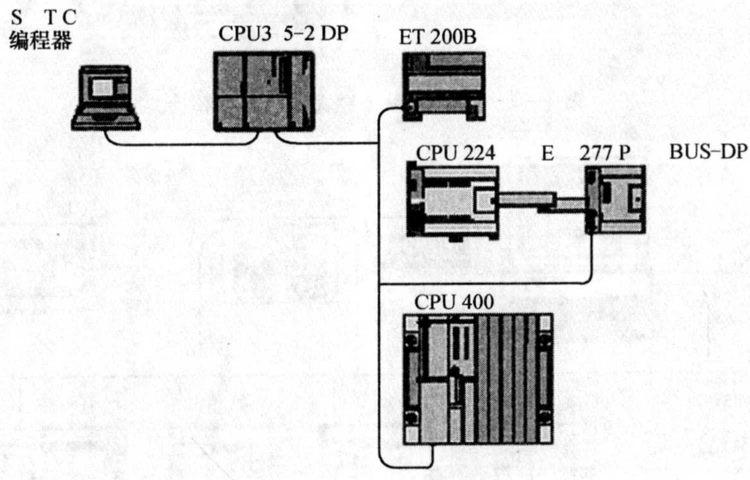

图 7 - 6 PROFIBUS 网络上的 EM 277 PROFIBUS - DP 模块和 CPU 224

7.2 S7 - 200 PLC 的通信

本节介绍与 S7 - 200 联网通信有关的网络协议，包括 PPI、MPI、PROFIBUS、ModBus 等协议，以及相关的程序指令。

7.2.1 概述

S7 - 200 的通信功能强，有多种通信方式可供用户选择。在运行 Windows 或 Windows NT 操作系统的个人计算机(PC)上安装了编程软件后，PC 可作为通信中的主站。

1. 单主站方式

单主站与一个或多个从站相连(图 7 - 10)。SETP Micro/WIN 32 每次和一个 S7 - 200CPU 通信，但是它可以访问网络上的所有 CPU。

2. 多主站方式

通信网络中有多个主站，一个或多个从站。图 7 - 7 中和图 7 - 8 中带 CP 通信卡的计算机和文本显示器 TD200、操作面板 OP15 是主站，S7 - 200CPU 可以是从站或主站。

3. 使用调制解调器的远程通信方式

利用 PC/PPI 电缆与调制解调器连接，可以增加数据传输的距离。串行数据通信中，串行设备可以是数据终端设备(DTE)，也可以是数据发送设备(DCE)。当数据从 RS - 485 接口传送到

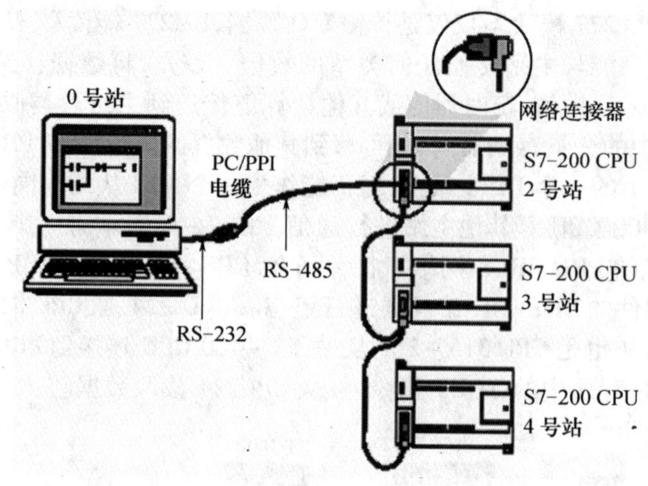

图7-7　单主站与一个或多个从站相连

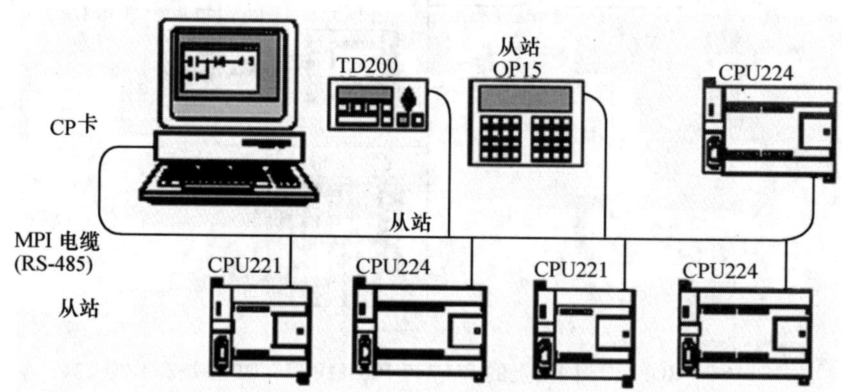

图7-8　通信网络中有多个主站

RS-232接口时,PC/PPI电缆是接收模式(DTE),需要将DIP五开关5设置为1的位置,当数据从RS-232接口传送到RS-485接口时,PC/PPI电缆是发送模式(DCE),需要将DIP开关的第5个设置为0的位置。

S7-200系列PLC单主站通过11位调制解调器(Modem)与一个或多个作为从站的S7-200CPU相连,或单主站通过10位调制解调器与一个作为从站的S7-200CPU相连。

4. S7-200通信的硬件选择

表7-5给出了可供用户选择的SETP 7-Micro/WIN 32支持的通信硬件和波特率。除此之外,S7-200还可以通过EM277 PROFIBUS-DP现场总线网络,各通信卡提供一个与PROFIBUS网络相连的RS-485通信接口。

表7-5　SETP 7-Micro/WIN 32支持的硬件配置

支持的硬件	类　型	支持的波特率/(Kb/s)	支持的协议
PC/PPI电缆	到PC通信口的电缆联接器	9.6,19.2	PPI协议
CP5511	II型,PCMCIA卡	9.6,19.2,187.3	支持用于笔记本电脑的PPI,MPI和PROFIBUS协议
CP5611	PCI卡(版本3或更高)		
MPI	集成在编程器中的PC ISA卡		支持用于PC的PPI,MPI和PROFIBUS协议

S7－200CPU 可支持多种通信协议，如点到点（Point－to－Point）的协议（PPI）、多点协议（MPI）及 PROFIBUS 协议。这些协议的结构模型都是基于开放系统互连参考模型（OSI）的 7 层通信结构。PPI 协议和 MPI 协议通过令牌环网实现。令牌环网遵守欧洲标准 EN50170 中的过程现场总线（PROFIBUS）标准。它们都是异步、基于字符的协议，传输的数据带有起始位、8 位数据、奇校验和一个停止位。每组数据都包含特殊的起始和结束标志、源站地址和目的站地址、数据长度、数据完整性检查几部分。只要相互的波特率相同，三个协议可在同一网络上运行而不互相影响。

除上述 3 种协议外，自由通信口方式是 S7－200PLC 的一个很有特色的功能。它使 S7－200 PLC 可以与任何通信协议公开的其他设备控制器进行通信，即 S7－200 PLC 可以由用户自己定义通信协议，例如 ASCII 协议，波特率最高为 37.2Kb/s，因此使可通信的范围大大增加，使控制系统配置更加灵活方便。任何具有串行接口的外设，例如打印机或条形码阅读器、变频器、调制解调器 Modem、上位 PC 等。S7－200 系列微型 PLC 用于两个 CPU 间简单的数据交换，用户可通过编程来编制通信协议来交换数据，例如具有 RS－232 接口的设备可用 PC/PPI 电缆连接起来，进行自由通信方式通信。利用 S7－200 的自由通信口及有关的网络通信指令，可以将 S7－200CPU 加入 ModBus 网络和以太网络。

7.2.2 利用 PPI 协议进行网络通信

PPI 通信协议是西门子公司专为 S7－200 系列 PLC 开发的一个通信协议，可通过普通的两芯屏蔽双绞电缆进行联网，波特率为 9.6Kb/s 19.2Kb/s 和 187.3Kb/s。S7－200 系列 CPU 上集成的编程口同时，就是 PPI 通信联网接口利用 PPI 通信协议进行通信非常简单方便，只用 NETR 和 NETW 两条语句，即可进行数据信号的传递，不需额外再配置模块或软件。PPI 通信网络是一个令牌传递网，在不加中继器的情况下，最多可以由 31 个 S7－200 系列 PLC、TD200、OP/TP 面板或上位机插 MPI 卡为站点构成 PPI 网。

网络读（Network Read，NETR）/网络写（Network Write，NETW）指令的格式如图 7－9 所示。

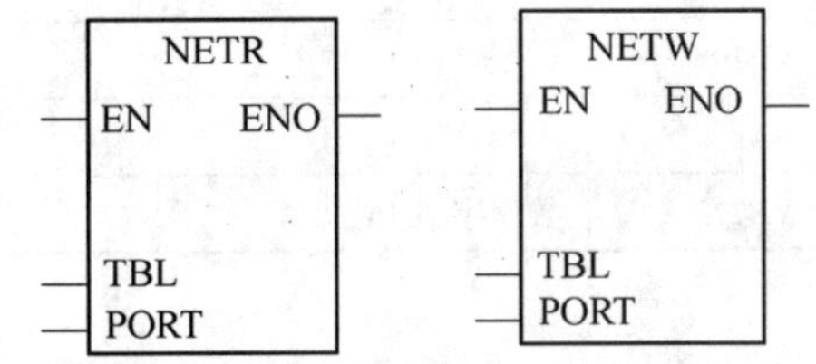

图 7－9　网络读 NETR/网络写 NETW 指令

TBL：缓冲区首址，操作数为字节。

PROT：操作端口，CPU226 为 0 或 1，其他只能为 0。

NETR 指令是通过 PROT 接口接收远程设备的数据并保存在（TBL）表中。可从远方站点最多读取 16 字节的信息。

NETW 指令是通过 PROT 接口向远程设备写入在 TBL 表中的数据。可向远方站点最多写入 16 字节的信息。

在程序中可以有任意多 NETR/NETW 指令，但在任意时刻最多只能有 8 个 NETR 及 NETW 指令有效。TBL 表的参数定义如表 7－6 所列。表中各参数的意义如下：

远程站点的地址：被访问的 PLC 地址。

数据区指针（双字）：指向远程 PLC 存储区中的数据的间接指针。

接收或发送数据区：保存数据的 1B～16B，其长度在“数据长度”字节中定义。对于 NETR 指令，此数据区指执行 NETR 后存放从远程站点读取的数据区。对于 NETW 指令，此数据区指执行 NETW 前发送给远程站点的数据存储区。

表中字节的意义：

D:操作已完成。0=未完成,1=功能完成。

A:激活(操作已排队)。0=未激活,1=激活。

E:错误。0=无错误,1=有错误。

4 位错误代码的说明:

0:无错误。

1:超时错误。远程站点无响应。

2:接收错误。有奇偶错误等。

3:离线错误。重复的站地址或无效的硬件引起冲突。

4:排队溢出错误。多于 8 条 NETR/NETW 指令被激活。

5:违反通信协议。没有在 SMB30 中允许 PPI,就试图使用 NETR/NETW 指令。

6:非法参数。

7:没有资源。远程站点忙(正在进行上载或下载)。

8:第七层错误。违反应用协议。

9:信息错误。错误的数据地址或错误的数据长度。

表 7-6 TBL 表的参数定义

<table>
<tr><td>VB100</td><td>D</td><td>A</td><td>E</td><td>0</td><td>错误码</td></tr>
<tr><td>VB101</td><td colspan="5">远程站点的地址</td></tr>
<tr><td>VB102</td><td colspan="5" rowspan="4">指向远程站点的数据指针</td></tr>
<tr><td>VB103</td></tr>
<tr><td>VB104</td></tr>
<tr><td>VB105</td></tr>
<tr><td>VB106</td><td colspan="5">数据长度(1B~16B)</td></tr>
<tr><td>VB107</td><td colspan="5">数据字节 0</td></tr>
<tr><td>VB108</td><td colspan="5">数据字节 1</td></tr>
<tr><td>⋮</td><td colspan="5">⋮</td></tr>
<tr><td>VB122</td><td colspan="5">数据字节 15</td></tr>
</table>

7.2.3 利用 MPI 协议进行网络通信

MPI 协议总是在两个相互通信的设备之间建立逻辑连接。MPI 协议允许主/主和主/从两种通信方式。选择何种方式依赖于设备类型。如果是 S7-300CPU,由于所有的 S7-300CPU 都必须是网络主站,所以进行主/主通信方式。如果设备是 S7-200CPU,那么就进行主/从通信方式,因为 S7-200CPU 是从站。在图 7-11 中,S7-200 可以通过内置接口连接到 MPI 网络上,波特率为 19.2(Kb/s)/187.3(Kb/s)。它可与 S7-300 或者是 S7-400CPU 进行通信。S7-200CPU 在 MPI 网络中作为从站,它们彼此间不能通信。

7.2.4 利用 PROFIBUS 协议进行网络通信

PROFIBUS 是世界上第一个开放式现场总线标准,目前技术已成熟,其应用领域覆盖了从机械加工、过程控制、电力、交通到楼宇自动化的各个领域。PROFIBUS 于 1995 年成为欧洲工业标准(EN50170),1999 年成为国际标准(1EC61157-3)。

在 S7－200 系列 PLC 的 CPU 中，CPU22X 都可以通过增加 EM277 PROFIBUS－DP 扩展模块的方法支持 PROFIBUS DP 网络协议，最高传输速率可达 12Mb/s。采用 PROFIBUS 的系统，对于不同厂家所生产的设备不需要对接口进行特别的处理和转换，就可以通信。PROFIBUS 连接的系统由主站和从站组成，主站能够控制总线，当主站获得总线控制权后，可以主动发送信息。从站通常为传感器、执行器、驱动器和变送器。它们可以接收信号并给予响应，但没有控制总线的权力。当主站发出请求时，从站回送给主站相应的信息。PRORFIBUS 除了支持主/从模式，还支持多主/多从的模式。对于多主站的模式，在主站之间按令牌传递顺序决定对总线的控制权。取得控制权的主站，可以向从站发送，获取信息，实现点对点的通信。

S7－200 通过 PROFIBUS 现场总线构成的系统，其基本特点如下：

（1）PLC、I/O 模板、智能仪表及设备可通过现场总线连接，特别是同厂家的产品提供通用的功能模块管理规范，通用性强，控制效果好。

（2）I/O 模板安装在现场设备（传感器、执行器等）附近，结构合理。

（3）信号就地处理，在一定范围内可实现互操作。

（4）编程仍采用组态方式，设有统一的设备描述语言。

（5）传输速率可在 9.6Kb/s～12Mb/s 间选择。

（6）传输介质可以用金属双绞线或光纤。

1. PROFIBUS 的组成

PROFIBUS 由 3 个相互兼容的部分组成，即 PROFIBUS－FMS、PROFIBUS－DP 及 PROFIBUS－PA。

1）PROFIBUS－DP（Distributed Periphery，分布 I/O 系统）

PROFIBUS－DP 是一种优化模板，是制造业自动化主要应用的协议内容，是满足用户快速通信的最佳方案，传输速率为 12Mb/s。扫描 1000 个 I/O 点的时间少于 1ms。它可以用于设备级的高速数据传输，远程 I/O 系统尤为适用。位于这一级的 PLC 或工业控制计算机可以通过 PROFIBUSEDP 同分散的现场设备进行通信。

2）PROFIBUS－PA（Process Automation，过程自动化）

PROFIBUS－PA 主要用于过程自动化的信号采集及控制，是专为过程自动化所设计的协议，可用于安全性要求较高的场合及总线集中供电的站点。

3）PROFIBUS－FMS（Fieldbus Message Specification，现场总线信息规范）

PROFIBUS－FMS 是为现场的通用通信功能所设计的，主要用于非控制信息的传输，传输速度中等，可以用于车间级监控网络。FMS 提供了大量的通信服务，用以完成以中等级传输速度进行的循环和非循环的通信服务。对于 FMS 而言，它考虑的主要是系统功能而不是系统响应时间，应用过程中通常要求的是随机的信息交换，如改变设定参数。FMS 服务向用户提供了广泛的应用范围和更大的灵活性，通常用于大范围、复杂的通信系统。

2. PROFIBUS 协议结构

PROFIBUS 协议以 ISO/OSI 参考模型为基础。第一层为物理层，定义了物理的传输特性；第二层为数据链路层；第三层～第六层 PROFIBUS 未使用；第七层为应用层，定义了应用的功能。PROFIBUS－DP 是高效、快速的通信协议，它使用了第一层、第二层及用户接口，第三层～第七层未使用。这种简化了的结构确保了 DP 的高速的数据传输。

3. 传输技术

PROFIBUS 对于不同的传输技术定义了唯一的介质存取协议。

1）RS－485

RS－485是PROFIBUS使用最频繁的传输技术。

2）IEC1157－2

根据IEC1157－2在过程自动化中使用固定波特率31.25Kb/s的同步传输，它可以满足化工和石化工业对安全的要求，采用双线技术通过总线供电，这样PROFIBUS就可以用于危险区域了。

3）光纤

在电磁干扰强度很高的环境和高速、远距离传输数据时，PROFIBUS可使用光纤传输技术。使用光纤传输的PROFIBUS总线段可以设计成星型或环型结构。现在在市面上已经有RS－485传输链接与光纤传输链接之间的耦合器，这样就实现了系统内RS－485和光纤传输之间的转换。

4. PROFIBUS介质存取协议

PROFIBUS通信规程采用了统一的介质存取协议，此协议由OSI参考模型的第二层来实现。在PROFIBUS协议设计时充分考虑了满足介质存取控制的两个要求，即在主站间通信时，必须保证在分配的时间间隔内，每个主站都有足够的时间来完成它的通信任务，在PLC与从站（PLC或其他设备）间通信时，必须快速、简捷地完成循环，进行实时的数据传输。为此，PROFIBUS提供了两种基本的介质存取控制：令牌传递方式和主/从方式。

令牌传递方式可以保证每个主站在事先规定的时间间隔内都能获得总线的控制权。令牌是一种特殊的报文，它在主站之间传递着总线控制权，每个主站均能按次序获得一次令牌，传递的次序是按地址升序进行的。

主/从方式允许主站在获得总线控制权时，可以与从站通信，发送或获得信息。

主站要发出信息，必须持有令牌。假设有一个由3个主站和7个从站构成的PROFIBUS系统，3个主站构成了一个令牌传递的逻辑环，在这个环中，令牌按照系统预先确定的地址升序从一个主站传递给下一个主站。当一个主站得到了令牌后，它就能在一定的时间间隔内执行该主站的任务，可以按照主/从关系与所有从站通信，也可以按照主/主关系与所有主站通信。在总线系统建立的初期阶段，主站的介质存取控制（MAC）的任务是决定总线上的站点分配并建立令牌逻辑环。在总线的运行期间，损坏或断开的主站必须从环中撤除，新接入的主站必须加入逻辑环。MAC的其他任务是检测传输介质和收发器是否损坏，检查站点地址是否出错，以及令牌是否丢失或有多个令牌。

PROFIBUS的第二层按照国际标准IEC870－5－1的规定，通过使用特殊的起始位和结束位、无间距字节异步传输及奇偶校验来保证传输数据的安全。PROFIBUS第二层按照非连接的模式操作，除了提供点对点通信功能外，还提供多点通信的功能，即广播通信和有选择的广播、组播。所谓广播通信，即主站向所有站点（主站和从站）发送信息，不要求回答。所谓有选择的广播、组播是指主站向一组站点（从站）。所谓广播通信是指主机之间“一对所有”的通信模式，网络对其中每一台主机发出的信号都进行无条件复制并转发，所有主机都可以接收到所有信息（不管你是否需要），由于其不用路径选择，所以其网络成本可以很低廉。所谓有选择的广播、组播是指主机之间“一对一组”的通信模式，也就是加入了同一个组的主机可以接受到此组内的所有数据，网络中的交换机和路由器只向有需求者复制并转发其所需数据。主机可以向路由器请求加入或退出某个组，网络中的路由器和交换机有选择的复制并传输数据，即只将组内数据传输给那些加入组的主机。这样既能一次将数据传输给多个有需要（加入组）的主机，又能保证不影响其他不需要（未加入组）的主机的其他通信。

5. S7－200CPU 接入 PROFIBUS 网络

S7－200CPU 必须通过 PROFIBUS－DP 模块 EM277 连接到网络，不能直接接入 PROFIBUS 网络进行通信。EM277 经过串行 I/O 总线连接到 S7－200CPU。PROFIBUS 网络经过其 DP 通信接口，连接到 EM277 模块。这个端口支持 9600b/s～12Mb/s 之间的任何传输速率。EM277 模块在 PROFIBUS 网络中只能作为 PROFIBUS 从站出现。作为 DP 从站，EM277 模块接受从主站来的多种不同的 I/O 配置，向主站发送和接收不同数量的数据。这种特性使用户能修改所传输的数据量，以满足实际应用的需要。与许多 DP 站不同的是，EM277 模块不仅仅传输 I/O 数据，还能读写 S7－200CPU 中定义的变量数据块。这样，使用户能与主站交换任何类型的数据。通信时，首先将数据移到 S7－200CPU 中的变量存储区，就可将输入、计数值、定时器值或其他计算值传输到主站。类似地，从主站来的数据存储在 S7－200CPU 中的变量存储区内，进而可移到其他数据区。

EM277 模块的 DP 接口可连接到网络上的一个 DP 主站上，仍能作为一个 MPI 从站与同一网络上如 SIMATIC 编程器或 S7－300/S7－400CPU 等其他主站进行通信。为了将 EM277 作为一个 DP 从站使用，用户必须设定与主站组态中的地址相匹配的 DP 接口地址。从站地址是使用 EM277 模块上的旋转开关设定的。在变动旋转开关之后，用户必须重新启动 CPU 电源，以便使新的从站地址起作用。主站通过将其输出区来的信息发送给从站的输出缓冲区（称为"接收信箱"），与每个从站交换数据。从站将其输入缓冲区（称为发送信箱）的数据返回给主站的输入区，以响应从主站来的信息。

EM277 可用 DP 主站组态，以接收从主站来的输出数据，并将输入数据返回给主站。输出和输入数据缓冲区驻留在 S7－200CPU 的变量存储区（V 存储区）内。当用户组态 DP 主站时，应定义 V 存储区内的字节位置。从这个位置开始为输出数据缓冲区，它应作为 EM277 的参数赋值信息的一个部分。用户也要定义 I/O 配置，它是写入到 S7－200CPU 的输出数据总量和从 S7－200CPU 返回的输入数据总量。EM277 从 I/O 配置确定输入和输入缓冲区的大小。DP 主站将参数赋值和 I/O 配置信息写入到 EM277 模块 V 存储器地址和输入及输出数据长度传输给 S7－200CPU。

输入和输出缓冲区的地址可配置在 S7－200CPU 的 V 存储区中任何位置。输入和输出缓冲区器的默认地址为 VB0。输入和输出缓冲地址是主站写入 S7－200CPU 赋值参数的一部分。用户必须组态主站以识别所有的从站及将需要的参数和 I/O 配置写入每一个从站。

一旦 EM277 模块已用一个 DP 主站成功地进行了组态，EM277 和 DP 主站就进入数据交换模式。在数据交换模式中，主站将输出数据写入到 EM277 模块，然后，EM277 模块响应最新的 S7－200CPU 输入数据。EM277 模块不断地更新从 S7－200CPU 来的输入数据，以便向 DP 主站提供最新的输入数据。然后，该模块将输出数据传输给 S7－200CPU。从主站来的输出数据放在 V 存储区中（输出缓冲区）由某地址开始的区域内，而该地址是在初始化期间由 DP 主站提供的。传输到主站的输入数据取自 V 存储区存储单元（输入缓冲区），其地址是紧随输出缓冲区的。

在建立 S7－200CPU 用户程序时，必须知道 V 存储区中的数据缓冲区的开始地址和缓冲区大小。从主站来的输出数据必须通过 S7－200CPU 中的用户程序，从输出缓冲区转移到其他所用的数据区。类似地，传输到主站的输入数据也必须通过用户程序从各种数据区转移到输入缓冲区，进而发送到 DP 主站。

从 DP 主站来的输出数据，在执行程序扫描后立即放置在 V 存储区内。输入数据（传输到主站）从 V 存储区复制到 EM277 中，以便同时传输到主站。当主站提供新的数据时，则从主站来的输出数据才写入到 V 存储区内。在下次与主站交换数据时，将送到主站的输入数据发送到主站。

SMB200～SMB249 提供有关 EM277 从站模块的状态信息（如果它是 I/O 链中的第一个智能模块）。如果 EM277 是 I/O 链中的第二个智能模块，那么，EM277 的状态是从 SMB250～SMB299 获得的。如果 DP 尚未建立与主站的通信，那么，这些 SM 存储单元显示默认值。当主站已将参数和 I/O 组态写入到 EM277 模块后，这些 SM 存储单元显示 DP 主站的组态集。用户应检查 SMB224，并确保在使用 SMB225～SMB229 或 V 存储区中的信息之前，EM277 已处于与主站交换数据的工作模式。

7.2.5 利用 ModBus 协议进行网络通信

STEP 7 - Micro/WIN 指令库包含有专门为 ModBus 通信设计的预先定义的专门的子程序和中断服务程序，从而与 ModBus 主站通信简单易行。使用一个 ModBus 从站指令可以将 S7 - 200 组态为一个 ModBus 从站，与 ModBus 主站通信。当在用户编制的程序中加入 ModBus 从站指令时，相关的子程序和中断程序自动加入到所编写的项目中。

1. ModBus 协议介绍

ModBus 协议是应用于电子控制器上的一种通用语言，具有较广泛的应用。ModBus 协议现在为一通用工业标准。有了它，不同厂商生产的控制设备可以连成工业网络，进行集中监控。通过此协议，控制器相互之间、控制器经由网络（如以太网）和其他设备之间可以通信。该协议定义了一个控制器能认识使用的消息结构，而不管它们是经过何种网络进行通信的。它描述了控制器请求访问其他设备的过程，以及怎样检测错误并进行记录。它确定了消息域格式及内容的公共格式。

当在 ModBus 网络上通信时，每个控制器需要知道它们的设备地址，识别按地址发来的消息，决定要产生何种行动。如果需要回应，控制器将生成反馈信息并用 ModBus 协议发出。在其他网络上，包含了 ModBus 协议的消息转换为在此网络上使用的帧或包结构。这种转换也扩展了根据具体的网络解决节地址、路由路径及错误检测的方法。

1）ModBus 协议网络选择

在 ModBus 网络上转输时，标准的 ModBus 接口是使用与 RS - 232C 兼容的串行接口，它定义了连接口的引脚、电缆、信号位、传输波特率、奇偶校验。控制器能直接或经由 Modem 组网。

控制器通信使用主/从技术，即指只有一个设备（主设备）能初始化传输（查询），其他设备（从设备）则根据主设备查询提供的数据做出相应反应。典型的主设备有主机和可编程仪表；典型的从设备有 PLC。

主设备可单独与从设备通信，也能以广播方式和所有从设备通信。如果单独通信，从设备返回消息作为回应，如果是以广播方式查询的，则不做任何回应。ModBus 协议建立了主设备查询的格式，即设备（或广播）地址、功能代码、所有要发送的数据、错误检测域。从设备回应消息也由 ModBus 协议构成，包括确认要行动的域、任何要返回的数据和错误检测域。如果在消息接收过程中发生错误，或从设备不能执行其命令，从设备将建立错误消息并把它作为回应发送出去。

2）ModBus 查询—回应周期

（1）查询消息包括功能代码、数据段、错误检测等几部分。功能代码告之被选中的从设备要执行何种功能。数据段包含了从设备要执行功能的任何附加信息。如功能代码 03 是要求从设备读保持寄存器并返回它们的内容。数据段必须包含要告之从设备的信息：从何寄存器开始读和要读的寄存器数量。错误检测域为从设备提供了一种验证消息内容是否正确的方法。

（2）回应消息包括功能代码、数据段、错误检测等几部分。如果从设备产生正常的回应，在回应消息中的功能代码是在查询消息中的功能代码的回应。数据段包括了从设备收集的数据：寄存器值或状态。如果有错误发生，功能代码将被修改以用于指出回应消息是错误的，同时数据段包含了描述此错误信息的代码。错误检测域允许主设备确认消息内容是否可用。

(3) ModBus数据传输模式。控制器能设置为两种传输模式（ASCII或RTU）中的任何一种。在配置每个控制器的时候，一个ModBus网络上的所有设备都必须选择相同的传输模式和串口通信参数（波特率、校验方式等）。所选的ASCII或RTU方式仅适用于标准的ModBus网络，它定义了在这些网络上连续传输的消息段的每一位，以及决定怎样将信息打包成消息域和如何解码。在其他网络上（像MAP和ModBus Plus），ModBus消息被转成与串行传输无关的帧。

2. S7-200中ModBus从站协议指令

1) MBUS_INIT指令

MBUS_INIT指令用于使能、初始化或禁止ModBus通信，如图7-10所示。只有当本指令执行无误后，才能执行MBUS_SLVE指令。当EN位使能时，在每个周期MBUS_INIT都被执行。但在使用时，只有当改变通信参数时，MBUS_INIT指令才重新执行，因此EN位的输入端应采用脉冲输入，并且该脉冲的应采用边沿检测的方式产生，或者采取措施使MBUS_INIT指令只执行一次。

表7-7列出了MBUS_INIT指令各参数的类型及适用的变量。

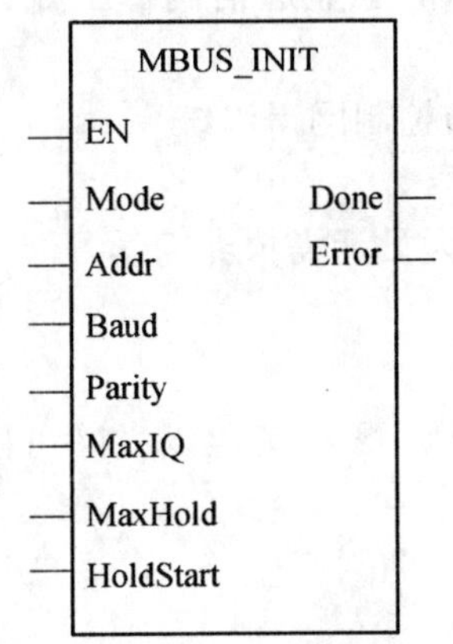

图7-10 MBUS INIT指令

表7-7 MBUS_INIT指令各参数的类型及适用的变量

IN/OUT	数据类型	适用变量
Mode, Addr, Parity	BYTE	VB, IB, QB, MB, SB, SMB, LB, AC, Constant, *AC, *VD, *LD
Baud, HoldStart	DWORE	VD, ID, QD, MD, SD, SMD, LD, AC, Constant, *AC, *VD, *LD
Delay, MaxAI, MaxHold	WORD	VW, IW, QW, MW, SW, SMW, LW, AC, Constant, *AC, *VD, *LD
Done	BOOL	I, Q, M, S, SM, T, C, V, L
Error	BYTE	VB, IB, QB, MB, SB, SMB, LB, AC, *AC, *VD, *LD

参数说明：

参数Baud用于设置波特率，可选1200、2400、4800、9600、19200、38400、57600、11520。

参数Addr用于设置地址，地址范围为1~247。

参数Parity用于设置校验方式使之与ModBus主站匹配。其值可为0（无校验）、1（奇校验）、2（偶校验）。

参数MaxIQ用于设置最大可访问的I/O点数。

2) MBUS_SLAVE指令

MBUS_SLAVE指令用于响应ModBus主站发出的请求。该指令应该在每个扫描周期都被执行，以检查是否有主站的请求。其梯形图指令如图7-11所示。只有当指令的EN位输入有效时，该指令在每个扫描周期才被执行。当响应ModBus主站的请求时，Done位有效，否则Done处于无效状态。位Error显示指令执行的结果。Done有效时Error才有效，但Done由有效变为无效时，Error状态并不发生改变。表7-8列出了MBUS_SLAVE指令各参数的类型及适用的变量。

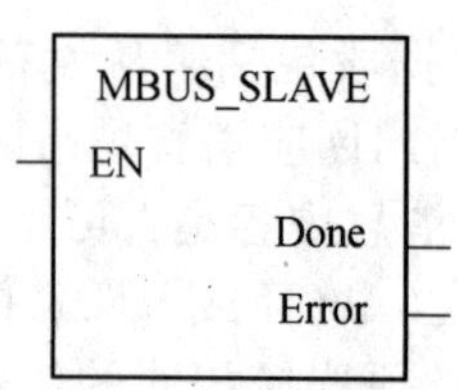

图 7-11　MBUS _ SLAVE 指令

表 7-8　MBUS _ SLAVE 指令各参数的类型及适用的变量

参数	数据类型	操作数
Done	BOOL	I,Q,M,S,SM,T,C,V,L
Error	BYTE	VB, IB, QB, MB, SB, SMB, LB, AC, * AC, * VD, * LD

7.2.6　工业以太网

随着网络控制技术的发展和成熟,信息交换的网络正迅速覆盖各个领域,从工厂的现场设备到控制到管理的各个层次中均有应用,由于领域宽,导致企业网络不同层次间的数据传输变得越来越复杂。人们对工业局域网的开放性、互联性、带宽等方面提出了更高的要求,应用传统的现场总线的工业控制网已无法实现企业管理自动化与工业控制自动化的无缝接合,技术上早已成熟的管理网——以太网正在闯入人们的视线。20 世纪 70 年代末期由 Xerox、DEC 和 Intel 公司共同推出的以太网产品发展到现在已获得了空前的发展,传输速率从早期的 10Mb/s 到现在的 100Mb/s 的快速以太网产品,已经开始流行。早期阻碍以太网应用与实时控制的难点已被解决,工业以太网已经成为工业控制系统的一种新的工业通信网。工业以太网有以下一些优点:

(1) 以太网可以满足控制系统各个层次的要求,使企业信息网与控制网得以统一。

(2) 可使设备的成本下降。

(3) 有利于企业工程人员的学习和管理,以太网维护容易,工作人员无需再专门学习。

(4) 工业以太网易于与其他网络(如 Internet)进行集成。

(5) 速度更快。

西门子公司已将工业以太网运用于工业控制领域,用 ASI,PROFIBUS 和工业以太网可以构成监控系统。

7.3　CP5611 的安装和使用

7.3.1　CP5611 硬件的安装

CP5611 是指按 PPI 协议通信的 CP5611 卡。CP5611 适用于台式计算机或工控机,不适用于笔记本电脑。CP5611 硬件安装很简单,将计算机断电,然后将 CP5611 卡安装在计算机的空余的 PCI 插槽上即可,PCI 要求为 32 位,遵从 PCI V2.1 规范,最低主频不能低于 33MHz,如果使用 DP 方式至少应为 166MHz。CP5611 的安装可以在 STEP 7 软件安装之前,也可以在 STEP 7 软件安装之后。

7.3.2　CP5611 软件的驱动说明

CP5611 卡没有随硬件提供的软件驱动,如果在安装 STEP 7 软件之前,CP5611 已经安装在计算机内,那么在安装 STEP 7 软件的"Set PG/PCInterface..."时软件会自动识别 CP5611 卡,并且会自动安装其驱动程序,STEP 7 软件安装完成后可以在"Set PG/PC Interface..."中找到 CP5611 的接口类型,如果在安装完 STEP 7 软件后才在计算机的 PCI 插槽上安装好 CP5611 卡,那么重新启动计算机后,系统会自动找到 CP5611,并自动安装,安装完成后启动

STEP 7 软件，在“Set PG/PCInterface...”中可以找到 CP5611 相关接口选项，具体画面如图 7－12所示。

单击 Select... 按钮，可以看到 CP5611 已经安装，如图 7－13 所示。

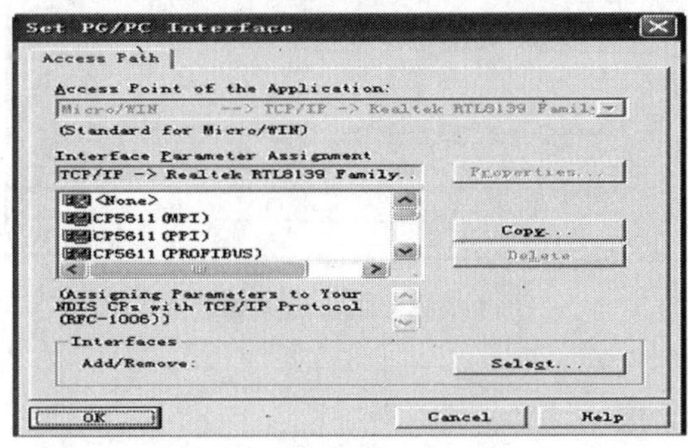

图 7－12　启动 STEP 7 软件

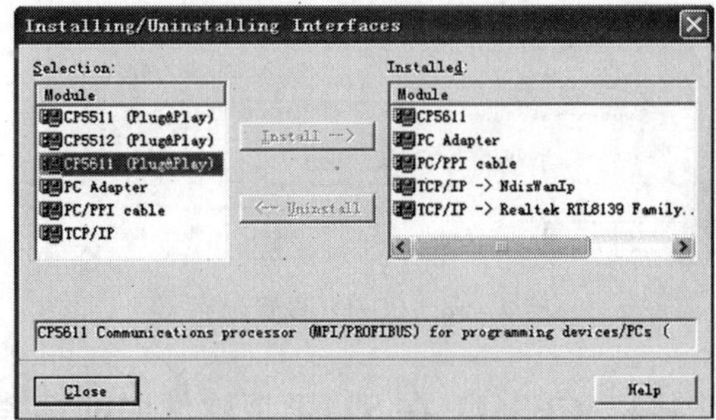

图 7－13　CP5611 安装画面

7.3.3　CP5611 硬件自检

正确安装 CP5611 卡后，通过 STEP 7 软件可以对其进行检测，看它能否正常使用，具体操作方法如下：打开“Set PG/PC Interface...”然后选择 CP5611 (PPI) 或者 CP5611 (PROFIBUS) 接口类型中的任一种，然后单击 Diagnostics... 按钮，选择“PROFIBUS/MPI Network Diagnostics”选项，单击 Test 按钮，如果 CP5611 能够正常使用，则测试正常，显示画面如图 7－14 所示。

如果 CP5611 不能正常使用，则会有错误显示，例如，如果网络测试显示“Error 0x031a”错误信息，如图 7－15 所示。可以在“Set PG/PC Interface...”中单击 Properties... 按钮，然后将 PG/PC 设为唯一的主站，画面如图 7－16 所示。

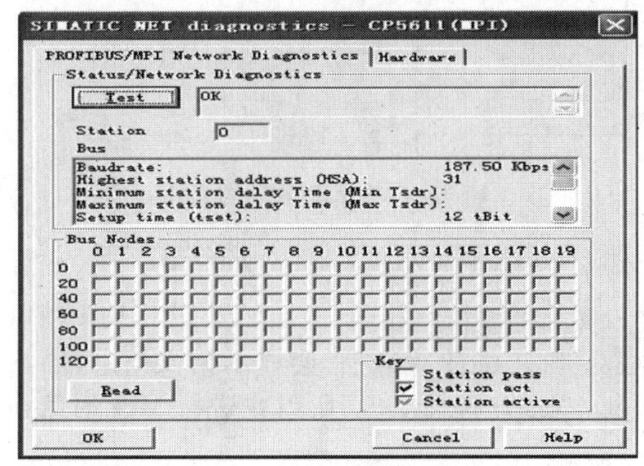

图 7－14　CP5611 测试正常

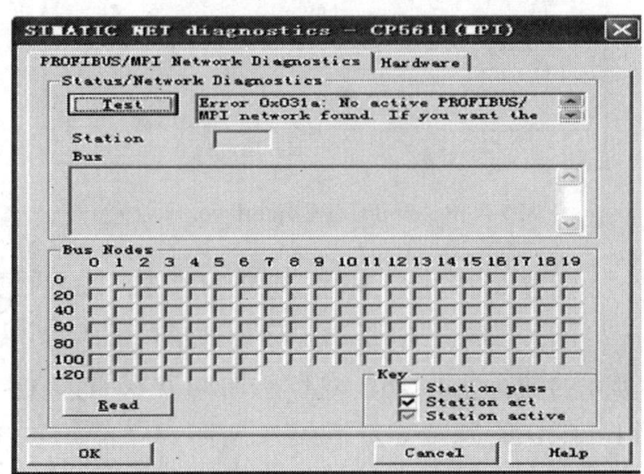

图 7－15　CP5611 测试不正常

然后再做测试，测试正常。

同时也可以对 CP5611 做硬件测试，在图 7－14 中选择“Hardware”选项，单击 Test 按钮，如果 CP5611 与计算机其他硬件资源没有冲突，则测试正常，显示画面如图 7－17 所示。

如果网络和硬件测试均正常，说明 CP5611 能够正常使用。

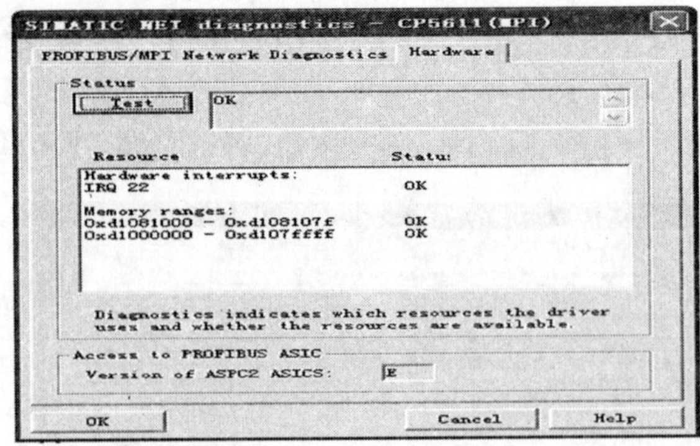

图 7-16　PG/PC 设置画面

图 7-17　Hardware 测试

7.3.4　CP5611 在 STEP 7 软件中的选择和设置

首先说明使用 CP5611 建立与 CPU 的通信时，必须使用 MPI 电缆或 Profibus 电缆作为 CPU 与 CP5611 的连接电缆。

打开“SIMATIC Manager”，单击“Options”，在下拉菜单中选择“SetPG/PC Interface...”，画面如图 7-18 所示。

(1) 如果选择与 CPU 相连的是 MPI 接口，则选择 CP5611(MPI)，此时 S7ONLINE (STEP 7) -> 为 CP5611(MPI)，然后单击 Properties... 按钮设置 MPI 的属性，画面如图 7-19 所示。

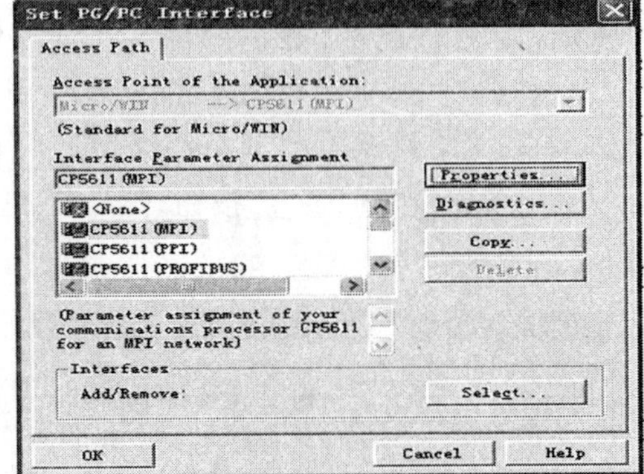

图 7-18　SetPG/PC Interface... 设置

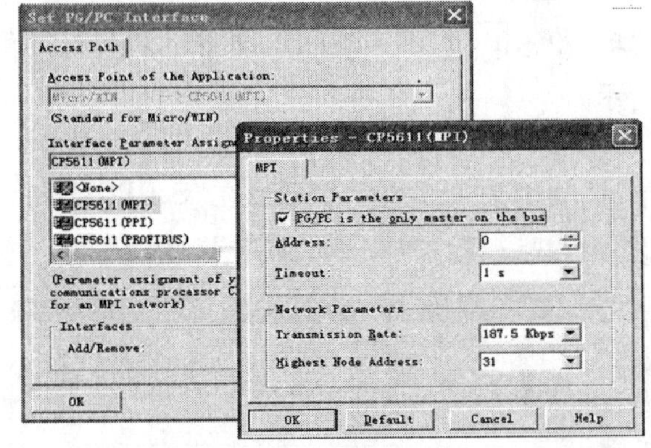

图 7-19　设置 MPI 的属性

设置 MPI 接口属性，选择 MPI 接口的通信波特率 Transmission Rate: 187.5 Kbps，注意此处的波特率一定要和实际要通信的 CPU MPI 接口实际的波特率相同，例如如果 CPU MPI 接口实际的波特率为 187.3Kb/s，而此处设置为 19.2Kb/s，则不能建立通信，会显示错误信息，因为 PLC 默认的波特率为 9.6Kb/s，而 MPI 通信的最低波特率为 19.2Kb/s，所以在进行 MPI 通信前应用 PPI 通信将 PLC 地址改为要求的值(187.2Kb/s)。

同时要注意 PG/PC 的地址不要和 PLC 的地址相同。

使用电缆连接好 CPU 与 CP5611 后可以判断是否能够找到网络上的站点，在图 7-18 中单击 Diagnostics... 按钮，进入网络诊断画面，然后单击 Read 按钮，可以看到网络上的站点，显示画面如图 7-20 所示。

设置完成后单击 2 次“OK”按钮，STEP 7 会提示如图 7-21 所示的信息。

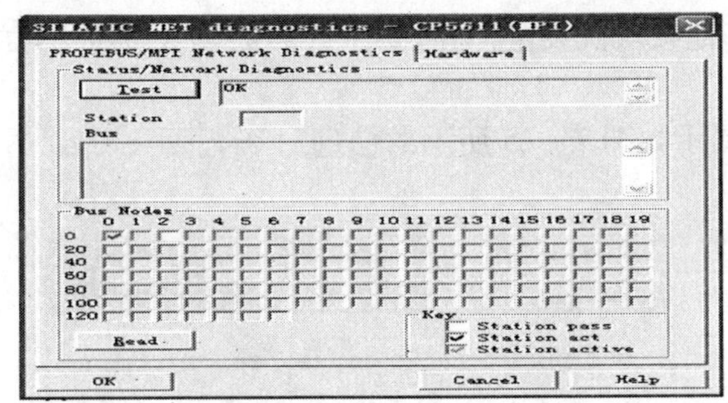

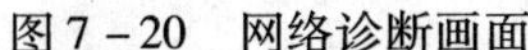

图 7-20　网络诊断画面

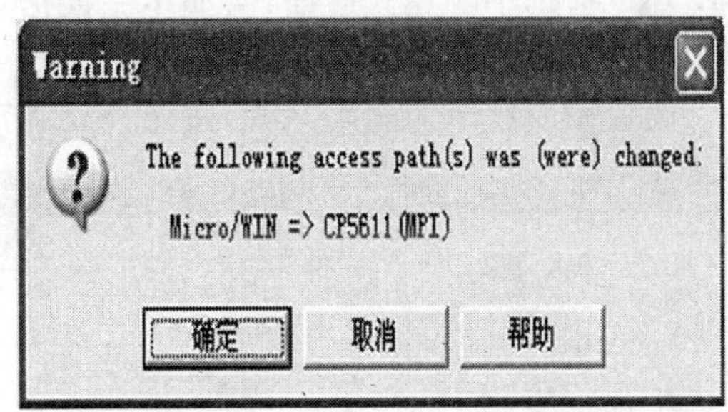

图 7-21　PG/PC Interface 的设置

单击“确定”按钮完成 PG/PC Interface 的设置,此时可以建立 PC 与 CPU 的通信,正常通信时 CP5611 卡的指示灯快闪。

(2) 如果选择与 CPU 相连的是 Profibus 接口,则选择 CP5611(PROFIBUS),此时 S7ONLINE (STEP 7) - > 为 CP5611(PROFIBUS),然后点击 Properties... 按钮设置 Profibus 接口的属性,画面如图 7-22 所示。

设置 Profibus 接口属性,如果 PG/PC 为唯一的主站,则选中 PG/PC is the only master on the bus,然后选择 Profibus 接口的通信波特率 Transmission Rate: 1.5 Mbps,注意此处的波特率一定要和实际要通信的 CPU DP 口实际的波特率相同,例如如果 CPU DP 口实际的波特率 1.3Mb/s,而此处设置为 187.3Kb/s,则不能建立通信,会显示错误信息。其他按默认设置,通信波特率的调整同 MPI 通信。

同时要注意 PG/PC 的地址不要和 PLC 的地址相同。

测试与网络上的站点通信方法与 MPI 方式相同。设置完成后单击 2 次“OK”按钮,STEP 7 会提示如图 7-23 所示的信息。

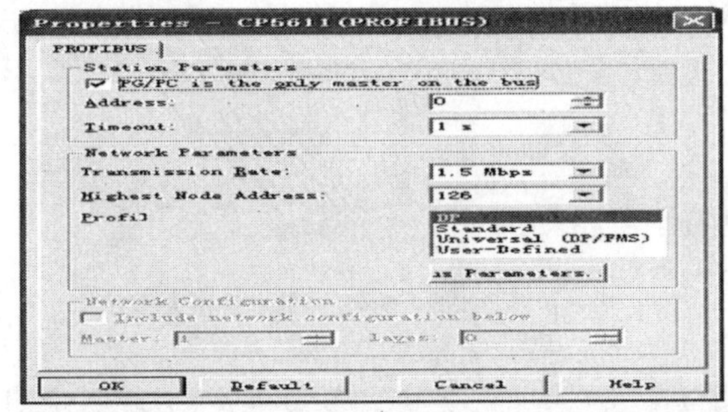

图 7-22　设置 Profibus 接口的属性

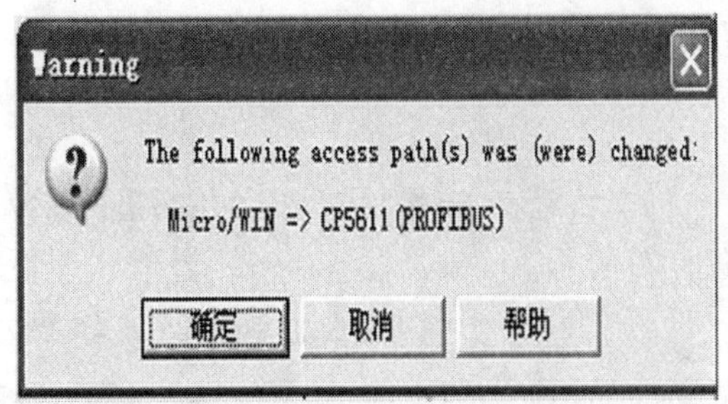

图 7-23　完成 PG/PC Interface 的设置

单击“确定”按钮完成 PG/PC Interface 的设置。此时可以建立 PC 与 CPU 的通信,正常通信时 CP5611 卡的指示灯快闪。

(3) 使用 CP5611 可以和 CPU200 建立通信,在安装有 STEP 7 - MicroWIN V×.× 软件的计算机上,可以在“PG/PC Interface”中选择 CP5611(MPI),此时 S7ONLINE (STEP 7) - > 为 CP5611(PPI),然后单击 Properties... 按钮,设置 PPI 接口参数,画面如图 7-24 所示。

设置 PPI 属性,如果要实现多主站连接,则选中“Advanced PPI”选项,然后选择 PPI 接口的通信波特率 Transmission Rate: 9.6 Kbps,注意此处的波特率一定要和实际要通信的 CPU PPI 口实际的波特率相同,例如如果 CPU PPI 口实际的波特率为 9.6Kb/s,而此处设置为

187.3Kb/s，则不能建立通信，会显示错误信息，其他按默认设置，同时要注意 PG/PC 的地址不要和 PLC 的地址相同。

设置完成后单击两次“OK”按钮，STEP 7 会提示如图 7－25 所示的信息。

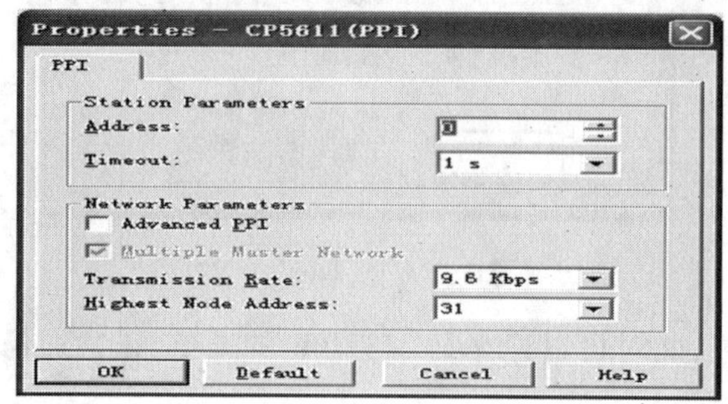

图 7－24 设置 PPI 接口参数

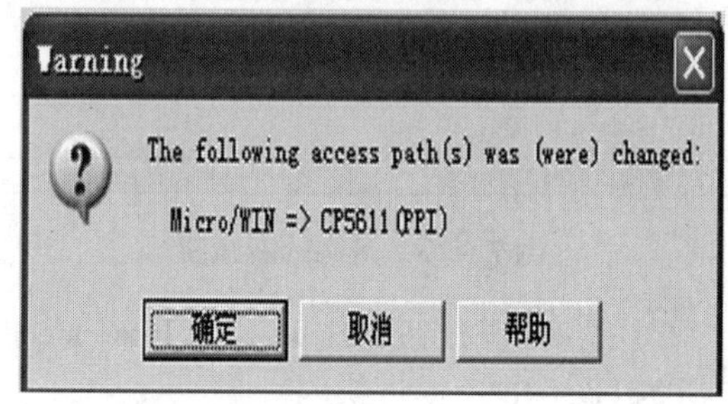

图 7－25 完成 PG/PC Interface 的设置

单击“确定”完成 PG/PC Interface 的设置。此时可以建立 PC 与 CPU 的通信，正常通信时 CP5611 卡的指示灯快闪。

7.3.5 利用 TCP/IP 协议实现以太网通信

1. 网线水晶头的做法

网线水晶头的做法如图 7－26 所示。

一头的水晶头的连线 1～8 为白(橙)、橙、白(绿)蓝、白(蓝)、绿、白(灰)、灰；另一头为白(绿)、绿、白(橙)、白(蓝)、蓝、橙、白(灰)、灰。

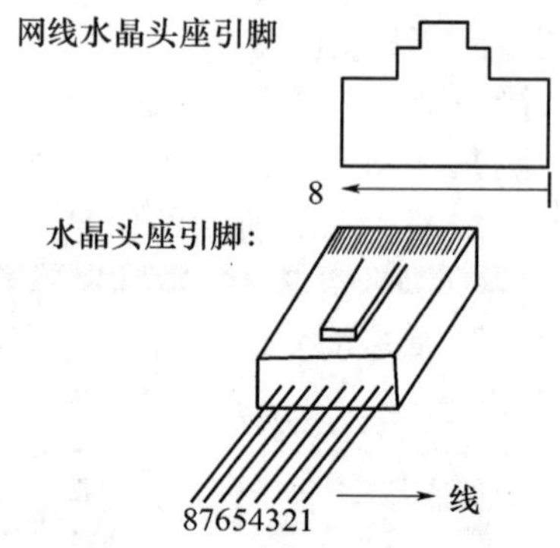

图 7－26 网线水晶头做法

2. 加电源、接网卡在 CPU 上连上 CP243－1 模块，给 CPU 加上电源，用网线将 CP243－1 与 PC 的 TCP/IP 网卡连起来

3. 为 PC 设置一个 IP 地址

(1) 打开网络邻居。

(2) 查看本地连接属性，“Internet 协议(TCP/IP)”，如图7－27所示。

(3) 给 PC 一个 IP 地址，如图 7－28 所示。

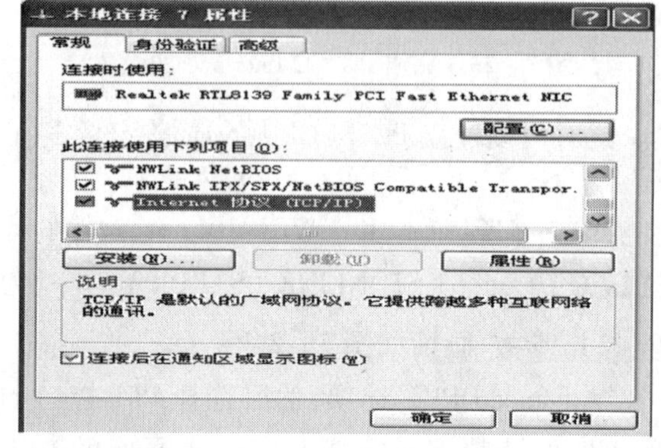

图 7－27 查看本地连接属性

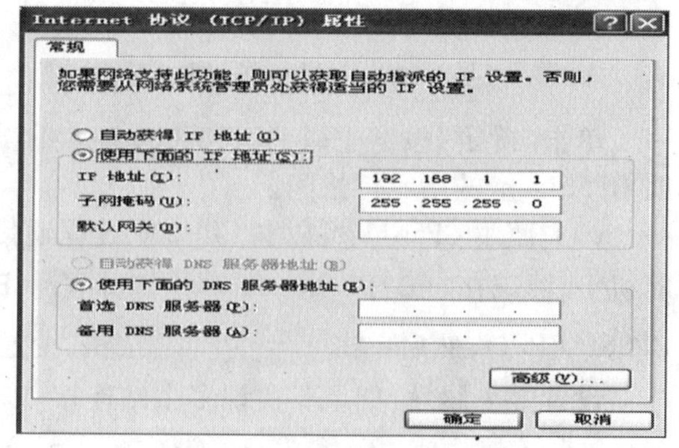

图 7－28 给 PC 一个 IP 地址

（4）单击“确定”按钮成功给 PC 一个 IP 地址。

4. 在 STEP 7 中制作以太网向导

1）步骤 1：将 CP243 – 1 配置为服务器。

STEP 7 – Micro/WIN32 软件的版本应该为 V3.2 SP1 或以上。在命令菜单中选择“工具”→“以太网向导”，如图 7 – 29 所示。

（1）单击“下一步”按钮，系统会提示用户在使用向导程序之前，要先对程序进行编译。

（2）单击“是”按钮编译程序，如图 7 – 30 所示。

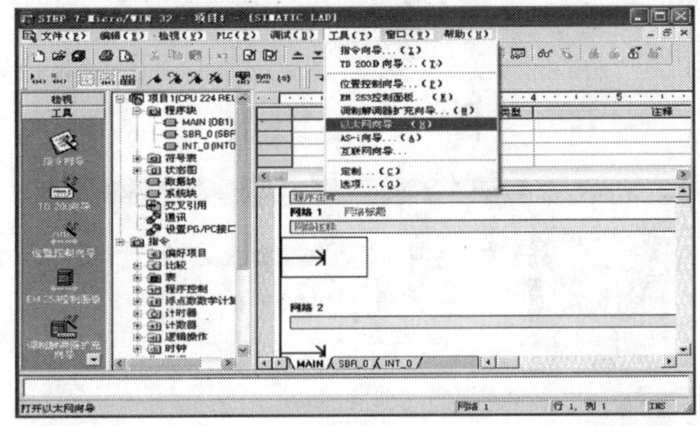

图 7 – 29　STEP 7 – Micro/WIN 32 中的向导程序

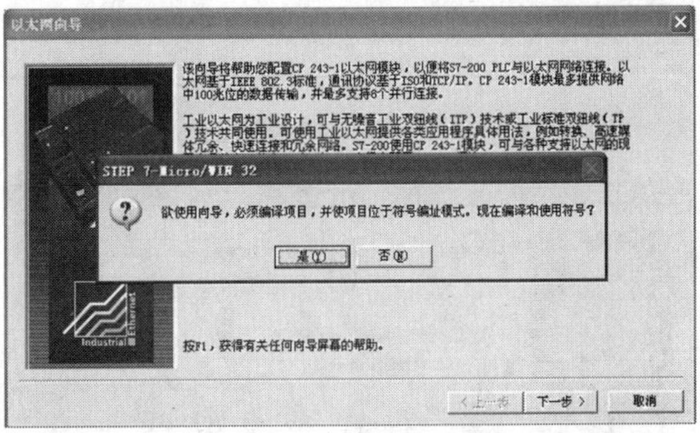

图 7 – 30　编译程序

① 选择模块的位置。

② 单击“读取模块（R）”按钮搜寻在线的 CP243 – 1 模块（CPU 必须通过其他通信协议已经跟 PC 联系上），如图 7 – 31 所示。

③ 单击“下一步”按钮。

④ 在此处填写将要给 CP243 – 1 的 IP 地址和子网掩码（注意：此时给模块的 IP 和子网掩码要与本机的相对应），如图 7 – 32 所示。选择模块的通信类型（用默认值）。单击“下一步”按钮继续。

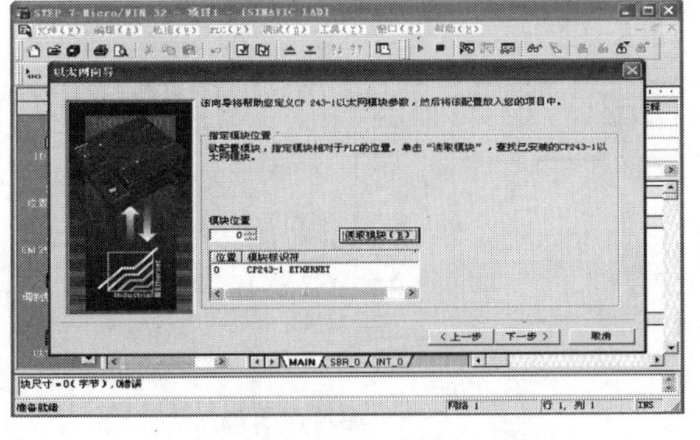

图 7 – 31　“读取模块（R）”设置

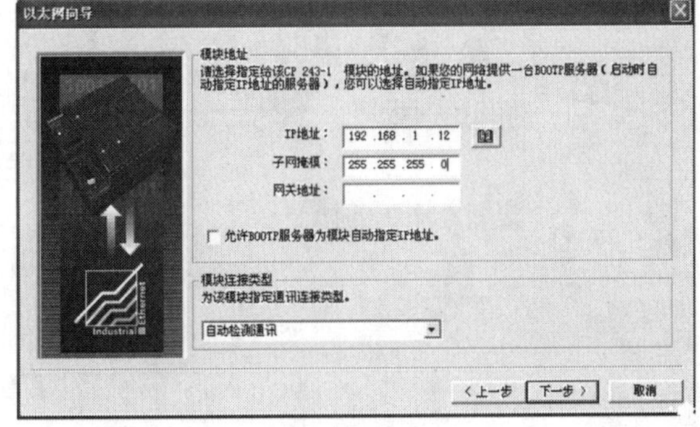

图 7 – 32　CP243 – 1 的 IP 地址和子网掩码

⑤ 填写模块占用的输出地址（QB），如图 7 – 33 所示。建议使用默认值。

⑥ 填写模块的连接个数。单击“下一步”按钮继续。

⑦ 设置“此为服务器连接”并接受所有连接，如图 7 – 34 所示，单击“下一步”按钮继续。

⑧ 选择“是，为数据块中的该配置生成 CRC 保护”，使用默认的时间间隔 30s 秒，如图7 – 35 所示。单击“下一步”按钮。

⑨ 填写模块占用的 V 存储区的起始地址。也可以单击“建议地址”按钮获得系统建议的模块占用的 V 存储区的起始地址，如图 7 – 36 所示。单击“下一步”按钮。

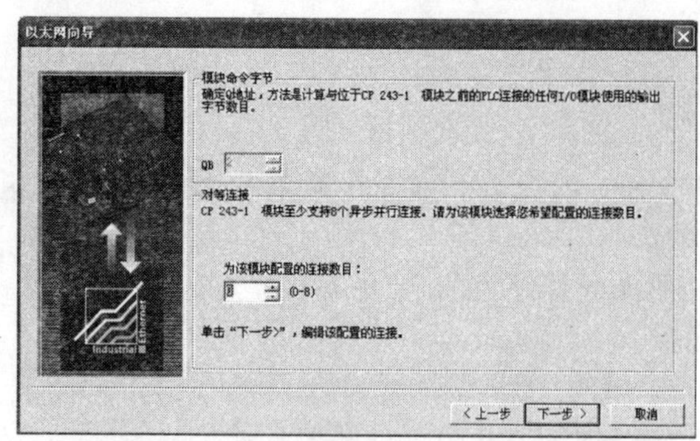

图 7-33　以太网向导(一)

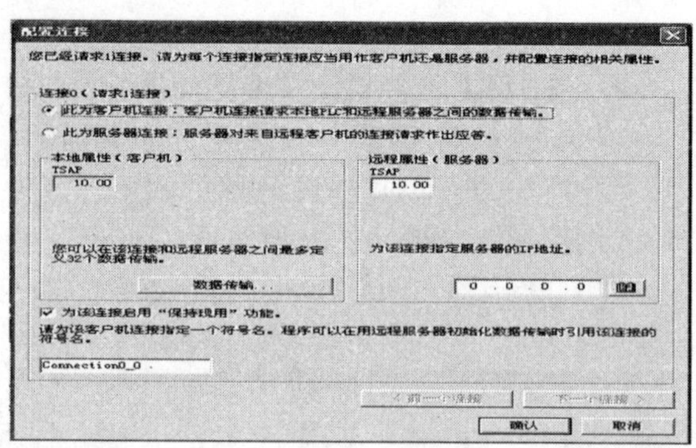

图 7-34　配置连接

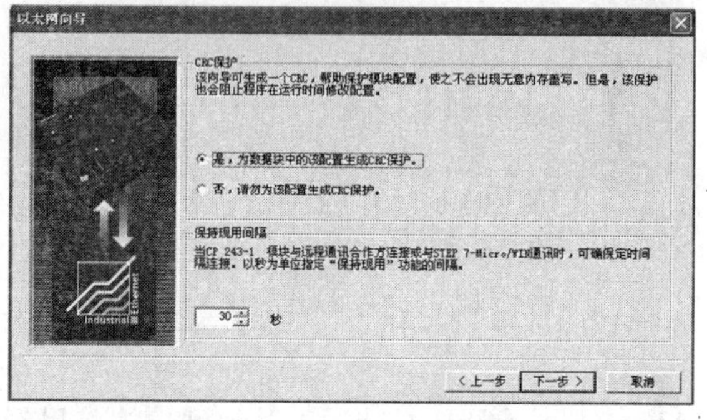

图 7-35　以太网向导(二)

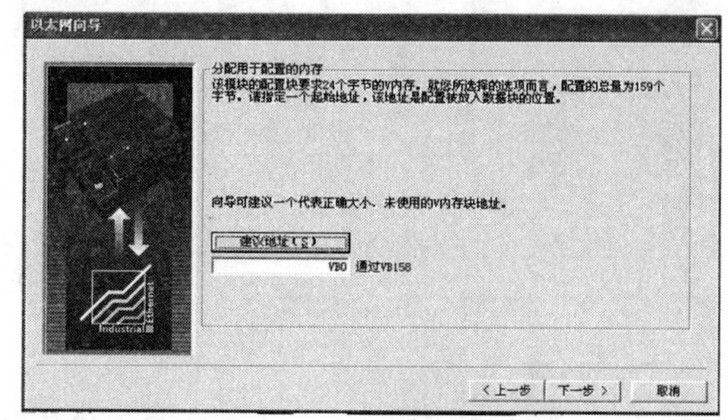

图 7-36　以太网向导(三)

⑩ 单击"完成"按钮,完成对该模块的配置,如图 7-37 所示。

2）步骤 2:在服务器上编写通信程序

可以使用向导程序提供的子程序,在服务器编写图中的通信程序。然后,将整个项目下载到做服务器的 CPU 上,如图 7-38 所示。

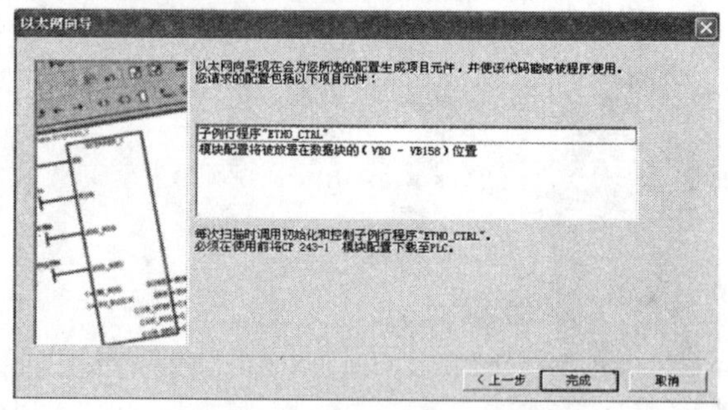

图 7-37　以太网向导(四)

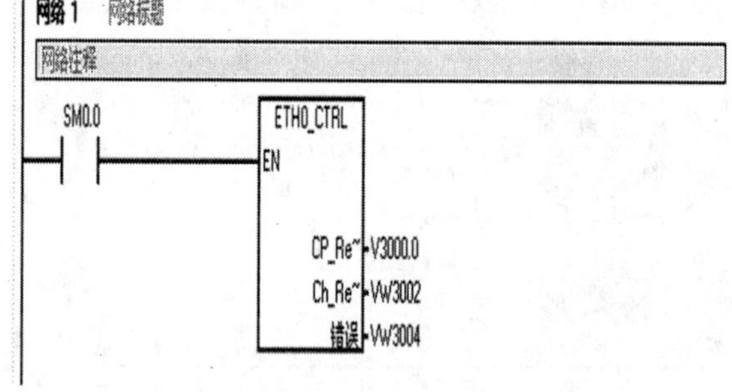

图 7-38　编写通信程序

这样就可以进行单机的以太网通信了,如果使用 HUB,就可以实现一台计算机通过以太网控制网络中的 PLC(注意:每个 PLC 的 IP 地址不能相同)。

习 题 七

7-1　什么是并行传输？什么是并行传输？

7-2　什么是异步传输和同步传输？

7-3　为什么要对信号进行调制和解调？

7-4　常见的传输介质有哪些？它们的特点是什么？

7-5　PC/PPI 电缆上的 DIP 开关如何设定？

7-6　奇偶检验码是如何实现奇偶检验的？

7-7　常见的网络拓扑结构有哪些？

7-8　NETR/NETW 指令各操作数的含义是什么？如何应用？

7-9　MBUS _ INIT 指令各操作数的含义是什么？如何应用？

第8章 三菱FX系列PLC的基本指令与步进指令

8.1 三菱FX系列PLC简介

FX系列PLC为日本三菱公司的产品,FX系列PLC由基本单元、扩展单元、扩展模块及特殊功能单元构成。基本单元(Basic Unit)包括CPU、存储器、输入/输出及电源,是PLC的主要部分。扩展单元(Extension Unit)是用于增加可编程控制器I/O点数的装置,内部设有电源。扩展模块(Extension Module)用于增加可编程控制器I/O点数,内部无电源,所用电源由基本单元或扩展单元供给。因扩展单元及扩展模块无CPU,必须与基本单元一起使用。特殊功能单元(Special Function Unit)是一些专门用途的装置。这里只对FX_{1N}系列可编程控制器的基本单元、扩展单元、扩展模块的型号规格作一个简单介绍。

8.1.1 三菱FX系列PLC的命名

FX系列可编程控制器型号命名的基本格式为

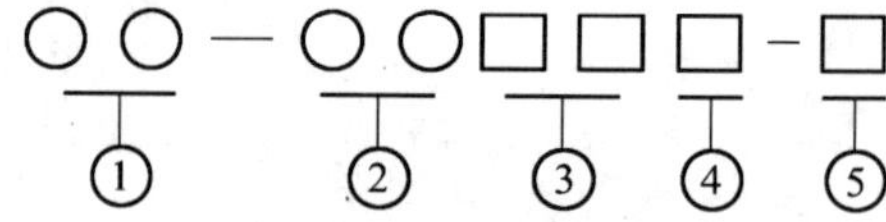

① 系列序号:0、2、0N、0S、2C、2NC、1N、1S,即FX_0、FX_2、FX_{0N}、FX_{0S}、FX_{2C}、FX_{2N}、FX_{2NC}、FX_{1N}和FX_{1S}。

② 输入输出的总点数:4点~128点。

③ 单元区别:M为基本单元;E为输入输出混合扩展单元及扩展模块;EX为输入专用扩展模块;EY为输出专用扩展模块。

④ 输出形式(其中输入专用无记号):R为继电器输出;T为晶体管输出;S为晶闸管输出。

⑤ 特殊物品的区别。

D:DC电源,DC输入。

A1:AC电源,AC输入(AC100-120V)或AC输入模块。

H:大电流输出扩展模块。

V:立式端子排的扩展模式。

C:接插口输入输出方式。

F:输入滤波器1ms的扩展模块。

L:TTL输入型模块。

S:独立端子(无公共端)扩展模块。

特殊物品无记号,如AC电源、DC输入、横式端子排。

输出为继电器输出2A/1点、晶体管输出0.5/1点或晶闸管输出0.3A/1点的标准输出。

8.1.2 三菱 FX_{1N}PLC 的构成

三菱 FX_{1N}系列 PLC 单独使用基本单元或使用扩展单元或扩展模块(含特殊扩展模块),可调整输入、输出范围为 24 点 ~ 128 点。基本单元的接插口可连接一个 FX_{1N}用功能扩展板。如使用 FX_{1N} – CNV – BD,可连接一台 FX_{0N}用特殊适配器。特殊适配器和功能扩展板对输入、输出点无影响。

三菱 FX_{1N}系列 PLC 的基本单元最多可连接 2 台 FX_{0N}或 FX_{2N}系列的扩展单元。基本单元、扩展单元可连接用于扩展输入输出点数的扩展模块或用于功能扩展的特殊模块,合计的输入、输出点数含该占有点数,控制在 128 点以下。

三菱 FX_{1N}PLC 外观如图 8 – 1 所示。表 8 – 1 为 FX_{1N}系列 PLC 基本单元、扩展单元和扩展模块一览表。

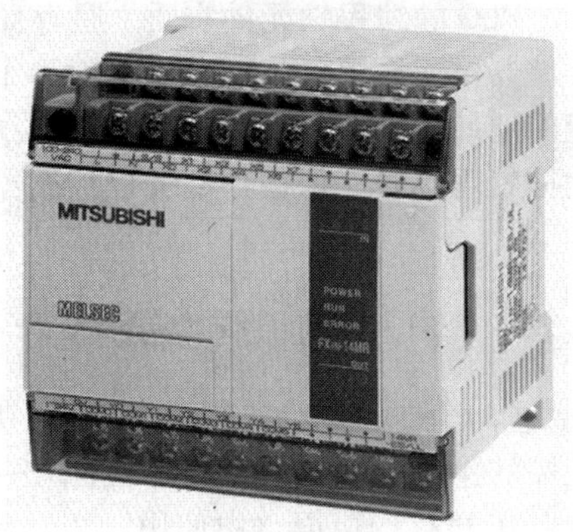

图 8 – 1　三菱 FX_{1N}PLC

表 8 – 1　FX_{1N}系列 PLC 基本单元、扩展单元和扩展模拟一览表

类型	型号	输入点数	输出点数	电源电压
基本单元	FX_{1N} – 24M(R,T)	14	10	AC100V ~ 240V 或 DC24V
	FX_{1N} – 40M(R,T)	24	16	
	FX_{1N} – 60M(R,T)	36	24	
扩展单元	FX_{0N} – 40ER	24	16	AC100V ~ 240V
	FX_{0N} – 40ET	24	16	
	FX_{0N} – 40ER – D	24	16	DC24V
	FX_{2N} – 32ER	16	16	AC100V ~ 240V
	FX_{2N} – 32ET	16	16	
	FX_{2N} – 32ES	16	16	
	FX_{2N} – 48ER	24	24	AC100V ~ 240V
	FX_{2N} – 48ET	24	24	
	FX_{2N} – 48ER – D	24	24	DC24V
	FX_{2N} – 48ET – D	24	24	
	FX_{2N} – 48ER – UA1/UL	24	24	—
扩展模块	FX_{0N} – 8ER	4(8)	4(8)	DC24V
	FX_{0N} – 8EX	—	8	DC24V
	FX_{0N} – 8EYT	—	8	—
	FX_{0N} – 8EYT – H	—	8	—
	FX_{0N} – 8EYR	—	8	—
	FX_{2N} – 16EX	16	—	DC24V
	FX_{2N} – 16EYT	—	16	—
	FX_{2N} – 16EYS	—	16	—
	FX_{2N} – 16EYR	—	16	—
	FX_{2N} – 16EX – C	16	—	DC24V
	FX_{2N} – 16EL – C	16	—	DC5V
	FX_{2N} – 16EYT – C	—	16	—

8.2 三菱 FX 系列 PLC 的编程元件

PLC 的编程软元件实质上是存储器单元,每个单元都有唯一的地址。为了满足不同的功用,存储器单元作了分区,因此,也就有了不同类型的编程软元件。各种软元件有其不同的功能和固定的地址。元件的数量是由监控程序规定的,它的多少决定了可编程控制器整个系统的规模及数据处理能力。每一种可编程控制器的元件数都是有限的。三菱 FX 系列 PLC 部分元件的功能如下。

8.2.1 输入/输出继电器(X,Y)

(1) 输入继电器(X0~X267)。PLC 的输入端子是从外部开关接收信号的窗口,与输入端子连接的输入继电器(X)是光电隔离的电子继电器,其常开触点和常闭触点的使用次数不限,这些触点在 PLC 内可以自由使用。

输入继电器只能利用其触点,其线圈不能用程序驱动。

(2) 输出继电器(Y0~Y267)。PLC 的输出端子是向外部负载输出信号的窗口。输出继电器的外部输出触点(继电器触点、双向可控硅 SSR、晶体管等输出元件)接到 PLC 的输出端子上。输出继电器的电子常开和常闭触点使用次数不限,其线圈由程序驱动,然而其外部输出触点(输出元件)与内部触点的动作有所不同。

输入/输出继电器的功能如图 8-2 所示。

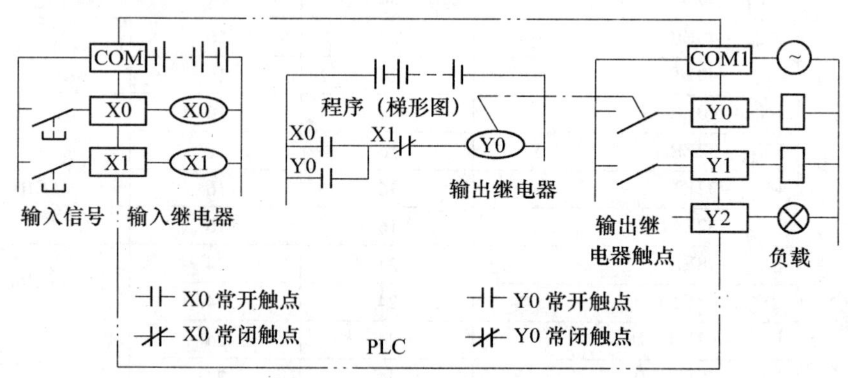

图 8-2 输入/输出继电器

8.2.2 辅助继电器(M)

辅助继电器的线圈与输出继电器一样,由程序驱动。辅助继电器的电子常开和常闭触点使用次数不限,在 PLC 内可以自由使用。但是,这些触点不能直接驱动外部负载,外部负载必须由输出继电器驱动。

在逻辑运算中经常需要一些中间继电器作为辅助运算用。这些元件不直接对外输入、输出,经常用做状态暂存、移动运算等,它的数量常比 X 、Y 多。另外,在辅助继电器中还有一类特殊辅助继电器,它有各种特殊的功能,如定时时钟、进/借位标志、启动/停止、单步运行、通信状态、出错标志等,这类元件数量的多少,在某种程度上反映了可编程控制器功能的强弱,能对编程提供许多方便。

1. 通用辅助继电器 M0 ~ M499(500 点)

通用辅助继电器有 500 点,其元件号按十进制编号(M0 ~ M499)。注意:除输入/输出继电器 X / Y 外,其他所有的软元件元件号均按十进制编号。

2. 停电保持辅助继电器 M500 ~ M1023(524 点)

PLC 在运行中若发生停电,输出继电器和通用辅助继电器全部成为断开状态。再运行时,除了 PLC 运行时就接通(ON)的继电器,其他的仍断开。但是,根据不同的控制对象,有的需要保存停电前的状态,并在再运行时再现该状态。停电保持用辅助继电器(又名保持继电器)就是用于这种目的的。停电保持由 PLC 内装的后备电池支持。

SET 、RST 指令可通过瞬时动作(脉冲)使继电器状态保持。

辅助继电器有无穷多个触点,可在 PLC 中自由使用。这些触点不能直接驱动外部负载。外部负载应由输出继电器驱动。

3. 特殊辅助继电器 M8000 ~ M8255(256 点)

特殊辅助继电器共 256 点,用来表示可编程控制器的某些状态,提供时钟脉冲和标志(如进位、借位标志),设定可编程控制器的运行方式,或者用于步进顺控、禁止中断、设定计数器是加计数或是减计数等。

特殊辅助继电器分为触点利用型和线圈驱动型两种。前者由可编程控制器的系统程序来驱动其线圈,在用户程序中可直接使用其触点。

M8000(运行监视):当可编程控制器执行用户程序时,M8000 为 ON;停止执行时,M8000 为 OFF(图 8 - 3)。

M8002(初始化脉冲):仅在 M8000 由 OFF 变为 ON 状态时的一个扫描周期内为 ON(图 8 - 3),可以用 M8002 的常开触点来使有断电保持功能的元件初始化复位和清零。

M8011 ~ M8014 分别是 10ms、100ms、1s 和 1min 时钟脉冲。其中,M8012 产生 100ms 脉冲(图 8 - 3)。

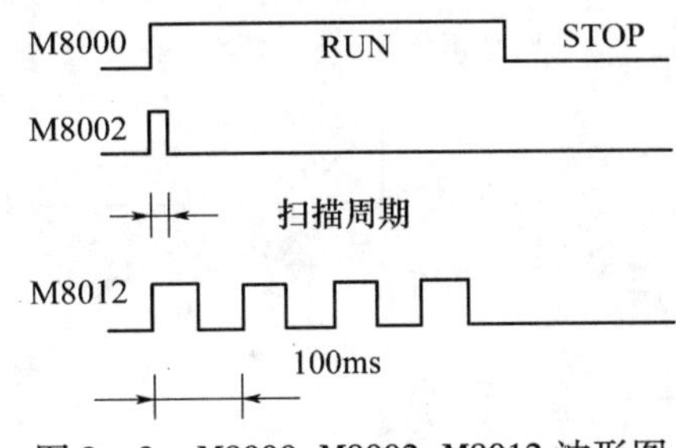

图 8 - 3　M8000、M8002、M8012 波形图

M8005(锂电池电压降低):电池电压下降至规定值时变为 ON,可以用它的触点驱动输出继电器和外部指示灯,提醒工作人员更换锂电池。

线圈驱动型由用户程序驱动其线圈,使可编程控制器执行特定的操作,例如,M8030 的线圈"通电"后,"电池电压降低",发光二极管熄灭;M8033 的线圈"通电"时,可编程控制器由 RUN 转为 STOP 状态后,映像寄存器与数据寄存器中的内容保持不变;M8034 的线圈"通电"时,禁止输出;M8039 的线圈"通电"时,可编程序控制器以 D8039 中指定的扫描时间工作。

8.2.3　状态元件(S)

状态是用于编制顺序控制程序的一种编程元件,它与 STL 指令(步进梯形指令)一起使用。

通用状态(S0 ~ S499)没有断电保持功能,但是用程序可以将它们设定为有断电保持功能的状态,其中包括供初始状态用的 S0 ~ S9 和供返回原点用的 S10 ~ S19。S500 ~ S899 有断电保持功能,S900 - S999 供报警器用。

不使用步进指令时,可以把它们当做普通辅助继电器(M)使用。供报警器用的状态,可用于外部故障诊断的输出。

8.2.4 报警器

一部分的状态元件可用做外部故障诊断输出。作报警器用的状态元件为 S900 ~ S99(100点)。

8.2.5 指针(P/I)

1. 分支用指针(P)

分支指针 P0 ~ P127(共 128 点)用来指示跳转指令(CJ)的跳步目标和子程序调用指令(CALL)调用的子程序的入口地址,执行到子程序中的 SRET(子程序返回)指令时返回去执行主程序。

图 8-4(a)中 X020 的常开触点接通时,执行条件跳步指令 CJ P0,跳转到指定的标号位置,执行标号后的程序。图 8-4(b)中 X010 的常开触点接通时,执行子程序调用指令 CALL P1,跳转到标号 P1 处,执行从 P1 开始的子程序,执行到 SRET 指令时返回主程序中 CALL P1 下面一条指令。

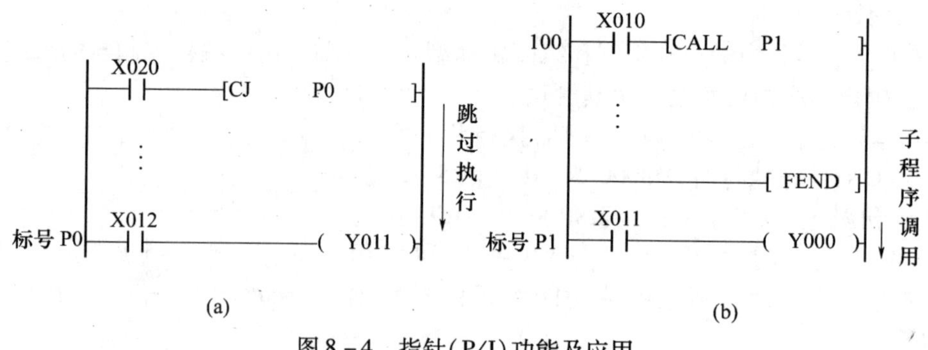

图 8-4 指针(P/I)功能及应用

(a) 条件转移;(b) 子程序调用。

2. 中断用指针(I)

中断用指针用来指明某一中断源的中断程序入口标号,执行到 IRET(中断返回)指令时返回主程序。计数器用的中断号为(I00□ ~ I50□)。输入中断用来接收特定的输入地址号的输入信号,立即执行相应的中断服务程序,这一过程不受可编程控制器扫描工作方式的影响,因此使可编程控制器能迅速响应特定的外部输入信号。

定时器中断使可编程控制器以指定的周期定时执行中断子程序,定时循环处理某些任务,处理的时间不受可编程控制器扫描周期的限制。

计数器中断用于可编程控制器内置的高速计数器,根据高速计数器的计数当前值与计数设定值的关系来确定是否执行相应的中断服务子程序。

8.2.6 定时器(T)

可编程控制器中的定时器相当于继电器系统中的时间继电器。它有一个设定值寄存器(一个字长)、一个当前值寄存器(一个字长)和一个用来储存其输出触点状态的映像寄存器(占二进制的一位)。这 3 个存储单元使用同一个元件号。FX 系列可编程控制器的定时器分为通用定时器和积算定时器。

常数 K 可以作为定时器的设定值,也可以用数据寄存器(D)的内容来设定。例如外部数字开关输入的数据可以存入数据寄存器,作为定时器的设定值。

1. 通用定时器(T0～T245)

T0～T199 为 100ms 定时器,定时范围为 0.1s～3276.7s,其中 T192～T199 为子程序和中断服务程序专用的定时器;T200～T245 为 10ms 定时器(共 46 点),定时范围为 0.01s～327.67s。如图 8-5(a)所示,X000 的常开触点接通时,T200 的当前值计数器从零开始,对 10ms 时钟脉冲进行累加计数。当前值等于设定值 123 时,定时器的常开触点接通,常闭触点断开,即 T200 的输出触点在其线圈被驱动 1.23s 后动作。X000 的常开触点断开后,定时器被复位。它的常开触点断开,常闭触点接通,当前值恢复为零。

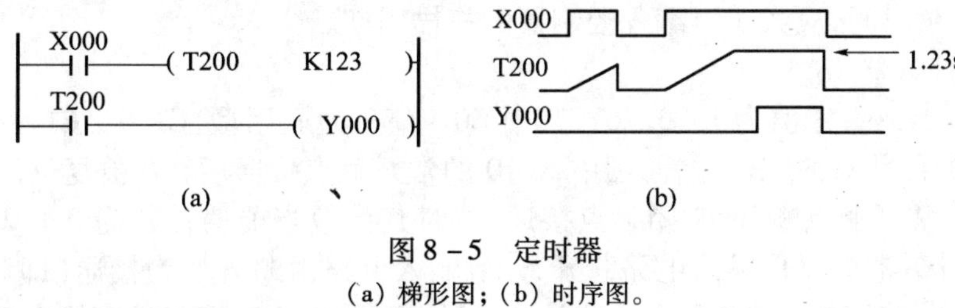

图 8-5　定时器

(a) 梯形图;(b) 时序图。

如果需要在定时器的线圈"通电"时就动作的瞬动触点,可以在定时器线圈两端并联一个辅助继电器的线圈,并使用它的触点。

通用定时器没有保持功能,在输入电路断开或停电时复位。

2. 积算定时器(T246～T255)

1ms 积算定时器 T246～T249 的定时范围为 0.001s～32.767s,100ms 积算定时器 T250～T255 的设定范围为 0.1s～3276.7s。如图 8-6(a)所示,X000 常开触点接通时,T253 的当前值计数器对 100ms 时钟脉冲进行累加计数。当前值等于设定值 345 时,定时器的常开触点接通,常闭触点断开。X001 的常开触点断开或停电时停止计时,当前值保持不变。X001 的常开触点再次接通或复电时继续计时,累计计时 38.5s 时,T253 的触点动作。X002 的常开触点接通时 T253 复位。

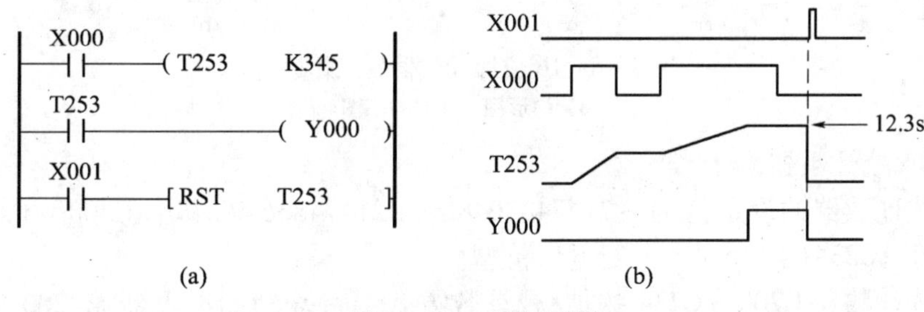

图 8-6　积算定时器

(a) 梯形图;(b) 时序图。

定时器只能提供其线圈"通电"后延迟动作的触点,如果需要在它的线圈"断电"后延迟动作,可以使用如图 8-7 所示的电路。

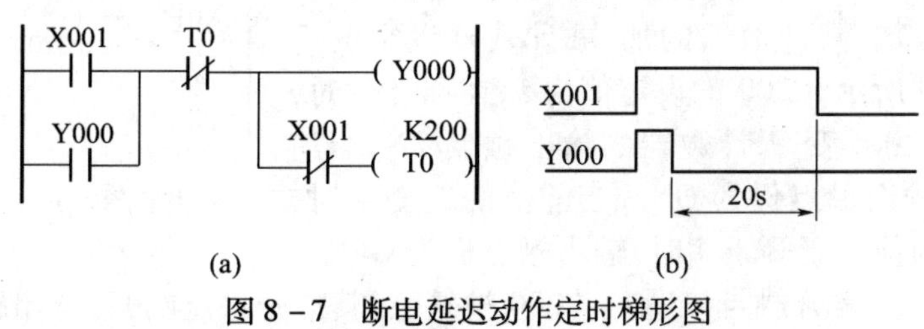

图 8-7　断电延迟动作定时梯形图

(a) 梯形图;(b) 时序图。

3. 定时器的定时精度

定时器的最大误差约为 $+T_0$（T_0 为扫描周期）和 $-\alpha$。对于 1s、10ms 和 100ms 定时器，α 分别为 1ms、10ms 和 100ms。

8.2.7 计数器(C)

1. 内部计数器

内部计数器用来对 PLC 内部信号 X、Y、M、S 等计数，属低速计数器。内部计数器输入信号接通或断开的持续时间，应大于可编程控制器的扫描周期。

1) 16 位加计数器

16 位加计数器的设定值为 1～32767，其中 C0～C99 为通用型，C100～C199 为断电保持型。图 8-8 给出了加计数器的工作过程，图中 X010 的常开触点接通后，C0 被复位，它对应的位存储单元被置 0，它的常开触点断开，常闭触点接通，同时其计数当前值被置为 0。X011 用来提供计数输入信号，当计数器的复位输入电路断开，计数输入电路由断开变为接通（即计数脉冲的上升沿）时，计数器的当前值加 1。在 9 个计数脉冲之后，C0 的当前值等于设定值 9，它对应的位存储单元的内容被置 1，其常开触点接通，常闭触点断开。再来计数脉冲时当前值不变，直到复位输入电路接通，计数器的当前值被置为 0。除了可由常数 K 来设定计数器的设定值外，还可以通过指定数据寄存器来设定，这时设定值等于指定的数据寄存器中的数。

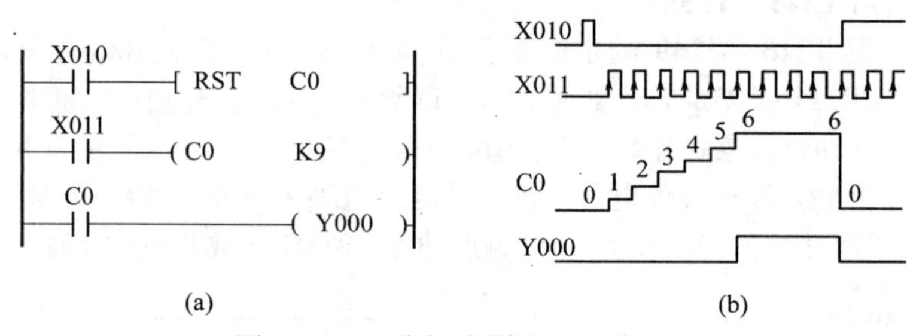

图 8-8 16 位加计数器的工作过程
(a) 梯形图；(b) 时序图。

2) 32 位加/减汁数器

32 位加/减计数器的设定值为 -2147483648～+2147483647，其中 C200～C219（共 20 点）为通用型，C220～C234（共 15 点）为断电保持型。

32 位加/减计数器 C200～C234 的加/减计数方式由特殊辅助继电器 M8200～M8234 设定，对应的特殊辅助继电器为 ON 时，为减计数；反之为加计数。

计数器的设定值除了可由常数 K 设定外，还可以通过指定数据寄存器来设定，32 位设定值存放在元件号相连的两个数据寄存器中。如果指定的是 D0，则设定值存放在 D1 和 D0 中。32 位加/减计数器的加/减计数器设定值可正可负。如图 8-9 所示，C200 的设定值为 5，在加计数时，若计数器的当前值由 4 变 5，计数器的输出触点 ON，当前值大于等于 5 时，输出触点仍为 ON。当前值由 5 变 4 时，输出触点 OFF，当前值小于等于 4 时，输出触点仍为 OFF。

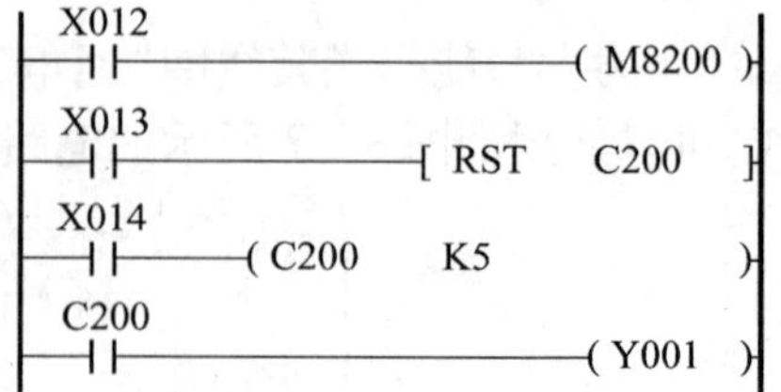

图 8-9 32 位加计数器

复位输入 X013 的常开触点接通时，C200 被复位，其常开触点断开，常闭触点接通，当前值被置为 0。如果使用断电保持计数器，在电源中断时，计数器停止计数，并保持计数当前值不变，电源再次接通后在当前值的基础上继续计数,因此断电保持计数器可累计计数。

2. 高速计数器

21 点高速计数器 C235 ~ C255 共用可编程控制器的 8 个高速计数器输入端 X0 ~ X7,某一输入端同时只能供一个高速计数器使用。这 21 个计数器均为 32 位加/减计数器,C235 ~ C240 为一相无启动/复位输入端的高速计数器,C241 ~ C245 为一相带启动/复位端的高速计敛器,C246 ~ C250 为一相双计数输入(加/减脉冲输入)高速计数器。

表 8 - 2 给出了各高速计数器对应的输入端子的元件号,表中 U、D 分别为加、减计数输入。A、B 分别为 A、B 相输入,R 为复位输入,S 为置位输入。图 8 - 10 中的 C244 是一相带启动/复位端的高速计数器。由表 8 - 2 可知,X001 和 X006 分别为复位输入端和启动输入端。如果 X012 为 ON,并且 X006 也为 ON,立即开始计数,计数输入端为 X000,C244 的设定值由 D0 和 D1 指定。除了用 X001 来立即复位外,也可以在梯形图中用 X011 来复位。利用 M8244,可以设置 C244 为加计数或减计数。

表 8 - 2 高速计数器简表

	一相一计数输入											一相二计数输入					A - B 相计数输入				
	C235	C236	C237	C238	C239	C240	C241	C242	C243	C244	C245	C246	C247	C248	C249	C250	C251	C252	C253	C254	C255
X0	U/ D						U/D			U/D		U	U		U		A	A		A	
X1		U/D					R			R		D	D		D		B	B		B	
X2			U/D					U/D			U/D		R		R			R		R	
X3				U/D				R			R			U		U			A		A
X4					U/D				U/D					D		D			B		B
X5						U/D			R					R		R			R		R
X6										S					S					S	
X7											S					S					S
	1 型						2 型			3 型		1 型	2 型		3 型		1 型	2 型		3 型	

C25I ~ C255 为两相(A - B 相型)双计数输入高速计数器,图 8 - 11 中的 X012 为 ON 时,C251 通过中断,对 X0 输入的 A 相信号和 X001 输入的 B 相信号的动作计数。X011 为 ON 时 C251 被复位,当计数值大于等于设定值时 Y002 接通,若计数值小于设定值,Y002 断开。

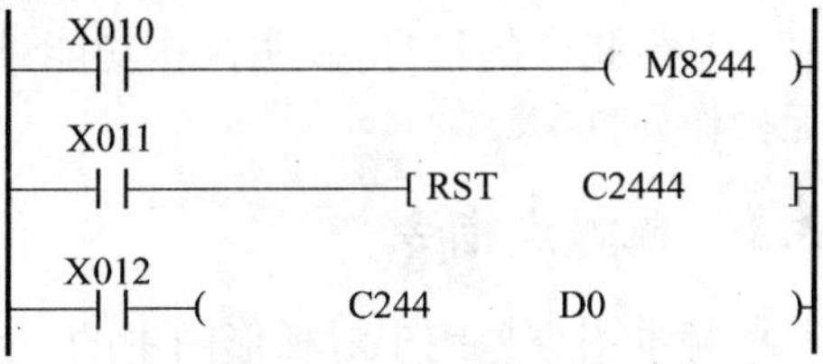

```
 X010
──┤├──────────────────────( M8244 )
 X011
──┤├──────────────[ RST    C2444  ]
 X012
──┤├──(          C244        D0   )
```

图 8 - 10 一相带启动/复位端的高速计数器

A 相输入接通时,若 B 相输入由断开变为接通,为加计数(图 8 - 11(b));A 相输入接通时,若 B 相由接通变为断开,为减计数(图 8 - 11(c))。加计数时 M8251 为 OFF,减计数时 M8251 为 ON,通过 M8251 可监视 C251 的加/减计数状态。利用旋转轴上安装的 A - B 相型编码器,在机械正转时自动进行加计数,反转时自动进行减计数。

8.2.8 数据寄存器(D)

数据寄存器在模拟量检测与控制以及位置控制等场合用来储存数据和参数。数据寄存器为 16 位(最高位为符号位),两个合并起来可以存放 32 位数据。

1. 通用数据寄存器 D0 ~ D199

特殊辅助继电器 M8033 为 OFF 时,通用数据寄存器 D0 ~ D199(共 200 点)无断电保持功能;

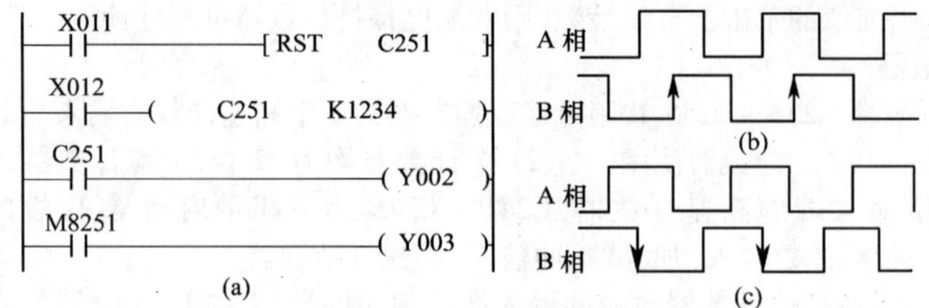

图 8-11 两相(A-B 相型)双计数输入高速计数器
(a) 梯形图;(b) 加计数;(c) 减计数。

M8033 为 ON 时,D0～D199 有断电保持功能。

2. 断电保持数据寄存器 D200～D7999

数据寄存器 D200～D511(共 312 点)有断电保持功能,利用外部设备的参数设定,可改变通用数据寄存器与有断电保持功能的数据寄存器的分配,D490～D509 供通信用。D512～D7999 的断电保持功能不能用软件改变。可用 RST 和 ZRST 指令清除它们的内容。

以 500 点为单位,可将 D1000～D7999 设为文件寄存器。

3. 特殊数据寄存器 D8000～D8255

特殊数据寄存器 D8000～D8255 共 256 点,用来监控可编程控制器的运行状态,如电池电压、扫描时间、正在动作的状态的编号等。

4. 变址寄存器 V0～V7 和 Z0～Z7

变址寄存器 V0～V7 和 Z0～Z7 的内容用来改变编程元件的元件号,当 V0=8 时,数据寄存器元件号 D5V0 相当于 D13(5+8=13)。在 32 位操作时将 V、Z 合并使用,Z 为低位。

8.3 三菱 FX 系列 PLC 的基本指令

三菱 FX 系列 PLC 共有 27 条基本指令。基本指令一般由助记符和操作元件组成,助记符是每一条基本指令的符号,表明操作功能;操作元件是被操作的对象。有些基本指令只有助记符,而无操作元件。

8.3.1 单触点指令

单触点指令是用于对梯形图中的一个接触点进行编程的指令,它表示一个触点在梯形图中的串联、并联和在左母线的初始连接的逻辑关系。普通单触点指令所使用的软元件有 X、Y、M、S、T、C,如表 8-3 所列。

表 8-3 单触点指令

	普通单触点		边沿单触点		软元件
	常开触点	常闭触点	常开上升沿触点	常开下降沿触点	
起始触点指令	LD	LDI	LDP	LDF	X Y M S T C
串连触点指令	AND	ANI	ANDP	ANDF	
并连触点指令	OR	ORI	ORP	ORF	

1. 普通单触点指令

普通单触点指令有 LD、LDI、OR、ORI、AND、ANI。

(1) LD:取指令。一个常开触点与左母线连接的指令,每一个以常开触点开始的逻辑行都用此指令。

(2) LDI:取反指令。一个常闭触点与左母线连接指令,每一个以常闭触点开始的逻辑行都用此指令。

(3) OR:或指令。用于单个常开触点的并联,实现逻辑“或”运算。

(4) ORI:或非指令。用于单个常闭触点的并联,实现逻辑“或非”运算。

(5) AND:与指令。一个常开触点串联连接指令,完成逻辑“与”运算。

(6) ANI:与反指令。一个常闭触点串联连接指令,完成逻辑“与非”运算。

普通单触点指令的使用说明:

(1) LD、LDI 指令既可用于输入左母线相连的触点,也可与 ANB、ORB 指令配合实现块逻辑运算。

(2) AND、ANI 串联次数没有限制,可反复使用。

(3) OR、ORI 都是指单个触点的并联,并联触点的左端接到 LD、LDI、处,右端与前一条指令对应触点的右端相连。触点并联指令连续使用的次数不限。

(4) LD、LDI、OR、ORI、AND、ANI 指令的目标元件为 X 、Y 、M 、T、C、S。

梯形图可以用指令来表达。写出梯形图的指令表,应遵照从上到下、从左到右的顺序进行。指令表由程序步、指令和软元件三部分组成。普通单触点指令的使用如图 8-12 所示。

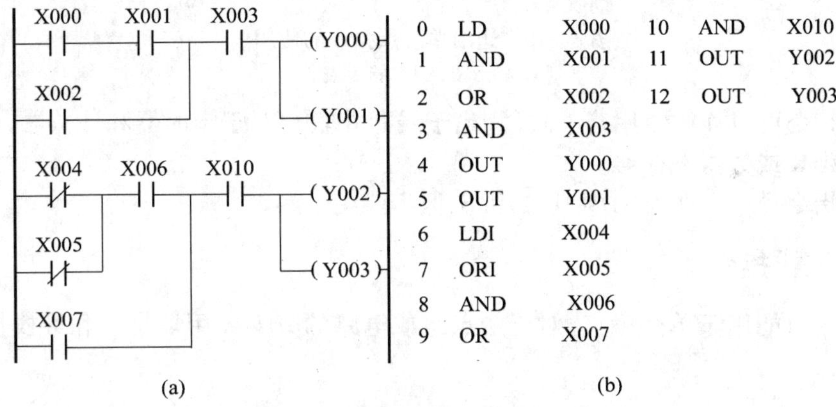

0	LD	X000	10	AND	X010
1	AND	X001	11	OUT	Y002
2	OR	X002	12	OUT	Y003
3	AND	X003			
4	OUT	Y000			
5	OUT	Y001			
6	LDI	X004			
7	ORI	X005			
8	AND	X006			
9	OR	X007			

图 8-12 普通单触点指令的使用

(a) 梯形图;(b) 指令表。

2. 边沿单触点指令

边沿单触点有上升沿触点和下降沿触点两种形式,边沿单触点只有常开触点没有常闭触点,边沿单触点指令有 LDP、LDF、ORP、ORF、ANDP、ANF。

(1) LDP:取上升沿指令。与左母线连接的常开触点的上升沿检测指令,仅在指定位元件的上升沿(由 OFF→ON)时接通一个扫描周期。

(2) LDF:取下降沿指令。与左母线连接的常闭触点的下降沿检测指令。

(3) ORP:上升沿检测并联连接指令。用于和前面的单触点或触点组相并联的单个上升沿常开触点。

(4) ORF :下降沿检测并联连接指令。用于和前面的单触点或触点组相并联的单个下降沿常开触点。

(5) ANDP:上升沿检测串联连接指令。用于和前面的单触点或触点组相串联的单个上升沿常开触点。

(6) ANDF：下降沿检测串联连接指令。用于和前面的单触点或触点组相串联的单个下降沿常开触点。

边沿单触点指令的使用说明：

(1) AND、ANI、ANDP、ANDF 都指是单个触点串联连接的指令，串联次数没有限制，可反复使用。

(2) AND、ANI、ANDP、ANDF 的目标元件为 X、Y、M、T、C 和 S。

(3) LDP、LDF 指令仅在对应元件有效时维持一个扫描周期的接通。如图 8-13 所示为边沿单触点指令的使用，当 X003 有一个下降沿时，则 Y003 只有一个扫描周期为 ON。

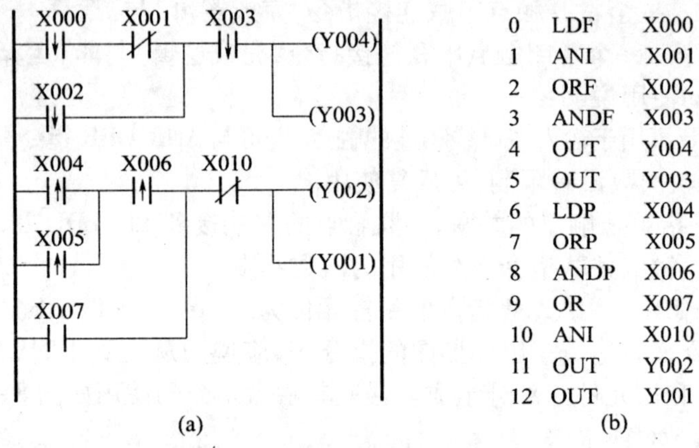

图 8-13 边沿单触点指令的使用

(a) 梯形图；(b) 指令表。

(4) OUT 指令可以连续使用若干次(相当于线圈并联)，对于定时器和计数器，在 OUT 指令之后应设置常数 K 或数据寄存器。

(5) OUT 指令目标元件为 Y、M、T、C 和 S，但不能用于 X。

8.3.2 块和堆栈指令

单触点指令只能用于单个触点，对于触点组或电路的分支要用块指令和堆栈指令来完成。如表 8-4 所列。

表 8-4 块和堆栈指令

助记符、名称	功 能	回路表示和可用元件	梯形图符号
ANB 回路块与	并联回路块的串联连接	软元件：无	
ORB 回路块或	串联回路块的并联连接	软元件：无	
MPS 进栈	输出回路向下分支导线连接	MPS MRD MPP	
MRD 读栈	输出回路中间分支导线连接		
MPP 出栈	输出回路最后分支导线连接		

1. 块指令(ANB、ORB)

由两个以上的触点串联连接的回路被称为串联回路块,块指令用于触点组的连接。块指令有 ANB、ORB。

当分支回路(并联回路块)与前面的回路串联连接时,使用 ANB 指令。分支的起点用 LD、LDI 指令,并联回路块结束后,使用 ANB 指令与前面的回路串联连接。若多个并联回路块按顺序和前面的回路串联时,ANB 指令的使用次数没有限制。也可连续使用 ANB,使用次数在 8 次以下。

当分支回路(并联回路块)与前面的回路并列连接时,分支的起点用 LD、LDI 指令,分支结束用 ORB 指令。若多个并联回路时,如对每个回路块使用 ORB 指令,则并联回路没有限制。ORB 只能连续使用 8 次以下,ANB 和 ORB 指令均可成批使用,均是不带软元件编号的独立指令。ANB、ORB 指令的使用如图 8 - 14 所示。

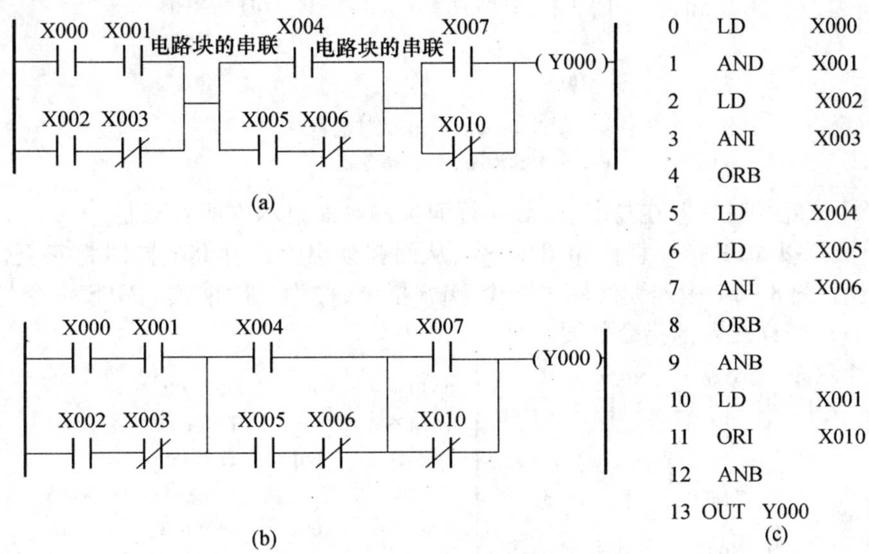

图 8 - 14　ANB、ORB 指令的使用

(a) ANB 指令的应用; (b) 梯形图的一般画法; (c) 指令表。

2. 堆栈指令(MPS/MRD/MPP)

堆栈指令是 FX 系列 PLC 中新增的基本指令,用于多重输出电路,为编程带来便利。如图 8 - 15所示。在 FX 系列 PLC 中有 11 个存储单元,它们专门用来存储程序运算的中间结果,被称为栈存储器。

(1) MPS(进栈指令):将运算结果送入栈存储器的第一段,同时将先前送入的数据依次移到栈的下一段。

(2) MRD(读栈指令):将栈存储器的第一段数据(最后进栈的数据)读出且该数据继续保存在栈存储器的第一段,栈内的数据不发生移动。

(3) MPP(出栈指令):将栈存储器的第一段数据(最后进栈的数据)读出且该数据从栈中消失,同时将栈中其他数据依次上移。

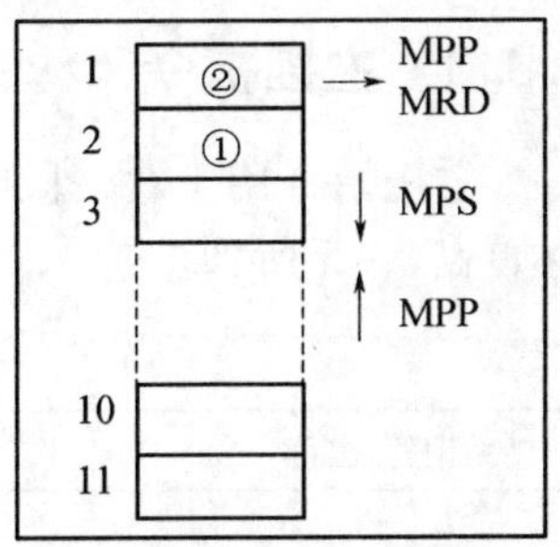

图 8 - 15　堆栈示意图

堆栈指令的使用说明:

(1) 堆栈指令没有目标元件。

(2) MPS 和 MPP 必须配对使用。

(3) 由于栈存储单元只有 11 个,所以栈的层次最多 11 层。

在图 8－16 中，利用 MPS 指令存储得出运算中间结果，然后驱动 Y000。用 MRD 指令将该存储读出，再驱动输出 Y003。在一个电路中只使用一个 MPS 指令，称为一段堆栈。

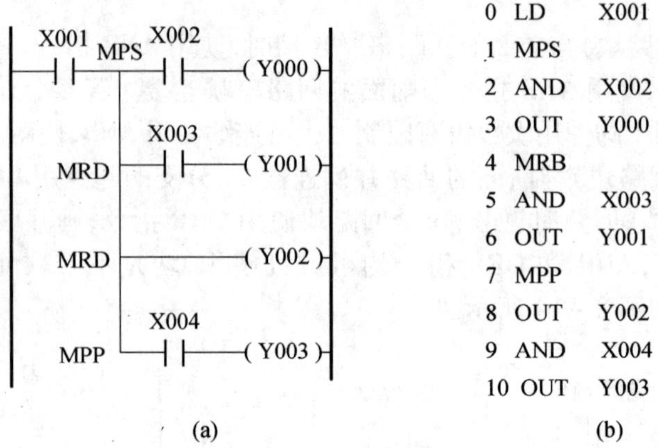

图 8－16　一段堆栈

（a）梯形图；（b）指令表。

MRD 指令可多次编程，但在打印、图形编程面板的画面显示方面有限制。

最终输出回路以 MPP 指令替代 MRD 指令，从而在读出上述存储的同时将它复位。MPS 指令也可重复使用，图 8－17 中连续使用了两个 MPS 指令，称为二段堆栈。MPS 指令与 MPP 指令的数量额少于 11，最终二者的指令数要一样。

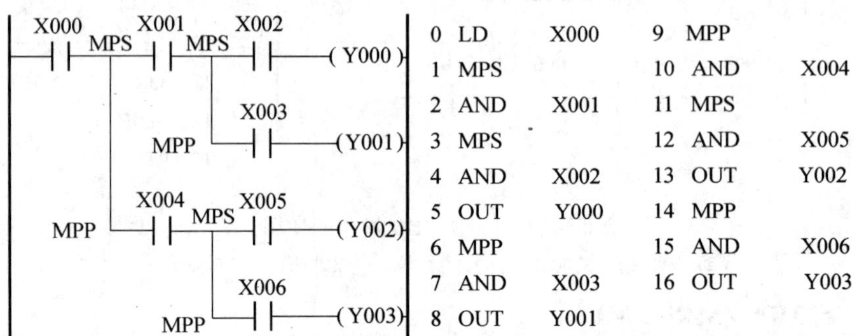

图 8－17　二段堆栈

（a）梯形图；（b）指令表。

8.3.3　主控指令

主控指令用于对一段电路的控制，只能用于输出继电器 Y 和辅助继电器 M，程序步为 3。指令如表 8－5 所列。

表 8－5　主控指令

助记符、名称	功能	回路表示和可用软件	梯形图符号
MC 主控	公共串连触点的连接	MC N YM M 除特殊辅助继电器以外	[MC N0 M100]
MCR 主控复位	公共串连触点的清除	MCR N	[MCR N0]

(1) MC(主控指令):用于公共串联触点的连接。执行 MC 后,左母线移到 MC 触点的后面。

(2) MCR(主控复位指令):它是 MC 指令的复位指令,即利用 MCR 指令恢复原左母线的位置。

在编程时常会出现这样的情况,多个线圈同时受一个或一组触点控制,如果在每个线圈的控制电路中都串入同样的触点,将占用很多存储单元,使用主控指令就可以解决这一问题。MC、MCR 指令的使用如图 8-19 所示,利用 MC N0 M100 实现左母线右移,使 Y000、Y001 都在 X000 的控制之下,其中 N0 表示嵌套等级,在无嵌套结构中 N0 的使用次数无限制;利用 MCR N0 恢复到原左母线状态。如果 X000 断开则会跳过 MC、MCR 之间的指令向下执行。

MC、MCR 指令的使用说明:

(1) MC、MCR 指令的目标元件为 Y 和 M,但不能用特殊辅助继电器。MC 占 3 个程序步,MCR 占 2 个程序步。

(2) 主控触点在梯形图中与一般触点垂直(如图 8-19 中的 M100)。主控触点是与左母线相连的常开触点,是控制一组电路的总开关。与主控触点相连的触点必须用 LD 或 LDI 指令。

(3) MC 指令的输入触点断开时,在 MC 和 MCR 之内的积算定时器、计数器,用复位/置位指令驱动的元件保持其之前的状态不变。非积算定时器和计数器,用 OUT 指令驱动的元件将复位,如图 8-18 所示,当 X000 断开时,Y000 和 Y001 即变为 OFF。

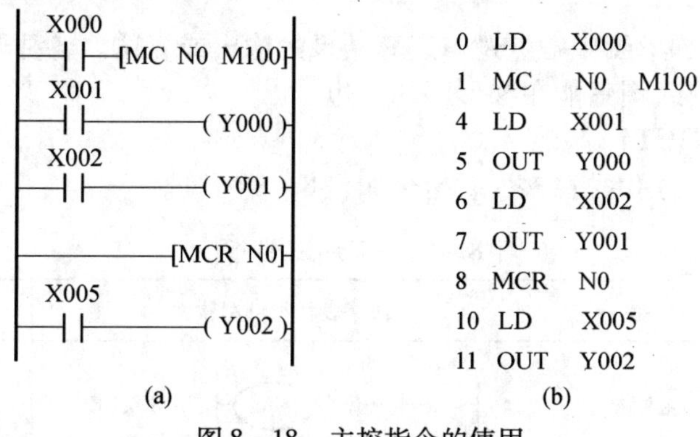

图 8-18 主控指令的使用

(a) 梯形图;(b) 指令表。

(4) 在一个 MC 指令区内若再使用 MC 指令称为嵌套,嵌套级数最多为 8 级,编号按 N0→N1→N2→N3→N4→N5→N6→N7 顺序增大,每级的返回用对应的 MCR 指令,从编号大的嵌套级开始复位。

8.3.4 触点逻辑取反指令

INV 指令是将 INV 指令执行之前的运算结果反转的指令,不需指定软件号,如表 8-6 所列。

表 8-6 触点逻辑取反指令

助记符、名称	功能	回路表示和可用软件	梯形图符号
INV 取反	运算结果的反转		

INV 指令的意义如表 8-7 所示,用于将以 LD、LDI、LDF、LDP 开始的触点或触点组的逻辑结果进行取反。

表 8-7 INV 指令的意义

执行 INV 指令前的运算结果	执行 INV 指令后的运算结果
OFF	ON
ON	OFF

在图 8-19(a)中,取反指令 INV 将它前面的以 LD 开始的 X000 和 X001 并联触点的逻辑结果取反,相当于图 8-19 (b)的梯形图,图 8-19(c)为指令表。

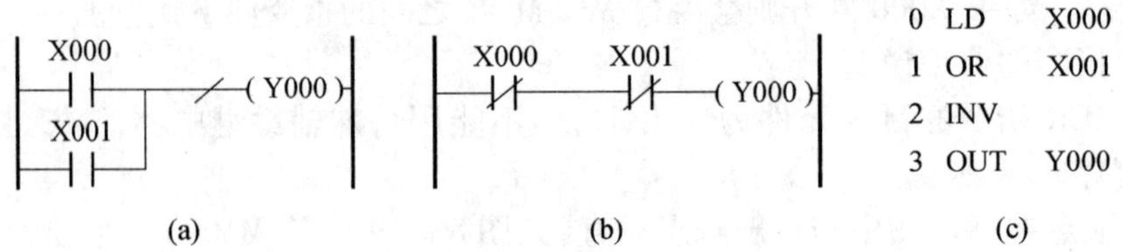

图 8-19 INV 对 LD 开始的触点逻辑结果取反
(a) 梯形图; (b) 相当梯形图; (c) 指令表。

8.3.5 逻辑线圈指令

逻辑线圈指令用于梯形图中触点逻辑运算结果的输出或复位。各种逻辑线圈应和右母线连接,当右母线省略时逻辑线圈只能在梯形图的右边。

1. 普通线圈指令(OUT)

普通线圈指令是最常用的指令之一,指令如表 8-8 所列。

表 8-8 普通线圈指令

助记符、名称	功能	回路表示和可用软件	梯形图符号
OUT 输出	线圈驱动	Y,M,S,T,C	—(　)—

OUT 又叫输出指令,是输出继电器、辅助继电器、状态、定时器、计数器的线圈驱动指令,对输入继电器不能使用。OUT 用于 Y、M 时程序步为 1,用于 M1568 - M3071 时程序步为 2。

和其他 PLC 不同的是,OUT 指令也可用于定时器和计数器。对于定时器的计时线圈或计数器的计数线圈,使用 OUT 指令时,必须设定常数 K。此外,也可用数据寄存器编号间接指定。

常数 K 的设定范围和实际的定时器常数,相对于 OUT 指令的程序步数如表 8-9 所列。

表 8-9 定时器、计数器设定范围

定时器、计数器	K 的设定范围	实际设定值/s	步数
1ms 定时器	0 ~ 32767	0.1 ~ 32.767	3
10ms 定时器	0 ~ 32767	0.01 ~ 32.767	3
100ms 定时器	0 ~ 32767	0.001 ~ 32.767	3
16 位微计数器	1 ~ 32767		
32 位微计数器	2147483648 ~ + 2147483647		

2. 微分指令(PLS/PLF)

微分指令分为上升沿和下降沿微分指令,如表 8-10 所列。

表 8-10　微分指令

助记符 名称	功能	回路表示和可用软件	梯形图符号
PLS 脉冲	上升沿微分输出	PLS Y,M　除特殊的M以外	—[PLS　M0]—
PLF 下降沿脉冲	下降沿微分输出	PLS Y,M　除特殊的M以外	—[PLF　M0]—

(1) PLS(上升沿微分指令):在输入信号上升沿产生一个扫描周期的脉冲输出。使用 PLS 指令时,仅在驱动输入位 ON 后的一个扫描周期内,软元件 Y、M 动作。本指令使用辅助继电器为 M0~M383,可用于计数器和移位寄存器的复位输入。PLS 的用法如图 8-20 所示,由图可见,每当 X000 由断态变为通态时,在这一输入信号的上升沿产生微分脉冲信号。

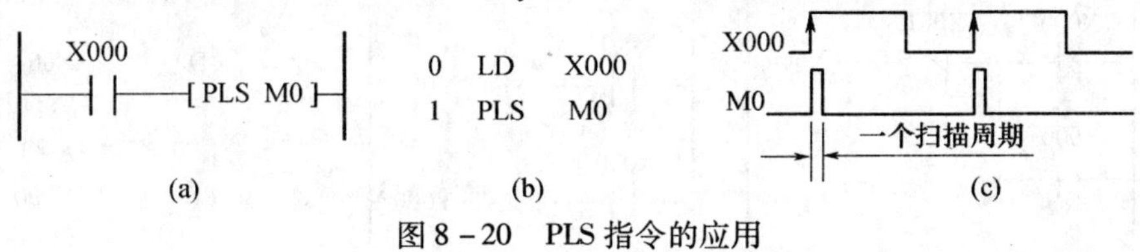

图 8-20　PLS 指令的应用

(a) 梯形图;(b) 指令表;(c) 时序图。

(2) PLF(下降沿微分指令):在输入信号下降沿产生一个扫描周期的脉冲输出。使用 PLF 指令时,仅在驱动输入位 OFF 后的一个扫描周期内,软元件 Y、M 动作。本指令使用辅助继电器为 M0~M383,可用于计数器和移位寄存器的复位输入。PLS 的用法如图 8-21 所示。由图可见,每当 X000 由断态变为通态时,在这一输入信号的下降沿产生微分脉冲信号。

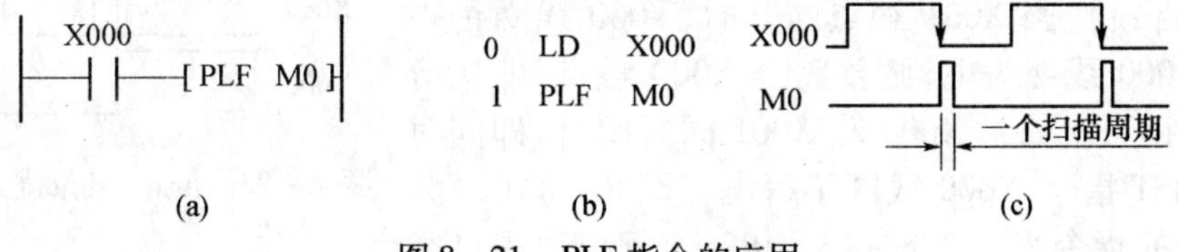

图 8-21　PLF 指令的应用

(a) 梯形图;(b) 指令表;(c) 时序图。

3. 置位(SET)与复位(RST)指令

置位指令的作用是使被操作的目标元件置位并保持;复位指令使被操作的目标元件复位并保持清零状态,如表 8-11 所列。

表 8-11　置位与复位指令

助记符、名称	功能	回路表示和可用软件	梯形图符号
SET 置位	动作保持	RST　Y,M,S	—[SET　Y000]—
RST 复位	消除动作保持,当前值及寄存器清零	RST　Y,M,S,T,C,D,V,Z	—[RST　Y000]—

(1) SET 指令的目标元件为 Y、M、S,RST 指令的目标元件为 Y、M、S、T、C、D、V、Z。RST 指

令常被用来对 D、Z、V 的内容清零,还用来复位积算定时器和计数器。

(2)对于同一目标元件,SET、RST 可多次使用,顺序也可随意,但最后执行者有效。

(3)累计定时器 T246 ~ T255 的当前值的复位以及触点复位也可使用 RST 指令。

(4)用 M1536 - M3071 时,程序步为 2。

SET 指令的目标元件为 Y、M、S;RST 指令的目标元件为 Y、M、S、T、C、D、V、Z。RST 指令常被用来对 D、Z、V 的内容清零,还用来复位积算定时器和计数器。对于同一目标元件,SET、RST 可多次使用,顺序也可随意,但最后执行者有效。累计定时器 T246 ~ T255 的当前值的复位以及触点复位也可使用 RST 指令。用 M1536 - M3071 时,程序步为 2。

SET、RST 指令的使用如图 8 - 22 所示。

图 8 - 22 为停止、复位优先电路。图 8 - 22(a)所示为停止优先电路,当 X000 常开接通时,Y000 变为 ON 状态并一直保持该状态,即使 X000 断开 Y000 的 ON 状态仍维持不变;只有当 X001 的常开闭合时,Y000 才变为 OFF 状态并保持,即使 X001 常开断开,Y000 也仍为 OFF 状态。

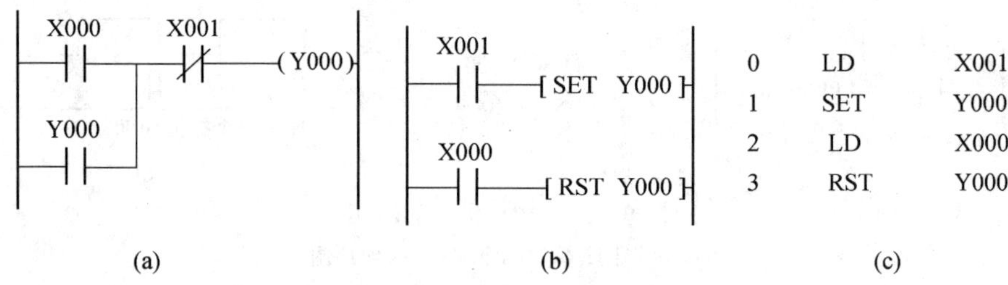

图 8 - 22 停止、复位优先电路

(a) 停止优先电路; (b) 复位优先电路; (c) 指令表。

图 8 - 22(b)所示为复位优先电路,其特点是 SET 指令在前,RST 指令在后。当 X001 触点闭合时,Y000 线圈得电置位(等同于自锁),当 X001 触点断开时,Y000 线圈仍得电。如要使 Y000 线圈失电,则要闭合 X000 触点,即执行 RST 复位指令即可。如果 X000 和 X001 同时闭合,即同时执行 SET 和 RST 指令,Y000 线圈不得电。图 8 - 22(c)为复位优先电路的指令表。图 8 - 23 为停止、复位优先电路时序图。

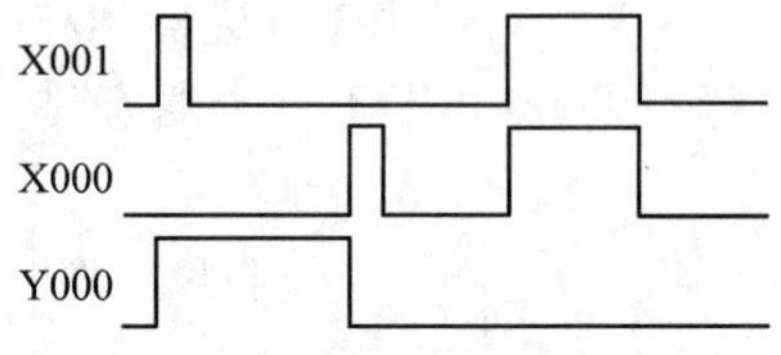

图 8 - 23 停止、复位优先电路时序图

图 8 - 24 所示为启动、置位优先电路。图 8 - 24(a)为启动优先电路。图 8 - 24(b)为置位优先电路,其特点是 RST 指令在前,SET 指令在后,控制原理和图 8 - 24(b) 基本一样,不同的是如果 X000 和 X001 同时闭合,即同时执行 RST 和 SET 指令,Y000 线圈得电。图 8 - 25 为启动、置位优先电路时序图。

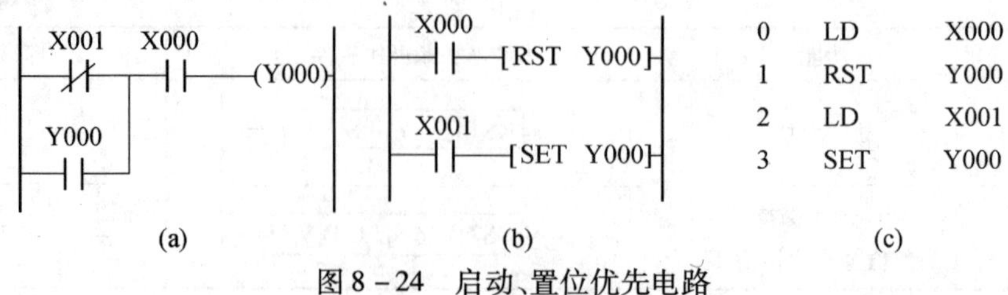

图 8 - 24 启动、置位优先电路

(a) 启动优先电路; (b) 置位优先电路; (c) 指令表。

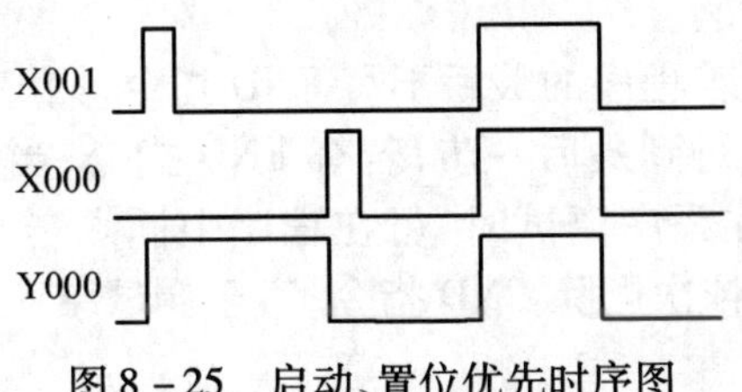

图 8-25　启动、置位优先时序图

8.3.6　空操作和结束指令

空操作和结束指令如表 8-12 所列。

表 8-12　空操作和结束指令

助记符 名称	功能	回路表示和可用软件	梯形图符号
NOP 空操作	无动作	NOP　软元件：无	无
END 程序结束	消除动作保持，当前值及寄存器清零	END　软元件：无	[END]

1. 空操作指令(NOP)

NOP 不执行操作，但占一个程序步。执行 NOP 时并不做任何事，当 PLC 执行了清除用户存储器操作后，用户存储器的内容全部变为空操作指令。NOP 指令用于以下几个方面。

(1) 指定某些步序编号内容为空，相当于指定存储器中某些单元内容为空，留作以后插入和修改程序用。

(2) 用 NOP 指令短接某些触点。在修改程序时可以用 NOP 指令删除触点或电路，即用 NOP 代替原来的指令，可以使步序号不变动。如图 8-26 所示，用 NOP 指令短接 X001、X002 触点。如图 8-27 所示，用 NOP 指令短接 X001、X002 触点，此时，0、1、4 步序均要用 NOP。用 NOP 短接串联和并联触点时，只需用 NOP 取代原来的指令即可。

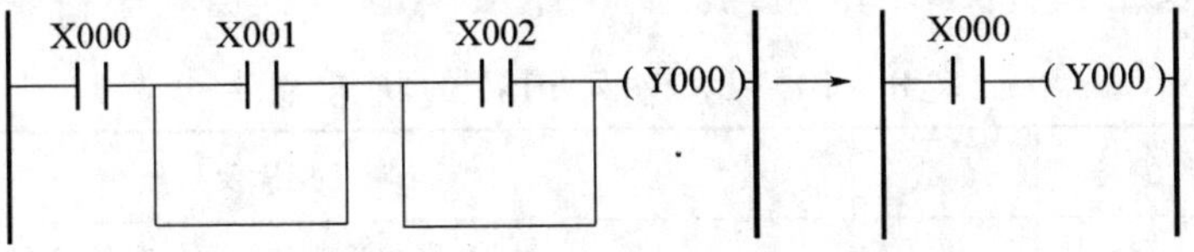

图 8-26　短接串联触点 X001、X002

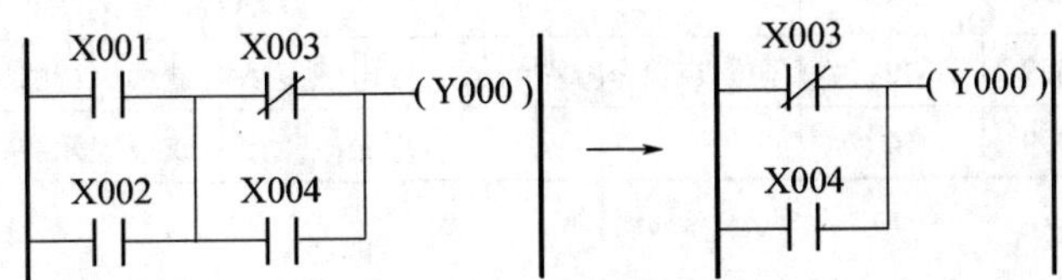

图 8-27　短接并联触点 X001、X002

(3) 用 NOP 短接起始触点(即用 LD、LDI、LDF 指令的触点)时，则它的下一个触点就应改为起始触点，指令表仍应满足其指令表的规则。在正式使用的程序中应最好将 NOP 删除。

2. 结束指令(END)

END 指令表示程序结束。若程序的最后不写 END 指令,则 PLC 不管实际用户程序多长,都从用户程序存储器的第一步执行到最后一步;若有 END 指令,当扫描到 END 时,则结束执行程序,这样可以缩短扫描周期。在程序调试时,可在程序中插入若干 END 指令,将程序划分若干段,在确定前面程序段无误后,依次删除 END 指令,直至调试结束。

8.4 三菱 FX 系列 PLC 的步进指令

8.4.1 步进梯形图指令

三菱的小型 PLC 在基本逻辑指令之外增加了两条简单的步进顺控指令,即 STL(Step Ladder,步进指令)和 RET,返回指令,同时辅以大量状态元件,就可以使用状态转移图方式编程。

步进梯形图(STL)指令是利用内部软元件状态(S),在顺控上面进行工序步进形控制的指令。返回(RET)指令是表示状态(S)流程的结束,用于返回主程序(母线)的指令。根据一定的规则,编写的步进梯形图回路也可作为 SFC 图处理。从 SFC 图也可反过来形成步进梯形图。步进梯形图指令如表 8-13 所列。

表 8-13 步进梯形图指令

助记符、名称	功能	图形符号	程序步
STL 步进梯形图	步进梯形图开始	S22 STL	1
RET 返回	步进梯形图结束	[RET]	1

称为"状态"的软元件是构成状态转移图的基本元素。FX 系列 PLC 共有 1000 个状态元件,其分类、编号、数量及用途如表 8-14 所列。

表 8-14 FX 系列 PLC 的状态元件

类别	元件编号	个数	用途及特点
初始状态	S0 ~ S9	10	用做状态转移图的起始状态
返回状态	S10 ~ S19	10	用 IST 指令时,用作返回原点的状态
通用状态	S20 ~ S499	480	用做 SFC 的中间状态
掉电保持状态	S500 ~ S899	400	具有停电保持功能,停电恢复后需继续执行的场合,可用这些状态元件
信号报警状态	S900 ~ S999	100	用做故障诊断或报警元的状态

注意以下几点:

(1) 状态的编号必须在指定范围选择。

(2) 各状态元件的触点,在 PLC 内部可自由使用,次数不限。

(3) 在不用步进顺控指令时,状态元件可作为辅助继电器在程序中使用。

(4) 通过参数设置,可改变一般状态元件和掉电保持状态元件的地址分配。

8.4.2 状态转移图

顺序功能图(Sequential Function Chart,SFC)又称状态转移图,它是描述控制系统的控制过程、功能和特性的一种图形,也是设计可编程控制器的顺序控制程序的有力工具。具有直观、简单、逻辑性强的特点,使工作效率大为提高,而且程序调试极为方便。

状态转移图主要由步、有向连线、转换、转换条件和动作(或命令)组成,如图 8-28 所示。

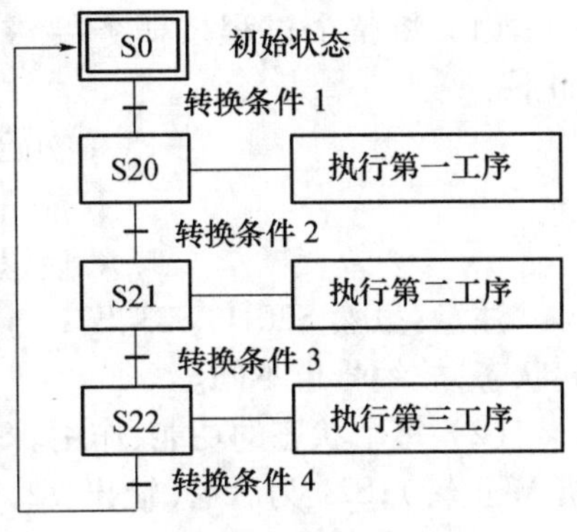

图 8-28 状态转移图

在状态转移图中,用矩形框来表示"步"或"状态",方框中用状态器 S 及其编号表示。

与控制过程的初始情况相对应的状态称为初始状态,每个状态的转移图应有一个初始状态,初始状态用双线框来表示。与步相关的动作或命令用与步相连的梯形图符来表示。初始状态步一般使用初始状态继电器 S0 ~ S9。状态转移图将一个控制程序分成若干状态步,每个状态步用一个继电器 S 表示,由每个状态步驱动对应的负载,完成对应的动作。状态步必须满足对应的转移条件才能处于动作状态(状态继电器得电)。

初始状态步可以由梯形图的触点作为转移条件,也常常用 M8002(初始化脉冲)的触点作为转移条件。当一个状态步处于动作状态时,如果与下面相连的转移条件接通,该状态步将自动复位,它下面的状态步置位处于动作状态,并驱动对应的负载。

当某步激活时,相应动作或命令被执行。一个活动步可以有一个或几个动作或命令被执行。

步与步(状态与状态)之间用有向线段来连接,如果进行方向是从上到下或从左到右,则线段上的箭头可以不画,状态转移图中,会发生步的活动状态的进展,该进展按有向连续规定的线路进行,这种进展是由转换条件的实现来完成的。

转换的符号是一条短划线,它与步间的有向连接线段相垂直。在短划线旁可用文字语言、布尔表达式或图形符号标注转换条件。

下面通过一个实例说明状态编程思想:某自动台车在启动前位于导轨的中部,如图 8-29 所示。某一个工作周期的控制工艺要求如下:

(1) 按下启动按钮 SB,台车电动机 M 正转,台车前进,碰到限位开关 SQ1 后,台车电动机反转,台车后退。

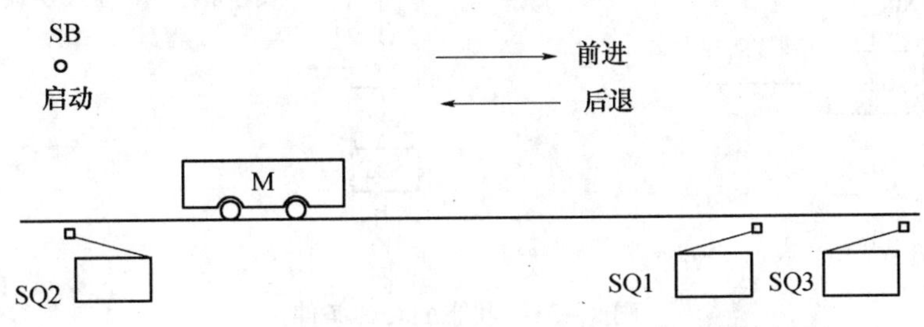

图 8-29 自动台车示意图

(2) 台车后退碰到限位开关 SQ2 后,台车电动机 M 停转,台车停车,停 5s,第二次前进,碰到限位开关 SQ3,再次后退。

（3）当后退再次碰到限位开关 SQ2 时，台车停止。

控制系统的梯形图，先安排输入、输出接口及机内器件。台车由电动机 M 驱动，正转（前进）由 PLC 的输出点 Y1 控制，反转（后退）由 Y2 控制。为了解决延时 5s，选用定时器 T0。将启动按钮 SB 及限位开关 SQ1、SQ2、SQ3 分别接于 X0、X1、X2、X3。

下面以台车往返控制为例，说明运用状态编程思想设计状态转移图的方法和步骤：

（1）将整个过程按任务要求分解，其中的每个工序均对应一个状态，并分配状态元件如下。

a 初始状态	S0	d 延时 5s	S22
b 前进	S20	e 再前进	S23
c 后退	S21	f 再后退	S24

注意：虽然 S20 与 S23、S21 与 S24 功能相同，但它们是状态转移图中的不同工序，也就是不同状态，故编号也不同。

（2）每个状态的功能、作用。S0 为 PLC 上电做好工作准备；S20 为前进（输出 Y1，驱动电动机 M 正转）；S21 为后退（输出 Y2，驱动电动机 M 反转）；S22 为延时 5s（定时器 T0，设定为 5s，延时到 T0 动作）；S23 同 S20；S24 同 S21。

各状态的功能是通过 PLC 驱动其各种负载来完成的。负载可由状态元件直接驱动，也可由其他软元件触点的逻辑组合驱动，如图 8－30 所示。

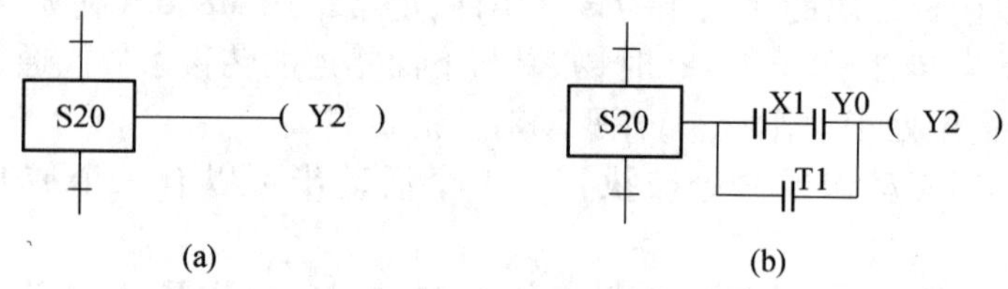

图 8－30　负载的驱动

（a）直接驱动；（b）软元件组合驱动。

（3）找出每个状态的转移条件，即在什么条件将下将某个状态“激活”。本例中各状态的转移条件如下：S20 转移条件 SB；S21 转移条件 SQ1；S22 转移条件 SQ2；S23 转移条件 T0；S24 转移条件 SQ3。

状态的转移条件可以是单一的，也可以有多个元件的串、并联组合。如图 8－31 所示。

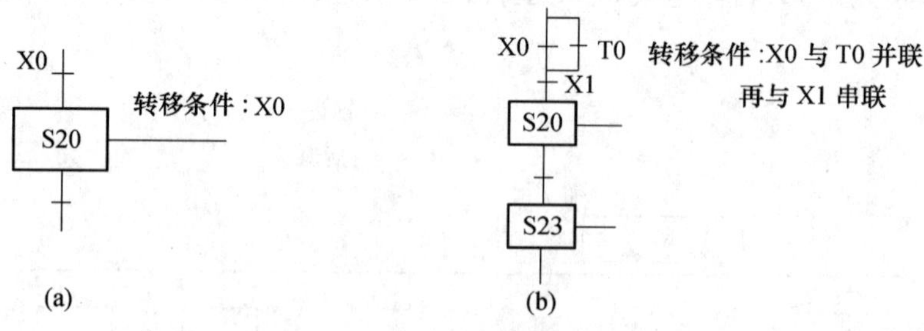

图 8－31　状态的转移条件

（a）单一条件；（b）转移的组合条件。

经过以上 3 步，可得到台车往返控制的状态转移图、步进梯形图和指令表，如图 8－32所示。

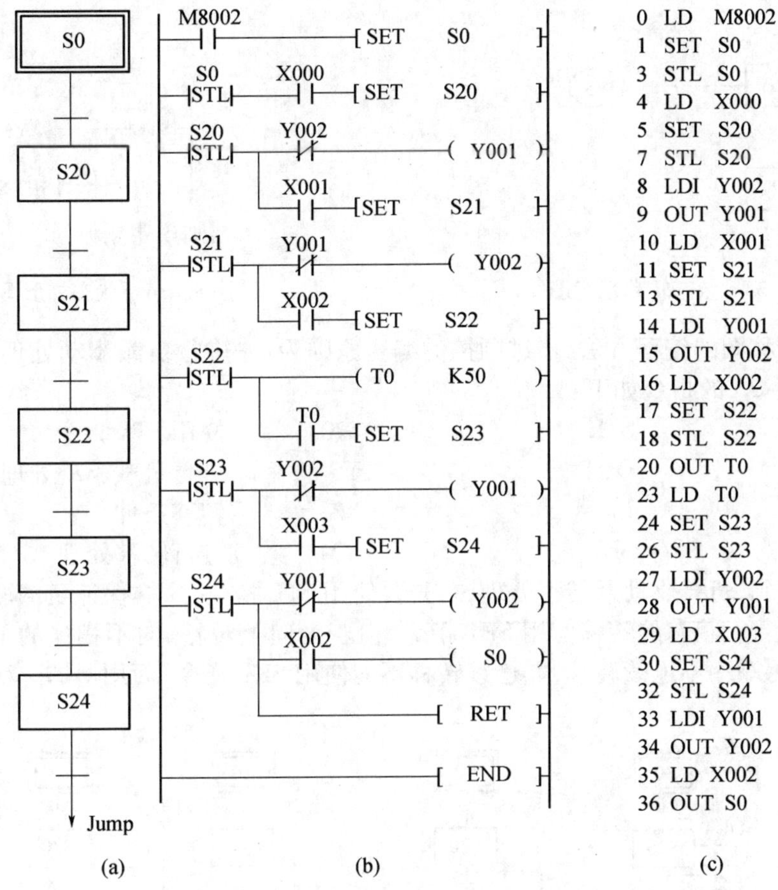

图 8－32　送科车自动循环控制程序
(a) SFC 图；(b) 梯形图；(c) 指令表。

8.5　状态转移图常见流程状态的编程

8.5.1　单流程状态编程

1. 流程

所谓单流程,是指状态转移只可能有一种顺序。上面介绍的台车自动往返的控制过程只有一种顺序：S0→S20→S21→S22→S23→S24→S0,没有其他可能,所以叫单流程。

现实当中并非所有的顺序控制均为一种顺序。含多种路径的叫分支流程。

2. 单流程状态转移图的编程方法

(1) 状态的三要素。对状态转移图进行编程,不仅是使用 STL、RET 指令的问题,还要搞清楚状态的特性及要素。

状态转移图的三要素有负载驱动、指定转移方向和指定转移条件。其中指定转移方向和指定转移条件是必不可少,而驱动负载则视具体情况而定,也可能不进行实际的负载驱动。图 8－33及图 8－34 说明了状态转移图和梯形图的对应关系。其中 Y5 为其驱动的负载,S21 为其转移目标,X3 为其转移条件。

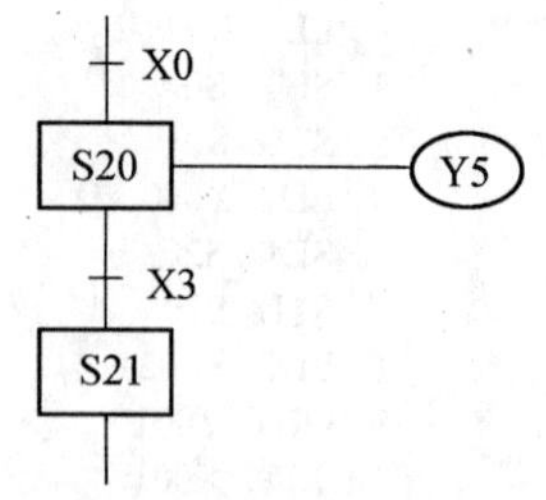

图 8－33　状态转移示意图

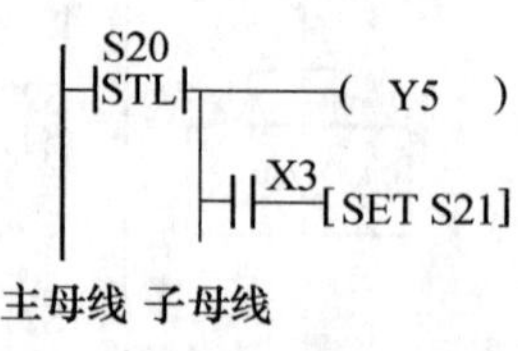

图 8－34　状态梯形图 STL

（2）状态转移图的编程方法，步进顺控的编程原则为：先进行负载驱动处理，然后进行状态转移处理。图 8－33 的指令如下：

STL	S20	使用 STL 指令
OUT	Y5	进行负载驱动处理
LD	X3	转移条件
SET	X21	进行转移处理

从程序可看到，负载驱动及转移处理，首先要使用 STL 指令，这样保证负载驱动和状态转移均在子母线上进行。状态的转移使用 SET 指令，但若为向上转移、向不相连的下游转移或向其他流程转移，称为顺序不连续转移，非连续转移不能使用 SET 指令，而用 OUT 指令。如图 8－35 所示。

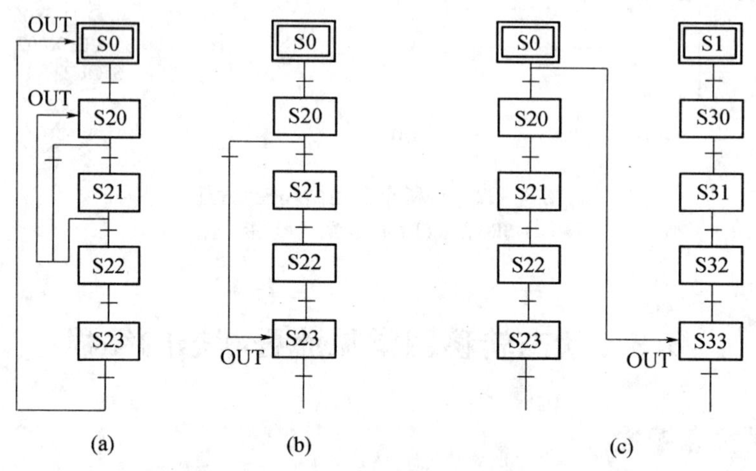

图 8－35　非连续转移状态转移示意图

（3）状态的开启与关闭及状态转移图执行的特点。STL 指令的含意是提供一个步进触点，其对应状态的三个要素均在步进触点之后的子母线上实现。若对应的状态是开启的（即“激活”），则状态的负载驱动和转移才有可能。若对应状态是关闭的，则负载驱动和状态转移就不可能发生。因此，除初始状态外，其他所有状态只有在其前一个状态处于激活且转移条件成立时才能开启。同时一旦下一个状态被“激活”，上一个状态会自动关闭。

从 PLC 程序的循环扫描执行原理出发，在状态编程程序段落中，所谓“激活”可以理解为该段程序被扫描执行。而“关闭”则可以理解为该段程序被扫描，却不执行。这样，状态转移图的分析就变得条理清楚，无需考虑状态时间的繁杂连锁关系，可以理解为“只干自己需要干的事，无需考虑其他”。另外，这也方便程序的阅读理解，使程序的试运行、调试、故障检查与排除变得非常容易,这就是运用状态编程思想解决顺控问题的优点。

3. 编程要点及注意事项

(1) 状态编程的顺序为先进行驱动,再进行转移,不能颠倒。

(2) 对状态处理,编程时必须使用步进触点指令 STL。

(3) 程序的最后必须使用步进返回指令 RET,返回主母线。

(4) 驱动负载使用 OUT 指令。当同一负载需要连续多个状态驱动,可使用多重输出,也可使用 SET 指令将负载置位,等到负载不需驱动时用 RST 指令将其复位。在状态程序中,允许存在不同时被"激活"的"双线圈"。另外,相邻状态使用的 T、C 元件,不能使用相同的编号。

(5) 负载的驱动、状态转移条件可能为多个元件的逻辑组合,视具体情况,按串、并联关系处理,不遗漏。

(6) 若为顺序不连续转移,不能使用 SET 指令进行状态转移,应改用 OUT 指令进行状态转移。

(7) 在 STL 与 RET 指令之间不能使用 MC、MCR 指令。

(8) 初始状态可由其他状态驱动,但运行开始必须用其他方法预先作好驱动,否则状态流程不可能向下进行。一般用系统的初始条件,若无初始条件,可用 M8002(PLC 从 STOP→RUN 切换时的初始脉冲)进行驱动。需在停电恢复后继续原状态运行时,可使用 S500→S899 停电保持状态元件。

8.5.2 选择性分支与汇合的编程

存在多种工作顺序的状态流程图为分支、汇合流程图。分支流程可分为选择性分支和并行性分支两种。下面介绍分支、汇合流程的编程。

1. 选择性分支状态转移图的特点

从多个流程顺序中选择执行一个流程,称为选择性分支。图 8-36 就是一个选择性分支的状态转移图。

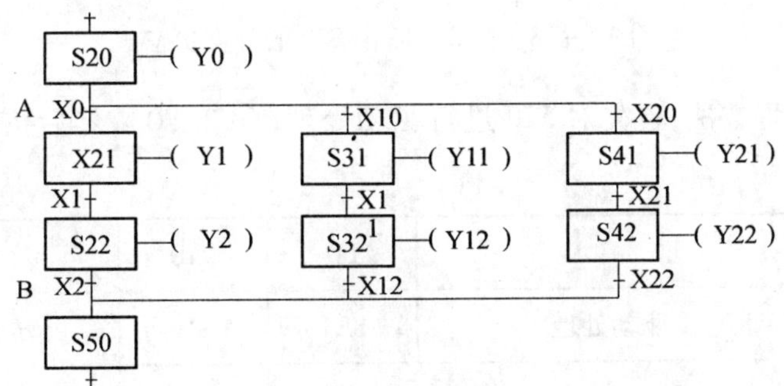

图 8-36 选择性分支状态转移图

(1) 该状态转移图有 3 个流程图,如图 8-37(a)~(c)所示。

(2) S20 为分支状态,根据不同的条件(X0,X10,X20),选择执行其中一个条件满足的流程。

X0 为 ON 时执行图 8-37(a),X10 为 ON 时执行图 8-37(b),X20 为 ON 时执行图 8-37(c)。X0,X10,X20 不能同时为 ON。

(3) S50 为汇合状态,可由 S22、S32、S42 任一状态驱动。

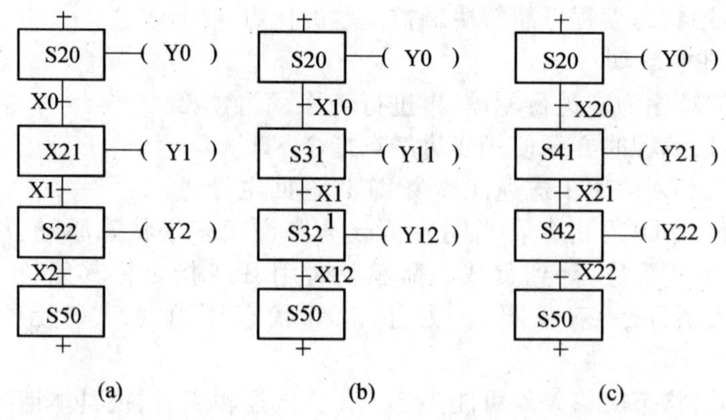

图 8－37　图 8－36 中分支流程分解图

2. 选择性分支、汇合的编程

编程原则是先集中处理分支状态，然后再集中处理汇合状态。

1）分支状态的编程

编程方法是先进行分支状态的驱动处理，再依顺序进行转移处理。

图 8－36 中 S20 的分支状态如图 8－38 所示。

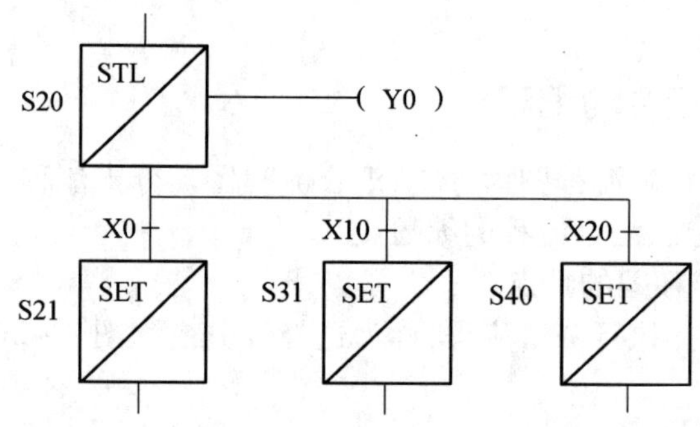

图 8－38　图 8－36 中 S20 的分支状态

按分支状态的编程方法，首先对 S20 进行驱动处理（OUT Y0），然后按 S21、S31、S41 的顺序进行转移处理。指令如下：

STL	S20		LD	X10	
OUT	Y0	驱动处理	SET	S31	转移到第二分支状态
LD	X0		LD	X20	
SET	S20	转移到第一分支状态	SET	S41	转移到第三分支状态

2）汇合状态的编程

编程方法是先进行汇合前状态的驱动处理，再依顺序进行向汇合状态的转移处理。图8－36 的汇合状态及汇合前状态如图 8－39 所示。

按照汇合状态的编程方法，依次将 S21、S31、S32、S41、S42 的输出进行处理，然后按顺序进行从 S22（第一分支）、S32（第二分支）、S42（第三分支）向 S50 的转移。

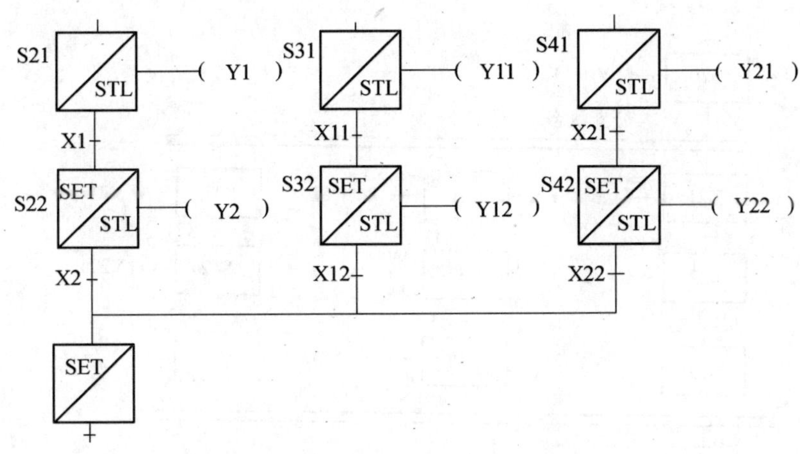

图 8－39　汇合状态 S50

分支后、汇合时的程序如下：

STL	S21	第一分支汇合前的驱动处理	STL	S22	汇合前的驱动处理
OUT	Y1		LD	X2	
LD	X1		SET	S50	由第一分支转移到汇合点
SET	S22		STL	S32	
STL	S22		LD	X12	
OUT	Y2		SET	S50	由第二分支转移到汇合点
STL	S31	第二分支汇合前的驱动处理	STL	S42	
OUT	Y11		LD	X22	
LD	X11		SET	S50	由第三分支转移到汇合点
SET	S32				
STL	S32				
OUT	Y12				
STL	S41	第三分支汇合前的驱动处理			
OUT	Y21				
LD	X21				
SET	S42				
STL	S42				
OUT	Y22				

8.5.3　并行性分支与汇合的编程

1. 并行分支状态转移图及其特点

多个流程分支可同时执行的分支流程称为并行性分支，如图 8－40 所示。它同样有 3 个顺序，如图 8－41 所示。

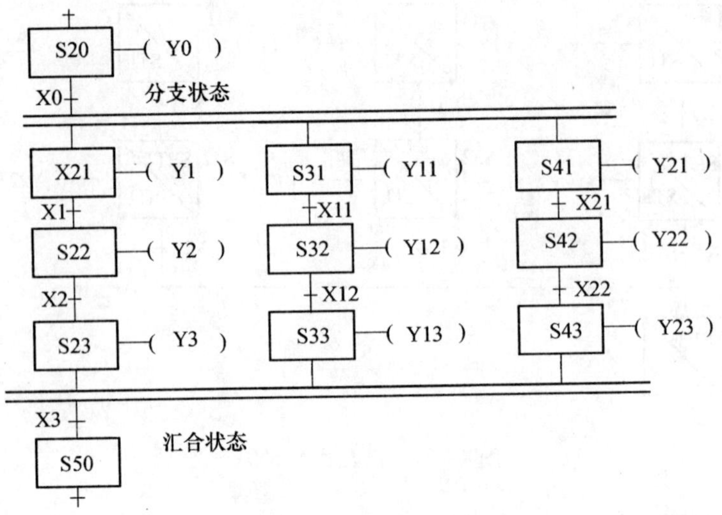

图 8 - 40　并行分支状态转移图

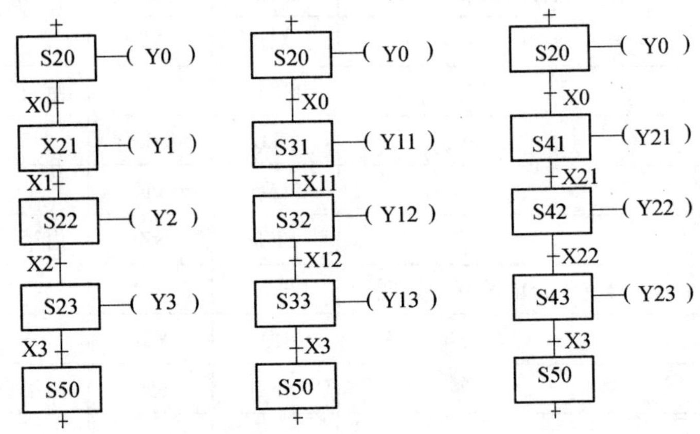

图 8 - 41　图 8 - 40 所示分支的三个顺序

S20 为分支状态，只不过其分支不是选择性的，也就是说一旦状态 S20 的转移条件 X0 为 ON，三个顺序流程同时执行，所以称为并行分支。S50 为汇合状态，等三个分支流程动作全部结束时，一旦 X3 为 ON，S50 就开启。若其中一个分支没有执行完，S50 就不可能开启，所以又叫做排队汇合。

2. 并行性分支状态转移图的编程

编程原则是先集中进行并行性分支的转移处理，然后处理每条分支的内容，最后再集中进行汇合处理。

1）并行分支处理

编程方法是首先进行驱动处理，然后按顺序进行状态转移处理。如图 8 - 42 所示，以分支状态 S20 为例，S20 的驱动负载为 Y0，转移方向为 S21、S31、S41。按照并行性分支编程方法，应先进行 Y0 的输出，然后依次进行到 S21、S31、S41 的转移。程序如下：

```
STL    S20                SET    S21    向第一分支转移
OUT    Y0     驱动处理    SET    S31    向第一分支转移
LD     X0                 SET    S41    向第一分支转移
```

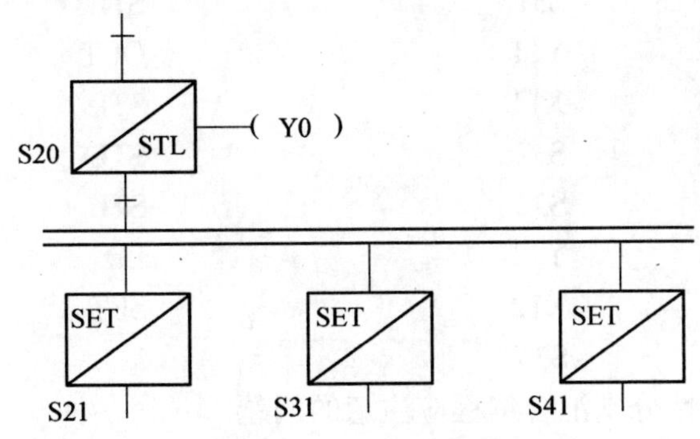

图 8-42　分支状态 S20

2）并行性分支汇合处理

编程方法是首先进行汇合前状态的驱动处理，然后按顺序进行汇合状态的转移处理。以汇合状态 S50 为例，如图 8-43 所示。

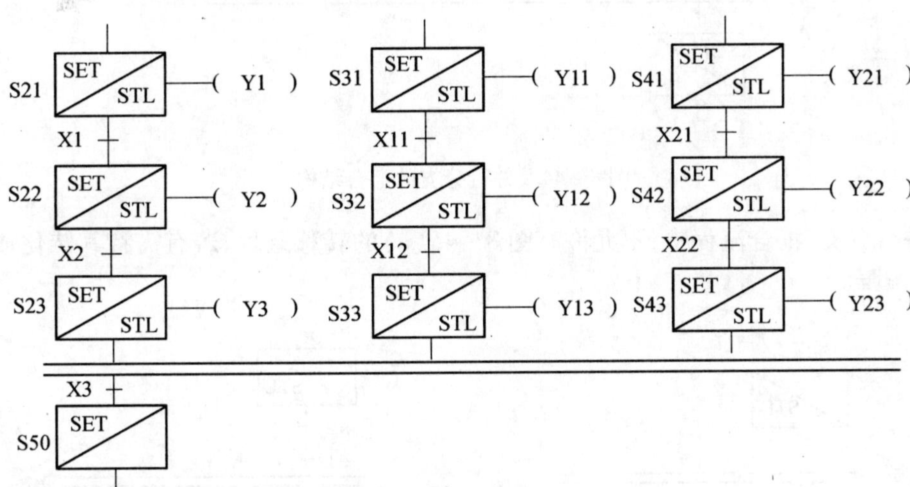

图 8-43　汇合状态 S50

按照并行汇合的编程方法，应先进行汇合前的输出处理，即按分支顺序对 S21、S22、S23、S31、S32、S33、S41、S42、S43 进行输出处理，然后依次进行从 S23、S33、S43 到 S50 的转移。程序如下：

```
STL    S21        STL    S33
OUT    Y1         OUT    Y13
LD     X1         STL    S41
SET    S22        OUT    Y21
STL    S22        LD     X21
OUT    Y2         SET    S42
LD     X2         STL    S42
SET    S23        OUT    Y22
STL    S23        LD     X22
OUT    Y3         SET    S43
```

STL	S31	STL	S43
OUT	Y11	OUT	Y23
LD	X11	STL	S23
SET	S32	STL	S33
STL	S32	STL	S43
OUT	Y12	LD	X3
LD	X12	SET	S50
SET	S33		

3）选择性分支、并行性分支汇合编程应注意的问题

（1）选择性、并行分支的程序中，一个状态下最多只能有 8 条分支，一个程序中最多只能有 16 条分支，如图 8－44 所示。

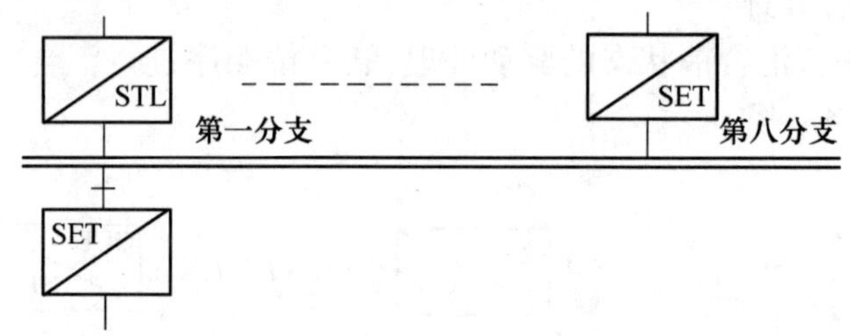

图 8－44　并行分支的汇合结构

（2）并行分支、汇合流程中，不允许有图 8－45（a）的转移条件，若有需将其转化成图 8－45（b）后方可编程。

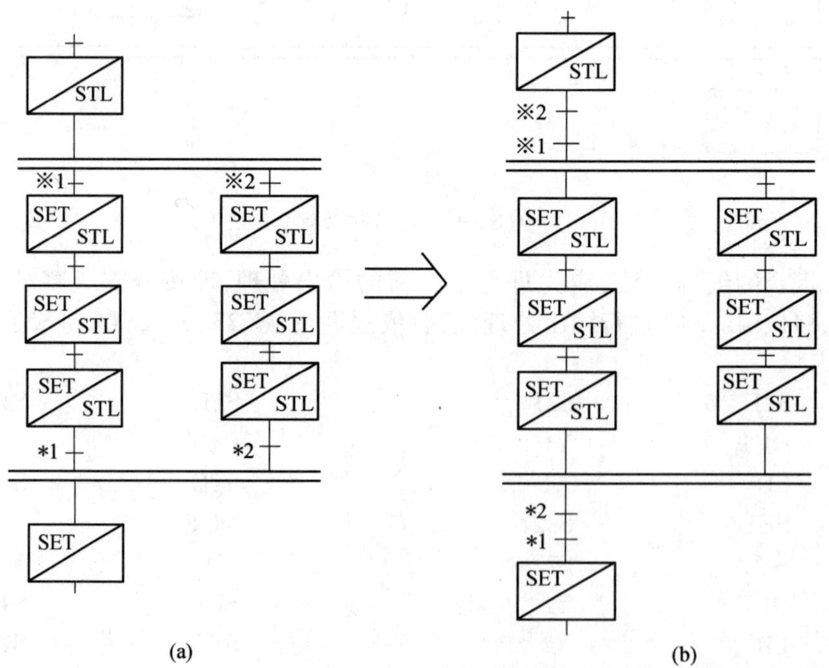

图 8－45　并行分支、汇合状态转移图的转化

习 题 八

8－1　比较图 8－46 所示两种互锁电路的特点。

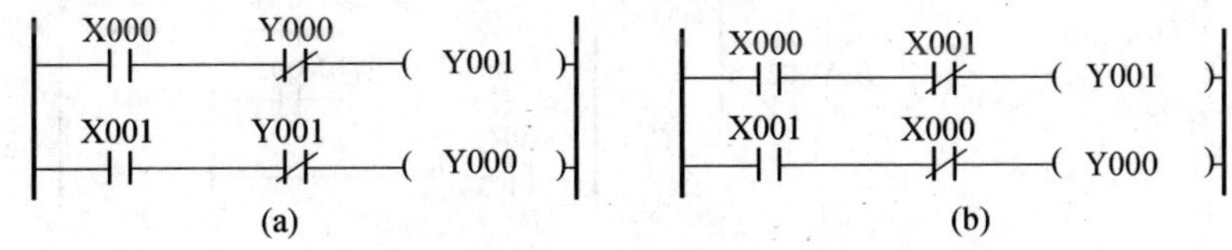

图 8－46　题 8－1 图

(a) 输出互锁；(b) 输入互锁。

8－2　比较图 8－47 所示两个梯形图有什么区别。

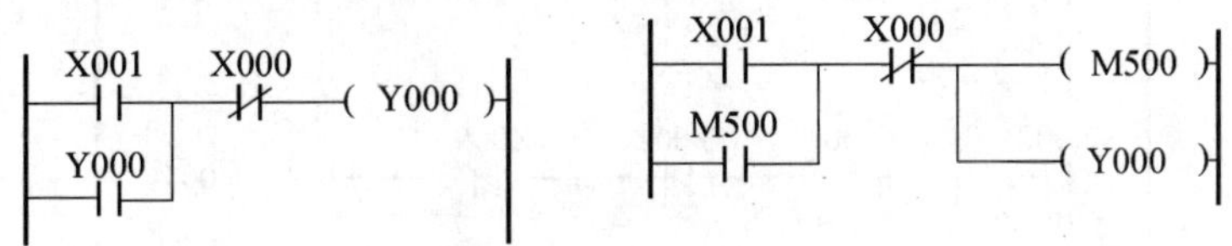

图 8－47　题 8－2 图

8－3　写出图 8－48 所示梯形图的指令表。

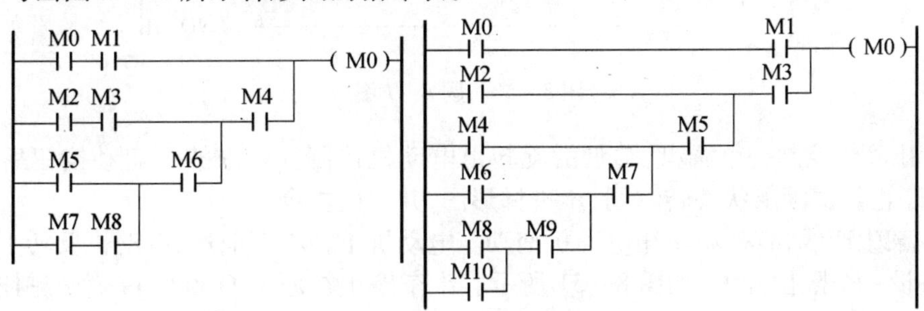

图 8－48　题 8－3 图

8－4　根据下面的指令表画出梯形图。

0 LD X0　　1 OR X1　　2 ANI X2　　3 OUT Y0　　4 ANI X3　　5 OUT Y1

6 LD X4　　7 ANI X5　　8 ORI X6　　9 AND X7　　10 MPS　　11 AND X10

12 OUT Y2　13 MPP　　14 ANI X11　15 OUT Y3

8－5　用 INV 取反指令画出下列逻辑表达式的梯形图，并写出指令表（X0 为下降沿常闭触点）。

Y0 =（X1 + Y0）X0

Y0 = X0（X1 + Y0）

Y0 = X1（X0 + Y0）

Y0 = X1（Y0 + X0）

8－6　将图 8－49 所示的梯形图用 MC、MCR 指令画的梯形图，并写出对应的指令表。

8－7　试用图 8－50 所示的梯形图作为三人抢答电路，问如果两个按钮 X1 和 X2 同时按下时，将会出现什么样的结果？

8－8　步进控制指令的用法和特点是什么？

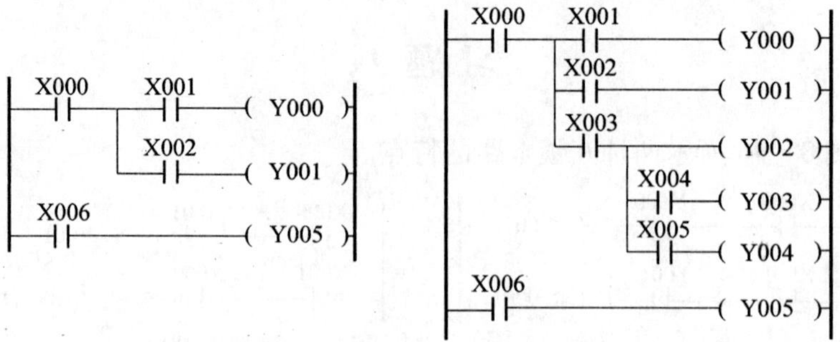

图 8－49　题 8－6 图

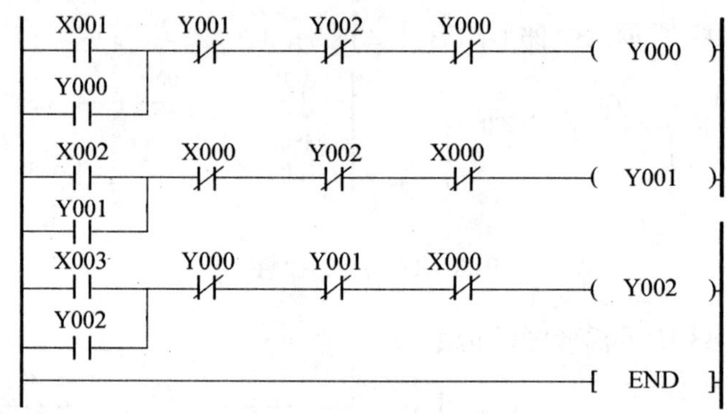

图 8－50　题 8－7 图

8－9　用 PLC 控制一个圆盘，圆盘的旋转由电动机控制。要求按下启动按钮后正转 2 圈、反转 1 圈后停止。试画出状态转移图、步进梯形图，并写出指令表。

8－10　某生产线，有一小车用电动机拖动。电动机正转小车前进，电动机反转小车后退，在 O、A、B、C 各设一个限位开关，如图 8－51 所示。小车停止在原位 O 点，用一个控制按钮控制小车。第一次按按钮，小车前进到 A 点后退回原位 O 停止；第二次按按钮，小车前进到 B 点后退到原位 O 停止；第三次按按钮，小车前进到 C 点后退到原位 O 停止。再次按按钮，又重复上述过程。试画出 PLC 接线图和状态转移图。

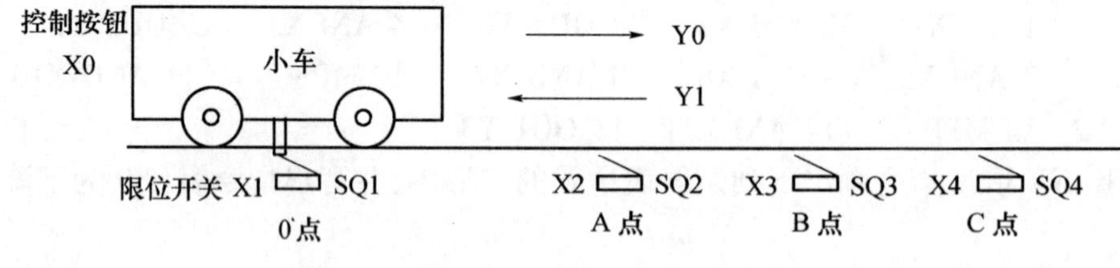

图 8－51　习题 8－10 图

第9章　三菱 FX 系列 PLC 的功能指令

功能指令(Functional Instruction)也叫应用指令(Applied Instruction)。

早期的 PLC 大多用于开关量控制,基本指令和步进指令已经能满足控制要求。为适应控制系统的其他控制要求(如模拟量控制等),从 20 世纪 80 年代开始,PLC 生产厂家就在小型 PLC 上增设了大量的功能指令。三菱 FX 系列 PLC 有多达 100 多条功能指令(见附录 B),由于篇幅的限制,本章仅对比较常用的功能指令作详细介绍。

9.1　功能指令的格式及说明

三菱 FX 系列 PLC 采用计算机通用的助记符形式来表示功能指令。一般用指令的英文名称或缩写作为助记符,有的功能指令只需要指定功能号,大多数功能指令在指定功能号的同时还需要指定操作元件。操作元件由 1 个 ~4 个操作数组成,功能指令的功能号和指令助记符占一个程序步,16 位操作与 32 位操作的每一个操作数分别占 2 个和 4 个程序步。

9.1.1　功能指令使用的软元件

功能指令使用的软元件有字元件和位元件两种类型。

1) 字元件:K,H　KnX KnY KnM KnS C T D V,Z

能表达数值的元件叫做字元件,字元件有 3 种类型。

(1) 常数:K 表示十进制常数,H 表示十六进制常数,如 K1369、H06C8。

(2) 位元件组成的字元件:KnX、KnY、KnM、KnS,如 K1X0、K4M10、K3S3。

(3) 数据寄存器:D、V、Z、T、C,如 D100、T0。

2) 位元件: X　Y　M　S

在功能指令的使用中可以将位元件组合成字元件,4 个连续编号的位元件可以组合成一组组合单元,KnX、KnY、KnM、KnS 中的 n 为组数,如 K2Y0 是由 Y7 ~ Y0 组成的 2 个 4 位字元件。Y0 为低位,Y7 为高位。用它可以表示 2 位十进制数或 2 位十六进制数,也可以表示 8 位二进制数。在执行 16 位功能指令时,n = 1 ~ 4,在执行 32 位功能指令时,n = 1 ~ 8。

如执行图 9 – 1 所示的梯形图,当 X000 = 1 时,将 D0 中的二进制数传送到 K2Y0 中,其结果是 D0 中的低 8 位的值传送到 Y7 ~ Y0 中,结果是 Y7 ~ Y0 = 01000101BIN,其中 Y0、Y2、Y6 3 个输出继电器得电。

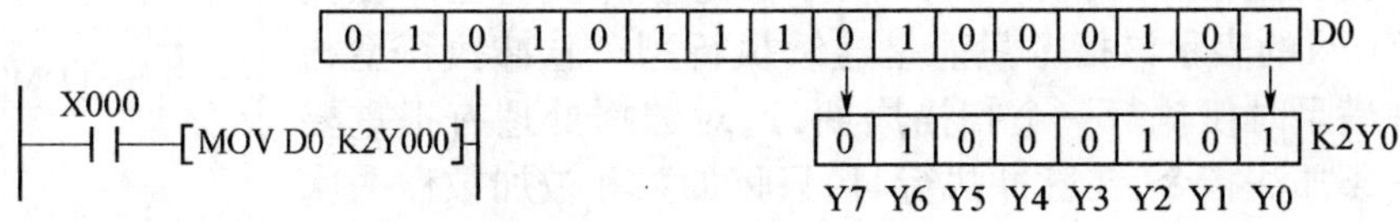

图 9 – 1　位元件的应用

9.1.2 指令格式

每种功能指令都有规定的指令格式,例如位右移 SFTR(SHIFT RIGHT) 功能指令的指令格式如下:

格式

FNC34 SFTR(P) (S.) (D.) n1 n2 n2≤n1≤1024 9 步

使用元件

(S.): X、Y、M、S

(D.): Y、M、S

n1 n2: K、H

(S):源元件,其数据或状态不随指令的执行而变化。如果源元件可以变址,用(S.)表示,如果有多个源元件,可以用(S1.)、(S2.)等表示。

(D):目的元件,其数据或状态将随指令的执行而变化。如果目的元件可以变址,用(D.)表示,如果有多个源元件,可以用(D1.)、(D2.)等表示。

m、n:既不做源元件又不做目的元件的元件用 m、n 表示,当元件数量多时,用 m1、m2、n1、n2 等表示。

功能指令执行的过程比较复杂,通常要多个程序步,例如 SFTR 功能指令的程序步为 9 步。功能指令最少为 1 步,最多为 17 步。

每种功能指令使用的软元件都有规定的范围,例如上述 SFTR 指令的源元件(S.)可使用的位元件为 X、Y、M、S;目的元件(D.)可使用的位元件为 Y、M、S 等。

9.1.3 元件的数据长度

FX 系列 PLC 中的数据寄存器 D 为 16 位,用于存放 16 位二进制数。在功能指令的前面加字母 D 就变成了 32 位指令,如图 9-2(a)所示为 16 位指令,表示将 D0 中的 16 位二进制数据传送到 D2 中;图 9-2(b)所示为 32 位指令,表示将(D1、D0)中的 32 位二进制数据传送到(D3、D2)中。(D1、D0)和(D3、D2)分别组成两个 32 位数据寄存器,D1、D3 分别存放高 16 位,D0、D2 分别存放低 16 位。

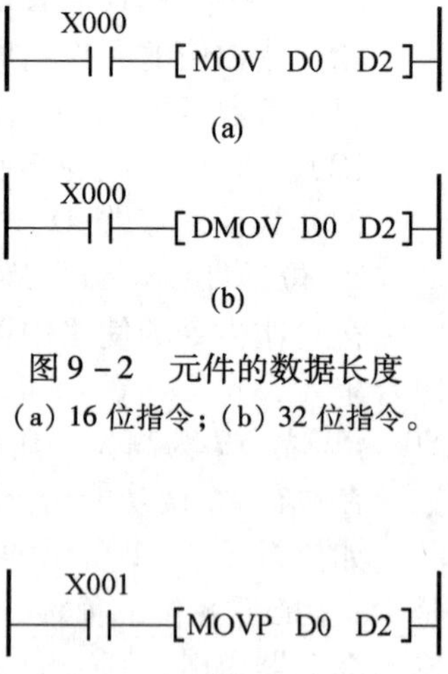

X000 ─┤├─[MOV D0 D2]

(a)

X000 ─┤├─[DMOV D0 D2]

(b)

图 9-2 元件的数据长度

(a) 16 位指令; (b) 32 位指令。

在指令格式中,功能指令中的(D)表示该指令加 D 为 32 位指令,不加 D 为 16 位指令,在功能指令中的 D 表示该指令只能是 32 位指令。

9.1.4 执行形式

功能指令有脉冲执行型和连续执行型两种执行形式。

指令中标有(P)的表示该指令可以是脉冲执行型也可以是连续执行型。如果在功能指令后面加 P,则该指令为脉冲执行型。在指令格式中没有(P)的表示该指令只能是连续执行型。脉冲执行型指令在执行条件满足时仅执行一个扫描周期,这对数据处理有很重要的意义。如一条加法指令,在脉冲执行时,只将加数和被加数做一次加法运算。而连续型加法运算指令在执行条件满足时,每一个扫描周期都要相加一次,这样就失去了控制。为了避免这种情况,对需要注意的指令,在指令的旁边中用★加以警示。如图 9-3(a)所示为

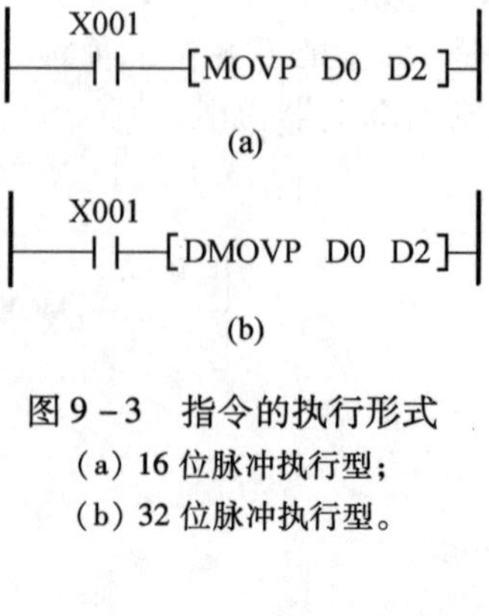

X001 ─┤├─[MOVP D0 D2]

(a)

X001 ─┤├─[DMOVP D0 D2]

(b)

图 9-3 指令的执行形式

(a) 16 位脉冲执行型;

(b) 32 位脉冲执行型。

16 位脉冲执行型,图 9 -3(b)所示为 32 位脉冲执行型。

9.1.5 变址操作

功能指令的源元件(S)和目的元件(D)大部分都可以变址操作,可以变址操作的源元件用(S.)表示,可以变址操作的目的元件用(D.)表示。

变址操作使用变址寄存器 V0 ~ V7 和 Z0 ~ Z7。用变址寄存器对功能指令中的源元件(S)和目的元件(D)进行修改,可以大大提高功能指令的控制功能,如图 9 -4 所示。

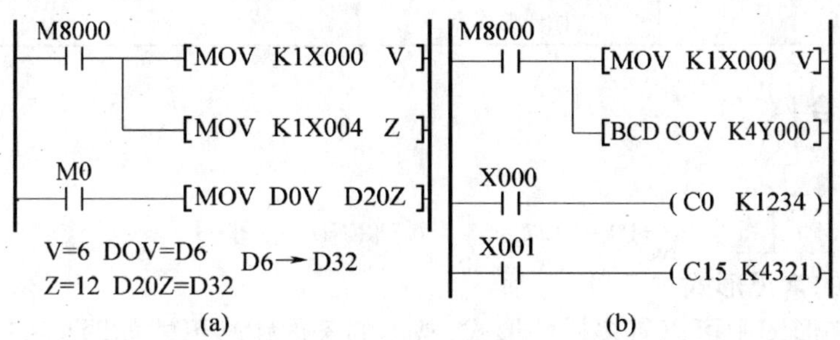

图 9 -4 变址寄存器应用

(a) 变址寄存器应用之一;(b) 变址寄存器应用之二。

图 9 -4(a)中用 4 位输入触点 K1X0 (X3 ~ X0) 表示 4 位二进制数 0000 ~ 1111,如 X3,X2,X1,X0 = 0110,则 V = 6。如 X7,X6,X5,X4 = 1100,则 Z = 12。当 M0 = 1 时,则执行把 D6 (0 + 6 = 6) 中的数据传送到 D32 (20 + 12 = 32) 中。

图 9 -4(b)中用 K1X0 给 V 赋值,同样当 V 的值在 0 ~ 15 之间变化时,就可以把 C0 ~ C15 中的任意一个计数器的当前值以 BCD 数的形式在输出端显示出来。

9.2 程序流向控制指令

程序流向控制指令共有 10 条(FNC00 ~ FNC09),分别是 CJ(条件跳转)、CALL(子程序调用)、SRET(子程序返回)、IRET(中断返回)、EI、DI(中断允许与中断禁止)、FEND(主程序结束)、WDT(监控定时器刷新)和 FOR、NEXT(循环开始和循环结束),如表 9 -1 所列。

表 9 -1 程序流向控制指令

FNC NO.	指令助记符	程序步	功能说明	对应不同型号的 PLC				
				FX0S	FX0N	FX1S	FX1N	FX2N FX2NC
00	CJ(P)	3	条件跳转	✓	✓	✓	✓	✓
01	CALL(P)	3	子程序调用	×	×	✓	✓	✓
02	SRET	1	子程序返回	×	×	✓	✓	✓
03	IRET	1	中断返回	✓	✓	✓	✓	✓
04	EI	1	开中断	✓	✓	✓	✓	✓
05	DI(P)	1	关中断	✓	✓	✓	✓	✓

（续）

FNC NO.	指令助记符	程序步	功能说明	对应不同型号的 PLC				
				FX0S	FX0N	FX1S	FX1N	FX2N FX2NC
06	FEND	1	主程序结束	✓	✓	✓	✓	✓
07	WDT(P)	1	监视定时器刷新	✓	✓	✓	✓	✓
08	FOR	1	循环的起点与次数	✓	✓	✓	✓	✓
09	NEXT	1	循环的终点	✓	✓	✓	✓	✓

9.2.1 跳转指令(CJ)

1. 指令格式

FNC00	CJ(P)	Pn

Pn = P0 ~ P127，P63 为跳到 END　3 步

2. 跳转指令的常见形式

跳转指令在梯形图中可以有多样的形式，常见的条件跳转形式如图 9－5 所示。

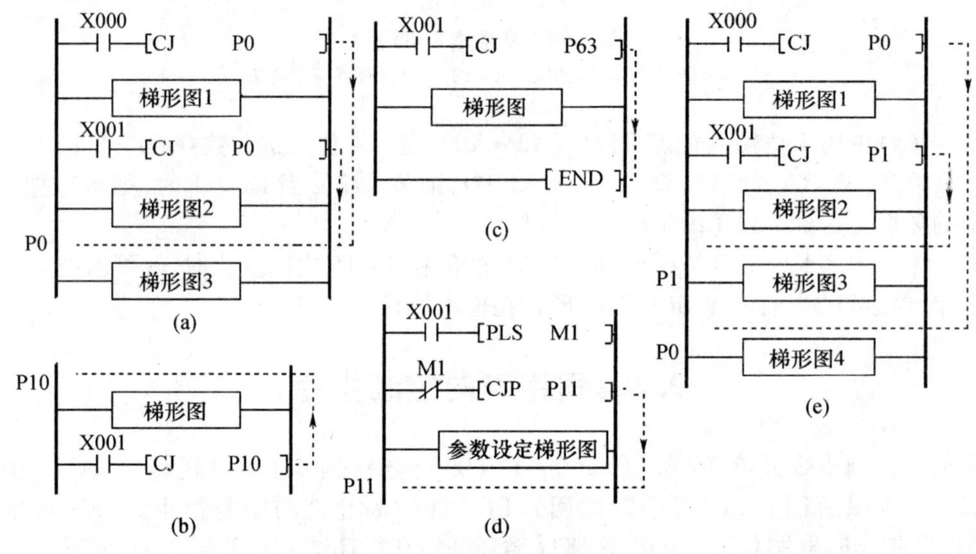

图 9－5　条件跳转的常见形式

(a) 跳到同一地点；(b) 跳到前面；(c) 跳到 END；(d) 跳转一个扫描周期；(e) 嵌套跳转。

图 9－5(a)所示为跳到同一地点，当 X001 = 1 时，跳过梯形图 2 到标记 P0，当 X000 = 1 时跳过梯形图 1 和梯形图 2，也到标记 P0。

图 9－5(b)所示为跳到前面已执行过的梯形图，此时，X001 = 1 的时间不得超过监视定时器 D8000 设定的时间(200ms)。

图 9－5(c)所示为跳到程序的结束点 END，CJ P63 不需要标记。

图 9－5(d)所示为脉冲型跳转指令，图中的“参数设定梯形图”正常运行时被跳过，当 X001 = 1 时，图中的“参数设定梯形图”只执行一个扫描周期后又被跳过。

图 9－5(e)所示为嵌套跳转形式，当 X001 = 1 时，跳过梯形图 2 到标记 P1，当 X000 = 1 时，跳过梯形图 1、梯形图 2 和梯形图 3 到标记 P0。

3. 指令说明

跳转指令 CJ 或 CJP 在梯形图中用于跳过一段程序，PLC 对被跳转的程序不扫描读取，所以

可以减少扫描周期的时间。

各种软元件在跳转后其线圈仍然保持原来的状态不变，也不能对其触点进行控制。T 和 C 的当前值也保持不变。

（1）如图 9－6 所示，当跳转区间 CJ P0～P0 被跳转时，CJ P0～P0 之间的状态保持不变。

（2）在未执行 MC N0 M0 指令时，如果 CJ P1 跳转，MC N0 M0 指令就失去作用，此时，从 P1 到 MCR N0 之间的电路不受 MC N0 指令的控制。

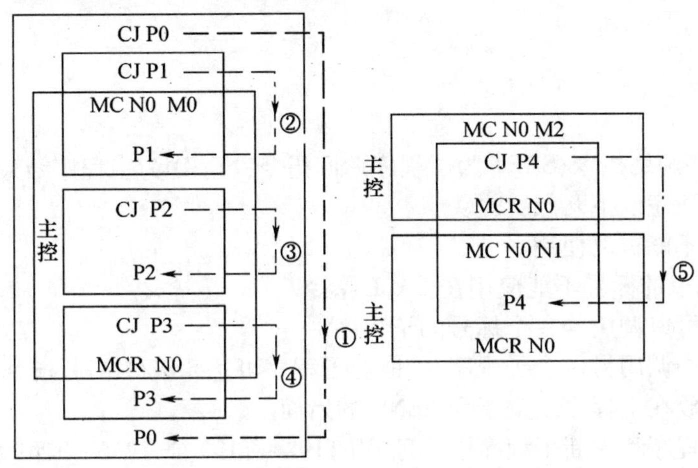

图 9－6　主控指令和跳转指令的关系

（3）在未执行 MC N0 M0 指令时，如果 CJ P2 跳转，CJ P1～P1 之间的所有状态保持不变。在执行 MC N0 M0 指令后，如果 CJ P2 跳转，CJ P1～P1 之间的所有状态也保持不变。

（4）当跳转区间 CJ P3～P3 被跳转时，由于被跳区间 CJ P3～P3 之间的状态保持不变，故 MC N0 M0 指令也对被跳区间无效。

（5）当跳转区间 CJ P4～P4 被跳转时，MC N0 M1 指令就失去作用，MC N0 M2 指令将对 MC N0 M2 到下面的 MCR N0 之间的电路起控制作用。

4. 应用举例

跳步指令可以在很多场合使用，以图 9－7 所示的自动/手动程序的切换为例，当自动/手动开关 X001 为 ON 时，跳步指令 CJ P0 的条件满足，将跳过自动程序，执行手动程序；反之将跳过手动程序，执行自动程序。

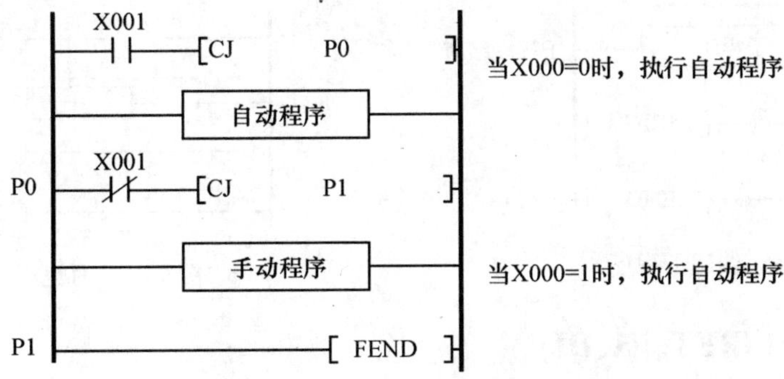

图 9－7　自动/手动程序

同一编程元件的线圈可以在跳步条件相反的两个跳步程序（如图 9－7 中的自动程序和手动程序）中分别出现一次，在这种情况下允许双线圈输出。

若积算定时器和计数器的 RST 指令在跳步区外，即使定时器和计数器的线圈被跳转，对它们的复位仍然有效。

9.2.2 子程序调用、子程序返回和主程序结束指令(CALL、SRET、FEND)

1. 指令格式

FNC01	CALL(P)	Pn

Pn = P0 ~ P62 Pn = P64 ~ P127(1 步) 3 步

FNC02	SRET

1 步

FNC06	FEND

1 步

2. 指令说明

CALL 为子程序调用指令；SRET 为子程序返回指令；FEND 为主程序结束指令。

子程序调用应注意以下几点：

(1) 同一标号不能重复使用。

(2) CJ 指令用过的标号不能使用在 CALL 指令。

(3) 多个标号可以调用同一个标号的子程序。

(4) 在子程序中调用另一个子程序，其嵌套子程序可达 5 级(CALL 指令可用 4 次)。

(5) 子程序应放在主程序结束指令 FEND 的后面。

(6) 在调用子程序和中断子程序中，可选用 T192 ~ T199 或 T246 ~ T249 作为定时器。

图 9-8 中，子程序调用指令 CALL 安排在主程序段中，子程序安排在主程序结束指令 FEND 之后，当 X001 = 1 时，执行指针标号 P1 后的子程序。当执行到返回指令 SRET 时，返回主程序。

图 9-9 所示为子程序嵌套子程序，在执行主程序中，当 X002 = 1 时，调用标号 P2 的子程序 1，当 X003 = 1，则先调用标号 P3 的子程序 2 后，再返回继续调用子程序 1，子程序 1 结束后返回继续执行主程序。

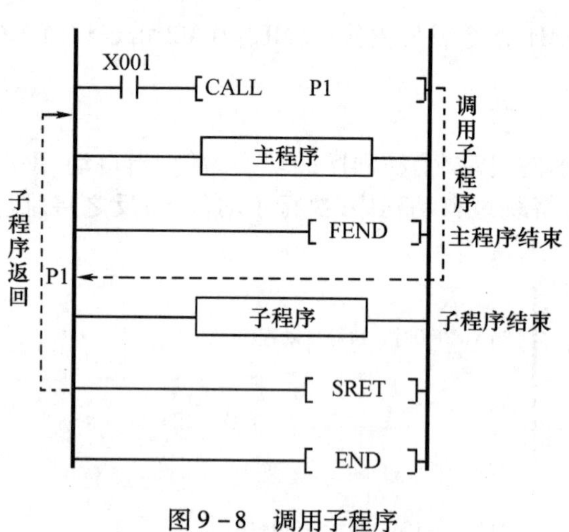

图 9-8 调用子程序

图 9-9 子程序的嵌套

9.2.3 中断指令(IRET、EI、DI)

1. 指令格式

FNC03	IRET

1 步

FNC04	IE

1 步

FNC05	DI(P)	1 步

2. 指令说明

IRET 为中断返回指令,EI 为中断允许指令,DI 为中断禁止指令。

PLC 的工作方式是对梯形图或指令进行逐步读取,再由指令进行逻辑运算,最后才将结果输出,并且要求输入信号要大于一个扫描周期,这样就限制了 PLC 的响应时间。而中断是 PLC 的另一种工作方式,它不受扫描周期的影响。对于输入中断,它可以立即对 X0 ~ X5 的输入状态进行响应,其中 X0、X1 的输入响应时间可达到 20μs,X2 ~ X5 的输入响应时间 50μs。

FX 系列 PLC 有 3 类中断:外部输入中断、内部定时器中断和计数器中断方式。

中断受中断禁止特殊辅助继电器 M8050 ~ M8059 的控制。对于输入中断,当 M8050 ~ M8055 = 1 时,对应的输入中断 I00□□ ~ I50□□被禁止。对于定时器中断,当 M8056 ~ M8058 = 1 时,对应的定时器中断 I6□□ ~ I8□□被禁止。对于计数器中断,当 M8059 = 1 时,计数器中断全部被禁止,如表 9 - 2 所列。

表 9 - 2 中断类型及中断禁止特殊辅助继电器

输入中断		定时器中断		计时器中断	
输入中断指针	中断禁止	定时器中断禁止	中断禁止	计数器中断禁止	中断禁止
I00□(X0) I10□(X1) I20□(X2) I30□(X3) I40□(X4) I50□(X5)	M8050 M8051 M8052 M8053 M8054 M8055	I6□□ I7□□ I8□□	M8056 M8057 M8058	I010 I020 I030 I040 I050 I060	M8059
□ = 1 时上升沿中断, □ = 0 时下降沿中断		□□ = 10 ~ 99(ms)			

1) 外部输入中断方式

外部输入中断对应外部中断信号输入端子的有 X0 ~ X5(6 个)。每个输入只能用一次,例如 I201 用于 X2 的上升沿中断,即当 X2 闭合时执行一次(一个扫描周期)中断子程序,I200 用于 X2 的下降中断,即当 X2 断开时执行一次中断子程序,但是 I201 和 I200 不能同时用。中断子程序一旦被执行后,子程序中各线圈和功能指令的状态保持不变,直到子程序下一次被执行。

2) 内部定时器中断方式

内部定时器中断有 3 个中断指针,可产生 3 个定时中断,定时中断不受 PLC 扫描周期的影响,可以每隔 10ms ~ 99ms 执行 1 次中断子程序。

内部定时器中断方式主要用于在控制程序中需要每隔一定时间执行一次子程序的场合。例如在主程序扫描周期很长的情况下,可以用内部定时器中断来处理一些需要高速定时处理的程序。内部定时器中断常和 RAMP(FNC67)、HKY(FNC71)、SEGL(FNC74)、ARWS(FNC75)、PR(FNC77)等与扫描周期有关的功能指令一起使用。

3) 计数器中断方式

计数器中断方式利用高速计数器的当前值进行中断,常与 DHSCS(FNC53)指令一起使用。当高速计数器的当前值达到规定值时,执行中断子程序。

3. 应用举例

图 9 - 10 所示是输入中断用于三人智力抢答的实例。抢答器接线如表 9 - 3 所列。

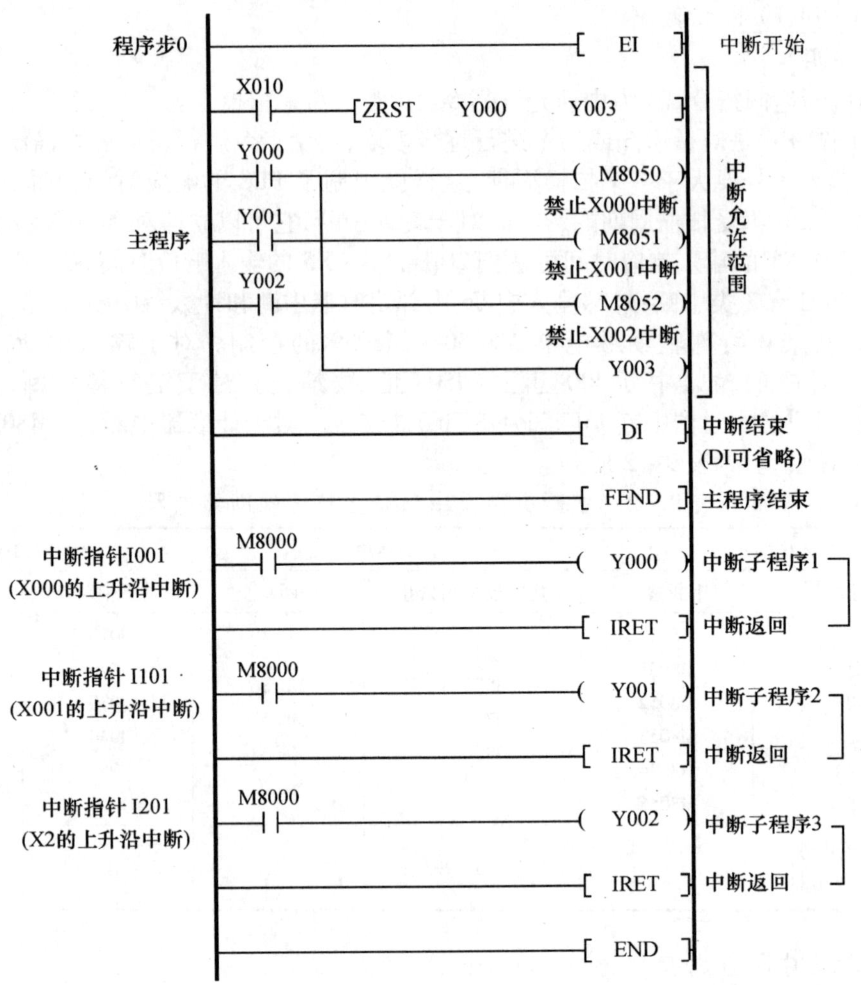

图 9-10 抢答电路(输入中断)梯形图

表 9-3 智力抢答接线表

参与者	按钮编号	输入地址	信号灯编号	输出地址
主持人	SB4	X010	HA	Y003
3 号抢答者	SB3	X002	HL3	Y002
2 号抢答者	SB2	X001	HL2	Y001
1 号抢答者	SB1	X000	HL1	Y000

EI~DI 的程序是中断允许范围,DI~FEND 的程序为中断不允许范围,如果 DI~FEND 没有程序,DI 指令也可以省略。在正常情况下,PLC 只执行 FEND 之间的程序,不执行子程序,当有外部输入信号时才执行一次对应的子程序,并立即返回原来中断的地方继续执行子程序。

一般梯形图的程序执行要受到扫描周期的影响,用输入中断来实现抢答不受扫描周期的影响,辨别抢答者的按钮输入的快慢将大大加快,辨别率将大大提高。

在图 9-10 中,有 3 个抢答者的按钮 X000、X001 和 X002,假如按钮 X001 先闭合,在 X001 的上升沿执行 I101 处的中断子程序 2,使 Y001 输出继电器得电,信号灯 HL2 亮,在执行后面的 IRET 中断返回指令时,立即返回子程序,Y001 触点闭合,使中断禁止特殊辅助继电器 M8085~

M8052 得电，禁止了 X000 和 X002 的输入中断。同时 Y003 输出继电器得电，外接蜂鸣器响，表示抢答成功，抢答结束后，主持人按下复位按钮 X010，全部输出 Y000 ~ Y003 复位。

9.2.4 监视定时器指令（WDT）

1. 指令格式

FNC07	WDT(P)

1 步

2. 指令说明

在 PLC 的特殊数据寄存器 D8000 中存放一个时间（FX_{2N}型 PLC 中 D8000 的初值为 200ms），用于监视 PLC 运行一个扫描周期的时间，以防止有诸如死循环一类的错误程序。PLC 运行一个扫描周期的时间如果超过监视定时器规定的 200ms 时，PLC 将停止工作，此时 CPU 的出错指示灯亮。

WDT 指令为连续执行型，即每个扫描周期都对程序的执行时间进行监视；WDTP 指令为脉冲型，即满足执行条件时只执行一个扫描周期。

有时一个正常的程序也有可能超过 200ms，为了使这样的程序也能正常工作，可采用两种方法，一是修改 D8000 中的初始值设定；另外是在程序中插入 DWT 指令，当程序执行到 DWT 指令时对监视定时器刷新。

3. 指令应用

一个程序的扫描周期的时间为 250ms，用第一种方法时把 D8000 中的初始设定值 200ms 修改为 300ms，如图 9－11 所示。一般将改程序放在初始 0 步，这样监视的时间为从 0 步到 END 结束指令之间的执行时间。如果程序中插入 WDT 指令，则是监视从 0 步到 WDT 指令之间的执行时间。

另一种方法是在程序中插入 WDT 指令，将程序分为两个执行时间大致相等的部分，使两个部分都不超过 200ms，如图 9－12 所示。

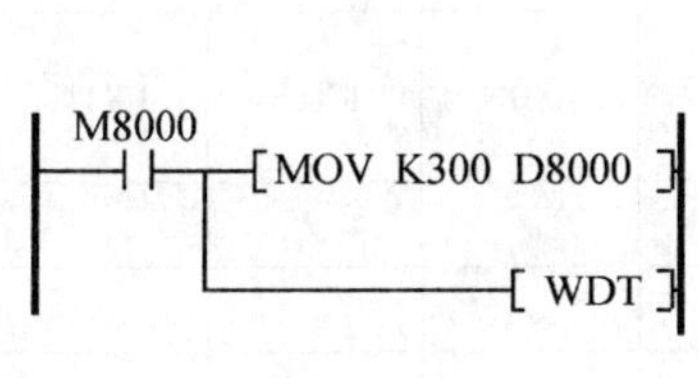

图 9－11　监视定时器的时间修改

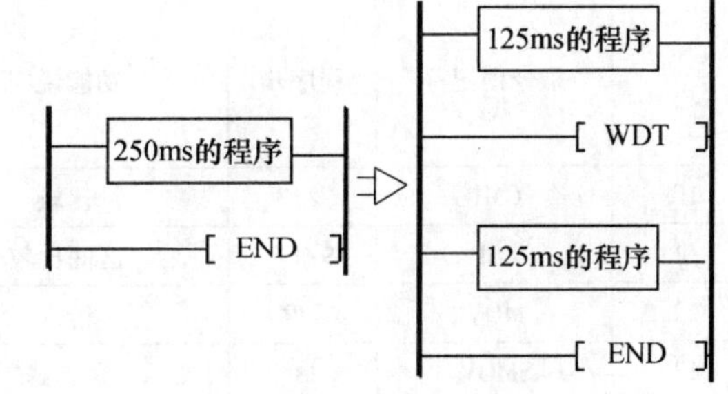

图 9－12　WDT 指令的应用

9.2.5 循环指令（FOR、NEXT）

1. FOR 指令

格式

FNC08	FOR	n

n = 1 ~ 32767　　3 步

使用软元件：

n：K H KnX KnY KnM KnS C T D V，Z

2. NEXT 指令

FNC09	NEXT

1 步

使用软元件:没有可使用软元件。

3. 指令说明

(1) FOR 为循环开始指令,NEXT 为循环结束指令,两条指令应成对出现。

(2) 循环次数 n 在 1 ~ 32767 时有效,当 n 为 -32767 ~ 0 时,n 将当做 1 处理。

(3) FOR ~ NEXT 循环可以嵌套 5 层。

(4) 循环次数多时,PLC 的扫描周期会延长,有可能出现大于监视定时器指定的数值,可能会出错。

(5) 编写程序时,若 NEXT 指令编写在 FOR 指令前,或 FOR 指令无对应的 NEXT 指令,或 NEXT 指令在 FEND、END 之后,或 FOR 指令与 NKXT 指令的个数不相等时,都会出错。

4. 应用举例

如图 9-13 所示,使用了 FOR ~ NEXT 3 次循环((1)、(2)、(3))。在循环(3)中,n = K4,则此循环执行 4 次;在循环(2)中,如 n = D0Z = 6,则此循环执行 4 * 6 = 24 次;在循环(1)中,如 n = K1XO = 7,则此循环执行 4 * 6 * 7 = 168 次。

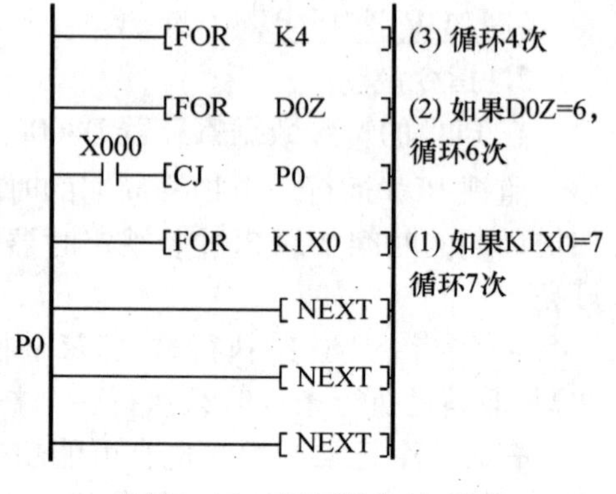

图 9-13 循环指令的应用

9.3 传送比较指令

传送比较指令共有 10 条,指令功能编号为 ENC10 ~ PNC19,如表 9-4 所列。在程序中,传送比较指令主要用于数据的传送、变换和比较。这类功能指令是使用最多、应用最广的指令之一。

表 9-4 传送与比较指令

FNC NO.	指令助记符	程序步	功能说明	对应不同型号的 PLC				
				FX0S	FX0N	FX1S	FX1N	FX2N FX2NC
10	CMP	7/13	比较	✓	✓	✓	✓	✓
11	ZCP	9/17	区间比较	✓	✓	✓	✓	✓
12	MOV	5/9	传送	✓	✓	✓	✓	✓
13	SMOV	11	位传送	×	×	×	×	✓
14	(D)CML	3/5	取反传送	×	×	×	×	✓
15	BMOV	5/9	成批传送	×	✓	✓	✓	✓
16	(D)FMOV	7	多点传送	×	×	×	×	✓
17	(D)XCH	5/9	交换	×	×	×	×	✓
18	(D)BCD	5/9	BIN 转为 BCD	✓	✓	✓	✓	✓
19	(D)BIN	5/9	BCD 转为 BIN	✓	✓	✓	✓	✓

9.3.1 比较指令(CMP)

1. 指令格式

FNC010	(D)CMP(P)	(S1.)	(S2.)	(D.)	7/13 步

使用软元件：

(S1.)(S2.)：K　H　KnX　KnY　KnM　KnS　C　T　D　V,Z

(D.)：Y　M　S

2. 指令说明

比较指令(CMP)是将两个源数据(S1.)、(S2.)的数值进行比较，比较结果由3个连续的辅助继电器来表示，如图9-14所示。

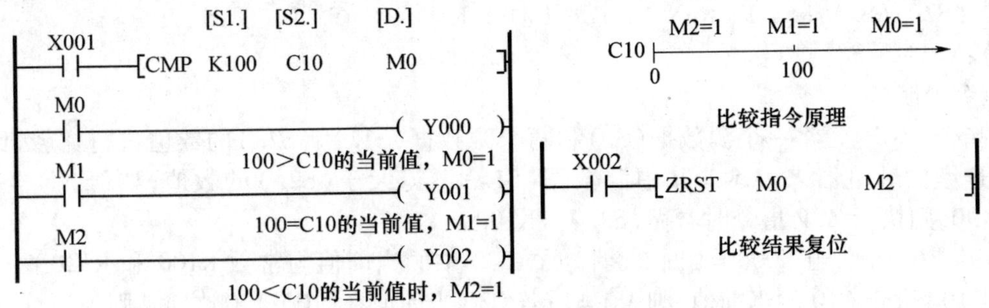

图9-14　比较指令说明

当X001=1时，将计数器C10中的当前值与常数100进行比较，若C10的当前值大于100，则M0=1；若C10的当前值等于100，则M1=1；若C20当前值大于100，则M2=1。当X0=0时，不执行CMP指令，但M0、M1、M2保持不变。若要将比较结果复位，可用ZRST指令将M0、M1、M2置0。

3. 应用举例

用PLC控制一个密码锁。在控制梯形图中设置*N*位数密码，如图9-15所示为设置4位数密码8365。将数字开关拨到8时按一下确认键，再分别在拨到密码数3、6、5时按一下确认键，电磁锁Y0得电开锁。

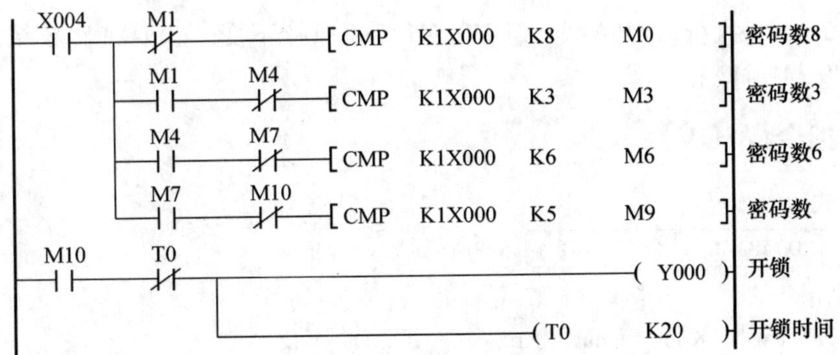

图9-15　比较指令的应用

密码锁控制梯形图采用CMP比较指令将数字开关的数与设定的密码数进行比较，当二者相等时，如第1个数为8时按下确认键X004，只执行第一个CMP指令，比较结果M1=1，断开第一个CMP指令，接通第二个CMP指令，当拨到第二个密码3时再按确认键X004，只执行第二个CMP指令，比较结果M4=1中当最后一个密码确认后，M10=1，使Y000=1，电磁锁Y0得电开锁，2s后结束并全部结果复位。

将确认键放在暗处，一手拨数字开关，一手按确认键，当拨到密码数时按一下确认键，再继续拨，这样，即使旁边有人，也看不到密码数和密码位数。

9.3.2 区间比较指令(ZCP)

1. 指令格式

FNC011	(D)ZCP(P)	(S1.)	(S2.)	(S.)	(D.)

9/17 步

使用软元件：

(S1.)(S2.)(S.)：K H KnX KnY KnM KnS C T D V,Z

(D.)：Y M S

2. 指令说明

比较指令(ZCP)是将一个源数据(S.)和两个源数据(S1.)、(S2.)的数值进行比较，比较结果由3个连续的继电器来表示。其中源数据(S1.)不得大于(S2.)的数值，如(S1.) = K100，(S2.) = K90，则执行 ZCP 指令时看做(S2.) = K100。

如图9-16所示，当 X000 = 1 时，将计数器 C30 中的当前值与常数 K100 和 K120 两个数进行比较，若100大于 C10 的当前值，则 M0 = 1；若 C30 当前值在[100,120]之间，则 M1 = 1；若 C30 当前值大于120，则 M2 = 1。

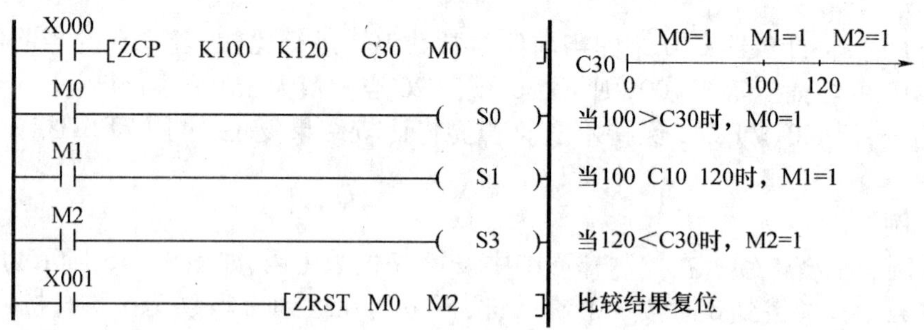

图9-16 区间比较指令说明

当 X000 = 0 时，不执行 CMP 指令，但 M0、M1、M2 保持不变。若要将比较结果复位，可用 ZRST 指令将 M0、M1、M2 置0。

9.3.3 传送指令(MOV)

1. 指令格式

FNC012	(D)MOV(P)	(S.)	(D.)

5/9 步

使用软元件：

(S.)：K H KnX KnY KnM KnS C T D V,Z

(D.)：KnY KnM KnS C T D V,Z

2. 指令说明

传送指令(MOV)在功能指令中是使用最多的指令，它用于将(S.)中的数值不经任何变换，直接传送到(D.)中。

3. 应用举例

8人智力抢答竞赛，用8个抢答按钮(X000 ~ X007)和8个指示灯(Y00 ~ Y07)。当主持人报完题目，按下按钮(X010)后，抢答者才可按按钮，先按按钮者的灯亮，同时蜂鸣器(Y010)响，后按按钮者灯不亮。

图 9－17 中，在主持人按钮未按下按钮时，按抢答按钮（X007～X000）无效，当主持人按下按钮 X010 时，因抢答按钮均未按下，所以 K2X0＝0，由 MOV 指令将 K2X0 的值 0 传送到 K2Y0 中，由 CMP 指令比较 K2Y0 和 K0，因 K2Y0＝K0，比较结果 M1＝1。当按钮 X002 先按下，则 K2X0＝00000100，经传送，K2Y0＝000000100，即 Y002＝1，对应的指示灯亮，经 CMP 指令比较，K2Y0＞0，比较结果是 M0＝1，Y017 得电，蜂鸣器响，M1＝0，断开 MOV 和 CMP 指令，故后者抢答无效。

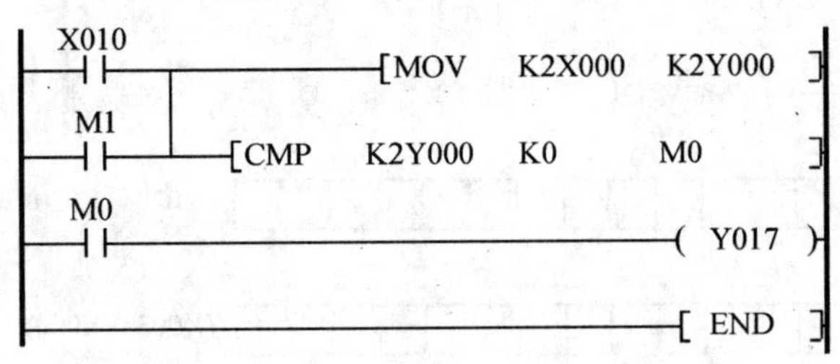

图 9－17　传送指令的应用

9.3.4　移位传送指令（SMOV）

1. 指令格式

FNC013	SMOV(P)	(S.)	m1.	m2.	(D.)	n

m1,m2,n＝1～4　11 步

使用软元件：

(S.)：KnX　KnY　KnM　KnS　C　T　D　V,Z

(D.)：KnY　KnM　KnS　C　T　D　V,Z

m1,m2,n：K　H

2. 指令说明

移位传送指令（SMOV）用于将（S.）中的 16 位二进制数以 4 位 BCD 数的方式按位传送到（D.）中。如图 9－18 所示，表示将 D1 中的 4 位 BCD 数（在 D1 中是以 16 位二进制数存放的）从第 4 位（K4）开始的 2 位（K2），即千位和百位，传送到 D2′的从第 3 位（K3）开始的 2 位，即 D2 的百位和十位。由于数据寄存器 D 只能存放二进制，所以 SMOV 指令只是在传送的过程中以 BCD 数的方式传送，而到达 D2 后仍以二进制数存放。

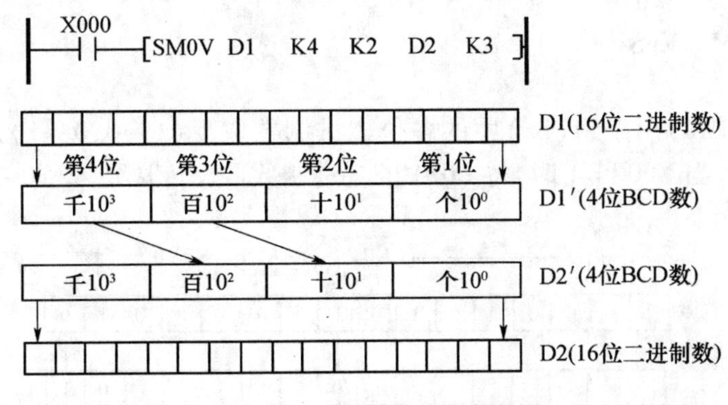

图 9－18　移位传送指令说明

3. 应用举例

用数字开关给定时器间接设定延时时间，延时时间在 0.1s～99.9s 之间。

用 3 个数字开关分别连接在 PLC 的 X00 ~ X03 和 X020 ~ X027 输入端上，由于输入继电器的元件号不连续，需要进行调整，如图 9 – 19 所示。

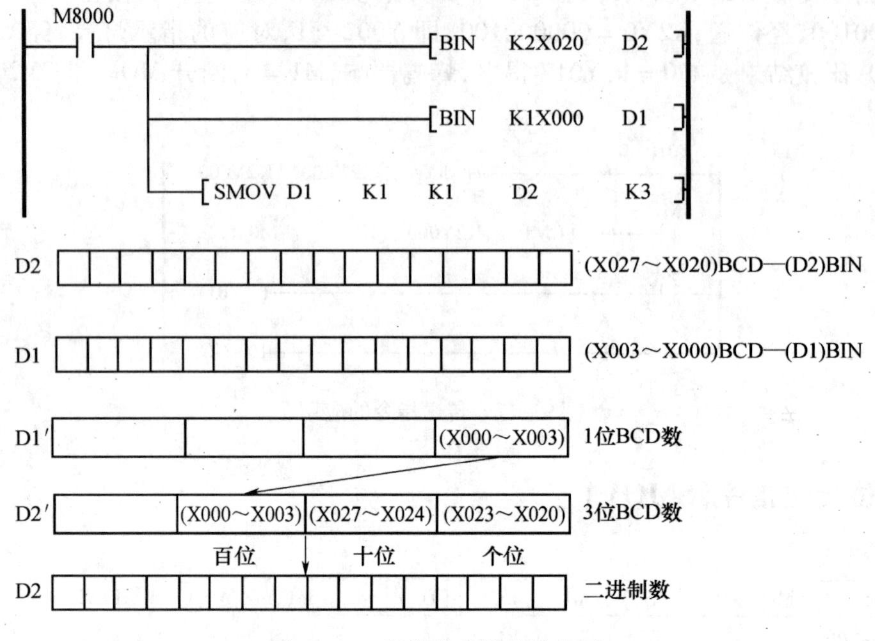

图 9 – 19　移位传送指令的应用

图 9 – 19 中梯形图的 BIN 指令用于将数字开关的 BCD 数变换成 BIN 数存放在数据寄存器中，SMOV 指令将 D1 中的 1 位 BCD 数调节到 D2′中做百位数，并以二进制数存放在 D2 中，D2 中存放的数值是定时器 T0 的间接设定时间值。

9.3.5　取反传送指令(CML)

1. 指令格式

FNC014	(D)CML(P)	(S.)	(D.)	5/9 步

使用软元件：

(S.)：K　H　KnX　KnY　KnM　KnS　C　T　D　V,Z

(D.)：KnY　KnM　KnS　C　T　D　V,Z

2. 指令说明

取反传送指令(CML)用于将(S.)中的各位二进制数取反(1→0,0→1)，按位传送到(D.)中。如图 9 – 20 所示，当 X000 = 1 时，将 D0 中的二进制数取反传送到 K2Y0 中。

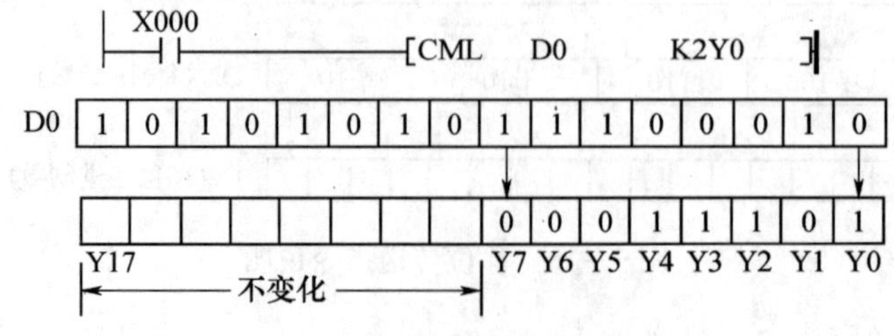

图 9 – 20　取反传送指令说明

D0 中的低 8 位存放的是 D0 的低 8 位反相数据，D0 中的高 8 位不传送，Y017 ~ Y010 不会变化。

3. 应用举例

取反传送指令(CML)可以用于 PLC 的反相输入或反相输出，如图 9－21 所示。

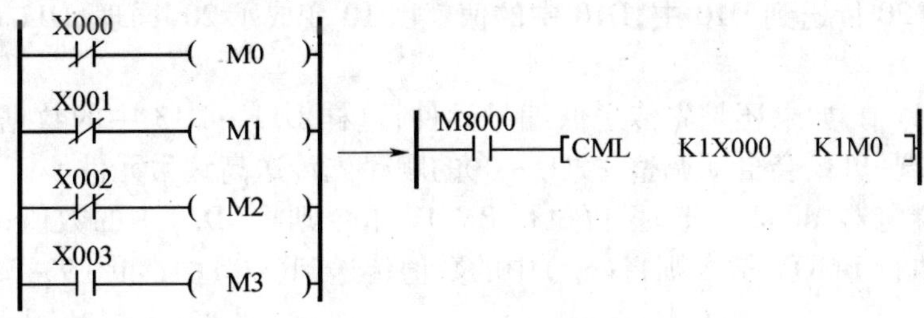

图 9－21 4 位反向输入

9.3.6 成批传送指令(BMOV)

1. 指令格式

FNC015	BMOV(P)	(S.)	(D.)	n

n≤512 17 步

使用软元件：

(S.)：KnX KnY KnM KnS C T D V,Z

(D.)：KnY KnM KnS C T D V,Z

n：K H

2. 指令说明

成批传送指令(BMOV)用于将从(S.)起的 n 点数据一一对应地传送到从(D.)起的 n 点数据中。

在图 9－22(a)中，当 X000 = 1 时，将 D0、D1、D2 中的数据分别传送到 D10、D11、D12 中。D0、D1、D2 中的数据不变。

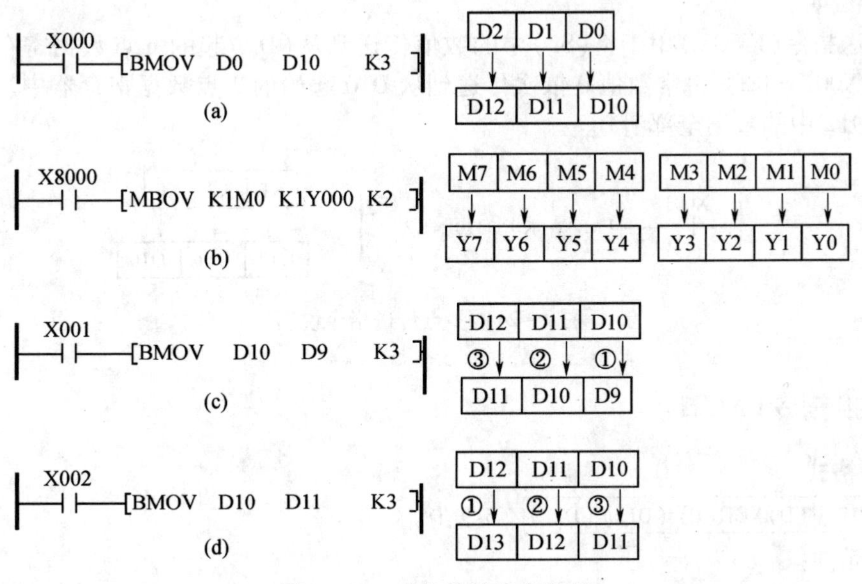

图 9－22 成批传送指令说明

在图 9－22(b)中,将以 K1M0 开始连续的 2 点 4 位元件中的数据分别传送到以 K1Y0 开始连续的 2 点 4 位元件中。

在图 9－22(c)中,源元件(S.)和目的元件(D.)有一部分是相同的,PLC 在传送数值时,一般是先传送低编号元件。如 D10＝10,D11＝20,D12＝30,则 PLC 先将 D10 中的 10 传送到 D9中,再将 D11 中的 20 传送到 D10 中,D10 中的值就由 10 变成了 20,同理,D11 中的值就由 20 变成了 30。

在图 9－22(d)中,如果还是先传送低编号元件,这样 D11～D13 中的数据将会都是 D10 中的值,对于这种情况,PLC 会自动调整,按①～③的顺序先传送高编号元件。

当特殊辅助继电器 M8024＝1 时,再执行 BMOV 指令则将(D.)中的数值传送到(S.)中;当M8024＝0 时,再执行 BMOV 指令则将(S.)中的数值传送到(D.)中,如图 9－23 所示。

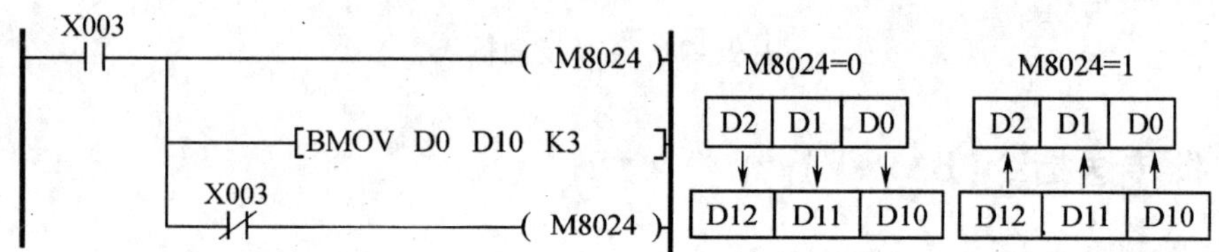

图 9－23　改变成批传送指令的数值传送方向

9.3.7　多点传送指令(FMOV)

1. 指令格式

FNC016	(D)FMOV(P)	(S.)	(D.)	n

n≤512　7/13 步

使用软元件:

(S.):K　H　KnX　KnY　KnM　KnS　C　T　D　V,Z

(D.):KnY　KnM　KnS　C　T　D　V,Z

n:K　H

2. 指令说明

多点传送指令(FMOV)用于将(S.)中的数值传送到从(D.)起的 n 点数据寄存器中。在图9－24中,当 X001＝1 时,将常数值 0 依次传送到从 D10 起始的 3 点数据寄存器中。指令实际上是将 D10～D12 中的数据全部清 0。

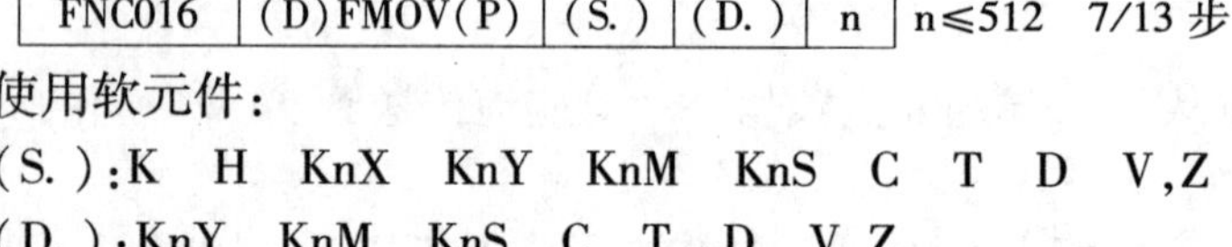

图 9－24　多点传送指令说明

9.3.8　交换指令(XCH)

1. 指令格式

FNC017	(D)XCH(P)	(D1.)	(D2.)

5/9 步

使用软元件:

(D1.)(D2.):KnY　KnM　KnS　C　T　D　V,Z

2. 指令说明

交换指令(XCH)用于将(D1.)和(D2.)中的数值相互交换。

这条指令一般采用脉冲型。如果采用连续执行型,则每个扫描周期都执行数据交换。

图9-25中,当X000=1时,特殊辅助继电器M8160=1,D10中的低8位和高8位数据相互交换,D11中的低8位和高8位数据相互交换。本例中的32位数据D11、D10为H1020104,执行指令后,D11、D10为H02010401。

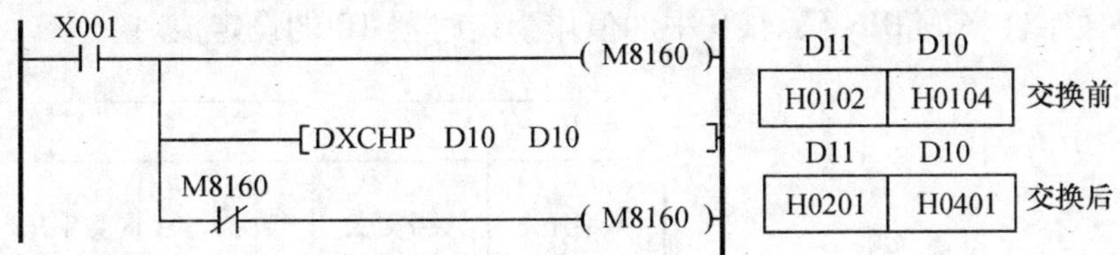

图9-25 32位数据交换

用特殊辅助继电器M8160,对32位DXCH(P)指令进行交换与SWAP(FNC147)功能指令作用相同,通常情况下用SWAP(FNC147)功能指令。

9.3.9 BCD交换指令(BCD)

1. 指令格式

FNC018	(D)BCB(P)	(S.)	(D.)	5/9步

使用软元件:

(S.):KnX KnY KnM KnS C T D、V,Z

(D.):KnY KnM KnS C T D V,Z

2. 指令说明

在PLC中的数据寄存器存放的是二进制数,PLC中的数据运算(如加、减、乘、除、加一、减一等)也是用二进制数,而输入的数据一般为十进制数。BCD交换指令(BCD)用于将(S.)中的二进制数转换成BCD数,传送到(D.)中。

使用BCD(P)指令时,如转换结果超过0~9999范围,会出错。

使用DBCD(P)指令时,如转换结果超过0~99999999范围,会出错。

9.3.10 BIN交换指令(BIN)

1. 指令格式

FNC019	(D)BIN(P)	(S.)	(D.)	5/9步

使用软元件:

(S.):KnX、KnY、KnM、KnS、C、T、D、V,Z

(D.):KnY、KnM、KnS、C、T、D、V,Z

2. 指令说明

在大多数情况下,PLC接收的外部数据为BCD数,如用BCD数字开关输入数据等,而PLC中的数据寄存器只能存放二进制数,所以需要将BCD数转换成二进制数。BIN交换指令(BIN)用于将(S.)中的数BCD数转换成二进制,传送到(D.)中。

使用BIN(P)指令时,如转换结果超过0~9999范围,会出错。

使用DBIN(P)指令时,如转换结果超过0~99999999范围,会出错。

如果(S.)中的数据不是 BCD 数时,则 M8067(运算错误)=1,M8068(运算错误锁存)将不工作。

3. 应用举例

用4位数码管显示用BCD码数字开关间接设定的定时器的当前值。

图9-26所示是一个间接设定的定时器,其定时器T0的设定值由4个BCD码数字开关经输入继电器X017-X000存放到数据寄存器D0中,由于数据寄存器只能存放BIN码,所以必须将4位BCD码数字转换成BIN码。D0中的值作为定时器T0的设定值。

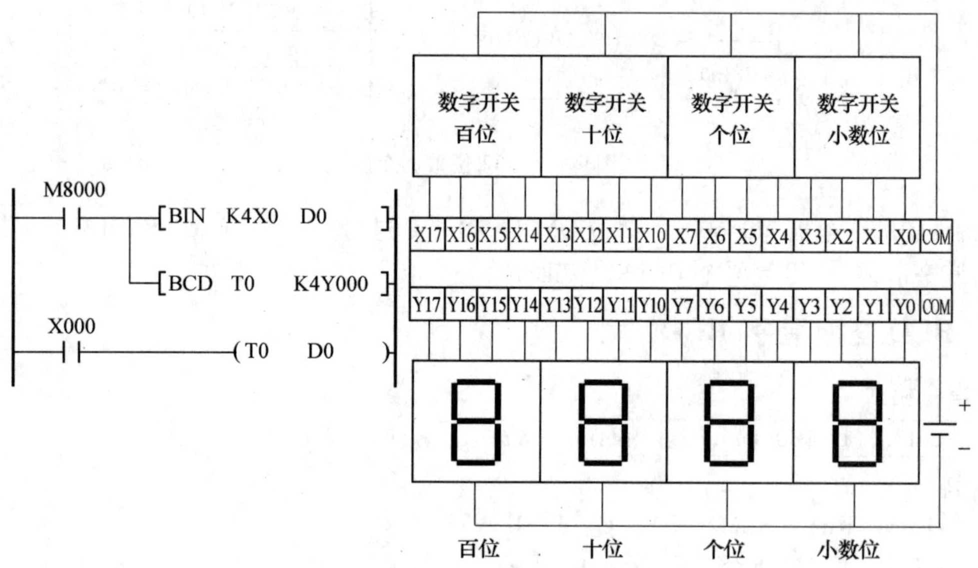

图9-26 BIN、BCD指令的应用

用4位数码管显示定时器T0的当前值,T0中的当前值是以BIN码存放的,而4位数码管显示要用BCD码,所以必须将T0的BIN码转换成BCD码输出,由输出继电器Y17-Y0经外部BCD译码电路驱动4位数码管。

9.4 算术与逻辑运算指令

四则逻辑运算指令共有10条,指令功能编号为FNC20-PNC29如表9-5所列。在程序中,四则逻辑运算指令主要用于二进制整数的加、减、乘、除运算及字元件的逻辑运算等 。这类功能指令也是比较常用的指令。

表9-5 算术与逻辑运算指令

FNC NO.	指令助记符	程序步	功能说明	对应不同型号的PLC				
				FX0S	FX 0N	FX 1S	FX 1N	FX 2N FX 2NC
20	ADD	7/13	二进制加法运算	✓	✓	✓	✓	✓
21	SUB	7/13	二进制减法运算	✓	✓	✓	✓	✓
22	MUL	7/13	二进制乘法运算	✓	✓	✓	✓	✓
23	DIV	3/5	二进制除法运算	✓	✓	✓	✓	✓

（续）

FNC NO.	指令助记符	程序步	功能说明	对应不同型号的PLC				
				FX0S	FX 0N	FX 1S	FX 1N	FX 2N FX 2NC
24	INC	3/5	二进制加1运算	✓	✓	✓	✓	✓
25	DEC	7/13	二进制减1运算	✓	✓	✓	✓	✓
26	WAND	7/13	字逻辑与	✓	✓	✓	✓	✓
27	WOR	7/13	字逻辑或	✓	✓	✓	✓	✓
28	WXOR	7/13	字逻辑异或	✓	✓	✓	✓	✓
29	NEG	3/5	求二进制补码	×	×	×	×	✓

9.4.1 BIN 加法指令（ADD）

1. 指令格式

FNC020	(D)ADD(P)	(S1.)	(S2.)	(D.)	7/13 步

使用软元件：

（S1.）、（S2.）：K　H　KnX　KnY　KnM　KnS　C　T　D　V,Z

（D.）：KnY　KnM　KnS　C　T　D　V,Z

2. 指令说明

BIN 加法指令（ADD）用于源文件（S1.）和（S2.）二进制数相加，结果存放在目标元件（D.）中，如图 9－27 所示。

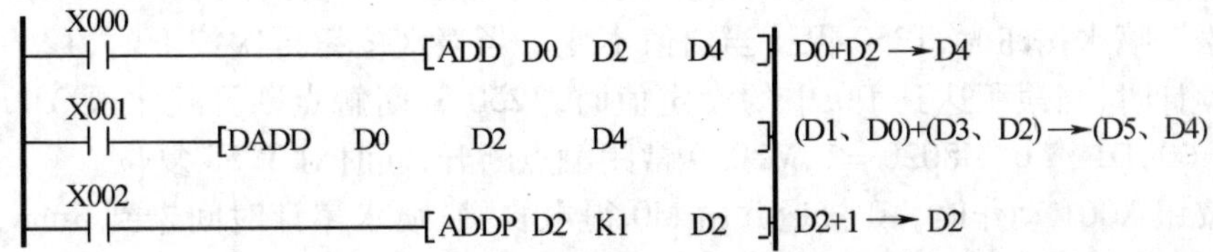

图 9－27　加法指令说明

当执行条件 X000＝1 时，将 D0＋D2 的值存放在 D4 中。例如 D0 中的值为 5，D2 中的值为 －8，执行 ADD 的结果是 D4 中的值为 －3。

当执行条件 X001＝1 时执行 32 位加法，将（D1，D0）中的 32 位二进制数和（D3，D2）中的 32 位进制数相加，结果存放在（D5，D4）中。

当执行条件 X002＝1 时，将 D2 的值加 1，结果还存放在 D2 中。该指令为脉冲型指令，只执行一个扫描周期。如果用 ADD 指令，则每个扫描周期都加 1。

加法指令和减法指令在执行时要影响 3 个常用标志位，即 M8020 零标志、M8021 借位标志、M8022 进位标志。当运算结果为 0 时，零标志 M8020 置 1，运算结果超过 32767（16 位）或 2147483647（32 位），则进位标志 M8022 置 1，运算结果小于 －32768（16 位）或 －2147483648（32 位），则借位标志 M8021 置 1。

3. 应用举例

一台投币洗车机，用于司机清洗车辆，司机每投入 1 元可以使用 10min，其中喷水时间为 5min。控制梯形图如图 9－28 所示。

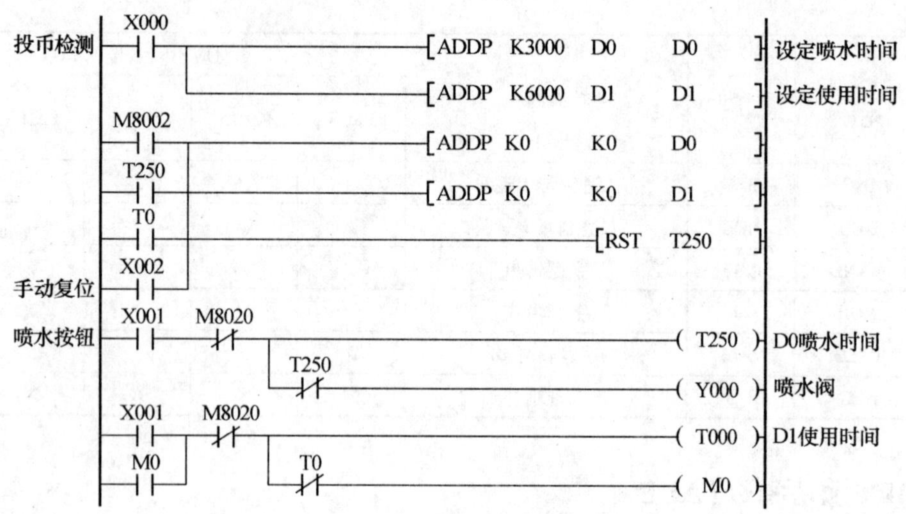

图 9-28 加法指令的应用

用 100ms 累计型定时器 T250 来累计喷水时间，用 D0 存放喷水时间，用 100ms 通用型定时器 T0 来累计使用时间，用 D1 存放使用时间。PLC 初次运行时由 M8002 执行 ADDP 指令将 0 和 0 相加，将结果 0 分别传送 D0 和 D1 中，由于执行 ADDP 指令结果是 0，所以 M8020 = 1，M8020 常闭触点断开，按喷水按钮无效。

当投入 1 元硬币时，X000 触点接通一次，向 D0 数据寄存器增加 3000（5min）。作为喷水的时间设定值，同时向 D1 的值增加 6000（10min）作为司机限时使用时间。由于此时执行 ADDP 的结果不为 0，所以 M8020 = 0，M8020 常闭触点闭合，当司机按下喷水按钮 X001 时，T250 开始计时。当司机松开喷水按钮时，T250 保持当前值不变。当喷水按钮再次按下时，T250 接着前一次计时时间继续计时，当累积达到 D0 中的设定值时，T250 常闭触点断开喷水阀 Y000，T250 常开触点闭合，将 D0、D1 清 0，M8020 = 1，M8020 常闭触点断开，同时对 T250 复位。

当喷水按钮 X001 动作时，T0 接通并由 M0 得电自锁，喷水累计时间未到 5min，但达到使用时间 10min，T0 动作，将 D0、D1 清 0，结束使用。

注意：由于定时器最长可以设定 3279.7s，约 54min。因此每次最多只能投 5 枚硬币。如果要增加延时时间，可以编程使用长延时定时器。

9.4.2 BIN 减法指令（SUB）

1. 指令格式

FNC021	（D）SUB（P）	（S1.）	（S2.）	（D.）

7/13 步

使用软元件：

（S1.）、（S2.）：K H KnX KnY KnM KnS C T D V，Z

（D.）：KnY KnM KnS C T D V，Z

2. 指令说明

BIN 减法指令（SUB）用于源元件（S1.）和（S2.）二进制数相减，结果存放在目标元件（D.）中，如图 9-29 所示。当执行条件 X001 = 1 时，将 D0 ~ D2 的值存放在 D4 中。例如 D0 中的值为 5，D2 中的值为 -8，执行 SUB 后的结果是 D4 中的值为 13。

当执行条件 X002 = 1 时，执行 32 位减法，将（D1、D2）中的 32 位二进制数和（D3、D2）中的

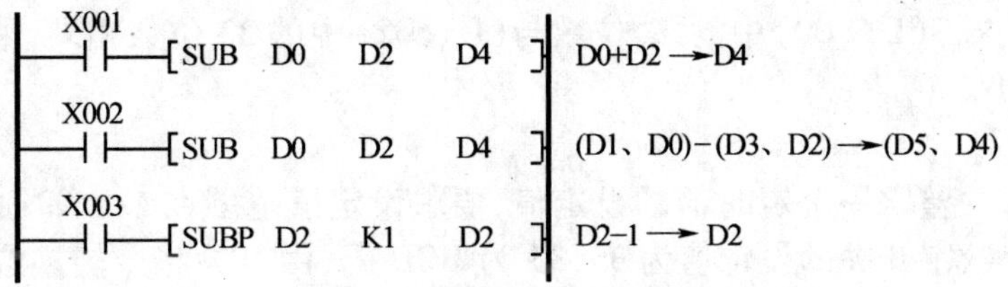

图 9－29　减法指令(SUB)应用

32 位二进制数相减,结果存放在(D5、D4)中。

当执行条件 X003 =1 时,将 D2 的值减 1,结果存放在 D2 中。该指令为脉冲型指令,只执行一个扫描周期。

3. 应用举例

倒计时显示定时器 T0 的当前值。控制梯形图如图 9－30 所示。

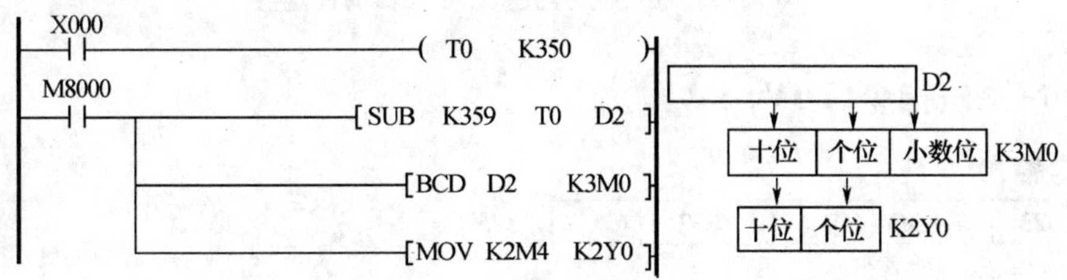

图 9－30　倒计时显示定时器 T0 的当前位置

定时器 T0 的设定值为 35s,计时单位为 0.1s,不显示小数位,所以用 359 作为倒计时数,当 T0 =0 时,D2 =359,显示前两位数即为 35;当 T0 = K350 时,D2 =009,显示前两位数即为 0。

D2 中的数为 BIN 码,由 BCD 指令将其变换成 BCD 码存放在 K3M0 中,其中 K2M4 中存放的是十位和个位数,将 K2M4 中的数传送到 K2Y0,以显示倒计时数 35 ~0s。

9.4.3　BIN 乘法指令(MUL)

1. 指令格式

FNC023	(D)MUL(P)	(S1.)	(S2.)	(D.)

7/13 步

使用软元件:

(S1.)、(S2.):K　H　KnX　KnY　KnM　KnS　C　T　D　V,Z

(D.):KnY　KnM　KnS　C　T　D　V,Z(只用于16 位,可指定)

2. 指令说明

BIN 乘法指令(MUL)用于(S1.)和(S2.)相乘,结果存放在(D.)中,如图 9－31 所示。

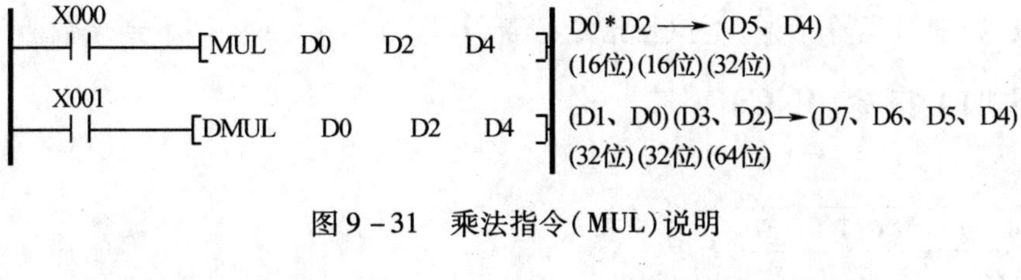

X000 [MUL D0 D2 D4]　D0 * D2 → (D5、D4)　(16位)(16位)(32位)

X001 [DMUL D0 D2 D4]　(D1、D0)(D3、D2)→(D7、D6、D5、D4)　(32位)(32位)(64位)

图 9－31　乘法指令(MUL)说明

当 X000 =1 时,将 D0 中的 16 位数与 D2 中的 16 位数相乘,乘积为 32 位,存放在(D5、D4)中。

当 X001 = 1 时，将(D1、D0)中的 32 位数与(D3、D2)中的 32 位数相乘，乘积为 64 位存放在(D7、D6、D5、D4)中。

3. 应用举例

用 2 个数字开关整定一个定时器的设定值，要求设定值范围在 1s ~ 99s 之间。梯形图如图 9 - 32所示，如两个数字开关的设定值为 35，35 为 BCD 码，由 BIN 指令转换成 BIN 码存放在 D2 中，再将 D2 中数值 35 × 10 传送到 D0，D0 中的 350 即为 T0 定时器的设定值 35s。

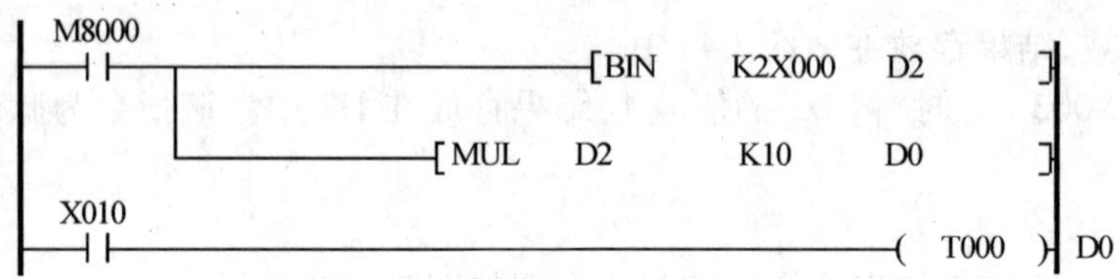

图 9 - 32　用数字开关整定定时器的设定值

9.4.4　BIN 除法指令(DIV)

1. 指令格式

FNC023	(D)DIV(P)	(S1.)	(S2.)	(D.)	3/5 步

使用软元件：

(S1.)、(S2.)：K　H　KnX　KnY　KnM　KnS　C　T　D　V，Z

(D.)：KnY　KnM　KnS　C　T　D　V，Z(只用于 16 位，可指定)

2. 指令说明

BIN 除法指令(DIV)用于(S1.)除以(S2.)，商和余数都存放在(D.)中，如图 9 - 33 所示。

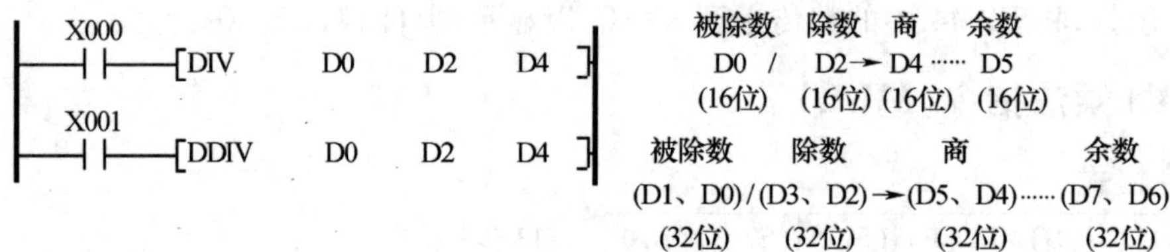

图 9 - 33　除法指令(DIV)的说明

当 X000 = 1 时，将 D0 中的 16 位数与 D2 中的 16 位数相除，商存放在 D4 中，余数存放在 D5 中。

当 X001 = 1 时，将(D1、D0)中的 32 位数与(D3、D2)中的 32 位数相除，商存放在(D5、D4)中，余数存放在(D7、D6)中。

如果除数为 0 时，运算错误，不执行指令。若(D.)为位元件时，得不到余数。

9.4.5　BIN 加 1 指令(INC)

1. 指令格式

FNC024	(D)INC(P)	(D.)	3/5 步

使用软元件：

(D.)：KnY　KnM　KnS　C　T　D　V，Z

2. 指令说明

BIN 加 1 指令(INC)用于将(D.)中的数值加 1,结果仍存放在(D.)中,如图 9－34 所示。当 X0001＝1 时 D0 的数值加 1。

X001 ─┤├─[INCP D0] D0+1→D0

图 9－34 加 1 指令(INC)的说明

若用连续指令 INC 时,则每个扫描周期加 1。

16 位运算时,32767 加 1 就变为－32768,注意这一点和加法指令不一样,其标志 M8022 不动作。同样,在 32 位运算时,217483647 加 1,就变为－214783648,标志 M8022 也不动作。

3. 应用举例

控制一台电动机,要求正转 5s—停止 5s—反转 5s—停止 5s,并自动循环运行,直到停止运行。

由控制要求可知,电动机由四种状态:即正转、停止、反转、停止,这 4 种状态可以用 4 种计数值 1、2、3、4 来分别控制,如图 9－35 所示。用 INC PKIM0 组成一个计数器,计数值用 4 个位元件 KIM0 表示,根据二进制数的特点,其中 M1,M0 所表达的数只有 00、01、10、11 四种,用这 4 个二进制数分别控制电动机的 4 种状态,可得到如图 9－35 所示的控制梯形图。

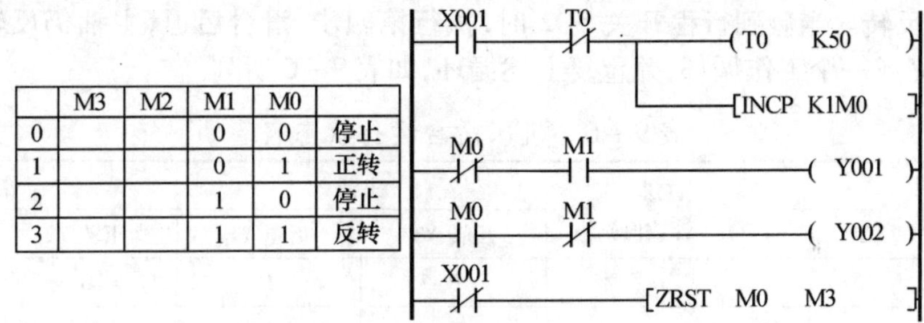

	M3	M2	M1	M0	
0			0	0	停止
1			0	1	正转
2			1	0	停止
3			1	1	反转

图 9－35 加 1 指令(INC)应用

初始状态时,计数值 KIM0＝0,电动机停止,当 X001＝1 时,执行一次 INCP KIM0 指令,计数值加 1,KIM0＝1,Y001＝1,电动机正转,之后定时器 T0 每 5s 动作一次,KIM0 的计数值加 1,电动机按正转 5s—停止 5s—反转 5s—停止的自动循环运行,当 X001＝0 时,计数值 KIM0＝0 全部复位,电动机停止运行。

9.4.6 BIN 减 1 指令(DEC)

1. 指令格式

FNC025	(D)DEC(P)	(D.)	7/13 步

使用软元件:

(D.):KnY KnM KnS C T D V,Z

2. 指令说明

减 1 指令(DEC)用于将(D.)中的数值减 1,结果仍放在(D.)中,如图 9－36 所示。

当 X001＝1 时,D0 中的数值减 1。

若用连续指令 DEC 时,则每个扫描周期指令都再减 1。

16 位运算时,－32768 再减 1 就变成 32767,注意这一点和减法指令是不一样的,其标志

M8021 不动作;同样,在 32 位运算时, -2147483648 再减 1 就变为 2147483647,标志 M8021 也不动作。

用加 1 指令(INC)或减 1 指令(DNC)可以组成加法计数器,可以利用这种计数器的当前值对电路进行控制,十分方便。

3. 应用举例

某机床要求滑台每往复运动一个来回,主轴电动机改变一次旋转方向,如图 9-37 所示。滑台和主轴均由三相异步电动机控制滑台的自动往复运动由行程开关控制。

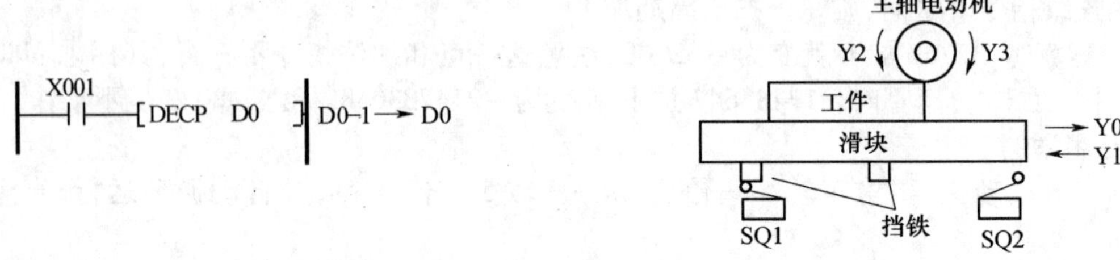

图 9-36 减 1 指令(DEC)的说明

图 9-37 机床滑块示意图

根据机床的要求,按启动按钮后,第一工步为滑台前进,主轴正转。当挡铁碰到行程开关 SQ2 时,执行第二步,为滑台后退,主轴仍正转。当挡铁碰到行程开关 SQ1 时,执行第三步,滑台前进,主轴改为反转。当碰到行程开关 SQ2 时,执行第四步,滑台后退,主轴仍反转。当挡铁后退碰到 SQ1 时完成一个工作循环,并重复上述循环,如表 9-6 所列。

表 9-6 机床滑台运行状态表

计数值		工步(计数值)	主轴		滑台	
M501	M500		反转 Y3	后退 Y1	正转 Y2	前进 Y0
0	0	0	0	1	0	1
0	1	1	0	1	1	0
1	0	2	1	0	0	1
1	1	3	1	0	1	0

由表 9-6 可知,Y4 和 Y2 正好对应两位二进制数,$Y3=\overline{Y4}$,$Y1=\overline{Y2}$,所以用计数的方法编程比较方便。如图 9-37 所示,左右限位开关并联接在 X0 输入端,滑台在运动时,当挡铁每碰到一次限位开关,对 KIM500 计一次数,由计数值可知,M501 = Y3,M00 = Y1,由以上逻辑关系可得到 PLC 接线图和控制梯形图如图 9-38 所示。

9.4.7 逻辑字与指令(WAND)

1. 指令格式

FNC026	(D)WAND(P)	(S1.)	(S2.)	(D.)	7/13 步

使用软元件:

(S1.)、(S2.):K H KnX KnY KnM KnS C T D V,Z

(D.):KnY KnM KnS C T D V,Z

2. 指令说明

逻辑字与指令(WAND)用于(S1.)和(S2.)相与,结果存放在(D.)中,如图 9-39 所示。

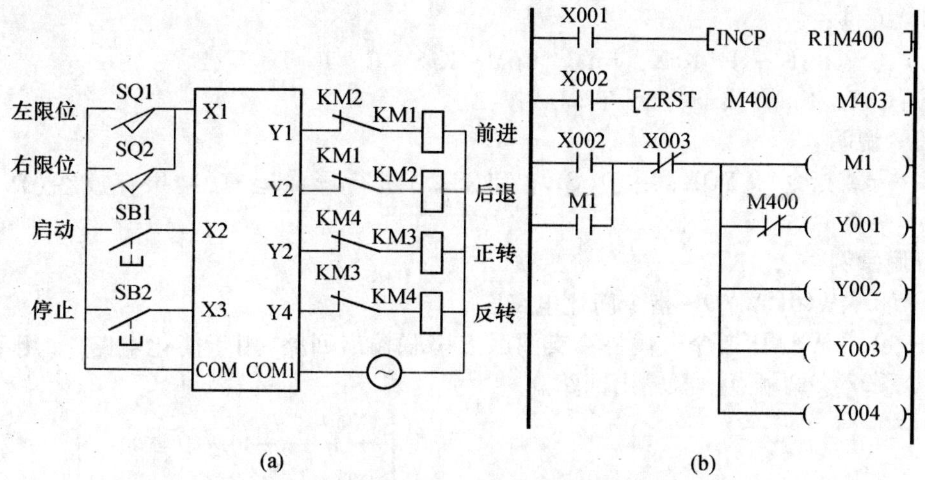

图 9-38　滑台自动往复主轴双向控制梯形图和接线图

（a）外部接线图；（b）电动机起停梯形图。

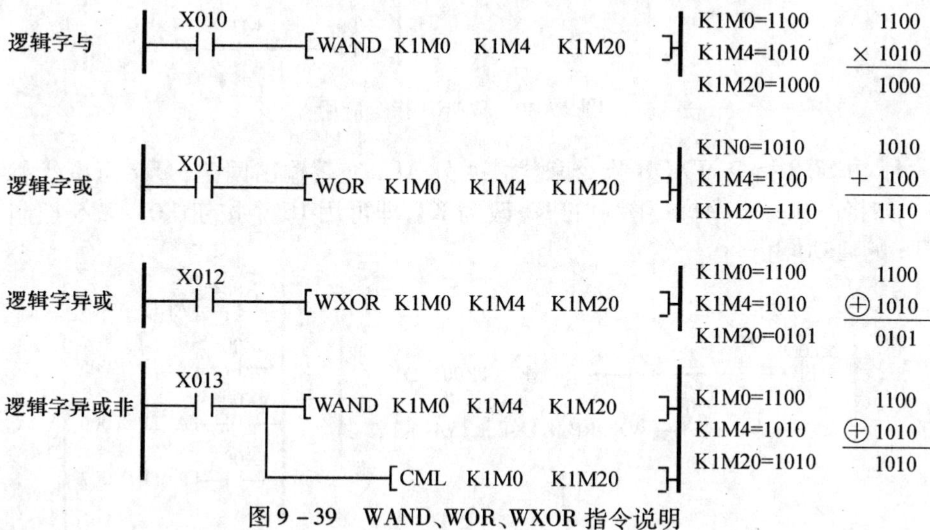

图 9-39　WAND、WOR、WXOR 指令说明

9.4.8　逻辑字或指令（WOR）

1. 指令格式

FNC027	(D)WOR(P)	(S1.)	(S2.)	(D.)

7/13 步

使用软元件：

(S1.)、(S2.)：K　H　KnX　KnY　KnM　KnS　C　T　D V,Z

(D.)：KnY　KnM　KnS　C　T　D　V,Z

2. 指令说明

逻辑字或指令（WOR）指令用于（S1.）和（S2.）相或，结果存放在（D.）中，如图 9-39 所示。

9.4.9　逻辑字异或指令（WXOR）

1. 指令格式

FNC028	(D)WXOR(P)	(S1.)	(S2.)	(D.)

7/13 步

使用软元件：

(S1.)、(S2.)：K　H　KnX　KnY　KnM　KnS　C　T　D　V,Z

(D.)：KnY　KnM　KnS　C　T　D　V,Z

2. 指令说明

逻辑字异或指令（WXOR）用于（S1.）和（S2.）进行异或运算，结果存放在（D.）中，如图9-39所示。

3. 应用举例

用WAND、WOR、WXOR指令简化电路。

图9-40由WAND指令来代替4支两触点串联输出回路，用于简化电路，如用DWAND指令，最多代替32支两触点串联输出回路。

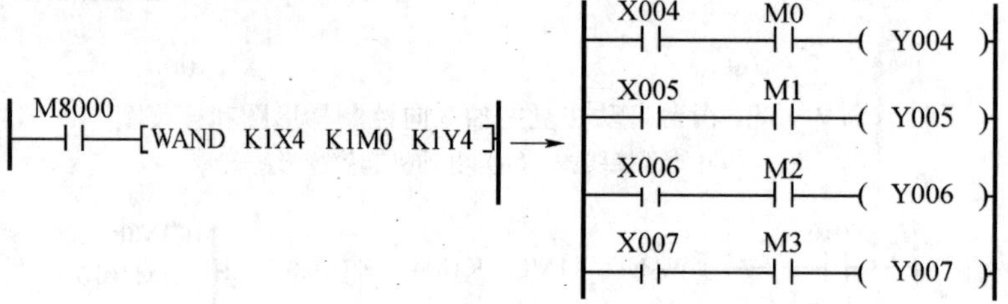

图9-40　WAND指令应用

图9-41由SUB指令WXOR指令来代替4只ALT交替输出回路，最多可以代替16支交替输出回路。如将图9-42中梯形图中的K1改为K4，即可用16个按钮X0-X15控制16台电动机Y0-Y15的启动停止。

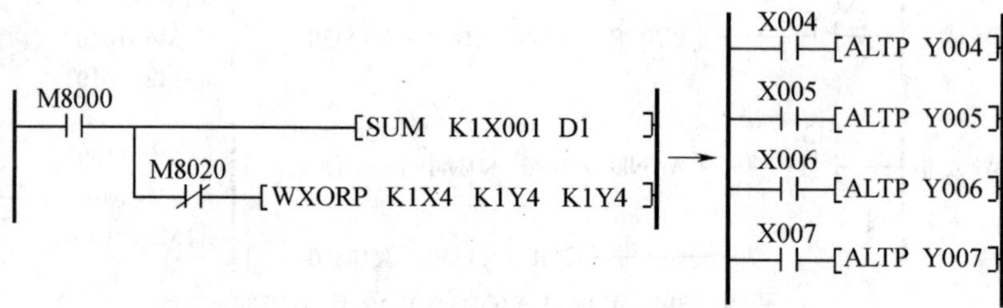

图9-41　WXOR指令的应用

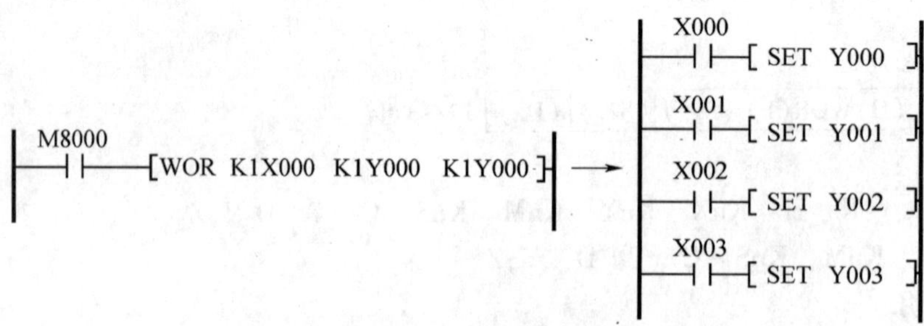

图9-42　WOR指令的应用

图9-42由WOR指令来代替4支置位输出回路，如用DWOR指令，可以最多代替32支置位输出回路。

由CML和WAND指令来代替4支复位输出回路，如用DCML和DWAND指令，可以最多代替32支复位输出回路。

9.4.10 求补码指令(NEG)

1. 指令格式

FNC029	(D)NEG(P)	(D.)	3/5 步

使用软元件：

(D.):KnY KnM KnS C T D V,Z

2. 指令说明

求补码指令(NEG)用于将(D.)中的各位按位取反(1-0,0-1)后再加1,其结果仍存放原来的软元件中,如图9-43所示。

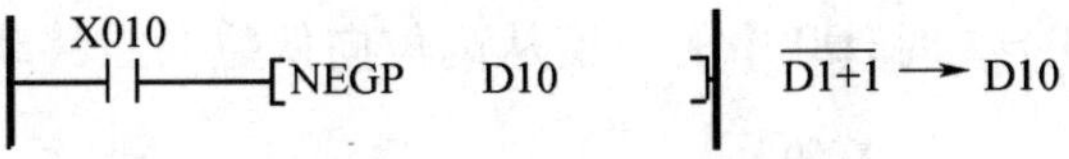

```
    X010
|---| |------[NEGP    D10    ]|   D1+1 → D10  (D1 上有横线)
```

图9-43 NEG指令说明

3. 应用举例

求负数的绝对值。由于PLC中的负数为补码,负数的最高位为1,可以利用补码的指令求负数的绝对值,如图9-44所示,用BON指令判断D10的B15位为1时,表明D10中的数为负数,求D10的补码,就是它的绝对值。

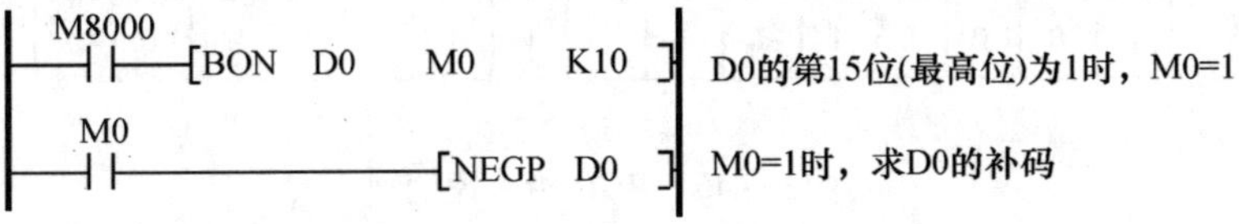

```
    M8000
|---| |------[BON   D0    M0    K10 ]|  D0的第15位(最高位)为1时，M0=1
    M0
|---| |-----------------[NEGP  D0  ]|  M0=1时，求D0的补码
```

图9-44 求负数的绝对值

9.5 循环移位指令

循环移位指令共有10条,指令功能编号为FNC30~PNC39,如表9-7所列。在程序中,循环移位指令主要用于数据的移位等。这类功能指令也是比较常用的指令。

表9-7 循环移位指令

FNC NO.	指令助记符	程序步	功能说明	对应不同型号的PLC				
				FX 0S	FX 0N	FX 1S	FX 1N	FX 2N FX 2NC
30	ROR	5/9 步	循环右移	×	×	×	×	✓
31	ROL	5/9 步	循环左移	×	×	×	×	✓
32	RCR	5/9 步	带进位右移	×	×	×	×	✓
33	RCL	5/9 步	带进位左移	×	×	×	×	✓
34	SFTR	9 步	位右移	✓	✓	✓	✓	✓
35	SFTL	9 步	位左移	✓	✓	✓	✓	✓
36	WSFR	9 步	字右移	×	×	×	×	✓
37	WSFL	9 步	字左移	×	×	×	×	✓
38	SFWR	7 步	移位写入	×	×	✓	✓	✓
39	SFWL	7 步	移位读出	×	×	✓	✓	✓

9.5.1 循环右移指令(ROR)

1. 指令格式

FNC030	(D)ROR(P)	(D.)	n	n≤16(16 位指令), n≤32(32 位指令)	5/9 步

使用软元件:

(D.):KnY KnM KnS C T D V,Z

n: K H

2. 指令说明

循环右移指令(ROR)是将(D.)中的数值从高位向低位移动 n 位,最右面 n 位回转到高位,如图 9-45 所示。当 X000=1 时,D0 中的数值从高位向低位向右移动 4 位。

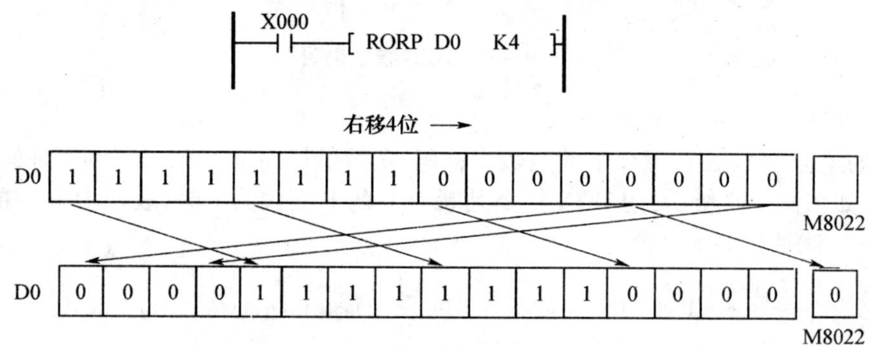

图 9-45 ROR 指令说明

9.5.2 循环左移指令(ROL)

1. 指令格式

FNC031	(D)ROL(P)	(D.)	n

n≤16(16 位指令), n≤32(32 位指令) 7/9 步

使用软元件:

(D.):KnY KnM KnS C T D V,Z

n: K H

2. 指令说明

循环左移指令(ROL)是将(D.)中的数值从低位向高位移动 n 位,最左面的 n 位回转到低位,如图 9-46 所示。当 X000=1,D0 的数值从低位从高位循环向左移动 4 位。

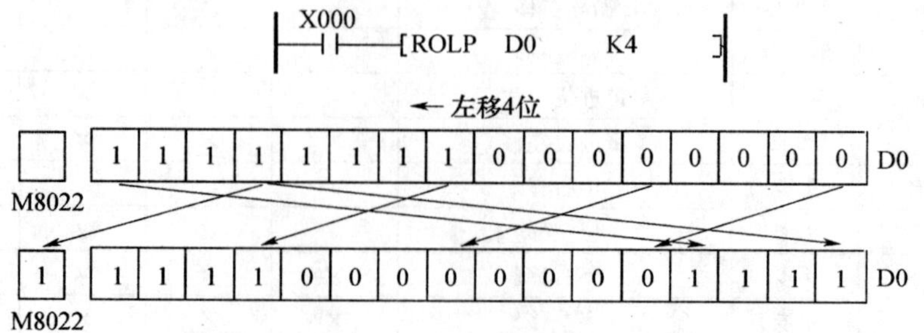

图 9-46 ROL 指令说明

如果采用连续型指令,则每个扫描周期都移动 n 位,所以要引起注意。

如果采用位元件时,只有 K4(16 位指令)和 K8(32 位指令)是有效的,如 K4Y10、K8M0 等。

3. 应用举例

按 1-2 相激磁方式控制一个四相步进电动机。可正反转控制,每步为 1s。电动机运行时,指示灯亮,四相步进电动机的 1—2 相激磁方式波形如图 9-47 所示。

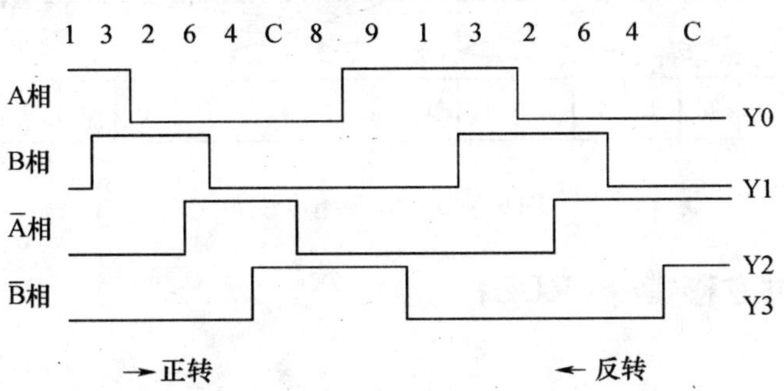

图 9-47 四相步进电动机 1—2 相激磁方式波形

用 PLC 的 Y0 ~ Y3 分别控制四相步进电动机的四相输出端。当 Y3 ~ Y0 的值按 1→3→2→6→4→C→8→9 变化时步进电动机正转,当 Y3 ~ Y0 的值按 9→8→C→4→6→2→3→1 变化时步进电动机反转。

四相步进电动机 1—2 相激磁方式控制梯形图如图 9-48 所示。

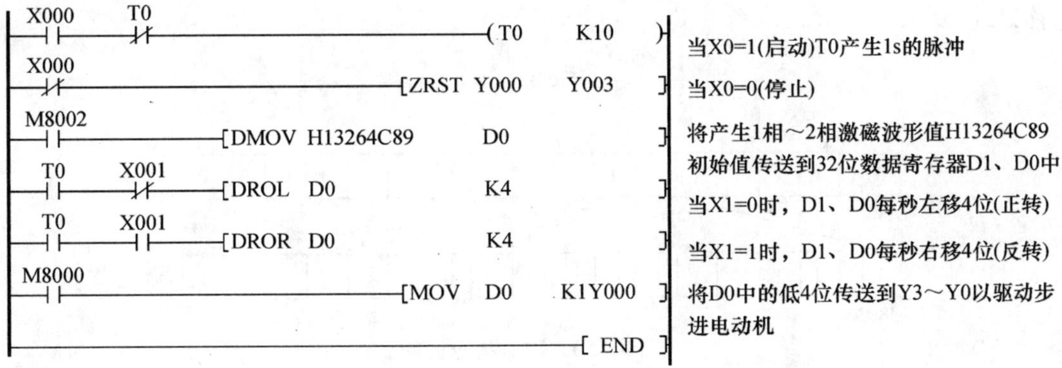

图 9-48 四相步进电动机 1—2 相激磁方式控制梯形图

9.5.3 循环带进位右移指令(RCR)

1. 指令格式

FNC032	(D)RCR(P)	(D.)	n

n≤16(16 位指令),n≤32(32 位指令) 5/9 步

使用软元件:

(D.):KnY KnM KnS C T D V,Z

n:K H

2. 指令说明

带进位右移指令(RCL)和指令 RCR 基本一致,不同的是在右移时连同进位位 M8022 一起右移,如图 9-49 所示。当 X000 = 1 时,D0 的数值连同进位位 M8022 从底位向高位循环向左移动 4 位。

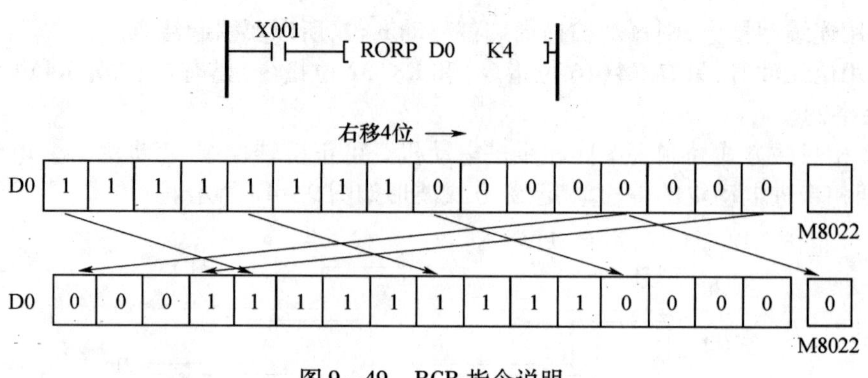

图 9－49　RCR 指令说明

9.5.4　循环带进位左移指令(RCL)

1. 指令格式

FNC033	(D)RCL(P)	(D.)	n

n≤16(16 位指令)，n≤32(32 位指令)　5/9 步

使用软元件：

(D.)：KnY、KnM、KnS、C T、D、V，Z

n：K、H

2. 指令说明

带进位左移指令(RCL)和指令 ROL 基本相同，不同之处在于在左移时连同进位位 M8022 一起左移，如图 9－50 所示。

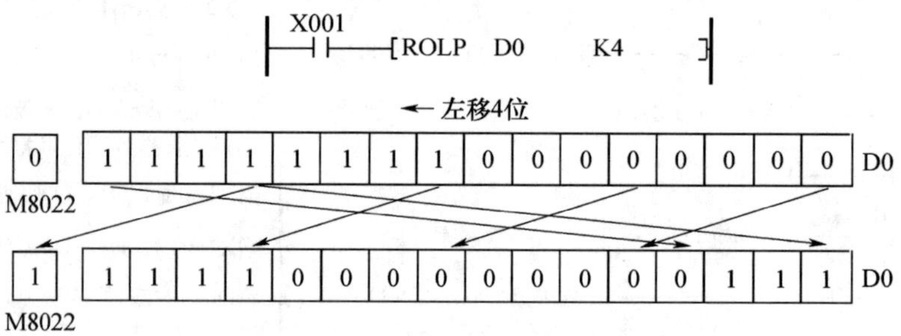

图 9－50　RCL 指令说明

RCR 指令和 RCL 指令由于连同进位位 M8022 一起移位，所以在执行指令设定 M8022 的值，可以将其送到要送的位上。

9.5.5　位右移指令(SFTR)

1. 指令格式

FNC034	(D)SFTR(P)	(S.)	(D.)	n1	n2

n2≤n1≤1024　9 步

使用软元件：

(S.)：　X　Y　M　S

(D.)：　Y　M　S

n2、n1：K　H

2. 指令说明

位右移指令(SFTR)用于位元件的右移。(D.)为 n1 位移位寄存器，(S.)为 n2 位数据，当执行该指令时，n1 位移寄存器(D.)将(S.)的 n2 位数据向右移动 n2 位。

如图 9－51 所示，由 M15～M0 组成 16 位移位寄存器，X3～X0 为移位寄存器的 4 位数据输入，当 X010＝1 时，M15～M0 中的数据向右移动 4 位，其中低 4 位数据移出丢失，X3～X0 的数据移入高 4 位。

如果采用连续型指令，则每个扫描周期都移动 n2 位，要引起注意。

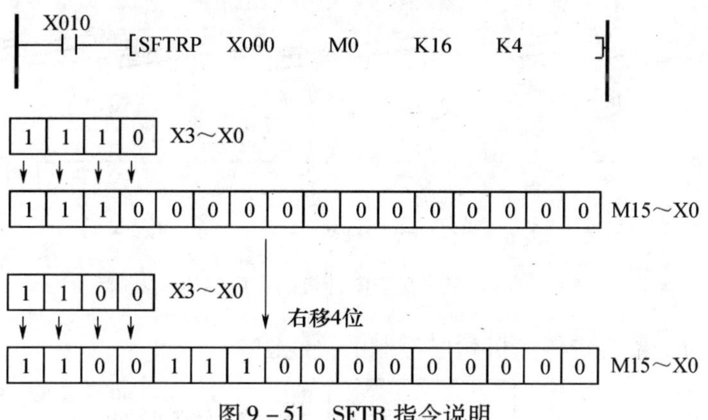

图 9－51 SFTR 指令说明

9.5.6 位左移指令（SFTL）

1. 指令格式

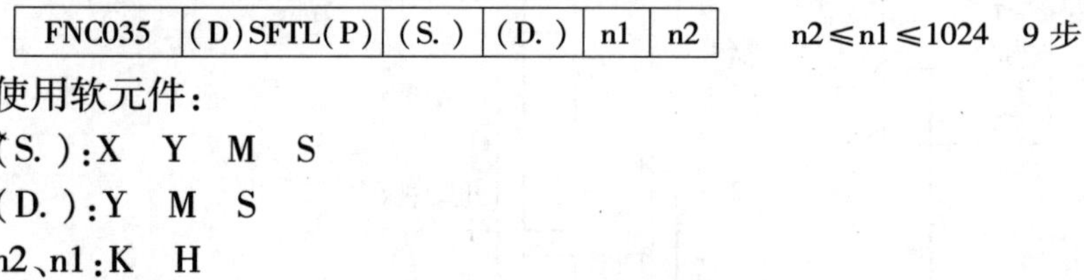

FNC035	(D)SFTL(P)	(S.)	(D.)	n1	n2

n2≤n1≤1024 9 步

使用软元件：

(S.)：X Y M S

(D.)：Y M S

n2、n1：K H

2. 指令说明

位左移指令（SFTL）用于位元件的左移。（D.）为 n1 位移位寄存器，（S.）为 n2 位数据，当执行该指令时，n1 位移寄存器（D.）将（S.）的 n2 位数据向左移动 n2 位。

如图 9－52 所示，由 M15～M0 组成 16 位移位寄存器，X3～X0 为移位寄存器的 4 位数据输入，当 X010＝1 时，M15～M0 中的数据向左移动 4 位，其中高 4 位数据移出丢失，X3～X0 的数据移入低 4 位。

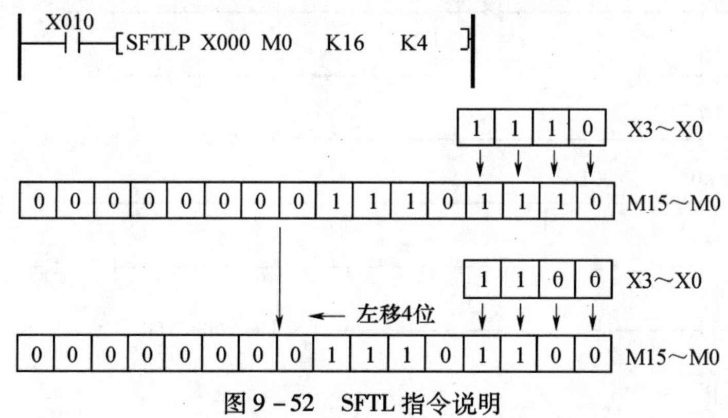

图 9－52 SFTL 指令说明

如果采用连续型指令，则每个扫描周期都移动 n2 位，要引起注意。

3. 应用举例

用按钮控制 5 条皮带传送机的顺序控制。

皮带传送机由 5 个三相异步电动机 M1～M15 控制。启动时，按下启动按钮，启动信号灯亮

5s 后,电动机按从 M1 ~ M15 每隔 5s 启动一台,电动机全部启动以后,启动信号灯灭。停止时,再按下停止按钮,停止信号灯亮,同时电动机按 M5 ~ M1 每隔 3s 停止一台,电动机全部停止后,停止信号灯灭,如图 9 – 53 所示。

M1
M2
M3
M4
M5
启动 1 5s 2 5s 3 5s 4 5s 5
停止 1 3s 2 3s 3 3s 4 3s 5

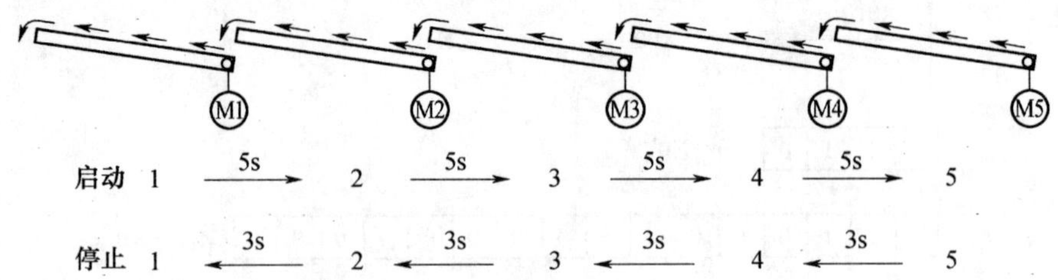

图 9 – 53　5 条皮带机的顺序控制

图 9 – 54 所示为 5 条皮带传送机顺序控制的接线图。

PLC
HL1
停止信号
KM5
电动机5
KM4
电动机4
KM3
电动机3
KM2
电动机2
KM1
电动机1
HL0
启动信号
12V
SB3
急停
SB2
停
SB1
启动
X2
X1
X0
COM
Y6
Y5
Y4
COM2
Y3
Y2
Y1
Y0
COM1

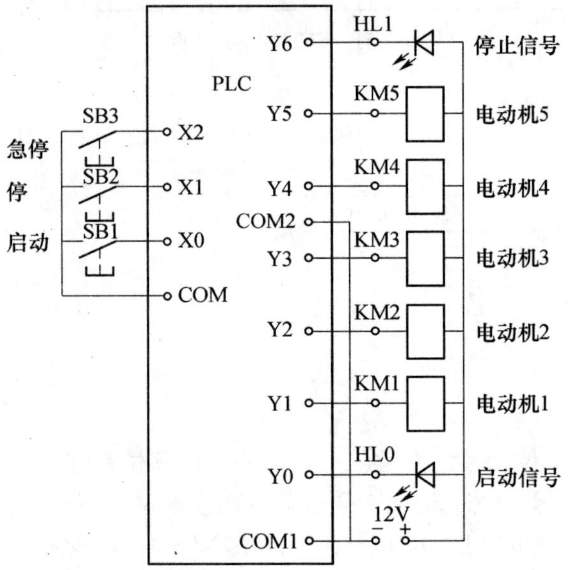

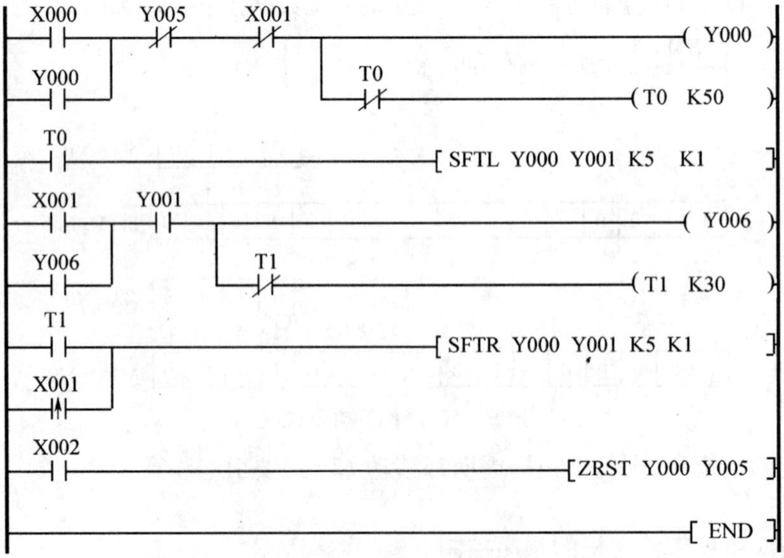

X000
Y005
X001
Y000
Y000
T0
T0 K50
T0
SFTL Y000 Y001 K5 K1
X001
Y001
Y006
Y006
T1
T1 K30
T1
SFTR Y000 Y001 K5 K1
X001
X002
ZRST Y000 Y005
END

图 9 – 54　5 条皮带传送机顺序控制的梯形图

9.5.7 字右移指令(WSFR)

1. 指令格式

FNC036	(D)WSFR(P)	(S.)	(D.)	n1	n2

n2≤n1≤512 9步

使用软元件:

(S.):KnX KnY KnM KnS C T D V,Z

(D.):KnY KnM KnS C T D V,Z

n2、n1:K H

2. 指令说明

字右移指令(WSFR)是以字为单位,对(D.)的n1位字的字元件进行n2位字的向右移位。如图9-55所示,当执行该指令时,从D0~D15的16位数据寄存器中的数值向右传送4位,其中D4~D15中的数值分别传送到D0~D11,由D20~D23中的数据传送到D12~D15。

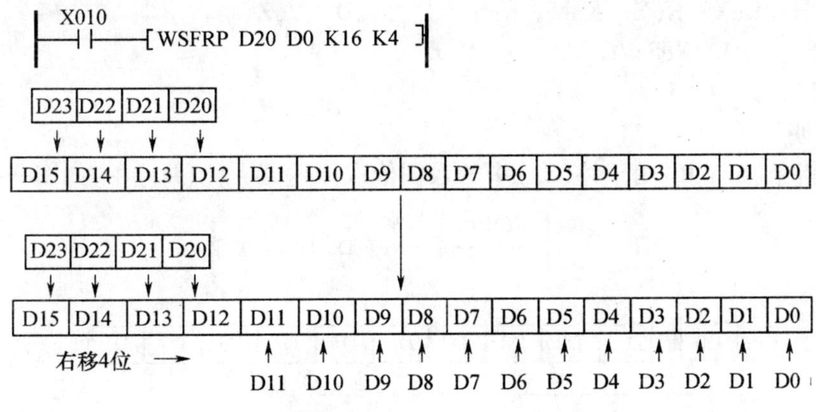

图9-55 字右移指令(WSFR)说明

9.5.8 字左移指令(WSFL)

1. 指令格式

FNC037	(D) WSFL (P)	(S.)	(D.)	n1	n2

n2≤n1≤512 9步

使用软元件:

(S.):KnX KnY KnM KnS C T D、V,Z

(D.):KnY KnM KnS C T D V,Z

n2、n1:K H

2. 指令说明

字左移指令(WSFL)是以字为单位,对(D.)的n1位字的字元件进行n2位字的向左移位。

如图9-56所示,当执行该指令时,从D0~D15的16位数据寄存器中的数值向左传送4位,其中D0~D11中的数值分别传送到D4~D15,由D20~D23中的数据传送到D0~D3中。

9.5.9 位移写入指令(SFWR)

1. 指令格式

FNC038	(D) SFWR (P)	(S.)	(D.)	n

2≤n≤512 7步

使用软元件:

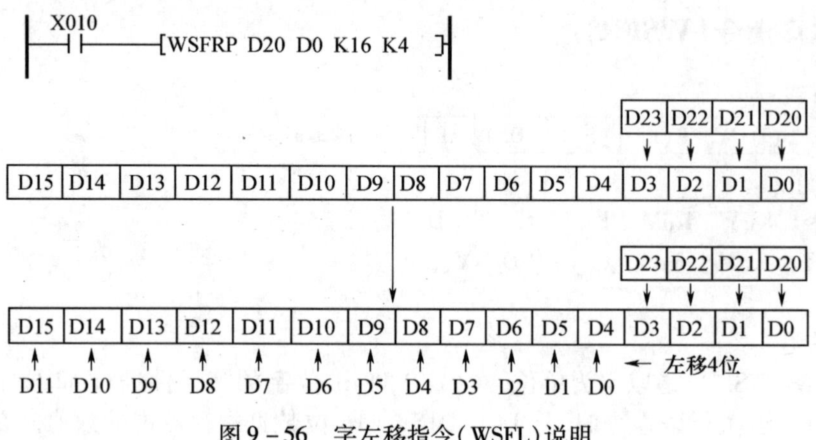

图 9-56　字左移指令(WSFL)说明

(S.):K　H　KnX　KnY　KnM　KnS　C　T　D　V,Z

(D.):KnY　KnM　KnS　C　T　D　V,Z

n:K　H

2. 指令说明

位移写入指令(SFWR)用于将(S.)中的数据依次传送到 n 位(D.)中,如图 9-57 所示。

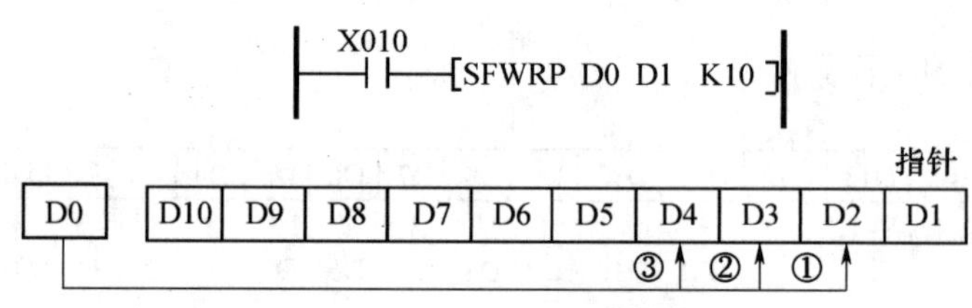

图 9-57　位移写入指令(SFWR)说明

当 X010 闭合一次时,将 D0 中的数据传送到 D2 中,改变 D0 中的数据,当 X010 再闭合一次时,将 D0 中的数据传送到 D3 中……每传送一次数据,指针 D1 中的数据加 1。当指针 D1 中的数据大于(n-1)时,M8022=1。

9.5.10　位移读出指令(SFRD)

1. 指令格式

FNC039	(D) SFRD (P)	(S.)	(D.)	n

2≤n≤512　7 步

使用软元件:

(S.):KnY　KnM　KnS　C　T　D　V,Z

(D.):KnY　KnM　KnS　C　T　D　V,Z

n:K　H

2. 指令说明

位移读出指令(SFRD)用于将(S.)中的(n-1)个数据依次读出到(D.)中,如图 9-58 所示。

当 X011 闭合一次时,将 D2 中的数据传送到 D20 中,指针 D1 中的数据减 1。同时左面的数据逐次向右移 1 位,当 X011 再闭合一次时,将 D2 中的数据读出到 D20 中……每读出一次数据,指针 D1 中的数据减 1。当指针 D1 中的数据小于 0 时,M8020=1。

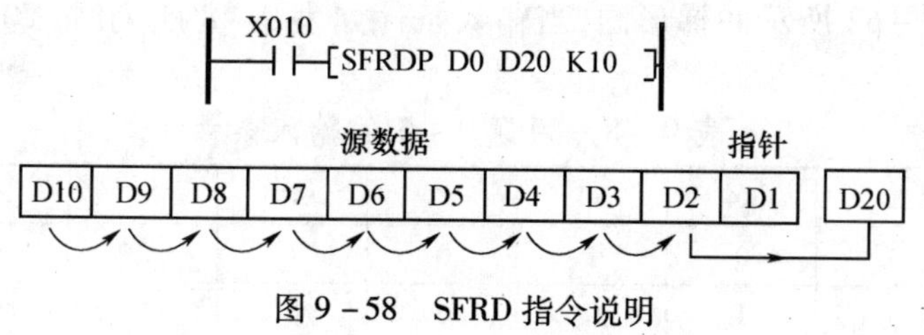

图 9-58　SFRD 指令说明

3. 应用举例

入库物品先入先出写入。99 个入库物品的产品编号(4 位十进制数),依次存放在 D2 ~ D100 中,按照先入库的物品先出库的原则,读取出库物品的产品编号,并用 4 位数码管显示产品编号。

图 9-59 所示为写入和读出产品编号的梯形图。

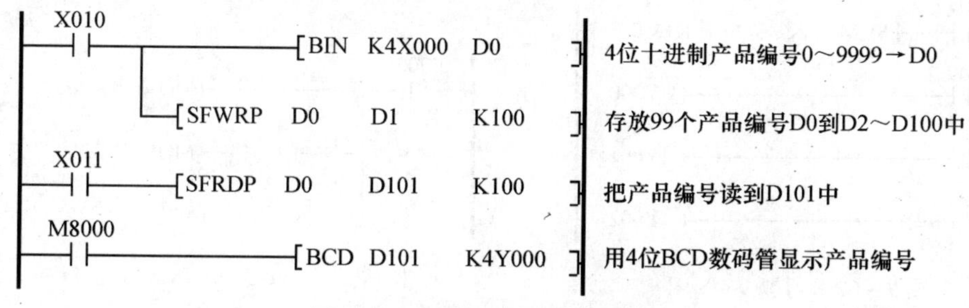

图 9-59　写入和读出产品编号

习 题 九

9-1　如图 9-60 所示,当 X0 = 000、X1 = 001, X012 = 0 时, Y000、Y001 的得电情况,以及当 X000 = 1 时, Y000、Y001 的得电情况如何变化?

9-2　用功能指令改变计数器 C0 的设定值,当 X1、X0 = 00 时设定值为 10,当 X1、X0 = 01 时设定值为 15,当 X1、X0 = 10 时设定值为 20,当 X1、X0 = 11 时设定值为 30,当计数器达到设定值时 Y0 得电。

9-3　用 K4Y0 表示 BCD 码 6812。

9-4　当执行图 9-61 所示的梯形图时,结果是什么? 用二进制数表示 K2Y0 ~ K2Y0 的值。

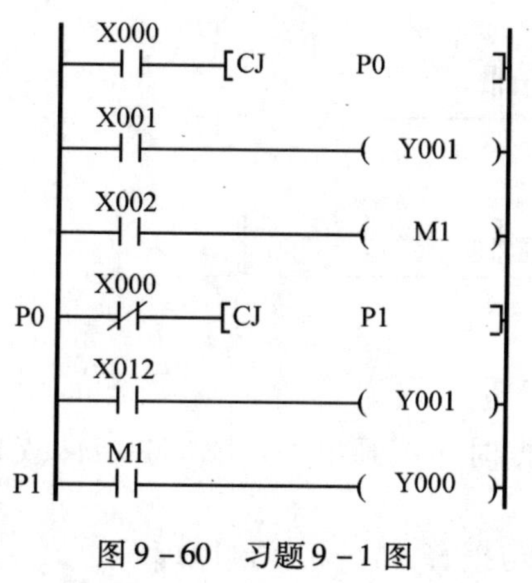

图 9-60　习题 9-1 图

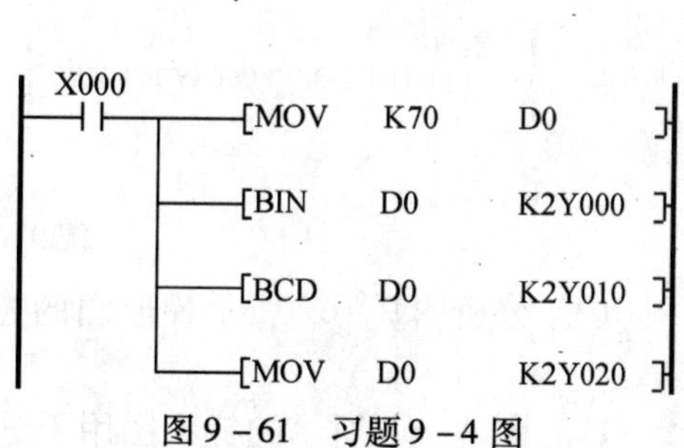

图 9-61　习题 9-4 图

9-5 分析图 9-62 所示的梯形图，当输入条件如表 9-8 所列时，Y0、Y1 和 Y2 的结果分别是什么？

表 9-8 习题 9-5 的输入条件

X7	X6	X5	X4	X3	X2	X1	X0	Y2	Y1	Y0
1	0	1	0	1	0	1	0			
0	1	1	1	0	0	0	0			
0	1	0	1	1	0	1	1			
0	0	0	1	0	0	0	0			

9-6 分析图 9-63 所示梯形图的结果是什么？

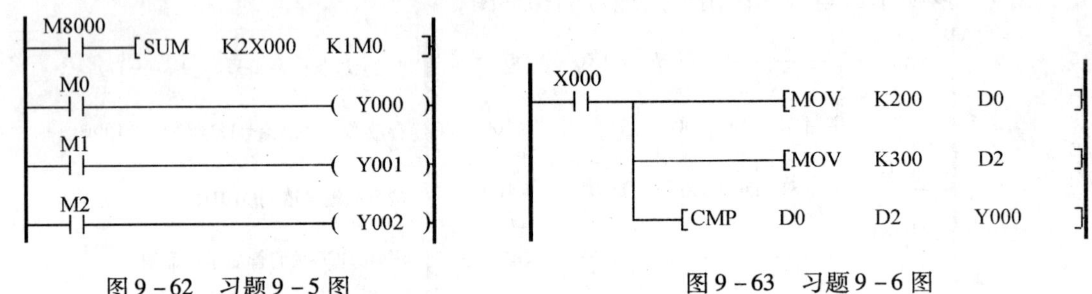

图 9-62 习题 9-5 图

图 9-63 习题 9-6 图

9-7 分析图 9-64 所示梯形图的工作原理，并写出指令。

9-8 分析图 9-65，如何使 Y0 = 1。

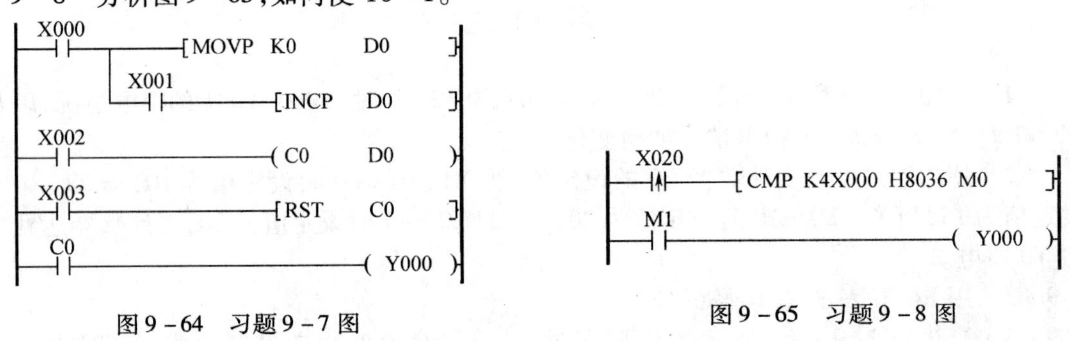

图 9-64 习题 9-7 图

图 9-65 习题 9-8 图

9-9 分析图 9-66 所示的梯形图，当 X 0 变化时，Y0 会产生什么样的结果？画出对应 Y0 变化时的时序图。

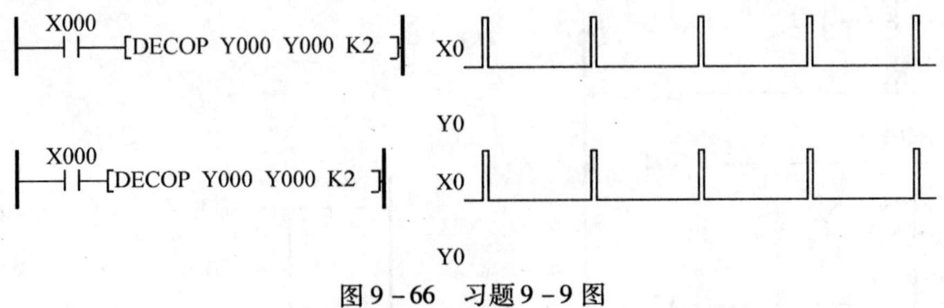

图 9-66 习题 9-9 图

9-10 分析图 9-67 所示梯形图的控制原理，根据时序图画出 M1、M2、M3、M4、Y0 和 Y1 的波形。

9-11 图 9-68 所示的梯形图用于电动机的控制与报警，试分析控制原理。

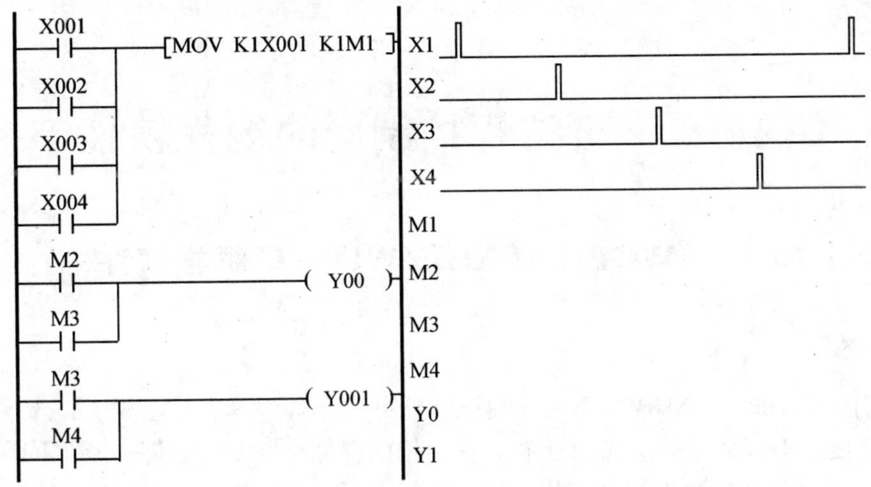

图 9-67 习题 9-10 图

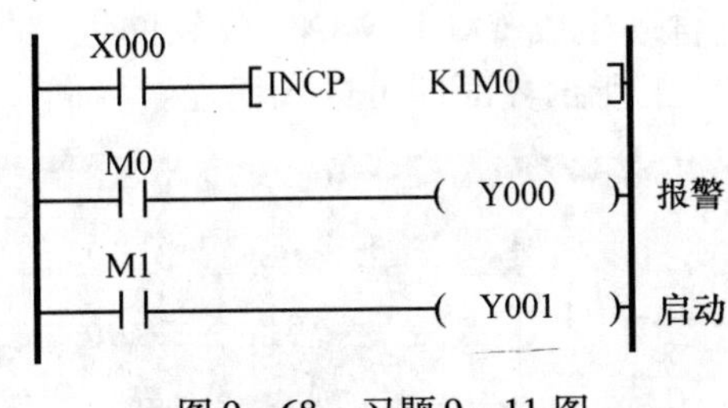

图 9-68 习题 9-11 图

9-12 根据控制要求画梯形图，并写出程序。

（1）当 X0 = 1 时，将一个 BCD 数 123456 数存放到数据寄存器中。

（2）当 X1 = 1 时，将 K2X10 表示的 BCD 数存放到数据寄存 D1 器中。

（3）当 X2 = 1 时，将 K0 传送到数据寄存器 D10 ~ D20 中。

9-13 设计一个计数器，其计数设定值由一位 BCD 码数字开关设定，设定值为 0 ~ 9。当达到设定值时 Y0 得电，当 X5 动作时计数器复位，Y0 失电。

9-14 设计一个计数器，对 X0 的接通次数计数，其计数设定值由两位 BCD 码数字开关设定，当达到设定值时 Y0 得电，当 X2 动作时计数器复位，Y0 失电。

9-15 控制一个电铃，除星期日之外，每天早上 8 时响 20s，晚上 18 时响 20s。

9-16 用加 1 和减 1 指令设置定时器 T0 的间接设定值，T0 的初始值为 12.5s，但最大值不超过 20s，最小值不得低于 5s。

第 10 章　可编程控制器的编程软件

10.1　SWOPC - FXGP/WIN - C 编程软件

10.1.1　概述

三菱公司的 SWOPC - FXGP/WIN - C 编程软件可供 FX_{0S}、FX_{0N}、FX_2 和 FX_{2N} 系列三菱 PLC 编程以及监控 PLC 中各软元件的实时状态。它占用的存储空间少，安装后不到 2MB，其功能强大、使用方便且界面和帮助文件均已汉化，可在 Windows 3.1 及 Windows 95 以上版本下运行。

1. 进入 SWOPC - FXGP/WIN - C 的编程环境

在安装好软件后，在桌面上自动生成 FXGP/WIN - C 软件包，双击进入软件包，双击可执行文件 FXGPW. EXE，出现如图 10 - 1 所示界面即可进入编程。

图 10 - 1　SWOPC - FXGP/WIN - C 编程环境界面

2. PLC 程序下载

PLC 程序下载的方法是：首先应使用编程通信转换接口电缆 SC - 09 连接好计算机的 RS - 232C 接口和 PLC 的 RS - 422 编程器接口，然后打开图 10 - 1 中的"PLC"菜单，即出现如图10 - 2 所示的界面。

图 10 - 2 界面出现后，再打开 PLC 菜单下的"端口设置"子菜单，如图 10 - 3 所示，选择正确的串行口后单击"确认"按钮。

选择好串行口后，打开图 10 - 2"PLC"菜单下的"程序读入"子菜单，即可进入如图 10 - 4 所示的界面。正确选择 PLC 型号，单击"确认"按钮后等待几分钟，PLC 中的程序即下载到计算机的 SWOPC - FXGP/WIN - C 文件夹中。

3. PLC 程序的打开

首先打开"文件"菜单下的"打开"子菜单界面。选择正确的文件后，单击"确定"按钮，就可打开文件。

图 10－2　下载程序界面

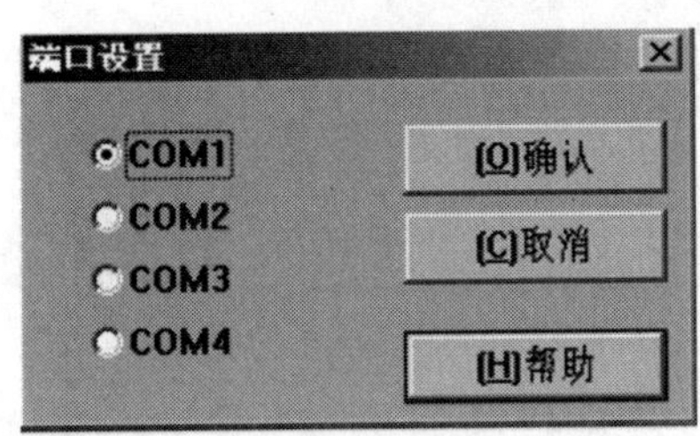

图 10－3　端口设置菜单窗口界面

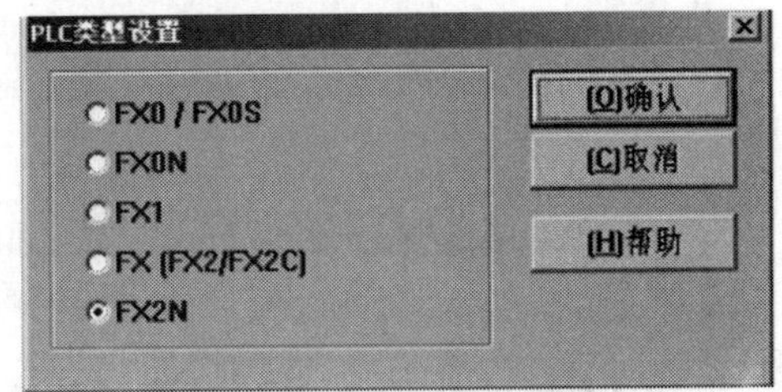

图 10－4　PLC 型号选择界面

4. 编制新的程序

打开“文件”菜单下的“新文件”子菜单，然后选择 PLC 型号，就可进入程序编制环境，如图 10－5 所示。

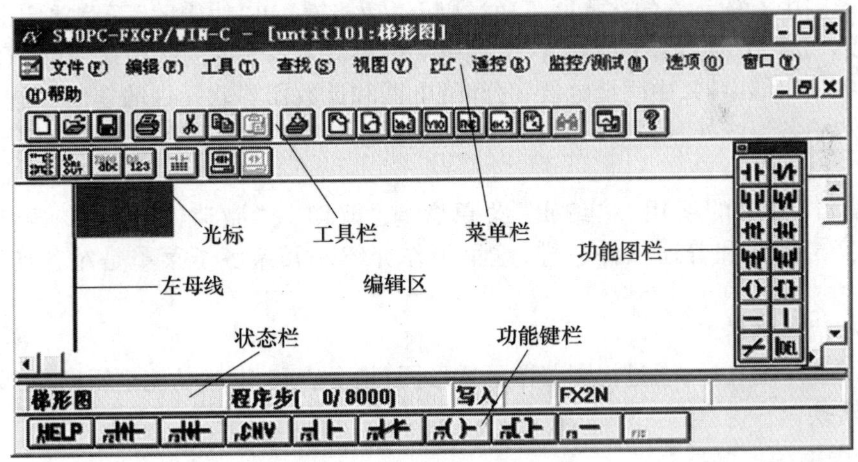

图 10－5　程序编制环境

5. 设置页面和打印

打开“文件”菜单下的“页面设置”子菜单即可进行编程页面设置。打开“文件”菜单下的“打印机设置”子菜单，即可进行打印设置。

6. 退出主程序

打开“文件”菜单下的“退出”子菜单或单击右上角的×按钮，即可退出主程序。

7. 帮助文件的使用

打开“帮助”菜单下的“索引”子菜单，寻找所需帮助的目录名，双击目录名即可进入帮助文件的内容。“帮助”菜单下的“如何使用帮助”告诉用户如何使用此帮助文件。

10.1.2 程序编制

1. 编制语言的选择

SWOPC－FXGP/WIN－C 软件提供 3 种编程语言,分别是梯形图、语句表和功能逻辑图(SFC)。打开“视图”菜单,选择对应的编程语言。

2. 采用梯形图编写程序

(1) 按以上步骤选择梯形图编程语言。选择“视图”菜单下的“工具栏”、“状态栏”、“功能键”和“功能图”子菜单,如图 10－6 所示。

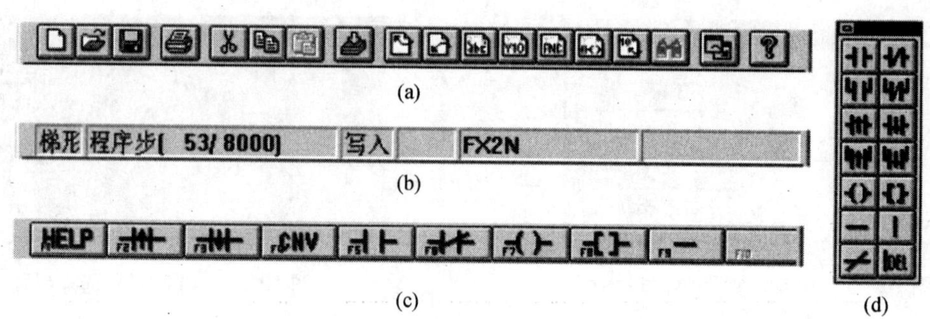

图 10－6 “视图”菜单界面

(a) 工具栏;(b) 状态栏;(c) 功能键;(d) 功能图。

(2) 梯形图中对软元件的选择既可通过以上“功能键”和“功能图”子菜单完成,也可用“工具”菜单完成。“工具”菜单下的“触点”子菜单提供对输入各元件的选用;“线圈”和“功能”子菜单提供了对各输出继电器、中间继电器、时间继电器和计数器等软元件的选用;“连线”子菜单除了用于梯形图中各连线外,还可以通过 Del 键删除连接线;“全部清除”子菜单用于清除所有编程内容。

(3) “编辑”菜单的使用。“编辑”菜单含有“剪切”、“撤消键入”、“粘贴”、“复制”和“删除”子菜单,操作和普通软件一样,这里不作介绍。其余各子菜单是对各连接线、软元件等的操作。

(4) 编程语言的转换

当梯形图程序编写后,通过视图菜单下梯形图、指令表和 SFC(功能逻辑图)子菜单进行 3 种编程语言的转换。

3. 指令表编程

选择“视图”→“指令表”或单击工具栏中的“指令表视图”,直接用键盘输入指令。指令的输入也可用功能键,当功能键指南中没有对应的指令时,按下 Shift 键,即可找出其余的指令。

采用指令表编程时可以在编辑区光标位置直接输入指令表,一条指令输入完毕后,按回车键,光标移至下一条指令,则可输入下一条指令。指令表编辑方式中指令的修改也十分方便,将光标移到需修改的指令上,重新输入新指令即可。

程序编制完成后可以利用菜单栏中的“选项”菜单项下“程序检查”功能对程序做语法及双线圈的检查,如有问题,软件会提示程序存在的错误。

如下指令表对应的梯形图如图 10－7 所示。

```
0   LD    X000
1   OR    M0
2   ANI   M0
3   OUT   M0
4   LD    X002
5   OUT   M1
6   LD    M1
7   OR    M0
8   OUT   Y000
9   END
```

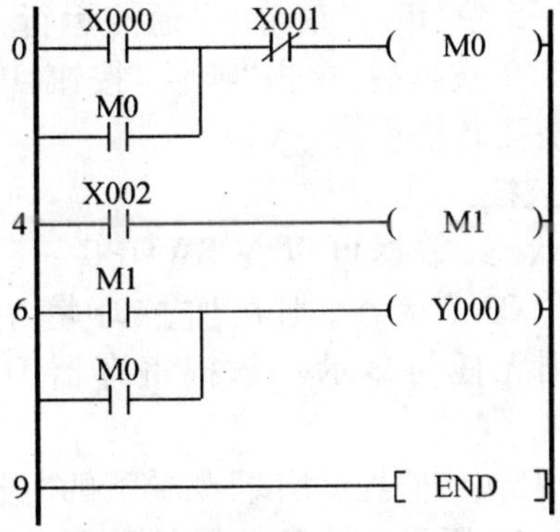

```
0 ──┤├X000──┬──┤/├X001──────( M0 )
    ──┤├M0──┘
4 ──┤├X002─────────────────( M1 )
6 ──┤├M1────┬──────────────( Y000 )
    ──┤├M0──┘
9 ─────────────────────────[ END ]
```

图 10－7　梯形图

10.1.3 程序检查

单击图 10－5 所示“选项”菜单下的“程序检查”子菜单，就进入了程序检查环境，如图 10－8 所示，有 3 个单选项，“语法错误检查”用于检查软元件号有无错误，“双线圈检查”用于检查输出软元件，“电路错误检查”用于检查各回路有无错误。都可以通过图 10－9 下面的显示窗口显示有无错误信息。

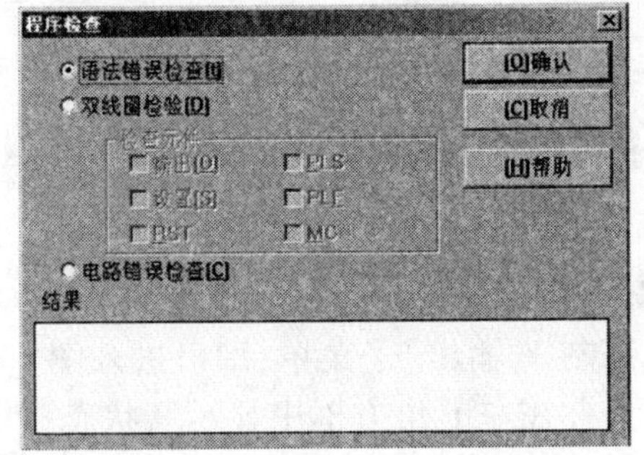

图 10－8　“程序检查”子菜单界面

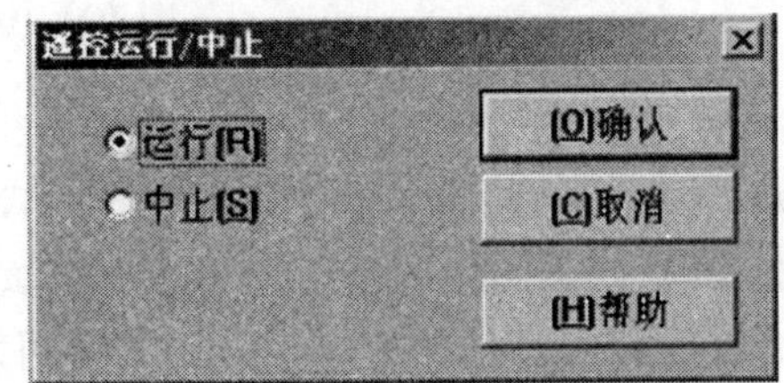

图 10－9　“运行/中止”菜单界面

10.1.4 程序的传送

程序的传送操作通过图 10－5 所示“PLC”菜单的“传送”子菜单进行。“传送”子菜单有 3 项内容，即“读入”、“写出”、“核对”。程序的读入指的是把 PLC 的程序读入到计算机的 SWOPC－FXGP/WIN－C 程序操作环境中，程序的写出指的是把已经编写的程序写入到 PLC 中。当编写的程序有错误时，在写出的过程中，CPU－E 指示灯将闪烁。当要读入 PLC 程序时，正确选择好串行口和连接好编程电缆后，单击“读入”按钮即可。当要把程序写出到 PLC 中时，单击“写出”按钮即可。写完程序后，“核对”按钮将起作用，用于确认要写出的程序和 PLC 的程序是否一致。

10.1.5 软元件的监控和强制执行

在 SWOPC－FXGP/WIN－C 操作环境中，可以监控各软元件的状态和强制执行输出等功能。这些功能主要在“监控/测试”菜单中完成。

1. PLC 的强制运行和强制停止

打开图 10 - 5 中“PLC”菜单下“遥控运行/停止”子菜单，出现如图 10 - 8 所示的子菜单界面。选择“运行”单选框后，单击“确认”按钮，PLC 被强制运行。选择“中止”单选框后，单击“确认”按钮，PLC 被强制停止。

2. 软元件监控

软元件的状态、数据可以在 SWOPC - FXGP/WIN - C 编程环境中监控起来。例如 Y 软元件工作在“ON”状态，则在监控环境中以绿色高亮方框，并且闪烁表示；若工作在“OFF”状态，则无任何显示。数据寄存器 D 中的数据也可在监控环境中表示出来，可以带正负号。

打开图 10 - 5 中“监控/测试”菜单下的“进入元件监控”子菜单，选择好所要监控软元件，即可进入如图 10 - 10 所示监控各软元件界面。若计算机没有和 PLC 通信，则无法反映监控元件的状态，显示通信错误。

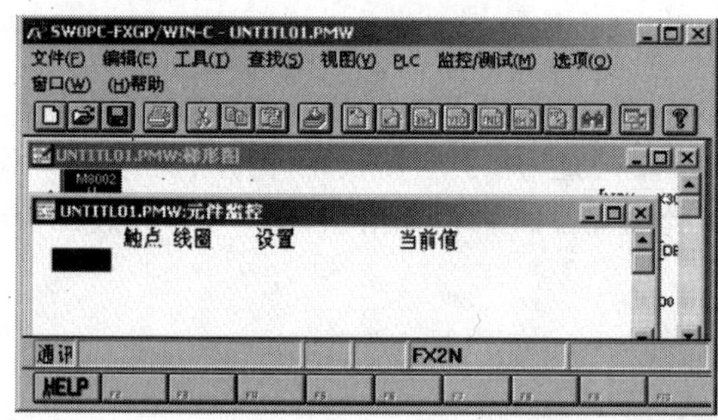

图 10 - 10　监控软元件功能界面

3. Y 输出软元件强制执行

为了调试、维修设备等工作的方便，SWOPC - FXGP/WIN - C 程序还提供了强制执行 Y 输出状态的功能。打开图 10 - 5 中“监控/测试”菜单下的“强制 Y 输出”子菜单，即可进入图 10 - 11 所示的监控环境。选择好 Y 软元件，就可对其强制执行，并在左下角方框中显示其状态，PLC 对应的 Y 软元件灯将根据选择状态亮或灭。

图 10 - 11　强制执行 Y 输出界面

4. 其他软元件的强制执行

各输入软元件的状态也可通过 SWOPC - FXGP/WIN - C 程序设定，打开图 10 - 5 中“监控/测试”菜单下的“强制 ON/OFF”子菜单，即可进入此强制执行环境设定软元件的工作状态。选择 X2 软元件，并置 SET 状态，单击“确认”按钮，PLC 的 X2 软元件指示灯将亮。

10.1.6 其他

1. PLC 的数据寄存器的读出和写入

在“PLC”菜单下的“寄存器数据传送”子菜单有 3 项内容，即“读入”、“写出”、“核对”。单击“读入”按钮即可从 PLC 中读出数据寄存器的内容。单击“写出”按钮，即可将程序中相应的数据寄存器内容写入 PLC 中。“核对”按钮用于确认内容是否一致。

2. “选项”菜单的使用

“选项”菜单的内容如图 10 - 5 所示。

(1) PLC 的 EPROM 处理。打开“EPROM 传送”子菜单，有 3 项内容，即“读入”、“写出”和“核对”。单击“读入”按钮，即可从 PLC 读出 EPROM 的内容。单击“写出”按钮，即可将编写的程序写入 PLC 中。“核对”按钮用于验证编写的程序和 EPROM 中的内容是否一致。

(2) 单击“选项”菜单下的“字体”子菜单，即可设置字体式样、大小等有关内容。

(3) “窗口”菜单的使用。双击“窗口”菜单下的“视图顺排”子菜单，就可层铺编程环境。双击“窗口水平排列”子菜单，就可水平铺设编程环境。双击“窗口垂直排列”子菜单，就可垂直铺设编程环境。

10.1.7 顺序功能图的绘制

顺序功能图(Sequential Function Chart，SFC)又称状态转移图，是描述控制系统的控制过程、功能和特性的一种图形，也是设计可编程控制器的顺序控制程序的有力工具。顺序功能图具有直观、简单、逻辑性强的特点，使工作效率大为提高，而且程序调试极为方便。SFC 主要由步、有向连线、转换、转换条件和动作(或命令)组成。

以图 10 - 12 所示的 SFC 为例，介绍在 FXGP - WIN/C 编程软件下进行 SFC 绘制的步骤和方法。

1. SFC 整体结构的绘制

绘制 SFC 图，首先要绘制整个 SFC 图的结构。可以按照如下的顺序进行：

(1) 打开 FXGP - WIN/C 软件，新建一个文件，选择“视图”/“SFC”菜单进入 SFC 图编辑界面。

(2) 光标默认在(H 0，W 0)(0 行 0 列)处，按快捷键 F8，输入 Ladder 0。

(3) 将光标移至(H 1，W 0)，按快捷键 F5，输入 S0 状态框和转换条件线。

(4) 将光标移至(H 1，W 0)的最下一行，按快捷键 Shift + F6，输入并行分支线，该线为两条平行的直线。

(5) 在(H 2，W 0)和(H 3，W 0)处，按 F5 键，分别输入 S21 和 S22 的状态框和转换条件线。

(6) 将光标移至(H 4，W 0)的最上面一行，按快捷键 Shift + F4，输入 S22 的状态框，注意此时不是按 F5 键。

(7) 将光标移至 S23 状态框的下面一行，按快捷键 Shift + F9，可以输入向下的延长竖线，竖线长短视第二分支的长度来定。至此，第一分支绘制完毕，下面绘制第二分支。

(8) 将光标移至(H 2，W 1)、(H 3，W 1)、(H 4，W 1)和(H 5，W 1)处，分别按 F5 键，输入 S30、S31、S32 和 S33 的状态框和转换条件线。

(9) 将光标定位至(H 5，W 1)的转换条件横线的上面一行，按快捷键 Shift + F6，输入一个并行分支。

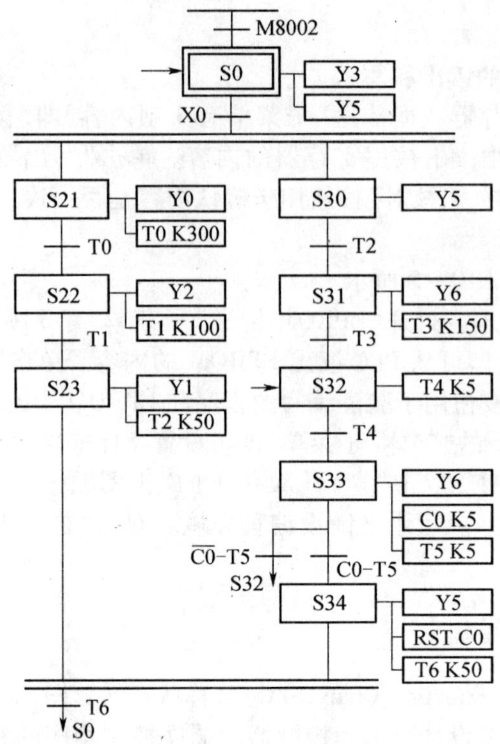

图 10－12　SFC 图示例

(10) 将光标移至(H 6,W 1)处,按快捷键 Shift + F4,输入 S34 的状态框。

(11) 将光标定位至(H 6,W 0)处,按快捷键 Shift + F8,输入并行汇合线。

(11) 将光标定位至(H 7,W 0)处,按 F6 键,输入一个跳转用的实心下三角。

(13) 将光标定位至(H 6,W 2)处,按 F6 键,输入另外一个跳转符号。

(14) 将光标定位至(H8,W 0)处,按 F8 键,输入 Ladder 1。至此整个 SFC 图的结构已经绘制完毕,下面进行状态框的标记。

2. 状态框的标记

(1) 将光标移至(H 1,W 0)处,双击状态框,输入"S0",按回车键确定。

(2) 使用同样的方法在其他状态框里输入相应的状态编号。

(3) 将光标移至(H 7,W 0)处,双击跳转符号,输入"S0",按回车键确定;按此法可以在(H 6,W 2)处输入"S32"。至此,状态框标记完成,下面进行内置梯形图的编写。

3. 内置梯形图的编写

(1) 将光标移至 Ladder 0 处,进入菜单"视图"→"内置梯形图",打开一个梯形图编辑界面,输入如下的指令:LD M8002;SET S0;然后选择菜单"工具"→"转换",把灰色背景变成白色。

(2) 进入菜单"视图"→"SFC"重新进入 SFC 编辑界面,Ladder 0 前面的" * "已经消失,说明内置梯形图已经成功。

(3) 在 SFC 编辑界面下,选中 S0 状态框,进入菜单"视图"→"内置梯形图",打开一个梯形图编辑界面,输入相应的梯形图,然后转换。

(4) 用同样的方法可以依次输入各个状态的内置梯形图。

（5）最后，将光标移至 Ladder 1 处，按照上面的方法进入内置梯形图编辑界面，输入 END 指令，然后转换。至此，内置梯形图的编写工作结束。

4. 转换条件的输入

（1）将光标定位在（H 1，W 0）框的转换条件横线处，进入菜单“视图”→“内置梯形图”，打开一个梯形图编辑界面，在光标默认位置处输入 X0 的常开触点，然后转换。

（2）用同样的方法可以输入各个转换条件。

需要注意的是，如果转换条件有多个，如图 10－12 中 S33 到 S34 的转换条件 C0 · T5，表示必须同时满足 C0 和 T5 两个条件才能进行转换，内置梯形图时可以将这两个常开触点串联。

5. 整个梯形图的转换

上面的工作完成以后，再在 SFC 编辑界面下转换一次，就可以完成整个梯形图的转换和连接，然后可以通过菜单“视图”→“梯形图”或者“视图”→“指令表”查看该 SFC 对应的 STL 梯形图或指令表。至此整个 SFC 的绘制工作全部完成。

SFC 图、步进梯形图如图 10－13 和图 10－14 所示。

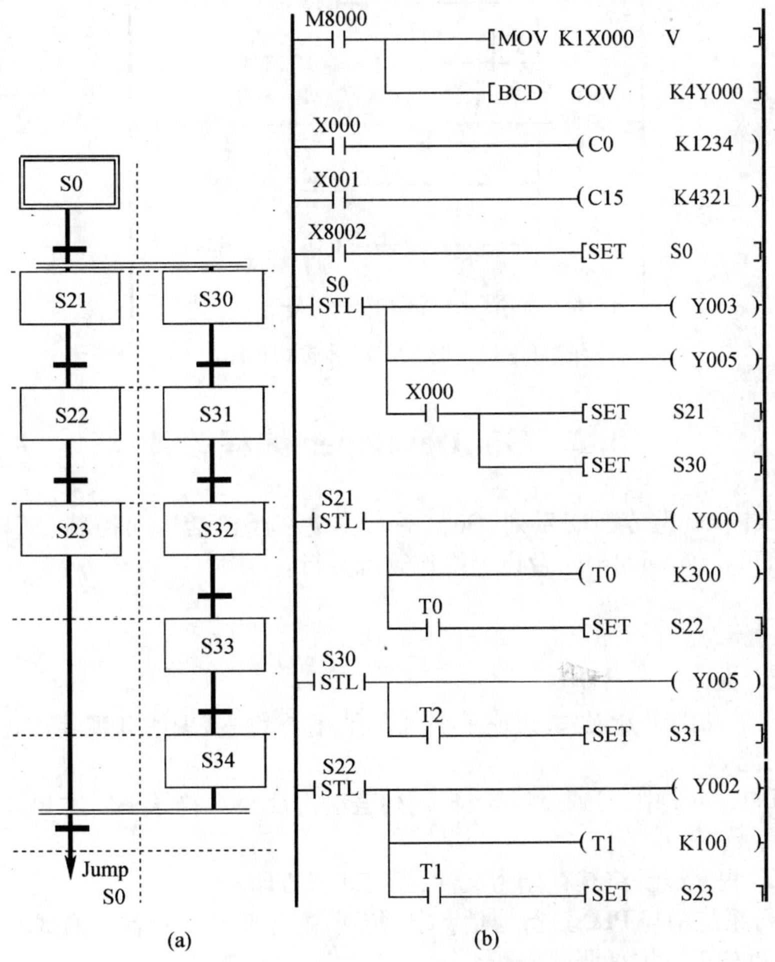

图 10－13 图 10－11 的 SFC 图和步进梯形图 1

（a）SFC 图；（b）正确的驱动方法。

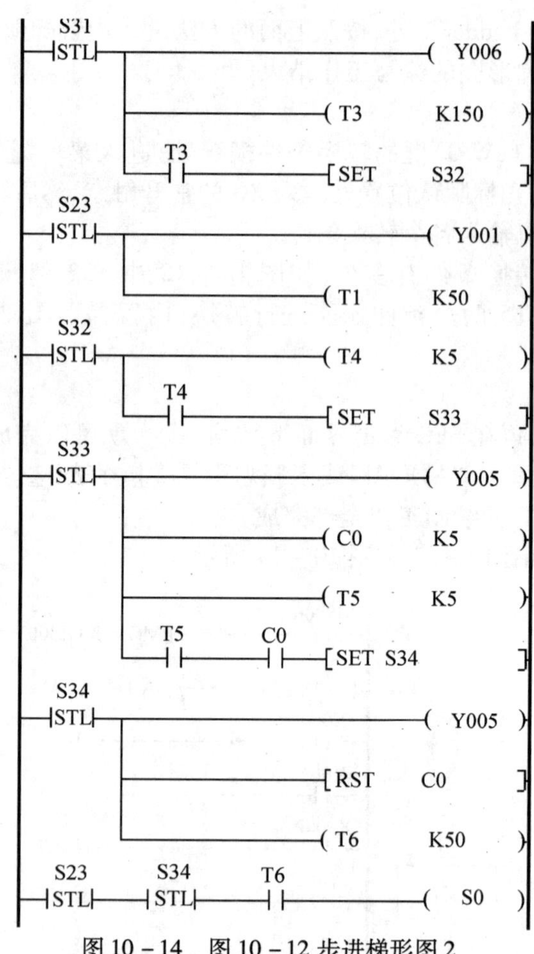

图 10－14　图 10－12 步进梯形图 2

10.2　GX Developer 编程软件

三菱 GX Developer 是三菱 Q 系列、QnA 系列、A 系列(包括运动控制(SCPU)、FX 系列的 PLC 的编程软件,可在 Windows 9x 及以上操作系统运行。

10.2.1　概述

1. 主要功能

GX Developer 的功能十分强大,集成了项目管理、程序键入、编译链接、模拟仿真和程序调试等功能,其主要功能如下:

(1) 在 GX Developer 中,可通过线路符号、列表语言及 SFC 符号来创建 PLC 程序,建立注释数据及设置寄存器数据。

(2) 创建 PLC 程序以及将其存储为文件,用打印机打印。

(3) 可在串行系统中与 PLC 进行通信,文件传送、操作监控以及各种测试。

(4) 可脱离 PLC 进行仿真调试。

2. 系统配置

1) 计算机

要求机型为 IBM PC/AT(兼容);CPU 486 以上;内存 8MB 或更高(推荐 16MB 以上);显示器

的分辨率为 800×600 点,16 色或更高。

2) 接口单元

采用 FX－232AWC 型 RS－232/RS－422 转换器(便携式)或 FX－232AW 型 RS－232C/RS－422 转换器(内置式),以及其他指定的转换器。

3) 通信电缆

采用 FX－422CAB 型 RS－422 缆线(用于 FX2,FX2C 型 PLC,0.3m)或 FX－422CAB－150 型 RS－422 缆线(用于 FX2,FX2C 型 PLC,1.5m),以及其他指定的缆线。

3. 软件的安装

运行安装盘中的“SETUP”,按照逐级提示即可完成 GX Developer 的安装。安装结束后,将在桌面上建立一个和“GX Developer”相对应的图标,同时在桌面的“开始→程序”中建立一个“MELSOFT 应用程序→GX Developer”选项。若需增加模拟仿真功能,在上述安装结束后,再运行安装盘中的 LLT 文件夹下的“STEUP”,按照逐级提示即可完成模拟仿真功能的安装。

10.2.2 编程软件的界面

双击桌面上的“GX Developer” 图标,即可启动 GX Developer,其界面如图 10－15 所示。GX Developer 的界面由项目标题栏、下拉菜单、快捷工具栏、编辑窗口、管理窗口等部分组成。在调试模式下,可打开远程运行窗口、数据监视窗口等。

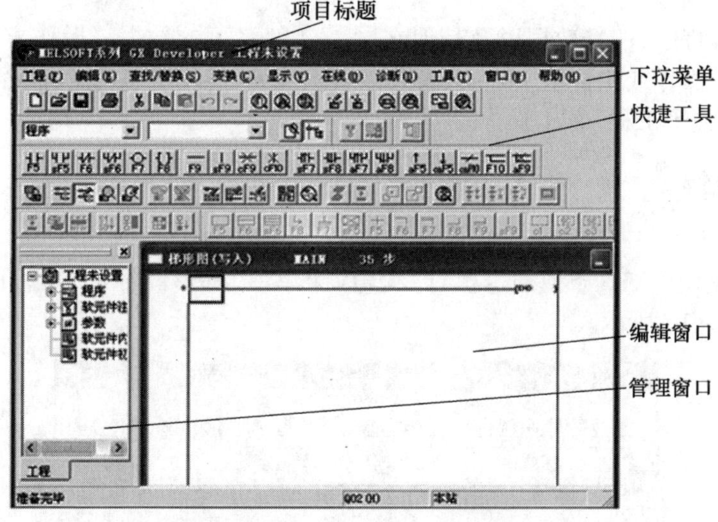

图 10－15　GX Developer 编程软件的界面

1. 下拉菜单

GX Developer 共有 10 个下拉菜单,每个菜单又有若干个菜单项。许多菜单项的使用方法和目前文本编辑软件的同名菜单项的使用方法基本相同。多数使用者一般很少直接使用菜单项,而是使用快捷工具。常用的菜单项都有相应的快捷按钮,GX Developer 的快捷键直接显示在相应菜单项的右边。

2. 快捷工具栏

GX Developer 共有 8 个快捷工具栏,即标准、数据切换、梯形图标记、程序、注释、软元件内存、SFC、SFC 符号工具栏。以鼠标选取“显示”菜单下的“工具条”命令,即可打开这些工具栏。

常用的有标准、梯形图标记、程序工具栏，将鼠标停留在快捷按钮上片刻，即可获得该按钮的提示信息。

3. 编辑窗口

PLC 程序是在编辑窗口进行输入和编辑的，其使用方法和众多的编辑软件相似。

4. 管理窗口

管理窗口实现项目管理、修改等功能。

10.2.3 工程的创建

1. 系统的启动与退出

启动 GX Developer，可双击桌面上的图标。打开 GX Developer 窗口后，以鼠标选取“工程”菜单下的“关闭”命令，即可退出 GX Developer 系统。

2. 文件的管理

1）创建新工程

选择“工程”→“创建新工程”菜单项，或按快捷键 Ctrl + N，在出现的创建新工程对话框中选择 PLC 类型，如选择 FX_{2N}系列 PLC 后，单击“确定”按钮。

2）打开工程

打开一个已有工程，选择“工程”→“打开工程”菜单或按快捷键 Ctrl + O，在出现的打开工程对话框中选择已有工程，单击“打开”按钮。

3）文件的保存和关闭

保存当前 PLC 程序，注释数据以及其他在同一文件名下的数据。操作方法是：执行“工程”→“保存工程”菜单操作或快捷键 Ctrl + S 即可。将已处于打开状态的 PLC 程序关闭，操作方法是执行“工程”→“关闭工程”菜单操作。

10.2.4 编程操作

1）输入梯形图

使用“梯形图标记”工具条或通过执行“编辑”菜单→“梯形图标记”可将已编好的程序输入到计算机，如图 10－16 所示。

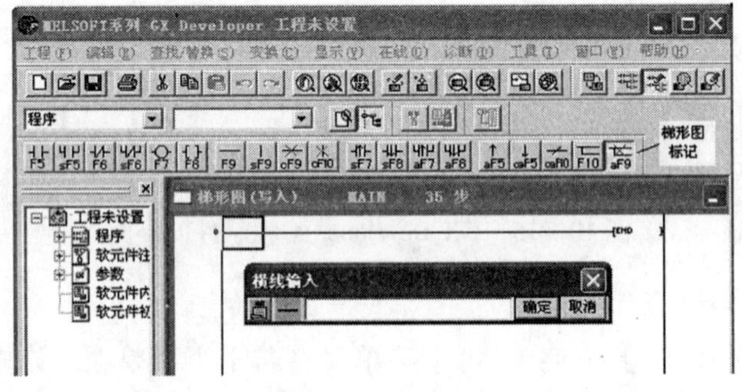

图 10－16 输入梯形图

2）编辑操作

通过执行“编辑”菜单栏中的指令，可对输入的程序进行修改和检查，如图 10－17 所示。

3）梯形图的转换及保存操作

编辑好的程序先通过执行“变换”菜单→“变换”操作或按 F4 键变换后，才能保存。在变换

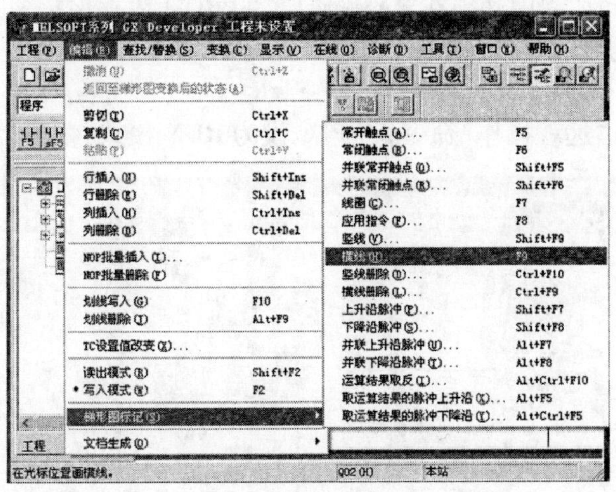

图 10－17　编辑操作

过程中显示梯形图变换信息，如果在不完成变换的情况下关闭梯形图窗口，新创建的梯形图将不被保存。

10.2.5　程序的运行与检查

1. 程序的检查

执行“诊断”菜单→“诊断”命令，进行程序检查，如图 10－18 所示。

2. 程序的写入

PLC 在 STOP 模式下，执行“在线”菜单→“PLC 写入”命令，出现 PLC 写入对话框，如图 10－19所示，选择“参数＋程序”，再单击“执行”按钮，完成将程序写入 PLC。

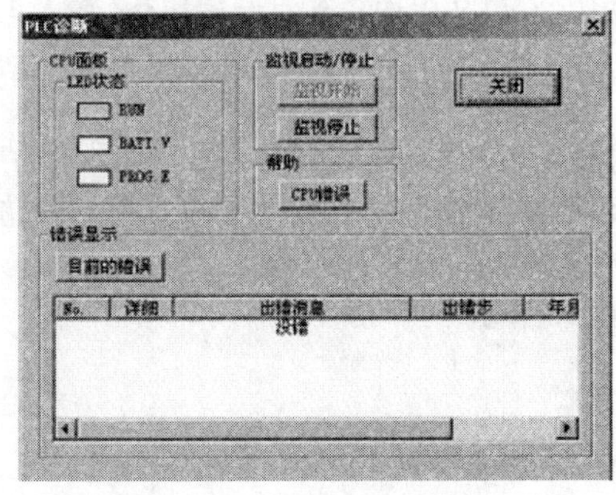

图 10－18　诊断操作

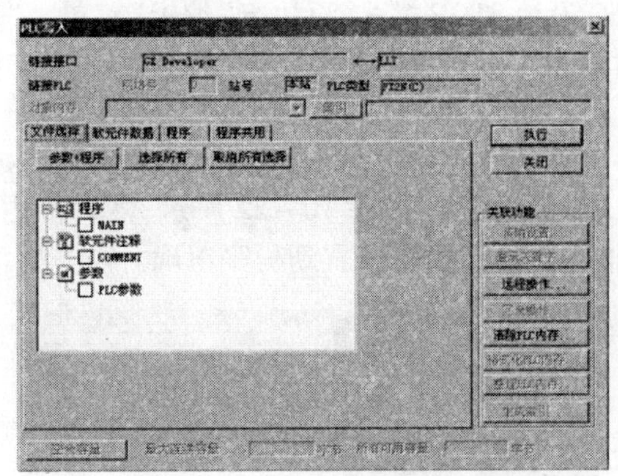

图 10－19　程序的写入操作

3. 程序的读取

PLC 在 STOP 模式下，执行“在线”菜单→“PLC 读取”命令，将 PLC 中的程序发送到计算机中。

传送程序时，应注意以下问题：

(1) 计算机的 RS232C 端口及 PLC 之间必须用指定的缆线及转换器连接。

(2) PLC 必须在 STOP 模式下，才能执行程序传送。

(3) 执行完“PLC 写入”后，PLC 中的程序将被丢失，原有的程序将被读入的程序所替代。

(4) 在"PLC 读取"时，程序必须在 RAM 或 EE－PROM 内存保护关断的情况下读取。

4. 程序的运行及监控

1) 运行

执行"在线"菜单→"远程操作"命令，将 PLC 设为 RUN 模式，程序运行，如图 10－20 所示。

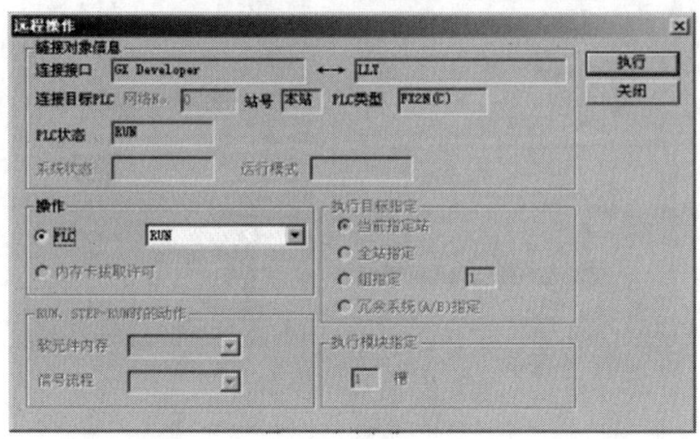

图 10－20 运行操作

2) 监控

执行程序运行后，再执行"在线"菜单"→"监视"命令，可对 PLC 的运行过程进行监控。结合控制程序，操作有关输入信号，观察输出状态，如图 10－21 所示。

5. 程序的调试

程序运行过程中出现的错误有两种。

1) 一般错误

运行的结果与设计的要求不一致，需要修改程序，先执行"在线"菜单→"远程操作"命令，将 PLC 设为 STOP 模式，再执行"编辑"菜单→"写模式"命令，再从上面第 3 点开始执行（输入正确的程序），直到程序正确。

2) 致命错误

PLC 停止运行，PLC 上的 ERROR 指示灯亮，需要修改程序，先执行"在线"菜单→"清除 PLC 内存"命令，如图 10－22 所示；将 PLC 内的错误程序全部清除后，再从上面第 3 点开始执行（输入正确的程序），直到程序正确。

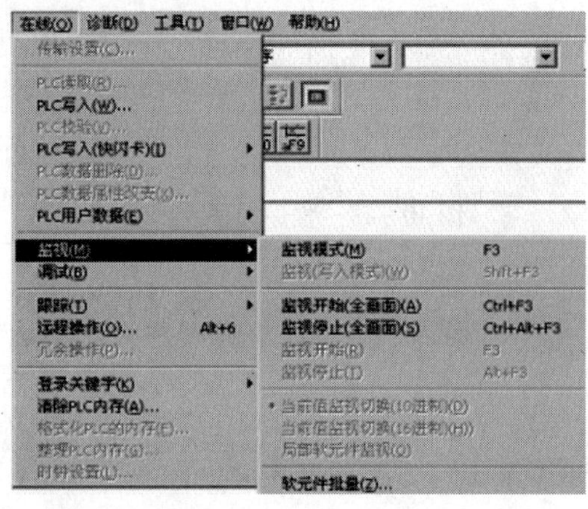

图 10－21 监控操作

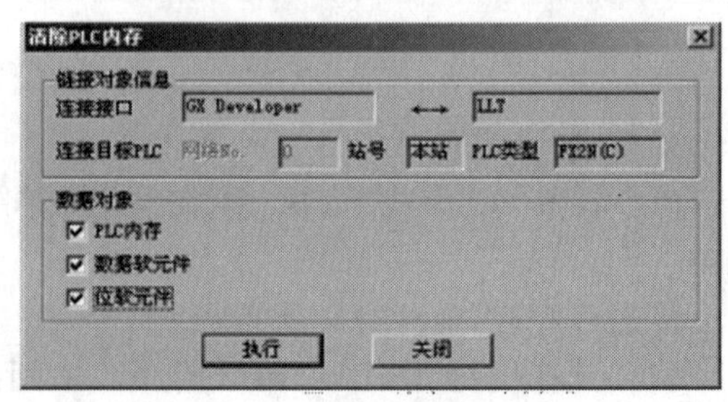

图 10－22 清除 PLC 内存操作

10.2.6 仿真

在安装有 GX Developer 的计算机内追加安装 GX Simulator，就能够实现不在线时的调试，即仿真，不在线调试功能内包括软元件的监视测试外部机器的 I/O 的模拟操作等。

仿真步骤如下：

(1) 启动编程软件 GX Developer，创建一个新工程，如图 10－23 所示。

(2) 编写或调用一个梯形图。

(3) 通过菜单栏启动仿真，如图 10－24 所示；也可以通过快捷图标启动仿真，如图 10－25 所示。

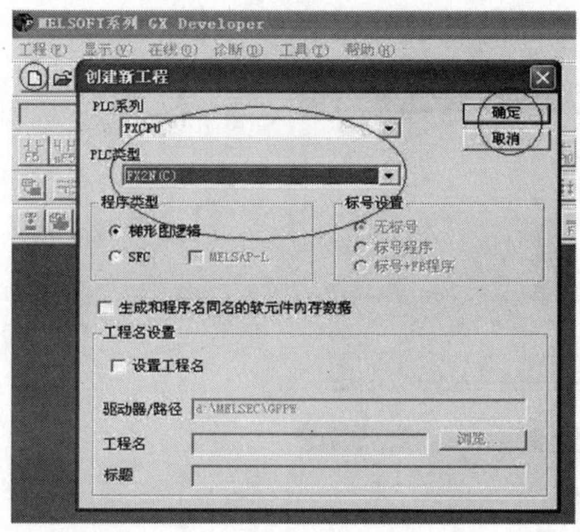

图 10－23 创建一个新工程

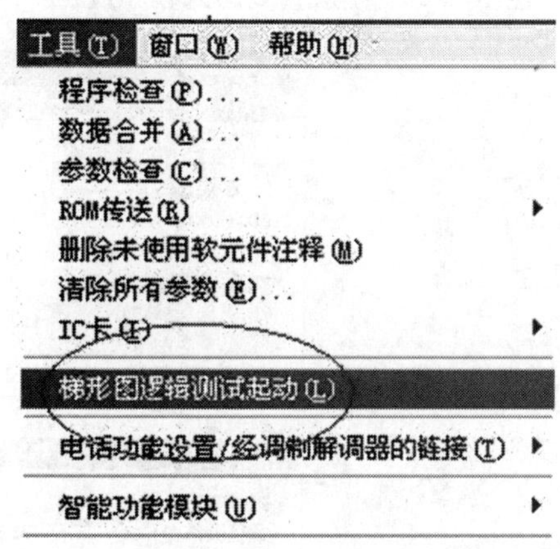

图 10－24 通过菜单启动仿真

(4) 如图 10－26 所示为仿真窗口，显示运行状态，如果出错会有说明。

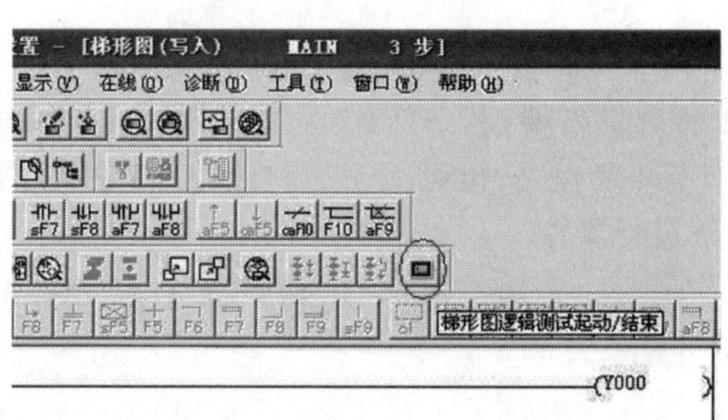

图 10－25 通过快捷方式启动仿真

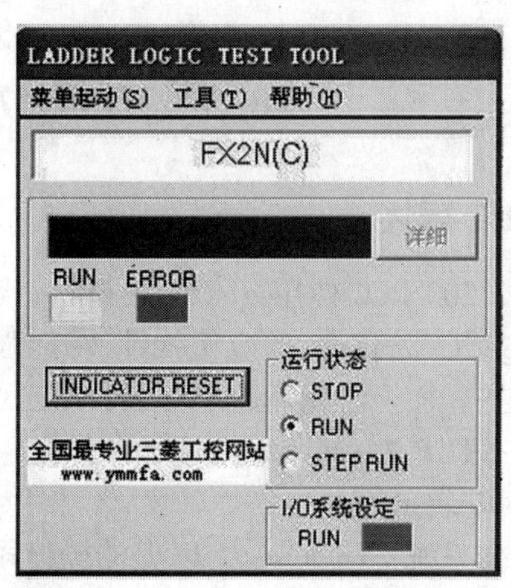

图 10－26 仿真窗口

(5) 启动仿真后程序开始模拟 PLC 写入过程，如图 10－27 所示。

(6) 程序开始运行，如图 10－28 所示。

(7) 通过软件元件测试来强制一些输入条件，如图 10－29 所示。

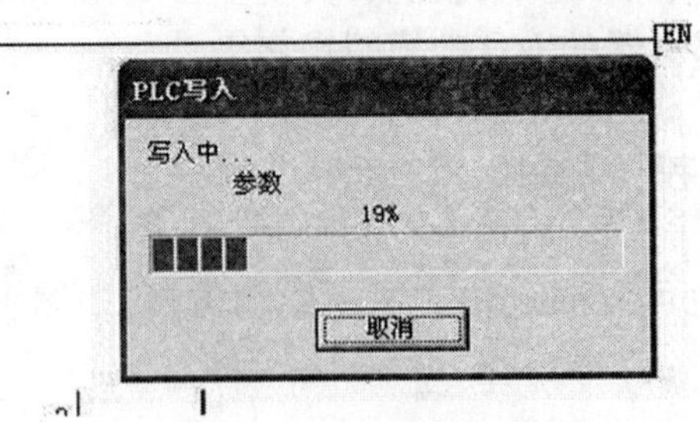

图 10－27　模拟 PLC 写入程序过程

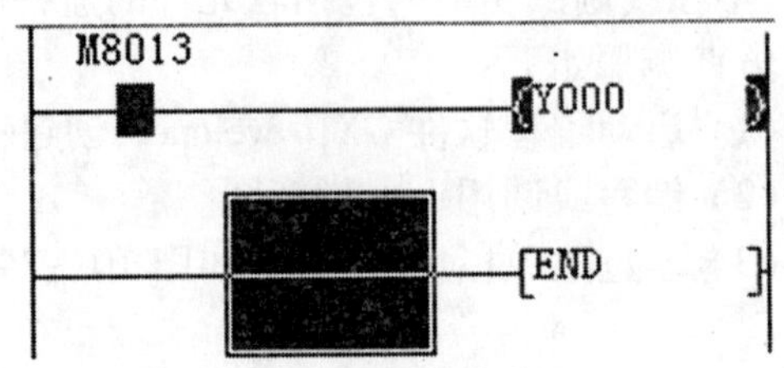

图 10－28　开始仿真

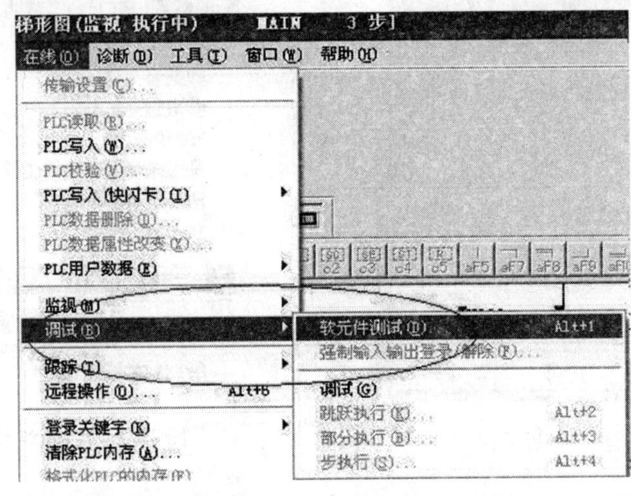

图 10－29　软元件测试

10.3　STEP 7－Micro/WIN 编程软件

10.3.1　概述

S7－200 PLC 使用 STEP 7－Micro/WIN32 编程软件进行编程。STEP 7－Micro/WIN32 编程软件是基于 Windows 的应用软件，功能强大，主要用于开发程序，也可用于适时监控用户程序的执行状态。加上汉化后的程序，可在全汉化的界面下进行操作。

1. STEP 7－Mirco/WIN 的安装

1）安装条件

操作系统：Windows 95 以上的操作系统。

计算机配置：IBM486 以上兼容机，内存 8MB 以上，VGA 显示器，至少 50MB 以上硬盘空间。

通信电缆：用一条 PC/PPI 电缆实现可编程控制器与计算机的通信。

2）编程软件的组成

STEP 7－Micro/WIN32 编程软件包括 Microwin3.1、Microwin3.1 的升级版本软件 Microwin3.1 SP1、Toolbox 工具箱以及 Microwin 3.11 Chinese（Microwin3.11 SP1 和 Tp Designer 的专用汉化工具）等编程软件。

3）编程软件的安装

按 Microwin3.1→Microwin3.1 SP1→Toolbox→Microwin 3.11 Chinese 的顺序进行安装。

首先安装英文版本的编程软件：双击编程软件中的安装程序 SETUP.EXE，根据安装提示完成安装。接着，用 Microwin 3.11 Chinese 软件将编程软件的界面和帮助文件汉化。步骤如下：

（1）在光盘目录下，找到“mwin _ service _ pack _ from V3.1 to3.11”软件包，按照安装向导进行操作，把原来的英文版本的编程软件转换为 3.11 版本。

（2）打开“Chinese3.11”目录；双击 setup，按安装向导操作，完成汉化补丁的安装。

4）建立 S7－200 CPU 的通信

可以采用 PC/PPI 电缆建立 PC 机与 PLC 之间的通信，如图 10－30 所示。PC/PPI 电缆的两端分别为 RS－232 和 RS－485 接口，RS－232 接口连接到个人计算机 RS－232 通信口 COM1 或 COM2 接口上，RS－485 接口接到 S7－200 PLC 的 CPU 通信口上。PC/PPI 电缆中间有通信模块，模块外部设有波特率设置开关。

图 10－30　PLC 与计算机的连接

5）通信参数的设置

硬件设置好后，按下面的步骤设置通信参数。

（1）在 STEP 7 － Micro/WIN32 运行时单击“通信”图标，或从“视图（View）”菜单中选择“通信（Communications）”，则会出现一个通信对话框。

（2）在对话框中双击 PC/PPI 电缆图标，将出现 PC/PG 接口的对话框。

（3）单击“属性（Properties）”按钮，将出现接口属性对话框，初学者可以使用默认的通信参数。

6）建立在线连接

在前几步顺利完成后，可以建立与 S7－200 CPU 的在线联系，步骤如下：

（1）在 STEP 7 － Micro/WIN32 运行时单击“通信”图标，或从“视图（View）”菜单中选择“通信（Communications）”，出现一个通信建立结果对话框，显示是否连接了 CPU 主机。

（2）双击对话框中的“刷新”图标，STEP 7 － Micro/WIN32 编程软件将检查所连接的所有 S7－200CPU 站。在对话框中显示已建立起连接的每个站的 CPU 图标、CPU 型号和站地址。

（3）双击要进行通信的站，在通信建立对话框中，可以显示所选的通信参数。

7）修改 PLC 的通信参数

计算机与可编程控制器建立起在线连接后，即可以利用软件检查、设置和修改 PLC 的通信参数。步骤如下：

（1）单击浏览条中的“系统块”图标，或从“视图（View）”菜单中选择“系统块（System Block）”选项，将出现系统块对话框。

（2）单击“通信口”选项卡，检查各参数，确认无误后单击“确定”按钮。若需修改某些参数，可以先进行有关的修改，再单击“确认”按钮。

（3）单击工具条的下载按钮，将修改后的参数下载到可编程控制器，设置的参数才会起作用。

8）可编程控制器的信息的读取

选择菜单命令“PLC”，找“信息”，将显示出可编程控制器 RUN/STOP 状态、扫描速率、CPU 的型号错误的情况和各模块的信息。

2. STEP 7 - Mirco /WIN 窗口组件

STEP 7 - Micro/WIN32 的主界面如图 10 - 31 所示。

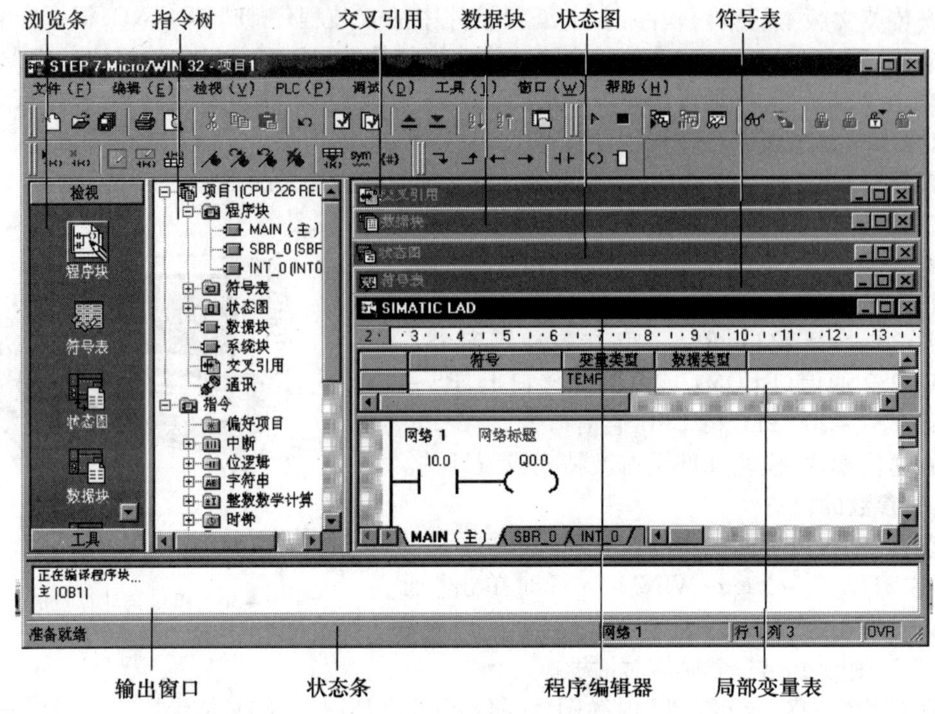

图 10 - 31　STEP 7 - Micro/WIN32 编程软件的主界面

主界面一般可以分为以下几个部分:菜单条、工具条、浏览条、指令树、用户窗口、输出窗口和状态条。除菜单条外,用户可以根据需要通过检视菜单和窗口菜单决定其他窗口的取舍和样式的设置。

1) 主菜单

主菜单包括文件、编辑、检视、PLC、调试、工具、窗口、帮助 8 个主菜单项。各主菜单项的功能如下:

(1) 文件。文件的操作如新建、打开、关闭、保存、导入、导出、上载、下载、页面设置、打印、最近使用文件、退出等。

(2) 编辑。编辑菜单提供程序的编辑工具,如撤消、剪切、复制、粘贴、全选、插入、删除、查找、替换、转至等项目。

(3) 检视。通过检视菜单可以选择不同的程序编辑器,如 LAD、STL、FBD; 可以进行数据块、符号表、状态图表、系统块、交叉引用、通信参数的设置;可以选择注解、网络注解显示与否;可以选择浏览栏、指令树及输出视窗的显示与否;可以对程序块的属性进行设置。

(4) PLC。PLC 菜单用于与 PLC 联机时的操作。如用改变运行方式,对用户程序进行编译、清除 PLC 程序、电源启动重置、查看 PLC 的信息、时钟与存储卡的操作、程序比较、PLC 类型选择等操作。其中对用户程序进行编译可以离线进行。

(5) 调试。调试菜单用于联机时的动态调试。

(6) 工具。工具菜单提供复杂指令向导,使复杂指令编程时的工作简化;提供文本显示器 TD200 设置向导。工具菜单的定制子菜单可以更改 STEP 7 - Micro/WIN 32 工具条的外观或内容,以及在工具菜单中增加常用工具。工具菜单的选项子菜单可以设置 3 种编辑器的风格,如字体、指令盒的大小等样式。

（7）窗口。窗口菜单可以设置窗口的排放形式，如层叠、水平、垂直。

（8）帮助。帮助菜单可以提供 S7－200 的指令系统及编程软件的所有信息，并提供在线帮助、网上查询、访问等功能。

2）工具条

提供简单的鼠标操作。将常用的操作以按钮形式设定到工具栏上，用户可以用“查看”菜单的“工具栏”项目自定义工具栏。

3）浏览条

浏览条为编程提供按钮控制，可以实现窗口的快速切换，即对编程工具执行直接按钮存取。

4）指令树

指令树以树形结构提供编程时用到的所有快捷操作命令和 PLC 指令，可分为项目分支和指令分支。

5）用户窗口

可同时或分别打开 6 个用户窗口，分别为交叉引用、数据块、状态图表、符号表、程序编辑器、局部变量表。

6）输出窗口

输出窗口用来显示 STEP 7－Micro/WIN 32 程序编译的结果，如编译结果有无错误、错误编码和位置等。

7）状态条

状态条提供有关在 STEP 7－Micro/WIN 32 中操作的信息。

3. 编程准备

1）指令集和编辑器的选择

写程序之前，用户必须选择指令集和编辑器。选择编辑器的方法如下：用菜单命令“检视”→“LAD 或 STL”，或者菜单命令“工具”→“选项”→“一般”标签→“默认编辑器”。

2）根据 PLC 类型进行参数检查

在 PLC 和运行 STEP 7－Micro/WIN 的 PC 连线后，在建立通信或编辑通信设置以前，应根据 PLC 的类型进行范围检查。必须保证 STEP 7－Micro/WIN 中 PLC 类型选择与实际 PLC 类型相符。方法如下：菜单命令“PLC”→“类型”→“读取 PLC”，或在指令树→“项目”名称→“类型”→“读取 PLC”。

PLC 类型的对话框如图 10－32 所示。

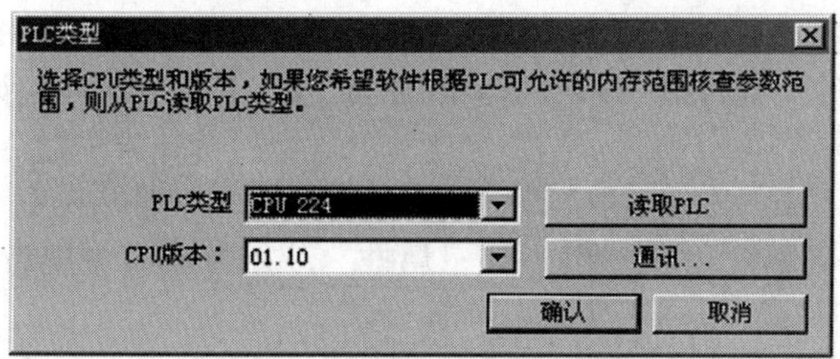

图 10－32　PLC 类型的对话框

10.3.2　主要编程功能

1. 编程元素及项目组件

S7－200 PLC 的 3 种程序组织单位（POU）指主程序、子程序和中断程序。STEP 7－Micro/

WIN 为每个控制程序在程序编辑器窗口提供分开的制表符,主程序总是第一个制表符,后面是子程序或中断程序。

一个项目(Project)包括的基本组件有程序块、数据块、系统块、符号表、状态图表、交叉引用表。程序块、数据块、系统块需下载到 PLC,而符号表、状态图表、交叉引用表不下载到 PLC。

2. 梯形图程序的输入

1) 建立项目

(1) 打开已有的项目文件。常用的方法如下:

用菜单命令"文件"→"打开",在"打开文件"对话框中,选择项目的路径及名称,单击"确定"按钮,打开现有项目。

在"文件"菜单底部列出最近工作过的项目名称,单击文件名即可打开该文件。

(2) 创建新项目。单击"新建"快捷按钮或菜单命令"文件" →"新建",单击浏览条中的"程序块"图标,新建一个项目。

2) 输入程序

打开项目后就可以进行编程,下面主要介绍梯形图的相关的操作。

(1) 输入指令。进入梯形图编辑器,单击"检视"→"阶梯(L)"选项,接着在梯形图编辑器中输入指令。输入指令可以通过指令树、工具条按钮、快捷键等方法。

在指令树中选择需要的指令,拖放到需要位置,或将光标放在需要的位置,在指令树中双击需要的指令,或将光标放到需要的位置,单击工具栏指令按钮,打开一个通用指令窗口,选择需要的指令。

使用功能键:F4 = 接点,F6 = 线圈,F9 = 指令盒,打开一个通用指令窗口,选择需要的指令。

当编程元件图形出现在指定位置后,再单击编程元件符号的???(表示此处应输入操作数),输入操作数。红色字样显示语法出错,当把不合法的地址或符号改变为合法值时,红色消失。若数值下面出现红色的波浪线,表示输入的操作数超出范围或与指令的类型不匹配。

(2) 上下线的操作。将光标移到要合并的触点处,单击"上行线"按钮或"下行线"按钮。

(3) 输入程序注释。LAD 编辑器中共有 4 个注释级别:项目组件(POU)注释、网络标题、网络注释、项目组件属性。

项目组件(POU)注释:单击"网络 1"上方的灰色方框,输入 POU 注释。

网络标题:将光标放在网络标题行,输入一个识别便于该逻辑网络的标题。网络标题中可允许使用的最大字符数为 117。

网络注释:将光标移到网络标号下方的灰色方框中,可以输入网络注释。网络注释可对网络的内容进行简单的说明,以便于程序的理解和阅读。网络注释中可允许使用的最大字符数为 4096。

项目组件属性:用下面的方法存取"属性"标签。

用鼠标右键单击"指令树"中的"POU" →"属性",或用鼠标右键单击程序编辑器窗口中的任何一个 POU 标签,并从弹出菜单中选择"属性"。

"属性"对话框中有两个标签:一般和保护。选择"一般"可为子程序、中断程序和主程序块(OB1)重新编号和重新命名,并为项目指定一个作者。选择"保护"则可以选择一个密码保护 POU,以便其他用户无法看到该 POU,并在下载时加密。若用密码保护 POU,则选择"用密码保护该 POU"复选框。输入一个四个字符的密码并核实该密码。

(4) 程序的编辑。

① 剪切、复制、粘贴或删除多个网络。通过用 Shift 键 + 鼠标单击,可以选择多个相邻的网

络,进行剪切、复制、粘贴或删除等操作。注意:不能选择部分网络,只能选择整个网络。

② 编辑单元格、指令、地址和网络。用光标选中需要进行编辑的单元,单击鼠标右键,弹出快捷菜单,可以进行插入或删除行、列、垂直线或水平线的操作。删除垂直线时把方框放在垂直线左边单元上,删除时选“行”,或按“Delete”键。进行插入编辑时,先将方框移至欲插入的位置,然后选“列”。

(5) 程序的编译。程序经过编译后,方可下载到 PLC。编译的方法如下:

单击“编译”按钮或选择菜单命令“PLC”→“编译”,编译当前被激活的窗口中的程序块或数据块。

单击“全部编译” 按钮或选择菜单命令“PLC”→“全部编译”,编译全部项目元件(程序块、数据块和系统块)。使用“全部编译”与哪一个窗口是活动窗口无关。

编译结束后,输出窗口显示编译结果。

3. 数据块编辑

数据块用来对变量存储器 V 赋初值,可用字节、字或双字赋值。编写的数据块,被编译后,下载到可编程控制器,注释被忽略。

数据块的第一行必须包含一个明确地址,以后的行可包含明确或隐含地址。数据块编辑器是一种自由格式文本编辑器,键入一行后,按回车键,数据块编辑器格式化行(对齐地址列、数据、注解;捕获 V 内存地址)并重新显示。

数据块需要下载至 PLC 后才起作用。

4. 符号表操作

1) 在符号表中符号赋值的方法

(1) 建立符号表:单击浏览条中的“符号表” 按钮。符号表见图 10-33。

			符号	地址	注释
1			起动	I0.0	起动按钮SB2
2			停止	I0.1	停止按钮SB1
3			M1	Q0.0	电动机
4					
5					

图 10-33 符号表

(2) 在“符号”列键入符号名(如启动),最大符号长度为 23 个字符。

(3) 在“地址”列中键入地址(如 I0.0)。

(4) 键入注解(此为可选项,最多允许 79 个字符)。

(5) 符号表建立后,使用菜单命令“检视”→选中“符号编址”,直接地址将转换成符号表中对应的符号名。并且可通过菜单命令“工具” →“选项” →“程序编辑器”标签→“符号编址”选项,来选择操作数显示的形式。如选择“显示符号和地址”则对应的梯形图如图 10-34 所示。

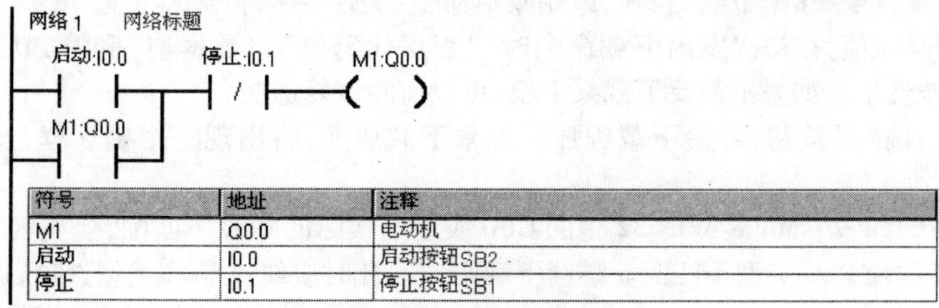

图 10-34 带符号表的梯形图

（6）使用菜单命令“检视”→“符号信息表”，可选择符号表的显示与否。“检视”→“符号编址”，可选择是否将直接地址转换成对应的符号名。

2）在符号表中插入行

使用下列方法之一在符号表中插入行：

选择菜单命令“编辑”→“插入”→“行”，将在符号表光标的当前位置上方插入新行。

用鼠标右键单击符号表中的一个单元格，选择弹出菜单中的命令“插入”→“行”，将在光标的当前位置上方插入新行。

若在符号表底部插入新行，则将光标放在最后一行的任意一个单元格中，按“下箭头”键。

3）建立多个符号表

默认情况下，符号表窗口显示一个符号名称（USR1）的标签。可用下列方法建立多个符号表。

在“指令树”中用鼠标右键单击“符号表”文件夹，在弹出的菜单命令中选择“插入符号表”。打开符号表窗口，使用“编辑”菜单，或用鼠标右键单击，在弹出的菜单中选择“插入”→“表格”。

插入新符号表后，新的符号表标签会出现在符号表窗口的底部。在打开符号表时，要选择正确的标签。双击或右击标签，可为标签重新命名。

10.3.3 通信

1. 通信网络的配置

通过下面的方法测试通信网络：

（1）在 STEP 7 – Micro/WIN32 中，单击浏览条中的“通信”图标，或执行菜单命令“检视”→“元件”→“通信”。

（2）从“通信”对话框的右侧窗格，单击显示“双击刷新”的蓝色文字。

如果建立了个人计算机与 PLC 之间的通信，则会显示一个设备列表。

STEP 7 – Micro/WIN32 在同一时间仅与一个 PLC 通信，会在 PLC 周围显示一个红色方框，说明该 PLC 目前正在与 STEP 7 – Micro/WIN32 通信。

2. 下载、上载

1）下载

如果已经成功地在运行 STEP 7 – Micro/WIN32 的个人计算机和 PLC 之间建立了通信，就可以将编译好的程序下载至该 PLC。如果 PLC 中已经有内容将被覆盖。

下载步骤如下：

（1）下载之前，PLC 必须位于“停止”的工作方式。检查 PLC 上的工作方式指示灯，如果 PLC 没有在“停止”方式，单击工具条中的“停止”按钮，将 PLC 至于停止方式。

（2）单击工具条中的“下载”按钮，或用菜单命令“文件”→“下载”，出现“下载”对话框。

（3）根据默认值，在初次发出下载命令时，“程序代码块”、“数据块”和“CPU 配置”（系统块）复选框都被选中。如果不需要下载某个块，可以清除该复选框。

（4）单击“确定”按钮，开始下载程序。如果下载成功，将出现一个确认框，显示“下载成功”。

（5）如果 STEP 7 – Micro/WIN 32 中的 CPU 类型与实际的 PLC 不匹配，会显示“为项目所选的 PLC 类型与远程 PLC 类型不匹配。继续下载吗？”。此时应纠正 PLC 类型选项，选择“否”，终止下载程序。

（6）用菜单命令“PLC”→“类型”，调出“PLC 类型”对话框。单击“读取 PLC”按钮，由 STEP

7 - Micro/WIN32 自动读取正确的数值。单击“确定”按钮,确认 PLC 类型。

(7) 单击工具条中的“下载”按钮,重新开始下载程序,或用菜单命令“文件”→“下载”。

下载成功后,单击工具条中的“运行”按钮,或“PLC” →“运行”,PLC 进入“运行”工作方式。

2) 上载

用下面的方法从 PLC 将项目元件上载到 STEP 7 - Micro/WIN 32 程序编辑器。

单击“上载”按钮,或选择菜单命令“文件”→“上载”或按快捷键 Ctrl + U。

执行的步骤与下载基本相同,选择需要上载的块(程序块、数据块或系统块),单击“上载”按钮,上载的程序将从 PLC 复制到当前打开的项目中,随后即可保存上载的程序。

10.3.4 程序的调试与监控

在运行 STEP 7 - Micro/WIN 32 编程设备和 PLC 之间建立通信并向 PLC 下载程序后,便可运行程序、收集状态进行监控和调试程序。

1. 选择工作方式

PLC 有运行和停止两种工作方式。在不同的工作方式下,PLC 进行调试的操作方法不同。

单击工具栏中的“运行”按钮▶或“停止”按钮■可以进入相应的工作方式。

2. 程序状态显示

当程序下载至 PLC 后,可以用“程序状态”功能操作和测试程序网络。

单击“程序状态打开/关闭”按钮或用菜单命令“调试”→“程序状态”,在梯形图中显示出各元件的状态。运行中的梯形图内的各元件的状态将随程序执行过程连续更新变换。

3. 状态图显示

1) 状态图启动和关闭

开启状态图连续收集状态图信息,用下面的方法:菜单命令“调试”→“状态图”,或使用工具条中的“状态图”按钮。再操作一次可关闭状态图。状态图启动后,便不能再编辑状态图。

2) 单次读取与连续图状态

状态图被关闭时(未启动),可以使用“单次读取”功能,方法如下:

菜单命令“调试”→“单次读取”,或使用工具条中的“单次读取”按钮。

单次读取可以从可编程控制器收集当前的数据,并在表中当前值列显示出来,且在执行用户程序时并不对其更新。

状态图被启动后,使用“图状态”功能,将连续收集状态图信息。菜单命令“调试”→“图状态”,或使用工具条中的“图状态”按钮。

3) 写入与强制数值

全部写入:对状态图内的新数值改动完成后,可利用全部写入将所有改动传送至可编程控制器。物理输入点不能用此功能改动。

强制:在状态图的地址列中选中一个操作数,在新数值列写入模拟实际条件的数值,然后单击工具条中的“强制”按钮。一旦使用“强制”,每次扫描都会将强制数值应用于该地址,直至对该地址“取消强制”。

取消强制:和“程序状态”的操作方法相同。

4. 执行有限次扫描

可以指定 PLC 对程序执行有限次数扫描(从 1 次扫描到 65535 次扫描),通过指定 PLC 运行的扫描次数,可以监控程序过程变量的改变。第一次扫描时,SM0.1 数值为 1。

1）执行单次扫描

“单次扫描”使 PLC 从 STOP 转变成 RUN，执行单次扫描，然后再转回 STOP，因此与第一次相关的状态信息不会消失。操作步骤如下：

（1）PLC 必须位于“停止”模式。如果不在“停止”模式，将 PLC 转换成“停止”模式。

（2）选择菜单“调试”→“首次扫描”选项。

2）执行多次扫描

步骤如下：

（1）PLC 须位于“停止”模式。如果在“停止”模式，将 PLC 转换成“停止”模式。

（2）选择菜单“调试”→“多次扫描”选项，出现“执行扫描”对话框。如图 10－35 所示。

（3）输入所需的扫描次数数值，单击“确定”按钮。

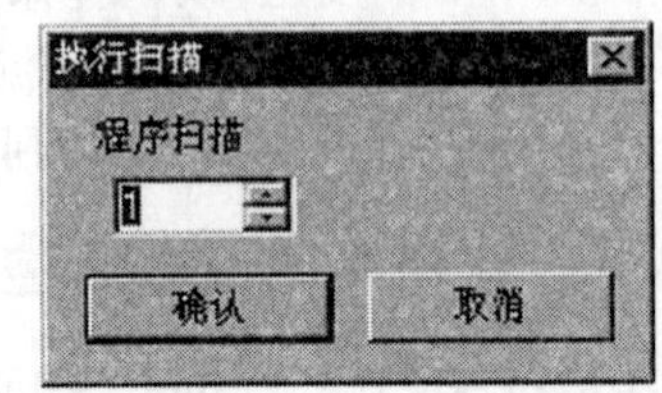

图 10－35 “执行扫描”对话框

10.3.5 项目管理

1. 打印

（1）打印程序和项目文档的方法。选择菜单命令“文件”→“打印”。

（2）打印单个项目元件网络和行。以下方法可以从单个程序块打印一系列网络，或从单个符号表或状态图打印一系列行：

① 选择适当的复选框，并使用“范围”域指定打印的元素。

② 选中一段文本、网络或行，并选择“打印”。此时应检查以下条目：在“打印内容/顺序”帧中写入的正确编辑器；在“范围”条目框中选择正确的 POU（如适用）；POU“范围”条目框空闲正确的单选按钮；“范围”条目框中显示正确的数字。

如图 10－36 所示，从 USR1 符号表打印第 6 行～第 20 行，则应采取以下方法之一：

仅选择“打印目录/次序”题目下方的“符号表”复选框以及“范围”下方的“USR1”复选框，定义打印范围“6 至 20”；在符号表中增亮第 6 行～第 20 行，并单击“打印”按钮。

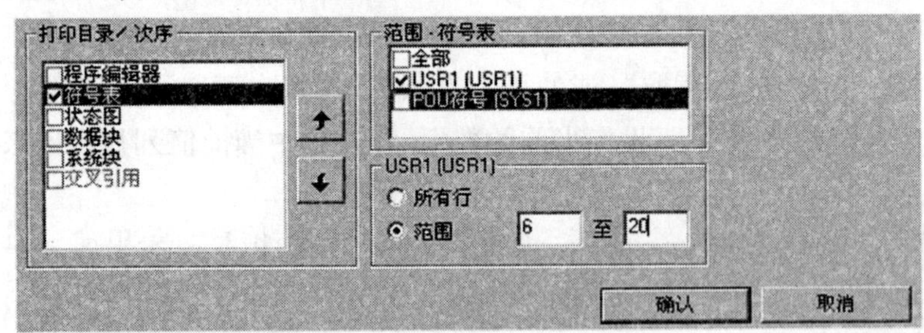

图 10－36 打印内容/顺序

2. 复制项目

在 STEP 7－Micro/WIN 32 项目中可以复制文本或数据域、指令、单个网络、多个相邻的网络、POU 中的所有网络、状态图行或列或整个状态图、符号表行或列或整个符号表、数据块。但不能同时选择或复制多个不相邻的网络。不能从一个局部变量表成块复制数据并粘贴至另一个局部变量表，因为每个表的只读 L 内存赋值必须唯一。

剪切、复制或删除 LAD 或 FBD 程序中的整个网络，必须将光标放在网络标题上。

3. 导入文件

从 STEP 7－Micro/WIN 32 之外导入程序，可使用“导入”命令导入 ASCII 文本文件。“导入”命令不允许导入数据块。打开新的或现有项目，才能使用“文件”→“导入”命令。

4. 导出文件

将程序导出到 STEP 7 - Micro/WIN 32 之外的编辑器，可以使用“导出”命令创建 ASCII 文本文件。默认文件扩展名为“. awl”，可以指定任何文件名称。程序只有成功通过编译才能执行“导出”操作。“导出”命令不允许导出数据块。打开一个新项目或旧项目，才能使用“导出”功能。

10.4 S7 - 200 PLC 仿真软件

该仿真软件可以仿真大量的 S7 - 200 指令（支持常用的位触点指令、定时器指令、计数器指令、比较指令、逻辑运算指令和大部分的数学运算指令等，但部分指令如顺序控制指令、循环指令、高速计数器指令和通信指令等尚无法支持，仿真软件支持的仿真指令可参考 http://personales. ya. com/canalPLC/interest. htm）。仿真程序提供了数字信号输入开关、两个模拟电位器和 LED 输出显示，仿真程序同时还支持对 TD - 200 文本显示器的仿真，在实验条件尚不具备的情况下，完全可以作为学习 S7 - 200 的一个辅助工具。

10.4.1 软件界面

仿真软件的界面如图 10 - 37 所示，和所有基于 Windows 的软件一样，仿真软件最上方是菜单，仿真软件的所有功能都有对应的菜单命令；在工具栏中列出了部分常用的命令（如 PLC 程序加载、启动程序、停止程序、AWL、KOP、DB1 和状态观察窗口等）。

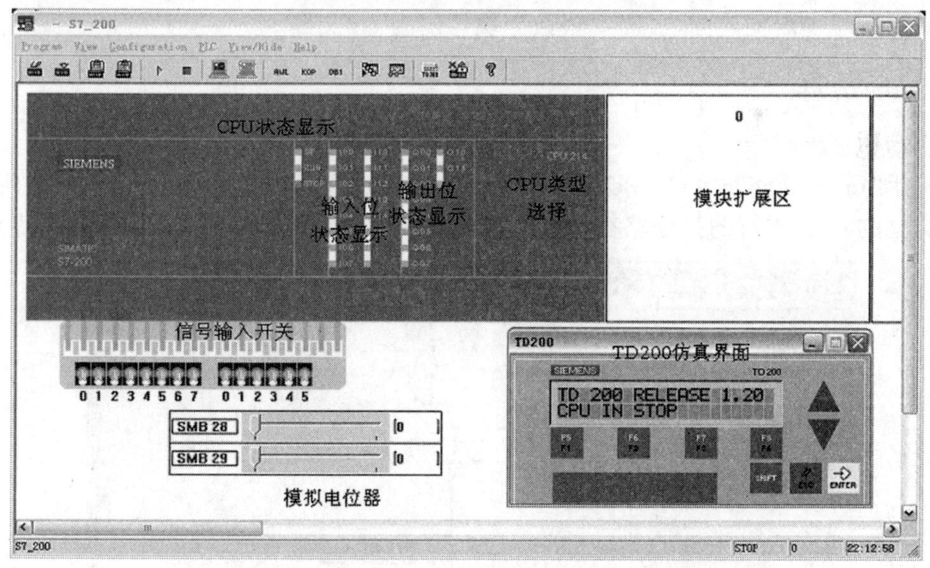

图 10 - 37 仿真软件界面

10.4.2 常用菜单命令

（1）Program|Load Program：加载仿真程序（仿真程序梯形图必须为 awl 文件，数据块必须为 dbl 或 txt 文件）。

（2）Program|Paste Program（OB1）：粘贴梯形图程序。

（3）Program|Paste Program（DB1）：粘贴数据块。

(4) View|Program AWL:查看仿真程序(语句表形式)。

(5) View|Program KOP:查看仿真程序(梯形图形式)。

(6) View|Data(DB1):查看数据块。

(7) View|State Table:启用状态观察窗口。

(8) View|TD200:启用 TD200 仿真。

(9) Configuration|CPU Type:设置 CPU 类型。

(10) 输入位状态显示:对应的输入端子为 1 时,相应的 LED 变为绿色。

(11) 输出位状态显示:对应的输出端子为 1 时,相应的 LED 变为绿色。

(12) CPU 类型选择:单击该区域可以选择仿真所用的 CPU 类型。

(13) 模块扩展区:在空白区域单击,可以加载数字和模拟 I/O 模块。

(14) 信号输入开关:用于提供仿真需要的外部数字量输入信号。

(15) 模拟电位器:用于提供 0 ~ 255 连续变化的数字信号。

(16) TD200 仿真界面:仿真 TD200 文本显示器(该版本 TD200 只具有文本显示功能,不支持数据编辑功能)。

10.4.3 准备工作

仿真软件不提供源程序的编辑功能,因此必须和 STEP 7 - Micro/WIN 程序编辑软件配合使用,即在 STEP 7 - Micro/WIN 中编辑好源程序后,然后加载到仿真程序中执行。

(1) 在 STEP 7 - Micro/WIN 中编辑好梯形图。

(2) 利用"File"→"Export"命令将梯形图程序导出为扩展名为 awl 的文件。

(3) 如果程序中需要数据块,需要将数据块导出为 txt 文件。

10.4.4 程序仿真

(1) 启动仿真程序。

(2) 利用"Configuration"→"CPU Type"命令选择合适的 CPU 类型,如图 10 - 38 所示(仿真软件不同类型的 CPU 支持的指令略有不同,某些 214 不支持的仿真指令 226 可能支持)。

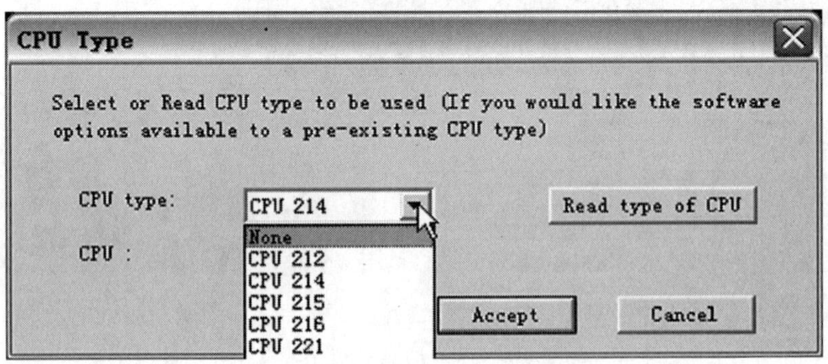

图 10 - 38 CPU 类型的选择

(3) 模块扩展(不需要模块扩展的程序该步骤可以省略)。单击模块扩展区的空白处,弹出模块组态窗口,如图 10 - 39 所示,在窗口中列出了可以在仿真软件中扩展的模块。选择需要扩展的模块类型后,单击"Accept"按钮即可。

不同类型 CPU 可扩展的模块数量是不同的,每一处空白只能添加一种模块。

扩展模块后的仿真软件界面如图 10 - 40 所示。

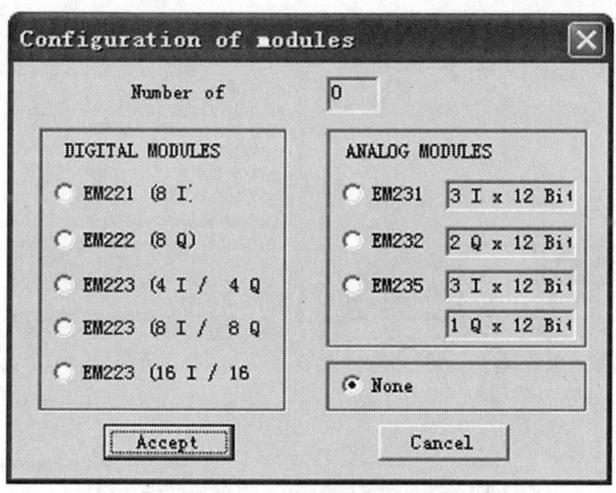

图 10 - 39 模块组态窗口

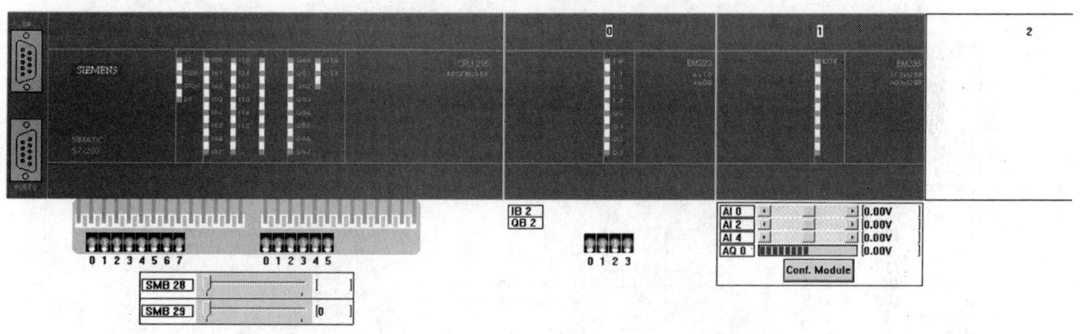

图 10 - 40 扩展模块后的仿真界面

(4) 程序加载。选择仿真程序的“Program”→“Load Program”命令,打开加载梯形图程序窗口如图 10 - 41 所示,仅选择“Logic Block(梯形图程序)”和“Data Block(数据块)”。单击“Accept”按钮,从文件列表框分别选择“awl 文件”和“文本文件”(数据块默认的文件格式为 dbl 文件,可在文件类型选择框中选择 txt 文件),如图 10 - 42 所示。

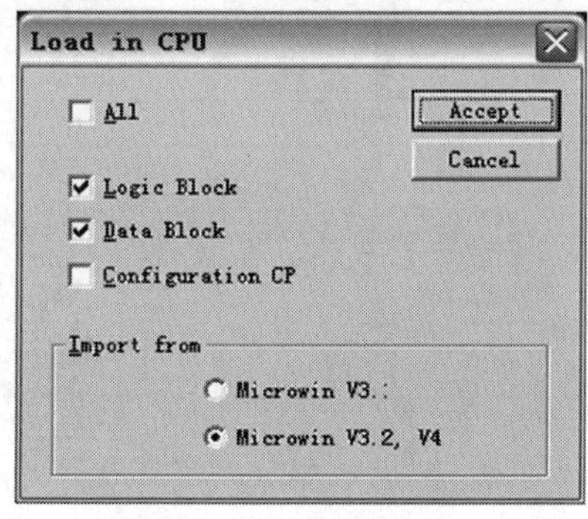

图 10 - 41 程序加载窗口

加载成功后,在仿真软件中的 AWL、KOP 和 DB1 观察窗口中,如图 10 - 43 所示,就可以分别观察到加载的语句表程序、梯形图程序和数据块。

(5) 单击工具栏中的 ▶ 按钮,启动仿真。

(6) 仿真启动后,利用工具栏中的按钮,启动状态观察窗口,如图 10 - 44 所示。

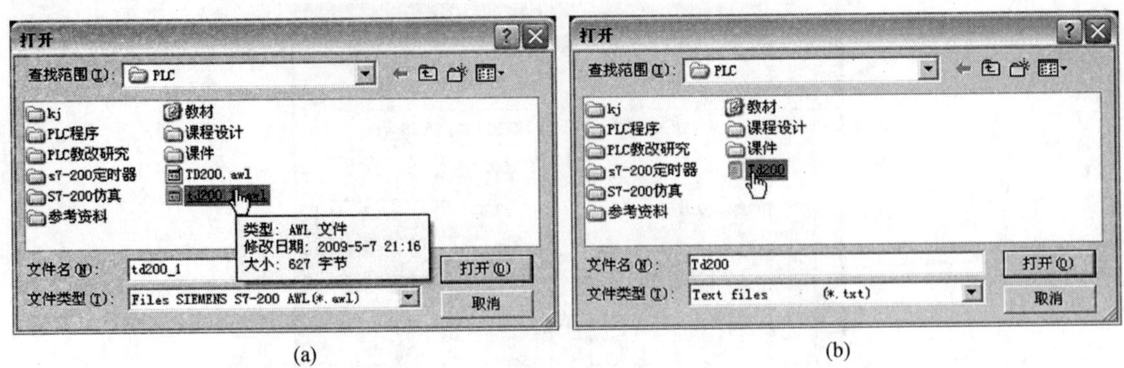

(a) (b)

图 10－42

（a）梯形图文件选择；（b）数据块文件选择。

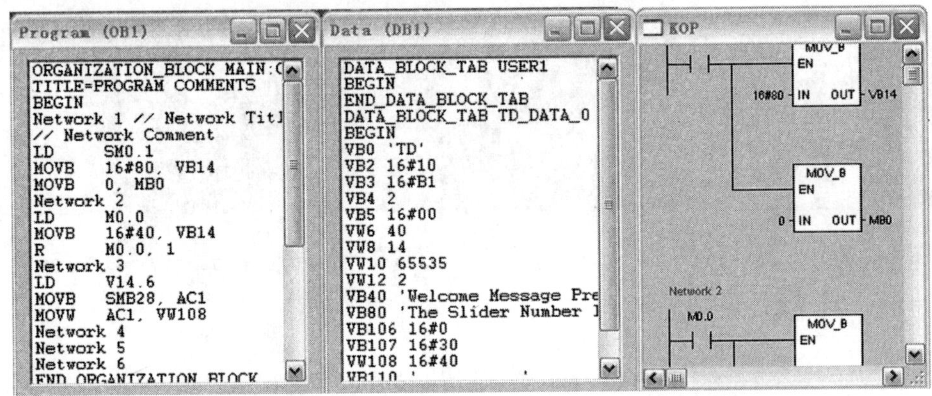

图 10－43　仿真软件的 AWL、DB1 和 KOP 观察窗口

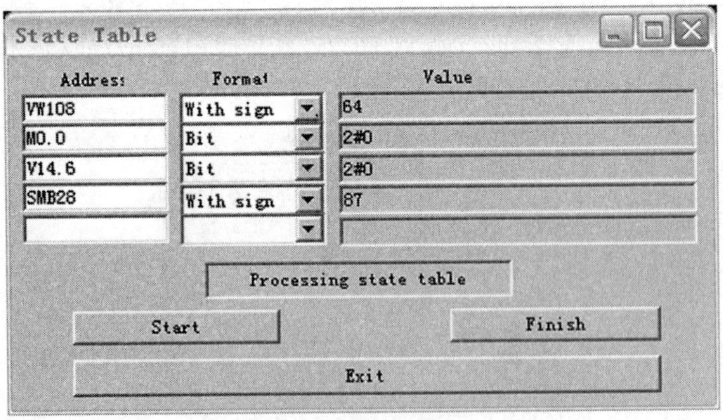

图 10－44　状态观察窗口

在“Address”对应的对话框中，可以添加需要观察的编程元件的地址，在“Format”对应的对话框中选择数据显示模式。单击窗口中的“Start”按钮后，在“Value”对应的对话框中可以观察按照指定格式显示的指定编程元件当前数值。

在程序执行过程中，如果编程元件的数据发生变化，“Value”中的数值将随之改变。利用状态观察窗口可以非常方便的监控程序的执行情况。

习 题 十

10－1　使用 SWOPC－FXGP/WIN－C 编程软件绘制如图 10－45 所示梯形图。

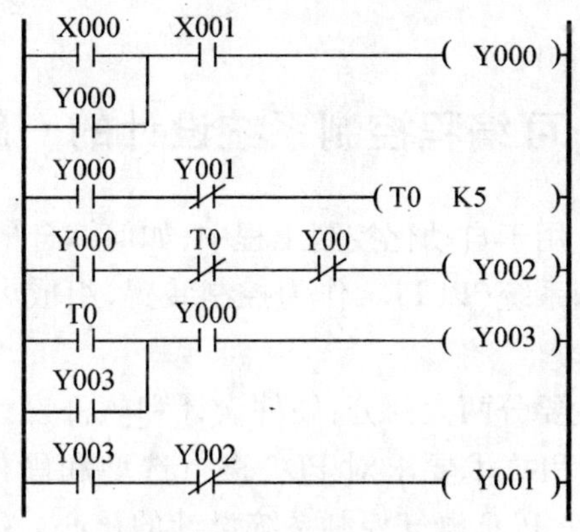

图 10－45　习题 10－1 图

10－2　使用 SWOPC－FXGP/WIN－C 编程软件绘制如图 10－46 所示 SFC 图。

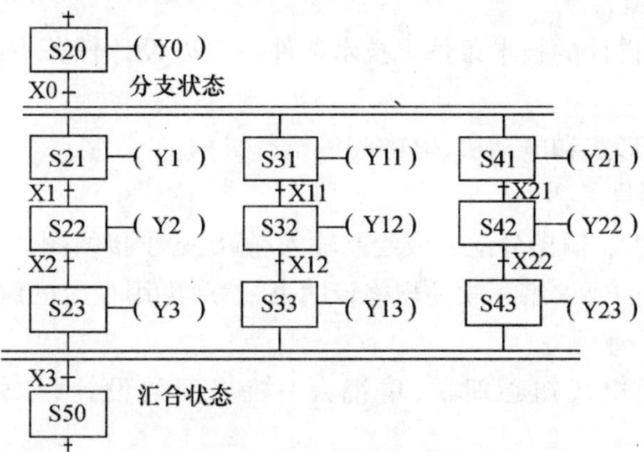

图 10－46　习题 10－2 图

10－3　要求应用西门子 S7－200 PLC 仿真软件设计一 PLC 程序，读出模拟电位器 0 的当前值，并在 TD200 文本显示器中显示出来。

第11章　可编程控制系统的设计

11.1　可编程控制系统设计的一般方法

可编程控制器技术主要应用于自动化控制工程中，如何综合地运用前面学过的知识点，根据实际工程要求合理组合成控制系统（以 PLC 作为控制装置，组成电气控制系统），实现对生产过程和生产机械的自动化控制。

可编程控制器系统设计主要分两大部分：硬件设计和软件设计。硬件设计就是根据电气控制系统的控制要求、工艺要求和技术要求对 PLC 进行选型和硬件的配置工作；软件设计就是 PLC 的应用程序设计，也是整个 PLC 电气控制系统设计的核心。在此介绍组成可编程控制器控制系统的一般方法。

11.1.1　系统设计的主要内容

（1）拟定控制系统设计的技术条件。技术条件一般以设计任务书的形式来确定，是整个设计的依据。

（2）选择电气传动形式和电动机、电磁阀等执行机构。

（3）选定 PLC 的型号。

（4）编制 PLC 的输入/输出分配表或绘制输入/输出端子接线图。

（5）根据系统设计的要求编写软件规格说明书，然后再用相应的编程语言（常用梯形图）进行程序设计。

（6）了解并遵循用户认知心理学，重视人—机界面的设计，增强人与机器之间的友善关系。

（7）设计操作台、电气柜及非标准电器元部件。

（8）编写设计说明书和使用说明书。

根据具体任务，上述内容可适当调整。

11.1.2　系统设计的基本步骤

1. 确定被控对象及控制范围

在明确控制任务和设计要求的前提下，首先要全面、详细地了解被控制对象的特点和生产工艺过程，归纳出工作循环图或状态流程图，与继电接触器控制系统和工业控制计算机控制系统进行比较后加以确定。如果控制对象工业环境较差，而安全性、可靠性要求高，系统工艺复杂，输入、输出点多，工艺流程又要求经常变动场合，用常规继电器控制系统难以实现，用 PLC 进行控制是最为合适的选择。

2. 制定电气控制方案

根据生产工艺和机械运动的控制要求，确定控制系统的工作方式，如全自动、半自动、手动、单机运行、多机联线运行等；还要确定系统应有的其他功能，如故障检测、诊断与显示报警、紧急情况的处理、管理功能、联网通信功能等。

3. 确定控制系统的输入输出信号

通过研究工艺过程或机械运动的各个步骤、各种状态、各种功能的发生、维持、结束、转换和其他相互关系，确定各种控制信号和检测反馈信号，相互的转换和联系信号；并且确定哪些信号需要输入 PLC（如按钮、行程开关的触点等开关量信号或温度、压力等模拟信号量信号等），这些信号同 PLC 输入接口的匹配情况（如电平、信号变化速率等），是否需要对现场信号进行调整或配置 PLC 特殊功能模块。对输出信号也需作同样的考虑，如哪些信号需要从 PLC 输出到受控对象（如执行机构和状态显示等）；输出信号同执行机构的匹配问题等。

4. PLC 机型选择

选择 PLC 机型时应考虑性能结构、I/O 点数、存储容量、特殊功能等方面。目前，国内外生产 PLC 的厂家很多，品牌也很多。具体机型可以根据控制要求的复杂程度、控制精度、估计控制程序的容量、输出点数、电气技术条件和用户的要求加以选择。

此外，还要考虑电控系统的其他功能要求，如紧急处理功能、故障显示与报警功能、通信联网功能等，并分门别类统计出各输入、输出量的性质及参数，最后根据所得结果，选择合适的 PLC 型号并确定各种硬件配置。

5. 硬件和软件设计

PLC 选型和 I/O 配置是硬件设计的重要内容。设计出合理的 PLC 外部接线也很重要。对 PLC 的输入、输出进行合理的地址编号，会给 PLC 系统的硬件设计、软件设计和系统调试带来很多方便。输入、输出地址编号确定后，硬件设计和软件设计工作一般可平行进行。编制控制梯形图程序即为软件设计。

6. 模拟调试和现场运行调试

将设计好的控制程序输入 PLC 前应仔细检查与验证，改正程序设计语法错误，然后进行控制程序的模拟调试，观察各输入量、输出量之间的状态变化及逻辑运算是否符合设计要求，发现问题及时修改，直到满足工艺流程和控制流程的要求。在完成现场 PLC 外部电路和电气控制柜、控制台的设计、装配、安装和接线等工作后，将可编程控制器安装在控制现场，接入实际的输入信号和负载。进行现场调试的前提是 PLC 的外部接线要确保无误。在联机总调试过程中会暴露出系统可能存在的传感器、执行机构和接线等硬件方面的问题以及可编程控制器的外部连线和梯形图程序设计问题。

经反复现场调试，观察软、硬件是否匹配，发现问题现场解决。如果系统调试达不到控制和指标要求，则可对硬件和软件进行调整，一般先修改软件，必要时再调整硬件，看是否达到设计要求。经反复调整来验证硬件和软件设计无误且完全满足设计要求后，一般将控制程序固化在有长久记忆功能的可编程只读存储器中长期保存，并做好控制程序的备份工作。

7. 投入运行

现场调试后，PLC 控制系统就可以投入运行。

可编程控制器应用系统设计与调试的主要步骤如图 11－1 所示。

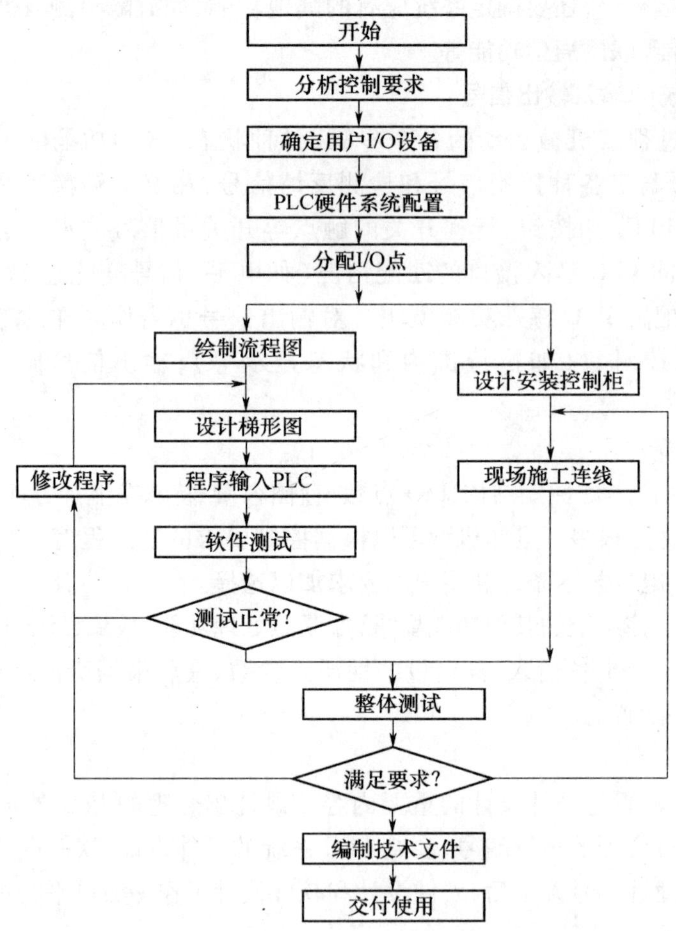

图 11－1 可编程控制器应用系统设计与调试的主要步骤

11.2 可编程控制器应用系统的硬件设计

可编程控制器控制系统硬件设计的主要内容包括 PLC 机型的选择、输入/输出设备的选择、控制柜的设计和控制系统各种技术文件的编写。在进行系统硬件设计时，应以下面几点作为主要根据。

1. 工艺要求

工艺要求是系统设计的主要依据，也是控制系统所要实现的最终目的，因此在进行系统设计之前，必须了解清楚控制对象的工艺要求和工艺过程。

2. 设备状况

所要设计的系统的设备状况必须满足整个工艺要求的需要。对控制系统来说，设备又是具体的控制对象，只有掌握了设备状况，对控制系统的设计才有了基本的依据。

3. 控制功能

根据工艺要求和设备状况就可以提出系统应实现的控制功能。控制功能也是控制系统硬件设计的重要依据。只有充分了解了要实现的控制功能，才能据此设计系统的类型、规模、机型和模块等内容。

有了以上工艺要求、设备状况和控制功能几点依据后，就可以对系统硬件进行设计了。在设计的过程中，还要充分考虑所构成的控制系统应具有一定的先进性。

可编程控制器控制系统硬件设计应完成以下几项工作。

11.2.1 总体方案的确定

在利用 PLC 构成应用系统时，首先要明确对控制对象的要求，然后根据实际情况需要确定控制系统类型和控制系统的运行方式。这些就是总体方案设计的内容。

1. PLC 控制系统类型

PLC 控制系统主要有以下几种类型：

(1) 单机控制系统。这种类型的控制系统用一台 PLC 控制一台设备，当被控设备的 I/O 点数较少，与其他设备之间没有什么联系时，适于采用这种类型的控制系统。

(2) 集中控制系统。集中控制系统是用一台 PLC 控制几台设备，这些设备相距很近，相互之间有一定的联系。与单机控制相比，这种类型的控制系统用一台 PLC 控制多台设备，能够节省一些费用和投资。但缺点是当 PLC 出现故障时，几台设备都停止运行。

(3) 远程 I/O 控制系统。有些系统(如仓库、料厂等)被控对象的 I/O 装置分布范围很广，这种情况下可采用远程 I/O 方式如图 11-2 所示。

在控制单元附近的 I/O 单元称本地 I/O，远离控制单元的 I/O 称为远程 I/O 。远程 I/O 与控制单元之间的信息交换只需很少的几根电缆。

(4) 集散控制系统。集散控制系统中每一台 PLC 只控制一台被控设备，通过数据通信总线，上位计算机(可以是工业控制计算机或高档 PLC)对系统集中管理，PLC 与 PLC 之间也可通信，如图 11-3 所示。

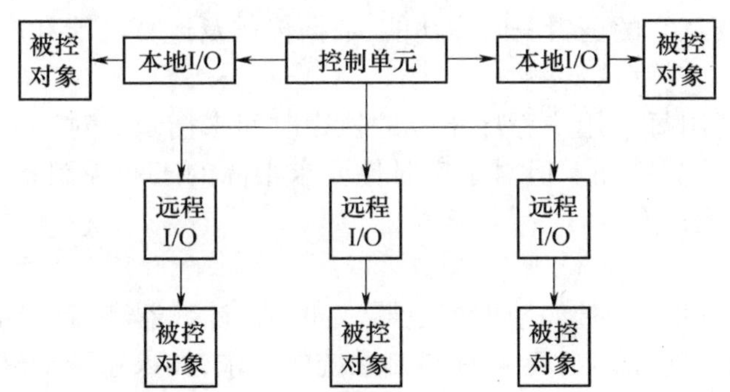

图 11-2　远程 I/O 控制系统

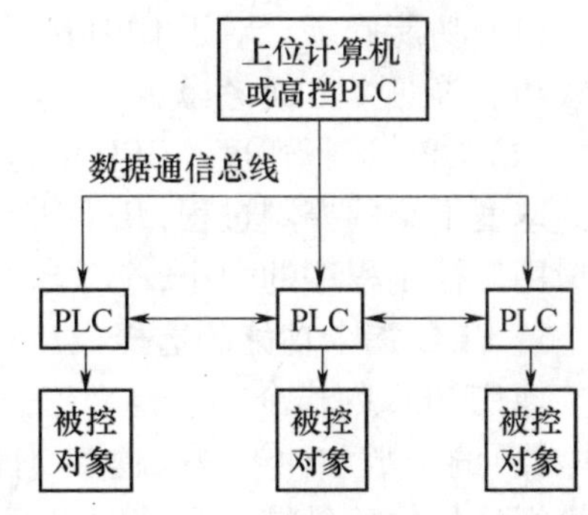

图 11-3　集散控制系统

集散控制系统多用于由多台机械组成的生产线控制，当某台 PLC 停止运行时，不会影响其他 PLC 的工作。与集中控制系统相比，它使用的 PLC 较多，系统硬件成本会有所增加，但是这种类型的系统在维护、调试、扩展系统等方面都比较灵活。

(5) 网络控制系统。此种控制系统用于 PLC 大规模自动控制，如工厂自动化、大量数据处理和企业综合管理等。系统中的计算机、PLC 、数控机床、机器人等组成了一个庞大的通信网络，网络一般分若干层，最上面的一层使用高速数据通信网络。

PLC 控制系统还包括冗余控制系统、混合控制系统等，这里不做介绍。

2. 系统的运行方式

用 PLC 构成的控制系统有 3 种运行方式，即自动、半自动和手动。

(1) 自动运行方式。自动运行方式是 PLC 控制系统的主要运行方式。这种运行方式的主要特点是在系统工作过程中，系统按给定的程序自动完成对被控对像的控制，不需人工干预。

（2）半自动运行方式。这种运行方式的特点是系统在启动和运行过程中的某些步骤需要人工干预才能进行下去。半自动运行方式多用于检测手段不完善、需要人工判断或某些设备不具备自动控制的条件、需人工干涉的场合。

（3）手动运行方式。手动运行方式不是 PLC 控制系统的主要运行方式，一般这种运行方式用在设备调试、系统调整等特殊情况下，它是自动运行的辅助方式。

为了系统的可靠性和一些具体情况下的要求，有时还要考虑系统停止运行方式。PLC 停止运行方式有正常停运、暂时停运和紧急停运 3 种。

11.2.2 机型的选择

PLC 机型的选择，是 PLC 硬件设计的中心环节，同时也要照顾到软件设计的需要。PLC 一般依靠以下几方面进行选型。

1. PLC 结构的选择

PLC 按结构分整体式和模块式两大类，整体式每一 I/O 点的平均价格比模块式的便宜，中、小型控制系统一般使用整体式 PLC。三菱公司的 FX 系列 PLC 机都属整体系列。模块式 PLC 的功能扩展方便灵活，I/O 点数的多少、输入点数与输出点数的比例、I/O 模块的种类和块数的选择，比整体式 PLC 要灵活。模块式 PLC 还备有多种特殊功能 I/O 模块供用户选用，可完成各种特殊控制任务。在判断故障范围和维修时更换模块等也很方便。因此在一些较复杂、要求较高的系统一般采用模块式 PLC。松下电工公司的 FP2/ 3/ 5 / 10 系列 PLC 机都属于模块式 PLC。

2. CPU 功能及其运行速度的选择

（1）功能确定。对于 CPU 的功能主要从它的逻辑—时序功能、数据传送及运算功能和高速计数功能等几个方面考虑。

（2）CPU 运行速度。CPU 的运行速度用每条用户程序指令的执行时间来衡量。对一般简单的速度不高的控制过程，几乎所有 PLC 都能胜任。但对于实时性要求很高的工业控制系统，根据用户控制程序的大小，应考虑 CPU 的运行速度。

3. PLC 指令功能的选择

现代 PLC 的指令功能越来越强，内部编程元件（如辅助继电器、定时器、计数器和特殊功能继电器）的个数和种类越来越多，任何一种 PLC 都可满足顺序控制系统的要求，如果系统要求完成模拟量与数字量的转换、PID 闭环控制、运动控制等工作，PLC 应有算术运算、数据传送等指令功能，有时甚至要求有开平方、对数运算和浮点数运算等指令。

4. PLC 的 I/O 点数和接口种类的确定

（1）PLC 的 I/O 点数。根据对控制设备的分析，列出要与 PLC 相连的全部输入、输出装置，以及所需电压、电流的大小和种类，分别列表，确定出全部实际 I/O 点数，再加上 10 % ~20 % 的点数的设计裕量，从而最终确定 PLC 控制系统需要的总 I/O 点数。

另外要注意，一些高密度输入点的模块对同时接通的输入点数有限制，一般同时接通的输入点不得超过总输入点的 60%；PLC 每个输出点的驱动能力（A/点）也是有限的，有的 PLC 其每点输出电流的大小还随所加负载电压的不同而异；一般 PLC 的允许输出电流随环境温度的升高而有所降低等。在选型时要考虑这些问题。

PLC 的输出点可分为共点式、分组式和隔离式几种接法。隔离式的各组输出点之间可以采用不同的电压种类和电压等级，但这种 PLC 平均每点的价格较高。如果输出信号之间不需要隔离，则应选择前两种输出方式的 PLC 。

(2) PLC 的 I/O 接口种类。

① 输入接口：根据电压、电流等级范围可大致确定输入接口种类。

② 输出接口：输出有 3 种类型，即继电器、晶体管和固态继电器输出。

5. 对内存容量和存储器种类的选择

通常 PLC 的程序存储器容量以字或步为单位，例如 1K 步，4K 步等。PLC 程序的"步"，是由一个字构成的，即每步程序占一个存储单元。一般说来，系统功能要求越复杂，I/O 点数越多，内存容量就越大。对于有数据处理、模拟量输入/输出的系统，所需的存储器容量要大得多。

存储器的种类目前常用的有 RAM 和 EEPROM。RAM 价格低，存取改写方便，但必须用价格较高的锂电池来维持所存程序。

对用户存储容量只能作粗略的估算。在仅对开关量进行控制的系统中，可以用输入总点数乘 10 字/点 + 输出总点数乘 5 字/点来估算；计数器/定时器按(3 ~ 5)字/个估算；有运算处理时按(5 ~ 10)字/量估算；在有模拟量输入/输出的系统中，可以按每输入/(或输出)一路模拟量需(80 ~ 100)字的存储容量来估算；有通信处理时按每个接口 200 字以上的数量粗略估算。最后，一般按估算容量的 50% ~ 100% 留有裕量。对缺乏经验的设计者，选择容量时留有裕量要大些。

6. 对 I/O 响应时间的选择

PLC 的 I/O 响应时间包括输入电路延迟、输出电路延迟和扫描工作方式引起的时间延迟(一般在 2 个 ~ 3 个扫描周期)等。对开关量控制的系统，PLC 和 I/O 响应时间一般都能满足实际工程的要求，可不必考虑 I/O 响应问题。但对模拟量控制的系统、特别是闭环系统就要考虑这个问题。

7. 通信联网功能的选择

首先应了解系统对可编程控制器通信功能的要求，如需要与哪些设备通信、相互间的距离、传输信息的速率、是否要组成通信网络等。

如果只要求在两台距离很近的设备之间通信。如 PLC 与计算机之间的通信，可选用有RS - 232C 串行通信接口的 PLC。RS - 232C 的最大通信距离为 15m，其传输率为 20Kb/s，只能一对一的通信。

如果要求在多台设备之间通信，可选用 RS - 422 和 RS - 485 串行通信接口。使用 RS - 422 时，一台驱动器可以连接 10 台接收器。RS - 485 可用双绞线实现多站连接，构成分布式系统，系统内最多可有 32 个站。

如果系统要求有很强的通信功能，如分层多级网络，可选用有响应功能的大中型 PLC。

除了上面叙述的 PLC 的选型主要方面外，根据工程实际要求还要考虑一些其他因素，这些因素包括：

(1) 性价比，性能较高的机型价格一般比较高，选择 PLC 型号时不应盲目追求过高的性能指标，要根据工程的投资状况来确定机型，所选机型能够满足工程需要即可。

(2) 备品、备件的考虑。选择机型时，一定要考虑该种机型的备品、备件，一些易损件和附加件的供应是否充足，同时还要考虑它们的来源，以及得到它们是否方便。

(3) 技术支持。选择机型时还要考虑是否有可靠的技术支持。这些技术支持包括技术培训、设计指导、系统维修、售后服务等。

11.2.3 智能 I/O 模块的选择

随着 PLC 的发展和广泛应用，它能够承担越来越复杂的控制任务，这同与之配套智能 I/O

模块的使用是密不可分的。智能 I/O 模块不同于一般开关量 I/O 模块,它自身带有微处理芯片、系统程序、存储器等。智能 I/O 模块通过系统总线同 PLC 控制模块单元相连,并在 PLC 控制模块单元的协调管理下独立工作,提高了处理速度,便于应用,大大增强了 PLC 系统的控制和处理能力。一般根据系统的要求可供选择的智能 I/O 模块有通信处理模块、A / D 模块、D / A 模块、高速计数模块、带有 PID 调节的模拟量控制模块、中断控制模块、位置控制模块、阀门控制模块、变频器控制模块等。

11.2.4 其他控制硬件的选择

应确定系统的某些其他硬件,如与输入信号有关的按钮、指令开关、限位开关、传感器和变送器等,与输出信号有关的继电器、接触器、电磁阀和指示器件等。

11.2.5 分配 PLC 的 I/O 地址绘制硬件系统接线图

根据生产设备现场需要,确定输入、输出设备的型号、规格、数量;根据所选的 PLC 的型号,列出输入、输出设备与 PLC 的 I/O 端子的对照表,设计出 PLC 控制系统的外部硬件接线图、电气原理图以及其他所需的图纸。

11.2.6 其他问题

考虑 PLC 控制系统硬件设计除了完成以上几项工作外,在实际系统设计中还要考虑下面几个问题:

1. 系统的供电设计

系统供电设计是指为系统各部分选择或设计电源模块和建立供电系统的保护措施。

PLC 控制系统的电源系统是由 PLC 控制单元电源、各种 I/O 模块的控制回路电源、各种通信模块电源、各种智能 I/O 模块电源以及其他部分的电源所构成的。这些电源大都由 PLC 和各种模块生产厂家提供,在选择时要注意电气技术指标应满足控制单元和各模块单元对电源的要求,还要注意电源的端子同 PLC 单元和各模块单元端子之间是否匹配等问题。

电网的冲击、频率的波动以及一些其他电磁干扰将影响 PLC 控制系统的正常工作,直接影响到实时控制系统的精度和可靠性。为了提高系统的可靠性和抗干扰能力,在 PLC 供电系统中一般可采取使用隔离变压器、交流稳压电源、UPS 电源、晶体管开关电源等措施。

2. 系统的接地设计

在实际控制系统中,接地是抑制干扰使系统可靠工作的主要手段。正确地处理各种不同的接地(如数字地、模拟地、信号地、交流地、直流地、屏蔽地等),是 PLC 系统硬件设计、安装、调试中一项重要的工作,把接地和屏蔽正确结合起来使用,可以解决大部分干扰问题。

3. 电缆的选择和敷设

一般来说,工业现场的环境都比较恶劣,各种电线电缆会通过电磁耦合产生干扰,这些干扰通过与现场连接的电缆或导线引入 PLC 控制系统,会影响系统安全、可靠地工作,因此合理地设计、选择、敷设电缆在 PLC 的系统设计中尤为重要。

(1) 电缆的选择。开关量信号用的电缆(如连接按钮、限位开关等的电缆),信号的容差范围较大,送至 PLC 后,能够分辨出接通或断开即可,所以对电缆一般无特殊要求,可选一般电缆,当信号传递较远时,可选用屏蔽电缆。

模拟信号较弱,易受外界干扰的影响,为了保证信号的传输,对于模拟量信号应选用双层屏蔽电缆。高速脉冲信号的频率一般都高于 100Hz ,应选用屏蔽电缆,其作用是既防止外来信号的干扰,又避免对附近其他低电平信号线产生干扰。

对于频率较高的通信信号,一般应选用 PLC 厂家提供的专用电缆。在技术条件允许情况下,也可选用带屏蔽的双绞电缆。

(2) 电缆的敷设。电缆的敷设包括两部分:PLC 本身控制柜内的电缆敷设和控制柜与现场设备之间的电缆敷设。

为了避免电缆之间发生电磁耦合从而产生干扰,电缆敷设的原则是使信号线远离动力线或电网,将动力线、控制线、信号线严格分开,分别布线。

模拟信号线与开关量信号线最好在不同的线槽走线;直流信号线、模拟信号线不能与交流电压信号线在同一线槽内走线;电源电缆、动力电缆和信号电缆进入控制室,最好分开成对角线的两个通道进入控制柜内,从而保证两种电缆保持一定距离,又避免了平行敷设。

4. 对在线和离线编程的选择

离线编程是指主机和编程器共用一个 CPU,通过编程器的方式选择开关来选择 PLC 的编程、监控和运行工作状态。编程状态时,CPU 只为编程器服务,而不对现场进行控制。专用编程器编程属于这种情况。在线编程是指主机和编程器各有一个 CPU,主机的 CPU 完成对现场的控制,在每一个扫描周期末尾与编程器通信,编程器把修改的程序发给主机,在下一个扫描周期主机将按新的程序对现场进行控制。计算机辅助编程既能实现离线编程,也能实现在线编程。在线编程需购置计算机,并配置编程软件。采用哪种编程方法应根据需要决定。

11.3 可编程控制器应用系统的软件设计

PLC 应用系统软件设计的主要工作就是进行应用控制程序的设计,即编写 PLC 用户程序。

11.3.1 可编程控制器应用系统程序设计的基本原则

根据工程上的具体控制要求,编写程序,使程序运行后满足工程控制的需要。在应用编程中应遵循以下几个基本原则:

1. 所编的程序要符合所使用的 PLC 的技术要求

符合 PLC 的技术要求,是指对指令的准确理解、正确使用。同时也要考虑程序指令的条数与内存的容量;所用的 I/O 点数要在 PLC 的 I/O 点数范围等因素。

2. 所编的程序尽可能简短

这样做可以节省内存、简化调试,也减少了程序的执行时间,提高了对输入的响应速度。要使所编的程序简短,就要注意编程方法,用好指令。

3. 所编程序要清晰

这样做便于程序的调试、修改或补充。要使程序清晰,就要注意程序的层次,讲究程序的模块化、标准化。

11.3.2 可编程控制器应用系统编程的基本步骤

1. 分析控制要求和过程

深入了解和分析被控对象(机械设备、生产线和生产过程等)的工艺条件和控制要求。明确输入、输出物理量的性质,确认控制过程的各个状态及各状态的特点。

2. 确定控制方案

在分析控制对象和控制过程的基础上,根据 PLC 的特点,选出最佳的编程控制方案。

3. 确定输入、输出信号

根据被控对象对 PLC 控制系统的要求，确定输入信号（如按钮、行程开关、转换开关等）和输出信号（如接触器、电磁阀、指示灯等），并分配 PLC 的输入、输出端子，进行编号。

4. 编写应用程序

根据已确定的控制方案，以生产工艺要求和现场信号与 PLC 编程元件的对照表为依据，根据程序设计思想绘出程序流程框图，然后以 PLC 编程指令为基础，画出符合控制要求的梯形图。

5. 检验、修改和完善程序

将编写完的程序传送至 PLC，运行程序，并检验程序是否满足控制要求。若出现问题，要反复调试、修改程序，直至调试成功。

11.3.3 可编程控制器应用系统程序设计方法

1. 经验设计法

经验设计法是 PLC 应用系统程序设计方法中最原始的方法，也是每一个初学者都经常使用的方法。这是借用了设计继电接触器控制电路的方法来设计梯形图。根据被控对象的具体要求，反复修改、完善梯形图，直到结果满意。

这种方法没有普遍的规律可以遵循，具有很强的试探性和随意性，设计的最终结果并不是唯一的，设计所花费的时间、设计质量与设计者的经验有很大关系，因此这种设计方法称经验设计法，经验设计法一般用于比较简单的程序设计。

下面通过对三地控制一盏灯电路的控制来说明该种方法在 PLC 应用程序设计中的运用。

这个电路的控制要求是用 3 个开关分别在 3 个不同的位置（每个地方只有 1 个开关）控制一盏灯。在 3 个地方的任何一地，利用开关都能独立地开灯和关灯。

设计这个程序的要点是注意每个开关无论闭合或断开，都有可能将灯点亮或熄灭。也就是说开关闭合并不一定是将灯点亮，开关断开也并不一定是将灯熄灭。

I/O 的分配：输入点：X0 ：S1（ A 地开关）

X1 ：S2（ B 地开关）

X2 ：S3（ C 地开关）

输出点：Y0 ：电灯

根据控制要求所设计的三地控制一盏灯的程序如图 11－4 的梯形图所示。

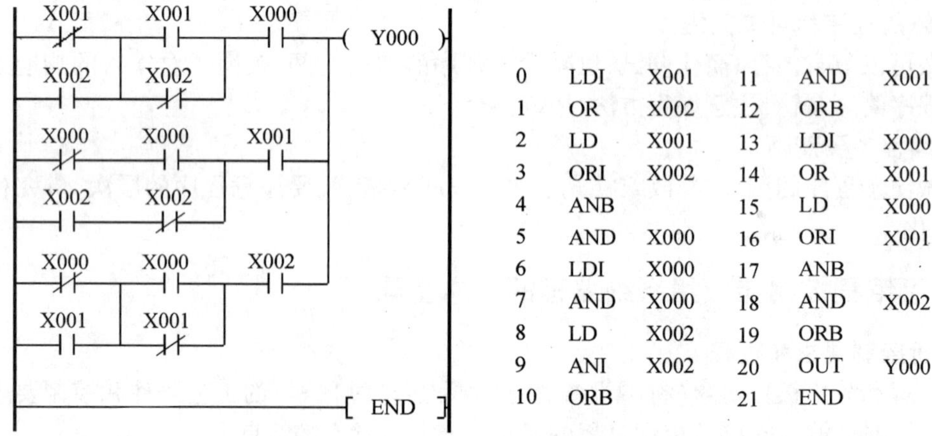

图 11－4　三地控制侧一盏灯的梯形图

这个程序的编写,完全是一种试探性的编写,不断地改变触点的串联和并联的形式。但在后期,产生了一些经验和体会,从中可能摸索出一些规律。从图 11 -4 可以看出,这个控制线路就有一定规律。由输出继电器 Y0 连接的动合触点 X0 、Xl 和 X2 分别构成的 3 个电路结构完全相同。只是每个电路结构中的输入触点的编号有所不同,但每个电路结构中的输入触点的编号的规律读者不难看出。根据这个规律,很容易设计出四地控制一盏灯、五地控制一盏灯……。

虽然该程序设计满足了三地控制一盏灯的控制要求,但这个程序的设计构思也是比较复杂的,没有足够的设计经验,设计出这样的程序也是有一定困难的。

2. 逻辑设计法

逻辑设计法是以布尔代数为理论基础,根据生产过程中各工步之间的各个检测元件(如行程开关、传感器等)状态的变化,列出检测元件的状态表,确定所需的中间记忆元件,再列出各执行元件的工序表,然后写出检测元件、中间记忆元件和执行元件的逻辑表达式,再转换成梯形图。该方法在单一的条件控制系统中,非常好用,相当于组合逻辑电路,但在和时间有关的控制系统中,就很复杂。

下面介绍如何把数字电路中设计组合逻辑电路的方法应用于设计 PLC 的应用程序。

PLC 处理的信号大都是开关量,开关量用数字量表示是非常方便的。并且数字电路中的 3 种基本逻辑运算——与、或、非也能够同触点的连接形式一一对应起来。一般规定:输入信号为逻辑变量,输出信号为逻辑函数;动合触点为原变量,动断触点为反变量。在编程中输出继电器和控制触点的关系就变成了逻辑函数和逻辑变量的关系了。

两个(或几个)触点的串联相当于逻辑与,两个(或几个)触点的并联相当于逻辑或,如果动合触点为原变量的话,那么动断触点就是原变量的非—反变量了。

根据这个原则,就可以列出三地控制一盏灯的逻辑函数的真值表,如表 11 -1 所列。

表 11 -1　三地控制一盏灯逻辑函数真值表

X0	X1	X2	Y0	X0	X1	X2	Y0
0	0	0	0	1	1	0	0
0	0	1	1	1	1	1	1
0	1	1	0	1	0	1	0
0	1	0	1	1	0	0	1

真值表中的 X0 、X1 和 X2 分别代表输入触点,Y0 代表输出继电器。表中的 0 或者 l 分别代表它们的状态。

从真值表可以看出,三个开关中的任意一个开关状态的变化,都会使输出 Y0 发生变化,由 l 变到 0,或由 0 变到 1。真值表中逻辑状态的排列是按循环码的规律排列的。这样排列的结果才能符合控制要求。

根据真值表,可以写出三地控制一盏灯的逻辑表达式:

$$Y0 = \overline{X0X1}X2 + \overline{X0}X1\overline{X2} + X0X1X2 + X0\overline{X1X2}$$

根据逻辑表达式,画出三地控制一盏灯的梯形图如图 11 -5 所示。

从上面的设计过程和梯形图来看,程序设计是有章可循的,比前面介绍的经验设计法简化了,但这也是利用了数字电路中组合数字电路设计的经验,但重要的是这种程序设计方法为可编程控制器应用程序的经验设计法扩展了思路,又增添了一条简便的途径。

3. 继电接触器电路转化设计法

用 PLC 控制的系统或设备,功能完善、可靠性好、维修方便,所以用 PLC 控制取代继电器控

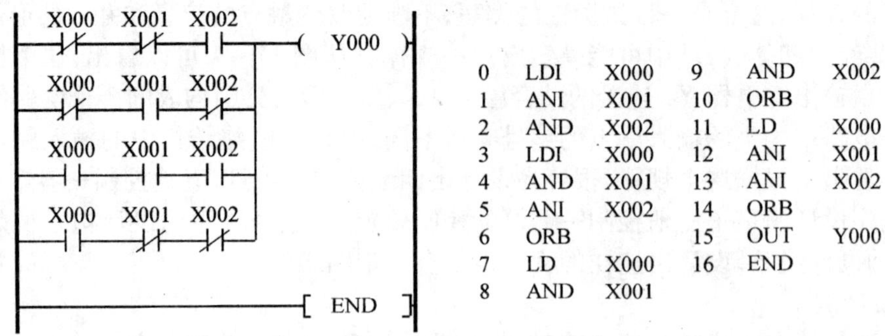

图 11－5　三地控制侧一盏灯的梯形图(改进)

制已是大势所趋。有些继电器控制的系统或设备，经过多年的实践证明其设计是成功的，若欲改用 PLC 控制，可以在原继电器控制电路的基础上，经过合理地转换，或者说经适当地“翻译”，从而设计出具有相同功能的 PLC 控制程序。把继电器控制转化成 PLC 控制时，要注意转化方法，以确保转换后系统的功能不变。

1）对常开、常闭按钮的处理

在继电器控制电路中，一般启动用常开按钮，停止用常闭按钮。用 PLC 控制时，启动和停止一般都用常开按钮。尽管使用哪种按钮都行，但画出的 PLC 梯形图却不同。

图 11－6(a)和图 11－6(b)中，SB2 是启动按钮，SB1 是停止按钮，KM 是交流接触器。图 11－6(a)的停止用常开按钮，对应梯形图中的 X001 是常闭触点；图 11－6(b)中的停止用常闭按钮，对应梯形图中的 X001 是常开。在转换时这一点要务必注意。

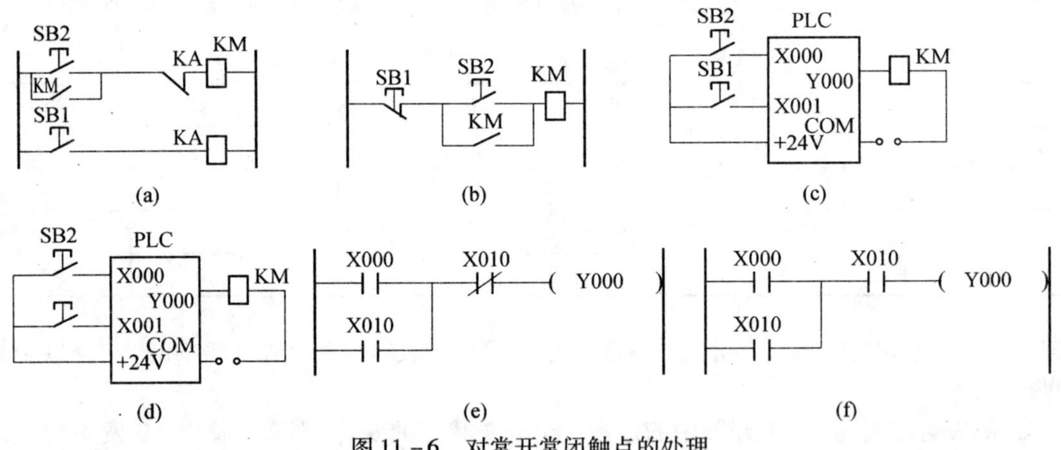

图 11－6　对常开常闭触点的处理

2）对热继电器触点的处理

若 PLC 的输入点较富裕，热继电器的常闭触点可占用 PLC 的输入点；若输入点较紧张，热继电器的信号可不输入 PLC 中，而接在 PLC 外部的控制电路中。

3）对时间继电器的处理

物理的时间继电器可分为通电延时型和断电延时型。通电延时型时间继电器，其延时动作的触点有通电延时闭合和通电延时断开两种。断电延时型时间继电器，其延时动作的触点有断电延时闭合和断电延时断开两种。用 PLC 控制时，时间继电器可以用 PLC 的定时器/计数器来代替。PLC 定时器的触点只有接通延时闭合和接通延时断开两种。但通过编程，可以设计出满足要求的时间控制程序。

对图 11 -7(a)的一段控制电路,时间继电器是通电延时型的。当中间继电器 KA 的常开触点接通时,时间继电器开始定时,延时后 KM 线圈得电,该图对 KM 实现了延时接通的控制。对图 11 -7(a)中的各电器作 I/O 分配:KM 对应 PLC 输入点为 X000,KM 对应输出点为 X010。KT 用 T0 代替。画出 PLC 的梯形图如 11 -7(b)所示。

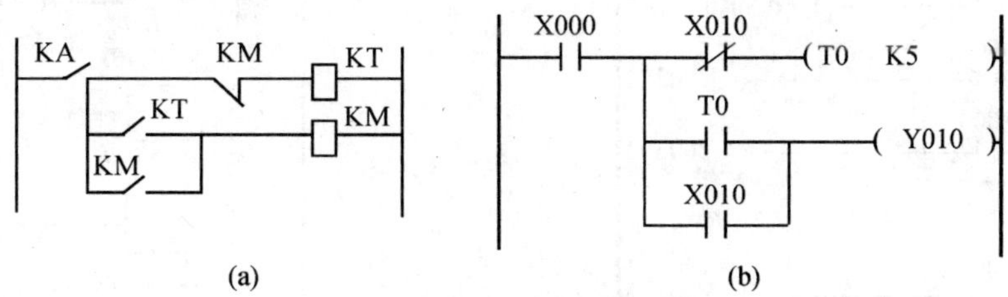

图 11 -7 对时间继电器的处理

对较复杂的控制电路可以化整为零,先进行局部的转换,最后再综合起来。

以丫-△启动电路图 11 -8 为例,将继电器控制电路转化成 PLC 控制程序。可将图 11 -8 分为两部分处理,即按钮部分和时间继电器部分。由图 11 -8 可知,按钮部分与图 11 -6(b)情况相同,时间继电器部分与图 11 -7 类似。根据上面讲述的思路转换就可以得到图 11 -9 所示的 PLC 接线图和图 11 -10 所示的梯形图。

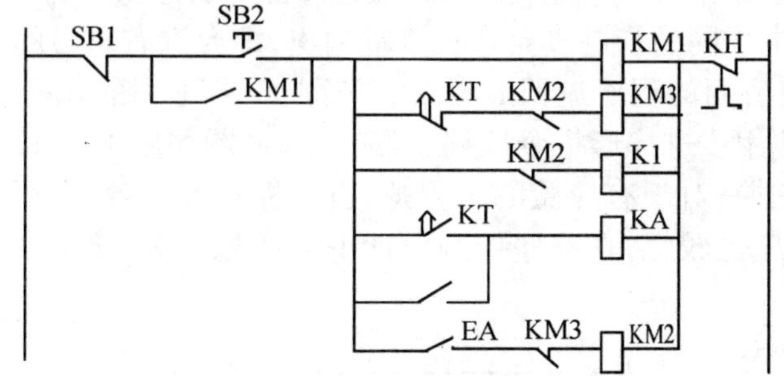

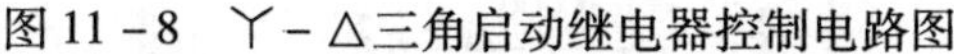

图 11 -8 丫-△三角启动继电器控制电路图

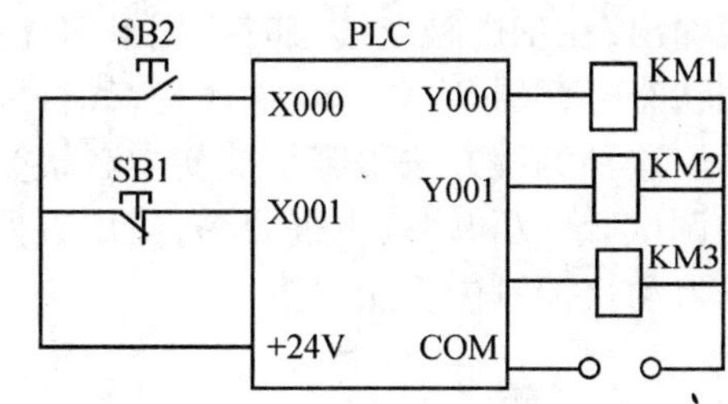

图 11 -9 丫-△启动 PLC 控制接线图

4. 顺序控制设计法

顺序控制设计法也叫功能表图设计法,功能表图是一种用来描述控制系统的控制过程功能、特性的图形,它主要是由步、转换、转换条件、箭头线和动作组成。这是一种先进的设计方法,对于复杂系统,可以节约 60% ~90% 的设计时间。我国 1986 年颁布了功能表图的国家标准(GB6988.6—86)。有了功能表图后,可以用 4 种方式编制梯形图,它们分别是起保停编程方式、步进梯形指令编程方式、移位寄存器编程方式和置位复位编程方式。

例如,某 PLC 控制的回转工作台控制钻孔的过程是:当回转工作台不转且钻头回转时,若传感器 X400 检测到工件到位,钻头向下工进 Y430 当钻到一定深度钻头套筒压到下接近开关 X401 时,计时器 T450 计时,4s 后快退 Y431 到上接近开关 X40 就回到了原位。功能表图见图 11 -11。

1) 使用起保停电路的编程方式

起保停电路仅仅使用与触点和线圈有关的指令,无需编程元件做中间环节,各种型号 PLC 的指令系统都有相关指令,加上该电路利用自保持,从而具有记忆功能,且与传统继电器控制电路基本相类似,因此得到了广泛的应用。这种编程方法通用性强,编程容易掌握,一般在原继电器控制系统的 PLC 改造过程中应用较多。如图 11 -12 所示为使用起保停电路编程方式编制的与图 11 -11 顺序功能图所对应的梯形图,图 11 -12 中只有常开触点、常闭触点及输出线圈组成。

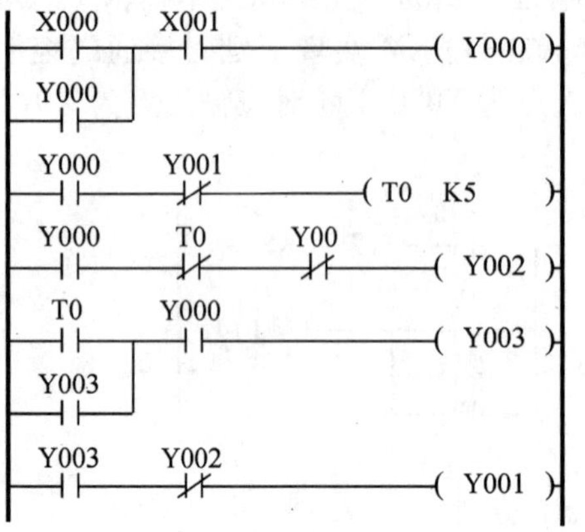

图 11－10　丫－△启动 PLC 控制梯形图

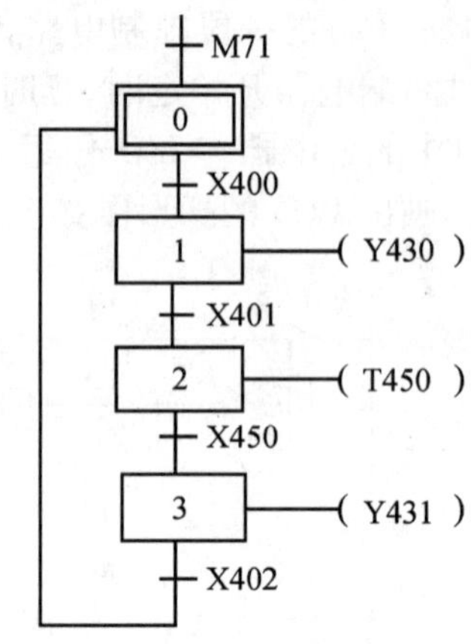

图 11－11　回转工作台控制钻孔功能表图

2）使用步进梯形指令的编程方式

步进梯形指令是专门为顺序控制设计提供的指令，它的步只能用状态寄存器 S 来表示，状态寄存器有断电保持功能，在编制顺序控制程序时应与步进指令一起使用，而且状态寄存器必须用置位指令 SET 置位，这样才具有控制功能，状态寄存器 S 才能提供 STL 触点，否则状态寄存器 S 与一般的中间继电器 M 相同。在步进梯形图中不同的步进段允许有双重输出，即允许有重号的负载输出，在步进触点结束时要用 RET 指令使后面的程序返回原母线。把图 11－11 中的 0～3 所用状态寄存器 S600～S603 代替，代替以后使用步进梯形指令编程，对应的梯形图如图 11－13 所示。这种编程方法很容易被初学者接受和掌握，对于有经验的工程师，也会提高设计效率，程序的调试、修改和阅读也很容易，使用方便，程序也较短，在顺序控制设计中应优先考虑，该法在工业自动化控制中应用较多。

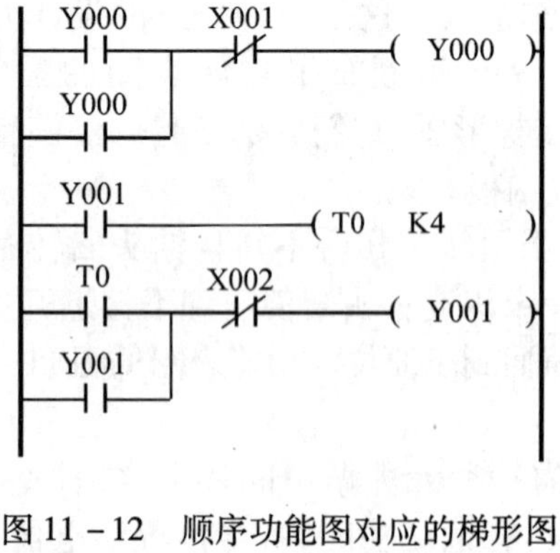

图 11－12　顺序功能图对应的梯形图

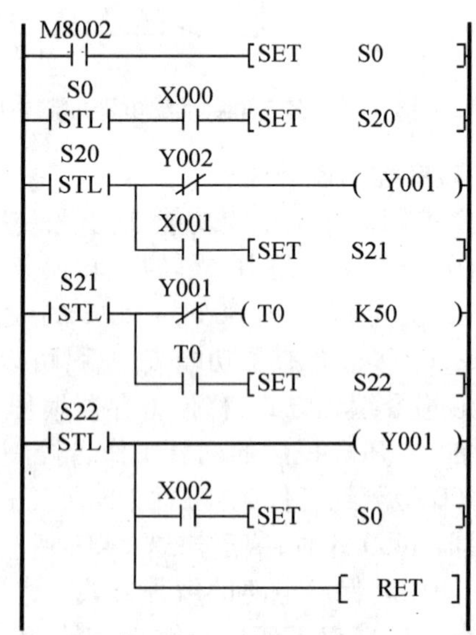

图 11－13　步进梯形指令对应的梯形图

3）使用移位寄存器的编程方式

从图 11－11 可以看出，在 0～3 各步中只有一个步在某时刻接通而其他步都在断开，把各步用中间继电器 M200～M203 代替，就很容易用移位寄存器实现控制。图 11－14 为用移位寄存器编程时的梯形图，采用移位寄存器 M200～M217 的前四位 M200～M203 代表 4 个步，组成一个环形移位寄存器。用移位寄存器主要是对数据、移位、复位 3 个输入信号的处理。该方法设计的梯形图看起来简洁,所用指令也较少,但对较复杂控制系统设计就不方便,使用过程中在线修改能力差,在工业控制中使用较少,大多数应用在彩灯顺序控制电路中。

4）使用置位复位指令的编程方式

如图 11 -15 所示为使用置位复位编程方式编制的与图 11 -11 顺序功能图所对应的梯形图。在以置位复位指令的编程方式中,用某一转换所有前级步对应的辅助继电器的常开触点与转换对应的触点或电路串联,作为使所有后续步对应的辅助继电器置位和使所有前级步对应的辅助继电器复位的条件。对简单顺序控制系统也可直接对输出继电器置位或复位。该方法顺序转换关系明确,编程易理解,一般多用于自动控制系统中手动控制程序的编程。

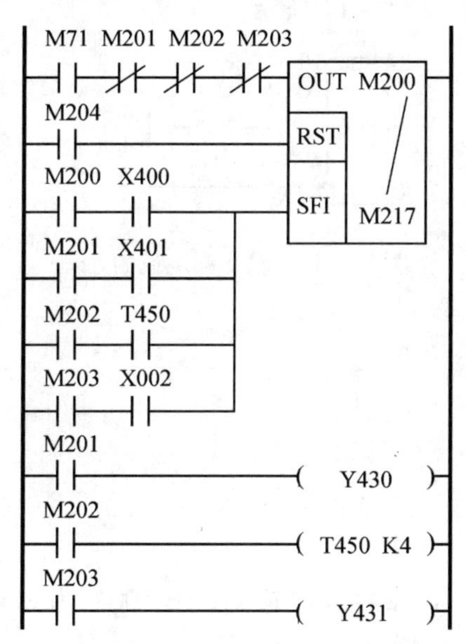

图 11 -14　移位寄存器编程时的梯形图

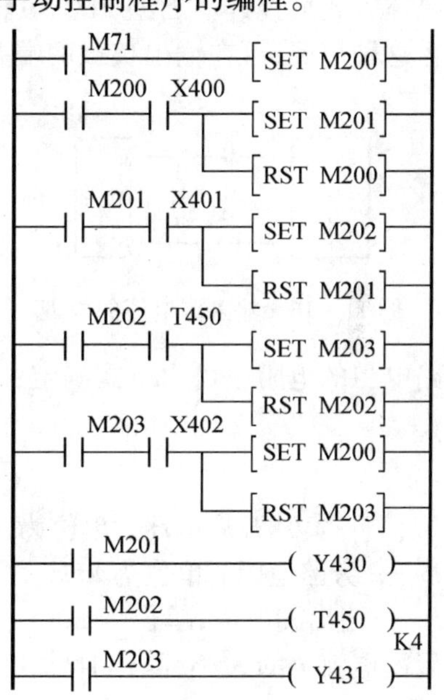

图 11 -15　置位复位编程方式编制的梯形图

11.4　可编程控制器应用系统的可靠性设计

由于 PLC 是专门为工业生产环境而设计的控制装置,厂家在硬件和软件上都采用了大量的抗干扰措施。所以,一般不需要采取特别的抗干扰措施就可以直接在工业环境中使用。但随着工业规模的不断扩大、自动化程度的加深和在强电磁场、强腐蚀、高粉尘、高低温剧烈变化等恶劣环境下应用 PLC 的广泛性,以及用户对 PLC 应用系统运行可靠性要求的进一步提高,都要求我们必须对 PLC 应用系统的抗电磁干扰、安装运行环境、冗余设计和软件抗干扰等做进一步的研究。因此,探讨 PLC 应用系统的可靠性设计具有十分重要的现实意义。

11.4.1　可编程控制器应用系统中漏电流和冲击电流的处理

1. 漏电流的处理

1）输入漏电流及处理

当使用双线式传感器,如光电传感器、接近开关或带氖灯的限位开关等作为输入装置与 PLC 连接时,由于这些元件在关断时有较大的漏电流,会引起输入信号错误接通。使用时注意,漏电流小于 1.3mA 时一般没有问题;如果大于 1.3mA,为防止信号错误接通的发生,可在 PLC 的相应输入端并联一个泻放电阻,以降低输入阻抗,减少漏电流的影响。如图 11-16 所示。

泻放电阻的阻值和功率,可按下式计算:

$$R \leqslant \frac{17.15}{3.14I-5}(\mathrm{k\Omega}),\ W \geqslant \frac{2.3}{R}(\mathrm{W})$$

式中 I——设备的漏电流,单位为 mA;

R——泻放电阻值,单位为 kΩ;

W——泻放电阻的功率,单位为 W。

2)输出漏电流及处理

对晶体管或可控硅输出型 PLC,其输出接上负载后,由于输出漏电流会造成设备的误动作。为了防止这种情况,可在输出负载两端并联旁路电阻,如图 11-17 所示。

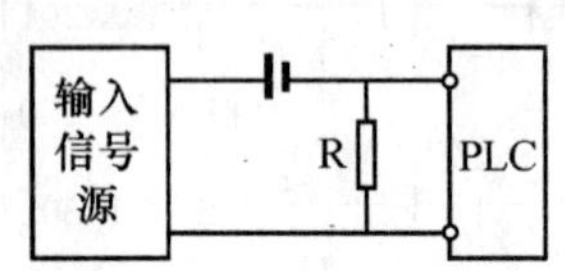

图 11-16 输入漏电流的处理

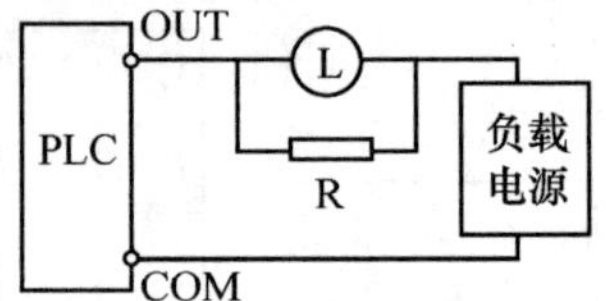

图 11-17 输出漏电流的处理

旁路电阻的电阻值可由下式确定:

$$R < \frac{U_{\mathrm{ON}}}{I}$$

式中 U_{ON}——负载开启电压,单位为 V;

R——旁路电阻,单位为 kΩ;

I——输出漏电流,单位为 mA。

一般漏电流 I 的大小:晶体管输出(DC 24V)为 0.1mA;可控硅输出,AC 100V 为 2mA,AC 200V 为 5mA。

2. 冲击电流的处理

PLC 内晶体管或双向可控硅(双向晶闸管)输出单元,一般能够承受 10 倍自身额定电流的浪涌电流。若连接如白炽灯等冲击电流大的负载时,必须考虑输出晶体管和双向可控硅安全性。使用反复通断电动机等冲击电流大的负载时,负载的冲击电流应小于冲击电流耐量值的 50%。晶体管可控硅输出的冲击电流耐量值曲线,如图 11-18 所示。

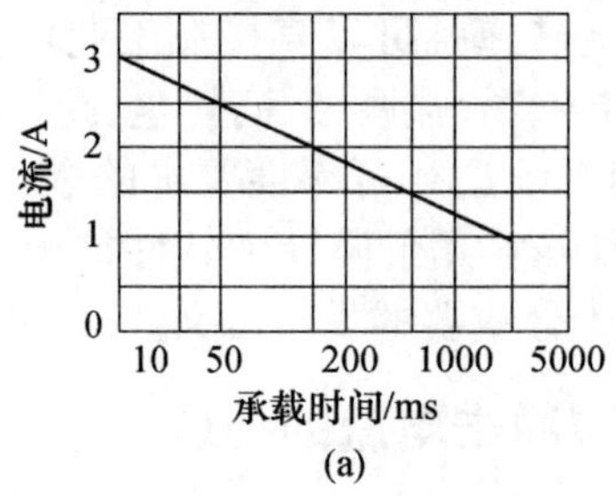

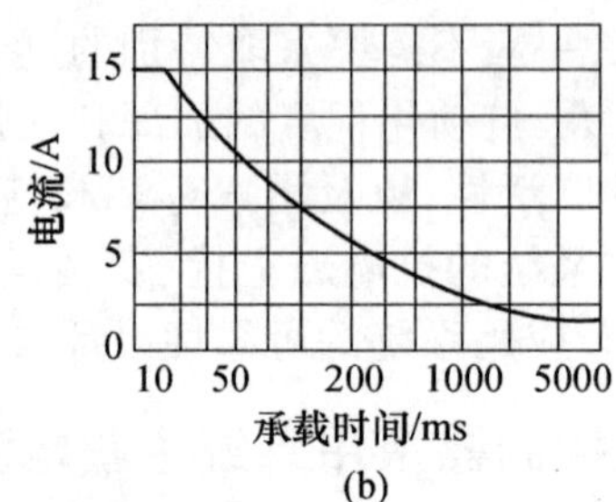

图 11-18 冲击电流耐量值

(a)晶体管输出;(b)可控硅输出。

抑制冲击电流的措施有两种,如图 11-19 所示。

1)串联法

在负载回路中串入限流电阻 R,如图 11-19(a)所示。但这样会降低负载的工作电流。

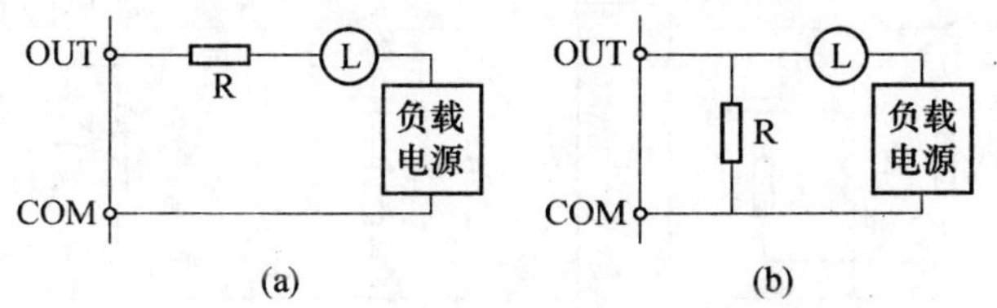

图 11－19　抑制冲击电流的接线

2）并联法

允许平时有少量电流（约额定电流的1/3）经电源及电阻 R 流过负载，从而限制启动电流的冲击幅度。如图 11－19（b）所示。

11.4.2　可编程控制器应用系统的电磁兼容性设计

一般 PLC 工作于环境条件比较恶劣的工业现场，直接与检测设备和被控对象相连。所以，现场的各种电磁干扰对它的正常运行会造成很大的影响，甚至引起误动作造成重大的经济损失和人员伤亡。因此，为了使控制器稳定的工作，提高控制系统的可靠性，在可编程控制器应用系统设计中，采取一些相应的抗干扰措施是极为重要的一个环节。

1. 输入输出通道的抗干扰设计

首先选用 I/O 模块时应考虑到：绝缘的输入输出信号和内部回路比非绝缘的抗干扰性能好；无触点输出比有触点输出产生的干扰小；输入模块允许的输入信号（ON－OFF）电压差大，抗干扰性能好；OFF 电压高对抗感应电压有利等。因此，从抗干扰的角度考虑，在干扰大的场合和安装在控制对象侧的 I/O 模块，使用绝缘型的 I/O 模块较好。

1）电感特性分析

电感 L 两端的电压 V 可用公式表示：

$$V = -L\frac{\mathrm{d}i}{\mathrm{d}t}$$

上式表明：如果流过电感 L 的电流突然变化，就会在电感 L 两端产生很大的瞬态电压。一般当流过电感的电流突然中断时，电感上感应的电压为电源电压的 20 倍～200 倍。这些在电感中存储的能量大部分会以火花放电的形式损耗掉，对触点和元器件等有严重损伤，而且也是辐射噪声和传导噪声的来源之一。所以，必须对含有电感性负载的电路进行保护。下面具体分析，当 PLC 的输入或输出接有感性负载时所应采取的措施。

2）输入信号的抗干扰设计

输入端有感性负载时，为了防止反电动势损坏模块，在交流信号输入负载两端并联 RC 浪涌吸收器或压敏电阻 RV；在直流信号负载两端并联续流二极管 VD 或压敏电阻 RV 或稳压二极管 VS 或 RC 浪涌吸收器等。

（1）交流信号输入时，如图 11－20（a）所示，R、C 的选择要适当，一般参考数值为：负载容量在 10VA 以下时，选用 120Ω、0.1μF；负载容量在 10VA 以上时选用 47Ω、0.47μF。如用压敏电阻，则其额定电压应大于 1.3 倍的电源峰值电压。

（2）直流信号输入时，如图 11－20（b）所示，二极管的额定电压应大于电源电压的 3 倍，额定电流应不小于 1A。如用压敏电阻，则其额定电压应大于电源电压的 1.3 倍。如用稳压二极管，则其电压、电流应大于电源电压和负载电流。

如果与输入信号并联的感性负载大时，最好使用继电器中转。

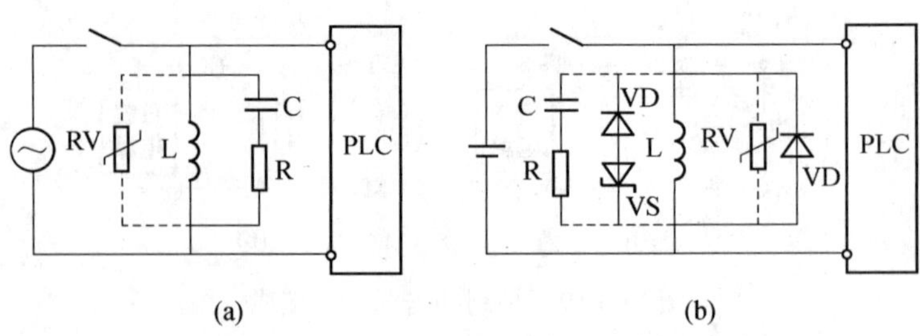

图 11－20　输入信号的抗干扰措施

3）输出信号的抗干扰设计

在输出为感性负载的场合，如电磁接触器等触点的开合会产生电弧和反电动势。从而对输出信号产生干扰。抑制输出信号干扰的措施如下。

(1) 交流感性负载的场合，在负载两端并联 RC 浪涌吸收器或压敏电阻。如果是交流 100V～220V 电压、功率为 400VA 左右时，RC 浪涌吸收器的 R、C 值分别为 47Ω、0.47μF，如图 11－21(a)所示。RC 愈靠近负载，其抗干扰效果愈好。如用压敏电阻，其额定电压应大于电源峰值电压的 1.3 倍。

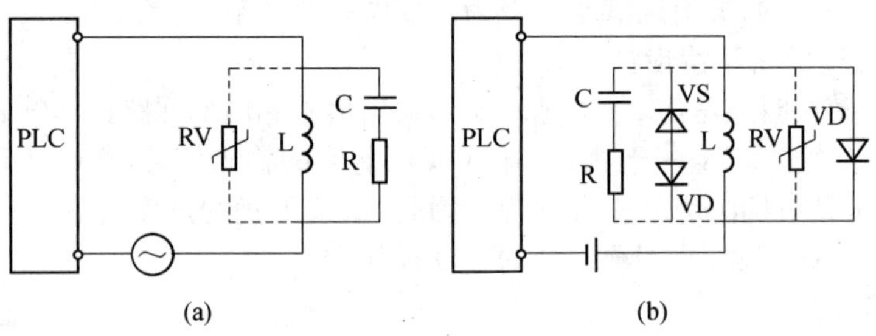

图 11－21　输出信号的抗干扰措施

(2) 直流负载的场合，在负载两端并联续流二极管 VD 或压敏电阻或稳压二极管 VS 或 RC 浪涌吸收器等，如图 11－21(b)所示。二极管要靠近负载，二极管的反向耐压应是负载电压的 4 倍以上。如用压敏电阻，则其额定电压应大于电源电压的 1.3 倍。如用稳压二极管，则其电压、电流应大于电源电压和负载电流。

注意上述感性负载浪涌电压抑制措施都会使负载断开动作延迟。

(3) 控制器触点(开关量)输出的场合，不管控制器本身有无抗干扰措施，都应采用如图 11－22所示的抗干扰措施。

(4) 开关时产生干扰较大的场合，对于交流负载可使用双向晶体管输出模块。

(5) 交流接触器的触点在开、闭时产生电弧干扰，可在触点两端并联 RC 浪涌吸收器，效果较好，要注意的是触点断开时，通过 RC 浪涌吸收器会有一定的漏电流产生。大容量负载如电动机或变压器开关干扰时，可在线间采用 RC 浪涌吸收器。如图 11－23 所示。

(6) 可用中间继电器进行中间驱动负载。

4）抑制感应电动势的措施

一般感应电动势是通过输入信号线间的寄生电容、输入信号线与其他线间的寄生电容和与其他线，特别是大电流线的电耦合所产生的。抑制感应电动势干扰有如图 11－24 所示的三种措施。

图 11－24(a)为输入电压的直流化。在感应电压大的场合，尽量改换交流输入为直流输入。

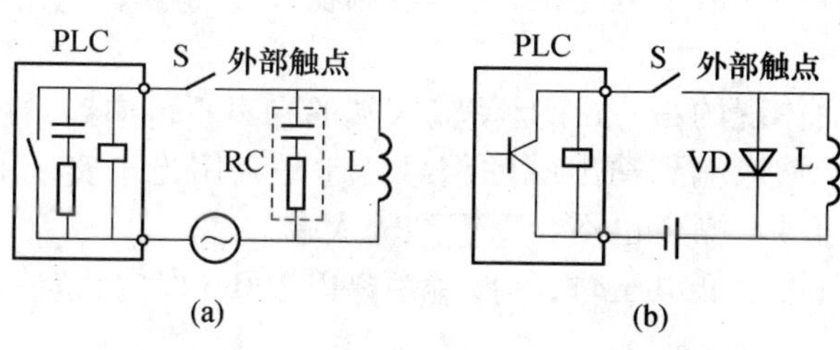

图 11－22　外部触点输出时抗干扰措施

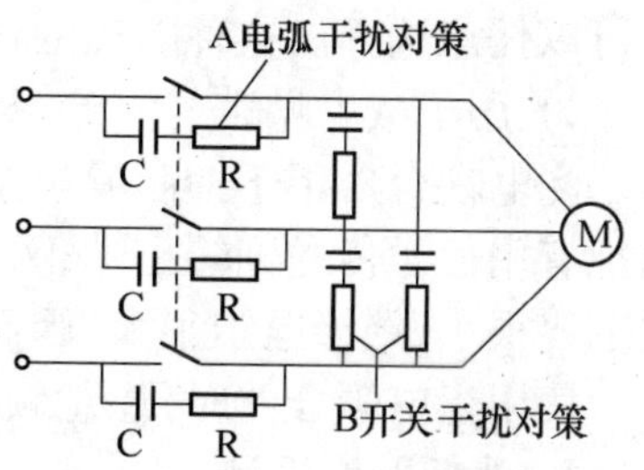

图 11－23　采用 RC 浪涌吸收器

图 11－24(b)为在输入端并联 RC 浪涌吸收器。

图 11－24(c)为在长距离配线和大电流的场合,感应电压大,可用继电器转换。

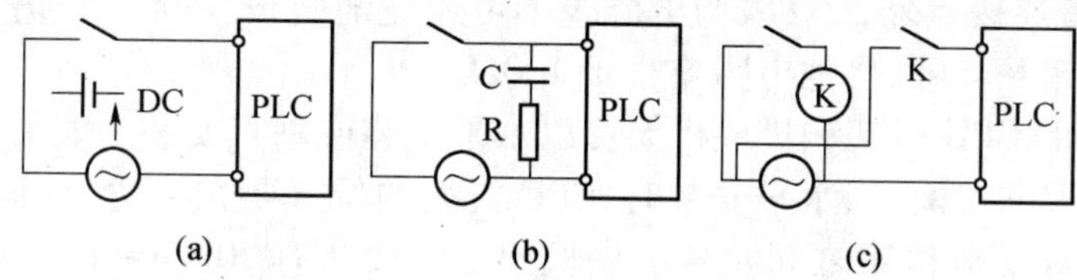

图 11－24　抑制输入感应电动势的措施

2. 电源的抗干扰设计

1）使用隔离变压器

使用隔离变压器将屏蔽层良好地接地,对抑制电网与大地中的噪声,加强抗干扰有较好的效果。如果没有隔离变压器,不妨使用普通变压器。为了改善隔离变压器的抗干扰效果,必须注意两点:屏蔽层要良好接地;二次侧连接线要使用双绞线。

2）使用滤波器

使用滤波器代替隔离变压器,在一定的频率范围内也有一定的抗电网干扰作用,但要选择好滤波器的频率范围较困难。为此,常用方法是既使用滤波器,同时又使用隔离变压器。注意隔离变压器的一次侧和二次侧连接线要用双绞线,且一、二次侧要分隔开。连接方法,如图 11－25 所示。

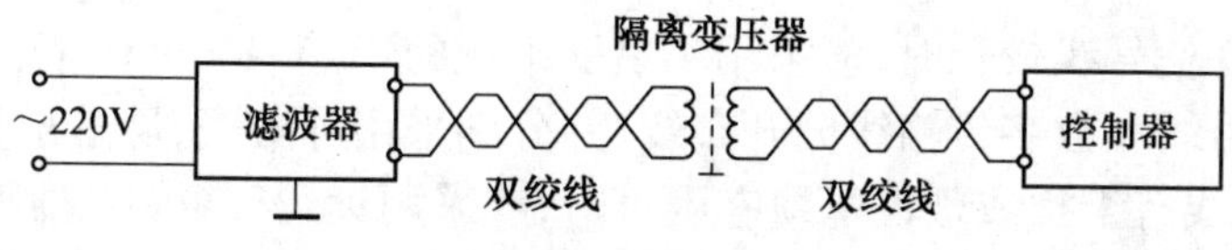

图 11－25　滤波器和隔离变压器的接线

3）采用分离供电系统

应将 PLC、I/O 通道和其他设备的供电分离开来,以抑制电网的干扰。

3. 采用光电耦合器

为了抑制外部噪声对 PLC 应用系统的干扰,在 PLC 应用系统中引入光耦合器是行之有效的。光电耦合器由输入端的发光元件和输出端的受光元件组成,利用光传递信息,使输入与输出在电气上完全隔离。其体积小、使用简便,视现场干扰情况的不同,可组成各种不同的抑制干扰线路。

1）用于输入输出的隔离

光电耦合器用在输入、输出的隔离,线路简单,由于避免形成地环路,而输入与输出的接地点也可以任意选择。这种隔离的作用不仅可以用在数字电路中,也可以用在线性(模拟)电路中。

2）用于减少噪声与消除干扰

光电耦合器用于抑制噪声是从两个方面体现的:一方面是使输入端的噪声不传递给输出端,只把有用信号传送到输出端;另一方面,由于输入端到输出端的信号传递是利用光来实现的,极间电容很小,绝缘电阻很大,因而输出端的信号与噪声也不会反馈到输入端。

使用光电耦合器时,注意频率不能太高;用于低电压时,其传输距离以100m以内为宜。

4. 外部配线设计

（1）使用多芯信号电缆时,要避免I/O线和其他控制线共用同一电缆。

（2）如果各接线架是平行的,则各接线架之间至少相隔300mm。

（3）当控制系统要求400V、10A或220V、20A的电源容量时,I/O线与电源线的间距不能小于300mm;若在设备连接点外,I/O线与电源线不可避免地敷设在同一电缆沟内时,则必须用接地的金属板将它们相互屏蔽,接地电阻要小于100Ω。

（4）大型PLC的CPU机架和扩展机架可以水平安装或垂直安装。如果垂直安装,CPU机架的位置要在扩展机架的上面;当水平安装时,CPU机架的位置要在左边,且走线槽不应从二者之间穿过。CPU机架和扩展机架之间及各扩展机架之间要留有70mm~120mm的距离,以便于走线和冷却。

（5）交流输入输出信号与直流输入输出信号分别使用各自的电缆。

（6）30m以上的长距离配线时,输入信号与输出信号分别使用各自的电缆。

（7）集成电路或晶体管设备的输入、输出信号线,必须使用屏蔽电缆,屏蔽电缆的处理如图11－26所示,屏蔽层在输入、输出侧悬空,而在控制侧接地。

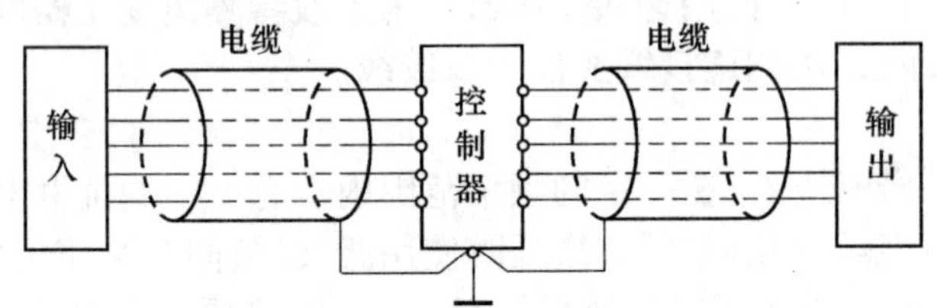

图11－26　屏蔽电缆的接线

（8）模拟量I/O信号线较长时,应采用不易受干扰的4mA~20mA电流信号传输方式。

（9）模拟量信号线和数字传输线分开布线,并分别采用屏蔽线,屏蔽层接地。

（10）远距离配线有干扰或敷设电缆有困难时,应采用远程I/O的控制系统。

（11）配线距离要求。

① 30m以下的短距离配线,直流和交流输入输出信号不要使用同一电缆。在不得不使用同一配线管时,直流输入输出信号线要使用屏蔽线,屏蔽层接地。

② 30m~300m的中距离配线,不管直流还是交流;输入输出信号都不能使用同一根电缆,输入信号线一定要屏蔽。

③ 300m以上的长距离配线,建议用中间继电器转换信号,或使用远程I/O通道。

（12）双绞线的使用。由于双绞线在可编程控制器应用系统中大量运用,现将它的使用作简要分析。

双绞线又称双股胶合线,用于双线传输通道中,其中一根传送信号或供电,另一根作为返回通道。采用双绞线的目的是使其相邻两"扭节"的感应电动势大小相等、方向相反,使得总的感应电动势为零。双绞线单位长度内的绞合次数越多抗干扰效果越好。

使用双绞线时,应注意两点:第一,双绞线应尽量采用如图 11 - 27(a)所示的接地方式(一端接地);图 11 - 27(b)的接地方式(两端接地),因有地环路存在,会削弱双绞线的抗干扰效果,应避免使用。第二,两组扭节节距相等的双绞线不能平行敷设。否则,它们相互之间的磁耦合并不能减弱,如图 11 - 27(c)所示,它们的感应电流会同相叠加;所以,应采用如图 11 - 27(d)所示的双绞线的扭节节距不等的配线。

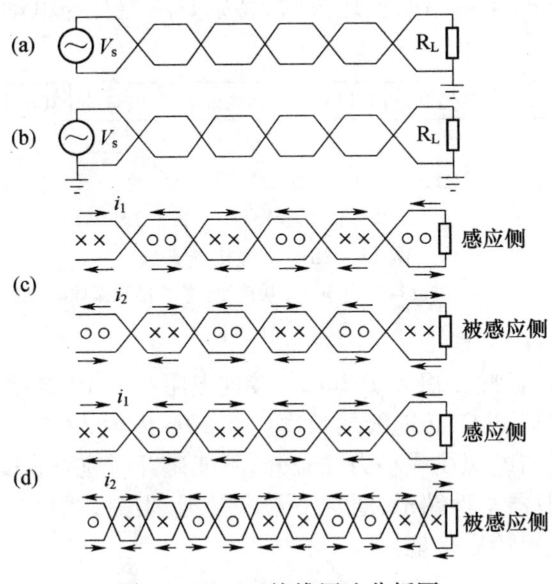

图 11 - 27　双绞线用法分析图

注意:在双绞线的最尽头两端,仍要保持扭绞形状,否则影响干扰效果。屏蔽双绞线具有双重抗干扰性能,屏蔽层对外来的干扰电场具有防护作用;双绞线对外来的干扰磁场具有消除作用。在使用屏蔽线时,屏蔽层应良好接地、信号返回线只在一端接地。信号线中间有接头时,屏蔽层应牢固连接并进行绝缘处理,避免多点接地。屏蔽层不接地,会产生寄生耦合作用,由于屏蔽层的面积较大,增大了寄生耦合电容,使得这种干扰比不带屏蔽层的导线产生的干扰还严重。

11.4.3　可编程控制器应用系统的接地设计

接地技术起源于强电技术。对于强电,由于电压高、功率大,容易危及人身安全。为此,需要把电网的零线和各种电气设备的外壳通过导线接地,使之与大地等电位,以保人身安全。电子设备的接地是抑制干扰的需要。良好、正确的接地可以消除或降低各种形式的干扰,从而保证电子设备或控制系统可靠、稳定地工作。但不合理或不良的接地将会使电子设备或控制系统受到干扰,破坏系统正常运行。所以,接地可分为两大类:安全接地和信号接地。安全接地通常与大地等电位,而信号接地却不一定与大地等电位。在很多情况下,安全接地点不适合用做信号接地点,因为这样会使噪声问题更加复杂化。

接地电阻是指接地电流经接地体注入大地时,在土壤中以电流场形式向远处扩散时所遇到的土壤电阻。它属于分布电阻,由接地导线的电阻、接地体的电阻和大地的杂散电阻组成。接地体的电阻应小于 2Ω,常用的接地体有铜板、金属棒、镀锌圆钢等。一般接地装置的接地电阻不宜超过 10Ω。

1. PLC 应用系统接地的意义

PLC 应用系统良好的接地可以减少 PLC、控制柜盘与大地之间电位差引起的噪声;可以抑制混入电源和输入/输出信号线的干扰;可以防止由漏电流产生的感应电压等。由此可见,良好的接地可以有效地防止系统干扰,提高系统的工作可靠性。

2. 接地方法

控制系统的接地如图 11－28 所示。其中,图 11－28(a)为控制系统和其他设备独立接地,这种接地方式最好。如果做不到每个设备独立接地,可使用图 11－28(b)中的并联接地方式。但不允许使用图 11－28 (c)中的串联接地方式,特别是应避免与电动机、变压器等动力设备串联接地。

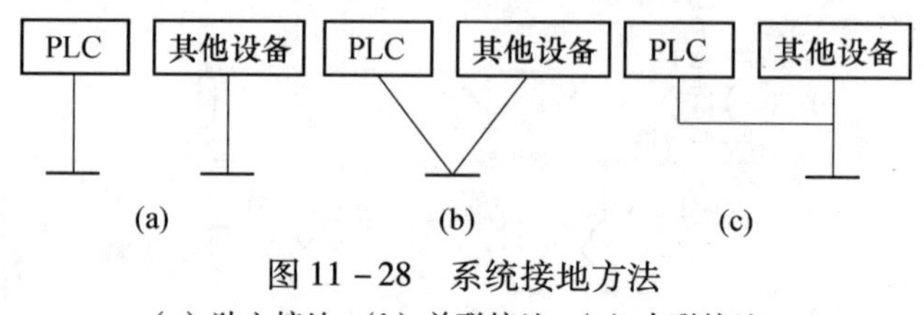

图 11－28　系统接地方法

(a) 独立接地;(b) 并联接地;(c) 串联接地。

接地时还应注意:

(1) 接地线应尽量短,且截面积大于 $2mm^2$,接地电阻小于 10Ω 为宜。

(2) 接地点应尽量靠近 PLC,接地线的长度应在 20m 以内为宜。

(3) 控制器的接地线与电源线或动力线分开,不能避开时应垂直交叉。

(4) LG 端是噪声滤波器中性端子,通常不要求接地,但是,当电气干扰严重时,或为了防止电击,应将 LG 端与 GR 端短接后接地。

11.4.4　可编程控制器应用系统的软件抗干扰设计

在 PLC 应用系统中,除采用硬件措施提高系统的抗干扰能力外。在软件设计中还可以采用数字滤波和软件容错等重要的经济、有效的方法,进一步提高系统的可靠性。

1. 数字滤波

对于较低信噪比的模拟信号,常因现场瞬时干扰而产生较大波动,若直接使用这些瞬时采样值进行计算控制,则给系统的可靠运行带来隐患。为此,在软件设计方面常常采用数字滤波技术,现场的模拟量信号经 A/D 转换后变为离散的数字量信号,然后将这些数据存入 PLC 中,利用数字滤波程序对其进行处理,滤去噪声信号获得所需的有用信号,进行系统控制。其原理如图 11－29 所示。工程上的数字滤波方法很多,如平均值滤波法、中间值滤波法、惯性滤波法等。

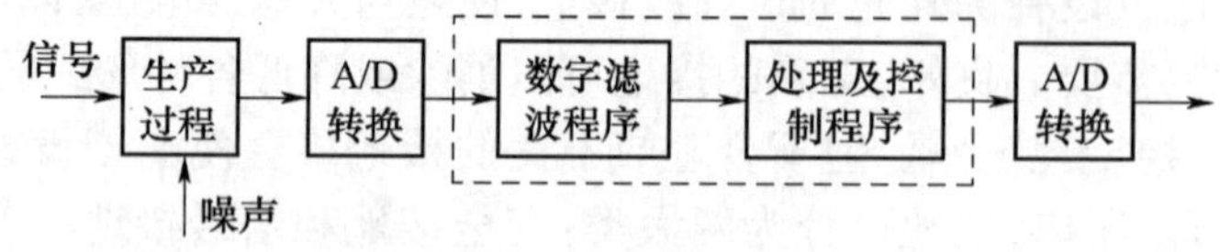

图 11－29　数字滤波过程

1) 平均值滤波法

平均值滤波法包括算术平均值滤波法和加权平均滤波法两种。它适用于一般的随机干扰信号的滤波。采样次数越多,滤波效果越明显,但考虑到采用时间及系统控制的需要,采样次数应根据系统而定。下面介绍简单使用的平均值滤波法——平移式平均值法。其基本原理为:

若要采样 N 次,则用这 N 次采样值的平均值代替当前值。每一次的采样值与前($N-1$)次的采样值进行算术平均运算,结果作为本次采样的滤波值。这样每个扫描周期只需采样一次而都要取$(N-1)$个采样值(1个当前值$(N-1)$个历史值)来计算滤波值。每采样一次,采样值向前平移一次,为下次滤波做准备。平移式平均值滤波法程序框图,如图11-30所示。

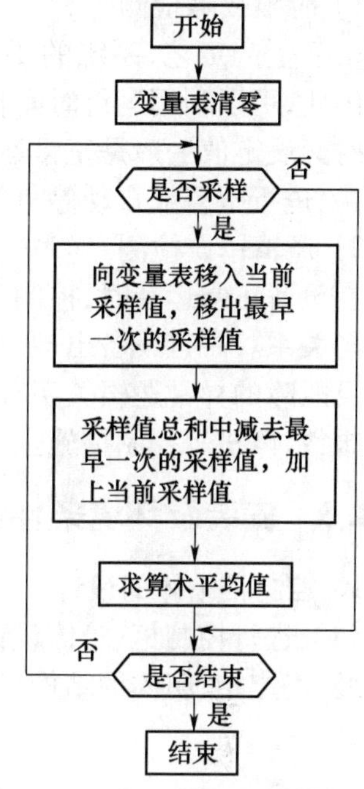

图11-30　平移式平均值滤波

2）中间值滤波法

该方法的原理是:在某一采样周期的K次采样值中,除去最大值和最小值,将剩余的$(K-2)$个采样值进行算术平均,并将结果作为滤波值。该方法需对采样值进行排序或比较,找出最大值和最小值,然后求算术平均值。此方法对消除脉冲干扰和小的随机干扰很有效。

设有K个采样值存在下列关系:

$$y_1(KT) \leqslant y_2(KT) \leqslant \cdots \leqslant y_{k-1}(KT) \leqslant y_k(KT)$$

则滤波值为

$$\bar{y}(KT) = \sum_{i=2}^{k-1} y_i(KT)/(K-2)$$

3）惯性滤波法

惯性滤波法的原理为:按着当前采样值与历史值的可信程度来分配其在滤波值中所占的比例。若当前采样值的可信度大,则可在滤波值中占的比例高,否则占的比例小。此方法适用于信号变化较缓慢且有较大干扰的场合。数学表达式为

$$\bar{y}(KT) = (1-\alpha)\bar{y}(KT-T) + \alpha y(KT)$$

式中　$y(KT)$——第K个采样周期的采样值;

$\bar{y}(KT)$——第K个采样周期的滤波结果;

α——惯性系数,α=采样周期T_s/滤波时间常数T_f。

2. 软件容错

为了提高系统运行可靠性,使PLC在信号出错时能及时发现,并排除错误的影响而继续工作,在程序编制中还应采取软件容错技术。

(1)程序复执技术。在程序执行过程中,一旦发现现场故障或错误,就重新执行被干扰的先行指令若干次。若复执成功,说明为干扰,否则输出软件失败(Fault)或报警。

(2)对死循环作处理。死循环主要通过程序判断出是由主要故障造成的还是由次要故障造成的,然后分别做出停机和相应子程序处理。

(3)软件延时。对重要的开关量输入信号或易形成抖动的检测或控制回路,可采用软件延时20ms,对同一信号多次读取,结果一致,才确认有效,这样可消除偶发干扰的影响。

3. 故障检测

PLC本身的可靠性和可维修性是非常高的。在CPU监控程序或操作系统中有较完整的自诊断程序,出现故障很快就能发现和解决。然而,PLC外接的输入、输出元器件如限位开关、电磁阀、接触器等引起的故障就显得非常突出。如限位开关故障造成的机械顶死、接触器主触点“烧死”造成线圈断电后电动机运转不停等。又因为这些元件出现故障时PLC不会自动停机,所以常常造成严重后果后,才会被发现。这时往往会造成较大的经济损失,而查找故障原因也费时费力。为了避免上述情况的发生,可通过软件程序设计,加强PLC应用系统故障检测的范围和能力,以提高整个系统的可靠性。常用的方法有以下两种:

1）时限故障检测

由于生产工艺、系统的要求，任何设备、器件都是在一定的时间内运行，完成特定的动作内容。因此，可以利用运行时间作为参考值，在设备、器件运行开始的同时，启动一个计时器，计时器的时间设定值一般是正常运行情况的1.2倍～1.3倍。如果设备运行的时间超过计时器设定时间，则进行报警或自动停机等，使故障能及时发现和处理。

2）逻辑错误检测

在设备正常运转时，控制系统的各个输入、输出信号、中间记忆装置等，相互之间存在着确定的逻辑关系。一旦设备出现故障，就会出现异常的逻辑关系。因此，可以在程序设计时，加入系统常见故障的异常逻辑关系程序，一旦异常逻辑关系程序被执行，就表示相应的设备故障，即可实现报警、停机等控制措施。

11.4.5 安装及环境条件设计

1. 控制柜箱体的设计

（1）进行控制柜、箱体设计时，必须考虑柜、箱体内电气器件的温升变化，可根据下式求得，并由此，确定柜、箱体的结构尺寸：

$$\Delta T = P/(K_1 S + K_2 V)$$

式中 ΔT——温升，单位为℃；

P——装设的器件产生的总损耗，单位为W；

K_1——约为6（由柜体结构、材料决定的系数）；

K_2——约为20（由空气比热决定的系数）；

V——配电柜的体积，单位为m^3；

S——柜体散热面积，单位为m^2。

（2）为了利用气流加强散热，可开设通风孔。通风孔位置要对准发热元件，且进风口的位置要低于出风口的位置。通风孔的形式可采用冲制式、百叶窗式等。通风孔的散热能力，可由下式计算：

$$Q = 7.4 \times 10^{-5} H S_0 (T_2 - T_1)^{3/2}$$

式中 Q——通风孔自然散热的热量，单位为W；

H——柜、箱体的高度，单位为cm；

S_0——进、出风孔面积的较小者，单位为cm^2；

T_2——柜箱体的内部空气温度 T_1 柜箱体的外部温度。

（3）当柜、箱体内环境温度过高时，而柜、箱体的结构尺寸又不易改变时，应设置换气装置，如排风扇等。所需换气量，可由下式计算：

$$V = Q/[C_P P(T_F - T_0)]$$

式中 V——所需换气量，单位为m^3/min；

Q——柜内产生的热量，单位为J/min；

T_0——柜外最高温度，单位为℃；

T_F——柜内的目标温度，单位为℃；

C_P——在 T_0 时空气的定压比热（在压力0.1Mpa、0～100℃时，C_P 为0.24），单位为J/kg·℃；

P——在 T_0 时空气的密度(20℃时为1.2)，单位为kg/ m^3。

2. PLC 的安装注意事项

在柜、箱内安装 PLC 时,要充分考虑抗干扰性、易操作性、易维护性、环境适宜性等问题。应注意以下事项:不要在装有高压部件的控制柜内安装 PLC;离开动力线 200mm 以上;PLC 与安装面之间的安装板要接地;各单元通风口向上安装,使通风散热良好,空间要充分,PLC 上下要留 50mm 的空间;避免把 PLC 放在热量大的装置(如加热器变压器大功率电阻等)或其他会辐射大量热能的设备正上方。

3. 环境条件的影响分析

每种 PLC 都有自己的环境技术条件,用户在选用时,特别是在设计控制系统时,对环境条件要给予充分的考虑。

1) 温度的影响

PLC 及其外部电路都是由半导体集成电路(IC)、晶体管和电阻、电容等元器件构成的,温度的变化将直接影响这些元器件的可靠性和寿命。如温度每升高 10℃,电阻值会增加 1%,而电容的寿命会降低 1/2。相反,如果温度偏低,模拟回路精度将降低,回路的安全系数变小等。特别在温度的急剧变化时,会导致电子器件热胀冷缩或结露,引起电子器件的特性恶化。因此,温度高于 55℃时,必须设置风扇或冷风机等,进行降温;如果温度过低,则应设置加热器等。

2) 湿度影响

湿度过大的环境中,可使金属表面生锈,引起内部元件的恶化,印制电路板会由于高压和高浪涌电压而引起短路。极干燥的环境下,绝缘物体上可能带静电,特别是 MOS 集成电路,会于静电感应而损坏。如环境湿度过大,应把控制柜、箱设计成密封型,并放入吸湿剂,如硅胶等。

3) 振动和冲击的影响

一般 PLC 能耐的振动和冲击频率为 10Hz ~ 55Hz,振动加速度应限制在 $5m/s^2$ 以内。超过极限时,可能会引起电磁阀或接触器的误动作、机械结构松动、电气部件疲劳损坏以及连接器的接触不良等后果。

4) 周围空气的影响

周围空气中不能有尘埃、导电性粉末、腐蚀性气体、水分、有机溶剂和盐分等。否则会引起不良后果,如尘埃可引起接触部分的接触不良,导电性粉末可引起绝缘性能变差、短路等。

11.4.6 控制系统的冗余设计

对于应用于核电站、化工厂、发电站、高温高压炉的控制等场合,要求 PLC 应用系统具有极高的可靠性和安全性,采用冗余技术是提高系统可靠性的有效途径。PLC 应用系统的冗余设计包括以下几个方面。

1. 环境条件

改善环境条件的目的在于使 PLC 工作在最佳的环境条件下。如温度,虽然 PLC 能在 60℃高温下工作,但为了保证高可靠性和寿命,环境温度最好控制在 40℃以下,即留有 1/3 以上的裕量。

2. PLC 的并列运行

输入/输出分别连接到控制内容完全相同的两台 PLC 上,实现复用。当某一台 PLC 出现故障时,由主 PLC 或人为切换到另一台 PLC,使系统继续工作,从而保证系统运行的可靠性。如图 11-31 所示。

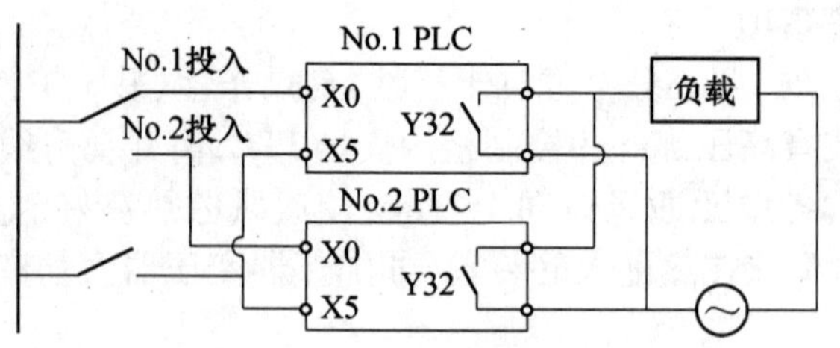

图 11-31　PLC 的并列运行方式

当 1 号机的 X0 闭合时,1 号机执行控制任务。如果 1 号机出现故障,就切换到 2 号机,这时 2 号机的 X0 闭合,由 2 号机执行控制任务。

必须指出的是,PLC 并列运行方案仅使用于输入/输出点数比较少、布线容易的小规模控制系统。对大规模控制系统,由于输入/输出点数多,电缆配线复杂,同时控制系统成本相应增加(几乎是成倍增加),因而限制了它的应用。

3. 双机双工热/后备控制系统

双机双工热/后备控制系统是两个完全相同的 CPU 同时参与运算的模式。一个 CPU 进行控制,另一个 CPU 虽然参与运算但处于后备状态。这种冗余系统的典型产品有西门子公司的 S7-300、S7-400H 等 S7 系列,OMRON 公司的 C2000H、CVM1D 等 C 系列,三菱公司的 Q12/25PRHCPU、Q4ARCPU 等 Q 系列。三菱公司的 QNA 系列的 Q4ARCPU 系统是专门对要求冗余和扩展处理控制而设计的系统。最为典型的配置结构是采用双 CPU 系统与双电源系统两类冗余,如图 11-32 所示,(a)为双 CPU 系统,(b)为双电源系统。

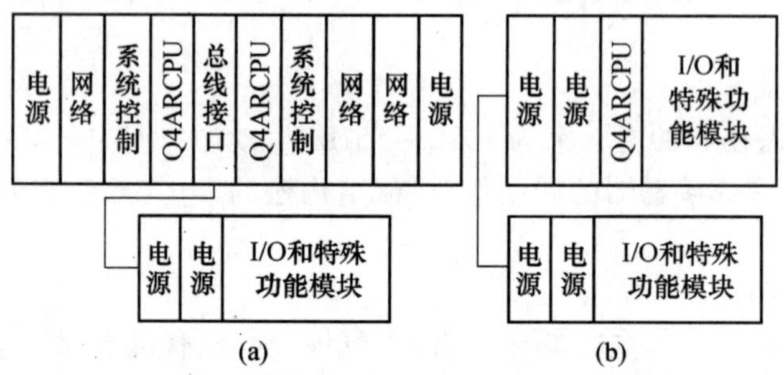

图 11-32　双机双工热/后备控制系统

Q4ARCPU 的双 CPU 系统给出了 PLC 的热/备用操作。当热 CPU 处于正常条件时,所有 I/O 模块都由热 CPU 控制。在此期间,备用 CPU 不执行它的程序,但是复制热 CPU 的内部设备数据即数据跟踪。一旦热 CPU 出现异常,备用 CPU 就根据数据跟踪得到的最新数据立即接管系统的控制功能,以保证系统的正常运行。出现故障的 CPU 模块则可卸下维修或更换,而不影响系统的运行。

4. 表决式冗余系统

表决式冗余系统原理图如图 11-33 所示。在该系统中,3 个 CPU 同时接受外部数据的输入,而对外部输出的控制,则由 2/3 表决模块依据 3 个 CPU 的并行输出状态表决决定。这种系统的典型产品为三菱公司的 A3VTS 系统。

5. 与继电器控制盘并用

在旧系统改造的场合,原有的继电器控制盘最好不要拆除,保留原来功能,以作为后备系统使用。对新建项目就不必采用此方案。因为小规模控制系统中的 PLC 造价可做到和继电器控

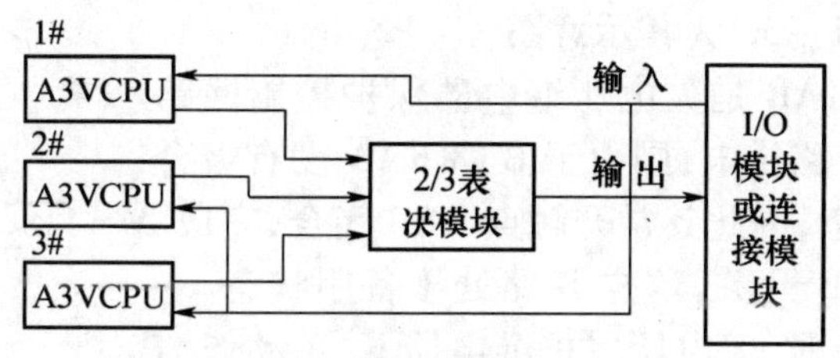

图 11－33　A3VTS 冗余系统原理图

制盘相当,因此以采用 PLC 并列运行方案为好。对于中大规模的控制系统由于继电器控制盘比较复杂且可靠性低,这时采用双机双工热/后备控制系统方案为好。

6. 网络冗余

采用冗余技术可以提高系统的工作可靠性,同样利用冗余技术也可以提高网络工作的可靠性。如三菱公司的 PLC 就具备网络冗余功能。三菱公司的 MELSECNET 总线系统可以通过选择附加网络模块和相应的电缆构成双总线系统,大大提高了网络工作的可靠性。

11.4.7　控制系统的供电设计

供电系统的设计直接影响到控制系统的可靠性,因此在设计供电系统时应考虑下列因素:电源系统的抗干扰性;失电时,不破坏 PLC 程序和数据;控制系统不允许断电的场合,供电电源的冗余等。考虑到上述对电源的要求,在进行供电系统设计中主要可以采用下述几种方案。

1. 采用隔离变压器的供电系统

PLC 与 I/O 及其他设备分别用各自的隔离变压器供电,并与主回路电源分开,以降低电网与大地的噪声。如图 11－34 所示。这样当输入输出回路失电时,不会影响 PLC 的供电。应该注意的是,各个变压器的二次绕组的屏蔽层接地点应分别接入各绕组电路的地。最后再根据系统的需要,选择必要而合适的公共接地点接地,以达到最佳的屏蔽效果。为 PLC 供电的绝缘变压器的副边采用非接地方式,双绞线截面大于 $2mm^2$ 为宜。

2. 采用 UPS 的供电系统

不间断电源 UPS 是计算机的有效保护装置,平时处于充电状态,当输入电源失电时,UPS 能自动切换到输出状态,继续向系统供电。根据 UPS 的容量不同,在电源掉电之后,可继续向 PLC 供电 10min～30min,因此对于重要的 PLC 应用系统,在供电系统中配置 UPS 是十分有效和必要的。图 11－35 是使用 UPS 的供电示意图。

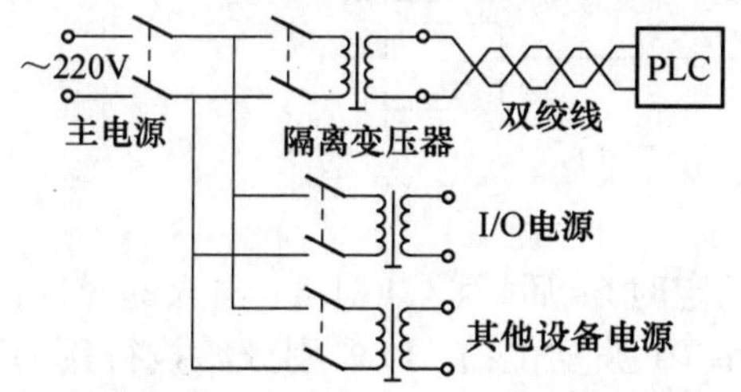

图 11－34　采用隔离变压器的供电系统

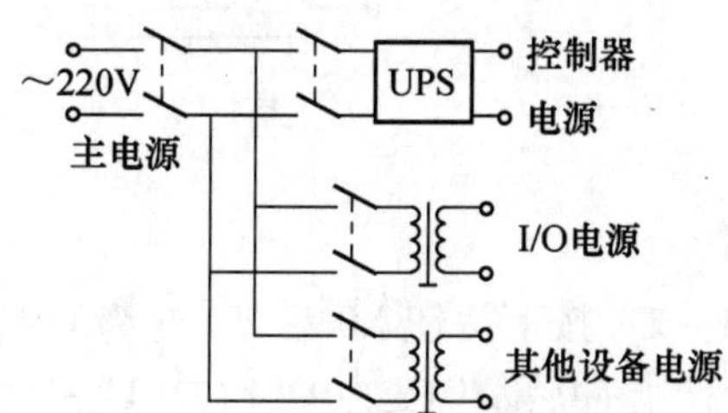

图 11－35　UPS 供电系统

3. 双路供电系统

在重要的可编程控制器应用系统中,为了提高系统工作的可靠性,如条件允许,供电系统的交流侧可采用双电源系统。双路电源最好引自不同的变电站,当一路电源出现故障时,可自动切换到另一路电源供。图 11－36 为其示意图。

图 11－36 中，KAA、KAB 是欠电压继电器保护控制回路。假设先合上开关 SA，令 A 路供电，则由于 B 路 KAA 没有吸合，继电器 KAB 处于失电状态，因此其常开触点 KAB 闭合，完成 A 路供电控制。然后合上 SB 开关，这样 B 路处于备用状态。一旦 A 路电压降低到规定值时，欠电压保护继电器 KAA 动作，其常开触点闭合，使 B 路开始供电，同时 KAB 触点断开。由 B 路切换到 A 路供电的工作原理与此相同。

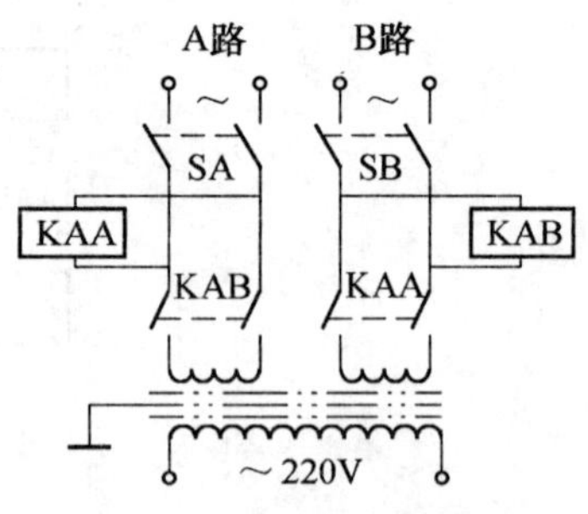

图 11－36 双路供电系统

11.4.8 静电预防

在我们生活的周围环境和身体上都带有不同程度的静电，当静电积累到一定程度时就会发生放电。静电对电子元件的影响主要表现在吸附尘埃降低绝缘、放电产生焦耳热效应、电磁场干扰等，造成电子元器件的损坏。仅美国每年因静电对电子工业造成的损失就高达几百亿美元。又由于静电对电子产品的损害具有隐蔽性、潜在性、随机性和复杂性等，所以必须给予重视。

人体静电是引起静电危险或静电损坏的最主要和最常见的因素。由于人体不会感受到 35000V 以下电压产生的放电，而大多数电子器件对数百伏电压产生的放电都会非常敏感。人们在干燥的环境中活动所产生的静电可达几千伏到几万伏。所以，电子元器件的损坏往往来自于人们没有察觉到的放电或静电辐射。特别是在湿度低、极干燥的场合，人体不要接触 PLC 的模块等组件，以防静电损坏元器件；或先泻放静电再接触模块。

对设备而言，容易产生静电放电的部位是电缆、暴露在外的金属框架等，所以要使之良好接地。设备电缆的屏蔽层与设备金属外壳要良好连接，静电接地电阻应不大于 106Ω。但接地不能防止静电的产生，也不能排除绝缘体上的静电。保持适当的湿度（65% 左右）是防止静电的好方法，在干燥的场合和容易产生静电的地方，应采用抗静电剂、防静电透明乳胶漆或静电消除器等。

习 题 十 一

11－1 用经验设计法设计满足图 11－37 所示波形的梯形图。

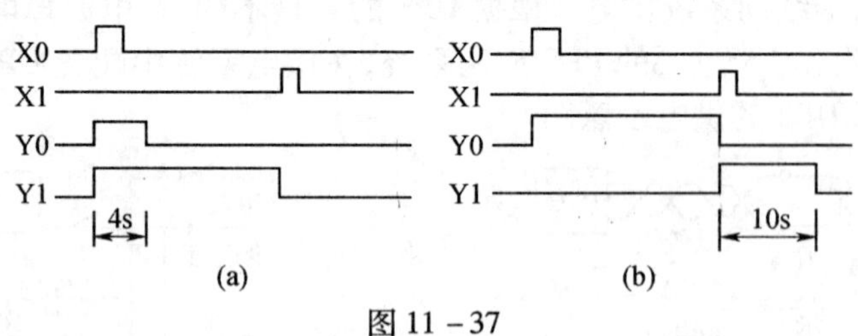

图 11－37

11－2 按下按钮 X0 后 Y0 变为 ON 并自保持，T0 定时 6s 后，用 C0 对 X1 输入的脉冲计数，计数 4 个脉冲后，Y0 变为 OFF（图 11－38），同时 C0 和 T0 被复位，在 PLC 刚开始执行用户程序时，C0 也被复位，设计出梯形图。

11－3 送料小车用异步电动机拖动，按钮 X0 和 X1 分别用来启动小车右行和左行。小车在限位开关 X3 处装料（如图 11－39 所示），Y2 为 ON；10s 后装料结束，开始右行，碰到 X4 后停下来卸料，Y3 为 ON；15s 后左行，碰到 X3 后又停下来装料，这样不听地循环工作，直到按下停止按钮 X2。画出 PLC 的外部接线图，用经验设计小车送料控制系统的梯形图。

图 11－38　　　　图 11－39

11－4　用 PLC 设计一个抢答器,可用于 4 支比赛队伍进行抢答。4 个抢答器按钮为 X0～X3,对应的 4 个指示灯用 Y0～Y3 来控制,复位按钮为 X4。

11－5　某液压动力滑台在初始状态时停在最左边,行程开关 X0 接通。按下启动按钮 X4,动力滑台的进给运动如图 11－40 所示。工作一个循环后,返回并停在初始位置。控制电磁阀的 Y0～Y3 在各工作的状态如表所示。画出 PLC 外部接线图和控制系统的顺序功能图,用起保停电路、以转换为中心设计法和步进梯形指令设计梯形图程序。

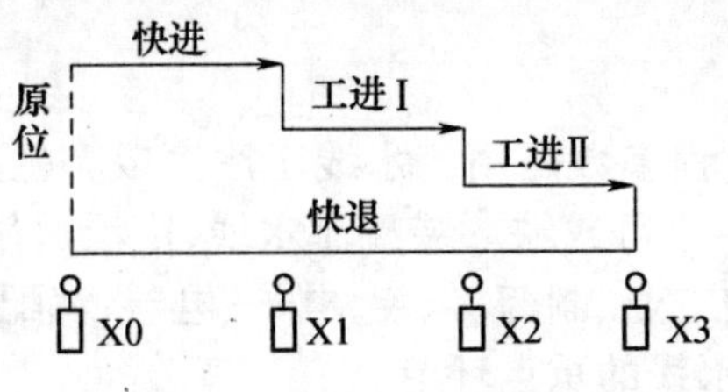

工步	Y0	Y1	Y2	Y3
快进	－	＋	＋	－
工进Ⅰ	＋	＋	－	－
工进Ⅱ	－	＋	－	－
快退	－	－	＋	＋

图 11－40

第12章　可编程控制器的应用

可编程控制器以其通用性强、可靠性高、指令系统简单、编程简便易学、易于掌握、体积小、维修工作少、现场接口安装方便等一系列优点,被广泛应用于工业自动控制中。本章通过几个工业自动控制中简单的典型实例,分别介绍了西门子 S7-200 系列 PLC 和三菱 FX 系列 PLC 的应用。

12.1　装配流水线控制设计

12.1.1　概述

在现代工业生产实践中,规模化生产的过程多数是用流水线工序完成。生产流水线的控制常用 PLC 来完成,流水线在企业的批量生产中不可或缺。装配流水线,广泛适用于肉类加工业、冷冻食品业、水产加工业、饮料及食品、乳品加工业、制药、包装、电子、电器、汽配、加工制造业、农副产品加工业等多种行业。本节介绍装配流水线的重点环节。

使用移位寄存器指令,可以大大简化程序设计。移位寄存器指令所描述的操作过程如下:若在输入端输入一串脉冲信号,在移位脉冲作用下,脉冲信号依次移到移位寄存器的各个继电器中,并将这些继电器的状态输出,每个继电器可在不同的时间内得到由输入端输入的一串脉冲信号。每个时间段延时用于各工序操作。

12.1.2　控制要求

装配流水线控制示意图如图 12-1 所示。

图中的 A~G 表示各个不同的操作工位,启动、复位、移位、H 表示动作输出,传送带共有十六个工位,工件从 1 号位装入,分别在 A(操作 1)、B(操作 2)、C(操作 3)三个工位完成三种装配操作,经最后一个工位后送入仓库;其他工位均用于传送工件。

PLC 接线如图 12-2 所示。

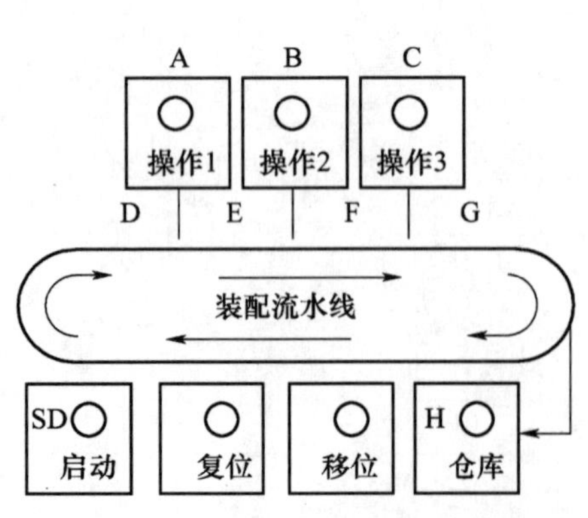

图 12-1　装配流水线控制示意图

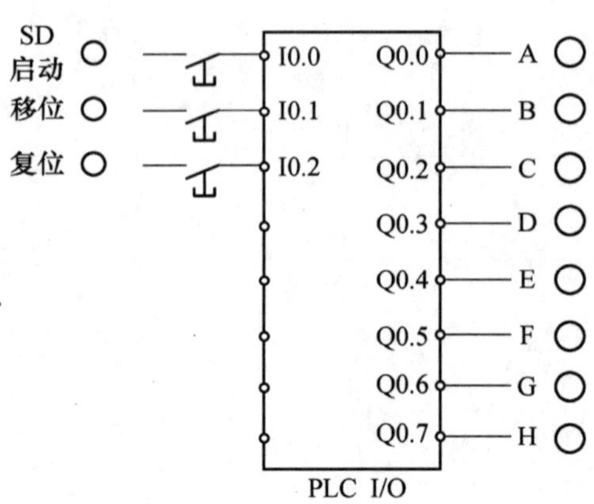

图 12-2　PLC 接线图

12.1.3 程序设计

(1) 指令表。如表12-1所列。

表12-1 装配流水线控制西门子S7-200系列PLC指令表

步序	指令	步序	指令
0	LD I0.0 启动	35	TON T48, +80 延时8s
1	AN M0.0	36	AN T48
2	TON T37, +10 延时1s	37	= M1.2
3	LD T37	38	LD M1.0
4	= M0.0 产生脉冲	39	SHRB M20.0, M20.1, +4
5	LD I0.0 移位	40	LD M20.1
6	0 M0.5	41	TON T39, +30 延时3s
7	= M10.0	42	LD T39
8	LD M0.2	43	TON T40, +15 延时1.5s
9	= M10.6	44	AN T40
10	LD M0.3	45	= M0.2
11	= M12.4	46	LD M20.2
12	LD M0.4	47	TON T41, +30 延时3s
13	= M13.2	48	LD T41
14	LD M0.0 移位输入	49	TON T42, +15 延时1.5s
15	SHRB M10.0, M10.1, +5	50	AN T42
16	SHRB M10.6, M10.7, +5	51	= M0.3
17	SHRB M12.4, M12.5, +5	52	LD M20.3
18	SHRB M13.2, M13.3, +5	53	TON T43, +30 延时3s
19	LD M10.5	54	LD T43
20	0 M11.3	55	TON T44, +15 延时1.5s
21	0 M13.1	56	AN T44
22	0 M13.7	57	= M0.4
23	EN	58	LD M20.4
24	= M1.0	59	TON T45, +30 延时3s
25	LD M1.1	60	LD T45
26	AN T58	61	TON T46, +15 延时1.5s
27	0 M10.0	62	AN T46
28	= M1.1	63	= M0.5
29	TON T47, +50 延时5s	64	LD M10.1
30	LD M1.1	65	0 M10.7
31	AN T47	66	0 M12.5
32	0 M1.2	67	0 M13.3
33	= M20.0	68	= Q0.3 传送带
34	LD M20.4	69	LD M10.2

（续）

步序	指　令	步序	指　令
70	0　M11.0	88	AN　T41
71	0　M12.2	89	=　Q0.1　操作 2
72	0　M21.0	90	LD　M20.3
73	=　Q0.4　传送带	91	AN　T43
74	LD　M10.3	92	=　Q0.2　操作 3
75	0　M11.1	93	LD　M20.4
76	0　M12.7	94	AN　T45
77	0　M21.1	95	=　Q0.7　仓库
78	=　Q0.5　传送带	96	LD　I0.2
79	LD　M10.4	97	R　M10.1, 1　复位
80	0　M11.2	98	R　M11.3, 1　复位
81	0　M13.0	99	R　M12.5, 1　复位
82	0　M13.6	100	R　M13.7, 1　复位
83	=　Q0.6　复位	101	R　M20.1, 1　复位
84	LD　M20.1	102	R　M20.4, 1　复位
85	AN　T39	103	LD　I0.2
86	=　Q0.0　操作 1	104	TON　T58, +1　延时 0.1s
87	LD　M20.2		

（2）梯形图。如图 12－3～图 12－5 所示。

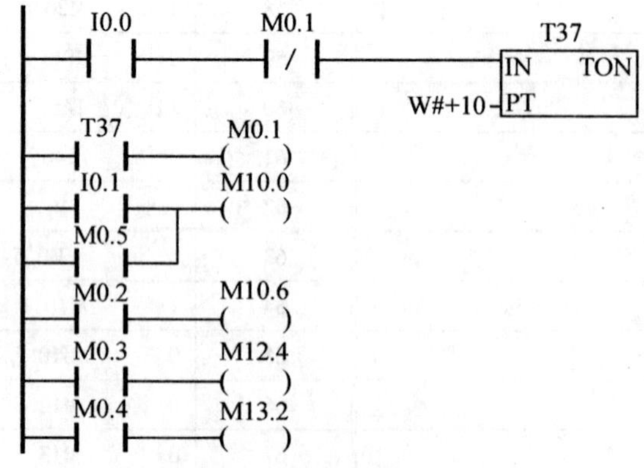

图 12－3　装配流水线控制(S7－200)梯形图之一

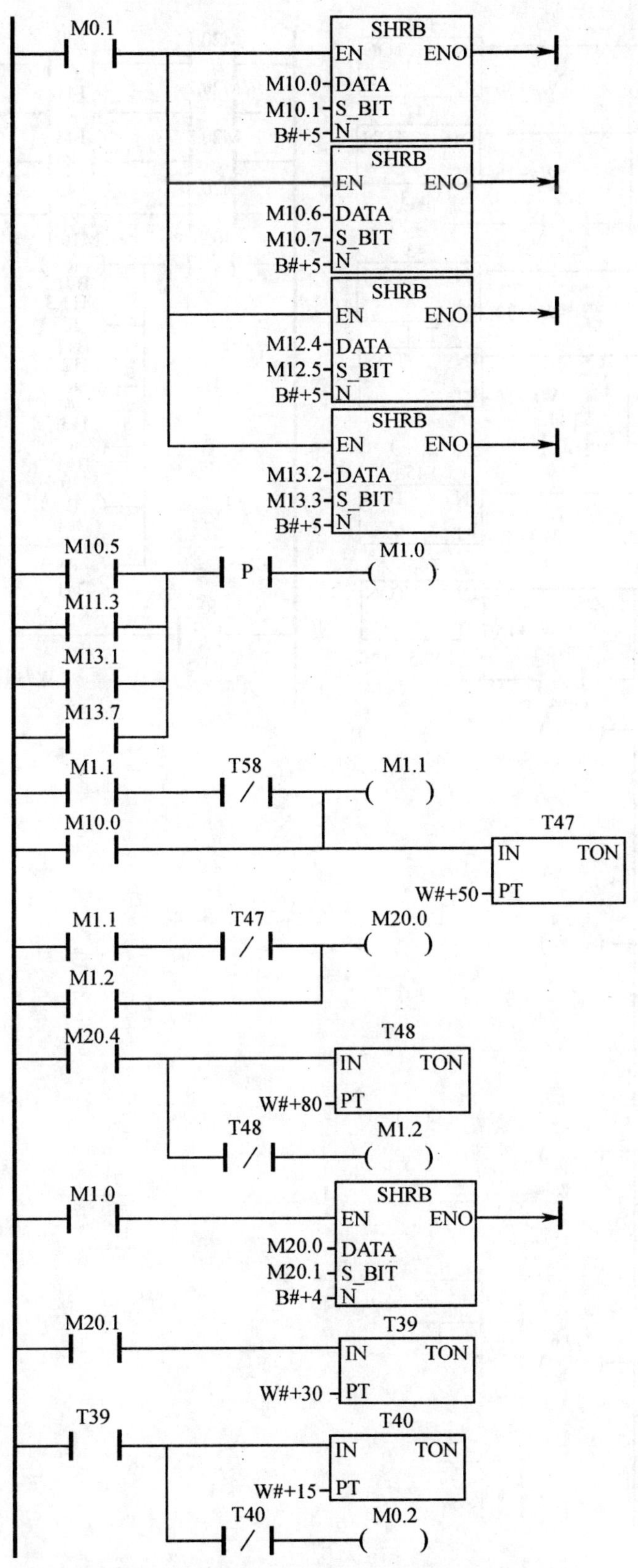

图 12－4　装配流水线控制（S7－200）梯形图之二

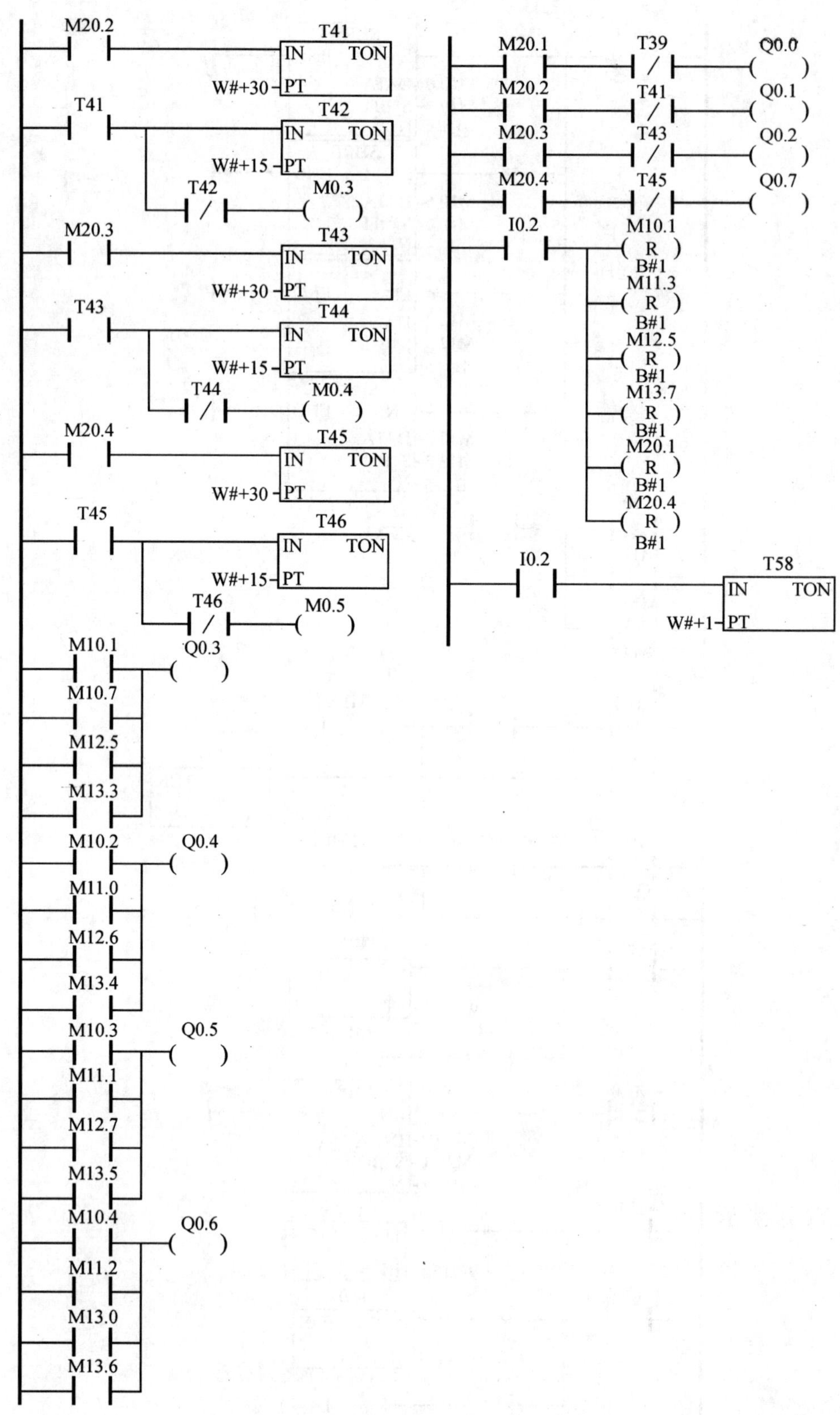

图 12-5 装配流水线控制(S7-200)梯形图之三

12.2 多路信息检测与显示控制系统设计

12.2.1 控制系统原理

系统主要由六部分组成，分别是：温度变送器电路、湿度变送器电路、压力变送器电路、PLC、显示电路和报警电路。三个变送器电路把测得的温度、湿度、压力分别转化为相应的电压，然后启动 PLC，导入程序，由 PLC 程序来实现对模拟输入电压的转换和显示。按下启动按钮 SB1 加电后，首先初始化 I/O 通道，设置各个模拟通道的通道号 CH1、CH2、CH3 及各通道输入电压的范围：温度变送器电压为 2.4V ~ 3.0V，湿度变送器电压为 15.5V ~ 9.5V，压力变送器电压为 1.0V ~ 2.0V。复位通道计数器 CH，由通道 CH1 读入温度变来的 2.4V ~ 3.0V 模拟电压，由 A/D 变换 DCD 转化为 BCD 码送入输出锁存器，然后由 Y0 ~ Y7 输出显示，Y8 输出温度显示锁存脉冲。通道号加 1 返回，依次读入通道 2、通道 3。每读取一个通道，当温度、湿度或压力越限时发出声光报警信号 Y11，Y12 或 Y13。具体的系统原理框图如图 12 - 6 所示。

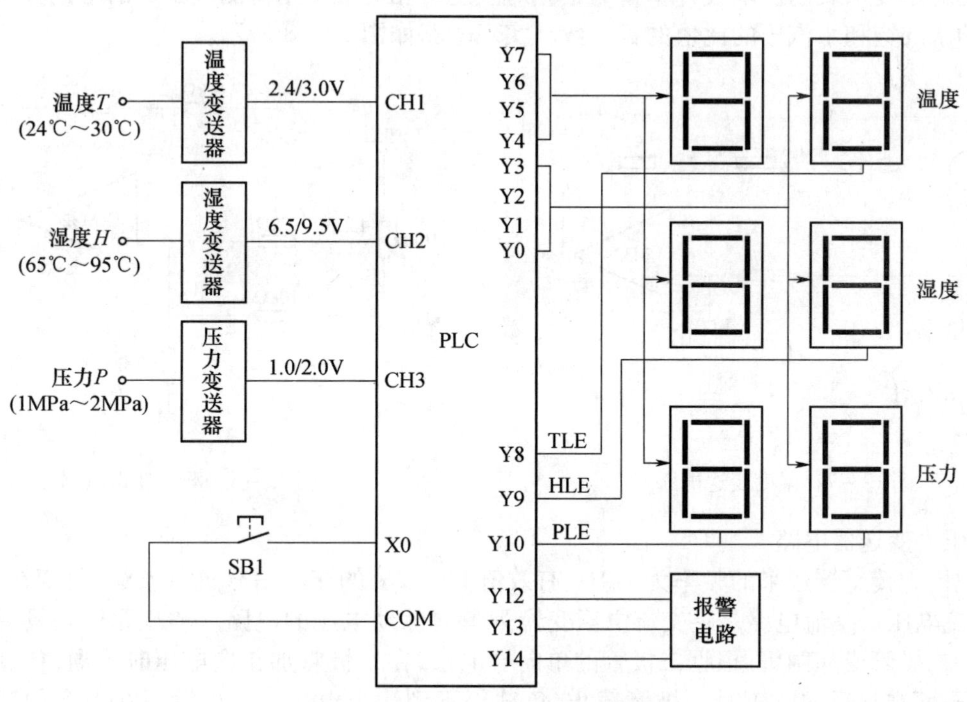

图 12 - 6 控制系统原理框图

12.2.2 控制要求

设计要求对某自动化生产车间的生产环境温度、湿度和管道压力进行实时检测与显示并及时进行越限报警。要求环境温度低于 24℃ 或大于 30℃ 时，声光报警；环境湿度低于 65% 时，声光报警；管道压力高于 2MPa 时，声光报警。整个系统的工作原理是系统把采集到的数据（温度、湿度、压力）分别由温度变送器、湿度变送器和压力变送器转化为在模拟量模块 EM231 工作电压范围内的电压模拟量送入 PLC 的输入映像寄存器，再进行 A/D 转换为八位的 BCD 码送入输出锁存器，然后由显示电路的 BCL002 数码管进行实时的显示，最后输出显示锁存脉冲。如此巡回地分别对温度、湿度和压力进行检测和显示。当温度、湿度或压力越限时发出声光报警信号。

12.2.3 硬件设计

硬件设计部分主要包括变送器电路、报警电路、显示接口电路和硬件结构图。

1. 变送器电路

变送器电路包括温度变送器、湿度变送器和压力变送器。

1）温度变送器电路

集成温度传感器实质上是一种半导体集成电路，具有线性好、精度适中、灵敏度高、体积小、使用方便等优点，得到了广泛应用。集成温度传感器的输出形式分为电压输出和电流输出两种。电压输出型的灵敏度一般为10mV/K，温度0℃时输出为0，温度25℃时输出为2.982V。电流输出型的灵敏度一般为1mA/K。AD590是美国模拟器件公司生产的单片集成两端感温电流源。温度变送电路如图12－7所示。

2）湿度变送器电路

湿度是指物质中所含的水蒸气量，湿度传感器多数是测量气氛中的水蒸气含量，通常用绝对湿度和相对湿度来表示。本设计中指的是相对湿度。相对湿度指待测气氛中的水汽分压与相同温度下的水的饱和水汽压的比值的百分数。实现电路如图12－8所示。

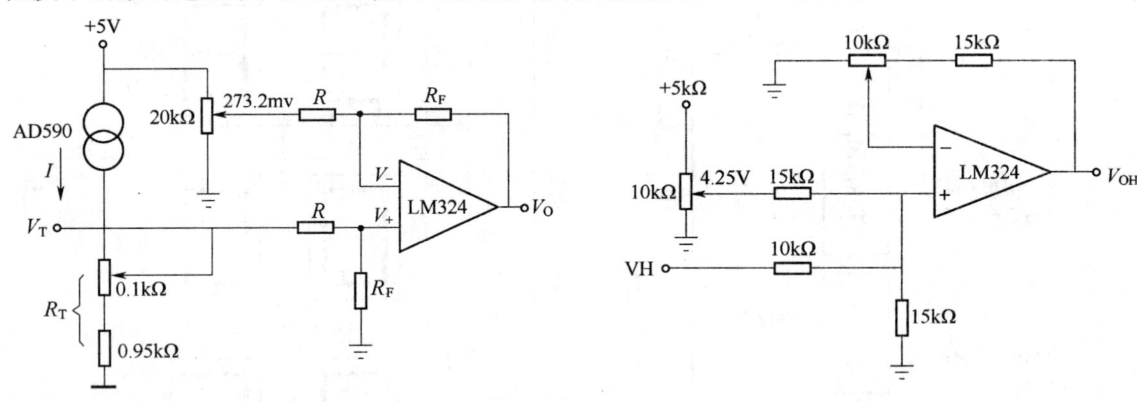

图12－7 温度变送电路

图12－8 湿度变送电路

3）压力变送器电路

先把压力传感器送来的频率为1kHz、有效值1V～2V的交流信号进行整流，再变换为1V～2V的直流电压。整流电路是将交流电压变换为单向脉动电压的电路。整流元件是具有单向导电能力的二极管或晶闸管，根据二极管的单向导电性，在二极管加正向电压时导通，负载两端有输出电压；而在加反向电压时二极管截止，负载得不到输出电压。二极管只在半个周期能够导电，而负载上得到的电压是单一方向，大小随时间而变的（单向脉动电压）。对这种整流的输出电压，常用一个周期的平均值来表示它的大小。实现电路如图12－9所示。

2. 报警电路

报警电路要完成在温度、湿度和压力越限时进行报警的功能，主要由发光二极管、或门、电阻和蜂鸣器等元器件组合而成。

发光二极管通常是用元素周期表中Ⅲ、Ⅴ族元素的化合物，如砷化镓、磷化镓等制成的。当这种管子通以电流时将发出光来，这是由于电子与空穴直接复合而放出能量的结果。光谱范围是比较窄的，其波长由所使用的基本材料而定。此电路中就是利用PLC输出的高低电平使报警电路导通，二极管中有电流通过，使二极管发光，实现发光报警的。具体实现电路如图12－10所示。

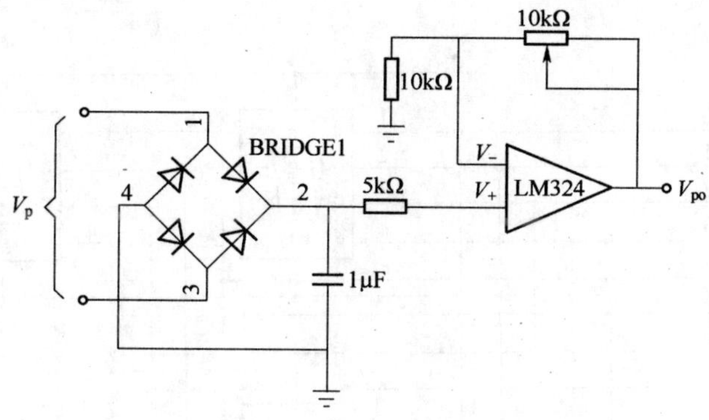

图 12-9 压力变送电路

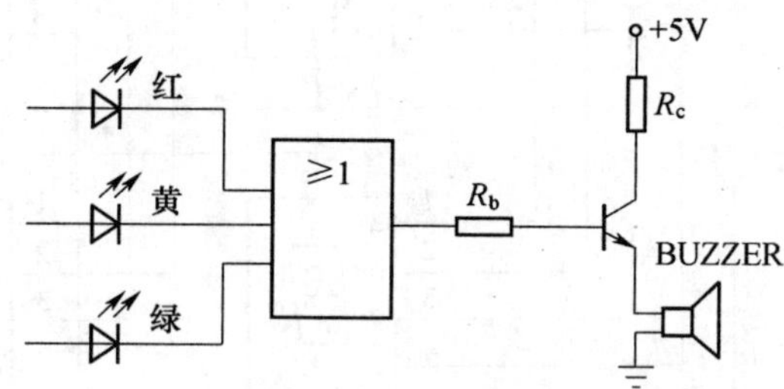

图 12-10 报警电路

3. 显示接口电路

LED 数码管是将电信号转换为光信号的固体显示器件。它由 7 个条形发光二极管构成 7 段字形，7 段分别为 a、b、c、d、e、f、g，显示哪个字形，则相应段的发光二极管就发光。

按连接方式不同，LED 数码管分为共阳极和共阴极两种。共阳极是指数码管中的 7 个发光二极管的阳极连在一起，接到高电平（V_{cc}）。当某段发光二极管的阴极为低电平时，该段就导通发光；若为高电平时就截止不发光。因此它要求与有效输出电平为低电平的 7 段译码器/驱动器相连。共阴极是指数码管中的 7 个发光二极管的阴极连在一起，接到低电平（GNG）。当某段发光二极管的阳极为高电平时，该段就导通发光；若为低电平就截止不发光。因此，它要求与有效输出电平为高电平的 7 段译码器/驱动器连接。

本系统需要显示温度（24℃～30℃）、湿度（65%～95%）和压力（1.0MPa～2.0MPa）均采用两位 7 段数码管显示。这种显示方式硬件开销不大，又能节省 CPU 端口，同时也减轻了 CPU 的负担。具体电路图如图 12-11 所示。

4. 硬件结构图

综合以上各单元电路实现的功能，根据系统所要完成的任务，可设计出整个系统的结构如图 12-12 所示。

本电路采用 EM231 模块来承担接受温度变送器、湿度变送器和压力变送器从工作现场采集的电压模拟量，由用户 PLC 程序来实现对模拟量的数据转换和输出显示，充分体现了 PLC 在工矿企业生产中应用的优越性：可靠性高，控制功能强，抗干扰能力强，灵活性大，适应性强等。此电路比较简洁，调整方便，可实现多方面的指标要求。

12.2.4 软件设计

软件设计部分主要包括以下几部分内容：PLC 的选择、程序流程图和程序编写。

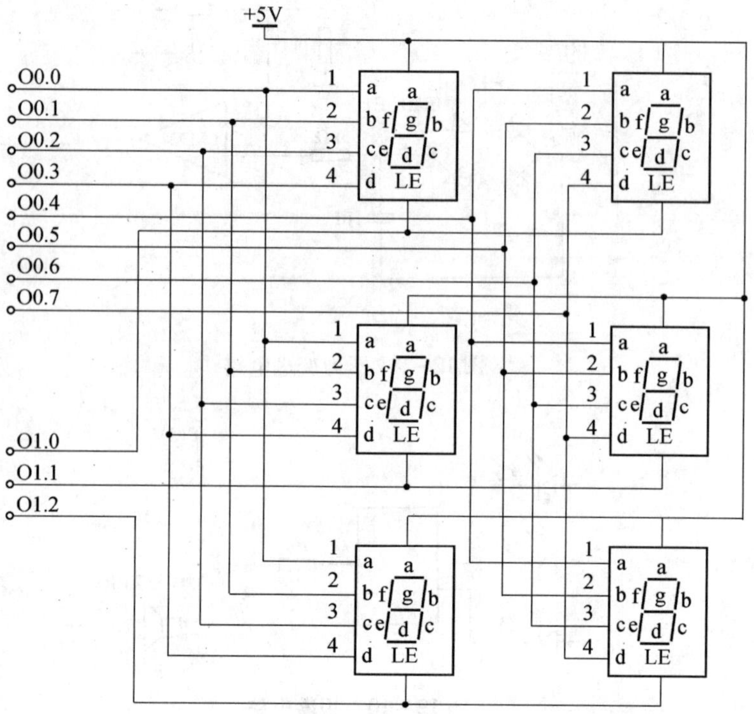

图 12－11　显示电路

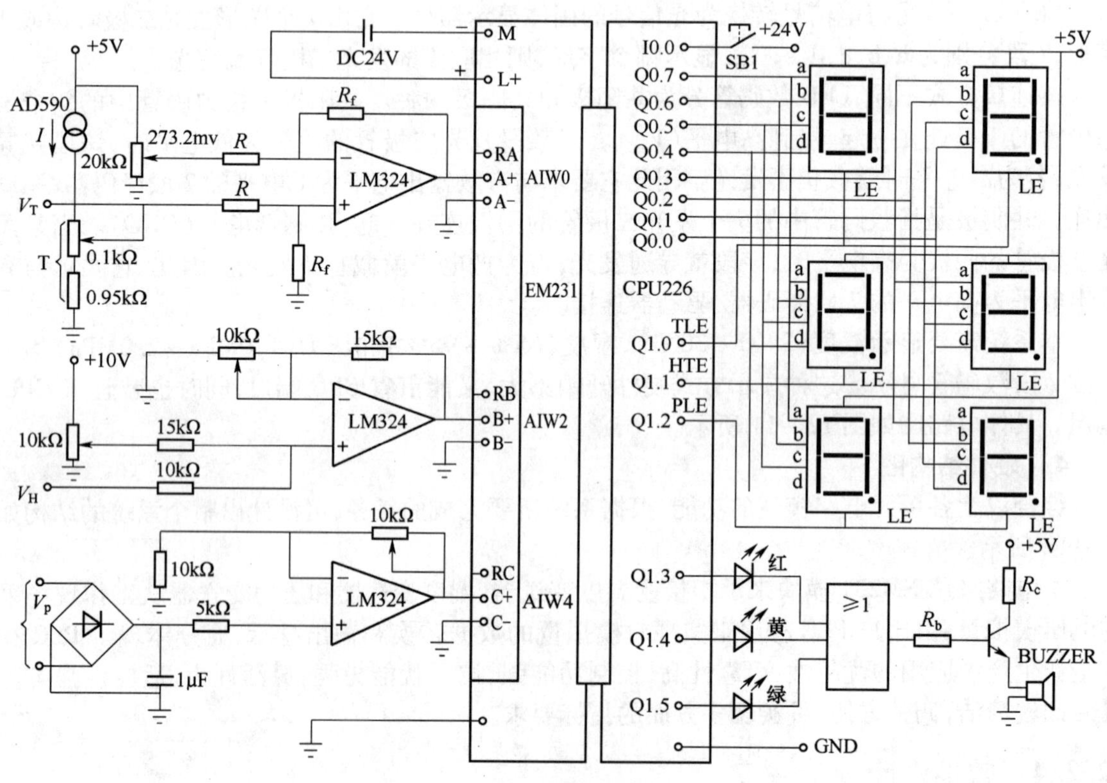

图 12－12　系统结构图

1. PLC 的选择

为了尽量减少占用 PLC 的 I/O 点个数,PLC 控制器选用德国西门子公司的 S7 - 226,具有 24 点输入,16 点输出,可扩展 2 个 ~7 个模块。

本系统占用 PLC 的 4 个输入点、15 个输出点,具体 I/O 分配见表 12 - 2 所列。

表 12 - 2 I/O 分配表

模块号	输入	功能	输出	功能
CPU	I0.0	启动按钮 SB1	Q0.0	BCD 码输出
			Q0.1	BCD 码输出
			Q0.2	BCD 码输出
			Q0.3	BCD 码输出
			Q0.4	BCD 码输出
			Q0.5	BCD 码输出
			Q0.6	BCD 码输出
			Q0.7	BCD 码输出
			Q1.0	TEL 温度显示锁存脉冲
			Q1.1	
			Q1.2	
			Q1.3	
			Q1.4	
			Q1.5	
EM231	AIW0	温度变压器		
	AIW2	湿度变压器		
	AIW4	压力变压器		

2. 程序流程图

系统加电按下启动按钮 SB1 后,首先初始化 I/O 通道,设置模拟通道号 CH1、CH2、CH3 及输入电压范围:温度变送器电压为 2.4V ~3.0V,湿度变送器电压为 1.5V ~3.5V,压力变送器电压为 1.0V ~2.0V。复位通道计数器 CH,由通道 CH1 读入温度变送器送来的 2.4 V ~3.0V 模拟电压,由 A/D 变换 DCD 转化为 BCD 码送入输出锁存器,然后由 Y0 ~ Y7 输出显示,Y8 输出温度显示锁存脉冲。通道号加 1 返回,依次读入通道 2、通道 3。每读取一个通道,当温度、湿度或压力越限时发出报警信号 Y11、Y12 或 Y13。

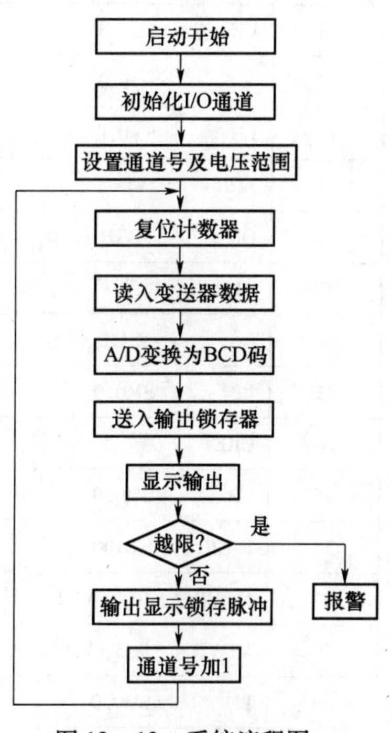

图 12 - 13 系统流程图

具体系统流程图如图 12 - 13 所示。

3. 程序编写

软件是本系统的灵魂,在设计软件时应从系统实用、可靠及方便这几方面予以考虑。由于 PLC 工作的主要特点是输入信号集中批处理,执行过程集中批处理和输入控制集中批处理。PLC 在执行程序时所用到的状态值不是直接从实际端口所获得的,而是来源于输入映像寄存器和输出映像寄存器。主要用到存储器指令、计数器指令、数据转换指令、复位指令、返回指令等。其

STL 助记符程序如下，梯形图程序如图 12－14 所示，指令表如表12－3所列。

表 12－3 指令

步序	指 令		步序	指 令	
0	LD	I0.0	31	LD	SM0.0
1	S	M0.0，1	32	MOVW	AIW2，AC1
2	LD	SM0.1	33	BTI	AC1，AC1
3	CALL	SBR_0	34	IBCD	AC1
4	LD	SM0.0	35	MOVB	AC1，VB1
5	INCB	VB100	36	SEG	VB1，QB1
6	MOVR	2.4，VD0	37	EU	
7	MOVR	3.0，VD1	38	=	Q1.1
8	LD	SM0.0	39	LD	M0.0
9	R	M0.0，1	40	AR <	VD2，6.5
10	LD	SM0.0	41	=	Q1.4
11	MOVW	AIW0，AC1	42	LD	M0.0
12	BTI	AC0，AC3	43	CRET	
13	IBCD	AC0	44	LD	SM0.0
14	MOVB	AC0，VB0	45	INCB	VB100
15	SEG	VB0，QB0	46	MOVR	1.0，VD4
16	EU		47	MOVR	2.0，VD5
17	=	Q1.0	48	LD	SM0.0
18	LD	SM0.0	49	MOVW	AIW4，AC2
19	LDR <	VD0，2.4	50	BTI	AC2，AC2
20	OR >	VD1，3.0	51	IBCD	AC2
21	ALD		52	MOVB	AC2，VB2
22	=	Q1.3	53	SEG	VB2，QB2
23	LD	SM0.0	54	EU	
24	CRET		55	=	Q1.2
25	LD	SM0.0`	56	LD	SM0.0
26	INCB	VB100	57	AR >	VD5，2.0
27	MOVR	6.5，VD2	58	=	Q1.5
28	MOVR	9.5，VD3	59	LD	M0.0
29	LD	SM0.0	60	CRET	
30	R	M0.0，1			

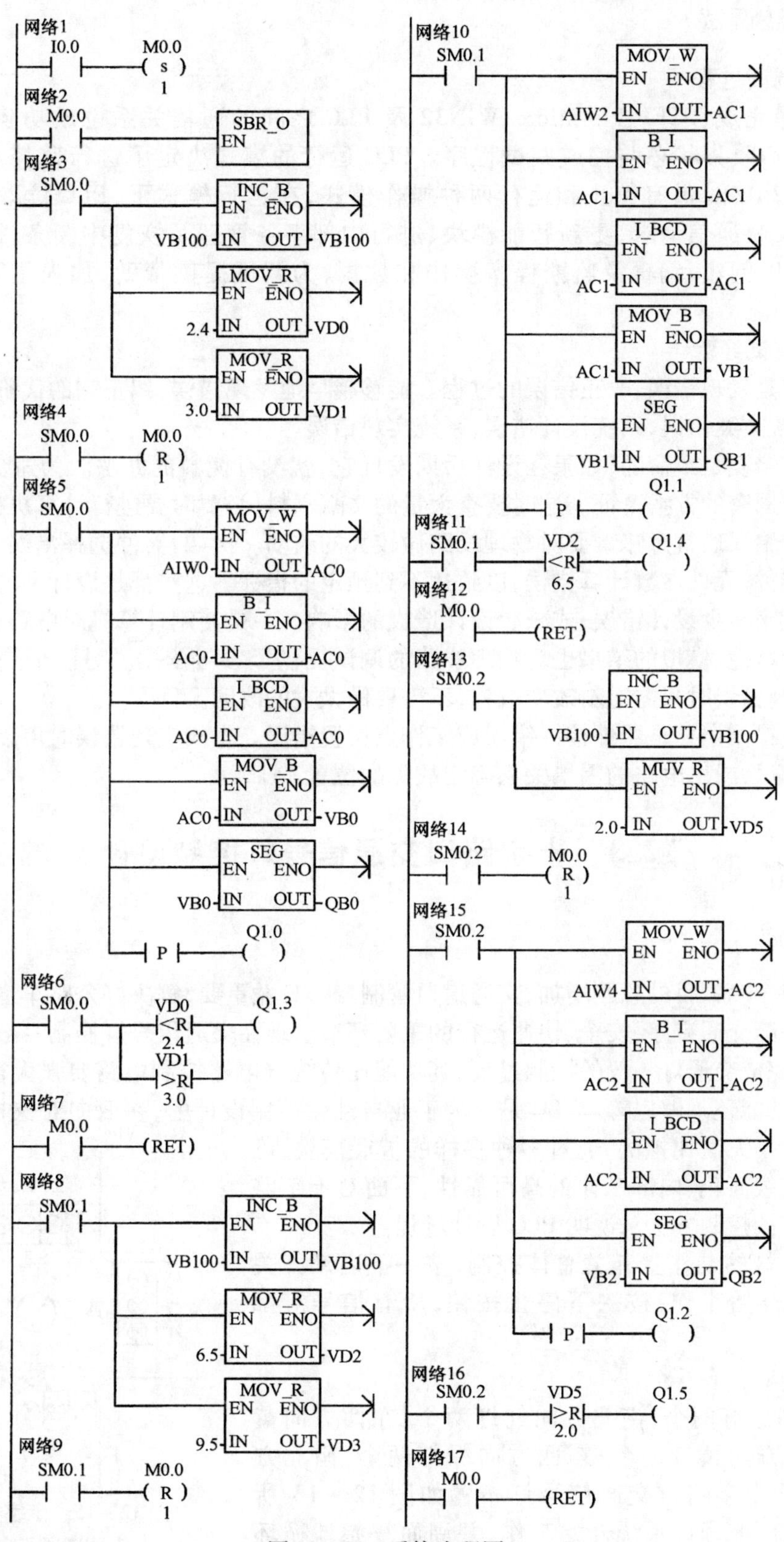

网络1
I0.0
M0.0
s
1
网络2
M0.0
SBR_O
EN
网络3
SM0.0
INC_B
EN ENO
VB100 IN OUT VB100
MOV_R
EN ENO
2.4 IN OUT VD0
MOV_R
EN ENO
3.0 IN OUT VD1
网络4
SM0.0
M0.0
R
1
网络5
SM0.0
MOV_W
EN ENO
AIW0 IN OUT AC0
B_I
EN ENO
AC0 IN OUT AC0
I_BCD
EN ENO
AC0 IN OUT AC0
MOV_B
EN ENO
AC0 IN OUT VB0
SEG
EN ENO
VB0 IN OUT QB0
P
Q1.0
网络6
SM0.0
VD0
<R
2.4
VD1
>R
3.0
Q1.3
网络7
M0.0
(RET)
网络8
SM0.1
INC_B
EN ENO
VB100 IN OUT VB100
MOV_R
EN ENO
6.5 IN OUT VD2
MOV_R
EN ENO
9.5 IN OUT VD3
网络9
SM0.1
M0.0
R
1
网络10
SM0.1
MOV_W
EN ENO
AIW2 IN OUT AC1
B_I
EN ENO
AC1 IN OUT AC1
I_BCD
EN ENO
AC1 IN OUT AC1
MOV_B
EN ENO
AC1 IN OUT VB1
SEG
EN ENO
VB1 IN OUT QB1
P
Q1.1
网络11
SM0.1
VD2
<R
6.5
Q1.4
网络12
M0.0
(RET)
网络13
SM0.2
INC_B
EN ENO
VB100 IN OUT VB100
MUV_R
EN ENO
2.0 IN OUT VD5
网络14
SM0.2
M0.0
R
1
网络15
SM0.2
MOV_W
EN ENO
AIW4 IN OUT AC2
B_I
EN ENO
AC2 IN OUT AC2
I_BCD
EN ENO
AC2 IN OUT AC2
SEG
EN ENO
VB2 IN OUT QB2
P
Q1.2
网络16
SM0.2
VD5
>R
2.0
Q1.5
网络17
M0.0
(RET)

图 12-14 系统流程图

12.2.5 系统调试

1. 系统调试过程

程序编译完成,STEP 7 – Micro/WIN32 及 PLC 之间的通信关系也成功建立后,向 PLC 下载程序,然后收集状态监控或调试程序。PLC 运行的模式决定了进行监控与调试操作的类型。S7 – 226CPU 具有停止和运行两种操作模式,在运行模式下,PLC 读取输入、执行程序、写输出、反映通信请求、更新智能模块、进行内部事务管理及恢复中断条件,不仅可以执行程序,也可以创建、编辑及监控程序操作和数据,为调试提供帮助,加强了程序操作和确认程序问题的能力。

2. 系统调试经验

调试过程是发现错误、改正错误的过程。能够越早地发现错误,纠正它的代价就越小。错误可以分为:系统方案错误,系统设计错误,系统实现错误。

系统方案错误是致命的,如果在设计后期发现它,就没有挽救的办法。为避免方案错误,在设计前要进行周密的方案论证。这时要查大量的文献资料,必要时要进行计算机模拟。

系统设计错误通常意味着要对物理线路做较大的改动。例如,器件选择错误,在高速应用中使用了低速器件;元件参数计算错误,以致达不到预定的指标。这些都是设计上的错误。在这里采用两种手段来减少设计错误,或减少设计造成的影响。一是使用计算机对电路进行模拟,例如验证滤波器的特性,模拟的结果也为物理线路的调试提供了参考依据。另一个是使用可编程逻辑器件,在发现错误时只需重新改变编程,不需要做太大的改动。

系统实现错误主要是器件接线错误或工作点设置错误。查找实现错误时可以根据模拟的结果进行对照调试,或由电路的因果关系确定故障的位置。

12.3 十字路口交通信号灯控制设计

12.3.1 概述

随着城市车辆数目的急剧增加,交通道口管制变得日益重要,解决好公路车道交通信号灯控制问题将是保障交通有序、安全、快速运行的重要环节。现在交通信号灯控制一般采用单片机控制,单片机能完成交通灯一般的控制过程,其功能比传统继电器控制电路要强大得多,但可靠性不够高,控制功能还不够完善。PLC 是专为工业自动化控制设计的,在面向对象控制方面,其控制功能的强大是无法比拟的,通过多种多样的扩展模块,可以做到外部接线简化、内部工作的高可靠性,下面对十字路口交通信号灯的控制方法来说明 PLC 设计过程。

(1) 信号灯的动作受开关总体控制,按一下启动开关 ON 时则系统开始工作;按一下停止按钮,所有信号灯都熄灭。

(2) 控制对象有 6 个。

东西方向红灯两个,南北方向红灯两个;东西方向黄灯两个,南北方向黄灯两个;东西方向绿灯两个,南北方向绿灯两个。十字路口交通信号灯布置如图 12 – 15 所示。启动按钮,信号灯系统开始工作,并周而复始地循环动作。

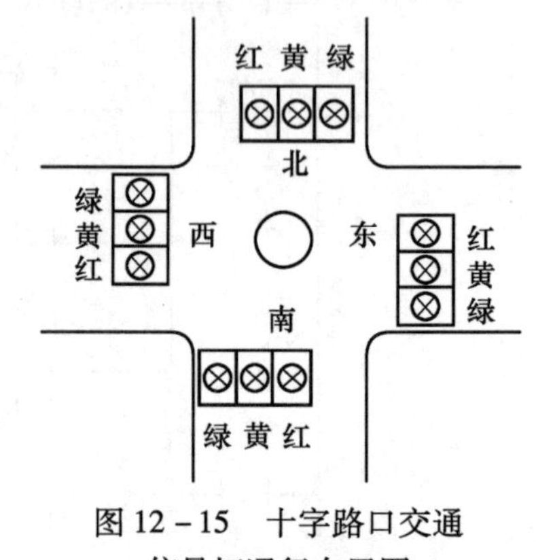

图 12 – 15 十字路口交通信号灯通行布置图

（3）控制要求。

要求东西方向和南北方向各通行35s，并周而复始。在南北方向通行时，东西方向的红灯亮35s，而南北方向的绿灯先亮30s后再闪3s(0.5s暗，0.5s亮)后黄灯亮2s。在东西方向通行时，南北方向的红灯亮35s，而东西方向的绿灯先亮30s后再闪3s(0.5s暗，0.5s亮)后黄灯亮2s。

（4）用三菱 FX_{2N}PLC 来实现。

由于东西方向和南北方向的通行时间相同，为了简化编程，减少定时器数量，将十字路口交通灯通行时间改为如图12-16所示。

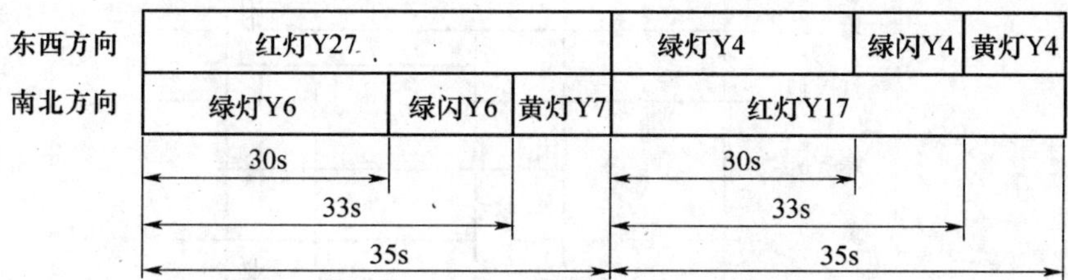

图12-16　十字路口交通信号灯通行时间图

12.3.2　逻辑指令编程

信号灯时间控制电路，共分6个时间段，东西方向和南北方向各3个。由于东西方向和南北方向通行时间相同，可用3个定时器。定时器的时间可按30s、3s、2s来设定。

十字路口交通灯接线图如图12-17所示。图12-18梯形图中的T0和Y17组成一个振荡电路，在T0的控制下，Y17产生35s中断、35s通的振荡波形，如图12-19时序图所示，Y17和Y27反相，分别控制东西方向和南北方向的红灯。当Y17=1时断开南北方向的红灯Y27，连接绿灯Y4和黄灯Y5，Y4和Y5由T1和T2控制。绿灯的闪亮由1s的时钟脉冲M8013来控制。

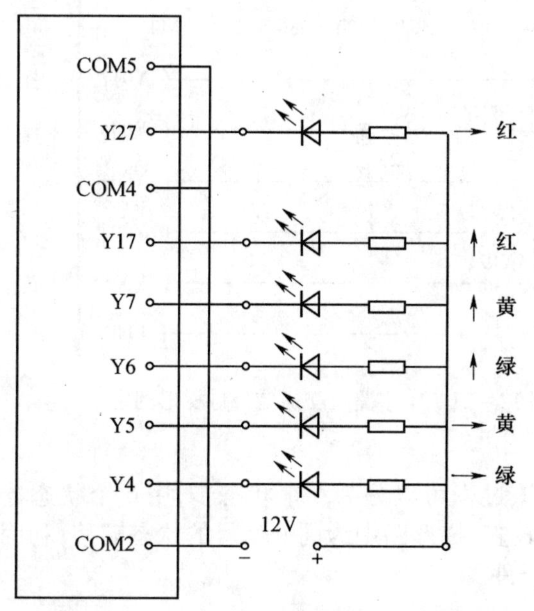

图12-17　十字路口交通信号灯接线图

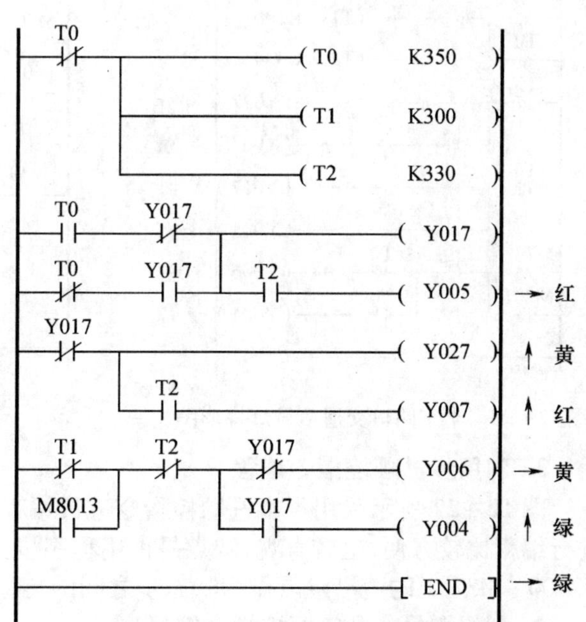

图12-18　十字路口交通信号灯梯形图

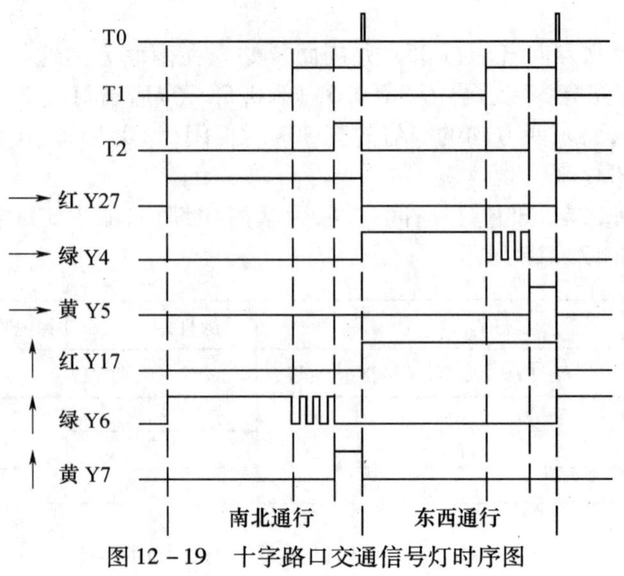

图 12－19　十字路口交通信号灯时序图

12.3.3　其他指令编程

1. 利用上升、下降沿指令编程

图 12－20 所示为利用上升沿触点和下降沿触点及定时器组成时间控制电路。

2. 利用区间比较和交替指令编程

图 12－21 所示为利用区间比较指令 ZCP 和交替指令 ALT 进行时间控制，梯形图中只用了一个定时器。

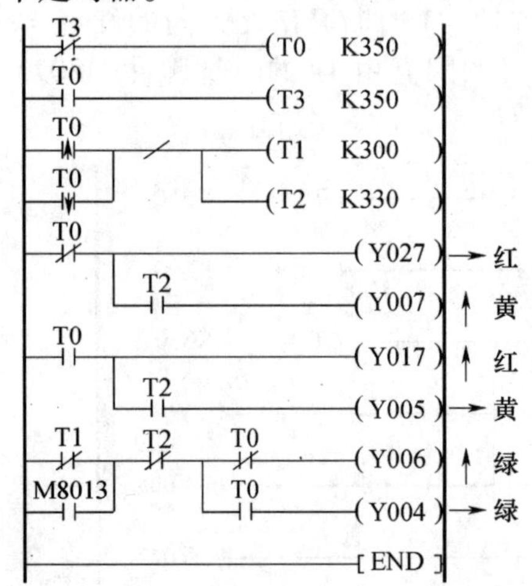

图 12－20　十字路口交通信号灯梯形图之一

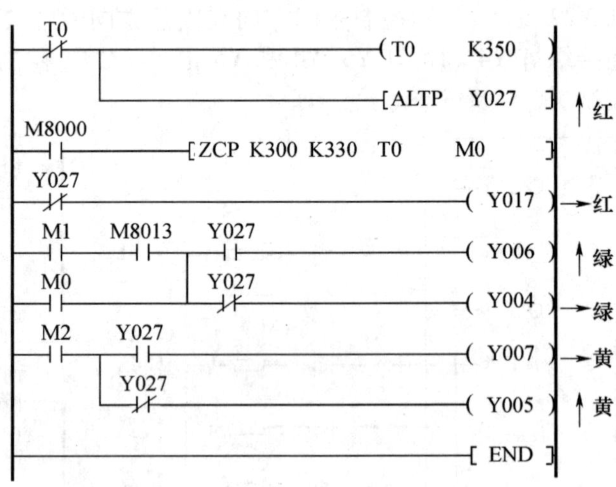

图 12－21　十字路口交通信号灯梯形图之二

3. 利用步进顺控指令编程

图 12－22 所示采用了步进顺控指令进行编程，该过程可以分为 6 个状态步，用 6 个状态器进行编程比较方便，也较直观，缺点是占用程序步比较多，梯形图中为同一信号的状态转移，利用 M2800 ~ M3701 的边沿触点作为状态步之间的转移条件。

4. 利用增量式凸轮顺控指令编程

图 12－23 所示采用了凸轮式顺控指令 INCD 进行编程，梯形图中没用定时器，而是利用 INCD指令对计数值控制的特点进行时间控制。

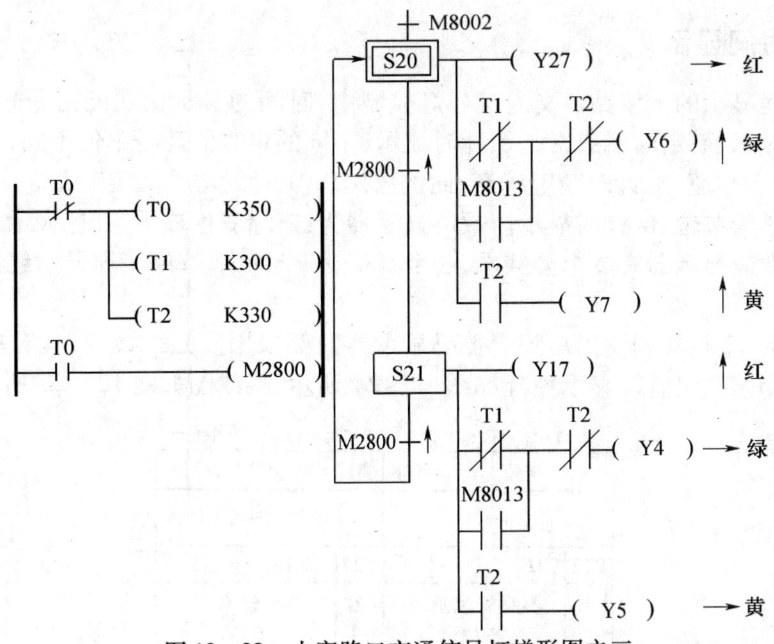

图 12-22 十字路口交通信号灯梯形图之三

东西方向	红灯 Y27			绿灯 Y4	绿闪 Y4	黄灯 Y5
南北方向	绿灯 Y6	绿闪 Y6	黄灯 Y7	红灯 Y17		
	30s	3s	3s	30s	3s	3s
	D0	D1	D2	D3	D4	D5
	M0	M1	M2	M3	M4	M5

```
M8002 ─┤├─┬─[MOV K30 D0]
          ├─[MOV K3 D1]
          ├─[MOV K2 D2]
          └─[BMOV D0 D3 K3]
M8000 ─┤├─[INCD D0 C0 M0 K6]        增量式凸轮顺控
M8028 ─┤├─[RST C0]
M8018 ─┤├─(C0 K9999)
M8013 ─┤├─ M1 ─┤├─┬─(Y006)          → 绿
M0 ─┤├────────────┘
M2 ─┤├─(Y007)                       → 黄
M3 ─┤/├─ M4 ─┤/├─ M5 ─┤/├─(Y027)    ↑ 红
M8013 ─┤├─ M4 ─┤├─┬─(Y004)          ↑ 绿
M3 ─┤├────────────┘
M5 ─┤├─(Y005)                       ↑ 黄
Y027 ─┤/├─(Y017)                    → 红
─[END]
```

图 12-23 十字路口交通信号灯梯形图之四

12.3.4 通行时间显示

具有通行时间显示的十字路口交通信号灯控制中，时间的显示由功能指令来实现。通行时间通常是倒计时显示，而定时器通常是加计时显示，不同的定时器计时单位不同，有 0.1s、0.01s、0.001s 几种，计时单位越小，计时精度越高，此例选用 0.1s 计时单位的定时器。

显示时间以秒为单位，倒计时显示。数码显示器为红、绿双色显示，红色表示停止时间，绿色表示通行时间。数码显示器有 2 个公共端，一个红端，一个绿端，红端接通显示红色数字，绿端接通显示绿色数字。

数码显示器为 12 行 2 列输出矩阵。数码显示器内部采用发光二极管，具有单向导电功能，故外部电路不需串接二极管。显示原理如图 12－24 所示，接线图如图 12－25 所示。

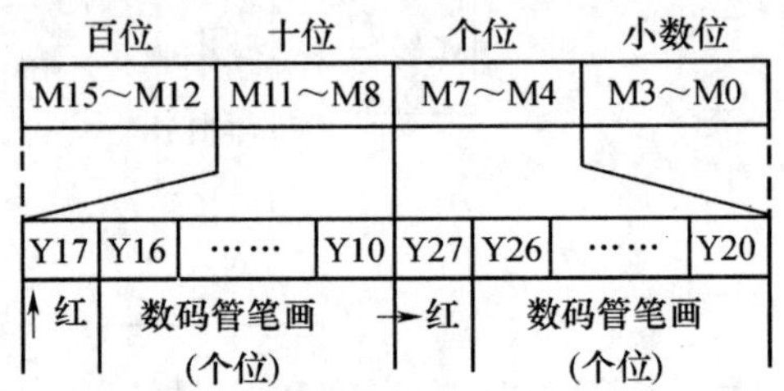

注：Y17、Y27线圈应在SEGD指令后面编程

图 12－24 十字路口交通信号灯显示原理图

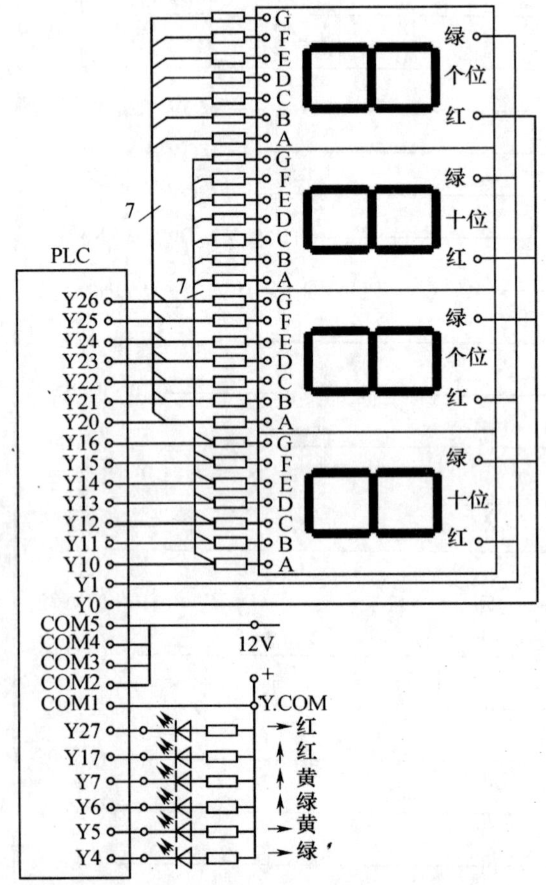

图 12－25 十字路口交通信号灯显示原理图

为了节省外部译码电路,采用 SEGD 功能指令直接译码,由于该指令要占 8 位继电器,而数码显示器只用 7 位,故将不用的位,如 Y17 和 Y27,放在 SEGD 功能指令的后面进行编程。具有通行时间显示的十字路口交通灯控制梯形图如图 12-26 所示。

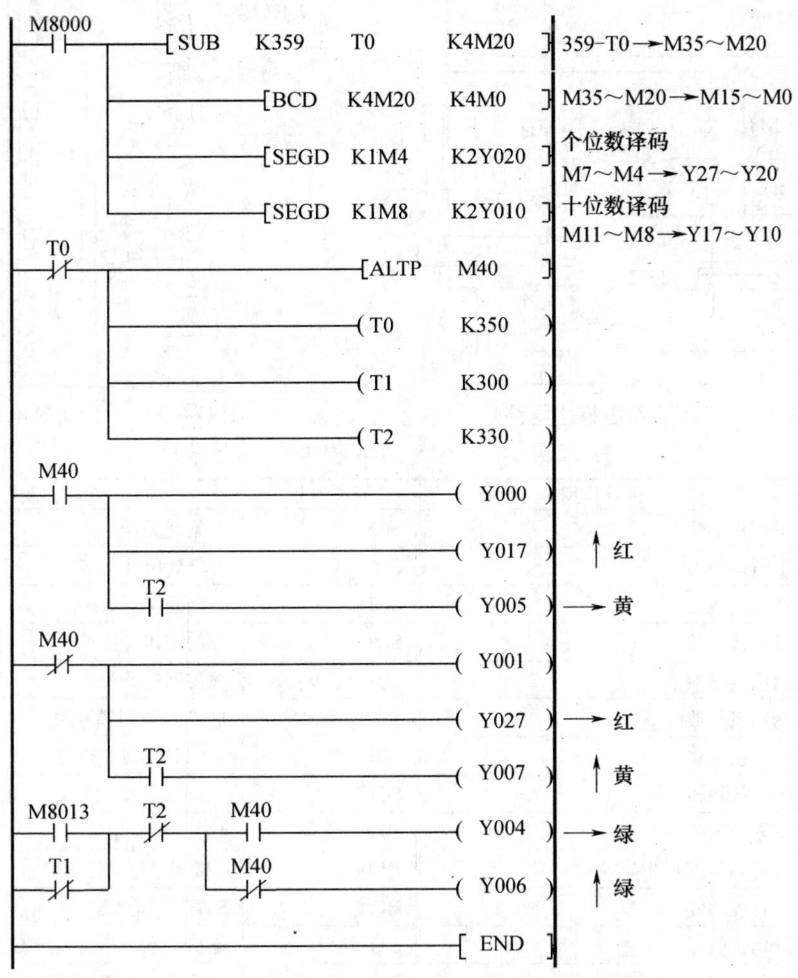

图 12-26 具有通行时间显示的十字路口交通信号灯梯形图

12.4 交流双速 5 层 5 站电梯 PLC 控制系统设计

本例以交流双速电动机拖动为例,分几个环节介绍 PLC 在 5 层 5 站电梯中的应用,PLC 采用 FX2N-64MR。

12.4.1 概述

(1) 5 层 5 站电梯主电路如图 12-27 所示。

(2) 5 层 5 站电梯示意图如图 12-28 所示。

(3) 5 层 5 站电梯电气元件表如表 12-4 所示。

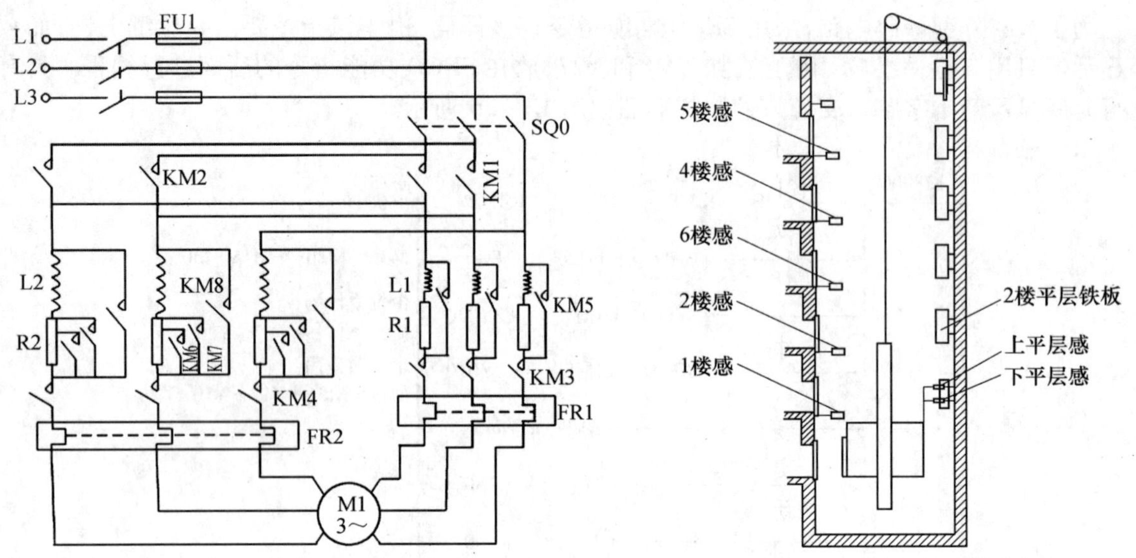

图 12－27　5 层 5 站电梯主电路　　图 12－28　5 层 5 站电梯主电路

表 12－4　5 层 5 站电梯电气元件表

元件符号	名称及作用	元件符号	名称及作用
KM1	上行接触器	SQ5	基站开关
KM2	下行接触器	SQ6	开门到位开关
KM3	高速接触器	SQ7	关门到位开关
KM4	低速接触器	SQ8	开门调速开关
KM5	启动接触器	SQ9、SQ10	关门调速开关
KM6～KM8	制动接触器	SQ11～SQ15	1～5 楼厅门锁开关
KM9	开门接触器	SQ16	轿门关闭到位开关
KM10	关门接触器	SQ17	上限位开关
SQ18	下限位开关	HL13	4 楼上呼记忆灯
SQ19	上行强迫停止开关	HL14	4 楼下呼记忆灯
SQ20	下行强迫停止开关	HL15	5 楼下呼记忆灯
SB1	开门按钮	SA1	运行状态选择钥匙开关
SB2	关门按钮	SA2	基站开关梯钥匙开关
SB3	上行启动按钮	SQ1	安全窗开关
SB4	下行启动按钮	SQ2	安全钳开关
SB5～SB9	1～5 楼轿内选层钮	SQ3	限速器开关
1SB1～4SB1	1～4 楼上行外呼钮	SQ4	轿内急停开关
2SB2～5SB2	2～5 楼下行外呼钮	1KR	1 楼感应器
1HL～5HL	1～5 层层楼指示灯	2KR	2 楼感应器
6HL～7HL	上行、下行指示灯	3KR	3 楼感应器
HL6、HL7	操纵箱上下行指示记忆灯	4KR	4 楼感应器
HL8	1 楼上呼记忆灯	5KR	5 楼感应器
HL9	2 楼上呼记忆灯	6KR	上平层感应器
HL10	2 楼下呼记忆灯	7KR	下平层感应器
HL11	3 楼上呼记忆灯	SQ	电源开关
HL12	3 楼下呼记忆灯	SB0	极限开关
说明：根据电梯的特殊要求，KM1 与 KM2、KM9 与 KM10 需选用带机械互锁的接触器			

12.4.2 电梯程序

1. 开门、关门程序

电梯的开关门存在以下几种情况：

(1) 电梯投入运行前的开门。此时电梯位于基站，将开关梯钥匙插入 SA2 内，旋转至开梯位置，则电梯应自动开门，人员进入轿厢，选层后电梯自动运行。

(2) 电梯检修时的开关门。检修状态下，开关门均为手动状态，由开关门按钮实施开门与关门。

(3) 电梯自动运行停层时的开门。电梯在停层时，至平层位置，M140 接通，电梯应开始开门。

(4) 电梯关门过程中的重新开门。在电梯关门的过程中，若有人或物夹在两门的中间，需要重新开门，可以通过开门按钮实施重新开门。现在都采用光幕或是机械安全触板进行检测，自动发送重新开门信号，以达到重新开门的目的。

(5) 呼梯开门。电梯到达某层站后，如果没有人继续使用电梯，电梯将停靠在该层站待命，若有人在该层站呼梯，电梯将首先开门，以满足用梯的要求。若其他层站有人呼梯，电梯将首先定向，并启动运行，到达呼梯层时再开门，此时的开门按停层开门处理。

(6) 电梯停用后的关门。此时电梯到达基站，人员离开轿厢，电梯自动关门，将开关梯钥匙插入 SA2，旋转到关梯位置，电梯的安全回路被切断，PLC 停止运行，电梯被关闭。

(7) 电梯自动运行时的关门。停站时间继电器 T450 延时结束后，电梯自动关门。停站时间未到，可通过关门按钮实现提前关门。

M102：自动运行时开门禁止；M100：开门辅助继电器；Y10：开门输出；M101：关门辅助继电器；Y11：关门输出。

1) 开门程序

开门梯形图如图 12－29 所示。

2) 关门程序

关门梯形图如图 12－30 所示。

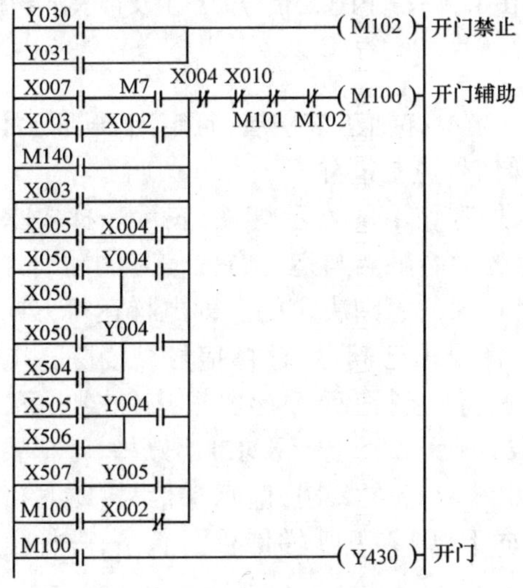

图 12－29 开门梯形图

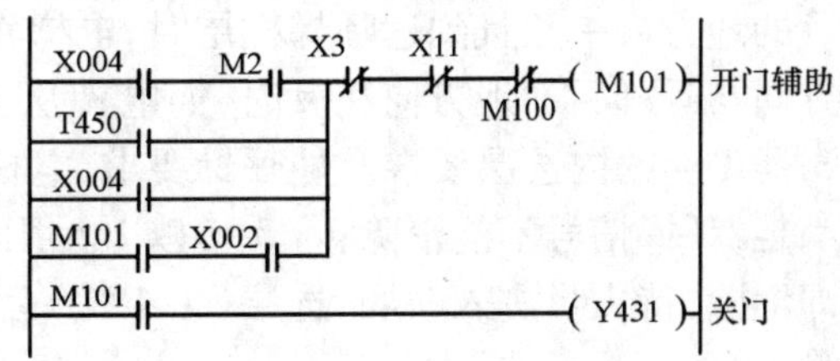

图 12－30 关门梯形图

2. 层楼信号的产生及指示程序

当电梯位于某一层时，指层感应器(1KR～5KR)产生该层的信号，以控制指层灯的状态，离开该层时，该楼层信号应被新的楼层信号(上一层或是下一层)所取代。程序中当层的层楼辅助继电器是用上层或是下层的层楼信号关断的。

M110～M114:1 到 5 层记忆灯辅助；Y14～Y20:1 到 5 层记忆灯控制输出。

层楼信号的产生及指示梯形图如图 12－31 所示。

3. 内选层信号的产生及指示程序

人员通过对轿厢内操纵盘上 1 层～5 层选层按钮的操作，可以选择欲去的楼层。选层信号被登记后，选层按钮下的指示灯亮。当电梯到达所选的楼层后，停层信号即被消除，指示灯也应熄灭。程序中各内选层辅助继电器支路中串入了层楼辅助继电器的动断触点。

M120～M124:内选 1 层～5 层辅助继电器；Y23～Y27:内选 1 层～5 层记忆灯控制输出。

内选层信号的产生及指示梯形图如图 12－32 所示。

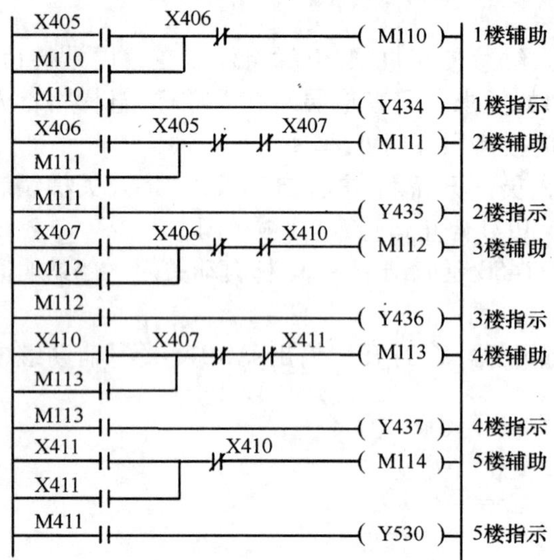

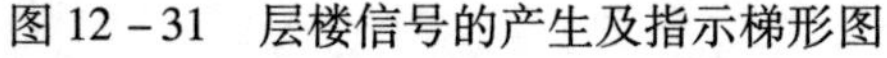
图 12－31　层楼信号的产生及指示梯形图

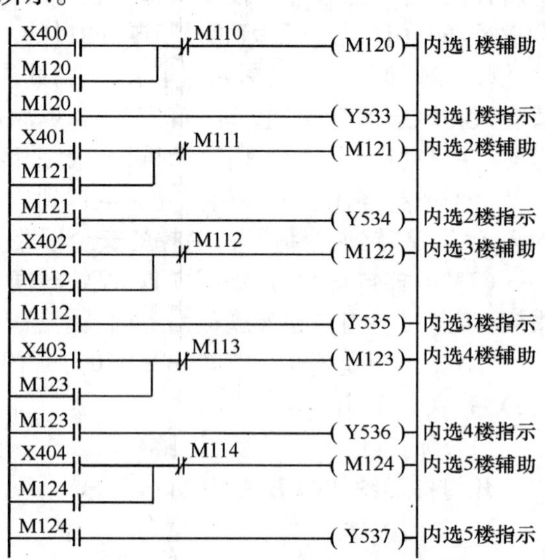

图 12－32　内选层信号的产生及指示梯形图

4. 外呼信号的产生及指示程序

人员在厅门外呼梯时，呼梯信号应被接收和记忆。当电梯到达该楼层，且定向方向与目的地方向一致时(基层与顶层除外)，呼梯要求已满足，呼梯信号应被消除。

按下外呼按钮时，相对应的外呼辅助继电器接通，外呼钮下的指示灯亮，表示呼梯要求已被电梯接收并记忆。而该信号的消除环节是由当层信号的动断触点与运行方向信号的动断并联构成。这样安排是前边提到过的电梯运行中只响应同时呼梯的原则决定的。即电梯运行方向与呼梯目的地方向一致且到达呼梯楼层时，电梯将停止，呼梯要求已满足，呼梯信号被消除。电梯运行方向与呼梯目的地方向相反时，如电梯从 1 楼向上运行(上行)而呼梯要求从 2 楼向下，若有去 3 楼以上的内选层要求及外呼梯要求，电梯到达 2 楼时(无 2 楼上行要求)不停梯，呼梯要求没有满足，呼梯信号不能消除；若 3 楼以上无用梯要求，电梯将停在 2 楼，但呼梯信号(2 下)，不能立即消除，待人员进入轿厢，选层(去 1 楼)后，电梯定向下，则 2 下呼梯信号已满足，呼梯信号被消除。

M130:1 层上行辅助；M131:2 层上行辅助；M132:2 层下行辅助；M133:3 层上行辅助；M134:3 层下行辅助；M135:4 层上行辅助；M136:4 层下行辅助；M137:5 层上行辅助；Y30～Y37:1 层～

5 层外呼记忆灯控制输出。

外呼信号的产生及指示梯形图如图 12－33 所示。

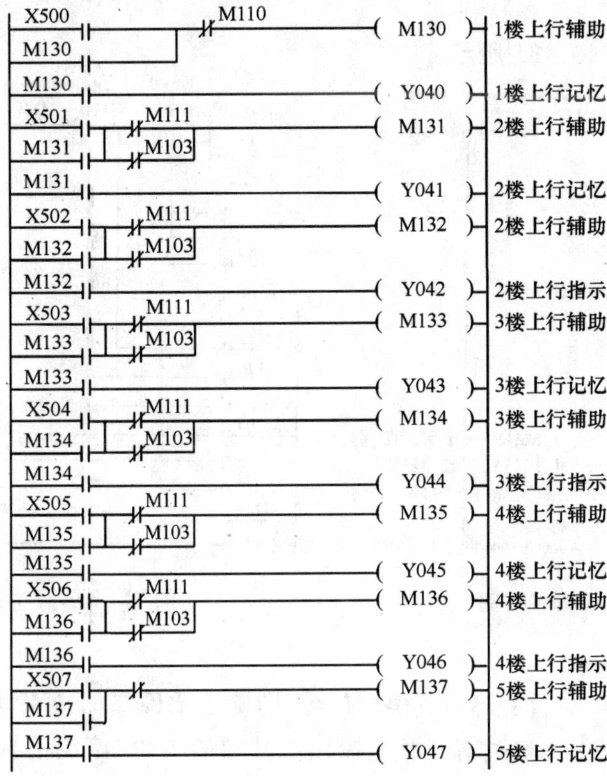

图 12－33　外呼信号的产生及指示梯形图

5. 电梯的定向程序

在自动运行状态下,电梯首先应确定方向,也即定向。电梯的定向只有两种情况,即上行和下行。电梯处于待命状态,接收到内选和外呼信号时,应将电梯所处的位置与内选和外呼信号进行比较,确定是上行还是下行。一旦电梯定向后,内选与外呼对电梯进行顺向运行的要求没有满足的情况下,定向信号不能消除。检修状态下运行方向直接由上行和下行启动按钮确定,不需定向。梯形图中 M103 及 M104 分别为定上行及定下行辅助继电器,它们线圈的工作条件触点块由内外呼信号及电梯位置信号组成,前文中所说的"比较"是通过电梯位置信号对呼梯信号的"屏蔽"实现的,比如当电梯上行且位于 2 层时,M111 的动断触点断开,1 层的内呼外唤都不再能影响上行状态。

梯形图中,M103 及 M104 在电梯上行及下行的全过程中,存在不能全程接通的情况,如上行至 5 楼时,一旦 5 楼层楼继电器 M114 接通时,M103 则立即断开,而此时电梯仍处于上行状态,至 5 楼平层位置时才能停止。为解决这一问题,引入 M143 ~ M146,使上行与下行继电器接通时间延长至上行及下行的全过程。若不使用 M143 ~ M146,可能会发生下述情况:4 楼向上的外呼信号(不存在其他外呼及内选层信号),使电梯上行,电梯至 4 楼位置,M113 使 M103 断开,从电梯至 4 楼位置到电梯停层开门,人员进行轿厢内选 5 层之间的时间内,1 楼、2 楼、3 楼的外呼及内选层信号可以使电梯在未完成 4 楼向上的运动之前定下行方向。

M1103:定上行;M144:上行;Y21:上行指示;M104:定下行;M146:下行;Y22:下行指示。

1）上行

上行定向梯形图如图 12－34 所示。

2）下行

下行定向梯形图如图 12－35 所示。

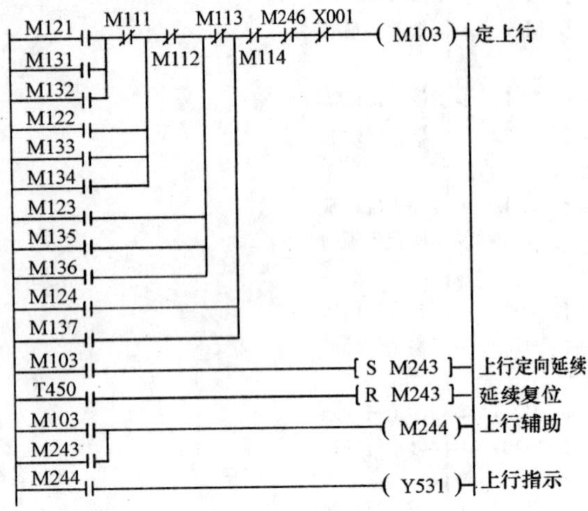

图 12－34　上行定向梯形图

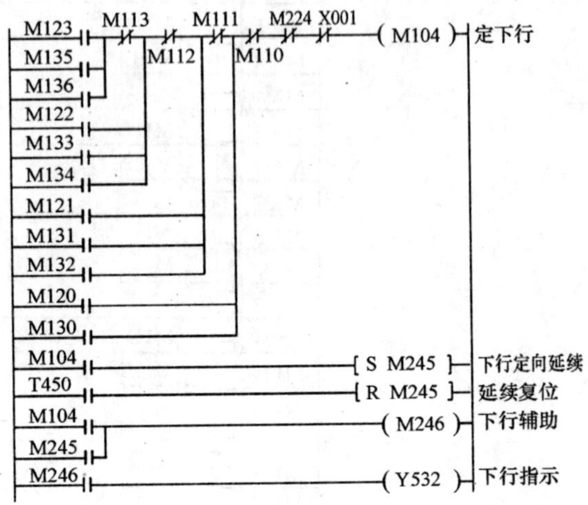

图 12－35　下行定向梯形图

6. 停层信号的产生程序

电梯在停车制动之前，应首先确定其停层信号，即确定要停靠的楼层，应根据电梯的运行方向与外呼信号的位置和轿内选层信号比较后得出。其梯形图如“停层信号梯形图”所示。梯形图中，各层的停车触发信号在下行下呼，上行上呼及内选层信号存在时产生，这些都是符合前边所谈到的停车原则。当存在触发信号电梯又运行到当层时产生停车信号。停车信号 M105 梯形图支路中 M103、M104 动断触点的作用是为了解决呼梯方向与电梯运行方向相反时的停车问题（如 2 楼向下的外呼信号，使电梯从 1 楼向上运行时，M151 不会被触发，至 2 楼位置，靠 M103、M104 的动断触点使 M105 接通）而设置的。而停车信号的消除是停车时间到，T50 为停层时间定时器。

M150～M154：1 楼至 5 楼停车触发或复位；M105：停车信号。

停层信号产生后，与上下平层感应器配合，进行停车制动。停车制动之前，应先产生停车制动信号，然后由停车制动信号控制接触器实现停车制动。为解决电梯进入平层区间后才出现停车信号致使电梯过急停车的问题，采用微分指令将 X36 及 X37 变成短信号。其梯形图如“制动过程环节梯形图”所示。

M106：制动过程。

将梯形图“启动加速和稳定运行环节梯形图”、“停层信号梯形图”、“制动过程环节梯形图”进行综合，并考虑电梯在检修状态下的运行情况，以及限位保护等问题，可以得到电梯“启动加速、稳速运行、停车制动”的梯形图。

M107：停层辅助；T50：停层时间（含制动时间）；M140：停层开门；Y0：上行；Y1：下行；Y2：高速；T51：启动延时；Y3：低速；T52～T54：减速延时；Y5～Y7：减速。

停层信号的产生梯形图如图 12－36 所示。

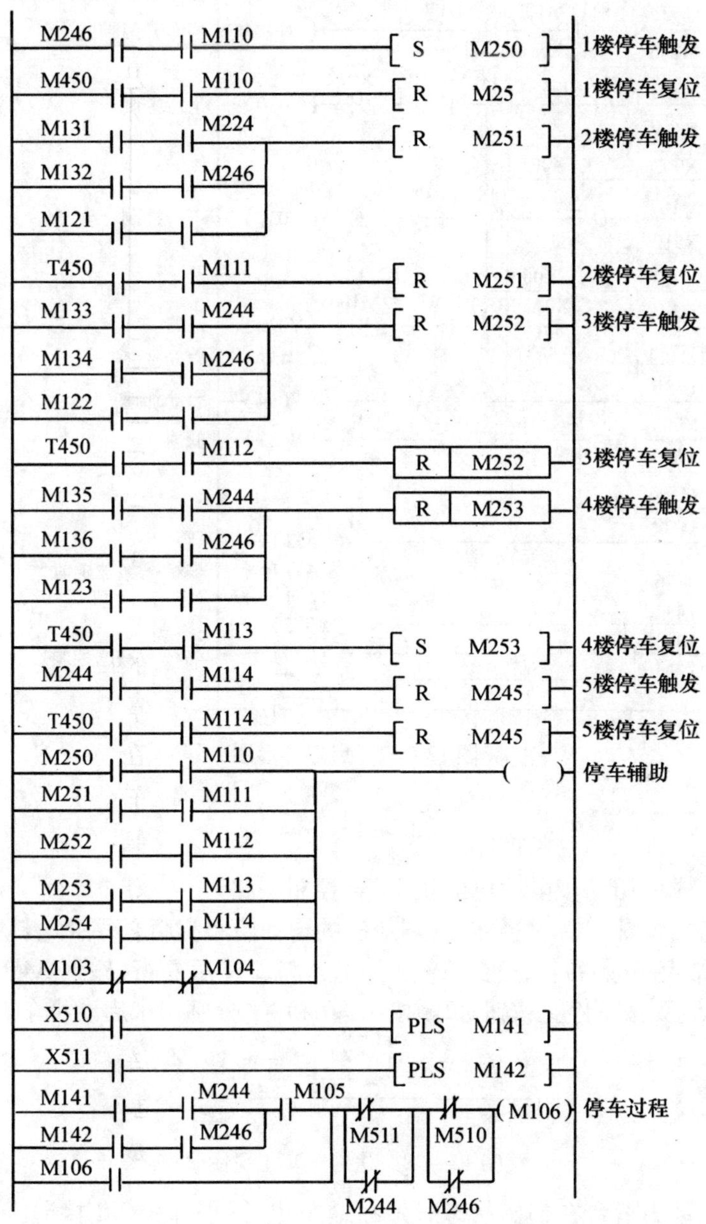

图 12－36 停层信号的产生梯形图

7. 电梯启停程序

电梯的启动条件是:运行方向已确定,门已关好。其梯形图只考虑接触器的通电,而没有考虑其断电与互锁等问题。其“启动加速和稳定运行环节梯形图”如图 12－37 所示。

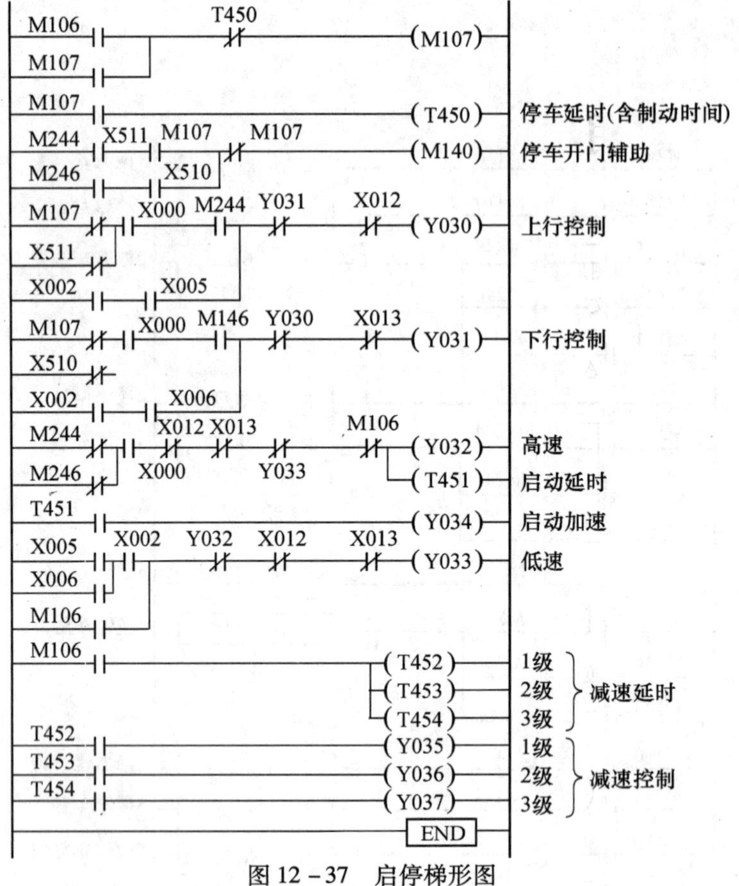

图 12－37　启停梯形图

习 题 十 二

12－1　设计完成三相异步电动机的正、反转控制电路。

12－2　设计完成如图 12－38 所示，送料小车的自动控制应用。要求送料小车在限位开关 X4 处装料，20s 后装料结束，开始右行，碰到 X3 后停下卸料，25s 后左行，碰到 X4 后又停下来装料，这样不停地循环工作，直到按下停止按钮 X2。按钮 X0 和 X1 分别用来启动小车右行和左行。

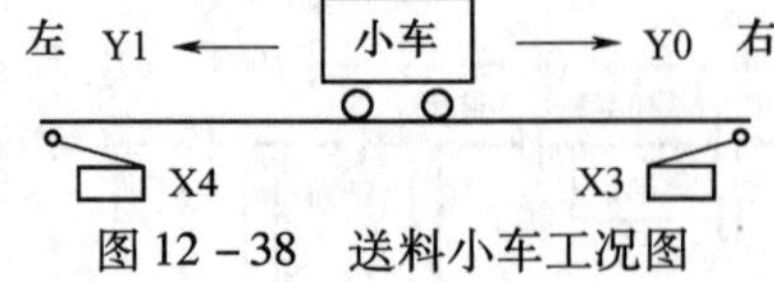

图 12－38　送料小车工况图

12－3　某液压动力滑台在初始状态时停在最左边，行程开关 X0 接通。按下启动按钮 X4，动力滑台的进给运动如图 12－39 所示。工作一个循环后，返回并停在初始位置。控制各电磁阀的 Y0～Y3 在各工作的状态如表所示。画出 PLC 外部接线图，写出控制系统程序。

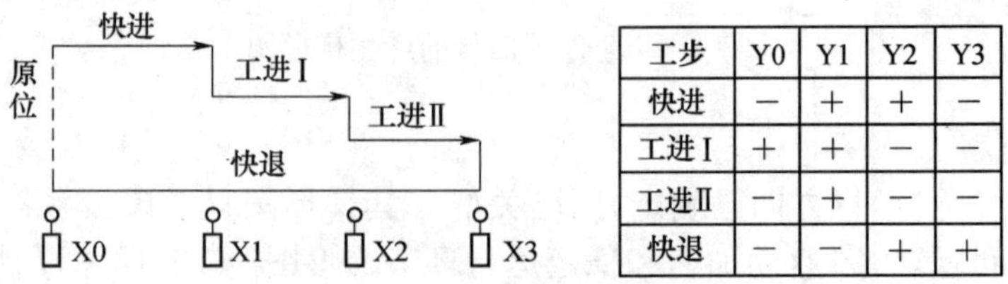

工步	Y0	Y1	Y2	Y3
快进	－	＋	＋	－
工进Ⅰ	＋	＋	－	－
工进Ⅱ	－	＋	－	－
快退	－	－	＋	＋

图 12－39　动力滑台的进给运动图

附录 A　常用电器分类及图形符号、文字符号表

分类	名称	图形符号 文字符号
A 组件 部件	启动装置	A SB1 SB2 KM KM HL
B 将电量变换成非电量,将非电量变换成电量	扬声器	B (将电量变换成非电量)
	传声器	B (将非电量变换成电量)
C 电容器	一般电容器	C
	极性电容器	+ C
	可变电容器	C
D 二进制元件	与门	D &
	或门	D ≥1
	非门	D
E 其他	照明灯	EL

分类	名称	图形符号 文字符号
F 保护器件	欠电流继电器	I< FA
	过电流继电器	I> FA
	欠电压继电器	U< FV
	过电压继电器	U> FV
	热继电器	FR FR FR FR FR
	熔断器	FU
G 发生器,发电动机,电源	交流发电动机	G ~
	直流发电动机	G
	电池	GB − +
H 信号器件	电喇叭	HA
	蜂鸣器	HA HA 优选形 一般形
	信号灯	HL

（续）

分 类	名 称	图形符号 文字符号	分 类	名 称	图形符号 文字符号
I		（不使用）	M 电动机	并励直流电动机	M
J		（不使用）		串励直流电动机	M
K 继电器 接触器	中间继电器	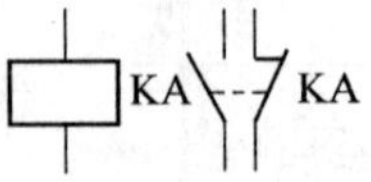 KA KA		三相步进电动机	M
	通用继电器	 KA KA		永磁直流电动机	M
	接触器	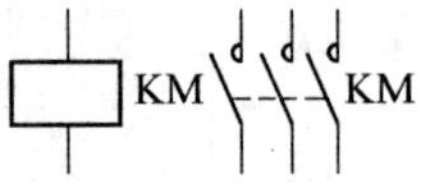 KM KM		鼠笼型电动机	U V W M 3～
	通电延时型时间继电器	KT 或 KT KT 或 KT KT KT		绕线型电动机	U V W M 3～
	断电延时型时间继电器	KT 或 KT KT KT 或 KT KT		它励直流电动机	M
L 电感器 电抗器	电感器	L （一般符号） L （带磁芯符号）	N 模拟元件	运算放大器	▷∞ N − + +
	可变电感器	L		反相放大器	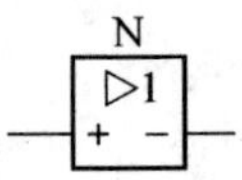 N ▷1 + −
	电抗器	L		数—模转换器	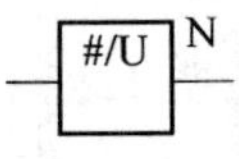 #/U N
				模—数转换器	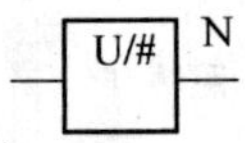 U/# N

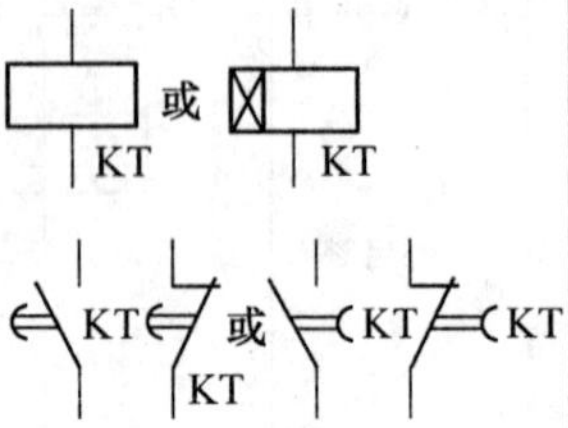

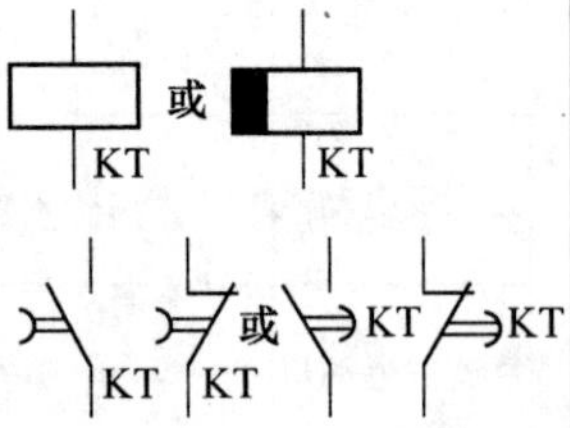

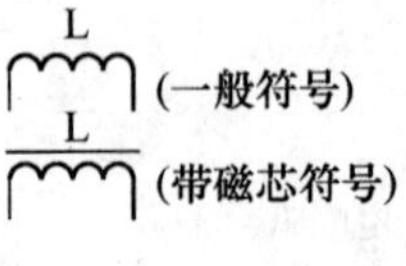

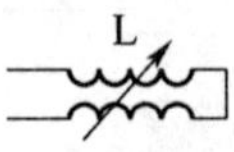

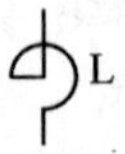

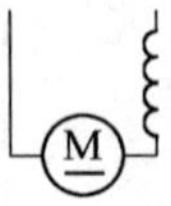

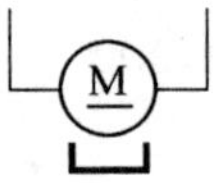

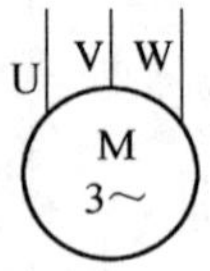

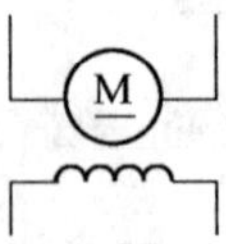

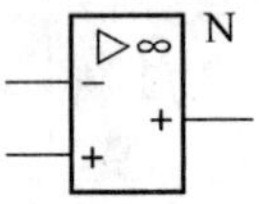

（续）

分 类	名 称	图形符号 文字符号
O		（不使用）
P 测量设备， 试验设备	电流表	PA
	电压表	PV
	有功功率表	PW
	有功电度表	KWh PJ
Q 电力电路 的开关 器件	断路器	QF
	隔离开关	QS
	刀熔开关	QS
	手动开关	QS QS
	双投刀开关	QS
	组合开关 旋转开关	QS
	负荷开关	QL

分 类	名 称	图形符号 文字符号
R 电阻器	电阻	R
	固定抽头 电阻	R
	可变电阻	R
	电位器	RP
	频敏变阻器	RF
S 控制、记 忆、信号 电路开关 器件选 择器	按钮	SB
	急停按钮	SE
	行程开关	SQ
	压力继电器	P SP P
	液位继电器	SL SL SL SL
	速度继电器	SV n SV n SV
	选择开关	SA
	接近开关	SQ
	万能转换 开关，凸轮 控制器	SA 2 1 0 1 2 1 2 3 4

（续）

分类	名称	图形符号 文字符号	分类	名称	图形符号 文字符号
T 变压器，互感器	单相变压器	T	W 传输通道，波导，天线	导线，电缆，母线	W
	自耦变压器	T 形式1 形式2		天线	W
	三相变压器（星形/三角形接线）	T 形式1 形式2	X 端子头插座	插头	优选型 其他型 XP
	电压互感器	电压互感器与变压器图形符号相同，文字符号为TV		插座	优选型 其他型 XS
	电流互感器	TA 形式1 形式2		插头插座	优选型 其他型 X
U 调制器，变换器	整流器	U		连接片	断开时 接通时 XB
	桥式全波整流器	U	Y 电器操作的机械器件	电磁铁	或 YA
	逆变器	U		电磁吸盘	或 YH
	变频器	f_1 f_2 U		电磁制动器	YB M
V 电子管晶体管	二极管	V		晶闸管	或 或 YV
	三极管	V V PNP型 NPN型	Z 滤波器、限幅器、均衡器、终端设备	滤波器	Z
	晶闸管	V V 阳极侧受控 阴极侧受控		限幅器	Z
				均衡器	Z

附录 B　西门子 S7－200 系列 PLC 指令集表

布尔指令			
LD N LDI N LDN N LDNI N	装载(开始的常开触点) 立即装载 取反后装载(开始的常闭触点) 取反后立即装载	ADx N1,N2	与双字比较结果 N1(x:<,<=,=,>=,>,<>=)N2
A N AI N AN N ANI N	与(串联的常开触点) 立即与 取反后与(串联的常开触点) 取反后立即与	ODx N1,N2	或双字比较结果 N1(x:<,<=,=,>=,>,<>=)N2
O N OI N ON N ONI N	或(并联的常开触点) 立即或 取反后或(并联的常开触点) 取反后立即与	LDRx N1,N2	装载实数比较结果 N1(x:<,<=,=,>=,>,<>=)N2
LDBx N1,N2	装载字节比较结果 N1(x:<,<=,=,>=,>,<>=)N2	ARx N1,N2	与实数比较结果 N1(x:<,<=,=,>=,>,<>=)N2
ABx N1,N2	与字节比较结果 N1(x:<,<=,=,>=,>,<>=)N2	ORx N1,N2	或实数比较结果 N1(x:<,<=,=,>=,>,<>=)N2
OBx N1,N2	或字节比较结果 N1(x:<,<=,=,>=,>,<>=)N2	NOT	栈顶值取反
LDWx N1,N2	装载字比较结果 N1(x:<,<=,=,>=,>,<>=)N2	EU ED	上升沿检测 下降沿检测
AWx N1,N2	与字节比较结果 N1(x:<,<=,=,>=,>,<>=)N2	= N =I N	赋值(线圈) 立即赋值
OWx N1,N2	或字比较结果 N1(x:<,<=,=,>=,>,<>=)N2	S S_BIT,N R S_BIT,N SI S_BIT,N RI S_BIT,N	置位一个区域 复位一个区域 立即置位一个区域 立即复位一个区域
LDDx N1,N2	装载双字比较结果 N1(x:<,<=,=,>=,>,<>=)N2		
传送、移位、循环和填充指令			

MOVB IN,OUT
MOVW IN,OUT
MOVD IN,OUT
MOVR IN,OUT
BIR IN,OUT
BIW IN,OUT
	字节传送
	字传送
	双字传送
	实数传送
	立即读取物理输入字节
	立即写物理输出字节
		SLB OUT,N
		SLW OUT,N
		SLD OUT,N
			字节左移 N 位
			字左移 N 位
			双字左移 N 位

BMB IN,OUT,N BMW IN,OUT,N BMD IN,OUT,N	字节块传送 字块传送 双字块传送	RRB OUT,N RRW OUT,N RRD OUT,N	字节右移 N 位 字右移 N 位 双字右移 N 位

（续）

传送、移位、循环和填充指令			
SWAP IN	交换字节	RLB OUT,N RLW OUT,N RLD OUT,N	字节左移 N 位 字左移 N 位 双字左移 N 位
SHRB DATA, S_BIT,N	移位寄存器		
SRB OUT,N SRW OUT,N SRD OUT,N	字节右移 N 位 字右移 N 位 双字右移 N 位	FILL IN,OUT,N	用指定的元素填充存储器空间
表、查找和转换指令			
ATT TABLE,DATA	把数据加到表中	DTR IN,OUT TRUNC IN,OUT ROUND IN,OUT	双整数转换成实数 实数四舍五入为双整数 实数截位取整为双整数
LIFO TABLE,DATA FIFO TABLE,DATA	从表中取数据,后入先出 从表中取数据,先入先出		
FND = TBL,PATRN,INDX FND < >TBL,PATRN,INDX FND < TBL,PATRN,INDX FND > TBL,PATRN,INDX	在表中查找符合比较条件的数据	ATH IN,OUT,LEN HTA IN,OUT,LEN ITA IN,OUT,FMT DTA IN,OUT,FMT RTA IN,OUT,FMT	ASCII 码→16 进制数 16 进制数→ASCII 码 整数→ASCII 码 双整数→ASCII 码 实数→ASCII 码
BCDI OUT IBCD OUT	BCD 码转换成整数 整数转换成 BCD 码		
BTI IN,OUT IBT IN,OUT ITD IN,OUT TDI IN,OUT	字节转换成整数 整数转换成字节 整数转换成双整数 双整数转换成整数	DECO IN,OUT ENCO IN,OUT	译码 编码
		SEG IN,OUT	7 段译码
逻辑操作			
ALD OLD	电路块串联 电路块并联	ORB IN1,OUT ORW IN1,OUT ORD IN1,OUT	字节逻辑或 字逻辑或 双字逻辑或
LPS LRD LPP LDS	入栈 读栈 出栈 装载堆栈	XORB IN1,OUT XORW IN1,OUT XORD IN1,OUT	字节逻辑异或 字逻辑异或 双字逻辑异或
AENO	对 ENO 进行与操作	INVB OUT INVW OUT INVD OUT	字节取反(1 的补码) 字取反 双字取反
ANDB IN1,OUT ANDW IN1,OUT ANDD IN1,OUT	字节逻辑与 字逻辑与 双字逻辑与	ORB IN1,OUT ORW IN1,OUT ORD IN1,OUT	字节逻辑或 字逻辑或 双字逻辑或
数学、加 1 减 1 指令			
+I IN1,OUT +D IN1,OUT +R IN1,OUT	整数,双整数或实数法 IN1 + OUT = OUT	SIN IN,OUT	正弦
		COS IN,OUT	余弦
-I IN1,OUT -D IN1,OUT -R IN1,OUT	整数,双整数或实数法 OUT - IN1 = OUT	TAN IN,OUT	正切
MUL IN1,OUT *R IN1,OUT *I IN1,OUT *D IN1,OUT	整数乘整数得双整数 实数、整数或双整数乘法 IN1 × OUT = OUT	INCB OUT INCW OUT INCD OUT	字节加 1 字加 1 双字加 1

(续)

数学、加1减1指令			
SQRT IN,OUT	平方根	DECB OUT DECW OUT DECD OUT	字节减1 字减1 双字减1
LN IN,OUT	自然对数		
LXP IN,OUT	自然指数	PID Table,Loop	PID 回路
中断指令		中断指令	
CRETI	从中断程序有条件返回	CRETI	从中断程序有条件返回
ENI DISI	允许中断 禁止中断	ENI DISI	允许中断 禁止中断
ATCH INT,EVENT DTCH EVENT	给事件分配中断程序 解除中断事件	ATCH INT,EVENT DTCH EVENT	给事件分配中断程序 解除中断事件
高速计数器指令			
HDEF HSC,MODE	定义高速计数器模式	PLS X	脉冲输出
HSC N	激活高速计数器		
定时器和计数器指令			
TON Txxx,PT TOF Txxx,PT TONR Txxx,PT	通电延时定时器 断电延时定时器 保持型通延时定时器	CTU Txxx,PV CTD Txxx,PV CTUD Txxx,PV	加计数器 减计数器 加/减计数器
实时时钟指令			
TODR T	读实时时钟	TODW T	写实时时钟
程序控制指令			
END	程序的条件结束	CALL N(N1,…) CRET	调用子程序,可以有16个可选参数 从子程序条件返回
STOP	切换到 STOP 模式	FOR INDX,INIT, FINAL NEXT	For/Next 循环
WDR	看门狗复位(300 ms)		
JMP N LBL N	跳到指定的标号 定义一个跳转的标号	LSCR N SCRT N SCRE	顺控继电器段的启动 顺控继电器段的转换 顺控断电器段的结束

附录 C 三菱 FX 系列 PLC 指令集表

1. 三菱 FX 系列 PLC 基本指令和图形符号

指令	功能	梯形图符号	指令	功能	梯形图符号	指令	功能	梯形图符号
LD	起始连接常开接点		ANI	串联常闭接点		OUT	普通线圈	—(Y000)
LDI	起始连接常闭接点		ANDP	串联上升沿接点		SET	置位	—[SET M3]
LDP	起始连接上升沿接点		ANDF	串联下降沿接点		RST	复位	—[RST M3]
LDF	起始连接下降沿接点		ANB	串联导线		PLS	上升沿	—[PLS M2]
OR	并联常开接点		ORB	并联导线		PLF	下降沿	—[PLF M3]
ORI	并联常闭接点		MPS	回路向下分支导线		MC	主控	—[MC N0 M2]
ORP	并联上升沿接点		MRD	中间回路分支导线		MCR	主控复位	—[MCR N0]
ORF	并联下降沿接点		MPP	末回路分支导线		NOP	空操作	
AND	串联常开接点		INV	接点取反		END	程序结束	—[END]

2. 三菱 FX 系列 PLC 步进指令和图形符号

STL	步进梯形图开始	S22 STL	RET	步进梯形图结束	—[RET]

3. 三菱 FX 系列 PLC 功能指令格式与说明

分类	FNC NO.	助记符	指令格式					程序步	指令功能
程序流程	000	CJ (P)	Pn					3 步	条件跳转
	001	CALL (P)	Pn					3 步	子程序调用
	002	SRET						1 步	子程序返回
	003	IRET						1 步	中断返回
	004	EI						1 步	中断许可
	005	DI (P)						1 步	中断禁止
	006	FEND						1 步	主程序结束
	007	WDT (P)						1 步	监控定时器
	008	FOR	n					3 步	循环范围开始
	009	VEXT						1 步	循环范围结束

（续）

分类	FNC NO.	助记符	指令格式					程序步	指令功能
传送与比较	010	(D) CMP (P)	(S1.)	(S2.)	(D.)			7/13 步	比较
	011	(D)ZCP(P)	(S1.)	(S2.)	(S.)	(D.)		9/17 步	区间比较
	012	(D)MOV(P)	(S.)	(D.)				5/9 步	传送
	013	SMOV (P)	(S.)	m1	m2	(D.)	n	11 步	移位传送
	014	(D) CML (P)	(S.)	(D.)				5/9 步	取反传送
	015	BMOV (P)	(S.)	(D.)	n			7 步	成批传送
	016	(D)FMOV(P)	(S.)	(D.)	n			7/13 步	多点传送
	017	(D)XCH(P)★	(D1.)	(D2.)				5/9 步	数据交换
	018	(D) BCD (P)	(S.)	(D.)				5/9 步	BIN 转为 BCD
	019	(D) BIN (P)	(S.)	(D.)				5/9 步	BCD 转为 BIN
四则逻辑运算	020	(D) ADD (P)	(S1.)	(S2.)	(D.)			7/13 步	BIN 加法
	021	(D) SUB (P)	(S1.)	(S2.)	(D.)			7/13 步	BIN 减法
	022	(D) MUL (P)	(S1.)	(S2.)	(D.)			7/13 步	BIN 乘法
	023	(D) DIV (P)	(S1.)	(S2.)	(D2.)			3/5 步	BIN 除法
	024	(D)INC (P)★	(D.)					3/5 步	BIN 加 1
	025	(D)DEC(P)★	(D.)					7/13 步	BIN 减 1
	026	(D)WAND(P)	(S1.)	(S2.)	(D.)			7/13 步	逻辑字与
	027	(D) WOR (P)	(S1.)	(S2.)	(D.)			7/13 步	逻辑字或
	028	(D)WXOR(P)	(S1.)	(S2.)	(D.)			7/13 步	逻辑字异或
	029	(D) NEG (P)	(D.)					3/5 步	求补码
循环移位	030	(D)ROR(P)★	(D.)	n				5/9 步	循环右移
	031	(D)ROL(P)★	(D.)	n				5/9 步	循环左移
	032	(D)RCR(P)★	(D.)	n				5/9 步	带进位右移
	033	(D)RCL(P)★	(D.)	n				5/9 步	带进位左移
	034	SFTR (P) ★	(S.)	(D.)	n1			9 步	位右移
	035	SFTL (P) ★	(S.)	(D.)	n1	n2		9 步	位左移
	036	WSFR (P) ★	(S.)	(D.)	n1	n2		9 步	位右移
	037	WSFL (P) ★	(S.)	(D.)	n1	n2		9 步	字左移
	038	SFWR (P) ★	(S.)	(D.)	n	n2		7 步	移位写入
	039	SFRD (P) ★	(S.)	(D.)	n			7 步	移位读出
数据处理	040	ZRST (P) ★	(D1.)	(D2.)				5/9 步	全部复位
	041	DECO (P) ★	(S.)	(D.)	n			5/9 步	译码
	042	ENCO (P) ★	(S.)	(D.)	n			5/9 步	编码
	043	(D)SUM(P)	(S.)	(D.)				5/9 步	1 的个数
	044	(D)BON (P)	(S.)	(D.)	n			9 步	置 1 位的判断
	045	(D)MENG(P)	(S.)	(D.)	n			9 步	平均值
	046	ANS	(S.)	m	(D.)			9 步	报警器置位
	047	ANR (P) ★						1 步	报警器复位
	048	(D)SOR(P)	(S.)	(D.)				5/9 步	BIN 数据开放
	049	(D)FLT (P)	(S.)	(D.)				5/9 步	BIN 转为二禁止浮点数

（续）

分类	FNC NO.	助记符	指令格式					程序步	指令功能
高速处理	050	REF（P）	（D）	n				5 步	输入输出刷新
	051	REFF（P）	n					3 步	滤波调整
	052	MTR	（S）	（D1.）	（D2.）	n		9 步	矩阵输入
	053	D HSCS	（S1.）	（S2.）	（D.）			13 步	比较置位（高速计数器）
	054	D HSCR	（S1.）	（S2.）	（D.）			13 步	比较复位（高速计数器）
	055	D HSZ	（S1.）	（S2.）	（S.）	（D.）		17 步	区间比较（高速计数器）
	056	SPD	（S1.）	（S2.）	（D.）			7 步	脉冲密度
	057	（D）PLSY	（S1.）	（S2.）	（D）			7/13 步	脉冲输出
	058	PWM	（S1.）	（S2.）	（D）			7 步	脉宽调制
	059	（D）PLSR	（S1.）	（S2.）	（S3.）	（D）		9/17 步	可调速脉冲输出
方便指令	060	IST	（S.）	（D1.）	（D2.）			7 步	状态初始化
	061	（D）SES（P）	（S1.）	（S2.）	（D.）	n		9/17 步	数据查找
	062	（D）ABSD	（S1.）	（S2.）	（D.）	n		9/17 步	凸轮控制（绝对方式）
	063	INCD	（S1.）	（S2）	（D.）	n		9 步	凸轮控制（增量方式）
	064	TTMR	（D.）	n				5 步	示教定时器
	065	STMR	（S.）	m	（D.）			7 步	特殊定时器
	066	ALT（P）★	（D.）					3 步	交替输出
	067	RAMP	（S1.）	（S2.）	（D.）	n		9 步	谐波信号
	068	ROTC	（S.）	m1	m2	（D.）		9 步	旋转工作台控制
	069	SORT	（S）	m1	m2	（D）	n	11 步	数据排序
外部设备 I/O	070	（D）TKY	（S.）	（D1.）	（D2.）			7/13 步	十字键输入
	071	（D）HKY	（S.）	（D1.）	（D2.）	（D3.）		9/17 步	十六键输入
	072	DSW	（S.）	（D1.）	（D2.）	n		9 步	数字开关
	073	SEGD（P）	（S.）	（D.）				5 步	七段码译码
	074	SEGL	（S.）	（D.）	n			7 步	带锁存七段译码器
	075	ARWS	（S.）	（S1.）	（S2.）	n		9 步	方向开关
	076	ASC	（S.）	（D.）				11 步	ASC 码装换
	077	PR	（S.）	（D.）				5 步	ASC 码打印
	078	（D）FROM（P）	m1	m2	（D.）	n		9/17 步	BFM 读出
	079	（D）TO（P）	m1	m2	（S.）	n		9/17 步	BFM 写入
外部设备 SER	080	RS	（S.）	m	（D.）	n		9 步	串行数据传送
	081	（D）PRUN（P）	（S.）	（D.）				5/9 步	八进制位传送
	082	ASCI（P）	（S.）	（D.）	n			7 步	十六进制转为 ASCII 码
	083	HEX（P）	（S.）	（D.）	n			7 步	ASCII 码转为十六进制
	084	CCD（P）	（S.）	（D.）	n			7 步	校验码
	085	VRRD（P）	（S.）	（D.）				5 步	电位器值读出
	086	VRSC（P）	（S.）	（D.）				5 步	电位器值刻度
	088	PID	（S1）	（S2.）	（S3）	（D.）		9 步	PID 运算

（续）

分类	FNC NO.	助记符	指令格式					程序步	指令功能	
浮点数	110	D ECMP（P）	（S1.）					13 步	二进制浮点比较	
	111	D EZCP（P）	（S1.）	（D.）	（D.）			17 步	二进制浮点区域比较	
	118	D EBCD（P）	（S.）	（S.）				9 步	二转十进制浮点比较	
	119	D EBIN（P）	（S.）					9 步	十转二进制浮点比较	
	120	D EADD（P）	（S1.）	（D.）				13 步	二进制浮点数加法	
	121	D ESUB（P）	（S1.）	（D.）				13 步	二进制浮点数减法	
	122	D EMUL（P）	（S1.）	（D.）				13 步	二进制浮点数乘法	
	123	D EDIV（P）	（S1.）	（D.）				13 步	二进制浮点数除法	
	127	D ESOR（P）	（S.）					9 步	二进制浮点数开方	
	129	（D） INT（P）	（S.）					5/9 步	二进制浮点数转整数	
	130	D SIN（P）	（S.）					9 步	浮点数 SIN 运算	
	131	D COS（P）	（S.）					9 步	浮点数 COS 运算	
	132	D TAN（P）	（S.）					9 步	浮点数 TAN 运算	
	147	（D）SWAP（P）	（S.）					3/5 步	上下字节变换	
时钟运算	160	TCMP（P）	（S1.）	（S2.）	（S3.）	（S.）	（D.）	11 步	时钟数据比较	
	161	TZCP（P）	（S1.）	（S2.）	（S3.）	（D.）		9 步	时钟数据区比较区比较	
	162	TADD（P）	（S1.）	（S2.）	（D.）			7 步	时钟数据加法	
	163	TSUB（P）	（S1.）	（S2.）	（D.）			7 步	时钟数据减法	
	166	TRD（P）	（D.）					3 步	时钟数据读出	
	167	TWR（P）	（S.）					3 步	时钟数据写入	
	170	（D）GRY（P）	（S.）	（D.）				5 步	格雷码变换	
	171	（D）GBIN（P）	（S.）	（D.）				5 步	格雷码逆变换	
触点比较	224	LD（D） =	（S1.）	（S2.）				5/9 步	初始触点	（S1.）=（S2.）
	225	LD（D） >	（S1.）	（S2.）				5/9 步		（S1.）>（S2.）
	226	LD（D） <	（S1.）	（S2.）				5/9 步		（S1.）<（S2.）
	228	LD（D） < >	（S1.）	（S2.）				5/9 步		（S1.）< >（S2.）
	229	LD（D）≤	（S1.）	（S2.）				5/9 步		（S1.）≤（S2.）
	230	LD（D）≥	（S1.）	（S2.）				5/9 步		（S1.）≥（S2.）
	232	AND（D） =	（S1.）	（S2.）				5/9 步	串联触点	（S1.）=（S2.）
	233	AND（D） >	（S1.）	（S2.）				5/9 步		（S1.）>（S2.）
	234	AND（D） <	（S1.）	（S2.）				5/9 步		（S1.）<（S2.）
	236	AND（D） < >	（S1.）	（S2.）				5/9 步		（S1.）< >（S2.）
	237	AND（D） ≤	（S1.）	（S2.）				5/9 步		（S1.）≤（S2.）
	238	AND（D） ≥	（S1.）	（S2.）				5/9 步		（S1.）≥（S2.）
	240	OR（D） =	（S1.）	（S2.）				5/9 步	并联触点	（S1.）=（S2.）
	241	OR（D） >	（S1.）	（S2.）				5/9 步		（S1.）>（S2.）
	242	OR（D） <	（S1.）	（S2.）				5/9 步		（S1.）<（S2.）
	244	OR（D） < >	（S1.）	（S2.）				5/9 步		（S1.）< >（S2.）
	245	OR（D） ≤	（S1.）	（S2.）				5/9 步		（S1.）≤（S2.）
	246	OR（D） ≥	（S1.）	（S2.）				5/9 步		（S1.）≥（S2.）

参 考 文 献

[1] 晁阳. 可编程控制器原理应用与实例解析. 北京:清华大学出版社,2007.

[2] 王阿根. 可编程控制原理与应用. 北京:清华大学出版社,2007.

[3] 何献忠. 可编程控制器应用技术(西门子 S7-200 系列). 北京:清华大学出版社,2007.

[4] 王曙光. S7-200 PLC 应用基础与实例. 北京:人民邮电出版社,2007.

[5] 张万忠. 可编程控制器入门与应用实例(西门子 S7-200 系列). 北京:中国电力出版社,2007.

[6] 国家标准局. 电气制图及图形符号国家标准汇编. 北京:中国标准出版社,1989.

[7] 史国生. 电气控制与可编程控制技术. 北京:化学工业出版社,2004.

[8] 陈立定. 电气控制与可编程控制器的原理及应用. 北京:机械工业出版社,2005.

[9] 宋伯生. PLC 编程实用指南. 北京:机械工业出版社,2007.

[10] 殷建国. 工厂电气控制技术. 北京:经济管理出版社,2006.

[11] 西门子公司. S7-200 可编程控制器系统手册. 2005.

[12] 三菱公司. FX_{1S}、FX_{1N}、FX_{2N}、FX_{2NC}编程手册. 2001.